Advances in Numerical Mathematics

Jürgen Bey

Finite-Volumen- und Mehrgitter-Verfahren für elliptische Randwertprobleme

Advances in Numerical Mathematics

Editors Hans Georg Bock Wolfgang Hackbusch
Mitchell Luskin Rolf Rannacher

Jürgen Bey	*Finite-Volumen- und Mehrgitter-Verfahren für elliptische Randwertprobleme*
Bernd Fischer	*Polynominal Based Iteration Methods for Symmetric Linear Systems*
Ralf Kornhuber	*Adaptive Monotone Multigrid Methods for Nonlinear Variational Problems*
Dietmar Kröner	*Numerical Schemes for Convservation Laws*
Andreas Prohl	*Projection and Quasi-Compressibility Methods for Solving the Incompressible Navier-Stokes Equations*
Reinhold Schneider	*Multiskalen- und Wavelet- Matrixkompression Analysisbasierte Methoden zur effizienten Lösung großer vollbesetzter Gleichungssysteme*
Thomas Sonar	*Mehrdimensionale ENO-Verfahren*
Rüdiger Verfürth	*A Review of A Posteriori Error Estimation and Adaptive Mesh-Refinement Techniques*

Finite-Volumen- und Mehrgitter-Verfahren für elliptische Randwertprobleme

Von Dr. rer. nat. Jürgen Bey
Rheinisch-Westfälische Techn. Hochschule Aachen

Springer Fachmedien Wiesbaden GmbH 1998

Dr. rer. nat. Jürgen Bey

Geboren 1965 in Oldenburg. Von 1985 bis 1991 Studium der Mathematik an der RWTH Aachen, 1991 Diplom. Als wiss. Mitarbeiter zunächst von 1991 bis 1992 am Institut für wissenschaftliches Rechnen (IWR) der Universität Heidelberg, dann von 1992 bis 1997 am Mathematischen Institut der Universität Tübingen, 1997 Promotion. Seit 1997 am Lehrstuhl für Numerik an der RWTH Aachen.

Die Deutsche Bibliothek – CIP-Einheitsaufnahme

Bey, Jürgen:
Finite-Volumen- und Mehrgitterverfahren für elliptische Randwertprobleme / von Jürgen Bey.
1998
(Advances in numerical mathematics)
ISBN 978-3-519-02741-6 ISBN 978-3-663-10071-3 (eBook)
DOI 10.1007/978-3-663-10071-3

Ursprünglich erschienen bei B.G.Teubner Stuttgart · Leipzig 1998

Einleitung

Zum Kontext dieses Buches

Die numerische Behandlung partieller Differentialgleichungen beinhaltet im allgemeinen die Lösung großer bis sehr großer Gleichungssysteme. Bei dreidimensionalen Problemen z.B. sind mehrere Millionen Unbekannte keine Seltenheit, und obwohl die Rechenleistung der stärksten Computer in den letzten Jahrzehnten exponentiell angestiegen ist, könnten viele praxisrelevante Probleme heute nicht gelöst werden, wären die Numeriker nicht bei der Entwicklung effizienter Algorithmen ähnlich erfolgreich gewesen. Zu den bemerkenswertesten Fortschritten auf diesem Gebiet zählt die Entwicklung *adaptiver Mehrgitter- und Multilevelverfahren*, deren Erfolg auf der Verschmelzung zweier leistungsfähiger Konzepte beruht: der Kombination adaptiver Diskretisierungstechniken mit schnellen Mehrgitter- bzw. Multilevellösern.

Die Anwendung adaptiver Diskretisierungstechniken dient zunächst dazu, die Anzahl der Unbekannten und damit die Dimension des zu lösenden Gleichungssystems möglichst gering zu halten. Wurden früher zur Diskretisierung partieller Differentialgleichungen in erster Linie gleichmäßig strukturierte Rechteckgitter verwendet, so ist man heute durch den Einsatz geeigneter Fehlerschätzer in der Lage, die Diskretisierung – ausgehend von einem relativ groben Anfangsgitter und einer entsprechend groben Näherungslösung – schrittweise an die aktuelle Näherungslösung anzupassen, bis die gewünschte Genauigkeit erreicht ist. Üblicherweise wird dazu das aktuelle Diskretisierungsgitter lokal verfeinert, und zwar an solchen Stellen, wo aufgrund entsprechender Fehlerabschätzungen eine höhere Genauigkeit zu erwarten ist, z.B. in der Nähe von Singularitäten, Grenzschichten, einspringenden Ecken, etc. Bereiche, in denen die Lösung sich als hinreichend glatt herausstellt, bleiben unverfeinert oder können – etwa bei zeitabhängigen Anwendungen – sogar wieder vergröbert werden.

Die auf diese Weise erzeugten Diskretisierungsgitter zeichnen sich durch ihren oft stark nichtuniformen Charakter aus, d.h., die Größe der entsprechenden Elemente kann stark variieren. Im Vergleich zu uniform verfeinerten Gittern ergibt sich so je nach Komplexität des Problems eine mitunter drastische Reduktion der Anzahl der Unbekannten. Trotzdem sind die resultierenden Gleichungssysteme, die in jedem Schritt eines solchen adaptiven Prozesses anfallen, im allgemeinen noch so groß, daß nur eine iterative Lösung in Frage kommt. Die meisten einfachen Iterationsverfahren wie Jacobi oder Gauß-Seidel besitzen allerdings den Nachteil, daß der Rechenaufwand, der für das Erreichen einer bestimmten Genauigkeit notwendig ist, bei zunehmender Verfeinerungstiefe bzw. abnehmender Gitterweite im Vergleich zur Anzahl der Unbekannten überproportional anwächst.

Von besonderer Bedeutung sind daher Mehrgitter- und Multilevelverfahren, mit denen für eine große Klasse von Problemen erstmals Verfahren optimaler bzw. quasioptimaler Komplexität zur Verfügung stehen, deren Konvergenzrate nicht oder höchstens logarithmisch von der aktuellen Gitterweite abhängt. Im Gegensatz zu den meisten einfachen Iterationsverfahren, die ausschließlich mit der Steifigkeitsmatrix des zu lösenden Gleichungssystems arbeiten, erfordert die Anwendung von Mehrgitter- und Multilevelverfahren im allgemeinen die Existenz einer ganzen Hierarchie schrittweise verfeinerter Gitter sowie entsprechender Diskretisierungen. Diese Verfahren eignen sich daher besonders gut zur Einbettung in einen adaptiven Prozeß, bei dem eine solche Hierarchie – wie oben beschrieben – automatisch erzeugt wird. Man spricht in diesem Fall von einem adaptiven Mehrgitter- bzw. Multilevelverfahren.

Obwohl adaptive Mehrgitter- und Multilevelverfahren heute in vielen Bereichen zu den effizientesten Methoden überhaupt zählen, werden sie von Ingenieuren und in der industriellen Praxis bisher noch viel zu selten eingesetzt. Für diese unbefriedigende Situation sind mindestens drei Gründe verantwortlich. Der erste Grund ist eher praktischer Natur: Viele potentielle Anwender schreckt schon allein der Gedanke ab, Hierarchien möglicherweise stark nichtuniformer Gitter erzeugen und verwalten zu müssen. Tatsächlich erfordert die Realisierung dieser Verfahren einen relativ hohen Programmieraufwand. Außerdem benötigt man dynamische Daten- und Kontrollstrukturen, die den dynamischen Charakter der Lösungsverfahren möglichst gut widerspiegeln. Statische Programmiersprachen wie FORTRAN, das auch heute noch von vielen Ingenieuren verwendet wird, sind für diesen Zweck daher nur bedingt geeignet.

Ein zweites Problem stellt die Gitterverfeinerung selber dar. Viele Anwender bevorzugen Dreiecks- oder Tetraedergitter, unter anderem deswegen, weil sich krummlinig berandete Gebiete dadurch besser approximieren lassen. Man spricht in diesem Fall von *Triangulierungen*. Bei der sukzessiven Verfeinerung solcher Triangulierungen ist darauf zu achten, daß die resultierende Triangulierungsfolge *stabil* bleibt, d.h., die entstehenden Simplizes dürfen nicht beliebig flach werden („entarten"), da sich sonst das Konvergenzverhalten der Diskretisierung oder des Mehrgitterverfahrens drastisch verschlechtern kann. Darüber hinaus werden aus programmtechnischen Gründen oft *konsistente* Triangulierungen bevorzugt, bei denen der Schnitt zweier benachbarter Elemente entweder ein gemeinsamer Eckpunkt, eine gemeinsame Kante, oder – in höheren Dimensionen – ein gemeinsames Randsimplex ist.

Die Erzeugung stabiler Folgen konsistenter Triangulierungen durch adaptive Verfeinerung ist aber alles andere als trivial und erfordert den Einsatz zum Teil recht komplexer Verfeinerungsalgorithmen. Zu diesem Zweck stehen im zweidimensionalen Fall schon seit geraumer Zeit zahlreiche geeignete Verfeinerungsverfahren zur Verfügung. Als Beispiele seien hier nur das bekannte Verfahren von Bank mit seiner Kombination aus regulären („roten") und irregulären („grünen") Verfeinerungen genannt, das heute wohl zu den am meisten eingesetzten Verfahren seiner Art zählt, sowie die Bisektionsverfahren von Mitchell und Rivara. Darüber hinaus existieren inzwischen eine ganze Reihe von Programmpaketen wie z.B. PLTMG, UG oder KASKADE, in denen die genannten Verfahren zum Einsatz kommen und die dem Benutzer die schwierige Aufgabe der Gitterverfeinerung bzw. Gitterverwaltung abnehmen.

Die Entwicklung adaptiver Verfeinerungsstrategien für den geometrisch viel komplizierteren, dreidimensionalen Fall hingegen wurde erst in den letzten Jahren ernsthaft vorangetrieben, u.a. von Bänsch, Maubach, Zhang, sowie dem Autor dieses Buches. Die Implementierung entsprechender Programmpakete für dreidimensionale Anwendungen, z.B. neuere Versionen von UG und KASKADE oder das hier vorgestellte AGM^{3D}, hat somit gerade erst stattgefunden bzw. ist noch in vollem Gange. Diese Programme müssen ihren Weg zum Anwender erst noch finden.

Der dritte Grund für die geringe Verbreitung adaptiver Mehrgitter- und Multilevelverfahren schließlich ist eher mathematischer Natur: Eine vollständige Konvergenztheorie steht bisher nur für symmetrische, elliptische Randwertprobleme zur Verfügung. Die Entwicklung von Mehrgitterverfahren für nichtsymmetrische und insbesondere konvektionsdominierte Probleme hingegen steckt noch in den Kinderschuhen – von einer entsprechenden Konvergenztheorie ganz zu schweigen. Hier sucht man schon seit vielen Jahren nach einem *robusten* Verfahren, dessen Konvergenzrate nicht nur von der Gitterweite, sondern auch von der Richtung und Stärke des Konvektionsfeldes unabhängig ist.

Ein einfacher heuristischer Ansatz zur Konstruktion eines robusten Mehrgitterverfahrens besteht darin, einen Glätter zu verwenden, der im konvektionsdominierten Fall zu einem exakten Löser entartet. Diese Eigenschaft besitzt zum Beispiel das Gauß-Seidel-Verfahren – vorausgesetzt, die Reihenfolge der Unbekannten folgt exakt der Konvektionsrichtung. Tatsächlich haben sich Mehrgitterverfahren mit Gauß-Seidel-Glätter und entsprechender Numerierung in der Praxis als äußerst robust herausgestellt, wenn auch ein Beweis für die Robustheit bislang nur im eindimensionalen Fall existiert (Hackbusch, Reusken).

Bisher ist das genannte Verfahren allerdings fast ausschließlich auf Probleme mit konstanter Strömungsrichtung und auf strukturierten Gittern eingesetzt worden, da in diesem Fall eine geeignete Numerierung relativ leicht zu bestimmen ist. Für Probleme mit variablen Koeffizienten oder für unstrukturierte Gitter hingegen benötigt man kompliziertere Numerierungsstrategien. Darüber hinaus ist das Verfahren in dieser Form sowieso nur anwendbar, wenn eine entsprechende Numerierung überhaupt existiert. Letzteres ist genau dann der Fall, wenn im zugehörigen *Konvektionsgraphen* keine Zyklen auftreten – eine Forderung, die in der Praxis leider nur selten erfüllt ist. Die Konstruktion eines robusten Mehrgitterverfahrens für konvektionsdominierte Probleme gehört deswegen heute im Bereich iterativer Löser nach wie vor zu den größten Herausforderungen überhaupt.

Schwierigkeiten bereiten konvektionsdominierte Probleme aber nicht erst bei der Anwendung von Mehrgitterverfahren, sondern bereits bei der Diskretisierung. Einfache Differenzen- oder Finite-Elemente-Verfahren, wie sie für symmetrische Probleme verwendet werden, führen im konvektionsdominierten Fall zu Instabilitäten, die sich vor allem durch starke Oszillationen der entsprechenden Näherungslösungen bemerkbar machen. Zur Stabilisierung der diskreten Gleichungen wurden daher eine ganze Reihe sogenannter *Upwindschemata* entwickelt. Die Palette reicht hier von einfachen Verfahren erster Ordnung wie dem Verfahren der künstlichen Diffusion über das anspruchsvollere Stromlinien-Diffusionsverfahren bis hin zu Verfahren zweiter Ordnung mit nichtlinearem Shock-Capturing.

Neben Differenzen- und Finite-Elemente-Verfahren hat sich inzwischen die Finite-Volumen-Methode als drittes Diskretisierungsverfahren etabliert. Finite-Volumen-Verfahren eignen sich besonders gut zur Diskretisierung physikalischer Erhaltungssätze, da sie im Gegensatz zu den Finiten Elementen eine Eigenschaft besitzen, die man als *Konservativität* bezeichnet, d.h., wenn man die diskreten Gleichungen zu benachbarten Gitterzellen addiert, heben sich die entsprechenden inneren Flußterme gegenseitig auf. Allerdings macht dieser Vorteil sich erst bei nichtlinearen Problemen bzw. bei Problemen mit unstetigen Koeffizienten bemerkbar. Trotzdem werden Finite-Volumen-Verfahren immer öfter auch zur Diskretisierung linearer elliptischer Randwertprobleme eingesetzt – nicht zuletzt deshalb, weil sich auf diese Weise eine Reihe neuer Upwindschemata konstruieren lassen, die mit dem Finite-Elemente-Ansatz so nicht hergeleitet werden können.

Zur Anwendung des Finite-Volumen-Verfahrens benötigt man eine Zerlegung des Lösungsgebiets in eine endliche Anzahl sogenannter *Kontrollvolumen* oder *Boxen*. Zur Konstruktion solcher Boxzerlegungen kann man die üblichen Finite-Elemente-Triangulierungen verwenden; jedem Eckpunkt der Triangulierung wird dann genau ein Kontrollvolumen zugeordnet. Man spricht in diesem Fall von einem *dualen Boxgitter*. Für Finite-Volumen-Diskretisierungen dieser Art und lineare elliptische Randwertprobleme steht im zweidimensionalen Fall nach Arbeiten von Bank & Rose, Hackbusch und Heinrich inzwischen eine vollständige Konvergenztheorie zur Verfügung. Wie insbesondere die Theorie von Hackbusch zeigt, gelten für das Finite-Volumen-Verfahren im $\mathbb{R}^2$ im wesentlichen die gleichen Fehlerabschätzungen wie für lineare Finite Elemente – vorausgesetzt, die zugehörigen dualen Boxgitter genügen einer sogenannten *Gleichgewichtsbedingung*. Überraschenderweise führen beide Verfahren bei reinen Diffusionsproblemen sogar auf die gleiche Steifigkeitsmatrix. Bisher steht eine Verallgemeinerung dieser Ergebnisse auf den n-dimensionalen Fall allerdings noch aus.

Schwerpunktthemen dieses Buches

In diesem Buch setzen wir uns mit verschiedenen Fragestellungen rund um die Anwendung von Finite-Volumen- und adaptiven Mehrgitterverfahren auf elliptische Randwertprobleme auseinander. Unser besonderes Augenmerk gilt dabei vor allem dem drei- und höherdimensionalen Fall. Die wichtigsten Schwerpunktthemen innerhalb dieses Buches sind: Adaptive Verfeinerungsalgorithmen für Tetraeder- bzw. Simplexgitter, Finite-Volumen-Diskretisierungen für elliptische Randwertprobleme, und robuste Mehrgitterverfahren für konvektionsdominierte Probleme.

Unter der Überschrift „Adaptive Verfeinerungsalgorithmen“ stellen wir zunächst ein adaptives Verfeinerungsverfahren für Tetraedergitter vor, mit dem sich möglicherweise stark nichtuniforme, aber dennoch konsistente und stabile Triangulierungen erzeugen lassen. Das Verfahren ist auf jede konsistente, aber ansonsten beliebig unstrukturierte Anfangstriangulierung anwendbar und erlaubt außerdem die Rücknahme bestehender Verfeinerungen zum Zwecke der Gittervergröberung. Letzteres ist vor allem bei zeitabhängigen Problemen sinnvoll. Die Steuerung des Verfeinerungsprozesses erfolgt in der Praxis durch einen beliebigen Fehlerschätzer, der jeweils eine bestimmte Teilmenge von Elementen für Verfeinerung oder Vergröberung auswählt.

Wichtigster Bestandteil des Verfahrens ist die vom Autor in seiner Diplomarbeit eingeführte *reguläre* Verfeinerungsstrategie für Tetraeder, welche als direkte Verallgemeinerung der zweidimensionalen roten Verfeinerungen von Bank angesehen werden kann. Diese reguläre Verfeinerungsstrategie zeichnet sich dadurch aus, daß bei rekursiver Anwendung auf ein beliebiges Ausgangstetraeder höchstens drei Ähnlichkeitsklassen entstehen, so daß die auf diese Weise erzeugten Triangulierungen automatisch stabil sind. Zur Konsistenzerhaltung – d.h., für den sogenannten *grünen Abschluß* – fügen wir der regulären Verfeinerungsstrategie noch eine Reihe von *irregulären* Verfeinerungsregeln hinzu und konstruieren dann einen *globalen Algorithmus*, der die Vorschläge des Fehlerschätzers umsetzt und dazu die regulären Verfeinerungen so mit den irregulären kombiniert, daß die Stabilitätseigenschaft erhalten bleibt und die resultierenden Triangulierungen konsistent sind.

Die Konstruktion unseres globalen Algorithmus basiert auf einer von Bastian vorgeschlagenen Top-Down/Bottom-Up-Struktur, bei der die Elemente der zu verfeinernden Gitterhierarchie stufenweise in zwei Phasen abgearbeitet werden: in der ersten Phase vom feinsten bis zum gröbsten Gitter („Top-Down"), in der zweiten Phase gerade umgekehrt („Bottom-Up"). Dieser stufenweise Aufbau, der von Bastian selbst bereits in der zweidimensionalen Version seines Programmpakets UG verwendet wurde, besitzt gegenüber entsprechenden stufenunabhängig arbeitenden Algorithmen, wie sie von Bank und den meisten anderen Autoren benutzt werden, eine Reihe von Vorteilen – sowohl bei der Realisierung von Mehrgitter- oder Multilevelverfahren als auch im Hinblick auf die Parallelisierung oder eine möglichst optimale Cache-Ausnutzung. Die korrekte Funktion des so konstruierten Verfahrens ist allerdings im Dreidimensionalen nicht mehr offensichtlich und muß deswegen explizit bewiesen werden. Wie sich dabei herausgestellt hat, hängt insbesondere die Konsistenz der erzeugten Triangulierungen davon ab, daß eine genügend große Auswahl an irregulären Verfeinerungsregeln zur Verfügung steht.

Basierend auf dem hier vorgestellten Verfeinerungsalgorithmus haben wir inzwischen auch ein entsprechendes Programmpaket entwickelt: den *„Adaptiven Gitter-Manager"* AGM^{3D}. Hinter der Entwicklung von AGM^{3D} steht die Absicht, dem potentiellen Benutzer die schwierige Aufgabe der Gitterverfeinerung abzunehmen, damit dieser sich ganz auf die Modellierung seines speziellen Problems sowie auf die Entwicklung geeigneter Diskretisierungen, Fehlerschätzer und Löser konzentrieren kann. Zu diesem Zweck stellt AGM^{3D} eine Reihe von problemunabhängigen C-Routinen für die Erzeugung, Verwaltung und Visualisierung von Tetraedergittern zur Verfügung. Die verwendeten Datenstrukturen sind speziell auf die Anwendung adaptiver Mehrgitter- bzw. Multilevelverfahren zugeschnitten, so daß sich mit AGM^{3D} vielleicht auch solche Benutzer zur Anwendung dieser Verfahren bewegen lassen, die ansonsten wegen des großen Aufwandes wohl davor zurückschrecken würden. Unterstützt werden sie dabei durch das umfangreiche AGM^{3D}-Handbuch.

Obwohl in der Praxis naturgemäß zwei- oder dreidimensionale Probleme im Vordergrund stehen, beschäftigen wir uns in diesem Buch auch mit der Verfeinerung n-dimensionaler Triangulierungen, sogenannter Simplexgitter. Wir zeigen zunächst, daß sich die roten Verfeinerungen von Bank bzw. die von uns verwendete, reguläre Tetraeder-Verfeinerungsstrategie in kanonischer Weise auf den n-dimensionalen Fall übertragen lassen. Ein entsprechendes Verfahren wurde zwar schon 1942 von Freudenthal veröffentlicht, ist aber unter Numerikern noch weitgehend unbekannt. Wir werden den Freudenthalschen Algorithmus deswegen in allen Einzelheiten herleiten und zeigen, daß bei rekursiver Anwendung des Verfahrens auf ein beliebiges Ausgangssimplex im $\mathbb{R}^n$ höchstens $n!/2$ Ähnlichkeitsklassen entstehen – unabhängig davon, wieviele aufeinanderfolgende Verfeinerungsschritte durchgeführt werden. Die auf diese Weise erzeugten Triangulierungen sind folglich stabil.

Die Anzahl der entstehenden Ähnlickeitsklassen ist aber nicht nur für die Stabilität der erzeugten Triangulierungen, sondern auch für die Implementierung verschiedener numerischer Verfahren von besonderer Bedeutung. So lassen sich zahlreiche besonders zeitraubende Aufgaben wie etwa die Assemblierung der Steifigkeitsmatrix signifikant beschleunigen, wenn man Daten nur einmal berechnet und speichert, die lediglich von der Ähnlichkeitsklasse und der Verfeinerungsstufe eines Simplizes abhängen. Die Anzahl der auftretenden Ähnlichkeitsklassen sollte daher möglichst klein sein. Vor diesem Hintergrund erscheint das folgende Resultat interessant, das wir in diesem Buch beweisen werden: *Die rekursive Anwendung jeder regulären, affin invarianten Verfeinerungsstrategie im $\mathbb{R}^n$ führt für fast jedes Ausgangssimplex auf wenigstens $n!/2$ Ähnlichkeitsklassen.*

Das Verfahren von Freudenthal ist folglich im Hinblick auf die Anzahl der Ähnlichkeitsklassen optimal. Hier zeigt sich bereits ein entscheidender Vorteil gegenüber anderen n-dimensionalen Verfeinerungsstrategien wie z.B. den Bisektionsverfahren von Maubach und Traxler, die, wenn man jeweils n aufeinanderfolgende Bisektionsschritte als eine reguläre Verfeinerung interpretiert, im allgemeinen auf $n! \cdot 2^{n-2}$ Ähnlichkeitsklassen pro Ausgangssimplex führen. Ein weiterer Vorteil des Freudenthalschen Verfahrens besteht darin, daß es auf jede konsistente Anfangstriangulierung anwendbar ist, während die genannten Bisektionsverfahren nur dann konsistente Verfeinerungen liefern, wenn das entsprechende Anfangsgitter speziellen Bedingungen genügt.

Nach den adaptiven Verfeinerungsalgorithmen bilden Finite-Volumen-Diskretisierungen für elliptische Randwertprobleme im $\mathbb{R}^n$ den zweiten Schwerpunkt dieses Buches. Speziell untersuchen wir hier solche Verfahren, deren Kontrollvolumen den Eckpunkten konsistenter Finite-Elemente-Triangulierungen zugeordnet sind und somit ein duales Boxgitter bilden. Unsere Herleitung dieser Verfahren basiert auf einer verallgemeinerten schwachen Formulierung elliptischer Randwertprobleme, von der wir zeigen können, daß sie zur üblichen Variationsformulierung äquivalent ist, sowie auf einem entsprechenden verallgemeinerten Petrov-Galerkin-Ansatz. Mit Hilfe eines kanonischen Isomorphismus können wir das Verfahren aber auch als verallgemeinerten Galerkin-Ansatz für das Standard-Variationsproblem interpretieren, so daß uns für die Konvergenzanalyse eine Reihe bekannter abstrakter Fehlerabschätzungen wie das erste Strang-Lemma oder ein verallgemeinertes Aubin-Nitsche-Lemma zur Verfügung stehen.

Mit Hilfe dieser abstrakten Fehlerabschätzungen leiten wir dann für das hier betrachtete Finite-Volumen-Verfahren eine vollständige Konvergenztheorie her, wobei wir unter anderem die Ergebnisse von Hackbusch auf den n-dimensionalen Fall übertragen und erweitern. Wir beweisen, daß auch für das n-dimensionale Verfahren im wesentlichen die gleichen Fehlerabschätzungen gelten wie für lineare Finite Elemente, wenn die zugrundeliegenden dualen Boxgitter insgesamt vier Gleichgewichts- und Regularitätsbedingungen genügen, in denen die von Hackbusch geforderte Gleichgewichtsbedingung natürlich enthalten ist. Wie wir außerdem zeigen werden, stimmen unter den genannten Voraussetzungen auch im n-dimensionalen Fall die Diffusionsanteile der Steifigkeitsmatrizen des Finite-Elemente- bzw. Finite-Volumen-Verfahrens überein.

Nach der Standard-Diskretisierung untersuchen wir dann noch eine Reihe von Varianten des Verfahrens. Insbesondere interessiert uns, welchen Einfluß es auf die Konvergenzordnung hat, wenn der Reaktionsterm durch eine Diagonalmatrix approximiert wird („*Mass Lumping*"), oder wenn die Koeffzienten des betrachteten Randwertproblems durch ihre stückweise konstanten und mit Hilfe von Quadraturformeln nur näherungsweise bestimmten Mittelwerte ersetzt werden.

Da unsere Konvergenztheorie die Gültigkeit der Gleichgewichts- und Regularitätsbedingungen voraussetzt, stellt sich die Frage, wie man im $\mathbb{R}^n$ geeignete duale Boxgitter konstruieren kann, die diesen Bedingungen genügen. Wir beantworten diese Frage, indem wir das im $\mathbb{R}^2$ oft verwendete *Schwerpunktverfahren* auf den n-dimensionalen Fall übertragen. Für dieses Verfahren leiten wir eine elegante Darstellung durch baryzentrische Koordinaten her, mit deren Hilfe sich die geforderten Bedingungen bequem nachweisen lassen.

Da das Finite-Volumen-Verfahren wie das Finite-Elemente-Verfahren bei der Anwendung auf konvektionsdominierte Probleme im allgemeinen stark oszillierende Näherungslösungen produziert, benötigt man auch hier eine entsprechende Stabilisierung. Wir stellen in diesem Buch zwei einfache Upwindverfahren erster Ordnung vor, die sich – grob gesprochen – zwischen dem Verfahren der künstlichen Diffusion und dem Stromlinien-Diffusions-Verfahren einordnen lassen, d.h., die entsprechende numerische Diffusion tritt vorzugsweise in Konvektionsrichtung auf und weniger dazu senkrecht. Mit Hilfe einer von Bank et al. für den zweidimensionalen Fall entwickelten Methode können wir zeigen, daß beide Upwindverfahren sich als einfache Finite-Volumen-Diskretisierungen eines Randwertproblems mit gestörter Diffusionsmatrix interpretieren lassen. Überraschenderweise handelt es sich dabei in unserem Fall um eine symmetrische Störung, während bei den von Bank und seinen Mitarbeitern untersuchten Verfahren im allgemeinen eine nichtsymmetrische Störung auftritt. Dieser kleine, aber feine Unterschied beruht einzig und allein darauf, daß Bank et al. zur Konstruktion der dualen Boxgitter anstatt des Schwerpunktverfahrens das sogenannte Mittelsenkrechtenverfahren verwendet haben.

Dritter und letzter Schwerpunkt dieses Buches schließlich ist die Konstruktion eines robusten Mehrgitterverfahrens für konvektionsdominierte Probleme. Wir verwenden ein klassisches Mehrgitterverfahren mit einfachen Standardkomponenten und einem Block-Gauß-Seidel-Glätter, der das Prinzip, Gauß-Seidel mit einer Numerierungsstrategie zu kombinieren, in kanonischer Weise verallgemeinert und im reinen Konvektionsfall auch dann noch zu einem exakten Löser entartet, wenn der zugehörige Konvektionsgraph Zyklen enthält. Die grundlegende Idee besteht darin, anstatt der einzelnen Gitterpunkte die maximalen Zusammenhangskomponenten des Konvektionsgraphen in Stromrichtung zu numerieren, so daß der Konvektionsanteil der Steifigkeitsmatrix untere Blockdreiecksgestalt annimmt. Für solche Matrizen ist das entsprechende Block-Gauß-Seidel-Verfahren dann tatsächlich ein exakter Löser.

Die Robustheit des so konstruierten Mehrgitterverfahrens wird dann anhand einer Reihe von dreidimensionalen Modellproblemen durch numerische Tests nachgewiesen. Diese besitzen zwar nicht die Aussagekraft eines mathematischen Beweises, belegen die Robustheit des hier vorgeschlagenen Ansatzes aber doch recht eindrucksvoll. Tatsächlich liegen die beobachteten Konvergenzraten nur in wenigen Fällen geringfügig über den entsprechenden Konvergenzraten für den symmetrischen Fall, und das auch nur, solange die maximale Konvektionsstärke relativ gering ist. Mit zunehmender Konvektionsstärke tendiert die Konvergenzrate des Verfahrens dann wie erwartet gegen Null.

Zur Bestimmung der maximalen Zusammenhangskomponenten verwenden wir einen modifizierten Tarjan-Algorithmus, der gleichzeitig auch die entsprechende Numerierung in Stromrichtung liefert. Dieser Algorithmus ist so effizient, daß er bei der Gesamtlaufzeit des hier vorgestellten Mehrgitterverfahrens praktisch nicht ins Gewicht fällt. Entscheidend für die Effizienz ist vielmehr die relative Größe der entsprechenden Diagonalblöcke, d.h., die relative Größe der maximalen Zusammenhangskomponenten. Da in jedem Glättungsschritt für jeden der vorhandenen Diagonalblöcke ein entsprechendes Gleichungssystem zu lösen ist, eignet sich das Verfahren aus Komplexitätsgründen zunächst nur für Probleme mit relativ kleinen Zyklen, z.B. solchen, die von der Diskretisierung herrühren („*künstliche Zyklen*“).

Die Frage nach einem effizienten Verfahren zur Lösung der Diagonalblocksysteme bleibt also offen. Zwar lassen sich größere Zusammenhangskomponenten im allgemeinen entlang sogenannter *Feedback Vertices* aufschneiden; ein effizientes Verfahren resultiert daraus aber nur, wenn deren Anzahl im Vergleich zur Größe der Zusammenhangskomponente relativ klein ist. Da diese Forderung gerade im dreidimensionalen Fall nur selten erfüllt ist, bleibt die Konstruktion eines robusten Glätters für konvektionsdominierte Probleme mit beliebig großen Zusammenhangskomponenten nach wie vor eine große Herausforderung. Der von uns vorgestellte Algorithmus kann als ein kleiner Schritt in diese Richtung interpretiert werden, der es erlaubt, das Problem auf die maximalen Zusammenhangskomponenten des Konvektionsgraphen bzw. auf deren Feedback Vertices zu reduzieren.

Gliederung

Das vorliegende Buch ist in insgesamt fünf größere Abschnitte unterteilt: ein einführendes Kapitel zur Theorie und Numerik elliptischer Randwertprobleme, zwei Kapitel über die adaptive Verfeinerung von Tetraeder- bzw. Simplexgittern, sowie jeweils eines zu den Themen Finite-Volumen-Diskretisierung und robuste Mehrgitterverfahren. Jeder dieser Abschnitte – mit Ausnahme des ersten – enthält seinerseits eine ausführliche Einleitung zum behandelten Thema, welche über den Rahmen dieser Einleitung weit hinaus geht. Dort sind auch die zahlreichen Literaturhinweise zu finden, die der eine oder andere Leser an dieser Stelle vermißt haben mag. Wem diese Einleitung hier zu allgemein ist, sei daher auf die entsprechenden Einleitungen zu den Kapiteln 2 bis 5 verwiesen. Wie sich der Inhalt dieses Buches auf die einzelnen Kapitel verteilt, zeigt die folgende Kurzübersicht.

Kapitel 1 enthält eine **Einführung in die Theorie und Numerik elliptischer Randwertprobleme**, wobei der numerische Anteil auf Finite-Elemente-Diskretisierungen mit stückweise linearen Ansatzfunktionen beschränkt ist. Mit dieser Einführung verfolgen wir im wesentlichen drei Ziele: Zum einen soll auch dem mit der Materie weniger vertrauten Leser die Chance eröffnet werden, den Rest dieses Buches zu verstehen und einzuordnen, ohne dafür ständig auf andere Literatur zurückgreifen zu müssen. Darüber hinaus erlauben die hier angegebenen Fehlerabschätzungen für das Finite-Elemente-Verfahren einen direkten Vergleich mit den in Kapitel 4 hergeleiteten Fehlerabschätzungen für das Finite-Volumen-Verfahren. Schließlich dient dieses Kapitel auch dazu, die Notation und einige wichtige Begriffe festzulegen, die im Rest dieses Buches verwendet werden.

In **Kapitel 2** beginnen wir mit der Untersuchung **adaptiver Verfeinerungsalgorithmen**. Wir führen zunächst den Begriff der *Multileveltriangulierung* ein und können damit unsere Vorstellungen von einem adaptiven Verfeinerungsalgorithmus in mathematisch präziser Weise spezifizieren. Anschließend verschaffen wir uns einen Überblick über die gängigsten Verfeinerungsstrategien in zwei, drei und mehr Raumdimensionen, die dieser Spezifikation genügen. In Kapitel 2.3 stellen wir dann selbst einen adaptiven Verfeinerungsalgorithmus für Tetraedergitter vor, der auf beliebige, konsistente Anfangstriangulierungen anwendbar ist und darüber hinaus auch Vergröberungen ermöglicht, indem bestehende Verfeinerungen rückgängig gemacht werden. Die Funktionsweise des Verfahrens wird in allen Einzelheiten beschrieben; auf die aktuelle Implementierung und das Programmpaket AGM^{3D} gehen wir in diesem Buch aber nur am Rande ein. Die korrekte Funktion des Algorithmus – insbesondere die Konsistenz der erzeugten Triangulierungen – wird dann in Kapitel 2.4 bewiesen.

Kapitel 3 ist dann der **stabilen Verfeinerung von (n)-Simplizes** gewidmet. Im ersten Teil dieses Kapitels zeigen wir, wie sich die roten Verfeinerungen von Bank sowie die von uns verwendete, reguläre Verfeinerungsstrategie für Tetraeder mit Hilfe der sogenannten

Kuhn-Triangulierung auf den n-dimensionalen Fall übertragen lassen. Wir beweisen, daß das entsprechende reguläre Verfeinerungsverfahren im $\mathbb{R}^n$, der Algorithmus von Freudenthal, auf jede konsistente n-dimensionale Anfangstriangulierung anwendbar ist und stabile Folgen konsistenter Triangulierungen liefert, deren Elemente sich in höchstens $n!/2$ Ähnlichkeitsklassen pro Ausgangssimplex einteilen lassen. Außerdem gehen wir kurz darauf ein, wie sich auf Basis des Freudenthalschen Algorithmus mit Hilfe zusätzlicher irregulärer Verfeinerungsregeln ein entsprechender adaptiver Verfeinerungsalgorithmus konstruieren läßt. Daß der Freudenthalsche Algorithmus im Hinblick auf die Anzahl der erzeugten Ähnlichkeitsklassen optimal ist, zeigen wir dann in Kapitel 3.2. Genauer gesagt werden wir dort beweisen, daß jede reguläre und affin invariante Verfeinerungsstrategie im $\mathbb{R}^n$ bei rekursiver Anwendung für fast alle Ausgangssimplizes auf wenigstens $n!/2$ Ähnlichkeitsklassen führt.

In **Kapitel 4** beschäftigen wir uns mit der **Finite-Volumen-Diskretisierung** elliptischer Randwertprobleme im $\mathbb{R}^n$. Dazu leiten wir zunächst eine verallgemeinerte schwache Formulierung elliptischer Randwertprobleme her, die zur üblichen Variationsformulierung äquivalent ist und aus der mit Hilfe dualer Boxgitter und entsprechender Ansatzfunktionen eine einfache Finite-Volumen-Diskretisierung abgeleitet werden kann. Für das so definierte Verfahren beweisen wir dann in Kapitel 4.2 entsprechende Fehlerabschätzungen in der H^1- bzw. L^2-Norm. Wie sich herausstellen wird, gelten im wesentlichen die gleichen Fehlerabschätzungen wie für lineare Finite Elemente, wenn die verwendeten Boxgitter einer Reihe von Gleichgewichts- und Regularitätsbedingungen genügen. Das Schwerpunktverfahren zur Konstruktion solcher Boxgitter im $\mathbb{R}^n$ stellen wir dann in Kapitel 4.4 vor. Vorher betrachten wir in Kapitel 4.3 noch eine Reihe von Varianten des Verfahrens und untersuchen insbesondere den Einfluß der Verwendung von Quadraturformeln auf die Konvergenzordnung.

In **Kapitel 5** schließlich konstruieren wir **ein robustes Mehrgitterverfahren für konvektionsdominierte Probleme**. Dazu entwickeln wir in Kapitel 5.1 zunächst zwei einfache Upwindstrategien zur Stabilisierung des Finite-Volumen-Verfahrens im konvektionsdominierten Fall. Kapitel 5.2 enthält eine detaillierte Einführung zum Thema „Mehrgitterverfahren" und gibt einen Überblick sowohl über die im symmetrischen Fall existierende Konvergenztheorie als auch über die verschiedenen Ansätze zur Konstruktion robuster Mehrgitterverfahren für nichtsymmetrische Probleme. Unseren eigenen Ansatz stellen wir dann in Kapitel Kapitel 5.3 vor. Dort konstruieren wir mit Hilfe der maximalen Zusammenhangskomponenten des Konvektionsgraphen einen Block-Gauß-Seidel-Glätter, der das Prinzip, Gauß-Seidel mit einer entsprechenden Numerierungsstrategie zu kombinieren, in kanonischer Weise verallgemeinert. Die Robustheit des resultierenden Mehrgitterverfahrens wird dann in Kapitel 5.4 anhand einer Reihe von dreidimensionalen Testbeispielen verifiziert.

Wir hoffen, daß das vorliegende Buch nicht nur für einen kleinen Kreis von Spezialisten, sondern hoffentlich auch für Leser aus anderen Fachgebieten, z.B. Ingenieure und andere potentielle Anwender der hier vorgestellten Verfahren, verständlich ist. Obwohl zwischen den einzelnen Abschnitten natürlich ein Zusammenhang besteht, können die meisten Kapitel doch zu einem großen Teil unabhängig voneinander gelesen werden. Wer z.B. lediglich an der Verfeinerung von Tetraedergittern interessiert ist, kann sich im wesentlichen auf das zweite Kapitel konzentrieren und braucht höchstens zur Klärung der Notation oder der einen oder anderen Definition in der Einführung nachzuschlagen. Auf der anderen Seite sind die beiden

Kapitel über Finite-Volumen- und Mehrgitterverfahren auch ohne tiefgehende Kenntnisse im Bereich adaptiver Gitterverfeinerung gut zu verstehen. Jedem Leser sei daher empfohlen, sich nicht durch den Umfang dieses Buches abschrecken zu lassen, sondern diesen als Einladung zu verstehen, sich die für ihn interessanten Abschnitte herauszusuchen.

Danksagung

An dieser Stelle möchte ich mich noch bei all denjenigen Personen bedanken, die mit ihren Anregungen und Hilfestellungen in irgendeiner Form zum Zustandekommen meiner Dissertation, die diesem Buch zugrundeliegt, beigetragen haben. Mein besonderer Dank gilt hier zunächst Harry Yserentant und Gabriel Wittum für ihre fachkundige und geduldige Betreuung, sowie Peter Leinen, der immer ein offenes Ohr für mich hatte und mir jederzeit mit Rat und Tat zur Seite stand. Bei allen anderen Mitgliedern des Arbeitsbereichs Numerische Mathematik möchte ich mich für die freundliche Zusammenarbeit und die daraus resultierende, angenehme Atmosphäre bedanken. Vielen Dank auch an Nicolas Neuß für seine sorgfältige Durchsicht des Manuskripts.

Darüber hinaus gilt mein besonderer Dank all denen, die eher aus privaten als aus wissenschaftlichen Gründen auf die Fertigstellung meiner Dissertation gewartet haben und von mir mehrfach von einem Monat auf den nächsten vertröstet wurden. Am Umfang dieses Buches läßt sich wohl am ehesten ablesen, welche Geduld sie aufzubringen hatten.

Inhalt

Bezeichnungen

Allgemeine Bezeichnungen		**Seite**
n	Dimensionszahl	27
$\mathbb{N}$	Menge der natürlichen Zahlen	27
$\mathbb{N}_0$	$\mathbb{N} \cup \{0\}$	27
$\mathbb{R}^*$	$\mathbb{R} \cup \{\pm\infty\}$	27
$\mathbb{B}^n$	Menge aller Booleschen Vektoren der Länge n	218
δ_{ij}	Kronecker-Symbol	74
$O(\cdot)$	Landau-Symbol	79
$\mathbb{1}$	Vektor der Länge n, dessen Einträge alle gleich Eins sind	146
μ	Lebesgue-Maß im $\mathbb{R}^n$	32
wes sup	Wesentliches Supremum	32
$\mathrm{vol}(M)$	Volumen der meßbaren Menge M	33
$Int(M)$	Inneres der Menge M	27
$\overline{M}$	Abschluß der Menge M	27
$\mathrm{conv}\ M$	Konvexe Hülle der Menge M	134
$[x^{(0)}, \ldots, x^{(n)}]$	Konvexe Hülle der Punkte $x^{(0)}, \ldots, x^{(n)}$	58
$C^{m,\lambda}$	Gebietsklasse	30
Ω	Gebiet im $\mathbb{R}^n$	27
Γ, $\partial\Omega$	Rand eines Gebietes	27
$\vec{n}$	Äußerer Normalenvektor	42
$supp(u)$	Träger der Funktion u	27
$u\vert_M$	Restriktion der Funktion u auf die Menge M	27
$M \subset\subset \Omega$	$\overline{M}$ ist kompakt und Teilmenge von Ω	28
α	Multiindex	28
$\partial^\alpha u$	α-te (schwache oder starke) Ableitung von u	28
$\nabla \cdot u$	(Schwache) Divergenz von u	41
Δ	Laplace-Operator	247
$\dim V$	Dimension des Vektorraumes V	68
$V \hookrightarrow U$	Stetige Einbettung	28
V'	Dualraum	39
f^*	Beschränktes lineares Funktional	39
$(\cdot,\cdot)_V$	Skalarprodukt des Hilbert-Raumes V	32
$\langle \cdot,\cdot \rangle_V$	Dualitätsprodukt auf $V' \times V$	39

γ	Spuroperator	37
$\gamma_{\vec{n}}$	Spuroperator für $H(\mathrm{div};\Omega)$	42

Matrizen

$LG^{(n)}$	Menge der invertierbaren $(n\times n)$-Matrizen (Lineare Gruppe)	156
$LG^{(n)}_{\pm}$	Menge der $(n\times n)$-Matrizen mit positiver/negativer Determinante	156
$Sym^{(n)}$	Menge der symmetrischen $(n\times n)$-Matrizen	156
$Sym^{(n)}_0$	Symmetrische $(n\times n)$-Matrizen mit Zeilen- und Spaltensumme Null	253
$Spd^{(n)}$	Menge der symmetrisch positiv definiten $(n\times n)$-Matrizen	156
$Orth^{(n)}$	Menge der orthogonalen $(n\times n)$-Matrizen	156
$Orth^{(n)}_{\pm}$	Menge der orthogonalen $(n\times n)$-Matrizen mit Determinate ± 1	156
$\Vert A \Vert$	Euklidische Norm der Matrix A	62
$\varrho(A)$	Spektralradius der Matrix A	53
$\det A$	Determinante der Matrix A	59
$\kappa(A)$	Kondition der Matrix A	75
$\mathrm{div}\, A$	Divergenz einer matrixwertigen Funktion	45

Konstanten

C	Allgemeine Konstante, die an verschiedenen Stellen unterschiedliche Werte annehmen kann	28
$[u]_{\lambda,\Omega}$	Hölder-Konstante der Funktion u	29
C_Ω	Konstante der Poincaré-Ungleichung	39
C_E	Elliptizitätskonstante eines elliptischen Randwertproblems	45
C_R	Regularitätskonstante eines elliptischen Randwertproblems	54
M	Stetigkeitskonstante einer Bilinearform	51
α	Koerzivitätskonstante einer Bilinearform	51
σ	Zweite Konstante der Gårding-Ungleichung	51
δ	Stabilitätskonstante einer Familie von Triangulierungen	66
ν	Quasiuniformitäts-Konstante	67
M_k	Von der Regularität der Koeffizienten abhängige Konstanten	198
Pe	Péclet-Zahl eines Konvektions-Diffusions-Problems	322

Funktionenräume

$C^m(\Omega)$	m-fach stetig differenzierbare Funktionen	28
$C^m(\overline{\Omega})$	Funktionen, deren Ableitungen bis zur Ordnung m beschränkt und gleichmäßig stetig sind	28
$C^{m,\lambda}(\overline{\Omega})$	m-fach Hölder-stetig differenzierbare Funktionen	29
$C^{m,\lambda}(\Omega)$	m-fach lokal Hölder-stetig differenzierbare Funktionen	29
$C^\infty(\Omega)$	Glatte Funktionen	29

$C_0^\infty(\Omega)$	Glatte Funktionen mit kompaktem Träger	29
$C^\infty(\overline{\Omega})$	Restriktionen von $C_0^\infty(\mathbb{R}^n)$-Funktionen auf Ω	29
$L^p(\Omega)$	Lebesgue-Raum	32
$L^1_{loc}(\Omega)$	Lokal integrierbare Funktionen	33
$H^{m,p}(\Omega)$	Sobolev-Raum	34
$H^{s,p}(\Omega)$	Sobolev-Slobodeckij-Raum	36
$H^{s,p}(\Gamma)$	Sobolev-Slobodeckij-Raum auf dem Rande	36
$H_0^{s,p}(\Omega)$	Vervollständigung von $C_0^\infty(\Omega)$ in $H^{s,p}(\Omega)$	38
$H^1_{u_0}(\Omega)$	$H^1(\Omega)$-Funktionen mit Randwerten u_0	51
$H^{-s}(\Omega)$	Dualraum von $H^{s,2}(\Omega)$	40
$H^{-s}(\Gamma)$	Dualraum von $H^{s,2}(\Gamma)$	41
$H^{s,p}(\mathcal{T}_h)$	Stückweise $H^{s,p}$-reguläre Funktionen bzgl. $\mathcal{T}_h$	69
$H(\mathrm{div};\Omega)$	Vektorfelder $u \in L^2(\Omega)^n$ mit schwacher Divergenz in $L^2(\Omega)$	42
$H_0^1(\Omega; A\nabla)$	Funktionen $u \in H_0^1(\Omega)$ mit $A\nabla u \in H(\mathrm{div};\Omega)$	172

Normen

$\| u \|_{m,\infty}$	Norm von $C^m(\overline{\Omega})$	29
$\| u \|_{m,\lambda,\infty}$	Norm von $C^{m,\lambda}(\overline{\Omega})$	29
$\| u \|_{0,p}$	Norm von $L^p(\overline{\Omega})$ (Lebesgue-Norm)	31
$\| u \|_{m,p}$	Norm von $H^{m,p}(\Omega)$ (Sobolev-Norm)	34
$\lvert u \rvert_{m,p}$	Halbnorm für $H^{m,p}(\Omega)$	34
$\| u \|_{s,p}$	Norm von $H^{s,p}(\Omega)$ (Sobolev-Slobodeckij-Norm)	35
$\lvert u \rvert_{s,p}$	Halbnorm für $H^{s,p}(\Omega)$	35
$\| u \|_{s,p,\Gamma}$	Sobolev-Slobodeckij-Randnorm	37
$\| f^* \|_{V'}$	Dualnorm	39
$\| u \|_{-s,2}$	Dualnorm von $H^{s,2}(\Omega)$	40
$\| u \|_{-s,2;\Gamma}$	Dualnorm von $H^{s,2}(\Gamma)$	41
$\| u \|_{H(\mathrm{div};\Omega)}$	Norm von $H(\mathrm{div};\Omega)$	42
$\lvert\lvert\lvert u \rvert\rvert\rvert_{s,p}$	Norm von $H^{s,p}(\mathcal{T}_h)$	69

Elliptische Randwertprobleme

$\mathcal{L}$	Elliptischer Differentialoperator	45
$\mathcal{L}_\sigma$	Singulär gestörter elliptischer Differentialoperator	236
σ	Singulärer Störungsparameter	236
A, b, c, f	Koeffizienten eines elliptischen Randwertproblems	45
u_0	Dirichlet-Randwerte	46
φ_n	Neumann-Randwerte	173
$\mathcal{A}(\cdot,\cdot)$	Bilinearform des schwachen Problems	49
$\mathcal{A}^*(\cdot,\cdot)$	Bilinearform des adjungierten Problems	50
$f^*(\cdot)$	Funktional der rechten Seite des schwachen Problems	50

Simplizes

F	Affine Transformation	61
T	Simplex	58
$x^{(0)}, \ldots, x^{(n)}$	Eckpunkte eines Simplizes	58
$x^{(ij)}$	Mittelpunkt der Kante zwischen $x^{(i)}$ und $x^{(j)}$	99
$S_k(T)$	Dem Eckpunkt $x^{(k)}$ gegenüberliegendes $(n-1)$-Randsimplex von T	184
$T = T'$	Gleichheit von Simplizes (inkl. Reihenfolge der Eckpunkte)	58
$T \approx T'$	Mengenmäßige Gleichheit von Simplizes	58
$\lambda_0, \ldots, \lambda_n$	Baryzentrische Koordinaten	60
$h(T)$	Länge der längsten Kante von T	60
$\varrho(T)$	Inkugeldurchmesser von T	60
$\delta(T)$	Entartungsmaß von T	60

Triangulierungen

h	Diskretisierungsparameter	66
$\mathcal{T}$, $\mathcal{T}_h$	Triangulierung	64
$\delta(\mathcal{T})$	Entartungsmaß von $\mathcal{T}$	66
N_h	Anzahl der Eckpunkte von $\mathcal{T}_h$	67
$N_{h,D}$	Anzahl der Eckpunkte von $\mathcal{T}_h$, die nicht auf Γ liegen	67
$x_1^h, \ldots, x_{N_h}^h$	Eckpunkte von $\mathcal{T}_h$	67
$x_1^h, \ldots, x_{N_{h,D}}^h$	Eckpunkte von $\mathcal{T}_h$, die nicht auf Γ liegen	67
$\mathcal{N}_h$	Menge der Eckpunkte von $\mathcal{T}_h$	67
$\mathcal{N}_{h,D}$	Menge der Eckpunkte von $\mathcal{T}_h$, die nicht auf Γ liegen	67
$\mathcal{T}_j^h$	Umgebungstriangulierung des Eckpunktes x_j^h	68
Ω_j^h	Elementumgebung des Eckpunktes x_j^h	68

Finite-Elemente-Verfahren

V_h	Endlichdimensionaler Ansatzraum	70
$\mathcal{P}_k$	Menge der Polynome vom Maximalgrad k	68
$\mathcal{P}_k(A)$	Menge der Restriktionen von Polynomen $p \in \mathcal{P}_k$ auf A	68
$\mathcal{P}_0(\mathcal{T}_h)$	Menge der bzgl. $\mathcal{T}_h$ stückweise konstanten Funktionen	68
$\mathcal{P}_1(\mathcal{T}_h)$	Menge der stetigen, bzgl. $\mathcal{T}_h$ stückweise linearen Funktionen	68
$\mathcal{P}_{1,D}(\mathcal{T}_h)$	Menge der Funktionen aus $\mathcal{P}_1(\mathcal{T}_h)$, die auf Γ verschwinden	68
φ_j^h	Knotenbasisfunktion zum Eckpunkt x_j^h	74
$\varphi_T^{(i)}$	Lokale Knotenbasisfunktion zum Eckpunkt $x^{(i)}$ von T	244
Φ_h	Knotenbasis von $\mathcal{P}_1(\mathcal{T}_h)$	74
$\Phi_{h,D}$	Knotenbasis von $\mathcal{P}_{1,D}(\mathcal{T}_h)$	74
$\mathbf{A}_h$, $\mathbf{u}_h$, $\mathbf{f}_h$	Steifigkeitsmatrix, Lösung und rechte Seite	73
Π_h	Projektionsoperator aus dem Satz von Clément	75

Adaptive Verfeinerungsalgorithmen

$\mathcal{S}(T)$	Verfeinerung von T	85
$\eta(T)$	Verfeinerungsindikator	326
$\mathcal{M}$	Multileveltriangulierung	86
$\mathfrak{M}$	Menge von Eingabe-Multileveltriangulierungen	90
k	Level (Stufe) eines Elements oder einer Triangulierung	87
J	Maximale Stufe in einer Multileveltriangulierung	86
$\mathcal{T}_0$	Anfangstriangulierung	86
$\mathcal{T}_J$	Endtriangulierung	86
$\delta(\mathcal{M})$	Entartungsmaß von $\mathcal{M}$	88
$\mathcal{G}$	Multilevelgitter	103
G_k	Gitter der Stufe k	103

Verfeinerung von (n)-Simplizes

$e^{(1)}, \ldots, e^{(n)}$	Standardeinheitsvektoren des $\mathbb{R}^n$	131
C	n-dimensionaler Einheitswürfel	131
Π_n	Menge der Permutationen der Zahlen $\{1, \ldots, n\}$	131
$\Pi_{0,n}$	Menge der Permutationen der Zahlen $\{0, \ldots, n\}$	219
π	Permutation	131
π_{id}	Identische Permutation	141
P_π	Permutationsmatrix zu π	141
$\mathcal{K}$	Kuhn-Triangulierung	131
T_π	Elemente der Kuhn-Triangulierung	131
$T_{\pi_{\mathrm{id}}}$	Referenzsimplex	142
$T_{v,\pi}$	Elemente der verfeinerten Kuhn-Triangulierung	136
$\mathcal{Z}_k^n$	Regelmäßiges Würfelgitter der Gitterweite 2^{-k} im $\mathbb{R}^n$	145
$J_i(\varphi)$	Jacobi-Rotation um den Winkel φ	158
$F'[A]$	Fréchet-Ableitung der Matrixfunktion $F(A)$	161

Finite-Volumen-Verfahren

$\mathcal{H}$	Lösungsraum des verallgemeinerten schwachen Problems	171
$\mathcal{B}_h$	Duales Boxgitter	176
$\mathcal{B}_h^S$	Duales Boxgitter beim Schwerpunktverfahren	219
B_j^h	Box (Kontrollvolumen) zum Eckpunkt x_j^h	176
$\mathcal{P}_0(\mathcal{B}_h)$	Menge der bzgl. $\mathcal{B}_h$ stückweise konstanten Funktionen	177
$\mathcal{P}_{0,D}(\mathcal{B}_h)$	Menge der Funktionen aus $\mathcal{P}_0(\mathcal{B}_h)$, die in den Eckpunkten $x_j^h \in \Gamma$ verschwinden	177
χ_j^h	Charakteristische Basisfunktion zum Eckpunkt x_j^h	178
$\mathcal{X}_h$	Charakteristische Basis von $\mathcal{P}_0(\mathcal{B}_h)$	178
$\mathcal{X}_{h,D}$	Charakteristische Basis von $\mathcal{P}_{0,D}(\mathcal{B}_h)$	178

G	Kanonische Bijektion zwischen $\mathcal{P}_1(\mathcal{T}_h)$ und $\mathcal{P}_0(\mathcal{B}_h)$	178
Π	Mittelwertprojektion bzgl. $\mathcal{B}_h$	179
$\overline{v}_h$	Vereinfachte Schreibweise für $G\,v_h$	178
$\underline{v}$	Mittelwertprojektion von v	179
$\underline{\tilde{v}}$	Mittelwertprojektion von v bei Verwendung von Quadraturformeln	212
$\mathcal{A}_{\mathcal{B}_h}(\cdot,\cdot)$	Bilinearform des verallgemeinerten schwachen Problems bzgl. $\mathcal{B}_h$	179
$\mathcal{A}_h(\cdot,\cdot)$	Bilinearform des Finite-Volumen-Verfahrens	180
$\mathbf{A}_h$, $\mathbf{u}_h$, $\mathbf{f}_h$	Steifigkeitsmatrix, Lösung und rechte Seite	180
$i_{j,T}$	Index des Eckpunktes x_j^h unter den Eckpunkten von T	184
$S_{j,k}(T)$	Randstücke des Boxanteils $B_j^h \cap T$	184
$\tilde{S}_{i,k}(T)$	Hyperflächenstück zwischen $x^{(i)}$, $x^{(k)}$ beim Schwerpunktverfahren	226
$H_{i,k}(T)$	Schnittsimplex zwischen $x^{(i)}$ und $x^{(k)}$ (enthält $\tilde{S}_{i,k}(T)$)	230
$\omega_{\ell,T}$	Gewichte einer Quadraturformel	210
$x_{\ell,T}$	Integrationspunkte einer Quadraturformel	210
$E_T(v)$	Lokaler Quadraturfehler	210
$\otimes$	Vektorprodukt im $\mathbb{R}^n$	229

Upwind-Stabilisierung

$\mathbf{A}_h$	Globale Steifigkeitsmatrix des Finite-Volumen-Verfahrens	243
$\mathbf{A}_h^{up}$	Globale Steifigkeitsmatrix nach Upwind-Stabilisierung	250
$\mathbf{A}_T$, $\mathbf{A}_T^{up}$	Lokale Elementmatrizen zum Element T	244
$\mathbf{E}_T^{up}$	Differenz der Matrizen $\mathbf{A}_T^{up}$ und $\mathbf{A}_T$	252
$\mathbf{A}^D$, $\mathbf{A}^C$	Diffusions- und Konvektionsanteil der Matrix $\mathbf{A}$	243
$\vec{n}_k(T)$, $\vec{S}_k(T)$	Normalen- und Flächenvektor von $S_k(T)$	245
$\vec{n}_{i,k}(T)$, $\vec{S}_{i,k}(T)$	Normalen- und Flächenvektor von $\tilde{S}_{i,k}(T)$	245
$h_k(T)$	Höhe von T über $S_k(T)$	245
$\vec{t}_{i,k}(T)$	Kantenvektor zwischen den Eckpunkten $x^{(i)}$ und $x^{(k)}$ von T	245

Mehrgitterverfahren

$\mathbf{C}$	Vorkonditionierer eines linearen Iterationsverfahrens	262
$\mathbf{B}$	Inverse des Vorkonditionierers $\mathbf{C}$	262
$\mathbf{M}$	Iterationsmatrix eines linearen Iterationsverfahrens	262
ω	Dämpfungsparameter	263
$\mathcal{T}_k$	Triangulierung der Stufe k	265
$N_{k,D}$	Anzahl der Eckpunkte von $\mathcal{T}_k$, die nicht auf Γ liegen	265
X_k	Menge aller Vektoren der Länge $N_{k,D}$ ($\mathbb{R}^{N_{k,D}}$)	265
P_k	Kanonischer Isomorphismus von X_k nach $\mathcal{P}_{1,D}(\mathcal{T}_k)$	265
$\mathbf{A}_k$	Systemmatrix auf der Stufe k	268
$\mathbf{C}_k$	Vorkonditionierer des Glätters auf der Stufe k	268

$\mathbf{S}_k$	Schur-Komplement auf der Stufe k	284
$\mathbf{p}_k$	Prolongotion von der Stufe $k-1$ auf die Stufe k	268
$\mathbf{r}_k$	Restriktion von der Stufe k auf die Stufe $k-1$	268
$\mathbf{r}_k^{inj}$	Injektion	272
$\mathbf{p}_k^{std}$, $\mathbf{r}_k^{std}$	Standard-Transferoperatoren	271
$\mathbf{d}_k$	Defekt der Stufe k	266
$\mathbf{e}_k$	Lösung der Defektgleichung auf der Stufe k	266
ν_1, ν_2	Anzahl der Vor- bzw. Nachglättungsschritte	268
γ	Zykluszahl (1 $\hat{=}$V-Zyklus, 2 $\hat{=}$ W-Zyklus)	268
ϱ_J	Reduktionsrate des Residuums im letzten Iterationsschritt	316
$\overline{\varrho}_J$	Durchschnittliche Reduktionsrate des Residuums	316

Graphentheorie

$G = \{V, E\}$	Endlicher gerichteter Graph	291
V	Menge der Knoten von G	291
E	Menge der Kanten von G	291
$\vert V \vert$, $\vert E \vert$	Anzahl der Knoten bzw. Kanten von G	299
$P = (x_0, \ldots, x_m)$	Weg in G	292
C	(Maximale) Zusammenhangskomponente in G	293
F	Feedback-Vertex-Menge für C	309
$G' = \{V', E'\}$	Metagraph von G	295
$G_C = \{C, E_C\}$	Von C aufgespannter Teilgraph von G	309

1 Einführung in die Theorie und Numerik elliptischer Randwertprobleme

Das erste Kapitel dieses Buches enthält eine Einführung in die Theorie und Numerik elliptischer Randwertprobleme, wobei der numerische Anteil auf Finite-Elemente-Diskretisierungen beschränkt ist. Mit dieser Einführung verfolgen wir im wesentlichen zwei Ziele: Zum einen soll auch dem mit der Materie weniger gut vertrauten Leser die Chance eröffnet werden, den Rest dieses Buches zu verstehen und einzuordnen, ohne dafür ständig auf andere Literatur zurückgreifen zu müssen. Zum zweiten dient dieses Kapitel dazu, die Notation und einige wichtige Begriffe festzulegen, die dann im Rest dieses Buches verwendet werden.

1.1 Funktionenräume

Am Beginn dieser Einführung steht die Definition der verwendeten Funktionenräume und ihrer Normen. Außerdem geben wir die wichtigsten Eigenschaften dieser Räume an. Der größte Teil der Aussagen in diesem Kapitel kann in den Büchern von R. A. ADAMS, [2], bzw. P. GRISVARD, [70], nachgeschlagen werden. Zunächst treffen wir jedoch einige wichtige Vereinbarungen.

Wir bezeichnen mit $\mathbb{N}$ bzw. $\mathbb{N}_0$ die Menge der natürlichen Zahlen ohne bzw. inklusive Null. Das Innere einer beliebigen Teilmenge $A \subset \mathbb{R}^n$ bezeichnen wir mit $Int(A)$. Unter einem *Gebiet* Ω verstehen wir eine offene, zusammenhängende Teilmenge des $\mathbb{R}^n$. Den Rand von Ω bezeichnen wir mit Γ.

Bei der Definition von Funktionenräumen auf Ω beschränken wir uns bis auf eine Ausnahme auf skalare Funktionen. Alle skalaren Funktionen wiederum seien meßbar mit Werten in $\mathbb{R}^* := \mathbb{R} \cup \{\pm\infty\}$. Für jeden aus skalaren Funktionen bestehenden Raum V sei dann V^n der entsprechende Raum vektorwertiger Funktionen mit Komponenten in V.

Bei normierten Räumen kennzeichnen wir die verwendete Norm meistens mit der entsprechenden Menge, auf der die Funktionen des Raumes definiert sind. Nur wenn es sich um das Gebiet Ω handelt, lassen wir diese Kennzeichnung der Einfachheit halber weg. So bezeichnen wir z.B. die Norm des Raumes $L^2(\Omega)$ mit $\|\cdot\|_{0,2}$, die Norm von $L^2(\Omega')$ jedoch mit $\|\cdot\|_{0,2;\Omega'}$.

Für eine auf Ω definierte Funktion u bezeichnen wir die Restriktion von u auf eine Teilmenge $M \subset \Omega$ mit $u|_M$. Der Träger $supp(u)$ von u ist definiert durch

$$supp(u) := \overline{\{x \in \Omega \mid u(x) \neq 0\}}.$$

Wir sagen, u besitzt *kompakten* Träger in Ω, falls $supp(u)$ kompakt und in Ω enthalten ist. Hierfür verwenden wir die Schreibweise $supp(u) \subset\subset \Omega$. Für eine beliebige Menge $M \subset \Omega$ bedeutet $M \subset\subset \Omega$, daß $\overline{M}$ kompakt und in Ω enthalten ist.

Eine besondere Art der Inklusion normierter Räume stellen Einbettungen dar. Seien dazu X, Y zwei normierte Räume mit den Normen $\|\,.\,\|_X$ bzw. $\|\,.\,\|_Y$. Der Raum X heißt *stetig eingebettet* in Y, wenn $X \subset Y$ gilt und eine Konstante C existiert mit

$$\| u \|_Y \leq C \| u \|_X, \qquad u \in X.$$

In diesem Falle schreiben wir $X \hookrightarrow Y$. Darüber hinaus heißt die Einbettung $X \hookrightarrow Y$ *kompakt*, wenn jede in X beschränkte Folge eine in Y konvergente Teilfolge besitzt.

Hier tritt bereits zum ersten Mal die Konstante C auf. Allgemein halten wir uns bei der Verwendung von Konstanten an folgende Vereinbarung: Konstanten mit einer bestimmten Bedeutung erhalten feste Bezeichnungen, wie z.B. die Elliptizitätskonstante C_E eines elliptischen Randwertproblems. Die Definition dieser Art von Konstanten ist immer mit der Definition einer bestimmten Eigenschaft verknüpft, und wenn wir diese Eigenschaft irgendwo voraussetzen, verwenden wir die entsprechende Konstante ohne sie erneut zu definieren. Die zur Konstante C_E gehörende Eigenschaft etwa ist die Elliptizität des Randwertproblems, und wo immer wir es mit einem elliptischen Problem zu tun haben, sei C_E die entsprechende Elliptizitätskonstante.

Alle anderen Konstanten ohne feste Bedeutung bezeichnen wir mit C. Insbesondere kann C in aufeinanderfolgenden Abschätzungen unterschiedliche Werte annehmen. Soweit es möglich ist, versuchen wir aber immer klarzumachen, von welchen Parametern C gerade abhängt.

1.1.1 Stetig differenzierbare Funktionen

Wir beginnen mit der Definition der klassischen Räume stetiger und stetig differenzierbarer Funktionen, sowie der entsprechenden Normen. Dazu verwendet man sogenannte *Multiindizes*, das sind Vektoren α der Länge n mit ganzzahligen Einträgen $\alpha_i \geq 0$. Für jeden Multiindex α seien der Betrag $|\alpha|$ und der Differentialoperator ∂^α gegeben durch

$$|\alpha| := \sum_{i=1}^{n} \alpha_i, \qquad \partial^\alpha := \frac{\partial^{|\alpha|}}{\partial x_1^{\alpha_1} \cdots \partial x_n^{\alpha_n}}.$$

Im Falle $|\alpha| = 0$ setzen wir $\partial^\alpha u = u$. Die klassischen Räume stetig differenzierbarer Funktionen sind dann wie folgt definiert:

Definition 1.1.1 (Stetig differenzierbare Funktionen)
Sei $\Omega \subset \mathbb{R}^n$ ein Gebiet und $m \in \mathbb{N}_0$. Wir definieren

$$\begin{aligned} C^m(\Omega) &:= \{\, u : \Omega \to \mathbb{R} \mid u \text{ besitzt stetige Ableitungen } \partial^\alpha u \text{ der Ordnung } |\alpha| \leq m \text{ in } \Omega \,\}, \\ C^m(\overline{\Omega}) &:= \{\, u \in C^m(\Omega) \mid \text{Für } |\alpha| \leq m \text{ ist } \partial^\alpha u \text{ beschränkt und gleichmäßig stetig in } \Omega \,\}. \end{aligned}$$

Im Falle $m = 0$ verwenden wir die Abkürzungen $C(\Omega)$ bzw. $C(\overline{\Omega})$. Für $m \in \mathbb{N}_0$ versehen wir $C^m(\overline{\Omega})$ mit der Norm

$$\| u \|_{m,\infty} := \max_{0\leq|\alpha|\leq m} \sup_{x\in\Omega} |\partial^\alpha u(x)|, \qquad u \in C^m(\overline{\Omega}). \tag{1.1.1}$$

Dadurch wird $C^m(\overline{\Omega})$ zu einem Banach-Raum. Funktionen, die sich in Ω beliebig oft differenzieren lassen, nennen wir *glatt*. Für jedes Gebiet Ω betrachten wir drei verschiedene Räume glatter Funktionen:

Definition 1.1.2 (Glatte Funktionen)
Sei $\Omega \subset \mathbb{R}^n$ ein Gebiet. Wir setzen

$$\begin{aligned} C^\infty(\Omega) &:= \bigcap_{m=0}^{\infty} C^m(\Omega), \\ C_0^\infty(\Omega) &:= \{ u \in C^\infty(\Omega) \mid supp(u) \subset\subset \Omega \}, \\ C^\infty(\overline{\Omega}) &:= \{ u|_\Omega \mid u \in C_0^\infty(\mathbb{R}^n) \}. \end{aligned}$$

Die Unterscheidung stetiger Funktionen nach ihrem Differenzierbarkeitsgrad ist für viele Zwecke zu grob. Eine feinere Einteilung erhält man durch Einführung der Hölder-Stetigkeit.

Definition 1.1.3 (Hölder-stetige Funktionen)
Sei $\Omega \subset \mathbb{R}^n$ ein Gebiet. Für $u \in C(\Omega)$ und $\lambda \in (0,1]$ ist die *Hölder-Konstante* $[u]_{\lambda,\Omega}$ definiert durch

$$[u]_{\lambda,\Omega} := \sup \left\{ \frac{|u(x) - u(y)|}{|x-y|^\lambda} \;\middle|\; x, y \in \Omega,\ x \neq y \right\}.$$

Für $m \in \mathbb{N}_0$ und $\lambda \in (0,1]$ definieren wir die *Hölder-Räume*

$$\begin{aligned} C^{m,\lambda}(\overline{\Omega}) &:= \{ u \in C^m(\overline{\Omega}) \mid [\partial^\alpha u]_{\lambda,\Omega} < \infty \text{ für } |\alpha| = m \}, \\ C^{m,\lambda}(\Omega) &:= \{ u \in C^m(\Omega) \mid u \in C^{m,\lambda}(\overline{\Omega'}) \text{ für jedes Gebiet } \Omega' \subset\subset \Omega \}. \end{aligned}$$

Die Funktionen $u \in C^{0,\lambda}(\overline{\Omega})$ bzw. $C^{0,\lambda}(\Omega)$ heißen *Hölder-stetig* bzw. *lokal Hölder-stetig* in Ω zum Exponent λ. Im Falle $\lambda = 1$ verwenden wir die gebräuchlichere Bezeichnung *Lipschitz-stetig*. Für $m \in \mathbb{N}_0$, $\lambda \in (0,1]$ versehen wir den Hölder-Raum $C^{m,\lambda}(\overline{\Omega})$ mit der Norm

$$\| u \|_{m,\lambda,\infty} := \max \left\{ \| u \|_{m,\infty}, \max_{|\alpha|=m} [\partial^\alpha u]_{\lambda,\Omega} \right\}, \qquad u \in C^{m,\lambda}(\overline{\Omega}).$$

Damit ist auch $C^{m,\lambda}(\overline{\Omega})$ ein Banach-Raum. Der Einfachheit halber lassen wir hier auch den Fall $\lambda = 0$ zu und setzen $C^{m,0}(\overline{\Omega}) := C^m(\overline{\Omega})$.

Bemerkung 1.1.4 (Eigenschaften Hölder-stetiger Funktionen)
Hölder-stetige Funktionen sind gleichmäßig stetig. Der Grad der Hölder-Stetigkeit beschreibt, welche Art von *Spitzen* (Nullwinkeln) eine gleichmäßig stetige Funktion schlimmstenfalls besitzt.

1.1.2 Gebiete

Die Regularität von Lösungen partieller Differentialgleichungen hängt ganz wesentlich auch von den Eigenschaften des betrachteten Lösungsgebietes Ω ab, d.h. insbesondere von der Glattheit des Randes Γ. Eine ganze Skala von Gebietsklassen erhält man, indem man die Regularität von Ω durch die Hölder-Stetigkeit gewisser dem Rand zugeordneter Funktionen beschreibt:

Definition 1.1.5 ($C^{m,\lambda}$-Gebiete)
Sei $m \in \mathbb{N}_0$ und $\lambda \in [0,1]$. Ein Gebiet $\Omega \subset \mathbb{R}^n$ gehört zur Klasse $C^{m,\lambda}$, falls eine lokal endliche, offene Überdeckung $\{U_j\}_{j\in\mathbb{N}}$ von Γ existiert, so daß jede der Mengen U_j, $j \in \mathbb{N}$, den folgenden Bedingungen genügt:

1. U_j ist ein offener, n-dimensionaler Quader und besitzt in entsprechenden orthogonalen Koordinaten $y = y^{(j)}$ die Darstellung

$$U_j = \left\{ y = (y_1, \ldots, y_n)^T \,\middle|\, |\, y_k \,| < \alpha_j,\ 1 \le k < n;\ |\, y_n \,| < \beta_j \right\}$$

   mit $\alpha_j, \beta_j > 0$.

2. Es existiert eine skalare Funktion φ_j, definiert auf dem $(n-1)$-dimensionalen Würfel

$$U_j' := \left\{ y' = (y_1, \ldots, y_{n-1})^T \,\middle|\, |\, y_k \,| < \alpha_j,\ 1 \le k < n \right\} \subset \mathbb{R}^{n-1},$$

   mit den folgenden Eigenschaften
   (i) $\varphi_j \in C^{m,\lambda}(U_j')$,
   (ii) $|\,\varphi_j(y')\,| \le \beta_j/2$ für alle $y' \in U_j'$,
   (iii) $U_j \cap \Gamma = \{\, y = (y', y_n) \in U_j \mid y' \in U_j';\ y_n = \varphi_j(y') \,\}$,
   (iv) $U_j \cap \Omega = \{\, y = (y', y_n) \in U_j \mid y' \in U_j';\ y_n < \varphi_j(y') \,\}$.

In diesem Fall heißt die Paarmenge $\{\, (U_j, \varphi_j) \,\}_{j\in\mathbb{N}}$ ein $C^{m,\lambda}$-*Koordinatensystem* für Γ.

Bemerkung 1.1.6 (Lokal endliche offene Überdeckungen)
Eine offene Überdeckung $\mathcal{U}$ heißt *lokal endlich*, wenn jede kompakte Menge höchstens endlich viele der Mengen in $\mathcal{U}$ schneidet. Jede lokal endliche offene Überdeckung ist abzählbar. Jede offene Überdeckung einer abgeschlossenen Menge $A \subset \mathbb{R}^n$ besitzt eine lokal endliche Teilüberdeckung. Ist A kompakt, so besitzt jede offene Überdeckung von A sogar eine endliche Teilüberdeckung.

Bemerkung 1.1.7
$\Omega \in C^{m,\lambda}$ bedeutet, daß $\partial\Omega$ lokal Graph einer $C^{m,\lambda}$-Funktion φ von $n-1$ kartesischen Koordinaten $y_1, \ldots, y_{n-1}$ ist. Da Ω sich laut Bedingung (iv) unterhalb des Graphen von φ befindet, kann $\Omega \in C^{m,\lambda}$ nur auf einer Seite seines Randes liegen.

Die Eigenschaft $\Omega \in C^{0,0}$ wird oft auch als *Segmenteigenschaft* bezeichnet. Gebiete $\Omega \in C^{0,1}$ heißen *Lipschitz-Gebiete*. Beschränkte Lipschitz-Gebiete spielen in der Theorie partieller Differentialgleichungen eine wichtige Rolle, da sie einige äußerst nützliche Eigenschaften besitzen (siehe [149]):

Lemma 1.1.8 (Eigenschaften beschränkter Lipschitz-Gebiete)
Für jedes beschränkte Lipschitz-Gebiet $\Omega \subset \mathbb{R}^n$ gilt

(i) Ω besitzt fast überall auf Γ einen eindeutigen äußeren Normalenvektor.

(ii) Je zwei Punkte $x, y \in \Omega$ können durch eine Kurve $\gamma(x,y) \subset \Omega$ verbunden werden, für deren Länge $|\gamma(x,y)|$ die Abschätzung $|\gamma(x,y)| \leq C\,|x-y|$ mit einer von x, y unabhängigen Konstanten $C = C(\Omega)$ gilt.

(iii) Für $m \in \mathbb{N}_0$ existiert die stetige Einbettung $C^{m,1}(\overline{\Omega}) \hookrightarrow C^{m+1}(\overline{\Omega})$.

(iv) Ω ist ein Normalgebiet, d.h., der Gaußsche Integralsatz ist auf Ω anwendbar.

(v) Ω besitzt sowohl die einfache wie auch die gleichmäßige Kegeleigenschaft aus [2].

(vi) Der Rand Γ von Ω ist eine Lebesguesche Nullmenge im $\mathbb{R}^n$.

Ein weiterer Grund, warum Lipschitz-Gebiete auch in der Numerik so beliebt sind, besteht darin, daß die meisten praktisch relevanten Gebiete zu $C^{0,1}$ gehören. Das zeigt das folgende Lemma:

Lemma 1.1.9 (Gebiete mit der Lipschitz-Eigenschaft)
Die folgenden Gebiete gehören zur Klasse $C^{0,1}$:

(i) Alle konvexen Gebiete im $\mathbb{R}^n$.

(ii) Alle polyedrischen Gebiete im $\mathbb{R}^n$, die nur auf einer Seite ihres Randes liegen.

(iii) Alle Gebiete $\Omega \subset \mathbb{R}^n$, deren Rand Γ aus C^1-regulären Hyperflächenstücken zusammengesetzt ist, so daß keine Spitzen (Nullwinkel) auftreten und Ω nur auf einer Seite von Γ liegt.

Wie Lemma 1.1.8(iv) zeigt, ist in beschränkten Lipschitz-Gebieten der Gaußsche Integralsatz anwendbar. Oft wollen wir aber auch über nichtoffene Mengen integrieren und dort den Integralsatz anwenden. Wir betrachten deswegen sogenannte *Lipschitz-Mengen*:

Definition 1.1.10 (Lipschitz-Mengen)
Eine Menge $M \subset \mathbb{R}^n$ heißt *Lipschitz-Menge*, wenn $Int(M)$ ein Lipschitz-Gebiet ist und $\overline{M} = \overline{Int(M)}$ gilt.

1.1.3 L^p-Räume

Sei $1 \leq p < \infty$. Falls Ω beschränkt ist, kann man den Raum $C(\overline{\Omega})$ auch mit der Norm

$$\| u \|_{0,p} := \left(\int_\Omega | u(x) |^p \, dx \right)^{1/p} \tag{1.1.2}$$

versehen. Jedoch ist $C(\overline{\Omega})$ dann kein Banach-Raum mehr. Durch Vervollständigung von $C(\overline{\Omega})$ bzgl. $\|\cdot\|_{0,p}$ erhält man den Lebesgue-Raum $L^p(\Omega)$. Um diesen auch für $p=\infty$ definieren zu können, setzen wir

$$\| u \|_{0,\infty} := \operatorname*{wes\,sup}_{x\in\Omega} |u(x)| := \inf_{\substack{N\subset\Omega,\\ \mu(N)=0}} \sup_{x\in\Omega\setminus N} |u(x)|, \tag{1.1.3}$$

wobei μ das Lebesgue-Maß im $\mathbb{R}^n$ bezeichnet. Beachte, daß für $u \in C(\overline{\Omega})$ das Supremum und das wesentliche Supremum von $|u|$ übereinstimmen und somit die Definition von $\| u \|_{0,\infty}$ an dieser Stelle konsistent zur Definition in (1.1.1) ist.

Definition 1.1.11 (Lebesgue-Räume)
Sei $\Omega \subset \mathbb{R}^n$ ein Gebiet. Für $1 \le p \le \infty$ ist der *Lebesgue-Raum* $L^p(\Omega)$ definiert durch

$$L^p(\Omega) := \left\{ u : \Omega \to \mathbb{R}^* \;\middle|\; u \text{ meßbar und } \| u \|_{0,p} < \infty \right\}, \tag{1.1.4}$$

Die Funktionen $u \in L^1(\Omega)$ heißen auch *(Lebesgue-)integrierbar* über Ω.

Da $\| u \|_{0,p} = 0$ genau dann gilt, wenn u fast überall in Ω verschwindet, wird $L^p(\Omega)$ erst dann zu einem normierten Raum, wenn wir Funktionen miteinander identifizieren, die sich höchstens auf einer Ausnahmemenge vom Maß Null unterscheiden. In diesem Fall ist jeder der Räume $L^p(\Omega)$, $1 \le p \le \infty$, bzgl. der Norm $\|\cdot\|_{0,p}$ vollständig. Insbesondere ist $L^2(\Omega)$ ein Hilbert-Raum bzgl. des Skalarprodukts

$$(u,v)_{L^2(\Omega)} := \int_\Omega u\, v\, dx, \qquad u,v \in L^2(\Omega),$$

und es gilt die wichtige *Cauchy-Schwarz-Ungleichung*

$$\int_\Omega |u\,v|\, dx \le \| u \|_{0,2} \| v \|_{0,2}, \qquad u,v \in L^2(\Omega).$$

Um die Formulierung entsprechender Abschätzungen zu erleichtern, treffen wir für vektorwertige Funktionen die folgende Vereinbarung:

Vereinbarung 1.1.12
Die Räume $L^p(\Omega)^n$ versehen wir mit den Normen $\| u \|_{0,p} := \| \, |u| \, \|_{0,p}$, $u \in L^p(\Omega)^n$.

Der folgende Satz zeigt nun, daß $L^p(\Omega)$ für $1 \le p < \infty$ tatsächlich die Vervollständigung von $C(\overline{\Omega})$ bzgl. $\|\cdot\|_{0,p}$ ist.

Satz 1.1.13 (Approximation durch $C_0^\infty(\Omega)$-Funktionen)
Sei $\Omega \subset \mathbb{R}^n$ ein Gebiet. Dann liegt $C_0^\infty(\Omega)$ dicht in $L^p(\Omega)$ für $1 \le p < \infty$.

Für $p = \infty$ ist die Behauptung von Satz 1.1.13 offensichtlich falsch, da $C(\overline{\Omega})$ bzgl. $\|\cdot\|_{0,\infty}$ selbst vollständig ist. Für beschränkte Gebiete gilt nun der folgende Einbettungssatz:

Lemma 1.1.14 (Einbettungssatz für Lebesgue-Räume)
Sei $\Omega \subset \mathbb{R}^n$ ein beschränktes Gebiet und $1 \leq p \leq q \leq \infty$. Dann existiert die stetige Einbettung $L^q(\Omega) \hookrightarrow L^p(\Omega)$ und es gilt (mit $1/\infty := 0$) die Abschätzung

$$\| u \|_{0,p} \leq \operatorname{vol}(\Omega)^{\frac{1}{p}-\frac{1}{q}} \| u \|_{0,q}, \qquad u \in L^q(\Omega).$$

Es kann im Prinzip zwei verschiedene Gründe dafür geben, daß eine Funktion u nicht zu $L^p(\Omega)$ gehört: Entweder besitzt u eine Singularität, oder u verschwindet im Unendlichen nicht schnell genug. Die Schwierigkeiten im Unendlichen bzw. am Rande des Gebietes werden bei *lokal integrierbaren* Funktionen unterdrückt.

Definition 1.1.15 (Lokal integrierbare Funktionen)
Sei $\Omega \subset \mathbb{R}^n$ ein Gebiet. Wir definieren

$$L^1_{loc}(\Omega) := \left\{ u : \Omega \to \mathbb{R}^* \;\middle|\; u \text{ meßbar und } u \in L^1(\Omega') \text{ für jedes Gebiet } \Omega' \subset\subset \Omega \right\}.$$

Die Funktionen $u \in L^1_{loc}(\Omega)$ heißen *lokal integrierbar* in Ω.

Die besondere Bedeutung des Raumes $L^1_{loc}(\Omega)$ besteht darin, daß das Produkt jeder lokal integrierbaren Funktion mit einer beliebigen $C_0^\infty(\Omega)$-Funktion immer integrierbar ist. Außerdem enthält $L^1_{loc}(\Omega)$ jeden der Räume $L^p(\Omega)$, $1 \leq p \leq \infty$.

1.1.4 Sobolev-Räume

Die Interpretation partieller Differentialgleichungen im klassischen Sinne setzt voraus, daß die Lösung u hinreichend oft differenzierbar ist. Solche Lösungen existieren in der Praxis jedoch oft nicht. Da aber auch weniger glatte Lösungen physikalisch durchaus sinnvoll sein können, verwendet man hier einen schwächeren Ableitungsbegriff. Dessen Definition beruht auf partieller Integration.

Definition 1.1.16 (Schwache Ableitungen)
Sei $\Omega \subset \mathbb{R}^n$ ein Gebiet, $u \in L^1_{loc}(\Omega)$ und α ein Multiindex. Wenn eine Funktion $v \in L^1_{loc}(\Omega)$ existiert mit

$$\int_\Omega u\, \partial^\alpha \varphi \, dx = (-1)^{|\alpha|} \int_\Omega v\, \varphi \, dx, \qquad \varphi \in C_0^\infty(\Omega), \tag{1.1.5}$$

so nennen wir v die *α-te schwache Ableitung von u* und schreiben $\partial^\alpha u = v$.

Wenn sie existiert, ist die schwache Ableitung $\partial^\alpha u$ eindeutig. Folglich stimmen für Funktionen $u \in C^m(\overline{\Omega})$ die klassischen und schwachen Ableitungen der Ordnung $|\alpha| \leq m$ überein. Der Sobolev-Raum $H^{m,p}(\Omega)$ besteht nun aus allen Funktionen, deren schwache Ableitungen bis zur Ordnung m in $L^p(\Omega)$ liegen:

Definition 1.1.17 (Sobolev-Räume)
Sei $\Omega \subset \mathbb{R}^n$ ein Gebiet, $m \in \mathbb{N}_0$ und $1 \le p \le \infty$. Der *Sobolev-Raum* $H^{m,p}(\Omega)$ ist definiert durch

$$H^{m,p}(\Omega) := \left\{ u \in L^p(\Omega) \;\middle|\; \partial^\alpha u \in L^p(\Omega) \text{ für } 0 \le |\alpha| \le m \right\}.$$

Im Falle $p = 2$ schreiben wir $H^m(\Omega)$ anstatt von $H^{m,2}(\Omega)$. Offensichtlich gilt $H^{0,p}(\Omega) = L^p(\Omega)$ für $1 \le p \le \infty$. Wir versehen die Sobolev-Räume $H^{m,p}(\Omega)$ mit den Normen

$$\begin{aligned} \| u \|_{m,p} &:= \Big(\sum_{0 \le |\alpha| \le m} \| \partial^\alpha u \|_{0,p}^p \Big)^{1/p}, \qquad u \in H^{m,p}(\Omega),\ 1 \le p < \infty, \\ \| u \|_{m,\infty} &:= \max_{0 \le |\alpha| \le m} \| \partial^\alpha u \|_{0,\infty}, \qquad u \in H^{m,\infty}(\Omega). \end{aligned}$$

Von besonderer Bedeutung sind außerdem die Halbnormen

$$\begin{aligned} | u |_{m,p} &:= \Big(\sum_{|\alpha| = m} \| \partial^\alpha u \|_{0,p}^p \Big)^{1/p}, \qquad u \in H^{m,p}(\Omega),\ 1 \le p < \infty, \\ | u |_{m,\infty} &:= \max_{|\alpha| = m} \| \partial^\alpha u \|_{0,\infty}, \qquad u \in H^{m,\infty}(\Omega). \end{aligned}$$

Jeder der Räume $H^{m,p}(\Omega)$ ist bzgl. $\| \cdot \|_{m,p}$ vollständig. Folglich ist der Abschluß der Menge $C^m(\Omega) \cap H^{m,p}(\Omega)$ bzgl. $\| \cdot \|_{m,p}$ in $H^{m,p}(\Omega)$ enthalten. Daß für $1 \le p < \infty$ auch die Umkehrung gilt, zeigt der folgende berühmte Satz von MEYERS & SERRIN, [109]:

Satz 1.1.18 (Meyers & Serrin)
Sei $\Omega \subset \mathbb{R}^n$ ein Gebiet, $m \in \mathbb{N}_0$ und $1 \le p < \infty$. Dann liegt $C^\infty(\Omega) \cap H^{m,p}(\Omega)$ dicht in $H^{m,p}(\Omega)$.

Satz 1.1.18 zeigt, daß jede Funktion $u \in H^{m,p}(\Omega)$ durch glatte Funktionen approximiert werden kann. Tatsächlich kann man sich sogar auf $C^\infty(\overline{\Omega})$-Funktionen beschränken, wenn Ω die Segmenteigenschaft besitzt.

Satz 1.1.19 (Approximation durch $C^\infty(\overline{\Omega})$-Funktionen)
Sei $m \in \mathbb{N}_0$, $1 \le p < \infty$ und $\Omega \subset \mathbb{R}^n$ ein Gebiet der Klasse $C^{0,0}$. Dann liegt $C^\infty(\overline{\Omega})$ dicht in $H^{m,p}(\Omega)$.

Der Fall $p = \infty$ ist in den Approximationssätzen ausgeschlossen. Für beschränkte Lipschitz-Gebiete gilt jedoch die folgende einfache Charakterisierung der Räume $H^{m,\infty}(\Omega)$:

Lemma 1.1.20 (Charakterisierung der Räume $H^{m,\infty}(\Omega)$)
Sei $\Omega \subset \mathbb{R}^n$ ein beschränktes Lipschitz-Gebiet und $m \in \mathbb{N}_0$. Dann gilt

$$C^{m,1}(\overline{\Omega}) = H^{m+1,\infty}(\Omega)$$

und die entsprechenden Normen sind äquivalent.

Zu den wichtigsten Sätzen über Sobolev-Räume gehören die zahlreichen Einbettungssätze. Eine Fülle derartiger Einbettungssätze findet man in [2]. Wir beschränken uns hier auf die in diesem Buch benötigten Aussagen.

Satz 1.1.21 (Einbettungssatz für Sobolev-Räume)
a) Sei $\Omega \subset \mathbb{R}^n$ ein Lipschitz-Gebiet. Für $m \in \mathbb{N}_0$ und $1 \leq p < \infty$ existiert die stetige Einbettung

$$H^{m,p}(\Omega) \hookrightarrow C(\overline{\Omega}) \tag{1.1.6}$$

unter der Voraussetzung $m > n/p$. Ist Ω außerdem beschränkt, so ist die Einbettung (1.1.6) kompakt.

b) Sei $\Omega \subset \mathbb{R}^n$ ein beschränktes Lipschitz-Gebiet. Dann ist die Einbettung

$$H^{1,p}(\Omega) \hookrightarrow L^p(\Omega)$$

für $1 \leq p < \infty$ kompakt.

Teil b) gilt übrigens auch unter der etwas schwächeren Bedingung, daß Ω beschränkt ist und einer (einfachen) Kegeleigenschaft genügt. Die entsprechende Aussage für $p = 2$ bezeichnet man dann als *Rellichschen Auswahlsatz*.

1.1.5 Sobolev-Slobodeckij-Räume

Sobolev-Räume $H^{s,p}(\Omega)$ lassen sich auch für reelles $s > 0$ definieren. In der Literatur finden sich dazu die verschiedensten Ansätze. Je nach Definition heißen die so entstehenden Räume Nikol'skii-Räume, Besov-Räume, Sobolev-Slobodeckij-Räume usw. Einige dieser Räume stimmen für hinreichend glatt berandete Gebiete überein.

Für unsere Zwecke am besten geeignet sind die Sobolev-Slobodeckij-Räume, welche mit Hilfe der entsprechenden Sobolev-Slobodeckij-Norm definiert werden. Diese ist für $s = m + \lambda$ mit $m \in \mathbb{N}_0$ und $0 < \lambda < 1$ gegeben durch

$$\begin{aligned} \| u \|_{s,p} &:= \left(\| u \|_{m,p}^p + | u |_{s,p}^p \right)^{1/p}, \qquad 1 \leq p < \infty, \\ \| u \|_{s,\infty} &:= \max \left\{ \| u \|_{m,\infty}, | u |_{s,\infty} \right\}, \end{aligned}$$

wobei die Halbnormen $| u |_{s,p}$, $1 \leq p \leq \infty$, definiert sind durch

$$\begin{aligned} | u |_{s,p} &:= \left\{ \sum_{| \alpha | = m} \int_\Omega \int_\Omega \frac{| \partial^\alpha u(x) - \partial^\alpha u(y) |^p}{| x - y |^{n + \lambda p}} \, dx \, dy \right\}^{1/p}, \qquad 1 \leq p < \infty, \\ | u |_{s,\infty} &:= \max_{| \alpha | = m} \left\{ \operatorname*{wes\,sup}_{\substack{x,y \in \Omega, \\ x \neq y}} \frac{| \partial^\alpha u(x) - \partial^\alpha u(y) |}{| x - y |^\lambda} \right\}. \end{aligned}$$

Für $s \in \mathbb{N}_0$ sei $\| \cdot \|_{s,p}$ wie bisher definiert. Die Definition der Sobolev-Slobodeckij-Räume lautet dann wie folgt:

Definition 1.1.22 (Sobolev-Slobodeckij-Räume)
Sei $\Omega \subset \mathbb{R}^n$ ein Gebiet, $1 \leq p \leq \infty$ und $s = m + \lambda \geq 0$, mit $m \in \mathbb{N}_0$ und $0 \leq \lambda < 1$. Der *Sobolev-Slobodekij-Raum* $H^{s,p}(\Omega)$ ist definiert durch

$$H^{s,p}(\Omega) \; := \; \left\{ u \in H^{m,p}(\Omega) \;\middle|\; \| \, u \, \|_{s,p} < \infty \right\}.$$

Der Einfachheit halber bezeichnen wir auch die Räume $H^{s,p}(\Omega)$, $s > 0$, als *Sobolev-Räume.* Außerdem verwenden wir wieder die Abkürzung $H^s(\Omega) := H^{s,2}(\Omega)$.

Jeder der Räume $H^{s,p}(\Omega)$ ist bzgl. der Norm $\| \, . \, \|_{s,p}$ vollständig. Die Approximationssätze 1.1.18 und 1.1.19 gelten sinngemäß für beliebiges $s \geq 0$. Unter der Voraussetzung, daß Ω ein beschränktes Lipschitz-Gebiet ist, gilt auch der Einbettungssatz 1.1.21 weiter. In diesem Falle existiert also die Einbettung $H^{s,p}(\Omega) \hookrightarrow C(\overline{\Omega})$ für alle $s > n/p$.

1.1.6 Randwerte und Spursatz

Bei der schwachen Formulierung von Randwertproblemen stellt sich die Frage, wie man für Funktionen in Sobolev-Räumen – welche ja nur bis auf Ausnahmemengen vom Maß Null festgelegt sind – sinnvolle Randwerte definieren kann, wenn der Rand selbst eine Nullmenge ist. Eine erste Antwort auf diese Frage liefern die Einbettungssätze: Wenn Ω ein Lipschitz-Gebiet ist und $s > n/p$, so gehören die Funktionen in $H^{s,p}(\Omega)$ zu $C(\overline{\Omega})$ und besitzen folglich wohldefinierte, stetige Randwerte. Auf der anderen Seite zeigt die Tatsache, daß $C_0^\infty(\Omega)$ für $s \leq 1/p$ dicht in $H^{s,p}(\Omega)$ liegt (vgl. Lemma 1.1.28), daß $H^{s,p}(\Omega)$-Funktionen in diesem Fall im allgemeinen keine sinnvollen Randwerte besitzen.

Ziel dieses Kapitels ist es nun, Randwerte von $H^{s,p}(\Omega)$-Funktionen unter der Voraussetzung $s > 1/p$ zu definieren. Diese sind im allgemeinen natürlich nicht mehr stetig und müssen in einem etwas schwächeren Sinne interpretiert werden. Dazu definieren wir zunächst Sobolev-Räume, die auf dem Rande von Ω leben.

Definition 1.1.23 (Sobolev-Räume auf Γ)
Sei $\Omega \subset \mathbb{R}^n$ ein beschränktes Gebiet der Klasse $C^{m,1}$, $m \in \mathbb{N}_0$, mit $C^{m,1}$-Koordinatensystem $\{ \, (U_j, \varphi_j) \, \}_{j=1}^N$. Wie in Definition 1.1.5 bezeichnen wir mit $U_j' \subset \mathbb{R}^{n-1}$ den Definitionsbereich von φ_j. Außerdem seien Funktionen $\Phi_j : U_j' \longrightarrow \Gamma \cap U_j$ definiert durch

$$\Phi_j(y') \; = \; (\, y', \varphi_j(y') \,) \, , \qquad y' \in U_j' .$$

Schließlich seien $0 \leq s \leq m+1$ und $1 \leq p \leq \infty$. Dann ist der Sobolev-Raum $H^{s,p}(\Gamma)$ definiert durch

$$H^{s,p}(\Gamma) \; := \; \left\{ \, u : \Gamma \longrightarrow \mathbb{R}^* \;\middle|\; u \circ \Phi_j \in H^{s,p}(U_j'), \; j \in \mathbb{N} \, \right\}.$$

Im Falle $p = 2$ schreiben wir wieder $H^s(\Gamma)$ anstatt von $H^{s,2}(\Gamma)$.

Bemerkung 1.1.24 Die Funktionen Φ_j sind bijektiv und $C^{m,1}$-diffeomorph. Mit Hilfe geeigneter Transformationssätze (siehe z.B. [149]) folgt hieraus, daß die Definition der Räume $H^{s,p}(\Gamma)$ nicht vom betrachteten Koordinatensystem abhängt.

Eine mögliche Norm für $H^{s,p}(\Gamma)$ ist z.B. gegeben durch

$$\| u \|_{s,p;\Gamma} := \Big(\sum_{j=1}^{N} \| u \circ \Phi_j \|_{s,p;U_j'}^p \Big)^{1/p}, \qquad u \in H^{s,p}(\Gamma). \tag{1.1.7}$$

Diese hängt allerdings vom betrachteten Koordinatensystem ab. Obwohl man zeigen kann, daß alle so definierten Normen äquivalent sind, wollen wir doch lieber eine Koordinaten-unabhängige Norm verwenden. Diese kann z.B. im Falle $0 < s < 1$ mit Hilfe einer geeigneten Zerlegung der Eins für Γ bzgl. $\{U_j\}_{j=1}^N$ definiert werden durch

$$\| u \|_{s,p;\Gamma} := \left\{ \int_\Gamma | u |^p \, d\sigma + \int_\Gamma \int_\Gamma \frac{| u(x) - u(y) |^p}{| x - y |^{n+sp}} \, d\sigma(x) \, d\sigma(y) \right\}^{1/p}, \tag{1.1.8}$$

wobei $d\sigma$ das übliche Oberflächenmaß für Lipschitz-reguläre $(n-1)$-dimensionale Hyperflächen im $\mathbb{R}^n$ bezeichnet. Auch hier läßt sich zeigen, daß die Norm (1.1.8) äquivalent zu jeder der durch (1.1.7) definierten Normen ist. Außerdem gelten auch für $H^{s,p}(\Gamma)$ die üblichen Approximations- und Einbettungssätze.

Den Schlüssel zur Definition von Randwerten für $H^{s,p}(\Omega)$-Funktionen, $s > 1/p$, liefert nun der Approximationssatz 1.1.19 bzw. seine Verallgemeinerung für $s > 0$. Unter der Voraussetzung, daß Γ hinreichend regulär ist, kann man nämlich zeigen, daß der für $u \in C^\infty(\overline{\Omega})$ durch $\gamma u := u|_\Gamma$ definierte *Spuroperator* ein beschränkter linearer Operator von $C^\infty(\overline{\Omega}) \cap H^{s,p}(\Omega)$ nach $H^{s-1/p,p}(\Gamma)$ ist. Da $C^\infty(\overline{\Omega})$ dicht in $H^{s,p}(\Omega)$ liegt, kann γ fortgesetzt werden zu einem stetigen linearen Operator von $H^{s,p}(\Omega)$ nach $H^{s-1/p,p}(\Gamma)$. Außerdem läßt sich zeigen, daß die so definierte Fortsetzung – welche wir wieder mit γ bezeichnen – surjektiv ist und eine stetige Inverse besitzt. Im Falle $s = 1$ erhalten wir somit den folgenden *Spursatz*:

Satz 1.1.25 (Spursatz für $H^{1,p}(\Omega)$)
Sei $\Omega \subset \mathbb{R}^n$ ein beschränktes Lipschitz-Gebiet und $1 < p < \infty$. Dann besitzt der durch

$$\gamma : u \mapsto u|_\Gamma, \qquad u \in C^\infty(\overline{\Omega}),$$

auf $C^\infty(\overline{\Omega})$ definierte Spuroperator eine eindeutige und stetige Fortsetzung von $H^{1,p}(\Omega)$ auf $H^{1-1/p,p}(\Gamma)$, d.h. es gilt

$$\| \gamma u \|_{1-1/p,p;\Gamma} \le C \| u \|_{1,p;\Omega}, \qquad u \in H^{1,p}(\Omega),$$

mit einer von u unabhängigen Konstanten $C = C(\Omega, p)$. Umgekehrt existiert für jede Funktion $\tilde{u} \in H^{1-1/p,p}(\Gamma)$ eine Fortsetzung $u \in H^{1,p}(\Omega)$ mit $\gamma u = \tilde{u}$, die der Abschätzung

$$\| u \|_{1,p;\Omega} \le C \| \tilde{u} \|_{1-1/p,p;\Gamma}$$

genügt, und zwar ebenfalls mit einer von u unabhängigen Konstanten $C = C(\Omega, p)$.

Sei nun $u \in H^{1,p}(\Omega)$. Wir bezeichnen γu als *Randwerte* von u *im Sinne der Spur*. Wenn Verwechslungen ausgeschlossen sind, schreiben wir von nun an u anstatt γu, halten uns aber immer vor Augen, daß die Randwerte nur im Sinne der Spur definiert sind. Zu den wichtigsten Aussagen, in denen Randwerte eine wesentliche Rolle spielen, zählt die folgende *Greensche Formel*:

Satz 1.1.26 (Greensche Formel)

Sei $\Omega \subset \mathbb{R}^n$ ein beschränktes Lipschitz-Gebiet mit Rand Γ. Dann gilt für je zwei Funktionen $u \in H^1(\Omega)^n$ und $v \in H^1(\Omega)$ die Greensche Formel

$$\int_\Omega v \, \nabla \cdot u \, dx \;=\; -\int_\Omega u \cdot \nabla v \, dx \;+\; \int_\Gamma v \, u \cdot d\sigma \,, \tag{1.1.9}$$

wobei das Randintegral als Integral über die Randwerte von u bzw. v zu verstehen ist.

1.1.7 Spezielle Räume für Dirichlet-Probleme

Von besonderer Bedeutung für die schwache Formulierung von Dirichlet-Randwertproblemen sind Funktionen $u \in H^1(\Omega)$, deren Randwerte auf dem Rand von Ω verschwinden, wie dies z.B. für alle $C_0^\infty(\Omega)$-Funktionen der Fall ist. Nach Satz 1.1.13 liegt $C_0^\infty(\Omega)$ dicht in $L^p(\Omega) = H^{0,p}(\Omega)$ für $1 \le p < \infty$. Wie die zahlreichen Approximationssätze vermuten lassen, ist dies für $H^{s,p}(\Omega)$, $s > 0$, im allgemeinen nicht mehr der Fall. Es ist deswegen sinnvoll, $C_0^\infty(\Omega)$ in $H^{s,p}(\Omega)$ zu vervollständigen. Wir erhalten so die folgenden Räume:

Definition 1.1.27 (Die Räume $H_0^{s,p}(\Omega)$)

Sei $\Omega \subset \mathbb{R}^n$ ein Gebiet. Für $s \ge 0$ und $1 \le p < \infty$ sei $H_0^{s,p}(\Omega)$ die Vervollständigung von $C_0^\infty(\Omega)$ in $H^{s,p}(\Omega)$. Im Falle $p = 2$ schreiben wir $H_0^s(\Omega)$ statt $H_0^{s,2}(\Omega)$.

Das folgende Lemma zählt eine Reihe von Fällen auf, in denen $C_0^\infty(\Omega)$ dicht in $H^{s,p}(\Omega)$ liegt und folglich $H^{s,p}(\Omega) = H_0^{s,p}(\Omega)$ gilt. Tatsächlich sind dies wohl die einzigen Fälle von praktischer Bedeutung. Eine umfassendere Antwort auf diese Frage findet man z.B. in [2].

Lemma 1.1.28 ($H^{s,p}(\Omega) = H_0^{s,p}(\Omega)$)

Sei $\Omega \subset \mathbb{R}^n$ ein Gebiet, $1 \le p < \infty$ und $s \ge 0$. Darüber hinaus sei eine der folgenden drei Bedingungen erfüllt:

(i) $\Omega = \mathbb{R}^n$,

(ii) $s = 0$,

(iii) Ω *ist ein beschränktes Lipschitz-Gebiet,* $1 < p < \infty$ *und* $0 \le s \le 1/p$.

Dann stimmen die Räume $H^{s,p}(\Omega)$ und $H_0^{s,p}(\Omega)$ überein.

Die Räume $H_0^1(\Omega)$ spielen – wie gesagt – bei der schwachen Formulierung von Dirichlet-Randwertproblemen eine wichtige Rolle. Das folgende Lemma zeigt, daß die Randwerte von $H_0^1(\Omega)$-Funktionen auf Γ tatsächlich im Sinne der Spur verschwinden:

Lemma 1.1.29 (Randwerte von $H_0^1(\Omega)$-Funktionen)
Sei $\Omega \subset \mathbb{R}^n$ ein beschränktes Lipschitz-Gebiet mit Rand Γ. Dann gilt

$$H_0^1(\Omega) \;=\; \{\, u \in H^1(\Omega) \mid u = 0 \text{ auf } \Gamma \text{ im Sinne der Spur} \,\}\,.$$

Eine weitere wichtige Eigenschaft der Räume $H_0^1(\Omega)$ besteht darin, daß mit der Seminorm $|\cdot|_{1,2}$ eine zweite Norm für $H_0^1(\Omega)$ zur Verfügung steht, die darüber hinaus zur H^1-Norm äquivalent ist. Dies zeigt die berühmte *Poincaré-Ungleichung*:

Lemma 1.1.30 (Poincaré-Ungleichung)
Sei $\Omega \subset \mathbb{R}^n$ ein beschränktes Lipschitz-Gebiet mit Rand Γ. Dann gilt für alle Funktionen $u \in H_0^1(\Omega)$ die Poincaré-Ungleichung

$$\| u \|_{0,2} \;\leq\; C_\Omega \, | u |_{1,2} \tag{1.1.10}$$

mit einer Konstanten C_Ω, die nur vom Durchmesser von Ω abhängt.

1.1.8 Dualräume

Für die Betrachtung schwacher elliptischer Randwertprobleme im Rahmen der Funktionalanalysis sind auch die Dualräume der verschiedenen Sobolev-Räume von besonderem Interesse. Der Dualraum eines normierten Raumes V (mit Norm $\|\,.\,\|_V$) wird üblicherweise mit V' bezeichnet. Er besteht aus allen beschränkten linearen Funktionalen $f^* : V \longrightarrow \mathbb{R}$ und ist ein Banach-Raum bzgl. der Norm

$$\| f^* \|_{V'} \;:=\; \sup_{v \in V} \frac{| f^*(v) |}{\| v \|_V}\,, \qquad f^* \in V'\,.$$

Für die Anwendung eines beschränkten linearen Funktionals $f^* \in V'$ auf ein Element $v \in V$ verwendet man häufig auch die Darstellung

$$f^*(v) \;=\; \langle f^*, v \rangle_V\,.$$

In Analogie zum Skalarprodukt in Hilbert-Räumen heißt $\langle\,.\,,.\,\rangle_V$ *Dualitätsprodukt* auf $V' \times V$. Ist nämlich V ein Hilbert-Raum mit Skalarprodukt $(.,.)_V$, so kann nach dem Rieszschen Darstellungssatz V mit V' identifiziert werden und folglich auch $\langle\,.\,,.\,\rangle_V$ mit $(.,.)_V$.

Seien nun U, V zwei Hilbert-Räume mit stetiger und dichter Einbettung $V \hookrightarrow U$. Dann ist U' stetig und dicht in V' eingebettet. Identifizieren wir U und U' so erhalten wir den *Gelfand-Dreier*

$$V \hookrightarrow U \hookrightarrow V'\,.$$

Wegen $U = U' \subset V'$ kann jedes Element $f \in U$ mit einem Funktional $f^* \in V'$ identifiziert werden. Für $v \in V \subset U$ gilt dann

$$(f, v)_U \;=\; \langle f^*, v \rangle_U \;=\; f^*(v) \;=\; \langle f^*, v \rangle_V\,. \tag{1.1.11}$$

Da $U = U'$ dicht in V' eingebettet ist, kann $(.,.)_U$ eindeutig auf $V' \times V$ fortgesetzt werden. Wegen (1.1.11) stimmt die Fortsetzung mit dem Dualitätsprodukt $\langle .,. \rangle_V$ überein und wir können $\langle .,. \rangle_V$ auf $V' \times V$ mit $(.,.)_U$ identifizieren:

$$\langle f^*, v \rangle_V = (f^*, v)_U , \qquad f^* \in V',\ v \in V .$$

Wir kommen nun zu den Dualräumen der verschiedenen Sobolev-Räume. Diese werden üblicherweise mit negativen Exponenten bezeichnet und ihre Elemente mit f statt f^*. Wir beschränken uns hier auf den Fall $p = 2$ und beginnen mit dem Dualräumen von $H_0^s(\Omega)$, $s \geq 0$, die in der Literatur noch am häufigsten anzutreffen sind. Da $H_0^s(\Omega)$ stetig und dicht in $L^2(\Omega)$ eingebettet ist, können wir das Dualitätsprodukt $\langle .,. \rangle_{H_0^s(\Omega)}$ mit der eindeutigen Fortsetzung des $L^2(\Omega)$-Skalarproduktes identifizieren und schreiben

$$\langle f, v \rangle_{H_0^s(\Omega)} = \int_\Omega fv \, dx , \qquad v \in H_0^s(\Omega) ,$$

für jedes beschränkte lineare Funktional f auf $H_0^s(\Omega)$. Dabei halten wir uns jedoch immer vor Augen, daß $\int_\Omega fv \, dx$ nur dann als übliches Integral interpretiert werden kann, wenn f sich mit einer $L^2(\Omega)$-Funktion identifizieren läßt.

Definition 1.1.31 (Die Räume $H^{-s}(\Omega)$)
Sei Ω ein Gebiet und $s \geq 0$. Wir bezeichnen mit $H^{-s}(\Omega)$ den Dualraum von $H_0^s(\Omega)$ und versehen ihn mit der Norm

$$\| f \|_{-s,2} := \sup_{v \in H_0^s(\Omega)} \frac{\left| \int_\Omega fv \, dx \right|}{\| v \|_{s,2}} , \qquad f \in H^{-s}(\Omega) ,$$

wobei das Integral als Dualitätsprodukt auf $H^{-s}(\Omega) \times H_0^s(\Omega)$ zu interpretieren ist.

Durch Definition 1.1.31 sind die Räume $H^s(\Omega)$ nun für alle $s \in \mathbb{R}$ erklärt. Diese bilden eine *Skala* von Hilbert-Räumen

$$\cdots \hookrightarrow H^2(\Omega) \hookrightarrow H^1(\Omega) \hookrightarrow L^2(\Omega) \hookrightarrow H^{-1}(\Omega) \hookrightarrow H^{-2}(\Omega) \hookrightarrow \cdots$$

mit jeweils stetigen und dichten Einbettungen. Die besondere Bedeutung dieser Skala liegt nun darin, daß jeder Differentialoperator der Form $\partial/\partial x_j$ den Raum $H^s(\Omega)$ stetig nach $H^{s-1}(\Omega)$ abbildet, wenn nicht gerade $s = 1/2$ gilt (siehe [70], S. 31).

Satz 1.1.32 (Differentiation in Sobolev-Räumen)
Sei $\Omega \subset \mathbb{R}^n$ ein beschränktes Lipschitz-Gebiet. Dann ist $\partial/\partial x_j$ für $1 \leq j \leq n$ und alle $s \in \mathbb{R}$, $s \neq 1/2$, ein beschränkter linearer Operator von $H^s(\Omega)$ nach $H^{s-1}(\Omega)$.

Für die Dualräume der Räume $H^s(\Gamma)$ verwenden wir eine ähnliche Notation. Da diese stetig und dicht in $L^2(\Gamma)$ eingebettet sind, macht auch hier die Integralschreibweise für die entsprechenden Dualitätsprodukte Sinn.

Definition 1.1.33 (Die Räume $H^{-s}(\Gamma)$)
Sei $\Omega \subset \mathbb{R}^n$ ein beschränktes Lipschitz-Gebiet mit Rand Γ. Für $0 \leq s \leq 1$ bezeichnen wir den Dualraum von $H^s(\Gamma)$ mit $H^{-s}(\Gamma)$ und versehen ihn mit der Norm

$$\| f \|_{-s,2;\Gamma} := \sup_{v \in H^s(\Gamma)} \frac{\left| \int_\Gamma f v \, dx \right|}{\| v \|_{s,2;\Gamma}}, \qquad f \in H^{-s}(\Gamma),$$

wobei wir das Randintegral als Dualitätsprodukt auf $H^{-s}(\Gamma) \times H^s(\Gamma)$ interpretieren.

Bemerkung 1.1.34 (Der globale Charakter der Dualnormen)
Die Normen der in diesem Kapitel definierten Dualräume besitzen globalen Charakter. Das bedeutet z.B., daß eine Aufspaltung der Form

$$\int_\Gamma f v \, d\sigma = \int_{\Gamma_0} f v \, d\sigma + \int_{\Gamma \setminus \Gamma_0} f v \, d\sigma$$

für $\Gamma_0 \subset \Gamma$ sowie $f \in H^{-1/2}(\Gamma)$ und $v \in H^{1/2}(\Gamma)$ im allgemeinen nicht möglich ist. Wir müssen uns also davor hüten, die anstelle der Dualitätsprodukte verwendeten Integrale wie gewöhnliche Lebesgue-Integrale zu behandeln.

1.1.9 Der Raum $H(\mathrm{div};\Omega)$

Bisher konnten wir sinnvolle Randwerte von Funktionen $u \in H^{s,p}(\Omega)$ nur für $s > 1/p$ erklären. Wie die folgenden Ausführungen zeigen, können auch Vektorfelder $u \in L^2(\Omega)^n$ vernünftige Randwerte besizten, wenn ihre *schwache Divergenz* existiert und in $L^2(\Omega)$ liegt. Die schwache Divergenz eines Vektorfeldes läßt sich vollkommen analog zu den schwachen Ableitungen definieren:

Definition 1.1.35 (Schwache Divergenz eines Vektorfeldes)
Sei $\Omega \subset \mathbb{R}^n$ ein Gebiet und $u \in L^1_{loc}(\Omega)^n$ ein Vektorfeld. Wenn eine Funktion $v \in L^1_{loc}(\Omega)$ existiert, mit

$$\int_\Omega u \cdot \nabla \varphi \, dx = - \int_\Omega v \, \varphi \, dx, \qquad \varphi \in C_0^\infty(\Omega), \tag{1.1.12}$$

so nennen wir v die *schwache Divergenz* von u und schreiben $\nabla \cdot u = v$.

Am Beispiel des Vektorfeldes $u = \nabla(|x|^{-1})$ im $\mathbb{R}^3$ macht man sich schnell klar, daß die schwache Divergenz $\nabla \cdot u$ existieren kann, ohne daß die schwachen Ableitungen $\partial u_i / \partial x_i$ zu existieren brauchen. Wir definieren nun den Raum $H(\mathrm{div};\Omega)$ wie folgt:

Definition 1.1.36 (Der Raum $H(\mathrm{div};\Omega)$)
Sei $\Omega \subset \mathbb{R}^n$ ein Gebiet. Wir definieren den Teilraum $H(\mathrm{div};\Omega)$ von $L^2(\Omega)^n$ durch

$$H(\mathrm{div};\Omega) := \{ u \in L^2(\Omega)^n \mid \nabla \cdot u \in L^2(\Omega) \} .$$

$H(\mathrm{div};\Omega)$ ist ein Banach-Raum bzgl. der Norm

$$\| u \|_{H(\mathrm{div};\Omega)} := \left\{ \| u \|_{0,2}^2 + \| \nabla \cdot u \|_{0,2}^2 \right\}^{1/2}, \qquad u \in H(\mathrm{div};\Omega) .$$

Darüber hinaus gilt der folgende Approximationssatz (vgl. [66], S. 27):

Lemma 1.1.37 (Approximationssatz für $H(\mathrm{div};\Omega)$)
Sei $\Omega \subset \mathbb{R}^n$ ein beschränktes Lipschitz-Gebiet. Dann liegt $C^\infty(\overline{\Omega})^n$ dicht in $H(\mathrm{div};\Omega)$.

Mit Hilfe von Lemma 1.1.37 und der Greenschen Formel kann man nun leicht den folgenden Spursatz für Vektorfelder $u \in H(\mathrm{div};\Omega)$ beweisen.

Satz 1.1.38 (Spursatz für $H(\mathrm{div};\Omega)$)
Sei $\Omega \subset \mathbb{R}^n$ ein beschränktes Lipschitz-Gebiet und $\vec{n}$ der äußere Normalenvektor von Ω auf Γ. Dann besitzt der durch

$$\gamma_{\vec{n}} : u \mapsto u|_\Gamma \cdot \vec{n} , \qquad u \in C^\infty(\overline{\Omega})^n ,$$

auf $C^\infty(\overline{\Omega})^n$ definierte Spuroperator eine eindeutige stetige Fortsetzung von $H(\mathrm{div};\Omega)$ nach $H^{-1/2}(\Gamma)$, d.h., es gilt

$$\| u \cdot \vec{n} \|_{-1/2,2;\Gamma} \le C \| u \|_{H(\mathrm{div};\Omega)} , \qquad u \in H(\mathrm{div};\Omega) ,$$

mit einer von u unabhängigen Konstanten $C = C(\Omega)$.

Satz 1.1.38 zeigt, daß ein Vektorfeld $u \in L^2(\Omega)^n$ sinnvolle Randwerte $\gamma_{\vec{n}} u$ in $H^{-1/2}(\Gamma)$ besitzt, wenn die schwache Divergenz von u existiert und in $L^2(\Omega)$ liegt. Als unmittelbare Folgerung erhalten wir die folgende Verallgemeinerung der Greenschen Formel (1.1.9):

Folgerung 1.1.39 (Verallgemeinerte Greensche Formel)
Sei $\Omega \subset \mathbb{R}^n$ ein beschränktes Lipschitz-Gebiet. Dann gilt für $u \in H(\mathrm{div};\Omega)$ und $v \in H^1(\Omega)$ die verallgemeinerte Greensche Formel

$$\int_\Omega v \, \nabla \cdot u \, dx = - \int_\Omega u \cdot \nabla v \, dx + \int_\Gamma v \, u \cdot d\sigma , \tag{1.1.13}$$

wobei das Randintegral als Dualitätsprodukt auf $H^{-1/2}(\Gamma) \times H^{1/2}(\Gamma)$ zu interpretieren ist.

1.1.10 Eine verallgemeinerte Produktregel

Eine weitere wichtige Aussage über den Raum $H(\mathrm{div};\Omega)$ ist die folgende Produktregel, die wir zur schwachen Interpretation elliptischer Randwertprobleme des öfteren benutzen werden. Da das Resultat in der Literatur kaum zu finden ist, wollen wir es an dieser Stelle kurz beweisen. Die dabei auftretenden Normen vektorwertiger Funktionen hatten wir bereits in Vereinbarung 1.1.12 festgelegt.

Lemma 1.1.40 (Verallgemeinerte Produktregel)
Sei $\Omega \subset \mathbb{R}^n$ ein Gebiet, $u \in H^1(\Omega)$, und $b \in L^\infty(\Omega)^n$ ein Vektorfeld mit schwacher Divergenz $\nabla \cdot b \in L^\infty(\Omega)$. Dann existiert auch die schwache Divergenz des Produktes bu und es gilt die verallgemeinerte Produktregel

$$\nabla \cdot (bu) = b \cdot \nabla u + u \nabla \cdot b . \tag{1.1.14}$$

Darüber hinaus liegt $\nabla \cdot (bu)$ in $L^2(\Omega)$ und es gilt somit $bu \in H(\mathrm{div};\Omega)$.

Beweis: Sei $\varphi \in C_0^\infty(\Omega)$ beliebig aber fest. Wir haben zu zeigen, daß

$$\int_\Omega u\, b \cdot \nabla\varphi \, dx = - \int_\Omega (b \cdot \nabla u + u \nabla \cdot b)\, \varphi \, dx \tag{1.1.15}$$

gilt. Sei dazu $\Omega_0 := Int(supp(\varphi))$. Da Ω_0 beschränkt ist, können wir b in $L^2(\Omega_0)^n$ approximieren durch eine Folge $(b_k)_{k\in\mathbb{N}} \subset C_0^\infty(\Omega_0)^n$ mit $\| b - b_k \|_{0,2;\Omega_0} \to 0$ für $k \to 0$. Da außerdem $C^\infty(\Omega)$ nach Satz 1.1.18 dicht in $H^1(\Omega)$ liegt, existiert eine Folge $(u_k)_{k\in\mathbb{N}} \subset C^\infty(\Omega)$ mit $\| u - u_k \|_{1,2} \to 0$ für $k \to 0$. Die Greensche Formel liefert nun für beliebiges $k \in \mathbb{N}$ die Beziehung

$$\int_\Omega u_k b_k \cdot \nabla\varphi \, dx = \int_\Omega \nabla \cdot (u_k b_k)\, \varphi \, dx = - \int_\Omega (b_k \cdot \nabla u_k + u_k \nabla \cdot b_k)\, \varphi \, dx .$$

Mit Hilfe der Hölder-Ungleichung folgt zunächst die Abschätzung

$$\begin{aligned} & \Big| \int_\Omega (u\, b - u_k b_k) \cdot \nabla\varphi \, dx \Big| \\ \le \;& \| u\, b - u_k b_k \|_{0,1;\Omega_0} \| \nabla\varphi \|_{0,\infty} \\ \le \;& \Big(\| u \|_{0,2} \| b - b_k \|_{0,2;\Omega_0} + \| u - u_k \|_{0,2} \| b_k \|_{0,2;\Omega_0} \Big) \| \nabla\varphi \|_{0,\infty} \\ \longrightarrow \;& 0, \quad k \to \infty . \end{aligned}$$

Hierbei haben wir ausgenutzt, daß die Folge $\| b_k \|_{0,2;\Omega_0} = \| b \|_{0,2;\Omega_0} + \| b - b_k \|_{0,2;\Omega_0}$ beschränkt ist. Auf analoge Weise erhalten wir die Abschätzung

$$\begin{aligned} & \Big| \int_\Omega (b \cdot \nabla u - b_k \cdot \nabla u_k)\, \varphi \, dx \Big| \\ \le \;& \| b \cdot \nabla u - b_k \cdot \nabla u_k \|_{0,1;\Omega_0} \| \varphi \|_{0,\infty} \\ \le \;& \Big(\| \nabla u \|_{0,2} \| b - b_k \|_{0,2;\Omega_0} + \| \nabla u - \nabla u_k \|_{0,2} \| b_k \|_{0,2;\Omega_0} \Big) \| \varphi \|_{0,\infty} \\ \longrightarrow \;& 0, \quad k \to \infty . \end{aligned}$$

Schließlich folgt aus der Existenz von $\nabla \cdot b$ und wegen $u_k\varphi \in C_0^\infty(\Omega)$ die Abschätzung

$$\begin{aligned}
&\Big| \int_\Omega (u\nabla \cdot b - u_k \nabla \cdot b_k)\, \varphi \, dx \Big| \\
&\quad \le \Big| \int_\Omega (u - u_k)\, \varphi \, \nabla \cdot b \, dx \Big| + \Big| \int_\Omega (\nabla \cdot b - \nabla \cdot b_k)\, u_k \varphi \, dx \Big| \\
&\quad = \Big| \int_\Omega (u - u_k)\, \varphi \, \nabla \cdot b \, dx \Big| + \Big| \int_\Omega (b - b_k) \cdot \nabla(u_k \varphi) \, dx \Big| \\
&\quad \le C \Big(\| u - u_k \|_{0,2} \| \nabla \cdot b \|_{0,2;\Omega_0} + \| b - b_k \|_{0,2;\Omega_0} \| u \|_{1,2} \Big) \| \varphi \|_{1,\infty} \\
&\quad \longrightarrow 0, \qquad k \to \infty .
\end{aligned}$$

Die Identität (1.1.15) folgt somit durch eine einfache Dreiecksungleichung. Also existiert die schwache Divergenz $\nabla \cdot (bu)$ und es gilt die Produktregel (1.1.14). Da die rechte Seite von (1.1.14) in $L^2(\Omega)$ liegt, gilt darüber hinaus $bu \in H(\text{div};\Omega)$. □

1.2 Elliptische Randwertprobleme

Dieses Kapitel enthält eine kurze Einführung in die Theorie elliptischer Randwertprobleme 2. Ordnung, zu denen ja auch die Konvektions-Diffusions-Probleme zählen. Wir beschränken uns an dieser Stelle allerdings auf Probleme mit Dirichlet-Randbedingungen. Die meisten der hier aufgeführten Aussagen findet man in den Büchern von GILBARG & TRUDINGER, [65], P. GRISVARD, [70], und W. HACKBUSCH, [78], wieder. Wir beginnen unsere Darstellung mit der Definition der entsprechenden Differentialoperatoren.

Definition 1.2.1 (Elliptische Differentialoperatoren 2. Ordnung)
Sei $\Omega \subset \mathbb{R}^n$ ein Gebiet. Unter einem *elliptischen Differentialoperator 2. Ordnung* auf Ω verstehen wir einen linearen Operator $\mathcal{L}$ der Form

$$\mathcal{L}u \;=\; \nabla\cdot(-A\nabla u + bu) \;+\; cu \tag{1.2.1}$$

mit variablen Koeffizienten $A = (a_{ij})_{i,j=1}^n$, $b = (b_1, \ldots, b_n)^T$ und c, wobei die Matrix $A = A(x)$ für fast alle $x \in \Omega$ symmetrisch positiv definit ist und der *Elliptizitätsbedingung*

$$\sum_{i,j=1}^n a_{ij}(x)\,\xi_i\xi_j \;\geq\; C_E\,|\,\xi\,|^2\,, \qquad \forall\xi = (\xi_1,\ldots,\xi_n)^T \in \mathbb{R}^n\,, \tag{1.2.2}$$

genügt, mit einer von $x \in \Omega$ unabhängigen Konstanten $C_E > 0$. Die größte Konstante C_E, für die (1.2.2) noch gilt, nennen wir die *Elliptizitätskonstante* des Operators $\mathcal{L}$.

Je nachdem, wie die Ableitungen in (1.2.1) interpretiert werden, sind natürlich an u und die Koeffizienten von $\mathcal{L}$ die unterschiedlichsten Glattheitsanforderungen zu stellen, welche wir in diesem Kapitel noch ausführlich diskutieren werden. Da wir ausschließlich Differentialoperatoren *2. Ordnung* betrachten, lassen wir den Zusatz „2. Ordnung" von nun an weg.

Die Darstellung (1.2.1) des Differentialoperators $\mathcal{L}$ bezeichnet man als seine *Divergenzform*. Im Falle $a_{ij}, b_j \in C^1(\Omega)$ können wir $\tilde{\mathcal{L}} = -\mathcal{L}$ in die Form

$$\tilde{\mathcal{L}} \;=\; \sum_{i,j=1}^n a_{ij}\,\partial_i\,\partial_j \;+\; \sum_{j=1}^n \tilde{b}_j\,\partial_j \;+\; \tilde{c} \tag{1.2.3}$$

bringen, indem wir $\tilde{b} := \operatorname{div} A - b$ und $\tilde{c} := -(c + \nabla\cdot b)$ setzen[1]. Diese Form bezeichnen wir als *klassische Form* elliptischer Differentialoperatoren. Daß wir in diesem Buch die Divergenzform bevorzugen, hat zwei Gründe: Zum einen besitzt die Divergenzform den Vorteil, daß sie eine einfache physikalische Interpretation zuläßt (siehe Bemerkung 1.2.3). Darüber hinaus ist sie aber auch besonders gut geeignet, das Finite-Volumen-Verfahren zur Lösung entsprechender Randwertprobleme zu erklären. Wie bereits erwähnt, beschränken wir uns an dieser Stelle auf elliptische Probleme mit Dirichlet-Randbedingungen. Diese bezeichnen wir als Dirichlet-Probleme.

[1] Die Divergenz einer matrixwertigen Funktion $A(x) = (a_{ij}(x))_{i,j=1}^n$ ist ein Vektor mit den Einträgen $(\operatorname{div} A)_j = \sum_{i=1}^n \partial_j a_{ij}$, $1 \leq j \leq n$.

1.2.1 Das Dirichlet-Problem

Definition 1.2.2 (Dirichlet-Probleme)
Sei $\Omega \subset \mathbb{R}^n$ ein Gebiet mit Rand Γ. Unter einem *Dirichlet-Problem* auf Ω verstehen wir ein elliptisches Randwertproblem der folgenden Form: Gegeben sei ein elliptischer Differentialoperator $\mathcal{L}$ und Funktionen f auf Ω bzw. u_0 auf Γ. Gesucht wird eine Lösung u der Differentialgleichung

$$\mathcal{L}u = f \qquad \text{in } \Omega, \tag{1.2.4a}$$

die darüber hinaus der Randbedingung

$$u = u_0 \qquad \text{auf } \Gamma \tag{1.2.4b}$$

genügt. Letztere wird üblicherweise als *Dirichlet-Randbedingung* bezeichnet. Im Falle $u_0 = 0$ sprechen wir von einer *homogenen* und ansonsten von einer *inhomogenen* Randbedingung.

Bemerkung 1.2.3 (Physikalische Interpretation)
Elliptische Randwertprobleme der obigen Form treten in den verschiedensten Teildisziplinen der Physik auf. Wir bevorzugen in diesem Buch die Interpretation als ein lineares, stationäres Strömungsproblem: Die Differentialgleichung (1.2.4a) beschreibt dann den Gleichgewichtszustand der räumlichen Verteilung einer auf die Masseneinheit bezogenen Größe u, die von einer stationären – d.h. zeitlich konstanten – Strömung mitbewegt wird. Beispiele für solche Größen sind z.B. die Temperatur einer strömenden Flüssigkeit (bzw. eines Gases) oder die Konzentration eines in der Flüssigkeit gelösten Stoffes. Im Falle einer inkompressiblen Strömung besitzen hierbei die einzelnen Terme der Differentialgleichung die folgende Bedeutung (vgl. dazu Bemerkung 1.2.4):

(i) Der *Konvektionsterm* $\nabla \cdot (bu)$ beschreibt den Transport der Größe u mit der Strömung, deren Geschwindigkeitsfeld durch b gegeben ist.

(ii) Der *Diffusionsterm* $-\nabla \cdot A\nabla u$ beschreibt die Ausbreitung der Größe u durch Diffusion. Diese findet auch in der ruhenden Strömung ($b = 0$) statt und hat ihre Ursache im Bestreben des physikalischen Systems, räumliche Unterschiede von u auszugleichen.

(iii) Der *Reaktionsterm* cu beschreibt ein mögliches exponentielles Wachstum ($c < 0$) oder einen Zerfall ($c > 0$) der Größe u.

(iv) Der *Quellterm* f schließlich beschreibt die Entstehung bzw. das Verschwinden der Größe u in Ω durch äußere Einflüsse.

Als Beispiele, bei denen der Reaktionsterm cu eine wichtige Rolle spielt, betrachte man das Wachstum eines in der Flüssigkeit lebenden Bakterienstammes oder den radioaktiven Zerfall eines in der Flüssigkeit gelösten Stoffes. Beispiele äußerer Einflüsse sind etwa die Erwärmung von Wasser durch Sonneneinstrahlung oder Mikrowellen, sowie die spontane Entstehung (Zersetzung) bestimmter Teilchen durch die Einwirkung äußerer Strahlung.

Bemerkung 1.2.4 (Inkompressible Strömungen)
Der Koeffizientenvektor b stimmt nur dann mit dem Geschwindigkeitsfeld der betrachteten Strömung überein, wenn diese *inkompressibel* ist, d.h., wenn die Dichte ϱ der strömenden

Flüssigkeit räumlich konstant ist. In diesem Falle folgt aus dem Prinzip der Massenerhaltung, daß b in Ω der *Inkompressibilitätsbedingung*

$$\nabla \cdot b = 0$$

genügt. Zwar kann der Gleichgewichtszustand der Größe u auch im kompressiblen Fall durch einen elliptischen Differentialoperator der Form (1.2.1) beschrieben werden, nur darf b dann nicht mehr als das Geschwindigkeitsfeld der Strömung interpretiert werden.

Im Rahmen der klassischen Theorie elliptischer Randwertprobleme werden die in $\mathcal{L}$ auftretenden Ableitungen als klassische Ableitungen interpretiert. Dazu muß man allerdings voraussetzen, daß die Lösung u zweimal stetig differenzierbar ist und die Koeffizienten a_{ij}, b_j mindestens einmal. Da außerdem nur Funktionen $u \in C(\overline{\Omega})$ Randwerte in klassischem Sinne besitzen, die dann ebenfalls stetig sind, versteht man unter einer *klassischen Lösung* des Randwertproblems (1.2.4) eine Lösung $u \in C^2(\Omega) \cap C(\overline{\Omega})$.

Aussagen zur Existenz und Eindeutigkeit klassischer Lösungen findet man z.B. im Buch von GILBARG & TRUDINGER, [65]. Da wir in diesem Buch weniger an klassischen als vielmehr an sogenannten schwachen Lösungen des Randwertproblems (1.2.4) interessiert sind, zitieren wir an dieser Stelle nur den folgenden Satz über die Existenz von klassichen Lösungen des Dirichlet-Problems auf beschränkten Lipschitz-Gebieten.

Satz 1.2.5 (Existenz klassischer Lösungen)
Sei $\Omega \subset \mathbb{R}^n$ ein beschränktes Lipschitz-Gebiet und $\mathcal{L}$ ein elliptischer Differentialoperator auf Ω. Für die Koeffizienten von $\mathcal{L}$ und ein $\lambda \in (0,1)$ gelte $a_{ij}, b_j \in C^{1,\lambda}(\overline{\Omega})$, $1 \leq i,j \leq n$, sowie $c \in C^{0,\lambda}(\overline{\Omega})$ mit $c + \nabla \cdot b \geq 0$. Dann besitzt das Dirichlet-Problem (1.2.4) für jede Funktion $f \in C^{0,\lambda}(\Omega) \cap L^\infty(\Omega)$ und beliebige Randwerte $u_0 \in C(\Gamma)$ eine eindeutige klassische Lösung $u \in C^{2,\lambda}(\Omega) \cap C(\overline{\Omega})$.

Satz 1.2.5 wird in [65] mit Hilfe der *Perronschen* Methode und den berühmten a priori-Abschätzungen von Schauder bewiesen. Man beachte jedoch, daß dort Differentialoperatoren von klassischer Form betrachtet werden. Wir haben deswegen die Voraussetzungen an die Divergenzform angepaßt. Wenn die Bedingung $c + \nabla \cdot b$ nicht erfüllt ist, so braucht eine klassische Lösung im allgemeinen nicht zu existieren. In diesem Fall kann man aber immer noch eine Fredholmsche Alternative anwenden – vorausgesetzt, $\partial\Omega$, f, u_0 und die Koeffizienten von $\mathcal{L}$ sind hinreichend glatt.

Bemerkung 1.2.6 (Interpretation der Bedingung $c + \nabla \cdot b \geq 0$)
Interpretiert man (1.2.4) als Strömungsproblem (siehe Bemerkung 1.2.3), so bedeutet die Bedingung $c + \nabla \cdot b \geq 0$ im inkompressiblen Fall, daß die Größe u höchstens eine zerfallende Größe sein kann, nicht aber eine selbständig wachsende.

1.2.2 Schwache Formulierung elliptischer Randwertprobleme

Bei physikalischen und technischen Anwendungen spielt die klassische Theorie nur eine untergeordnete Rolle, da die strengen Glattheitsanforderungen an die Koeffizienten von $\mathcal{L}$ und den

Quellterm f in der Praxis selten erfüllt sind. Interpretiert man das Randwertproblem (1.2.4) jedoch in einem schwächeren Sinne, so können die Voraussetzungen an $\mathcal{L}$ und f wesentlich abgeschwächt werden. Als Folge erhält man dann Lösungen, die im allgemeinen nicht mehr in $C^2(\Omega)$ liegen, die aber physikalisch durchaus sinnvoll sein können.

Eine einfache schwache Interpretation des Randwertproblems (1.2.4) besteht darin, die vorkommenden Ableitungen als schwache Ableitungen im L^2-Sinne und die Randbedingungen im Sinne der Spur aufzufassen. Diese Sichtweise macht Sinn, wenn Ω ein beschränktes Lipschitz-Gebiet ist und die Koeffizienten der Differentialgleichung $\mathcal{L}u = f$ den Bedingungen

(i) $a_{ij}, b_j \in H^{1,\infty}(\Omega)$ für $1 \le i, j \le n$ und $c \in L^\infty(\Omega)$,

(ii) $f \in L^2(\Omega)$,

genügen. Die Lösung u des Randwertproblems (1.2.4) wird dann in $H^2(\Omega)$ gesucht. Im Gegensatz zu den klassischen Lösungen in $C^2(\Omega) \cap C(\overline{\Omega})$ bezeichnen wir eine solche Lösung $u \in H^2(\Omega)$ als *starke* Lösung des Randwertproblems (1.2.4). Man beachte, daß nicht jede klassische Lösung auch eine starke Lösung ist, denn $C^2(\Omega) \cap C(\overline{\Omega})$ ist nicht in $H^2(\Omega)$ enthalten.

Eine noch wesentlich schwächere Interpretation beruht auf der Umformulierung von (1.2.4) in ein Variationsproblem. Wir wollen diese sogenannte *schwache Formulierung* zunächst für Probleme mit homogenen Dirichlet-Randbedingungen angeben, d.h., für elliptische Randwertprobleme der Form: *Finde eine Funktion u mit*

$$\mathcal{L}u = f \quad \text{in } \Omega, \qquad u = 0 \quad \text{auf } \Gamma. \tag{1.2.5}$$

Durch Multiplikation der Differentialgleichung $\mathcal{L}u = f$ mit einer beliebigen *Testfunktion* $v \in H_0^1(\Omega)$ und anschließende Integration über Ω erhält man mit der Greenschen Formel die folgende schwache Formulierung des Randwertproblems (1.2.5):

Finde eine Funktion $u \in H_0^1(\Omega)$ mit

$$\int_\Omega \nabla v \cdot A \nabla u \, dx \; - \; \int_\Omega u \, b \cdot \nabla v \, dx \; + \; \int_\Omega c \, u \, v \, dx \; = \; \int_\Omega f v \, dx \tag{1.2.6}$$

für alle $v \in H_0^1(\Omega)$.

Jede Lösung u von (1.2.6) heißt eine *schwache Lösung* des Randwertproblems (1.2.5). Den Zusammenhang zwischen starken und schwachen Lösungen verdeutlicht der folgende Satz:

Satz 1.2.7 (Starke und schwache Lösungen)

Sei $\Omega \subset \mathbb{R}^n$ ein beschränktes Lipschitz-Gebiet. Für die Koeffizienten des Randwertproblems (1.2.5) gelte

(i) $a_{ij}, b_j \in H^{1,\infty}(\Omega)$ für $1 \le i, j \le n$ und $c \in L^\infty(\Omega)$,

(ii) $f \in L^2(\Omega)$.

Dann ist jede starke Lösung von (1.2.5) auch eine schwache Lösung. Umgekehrt ist jede Lösung u von (1.2.6), die darüber hinaus in $H^2(\Omega)$ liegt, eine starke Lösung des Randwertproblems (1.2.5).

Im Gegensatz zur starken Interpretation macht die schwache Formulierung (1.2.6) nun auch dann noch Sinn, wenn die genannten Voraussetzungen an die Koeffizienten nicht erfüllt sind. Ist Ω ein beschränktes Lipschitz-Gebiet, so sind z.B. die folgenden Voraussetzungen für die Existenz aller Integrale in (1.2.6) hinreichend:

(i) $a_{ij}, b_j, c \in L^\infty(\Omega)$ für $1 \le i, j \le n$,

(ii) $f \in H^{-1}(\Omega)$.

Die besondere Bedeutung der schwachen Formulierung besteht nun darin, daß das Problem (1.2.6) unter diesen Voraussetzungen fast immer eine eindeutige Lösung $u \in H_0^1(\Omega)$ besitzt. Entsprechende hinreichende Bedingungen für die Existenz schwacher Lösungen werden wir in Kapitel 1.2.3 ausführlich diskutieren.

Natürlich kann man unter solch schwachen Voraussetzungen keine starke Lösung mehr erwarten. Trotzdem können auch Lösungen $u \in H_0^1(\Omega)$, die nicht in $H^2(\Omega)$ liegen, als Lösungen des Randwertproblems (1.2.5) interpretiert werden. Für jede Lösung $u \in H_0^1(\Omega)$ von (1.2.6) gilt nämlich insbesondere

$$\int_\Omega \nabla v \cdot (A\nabla u - bu)\, dx \;=\; \int_\Omega (f - cu)\, v\, dx\,, \qquad v \in C_0^\infty(\Omega)\,,$$

d.h., die schwache Divergenz $\nabla \cdot (-A\nabla u + bu)$ existiert und es gilt

$$\nabla \cdot (-A\nabla u + bu) \;=\; f - cu\,.$$

Mit $f - cu$ liegt auch $\nabla \cdot (-A\nabla u + bu)$ in $L^2(\Omega)$ und es folgt

$$\mathcal{L}u \;=\; f \qquad \text{in } L^2(\Omega)\,.$$

Wir haben somit gezeigt, daß u der Differentialgleichung $\mathcal{L}u = f$ im $L^2(\Omega)$-Sinne genügt. Wegen Lemma 1.1.29 genügt u außerdem der Randbedingung $u = 0$ auf Γ im Sinne der Spur.

Bemerkung 1.2.8 (Eine weitere Eigenschaft der schwachen Lösung)
Wie wir soeben gezeigt haben, liegt $\nabla \cdot (-A\nabla u + bu)$ in $L^2(\Omega)$, wenn $u \in H_0^1(\Omega)$ eine Lösung von (1.2.6) ist. Da unter den genannten Voraussetungen auch $-A\nabla u + bu$ in $L^2(\Omega)^n$ liegt, folgt

$$-A\nabla u + bu \;\in\; H(\mathrm{div};\Omega)\,.$$

Nehmen wir zusätzlich an, daß die schwache Divergenz des Vektorfeldes b ebenfalls existiert und in $L^\infty(\Omega)$ liegt, so folgt aus der verallgemeinerten Produktregel (Lemma 1.1.40) erst $bu \in H(\mathrm{div};\Omega)$ und dann auch $A\nabla u \in H(\mathrm{div};\Omega)$.

Aussagen über schwache Randwertprobleme lassen sich besonders elegant mit den Mitteln der Funktionalanalysis formulieren und beweisen. Dazu bettet man das schwache Problem wie folgt in einen abstrakten, funktionalanalytischen Rahmen ein: Zur linken Seite von (1.2.6) assoziiert man eine reelle Bilinearform $\mathcal{A}(u,v) : H_0^1(\Omega) \times H_0^1(\Omega) \longrightarrow \mathbb{R}$, die für $u, v \in H_0^1(\Omega)$ gegeben ist durch

$$\mathcal{A}(u,v) := \int_\Omega \nabla v \cdot A\nabla u \, dx - \int_\Omega u\, b \cdot \nabla v \, dx + \int_\Omega c\, u\, v \, dx \,. \tag{1.2.7}$$

Analog ordnet man der rechten Seite von (1.2.6) ein lineares Funktional $f^* \in H^{-1}(\Omega)$ zu:

$$f^*(v) := \int_\Omega f v \, dx \,, \qquad v \in H_0^1(\Omega) \,. \tag{1.2.8}$$

Die abstrakte Formulierung des schwachen Problems (1.2.6) lautet dann:

$$\textit{Finde ein } u \in H_0^1(\Omega) \textit{ mit} \qquad \mathcal{A}(u,v) = f^*(v) \,, \qquad v \in H_0^1(\Omega) \,. \tag{1.2.9}$$

Die Lösbarkeit des schwachen Problems ist folglich äquivalent zur Darstellbarkeit des Funktionals f^* durch die Bilinearform $\mathcal{A}(.,.)$. Für die Finite-Elemente-Konvergenztheorie von besonderem Interesse ist auch das *adjungierte Problem*

$$\textit{Finde ein } u \in H_0^1(\Omega) \textit{ mit} \qquad \mathcal{A}(v,u) = f^*(v) \,, \qquad v \in H_0^1(\Omega) \,.$$

Wenn die Bilinearform $\mathcal{A}(.,.)$ symmetrisch ist, stimmen das abstrakte Problem (1.2.9) und das adjungierte Problem überein. Dies ist genau dann der Fall, wenn der Konvektionsterm verschwindet, d.h., wenn $b = 0$ gilt. Andernfalls beweist man durch Anwendung der verallgemeinerten Produktregel (1.1.14) sowie der verallgemeinerten Greenschen Formel (1.1.13) auf den Konvektionsterm das folgende Lemma:

Lemma 1.2.9 (Die Bilinearform des adjungierten Problems)
Sei $\Omega \subset \mathbb{R}^n$ ein beschränktes Lipschitz-Gebiet. Für die Koeffizienten der Bilinearform $\mathcal{A}(.,.)$ gelte $a_{ij}, b_j, c \in L^\infty(\Omega)$ für $1 \le i,j \le n$. Darüber hinaus existiere die schwache Divergenz $\nabla \cdot b$ und es gelte $\nabla \cdot b \in L^\infty(\Omega)$. Dann gilt für die Bilinearform $\mathcal{A}^*(.,.)$ des adjungierten Problems die Darstellung

$$\mathcal{A}^*(u,v) := \mathcal{A}(v,u) = \int_\Omega \nabla v \cdot A\nabla u \, dx + \int_\Omega u\, b \cdot \nabla v \, dx + \int_\Omega (c + \nabla \cdot b)\, u\, v \, dx \tag{1.2.10}$$

für beliebige Funktionen $u, v \in H_0^1(\Omega)$.

Bemerkung 1.2.10 (Physikalische Interpretation des adjungierten Problems)
Lemma 1.2.9 zeigt, daß das adjungierte Problem im inkompressiblen Fall ($\nabla \cdot b = 0$) als Strömungsproblem mit umgekehrter Konvektionsrichtung $(-b)$ interpretiert werden kann.

Zur schwachen Formulierung des allgemeinen Dirichlet-Problems mit inhomogener Randbedingung $u = u_0$ auf Γ nehmen wir an, daß u_0 in $H^{1/2}(\Gamma)$ liegt. Wir können dann den Teilraum $H^1_{u_0}(\Omega)$ von $H^1(\Omega)$ definieren durch

$$H^1_{u_0}(\Omega) \;:=\; \{\, u \in H^1(\Omega) \mid u = u_0 \text{ auf } \Gamma \text{ im Sinne der Spur} \,\}\,.$$

Wie $H^1_0(\Omega)$ ist auch $H^1_{u_0}(\Omega)$ abgeschlossen in $H^1(\Omega)$ und somit ebenfalls ein Hilbert-Raum. Darüber hinaus ist die oben angegebene Bilinearform $\mathcal{A}(.,.)$ unter den bisherigen Voraussetzungen auch auf $H^1(\Omega) \times H^1(\Omega)$ wohldefiniert. Die schwache Formulierung des allgemeinen Dirichlet-Problems (1.2.4) lautet somit:

$$\textit{Finde ein } u \in H^1_{u_0}(\Omega) \textit{ mit} \qquad \mathcal{A}(u,v) \;=\; f^*(v)\,, \qquad v \in H^1_0(\Omega)\,. \tag{1.2.11}$$

Beachte, daß hier der *Ansatzraum* $H^1_{u_0}(\Omega)$ und der *Testfunktionenraum* $H^1_0(\Omega)$ verschieden sind. Trotzdem kann auch (1.2.11) in die symmetrische Form (1.2.9) gebracht werden. Nach dem Spursatz besitzt $u_0 \in H^{1/2}(\Gamma)$ nämlich eine Fortsetzung $\tilde{u}_0 \in H^1(\Omega)$. Wie man leicht einsieht, ist (1.2.11) äquivalent zu

$$\textit{Finde ein } \tilde{u} \in H^1_0(\Omega) \textit{ mit} \quad \mathcal{A}(\tilde{u},v) \;=\; f^*(v) - \mathcal{A}(\tilde{u}_0,v)\,, \quad v \in H^1_0(\Omega)\,, \tag{1.2.12}$$

denn jeder Lösung u von (1.2.11) entspricht eine Lösung $\tilde{u} = u - \tilde{u}_0$ von (1.2.12) und umgekehrt. Beachte hierbei, daß $u = \tilde{u} + \tilde{u}_0$ nicht von der gewählten Fortsetzung $\tilde{u}_0$ abhängt.

1.2.3 Existenz und Eindeutigkeit schwacher Lösungen

Wir wollen in diesem Kapitel hinreichende Bedingungen dafür angeben, daß das schwache Problem (1.2.6) eine eindeutige Lösung $u \in H^1_0(\Omega)$ besitzt. Dazu betrachten wir die abstrakte Formulierung (1.2.9). Wenn wir davon ausgehen, daß das lineare Funktional f^* beschränkt ist, hängt die Lösbarkeit des schwachen Problems nur noch von den Eigenschaften der Bilinearform $\mathcal{A}(.,.)$ ab. Die folgende Definition faßt die drei für uns wichtigsten möglichen Eigenschaften von $\mathcal{A}(.,.)$ zusammen.

Definition 1.2.11 (Eigenschaften reeller Bilinearformen)

Seien U und V zwei reelle Hilbert-Räume mit stetiger Einbettung $V \hookrightarrow U$. Weiter sei $\mathcal{A}(u,v) : V \times V \longrightarrow \mathbb{R}$ eine reelle Bilinearform. Dann heißt $\mathcal{A}(.,.)$ *beschränkt* oder auch *stetig*, wenn eine Konstante M existiert mit

$$|\,\mathcal{A}(u,v)\,| \;\le\; M \,\|\, u \,\|_V \,\|\, v \,\|_V\,, \qquad u,v \in V\,. \tag{1.2.13}$$

$\mathcal{A}(.,.)$ heißt *V-koerziv*, falls eine Konstante $\alpha > 0$ existiert mit

$$\mathcal{A}(v,v) \;\ge\; \alpha \,\|\, v \,\|_V^2\,, \qquad v \in V\,. \tag{1.2.14}$$

Schließlich genügt $\mathcal{A}(.,.)$ einer *Gårding-Ungleichung* bzgl. (V,U), wenn für zwei Konstanten $\alpha, \sigma > 0$ die Abschätzung

$$\mathcal{A}(v,v) \;\ge\; \alpha \,\|\, v \,\|_V^2 - \sigma \,\|\, v \,\|_U^2\,, \qquad v \in V\,, \tag{1.2.15}$$

gilt. Wir bezeichnen die Konstante M aus (1.2.13) als *Stetigkeitskonstante* und die Konstante α aus (1.2.14) als *Koerzivitätskonstante* von $\mathcal{A}(.,.)$.

Die Frage nach der Darstellbarkeit beschränkter linearer Funktionale auf einem Hilbert-Raum V durch eine beschränkte, V-koerzive Bilinearform $\mathcal{A}(.,.)$ beantwortet das folgende Lemma von Lax-Milgram:

Satz 1.2.12 (Lax-Milgram Lemma)
Sei V ein reeller Hilbert-Raum und $\mathcal{A}(u,v) : V \times V \longrightarrow \mathbb{R}$ eine beschränkte, V-koerzive Bilinearform. Dann existiert für jedes beschränkte lineare Funktional $f^* \in V'$ eine eindeutige Lösung u des Problems

$$\text{Finde } u \in V \text{ mit} \qquad \mathcal{A}(u,v) \; = \; f^*(v)\,, \qquad v \in V\,, \tag{1.2.16}$$

und es gilt die a priori-Abschätzung $\| u \|_V \le \frac{1}{\alpha} \| f^* \|_{V'}$.

Ist die Bilinearform $\mathcal{A}(.,.)$ nicht V-koerziv, genügt dafür aber einer Gårding-Ungleichung bzgl. zweier Hilbert-Räume U, V mit kompakter Einbettung $V \hookrightarrow U$, so gilt immerhin noch die folgende Fredholmsche Alternative:

Satz 1.2.13 (Fredholmsche Alternative)
Seien U und V zwei reelle Hilbert-Räume mit kompakter Einbettung $V \hookrightarrow U$. Weiter sei $\mathcal{A}(u,v) : V \times V \longrightarrow \mathbb{R}$ eine beschränkte Bilinearform, die der Gårding-Ungleichung (1.2.15) genügt. Dann gilt genau eine der beiden folgenden Aussagen:

(i) Entweder, das homogene Problem „Finde $u \in V$ mit $\mathcal{A}(u,v) = 0$, $v \in V$" besitzt eine nichttriviale Lösung,

(ii) oder das Problem (1.2.16) besitzt für jedes beschränkte lineare Funktional $f^* \in V'$ eine eindeutige Lösung $u \in V$.

Im zweiten Fall gilt die a priori-Abschätzung $\| u \|_V \le C \| f^* \|_{V'}$ mit einer von f^* unabhängigen Konstanten $C = C(\mathcal{A}(.,.))$.

Zur Anwendung dieser beiden abstrakten Existenzsätze haben wir zu untersuchen, unter welchen Bedingungen $\mathcal{A}(.,.)$ und f^* die jeweils geforderten Eigenschaften besitzen. Dabei setzen wir voraus, daß Ω ein beschränktes Lipschitz-Gebiet ist und betrachten die Hilbert-Räume $V := H_0^1(\Omega)$ und $U := L^2(\Omega)$. Nach Definition der Dualräume ist f^* genau dann ein beschränktes lineares Funktional auf $H_0^1(\Omega)$, wenn $f \in H^{-1}(\Omega)$ gilt. Es bleiben also die Eigenschaften der Bilinearform $\mathcal{A}(.,.)$ zu untersuchen. Um unnötige Wiederholungen zu vermeiden, fassen wir die bisher gestellten Mindestvoraussetzungen an Ω und die Koeffizienten von $\mathcal{A}(.,.)$ unter dem Kürzel (A) noch einmal zusammen:

(A) $\Omega \subset \mathbb{R}^n$ sei ein beschränktes Lipschitz-Gebiet. Für die Koeffizienten der Bilinearform $\mathcal{A}(.,.)$ gelte $a_{ij}, b_j, c \in L^\infty(\Omega)$, $1 \le i,j \le n$. Außerdem genüge $A = (a_{ij})_{i,j=1}^n$ der Elliptizitätsbedingung (1.2.2).

Wie die beiden folgenden Lemmata zeigen, ist die Voraussetzung (A) bereits hinreichend für die Beschränktheit von $\mathcal{A}(.,.)$ und die Gültigkeit der Gårding-Ungleichung.

Lemma 1.2.14 (Beschränktheit von $\mathcal{A}(.,.)$)
Es gelte die Voraussetzung (A). Dann ist die Bilinearform $\mathcal{A}(.,.)$ beschränkt und es gilt

$$|\mathcal{A}(u,v)| \leq M \| u \|_{1,2} \| v \|_{1,2}, \qquad u,v \in H^1(\Omega),$$

z.B. mit $M := 2 \max\{ \| \varrho(A) \|_{0,\infty}, \| b \|_{0,\infty}, \| c \|_{0,\infty} \}$, wobei $\varrho(A)$ den Spektralradius von A bezeichnet und $\| b \|_{0,\infty}$ gemäß Vereinbarung 1.1.12 definiert ist.

Lemma 1.2.15 (Die Gårding-Ungleichung für $\mathcal{A}(.,.)$)
Es gelte die Voraussetzung (A). Dann genügt $\mathcal{A}(.,.)$ der Gårding-Ungleichung

$$\mathcal{A}(v,v) \geq \alpha \| v \|_{1,2}^2 - \sigma \| v \|_{0,2}^2, \qquad v \in H_0^1(\Omega),$$

mit $\alpha := C_E/2$ und einer Konstanten $\sigma = \sigma(C_E, \| b \|_{0,\infty}, \| c \|_{0,\infty})$.

Bemerkung 1.2.16 (Zur Abhängigkeit der Konstanten σ vom Strömungsfeld)
Unter der zusätzlichen Voraussetzung $\nabla \cdot b \in L^\infty(\Omega)$ kann man zeigen daß die Konstante σ in der Gårding-Ungleichung nur von C_E und $\operatorname{wes\,inf}_\Omega(c + \frac{1}{2}\nabla \cdot b)$ abhängt. Im inkompressiblen Fall ($\nabla \cdot b = 0$) hängt σ dann nicht mehr von der Stärke des Strömungsfeldes ab. Der Beweis dieser Aussage beruht im wesentlichen auf Lemma 1.2.9.

Für die $H_0^1(\Omega)$-Koerzivität der Bilinearform $\mathcal{A}(.,.)$ muß man weitergehende Forderungen an ihre Koeffizienten stellen. Mit Lemma 1.2.9 und der Poincaré-Ungleichung erhält man die folgende Aussage:

Lemma 1.2.17 ($H_0^1(\Omega)$-Koerzivität von $\mathcal{A}(.,.)$)
Es gelte die Voraussetzung (A). Darüber hinaus gelte $\nabla \cdot b \in L^\infty(\Omega)$ und $c + \frac{1}{2}\nabla \cdot b \geq 0$ in Ω. Dann ist $\mathcal{A}(.,.)$ $H_0^1(\Omega)$-koerziv mit Koerzivitätskonstante $\alpha = C_E/{C_\Omega}^2$, wobei C_Ω die nur von Ω abhängige Konstante aus der Poincaré-Ungleichung ist.

Kombinieren wir die vorangegangenen Lemmata mit den abstrakten Existenzsätzen 1.2.12 bzw. 1.2.13, so erhalten wir folgende Aussage über die eindeutige Lösbarkeit des schwachen Problems:

Satz 1.2.18 (Eindeutige Lösbarkeit des schwachen Problems)
Es gelte die Voraussetzung (A). Darüber hinaus sei wenigstens eine der beiden folgenden Bedingungen erfüllt:

(i) Es gilt $\nabla \cdot b \in L^\infty(\Omega)$ und $c + \frac{1}{2}\nabla \cdot b \geq 0$ in Ω, oder
(ii) das homogene Problem „Finde $u \in H_0^1(\Omega)$ mit $\mathcal{A}(u,v) = 0$, $v \in H_0^1(\Omega)$“ besitzt nur die triviale Lösung $u = 0$.

Dann besitzt das schwache Problem (1.2.6) (bzw. das abstrakte Problem (1.2.9)) für beliebige Funktionen $f \in H^{-1}(\Omega)$ eine eindeutige Lösung $u \in H_0^1(\Omega)$, und es gilt die a priori-Abschätzung

$$\| u \|_{1,2} \leq C \| f \|_{-1,2}$$

mit einer von f unabhängigen Konstanten $C = C(\Omega, \mathcal{A}(.,.))$.

Satz 1.2.18 zeigt, daß das schwache Problem unter der Voraussetzung (A) immer dann eindeutig lösbar ist, wenn nicht zufällig Null ein Eigenwert des entsprechenden linearen Operators ist.

Bemerkung 1.2.19 (Probleme mit inhomogener Dirichlet-Randbedingung)
Unter den Voraussetzungen von Satz 1.2.18 besitzt auch das schwache Problem (1.2.11) für beliebige Funktionen $f \in H^{-1}(\Omega)$ und $u_0 \in H^{1/2}(\Gamma)$ eine eindeutige Lösung $u \in H^1_{u_0}(\Omega)$. Diese Aussage folgt aus der Tatsache, daß die Probleme (1.2.11) und (1.2.12) äquivalent sind und weil aus der Beschränktheit von $\mathcal{A}(.,.)$ und f^* auch die Beschränktheit des linearen Funktionals $\tilde{f}^* := f^* - \mathcal{A}(\tilde{u}_0, \cdot)$ folgt. Für die eindeutige Lösung $u \in H^1_{u_0}(\Omega)$ gilt in diesem Fall die a priori-Abschätzung

$$\| u \|_{1,2} \leq C \Big(\| f \|_{H^{-1}(\Omega)} + \| u_0 \|_{1/2,2;\Gamma} \Big)$$

mit einer von f und u_0 unabhängigen Konstanten $C = C(\Omega, \mathcal{A}(.,.))$.

1.2.4 Regularität schwacher Lösungen

Wie wir im vorangegangenen Kapitel gesehen haben, besitzt das Dirichlet-Problem (1.2.4) unter moderaten Bedingungen eine eindeutige schwache Lösung $u \in H^1_{u_0}(\Omega)$. Wir wollen nun die Frage beantworten, unter welchen zusätzlichen Voraussetzungen diese Lösung u darüber hinaus in $H^{1+s}(\Omega)$ für ein $s \in [0,1]$ liegt. Diese Fragestellung ist z.B. für die Konvergenztheorie numerischer Verfahren wie der Finite-Elemente- oder Finite-Volumen-Methode von besonderem Interesse, da deren Konvergenzgeschwindigkeit ganz wesentlich von der Regularität der Lösung abhängt (siehe Kap. 1.4 und 4.2). Die in diesem Buch vorgestellten Verfahren erzielen ihre maximale Konvergenzgeschwindigkeit bei der Anwendung auf H^2-reguläre Probleme. Die H^{1+s}-Regularität des Dirichlet-Problems definiert man wie folgt:

Definition 1.2.20 (H^{1+s}-Regularität des Dirichlet-Problems)
Sei $\Omega \subset \mathbb{R}^n$ ein beschränktes Lipschitz-Gebiet. Ein Dirichlet-Problem auf Ω – klassisch oder in schwacher Form – heißt *H^{1+s}-regulär* für ein $s \in [0,1]$, wenn es für alle Funktionen $f \in H^{-1+s}(\Omega)$ und $u_0 = \tilde{u}_0|_\Gamma$ mit $\tilde{u}_0 \in H^{1+s}(\Omega)$ eine eindeutige Lösung $u \in H^{1+s}(\Omega)$ besitzt, die darüber hinaus der a priori-Abschätzung

$$\| u \|_{1+s,2} \leq C_R \Big(\| f \|_{-1+s,2} + \| \tilde{u}_0 \|_{1+s,2} \Big) \tag{1.2.17}$$

genügt, mit einer von f und $\tilde{u}_0$ unabhängigen *Regularitätskonstanten* $C_R = C_R(\Omega, \mathcal{A}(.,.))$.

Bemerkung 1.2.21 (Zu den Randwerten H^{1+s}-regulärer Funktionen)
Im allgemeinen besitzen Funktionen $u \in H^{1+s}(\Omega)$ Randwerte in $H^{1/2+s}(\Gamma)$ nur dann, wenn Ω ein Gebiet der Klasse $C^{1,1}$ ist. Da wir in diesem Buch vorwiegend Lipschitz-Gebiete betrachten, haben wir in Definition 1.2.20 die sonst übliche Bedingung $u_0 \in H^{1/2+s}(\Gamma)$ ersetzt durch die stärkere Forderung, daß u_0 sich in Ω zu einer Funktion $\tilde{u}_0 \in H^{1+s}(\Omega)$ fortsetzen läßt. Für $C^{1,1}$-reguläre Gebiete sind beide Forderungen äquivalent.

Um Regularitätsaussagen für das allgemeine schwache Problem zu beweisen, genügt es unter den zusätzlichen Voraussetzungen $\nabla \cdot b \in L^\infty(\Omega)$ und $s \neq 1/2$, reine Diffusionsprobleme mit homogener Randbedingung zu betrachten, d.h., Probleme der Form

$$\textit{Finde ein } u \in H_0^1(\Omega) \textit{ mit} \qquad \int_\Omega \nabla v \cdot A \nabla u \, dx \;=\; \int_\Omega f\, v \, dx\,, \qquad v \in H_0^1(\Omega)\,.$$

Die so erhaltenen Aussagen können dann leicht auf das allgemeine Dirichlet-Problem übertragen werden. Wegen $\nabla \cdot (bu) + cu \in L^2(\Omega) \subset H^{-1+s}(\Omega)$ können nämlich die Terme niedrigerer Ordnung

$$-\int_\Omega u\, b \cdot \nabla v \, dx + \int_\Omega c\, u\, v \, dx \;=\; \int_\Omega (\nabla \cdot (bu) + cu)\, v \, dx$$

der rechten Seite zugeschlagen werden. Auf diese Weise erhält man zunächst eine Regularitätsaussage für das schwache Problem (1.2.6). Diese kann für $s \neq 1/2$ folgendermaßen auf das entsprechende inhomogene Problem übertragen werden: Aus Satz 1.1.32 schließt man, daß $\nabla \cdot A \nabla u_0$ für $u_0 \in H^{1+s}$ und Lipschitz-stetige Koeffizienten a_{ij} in $H^{-1+s}(\Omega)$ liegt, mit $\| \nabla \cdot A \nabla u_0 \|_{-1+s,2} \leq C(\Omega, A) \| u_0 \|_{1+s,2}$ und

$$\int_\Omega \nabla v \cdot A \nabla u_0 \, dx \;=\; -\int_\Omega v\, \nabla \cdot A \nabla u_0 \, dx\,, \qquad v \in C_0^\infty(\Omega)\,. \tag{1.2.18}$$

Da $C_0^\infty(\Omega)$ dicht in $H_0^1(\Omega)$ liegt, gilt (1.2.18) für beliebige Funktionen $v \in H_0^1(\Omega)$. Hieraus folgt wie oben

$$\mathcal{A}(u_0, v) \;=\; \int_\Omega [-\nabla \cdot A \nabla u_0 + \nabla \cdot (bu) + cu\,]\, v \, dx \;=\; \int_\Omega \mathcal{L} u_0 \, dx$$

mit $\mathcal{L} u_0 \in H^{-1+s}(\Omega)$ und $\| \mathcal{L} u_0 \|_{-1+s,2} \leq C(\Omega, \mathcal{A}(.,.)) \| u_0 \|_{1+s,2}$. Die H^{1+s}-Regularität des allgemeinen Dirichlet-Problems folgt somit aus der Äquivalenz der Darstellungen (1.2.11) und (1.2.12).

Ganz allgemein hängt die Regularität eines elliptischen Randwertproblems von drei Faktoren ab:

(i) von der Regularität des Randes Γ,

(ii) von der Regularität der Koeffizienten a_{ij}, b_j und c,

(iii) von der Art der Randbedingungen und ihres Zusammentreffens.

Da wir in diesem Buch ausschließlich Dirichlet-Probleme betrachten, spielt der dritte Punkt hier keine Rolle.

Wir zitieren nun zunächst einige Aussagen zur H^2-Regularität des Dirichlet-Problems. Die erste dieser Aussagen gilt für alle beschränkten Gebiete der Klasse $C^{1,1}$ (siehe z.B. [65], [70]).

Satz 1.2.22 (H^2-Regularität des Dirichlet-Problems für $C^{1,1}$-Gebiete)
Sei $\Omega \subset \mathbb{R}^n$ ein beschränktes Gebiet der Klasse $C^{1,1}$. Für die Koeffizienten von $\mathcal{A}(.,.)$ gelte

(i) $A = (a_{ij})_{i,j=1}^n$ genügt der Elliptizitätsbedingung (1.2.2),

(ii) $a_{ij} \in H^{1,\infty}(\Omega)$, $1 \le i,j \le n$,

(iii) $b_j, c \in L^\infty(\Omega)$, $1 \le j \le n$, und $\nabla \cdot b \in L^\infty(\Omega)$.

Das homogene Problem „Finde ein $u \in H_0^1(\Omega)$ mit $\mathcal{A}(u,v) = 0$ für $v \in H_0^1(\Omega)$" besitze nur die triviale Lösung $u = 0$. Dann ist das Dirichlet-Problem (1.2.4) bzw. (1.2.11) H^2-regulär.

Bemerkung 1.2.23 (Regularität im Innern von Ω)
Unabhängig von der Glattheit des Randes gilt die folgende Regularitätsaussage im Innern von Ω : Sei $\Omega \subset \mathbb{R}^n$ ein beliebiges Gebiet. Die Bilinearform $\mathcal{A}(.,.)$ genüge den Bedingungen von Satz 1.2.22, und es gelte $f \in L^2(\Omega)$. Dann liegt die Lösung u des Dirichlet-Problems (1.2.4) in $H^2_{loc}(\Omega)$ – d.h., in $H^2(\Omega')$ für jedes Teilgebiet $\Omega' \subset\subset \Omega$ – und es gilt die a priori-Abschätzung $\| u \|_{2,2;\Omega'} \le C_R (\| f \|_{0,2;\Omega} + \| u \|_{1,2;\Omega})$.

Bemerkung 1.2.24 (Höhere Regularität)
Die Aussage von Satz 1.2.22 kann für $k \ge 1$ wie folgt „*geshifted*" werden: Sei Ω ein Gebiet der Klasse $C^{k,1}$ und für die Koeffizienten von $\mathcal{A}(.,.)$ gelte die Elliptizitätsbedingung (1.2.2) sowie $a_{ij} \in H^{k,\infty}(\Omega)$ und b_j, c, $\nabla \cdot b \in H^{k-1,\infty}(\Omega)$ für $1 \le i,j \le n$. Wenn dann das entsprechende homogene Problem nur die triviale Lösung besitzt, so ist das Dirichlet-Problem (1.2.4) H^{k+1}-regulär, d.h., für alle Funktionen $f \in H^{k-1}(\Omega)$ und $\tilde{u}_0 \in H^{k+1}(\Omega)$ existiert eine eindeutige Lösung $u \in H^{k+1}(\Omega)$ mit $\| u \|_{k+1,2} \le C_R (\| f \|_{k-1,2} + \| \tilde{u}_0 \|_{k+1,2})$. Auf analoge Weise kann auch die in Bemerkung 1.2.23 gemachte Aussage verallgemeinert werden.

Die Voraussetzung $\Omega \in C^{1,1}$ ist nun leider in der Praxis selten erfüllt. Insbesondere polyedrische Gebiete besitzen keinen $C^{1,1}$-regulären Rand. Wie der folgende Satz von J. KADLEC, [94], zeigt, gilt die Regularitätsaussage von Satz 1.2.22 jedoch auch für beschränkte Lipschitz-Gebiete – vorausgesetzt, diese sind konvex. Beachte, daß nach Lemma 1.1.9 jedes konvexe Gebiet ein Lipschitz-Gebiet ist.

Satz 1.2.25 (H^2-Regularität für konvexe Gebiete (Kadlec))
Sei $\Omega \subset \mathbb{R}^n$ ein beschränktes und konvexes Gebiet. Die Koeffizienten der Bilinearform $\mathcal{A}(.,.)$ genügen den Bedingungen von Satz 1.2.22, und das entsprechende homogene Problem besitze nur die triviale Lösung. Dann ist das Dirichlet-Problem (1.2.4) H^2-regulär.

Bemerkung 1.2.26 (Wesentlich konvexe Gebiete)
Satz 1.2.25 gilt auch für beschränkte Gebiete, die nur *im wesentlichen konvex* sind, d.h. für Gebiete, bei denen jeder Randpunkt $x \in \Gamma$ eine Umgebung U besitzt, so daß $U \cap \Omega$ C^2-diffeomorph zu einer konvexen Menge ist.

Für nichtkonvexe Lipschitz-Gebiete ist die Aussage von Satz 1.2.25 im allgemeinen falsch. Tatsächlich läßt sich zeigen, daß eine nichttriviale Lösung des Dirichlet-Problems mit homogener Randbedingung $u_0 = 0$ gar nicht in $H^2(\Omega)$ liegen kann, wenn Ω etwa ein nichtkonvexes polyedrisches Gebiet ist. In diesem Fall kann man jedoch zeigen, daß die schwache Lösung für $0 \le s < 1/2$ unter moderaten Voraussetzungen immer noch in $H^{1+s}(\Omega)$ liegt. Dies ist die Aussage des folgenden Satzes von J. NEČAS, [112]:

Satz 1.2.27 (H^{1+s}-Regularität für Lipschitz-Gebiete (Nečas))
Sei $\Omega \subset \mathbb{R}^n$ ein beschränktes Lipschitz-Gebiet. Für die Koeffizienten von $\mathcal{A}(.,.)$ und ein $t \in [0, \frac{1}{2}]$ gelte

(i) $A = (a_{ij})_{i,j=1}^n$ *genügt der Elliptizitätsbedingung (1.2.2),*

(ii) $a_{ij} \in C^{0,t}(\overline{\Omega})$, $1 \leq i, j \leq n$,

(iii) $b_j, c \in L^\infty(\Omega)$, $1 \leq j \leq n$, *und* $\nabla \cdot b \in L^\infty(\Omega)$.

Das homogene Problem „Finde ein $u \in H_0^1(\Omega)$ mit $\mathcal{A}(u, v) = 0$ für $v \in H_0^1(\Omega)$" besitze nur die triviale Lösung. Dann ist das Dirichlet-Problem (1.2.4) H^{1+s}-regulär für $0 \leq s < t$.

1.3 Simplizes und Triangulierungen

Numerische Methoden wie das Finite-Elemente- oder das Finite-Volumen-Verfahren zur Lösung elliptischer Randwertprobleme basieren auf einer vorgegebenen Zerlegung des Lösungsgebietes Ω in eine endliche Anzahl einfacher Teilmengen wie z.B. Simplizes oder Parallelotope. Letztere haben den Vorteil, daß sie auf einfache Weise in kleinere Parallelotope aufgeteilt werden können. Auf der anderen Seite sind Simplizes besser zur Approximation krummflächig berandeter Gebiete geeignet und ermöglichen außerdem die Erhaltung der Konsistenz auch im Falle adaptiver Verfeinerungen (siehe unten).

In diesem Buch betrachten wir ausschließlich *Simplizialzerlegungen*, d.h., Zerlegungen von Ω in eine endliche Anzahl von Simplizes. Wie im Finite-Elemente-Kontext üblich, bezeichnen wir diese auch im $\mathbb{R}^n$ als *Triangulierungen*. Das vorliegende Kapitel soll nun dazu dienen, den Leser mit einigen wichtigen Eigenschaften von Simplizes und Triangulierungen im $\mathbb{R}^n$ vertraut zu machen. Die hier eingeführte Notation wird dann im Rest dieses Buches vorausgesetzt. Die aufgeführten Eigenschaften von Simplizes und affinen Transformationen können in (fast) jedem Buch über Lineare Algebra oder Finite-Elemente-Methoden nachgeschlagen werden, z.B. in [48], [96].

1.3.1 Simplizes

Wir beginnen mit der Definition von Simplizes im $\mathbb{R}^n$. Die Besonderheit der folgenden Definition besteht darin, daß für die Eckpunkte eine eindeutige Reihenfolge festgelegt wird.

Definition 1.3.1 (Simplizes)
Sei $n \in \mathbb{N}_0$ und $0 \le k \le n$. Eine abgeschlossene Menge $T \subset \mathbb{R}^n$ heißt *(k)-Simplex* im $\mathbb{R}^n$, falls T die konvexe Hülle von $k+1$ Punkten $x^{(0)}, \dots, x^{(k)} \in \mathbb{R}^n$ ist, d.h.

$$T = [x^{(0)}, \dots, x^{(k)}] := \Big\{ x = \sum_{j=0}^{k} \lambda_j x^{(j)} \;\Big|\; \sum_{j=0}^{k} \lambda_j = 1;\ \lambda_j \in [0,1],\ 0 \le j \le k \Big\}. \quad (1.3.1)$$

Im Falle $k = n$ nennen wir T auch schlicht *Simplex*. Die Punkte $x^{(j)}$, $0 \le j \le k$, heißen *Eckpunkte* von T. Wir nehmen an, daß durch die Darstellung $T = [x^{(0)}, \dots, x^{(k)}]$ eine eindeutige Reihenfolge der Eckpunkte von T festgelegt ist.

(2)- und (3)-Simplizes bezeichnen wir wie üblich als Dreiecke und Tetraeder. Die Reihenfolge der Eckpunkte spielt u.a. in unserem Verfeinerungsalgorithmus eine wichtige Rolle. Konsequenterweise unterscheiden wir zwei verschiedene Arten der *Gleichheit* von Simplizes:

Definition 1.3.2 (Gleichheit von Simplizes)
Seien $T = [x^{(0)}, \dots, x^{(k)}]$ und $T' = [y^{(0)}, \dots, y^{(k)}]$ zwei (k)-Simplizes im $\mathbb{R}^n$. Wir nennen T und T' *gleich* und schreiben $T = T'$, wenn $x^{(j)} = y^{(j)}$ für $0 \le j \le k$ gilt. Stimmen T und T' immerhin noch als Mengen überein, d.h., existiert eine Permutation π der Zahlen $\{0, \dots, k\}$ mit $y^{(j)} = x^{(\pi(j))}$, $0 \le j \le k$, so schreiben wir $T' \approx T$.

So wie jedes Tetraeder von vier Dreiecken und sechs Kanten begrenzt wird, besteht der Rand eines (k)-Simplizes T aus niederdimensionalen Randsimplizes. Diese zeichnen sich dadurch aus, daß ihre Eckpunkte eine Teilmenge der Eckpunkte von T bilden.

Definition 1.3.3 (Randsimplizes)
Sei $T = [\,x^{(0)}, \ldots, x^{(k)}\,]$ ein (k)-Simplex im $\mathbb{R}^n$, $0 < k \le n$. Ein (ℓ)-Simplex S, $0 \le \ell < k$, heißt *(ℓ)-Randsimplex* von T, falls Indizes $i_0, \ldots, i_\ell$ mit $0 \le i_0 < i_1 < \cdots < i_\ell \le k$ existieren, so daß $S = [\,x^{(i_0)}, \ldots, x^{(i_\ell)}\,]$ gilt.

Die Forderung $i_0 < i_1 < \cdots < i_\ell$ bedeutet, daß die Reihenfolge der Eckpunkte jedes Randsimplizes mit der durch T induzierten Reihenfolge übereinstimmt. Nach Definition ist jeder Eckpunkt von T ein (0)-Randsimplex. Die (1)-Randsimplizes von T bezeichnen wir wie üblich als *Kanten*. Wie man leicht einsieht, ist die Anzahl der (ℓ)-Randsimplizes von T gerade $\binom{k+1}{\ell+1}$. Ein (k)-Simplex besitzt also $k\,(k+1)/2$ Kanten und $k+1$ $(k-1)$-Randsimplizes.

Das k-dimensionale Volumen eines (k)-Simplizes T bezeichnen wir mit $\mathrm{vol}(T)$. Zur Berechnung des Volumens kann man die folgende Formel verwenden (siehe z.B. [96], S. 171):

Lemma 1.3.4 (Das Volumen von (k)-Simplizes)
Sei $T = [\,x^{(0)}, \ldots, x^{(k)}\,]$ ein (k)-Simplizes im $\mathbb{R}^n$, $0 < k \le n$. Weiter sei $G = (v^{(i)} \cdot v^{(j)})_{i,j=1}^k$ die Gramsche Matrix der Kantenvektoren $v^{(j)} := x^{(j)} - x^{(0)}$, $1 \le j \le k$. Dann gilt für das Volumen von T die Formel $\mathrm{vol}(T) = |\,\det G\,|^{1/2}/k!$.

Für (n)-Simplizes läßt sich das Volumen leichter berechnen:

Lemma 1.3.5 (Das Volumen von (n)-Simplizes)
Sei $T = [\,x^{(0)}, \ldots, x^{(n)}\,]$ ein Simplex im $\mathbb{R}^n$. Wir assoziieren mit T die $(n+1) \times (n+1)$-Matrix B_T mit den Einträgen

$$B_T := \begin{pmatrix} x_1^{(0)} & x_1^{(1)} & \cdots & x_1^{(n)} \\ \vdots & \vdots & \ddots & \vdots \\ x_n^{(0)} & x_n^{(1)} & \cdots & x_n^{(n)} \\ 1 & 1 & \cdots & 1 \end{pmatrix}. \qquad (1.3.2)$$

Dann gilt für das Volumen von T die Formel $\mathrm{vol}(T) = |\,\det B_T\,|/n!$.

Aus Lemma 1.3.5 folgt, daß $\mathrm{vol}(T) = 0$ genau dann gilt, wenn die Eckpunkte von T auf einer gemeinsamen $(n-1)$-dimensionalen Hyperebene liegen. Solche Simplizes sind im allgemeinen unerwünscht und werden deswegen als *entartet* bezeichnet. Für jedes nichtentartete Simplizes T ist die Matrix B_T invertierbar. Deswegen ist die folgende Definition sinnvoll:

Definition 1.3.6 (Baryzentrische Koordinaten)
Sei $T = [x^{(0)}, \ldots, x^{(n)}]$ ein nichtentartetes Simplex und x ein beliebiger Punkt im $\mathbb{R}^n$. Dann existieren eindeutige reelle Zahlen $\lambda_0, \ldots, \lambda_n$ mit

$$x = \sum_{j=0}^{n} \lambda_j x^{(j)}, \qquad \sum_{j=0}^{n} \lambda_j = 1. \tag{1.3.3}$$

Die Zahlen $\lambda_0, \ldots, \lambda_n$ heißen die *baryzentrischen Koordinaten* von x bzgl. T.

Oft bezeichnen wir auch den Vektor $\lambda = (\lambda_0, \ldots, \lambda_n)^T$ als baryzentrische Koordinaten von x. Die Existenz der baryzentrischen Koordinaten folgt aus der Invertierbarkeit der Matrix B_T, denn (1.3.3) ist äquivalent zu dem linearen Gleichungssystem

$$B_T \lambda = \hat{x},$$

wobei $\hat{x} \in \mathbb{R}^{n+1}$ definiert ist durch $\hat{x} = (x_1, \ldots, x_n, 1)^T$. Da jedes Simplex die lineare Hülle seiner Eckpunkte ist, folgt sofort:

Lemma 1.3.7
Sei $T = [x^{(0)}, \ldots, x^{(n)}]$ ein nichtentartetes Simplex und x ein beliebiger Punkt im $\mathbb{R}^n$. Dann gilt $x \in T$ genau dann, wenn die baryzentrischen Koordinaten $\lambda_0, \ldots, \lambda_n$ von x bzgl. T sämtlich nichtnegativ sind.

Bemerkung 1.3.8 (Cramersche Regel)
Seien $T = [x^{(0)}, \ldots, x^{(n)}] \subset \mathbb{R}^n$ ein nichtentartetes Simplex, x ein beliebiger Punkt in T, und λ die baryzentrischen Koordinaten von x bzgl. T. Dann folgt aus der Cramerschen Regel, daß $\lambda_i = \mathrm{vol}(T_i)/\mathrm{vol}(T)$ für $0 \le i \le n$ gilt, wobei $T_i = [y^{(0)}, \ldots, y^{(n)}]$ das n-Simplex mit den Eckpunkten $y^{(j)} = x^{(j)}$, $j \ne i$, bzw. $y^{(i)} = x$ ist.

Wie bereits erwähnt, sind entartete Elemente für den Numeriker weitgehend unbrauchbar. Auf der anderen Seite besitzen *gleichförmige* Simplizes, d.h. Simplizes mit Kanten gleicher Länge, besonders günstige numerische Eigenschaften. Eine differenziertere Beurteilung der numerischen Güte eines Simplizes ist mit Hilfe des folgenden *Entartungsmaßes* möglich.

Definition 1.3.9 (Ein Entartungsmaß für Simplizes)
Sei $T = [x^{(0)}, \ldots, x^{(n)}]$ ein Simplex im $\mathbb{R}^n$. Wir bezeichnen mit $h(T)$ die Länge der länsten Kante von T, und mit $\varrho(T)$ den Durchmesser der größten in T enthaltenen n-dimensionalen Kugel. Als *Entartungsmaß* für T verwenden wir den Ausdruck

$$\delta(T) := \frac{h(T)}{\varrho(T)}.$$

T ist genau dann entartet, wenn $\varrho(T) = 0$ bzw. $\delta(T) = \infty$ gilt.

Bemerkung 1.3.10
Für gleichförmige Simplizes T ist $\delta(T)$ minimal und es gilt $\delta(T) = \sqrt{n\,(n+1)/2}$.

Bemerkung 1.3.11 (Eine Formel zur Berechnung des Entartungsmaßes)
Zur Berechnung des Entartungsmaßes $\delta(T)$ für ein Simplex T im $\mathbb{R}^n$ eignet sich die Formel

$$\delta(T) \;:=\; \frac{h(T)\,\mathrm{vol}(\partial T)}{2\,n\,\mathrm{vol}(T)}\,.$$

Der Beweis dieser Darstellung verläuft vollkommen analog zum Beweis der entsprechenden dreidimensionalen Aussage in [160].

In der Literatur findet man noch zahlreiche anderen Entartungsmaße für Simplizes, siehe z.B. [117]. Wir verwenden die obige Definition, da der Quotient $h(T)/\varrho(T)$ in den meisten Fehlerabschätzungen für Finite-Elemente- bzw. Finite-Volumen-Verfahren explizit auftritt. Außerdem können wir mit Hilfe von $\delta(T)$ das Volumen von T nach unten durch $h(T)^n$ abschätzen:

Lemma 1.3.12 (Volumenabschätzung)
Für jedes Simplex $T \subset \mathbb{R}^n$ gilt die Abschätzung

$$C\,\frac{h(T)^n}{\delta(T)^n} \;\le\; \mathrm{vol}(T) \;\le\; h(T)^n$$

mit einer von T unabhängigen Konstanten $C = C(n) > 0$.

1.3.2 Affine Transformationen

Um ein gegebenes Simplex in ein anderes zu transformieren und somit Aussagen von einem Simplex auf das andere zu übertragen verwendet man *affine Transformationen*:

Definition 1.3.13 (Affine Transformationen)
Unter einer *affinen Transformation* im $\mathbb{R}^n$ verstehen wir eine Abbildung $F : \mathbb{R}^n \longrightarrow \mathbb{R}^n$ der Form

$$F(x) \;=\; v + Bx\,, \qquad x \in \mathbb{R}^n\,,$$

wobei $v \in \mathbb{R}^n$ ein Vektor und $B \in \mathbb{R}^{n\times n}$ eine nichtsinguläre Matrix ist. Wie in der Literatur üblich, schreiben wir oft Fx anstatt $F(x)$.

Lemma 1.3.14 (Eigenschaften affiner Transformationen)
Sei F eine affine Transformation mit $Fx = v + Bx$, $x \in \mathbb{R}^n$. Dann gilt

(i) F ist bijektiv und die Umkehrabbildung $F^{-1} : x \mapsto B^{-1}(x - v)$ ist ebenfalls eine affine Transformation.

(ii) *Geraden im* $\mathbb{R}^n$ *werden durch* F *wieder auf Geraden abgebildet.*

(iii) *Der Mittelpunkt der Verbindungsstrecke zwischen zwei Punkten* $x^{(0)}, x^{(1)} \in \mathbb{R}^n$ *wird durch* F *auf den Mittelpunkt der Strecke von* $Fx^{(0)}$ *nach* $Fx^{(1)}$ *abgebildet.*

Ist F eine affine Transformation und M eine beliebige Teilmenge des $\mathbb{R}^n$, so ist die transformierte Menge $M' = F(M)$ definiert durch

$$F(M) \; := \; \{ \, Fx \mid x \in M \, \} \, . \tag{1.3.4}$$

Aus Lemma 1.3.14 (ii) folgt, daß jedes (k)-Simplex T im $\mathbb{R}^n$ durch eine affine Transformation F wieder auf ein (k)-Simplex $F(T)$ abgebildet wird. Da F per Definition nichtsingulär ist, ist $F(T)$ genau dann entartet, wenn T entartet ist. Durch (1.3.4) ist $F(T)$ jedoch lediglich als Teilmenge des $\mathbb{R}^n$ definiert. Die folgende Definition hingegen berücksichtigt auch noch die Reihenfolge der Eckpunkte:

Definition 1.3.15 (Affine Transformation von Simplizes)
Sei $F : x \mapsto v{+}Bx$ eine affine Transformation im $\mathbb{R}^n$. Für ein (k)-Simplex $T = [\, x^{(0)}, \ldots, x^{(k)} \,]$ im $\mathbb{R}^n$, $0 \le k \le n$, definieren wir das transformierte (k)-Simplex $T' = F(T)$ durch

$$F(T) \; := \; [\, Fx^{(0)}, \ldots, Fx^{(k)} \,] \, , \tag{1.3.5}$$

einschließlich der durch T induzierten Numerierung der Eckpunkte. Außerdem verwenden wir die Schreibweise $F(T) = v + B\,T$. Ist B ein Vielfaches der Einheitsmatrix, d.h. $B = cI$ mit $c \neq 0$, so schreiben wir statt $B\,T$ auch $c\,T$.

Die Tatsache, daß die Eckpunktreihenfolge des transformierten Simplizes $F(T)$ durch die Eckpunktreihenfolge von T eindeutig festgelegt ist, hat folgende wichtige Konsequenz:

Lemma 1.3.16 (Eindeutigkeit affiner Transformationen)
Zu je zwei nichtentarteten Simplizes T, T' *im* $\mathbb{R}^n$ *existiert genau eine affine Transformation* F *mit* $T' = F(T)$.

Halten wir T fest, so folgt aus Lemma 1.3.16 die Existenz einer bijektiven Abbildung $\Phi = \Phi_T$ zwischen der Menge aller Simplizes $T' \subset \mathbb{R}^n$ und der Menge aller affinen Transformationen F. Ein beliebiges aber festes nichtentartetes Simplex im $\mathbb{R}^n$ bezeichnet man als *Referenzsimplex*.

Im Rahmen der Analyse von Finite-Elemente-Diskretisierungen werden affine Transformationen vornehmlich dazu verwendet, für ein Referenzsimplex T hergeleitete, lokale Fehlerabschätzungen auf beliebige Simplizes zu übertragen. Hierbei erweisen sich die beiden folgenden Aussagen als nützlich (siehe z.B. [48], S. 122ff).

Lemma 1.3.17 (Eigenschaften transformierter Simplizes)
Sei T *ein nichtentartetes Simplex im* $\mathbb{R}^n$ *und* $F : x \mapsto v + Bx$ *eine affine Transformation. Dann gelten für das transformierte Simplex* $T' = F(T)$ *die Beziehungen*

$$\| \, B \, \| \; \le \; \frac{h(T')}{\varrho(T)} \, , \qquad \| \, B^{-1} \, \| \; \le \; \frac{h(T)}{\varrho(T')} \, , \qquad | \det B \, | \; = \; \frac{\mathrm{vol}(T')}{\mathrm{vol}(T)} \, ,$$

wobei $\| \, B \, \|$ *die Euklidische Norm der Matrix* B *ist.*

Satz 1.3.18 (Transformationssatz)
Seien T, T' zwei nichtentartete Simplizes im $\mathbb{R}^n$ und $F : x \longrightarrow v + Bx$ die eindeutige affine Transformation F mit $T' = F(T)$. Weiter sei $v \in H^{s,p}(T)$ für ein $s \geq 0$, $s = m + \lambda$ für ein $m \in \mathbb{N}_0$ und $\lambda \in [0,1)$, und $1 \leq p \leq \infty$. Dann gehört die durch $v'(x') = v(F^{-1}x')$ auf T' definierte Funktion v' zu $H^{s,p}(T')$ und es gilt die Abschätzung

$$| v' |_{m,p;T'} \leq C\,\delta(T')^m \left(\frac{h(T)}{h(T')}\right)^m \left(\frac{\text{vol}(T')}{\text{vol}(T)}\right)^{1/p} | v |_{m,p;T},$$

im Falle $s = m \in \mathbb{N}_0$, bzw.

$$| v' |_{s,p;T'} \leq C\,\delta(T')^{s+n/p}\,\delta(T)^{n/p} \left(\frac{h(T)}{h(T')}\right)^s \left(\frac{\text{vol}(T')}{\text{vol}(T)}\right)^{1/p} | v |_{s,p;T},$$

für $s \notin \mathbb{N}_0$, jeweils mit einer von T, T' und v unabhängigen Konstanten $C = C(n, s, p)$.

Eigentlich sollten wir $H^{s,p}(Int(T))$ statt $H^{s,p}(T)$ schreiben, da Simplizes per Definition abgeschlossen sind. Weil aber immer klar ist, was gemeint ist, verwenden wir der Einfachheit halber die Schreibweise $H^{s,p}(T)$. Beachte, daß jedes nichtentartete Simplex eine beschränkte Lipschitz-Menge im Sinne von Definition 1.1.10 darstellt.

Eine eindeutige affine Transformation F mit $T' = F(T)$ existiert natürlich auch, wenn T und T' als Mengen betrachtet übereinstimmen ($T \approx T'$). In diesem Fall bezeichnen wir F als *Umnumerierung* von T.

Definition 1.3.19 (Umnumerierung von Simplizes)
Sei $T = [\,x^{(0)}, \ldots, x^{(n)}\,]$ ein nichtentartetes Simplex im $\mathbb{R}^n$. Eine affine Transformation F heißt *Umnumerierung* von T, wenn $F(T) \approx T$ gilt, d.h., wenn eine Permutation π der Zahlen $\{0, \ldots, n\}$ existiert mit

$$x^{(\pi(j))} = Fx^{(j)}, \qquad 0 \leq j \leq n.$$

In diesem Fall heißt F auch *Umnumerierung von T zur Permutation π.*

Selbstverständlich gibt es für jedes nichtentartete Simplex T und jede Permutation π genau eine entsprechende Umnumerierung. Diese werden dazu verwendet, die mengenmäßige Gleichheit $T \approx T'$ durch eine Gleichung der Form $T' = F(T)$ auszudrücken. Die Betrachtung von Simplizes als einfache Mengen macht immer dann Sinn, wenn eine Eigenschaft nicht von der Reihenfolge der Eckpunkte abhängt. Dies ist z.B. bei der folgenden Definition des Ähnlichkeitsbegriffs der Fall.

Definition 1.3.20 (Ähnlichkeit von Simplizes)
Zwei Simplizes T, T' im $\mathbb{R}^n$ heißen einander *ähnlich*, falls eine orthogonale Matrix $Q \in \mathbb{R}^{n\times n}$, ein Translationsvektor $v \in \mathbb{R}^n$ und ein Skalierungsfaktor $c > 0$ existieren, so daß

$$T' \approx v + cQT \tag{1.3.6}$$

gilt. In diesem Fall sagen wir, T und T' gehören zur gleichen *Ähnlichkeitsklasse*.

Dadurch, daß wir in (1.3.6) $T' \approx v + c\,Q\,T$ und nicht etwa $T' = v + c\,Q\,T$ verlangt haben, ist gewährleistet, daß die Ähnlichkeit zweier Simplizes nicht von der Reihenfolge ihrer Eckpunkte abhängt. Warum die Einteilung von Simplizes in Ähnlichkeitsklassen in diesem Buch von so großer Wichtigkeit ist, zeigt das folgende Lemma.

Lemma 1.3.21
Alle Simplizes T einer Ähnlichkeitsklasse besitzen das gleiche Entartungsmaß $\delta(T)$.

Lemma 1.3.21 folgt aus der Tatsache, daß sich bei Translationen und orthogonalen Transformationen weder Kantenlängen noch Inkugeldurchmesser eines Simplizes ändern.

1.3.3 Triangulierungen im $\mathbb{R}^n$

Wir kommen nun zu den Triangulierungen oder auch Simplizialzerlegungen im $\mathbb{R}^n$. Dabei beschränken wir uns der Einfachheit halber auf *polyedrische* Gebiete und klammern damit die Problematik der Approximation krummer Ränder aus. Die Ergebnisse dieses Buches lassen sich aber mit den üblichen Methoden auch auf nichtpolyedrische Gebiete übertragen (siehe z.B. [48]).

Definition 1.3.22 (Polyedrische Gebiete)
Eine abgeschlossene und zusammenhängende Teilmenge P des $\mathbb{R}^n$ heißt *Polyeder*, wenn sie als endliche Vereinigung von Simplizes dargestellt werden kann. Ein Gebiet $\Omega \subset \mathbb{R}^n$ heißt *polyedrisch*, wenn $\overline{\Omega}$ ein Polyeder ist und der Rand von Ω als endliche Vereinigung von $(n-1)$-Simplizes darstellbar ist.

Beachte, daß nicht alle polyedrischen Gebiete auch Lipschitz-Gebiete sind, da erstere im allgemeinen nicht auf einer Seite ihres Randes zu liegen brauchen. Wo es nötig ist, müssen wir die Lipschitz-Eigenschaft daher explizit fordern. An eine *Triangulierung* eines polyedrischen Gebietes stellen wir nun die folgenden Anforderungen:

Definition 1.3.23 (Triangulierungen)
Sei $\Omega \subset \mathbb{R}^n$ ein polyedrisches Gebiet. Eine endliche Menge $\mathcal{T}$ von Simplizes $T \subset \overline{\Omega}$ heißt *Triangulierung* von Ω, wenn die folgenden Bedingungen erfüllt sind:

(i) $\mathrm{vol}(T) > 0$ für alle $T \in \mathcal{T}$,

(ii) $\bigcup_{T \in \mathcal{T}} T = \overline{\Omega}$,

(iii) $Int(T) \cap Int(T') = \emptyset$ für alle $T, T' \in \mathcal{T}$ mit $T \neq T'$.

Eine Triangulierung $\mathcal{T}$ heißt *konsistent*, wenn der Schnitt zweier Simplizes $T, T' \in \mathcal{T}$ entweder leer ist oder – im Sinne der Relation „$\approx$“ – mit einem niederdimensionalen Randsimplex von T bzw. T' übereinstimmt.

Bemerkung 1.3.24 (Konsistent numerierte Triangulierungen)
Einen wesentlich strengeren Konsistenzbegriff erhält man, wenn man in Definition 1.3.23 die Relation „$\approx$“ durch die Relation „$=$“ ersetzt. In Kapitel 3.1.6 betrachten wir konsistente Triangulierungen $\mathcal{T}$, deren Eckpunkte innerhalb der Simplizes so numeriert sind, daß

je zwei sich berührende Elemente $T, T' \in \mathcal{T}$ sich in einem gemeinsamen Randsimplex S schneiden, wobei die durch T induzierte Eckpunktreihenfolge von S mit der durch T' induzierten übereinstimmt. Triangulierungen mit dieser Eigenschaft bezeichnen wir dort als *konsistent numerierte* Triangulierungen. Im größten Teil dieses Buches verwenden wir aber den schwächeren Konsistenzbegriff aus Definition 1.3.23.

Nichtkonsistente Triangulierungen zeichnen sich durch das Auftreten sogenannter *hängender Knoten* aus, d.h. durch Punkte, die Eckpunkt mindestens eines, aber nicht aller Simplizes sind, zu denen sie gehören. Solche hängenden Knoten sind oftmals unerwünscht. Bei der Diskretisierung von Randwertproblemen zum Beispiel stellen diese Knoten keine Freiheitsgrade dar und sind etwas schwierig zu handhaben, weil das lokale Besetzungsmuster der Steifigkeitsmatrix gestört wird. Auf der anderen Seite aber wird das Konvergenzverhalten von Mehrgitter- oder anderen iterativen Verfahren durch vereinzelt auftretende hängende Knoten kaum beeinflußt. In Abb. 1.1 und Abb. 1.2 sind zwei Triangulierungen des Einheitsquadrates zu sehen. Die Triangulierung in Abb. 1.1 besitzt hängende Knoten und ist daher nicht konsistent. Durch Hinzufügen zweier Kanten erhält man jedoch eine konsistente Triangulierung (Abb. 1.2).

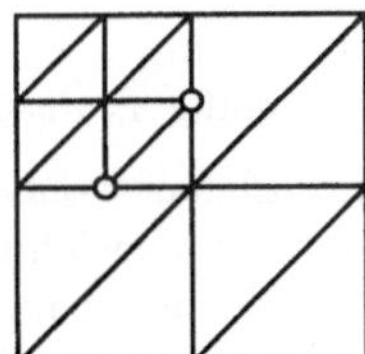

Abb. 1.1:
Nichtkonsistente Triangulierung

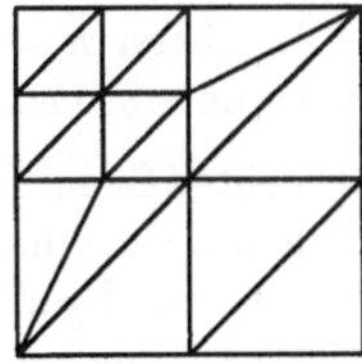

Abb. 1.2:
Konsistente Triangulierung

Auch Triangulierungen können affinen Transformationen unterzogen werden. Die folgende Definition beschreibt, was wir uns unter einer affin transformierten Triangulierung vorstellen.

Definition 1.3.25 (Affine Transformation von Triangulierungen)
Sei $\mathcal{T}$ Triangulierung eines polyedrischen Gebietes $\Omega \subset \mathbb{R}^n$ und F eine affine Transformation. Wir definieren die transformierte Triangulierung $F(\mathcal{T})$ durch

$$F(\mathcal{T}) := \{ F(T) \mid T \in \mathcal{T} \} .$$

Daß $F(\mathcal{T})$ tatsächlich eine Triangulierung des transformierten Gebietes $F(\Omega)$ ist, zeigt das folgende Lemma. Hierbei handelt es sich um eine unmittelbare Folgerung aus Lemma 1.3.14.

Lemma 1.3.26 (Erhaltung der Konsistenz unter affinen Transformationen)
Sei $\mathcal{T}$ Triangulierung eines polyedrischen Gebietes $\Omega \subset \mathbb{R}^n$ und F eine affine Transformation. Dann ist $F(\mathcal{T})$ eine Triangulierung des polyedrischen Gebietes $F(\Omega)$, und $F(\mathcal{T})$ ist genau dann konsistent, wenn $\mathcal{T}$ konsistent ist.

Nach Definition besteht jede Triangulierung aus nichtentarteten Simplizes. Es zeigt sich jedoch in Theorie und Praxis, daß es im Hinblick auf die Verwendbarkeit in numerischen Verfahren gute und weniger gute Triangulierungen gibt. Als Größe zur Beschreibung der numerischen Güte einer Triangulierung verwenden wir das folgende Entartungsmaß:

Definition 1.3.27 (Entartungsmaß für Triangulierungen)
Sei $\mathcal{T}$ Triangulierung eines polyedrischen Gebietes $\Omega \subset \mathbb{R}^n$. Die Größe

$$\delta(\mathcal{T}) := \max_{T \in \mathcal{T}} \delta(T)$$

heißt *Entartungsmaß* für $\mathcal{T}$.

Wir ordnen nun jeder Triangulierung $\mathcal{T}$ von Ω einen *Diskretisierungsparameter*

$$h = h(\mathcal{T}) := \max_{T \in \mathcal{T}} h(T)$$

zu, der die Feinheit der Triangulierung $\mathcal{T}$ beschreibt. Wir nennen h auch die *Gitterweite* von $\mathcal{T}$. Je kleiner die Gitterweite h, desto feiner ist die Triangulierung. Um die Bedeutung dieses Parameters zu unterstreichen, schreiben wir in der Folge häufig $\mathcal{T}_h$ anstatt von $\mathcal{T}$.

Die Gitterweite h geht z.B. in Fehlerabschätzungen für Finite-Elemente-Diskretisierungen ein. Da uns vor allem das asymptotische Verhalten des Diskretisierungsfehlers für $h \to 0$ interessiert, betrachten wir Familien von Triangulierungen mit beliebig kleiner Gitterweite, welche wir mit $\{\mathcal{T}_h\}_{h>0}$ bezeichnen. Außerdem tritt in den meisten Fehlerabschätzungen das Entartungsmaß $\delta(\mathcal{T}_h)$ auf. Um diese zusätzliche Abhängigkeit zu beseitigen, fordert man, daß die Triangulierungen der Familie $\{\mathcal{T}_h\}_{h>0}$ in folgendem Sinne *stabil* sind:

Definition 1.3.28 (Stabilität)
Sei $\Omega \subset \mathbb{R}^n$ ein polyedrisches Gebiet. Eine Familie $\{\mathcal{T}_h\}_{h>0}$ von Triangulierungen von Ω heißt *stabil*, wenn die Größe

$$\delta := \sup_{\mathcal{T}_h} \delta(\mathcal{T}_h)$$

endlich ist. In diesem Fall heißt δ die *Stabilitätskonstante* der Familie $\{\mathcal{T}_h\}_{h>0}$.

Eine Reihe von L^∞-Fehlerabschätzungen für das Finite-Elemente-Verfahren aber auch die klassische Mehrgitter-Konvergenztheorie beruhen auf der Annahme, daß die diskreten Ansatzräume einer sogenannten *inversen Ungleichung* genügen. Die darin auftretende Konstante ist im allgemeinen nur dann von h unabhängig, wenn innerhalb jeder der Triangulierungen $\mathcal{T}_h$ alle Elemente von vergleichbarer Größe sind. Familien von Triangulierungen mit dieser Eigenschaft bezeichnet man als *quasiuniform*:

Definition 1.3.29 ((Lokal) quasiuniforme Triangulierungen)
Sei $\Omega \subset \mathbb{R}^n$ ein polyedrisches Gebiet. Eine Familie $\{\mathcal{T}_h\}_{h>0}$ von Triangulierungen von Ω heißt *quasiuniform*, wenn eine Konstante ν existiert, so daß

$$\frac{h(T)}{h(T')} \le \nu \tag{1.3.7}$$

für je zwei Elemente $T, T' \in \mathcal{T}_h$ und alle Triangulierungen $\mathcal{T}_h$ gilt. Die Familie $\{\mathcal{T}_h\}_{h>0}$ heißt *lokal quasiuniform*, wenn (1.3.7) für je zwei Elemente $T, T' \in \mathcal{T}_h$ mit $T \cap T' \neq \emptyset$ und alle Triangulierungen $\mathcal{T}_h$ gilt.

Die (lokale) Quasiuniformität wird normalerweise immer zusammen mit der Stabilität gefordert. Das folgende Lemma macht den Zusammenhang von Stabilität, lokaler Quasiuniformität und Konsistenz deutlich:

Lemma 1.3.30 *Jede stabile Familie konsistenter Triangulierungen ist lokal quasiuniform.*

1.3.4 Eckpunkte und Ansatzräume

In diesem Kapitel führen wir eine spezielle Notation für die Eckpunkte von Triangulierungen und für die verschiedenen, auf den Triangulierungen lebenden Ansatzräume ein. Die entsprechenden Bezeichnungen werden im Rest dieses Buches häufig verwendet.

Bei der Diskretisierung von Dirichlet-Problemen unterscheidet man üblicherweise zwischen Eckpunkten, die auf dem Rand Γ von Ω liegen, und solchen, die nicht zu Γ gehören. Wir treffen deswegen für die Bezeichnung der Eckpunkte die folgende Vereinbarung:

Definition 1.3.31 (Die Eckpunkte von $\mathcal{T}_h$)
Sei Ω ein polyedrisches Lipschitz-Gebiet mit Rand Γ und $\mathcal{T}_h$ eine Triangulierung von Ω. Wir setzen

$$\begin{aligned} \mathcal{N}_h &:= \{ x \in \overline{\Omega} \mid x \text{ ist Eckpunkt von } \mathcal{T}_h \}, \\ \mathcal{N}_{h,D} &:= \{ x \in \mathcal{N}_h \mid x \notin \Gamma \}, \end{aligned}$$

und bezeichnen mit N_h bzw. $N_{h,D}$ die Anzahl der Eckpunkte in $\mathcal{N}_h$ bzw. $\mathcal{N}_{h,D}$. Die Eckpunkte von $\mathcal{T}_h$ selber bezeichnen wir mit $x_1^h, \ldots, x_{N_h}^h$, wobei wir annehmen, daß die Numerierung so gewählt ist, daß $\mathcal{N}_{h,D} = \{x_1^h, \ldots, x_{N_{h,D}}^h\}$ gilt.

Bei einer konsistenten Triangulierung $\mathcal{T}_h$ ist jeder Punkt $x_j^h \in \mathcal{N}_h$ der gemeinsame Eckpunkt aller Simplizes $T \in \mathcal{T}_h$, die x_j^h enthalten. Diese bilden in folgendem Sinne eine *Umgebung* des Punktes x_j^h :

Definition 1.3.32 (Elementumgebung und Umgebungstriangulierung)
Sei $\Omega \subset \mathbb{R}^n$ ein polyedrisches Gebiet und $\mathcal{T}_h$ eine konsistente Triangulierung von Ω. Für jeden Eckpunkt x_j^h von $\mathcal{T}_h$ definieren wir eine Menge Ω_j^h und eine Triangulierung $\mathcal{T}_j^h$ von Ω_j^h durch

$$\mathcal{T}_j^h := \{\, T \in \mathcal{T}_h \mid x_j^h \in T \,\}, \qquad \Omega_j^h := \bigcup \{\, T \mid T \in \mathcal{T}_j^h \,\}.$$

Wir nennen Ω_j^h die *Elementumgebung* und $\mathcal{T}_j^h$ die *Umgebungstriangulierung* von x_j^h.

Beachte, daß die Elementumgebung Ω_j^h per Definition abgeschlossen ist und nur dann eine wirkliche Umgebung von x_j^h darstellt, wenn x_j^h im Innern von Ω liegt.

Beim Finite-Elemente-Verfahren dienen Triangulierungen zur Konstruktion endlichdimensionaler Ansatzräume, deren Funktionen stückweise aus Polynomen eines festen Grades zusammengesetzt sind. Zur Definition dieser Ansatzräume verwenden wir die folgenden Polynome:

Definition 1.3.33 (Polynome im $\mathbb{R}^n$)
Für $k \in \mathbb{N}_0$ sei $\mathcal{P}_k$ der Raum aller Polynome vom Maximalgrad k im $\mathbb{R}^n$, d.h.,

$$\mathcal{P}_k := \left\{\, p(x) = \sum_{0 \le |\alpha| \le k} \gamma_\alpha x^\alpha \;\middle|\; \gamma_\alpha \in \mathbb{R},\, 0 \le |\alpha| \le k \,\right\},$$

mit $x^\alpha := \Pi_{i=1}^n x_i^{\alpha_i}$ für $x \in \mathbb{R}^n$ und jeden Multiindex α. Für jede Teilmenge $A \subset \mathbb{R}^n$ sei $\mathcal{P}_k(A)$ die Menge der Restriktionen aller Polynome $p \in \mathcal{P}_k$ auf A.

Lemma 1.3.34
Für $k \in \mathbb{N}_0$ ist $\mathcal{P}_k$ ein endlichdimensionaler Vektorraum der Dimension $\dim \mathcal{P}_k = \binom{n+k}{k}$.

Durch geeignete Verknüpfung der Polynomräume $\mathcal{P}_k(T)$, $T \in \mathcal{T}_h$, lassen sich für jede Triangulierung $\mathcal{T}_h$ nun die verschiedensten Ansatzräume konstruieren. Wir beschränken uns in diesem Buch allerdings auf stückweise konstante bzw. stückweise lineare Ansatzfunktionen und betrachten deswegen nur die folgenden Räume:

Definition 1.3.35 (Die Ansatzräume $\mathcal{P}_0(\mathcal{T}_h)$, $\mathcal{P}_1(\mathcal{T}_h)$ und $\mathcal{P}_{1,D}(\mathcal{T}_h)$)
Sei $\Omega \subset \mathbb{R}^n$ ein polyedrisches Lipschitz-Gebiet und $\mathcal{T}_h$ eine Triangulierung von Ω. Wir verwenden die folgenden *Ansatzräume*

$$\begin{aligned}
\mathcal{P}_0(\mathcal{T}_h) &:= \left\{\, u_h \in L^2(\Omega) \;\middle|\; u_h|_T \in \mathcal{P}_0(T) \text{ für } T \in \mathcal{T}_h \,\right\}, \\
\mathcal{P}_1(\mathcal{T}_h) &:= \left\{\, u_h \in C(\overline{\Omega}) \;\middle|\; u_h|_T \in \mathcal{P}_1(T) \text{ für } T \in \mathcal{T}_h \,\right\}, \\
\mathcal{P}_{1,D}(\mathcal{T}_h) &:= \left\{\, u_h \in \mathcal{P}_1(\mathcal{T}_h) \;\middle|\; u_h = 0 \text{ auf } \Gamma \,\right\}.
\end{aligned}$$

Die Funktionen u_h in $\mathcal{P}_0(\mathcal{T}_h)$, $\mathcal{P}_1(\mathcal{T}_h)$ und $\mathcal{P}_{1,D}(\mathcal{T}_h)$ nennen wir *Ansatzfunktionen*.

Beachte, daß die Ansatzfunktionen $u_h \in \mathcal{P}_0(\mathcal{T}_h)$ im allgemeinen nicht stetig sind. Die Dimension des Raumes $\mathcal{P}_0(\mathcal{T}_h)$ stimmt daher mit der Anzahl der Elemente $T \in \mathcal{T}_h$ überein. Die Ansatzräume $\mathcal{P}_1(\mathcal{T}_h)$ bzw. $\mathcal{P}_{1,D}(\mathcal{T}_h)$ hingegen bestehen aus stetigen Funktionen. Die Dimension dieser Räume ist eng mit der Anzahl der Eckpunkte von $\mathcal{T}_h$ verknüpft. Das folgende Lemma zeigt, daß die *Freiheitsgrade* der Funktionen $u_h \in \mathcal{P}_1(\mathcal{T}_h)$ gerade die Funktionswerte $u_h(x_j^h)$ in den Eckpunkten $x_j^h \in \mathcal{N}_h$ sind – vorausgesetzt, $\mathcal{T}_h$ ist konsistent. Die Freiheitsgrade von $\mathcal{P}_{1,D}(\mathcal{T}_h)$ sind in diesem Fall gerade die Funktionswerte in den Eckpunkten $x_j^h \in \mathcal{N}_{h,D}$.

Lemma 1.3.36 (Freiheitsgrade von $\mathcal{P}_1(\mathcal{T}_h)$ bzw. $\mathcal{P}_{1,D}(\mathcal{T}_h)$)
Sei $\Omega \subset \mathbb{R}^n$ ein polyedrisches Lipschitz-Gebiet mit Rand Γ und $\mathcal{T}_h$ eine konsistente Triangulierung von Ω. Dann existiert zu jedem Vektor $\mathbf{u}_h \in \mathbb{R}^{N_h}$ eine eindeutig bestimmte Funktion $u_h \in \mathcal{P}_1(\mathcal{T}_h)$ mit $u_h(x_j^h) = u_j^h$ für $1 \leq j \leq N_h$. Analog existiert für jeden Vektor $\mathbf{u}_h \in \mathbb{R}^{N_{h,D}}$ genau eine Funktion $u_h \in \mathcal{P}_{1,D}(\mathcal{T}_h)$ mit $u_h(x_j^h) = u_j^h$ für $1 \leq j \leq N_{h,D}$.

Folgerung 1.3.37 *Unter den Voraussetzungen von Lemma 1.3.36 gilt* $\dim \mathcal{P}_1(\mathcal{T}_h) = N_h$ *und* $\dim \mathcal{P}_{1,D}(\mathcal{T}_h) = N_{h,D}$.

Alle bisher für eine Triangulierung $\mathcal{T}_h$ definierten Ansatzräume waren endlichdimensional. Zum Schluß dieses Kapitels definieren wir nun noch einige nichtdiskrete Räume, die aus bzgl. $\mathcal{T}_h$ stückweise $H^{s,p}$-regulären Funktionen bestehen. Diese Räume bezeichnen wir mit $H^{s,p}(\mathcal{T}_h)$ und ordnen ihnen eine entsprechend stückweise definierte Norm zu:

Definition 1.3.38 (Die Räume $H^{s,p}(\mathcal{T}_h)$)
Sei $\Omega \subset \mathbb{R}^n$ ein Gebiet und $\mathcal{T}_h$ eine Triangulierung von Ω. Wir definieren für $s \geq 0$ und $1 \leq p \leq \infty$ die Räume

$$H^{s,p}(\mathcal{T}_h) := \{ u \in L^p(\Omega) \mid u \in H^{s,p}(T),\ T \in \mathcal{T}_h \},$$

und versehen diese mit den Normen

$$\begin{aligned} |||u|||_{s,p} &:= \Big(\sum_{T \in \mathcal{T}_h} \| u \|_{s,p;T}^p \Big)^{1/p}, \qquad u \in H^{s,p}(\mathcal{T}_h), \qquad 1 \leq p < \infty, \\ |||u|||_{s,\infty} &:= \max_{T \in \mathcal{T}_h} \| u \|_{s,\infty;T}, \qquad u \in H^{s,\infty}(\mathcal{T}_h). \end{aligned}$$

Die Funktionen $u \in H^{s,p}(\mathcal{T}_h)$ heißen *stückweise $H^{s,p}$-regulär bzgl. $\mathcal{T}_h$.*

Die Räume $H^{s,p}(\mathcal{T}_h)$ werden wir meistens dazu verwenden, möglichst schwache Voraussetzungen an die Koeffizienten eines elliptschen Randwertproblems zu formulieren. Beachte, daß $H^{s,p}(\Omega) \subset H^{s,p}(\mathcal{T}_h)$ gilt und für $u \in H^{s,p}(\Omega)$ die Normen $\| u \|_{s,p}$ bzw. $|||u|||_{s,p}$ übereinstimmen.

1.4 Die Methode der Finiten Elemente

Zur Diskretisierung elliptischer Randwertprobleme gibt es verschiedene Möglichkeiten. Zu den am meisten verbreiteten Methoden zählen sicherlich Differenzen-, Finite-Elemente- und Finite-Volumen-Verfahren. Beim ältesten der drei genannten Verfahren – dem Differenzenverfahren – wird das Randwertproblem in seiner klassischen Form angegangen und die auftretenden Ableitungen an diskreten Punkten durch Differenzenquotienten ersetzt, [50], [78]. Da diese Punkte im allgemeinen auf einem Rechteckgitter liegen müssen, sind lokale Anpassungen der Diskretisierung relativ schwierig zu bewerkstelligen. Auch krumme Ränder erfordern eine aufwendige Sonderbehandlung. Das Differenzenverfahren ist daher zur Diskretisierung allgemeiner elliptischer Randwertprobleme auf beliebigen Gebieten weniger gut geeignet.

Besser eignen sich hier Finite-Elemente- und Finite-Volumen-Verfahren, die – im Gegensatz zum Differenzenverfahren – auf der schwachen Form des zugrundeliegenden Randwertproblems beruhen. Obwohl wir uns in dem vorliegenden Buch bevorzugt mit dem Finite-Volumen-Verfahren beschäftigen, soll an dieser Stelle zunächst eine kurze Einführung in das Finite-Elemente-Verfahren gegeben werden. Die hier aufgeführten Fehlerabschätzungen werden uns dann beim Beweis der entsprechenden Abschätzungen für das Finite-Volumen-Verfahren in Kapitel 4 als Orientierung dienen. Wir folgen in dieser Einführung im wesentlichen der Darstellung von P. G. Ciarlet in [48], einer aktualisierten Version des Standardwerkes [47]. Allerdings beschränken wir uns hier auf konforme Galerkin-Diskretisierungen mit linearen Elementen.

1.4.1 Der Galerkin-Ansatz

Wie wir in Kapitel 1.2.2 gesehen haben, läßt sich ein schwaches elliptisches Randwertproblem in die abstrakte Form

$$\textit{Finde } u \in V \textit{ mit} \qquad \mathcal{A}(u,v) = f^*(v)\,, \qquad v \in V\,, \tag{1.4.1}$$

bringen, wobei V ein Hilbert-Raum ist, $\mathcal{A}(.,.)$ eine auf $V \times V$ definierte Bilinearform und $f^* \in V'$ ein beschränktes lineares Funktional. In der Folge bezeichnen wir (1.4.1) als das *kontinuierliche* Problem.

Im Normalfall ist die Berechnung einer exakten Lösung u des kontinuierlichen Problems nicht möglich. Stattdessen suchen wir in endlichdimensionalen Teilräumen $V_h \subset V$ nach Näherungslösungen u_h, die der kontinuierlichen Gleichung zumindest für alle $v_h \in V_h$ genügen, d.h., wir suchen nach Lösungen der *diskreten* Probleme

$$\textit{Finde } u_h \in V_h \textit{ mit} \qquad \mathcal{A}(u_h,v_h) = f^*(v_h)\,, \qquad v_h \in V_h\,. \tag{1.4.2}$$

Diesen Ansatz, bei dem die Näherungslösungen $u_h \in V_h$ durch die kontinuierliche Gleichung definiert werden, bezeichnet man als *Galerkin-Ansatz*. Die Räume V_h werden als *Ansatzräume* bezeichnet. In unserem Fall, wo nach Voraussetzung $V_h \subset V$ gilt, spricht man von einem *konformen* Ansatz.

Konforme Galerkin-Diskretisierungen haben den Vorteil, daß für die Lösbarkeit der diskreten Probleme die gleichen Bedingungen gelten wie für das kontinuierliche Problem. Da jeder der Ansatzräume V_h endlichdimensional und folglich abgeschlossen ist, können wir auch auf das entsprechende diskrete Problem das Lax-Milgram Lemma und die Fredholmsche Alternative anwenden. Ist z.B. $\mathcal{A}(.,.)$ beschränkt und V-koerziv (folglich auch V_h-koerziv), so ist sowohl das kontinuierliche als auch jedes der diskreten Probleme eindeutig lösbar.

Genügt $\mathcal{A}(.,.)$ einer Gårding-Ungleichung, so können wir die Fredholmsche Alternative anwenden. Hier ist jedoch Vorsicht geboten. Eine nichttriviale Lösung des kontinuierlichen homogenen Problems muß nicht notwendig in V_h liegen. Umgekehrt braucht eine nichttriviale Lösung des diskreten homogenen Problems keine Lösung des kontinuierlichen homogenen Problems zu sein. Es ist also durchaus möglich, daß eines der beiden Probleme (1.4.1), (1.4.2) eine eindeutige Lösung besitzt, das andere aber nicht.

Nehmen wir nun an, beide Probleme seien eindeutig lösbar, und es sei u die Lösung des kontinuierlichen Problems und u_h die des diskreten. Dann interessieren wir uns für Abschätzungen des *Diskretisierungsfehlers* $\| u - u_h \|$ in geeigneten Normen $\| \,.\, \|$. Die Erwartung ist grob gesprochen die, daß $\| u - u_h \|$ umso kleiner wird, je besser der Teilraum V_h den ganzen Raum V approximiert, d.h., je besser sich Funktionen in V durch Funktionen in V_h approximieren lassen. Wie die folgenden abstrakten Fehlerabschätzungen zeigen, ist dies tatsächlich der Fall.

1.4.2 Abstrakte Fehlerabschätzungen

Für Galerkin-Diskretisierungen existieren im wesentlichen drei aufeinander aufbauende, abstrakte Fehlerabschätzungen: das Lemma von Céa, das Aubin-Nitsche Lemma und das Lemma von Schatz. Die erste dieser abstrakten Aussagen, das Lemma von Céa, führt wie oben angedeutet das Problem der Abschätzung des Diskretisierungsfehlers auf ein Approximationsproblem zurück. Unter der Voraussetzung, daß die Bilinearform $\mathcal{A}(.,.)$ V-koerziv ist, erhält man so Fehlerabschätzungen in der Norm des Raumes V.

Lemma 1.4.1 (Lemma von Céa)

Sei V ein reeller Hilbert-Raum mit Norm $\| \,.\, \|$ und $V_h \subset V$ ein endlichdimensionaler Teilraum. Weiter sei $\mathcal{A}(u,v) : V \times V \longrightarrow \mathbb{R}$ eine beschränkte, V-koerzive Bilinearform und $f^* \in V'$ ein beschränktes lineares Funktional. Dann gilt für die Lösungen u von (1.4.1) bzw. u_h von (1.4.2) die Fehlerabschätzung

$$\| u - u_h \| \leq \frac{M}{\alpha} \inf_{v_h \in V_h} \| u - v_h \| . \tag{1.4.3}$$

An dieser Stelle sei noch einmal daran erinnert, daß wir grundsätzlich mit M die Stetigkeitskonstante und mit α die Koerzivitätskonstante von $\mathcal{A}(.,.)$ bezeichnen. In Zukunft werden wir beide Konstanten ohne weiteren Hinweis überall dort verwenden, wo die entsprechende Eigenschaft vorausgesetzt wird.

Bemerkung 1.4.2 Céas Lemma spiegelt eines der fundamentalen Prinzipien der numerischen Mathematik wieder, welches besagt, daß für korrekt gestellte Probleme aus der Stabilität und Konsistenz eines Näherungsverfahrens seine Konvergenz folgt.

Bemerkung 1.4.3 (Der symmetrische Fall)
Ist $\mathcal{A}(.,.)$ symmetrisch, so ist u_h gerade die $\mathcal{A}(.,.)$-orthogonale Projektion von u auf V_h. In diesem Fall gilt die verbesserte Abschätzung $\| u - u_h \| \leq \sqrt{M/\alpha}\ \inf_{v_h \in V_h} \| u - v_h \|$.

In unserem Fall, wo $\| \, . \, \|_V = \| \, . \, \|_{1,2}$ gilt, liefert das Lemma von Céa Fehlerabschätzungen in der H^1-Norm. Die entsprechenden Abschätzungen in der L^2-Norm können mit einem Trick verbessert werden. Dieser sogenannte *Nitsche-Trick* nutzt die Regularität des adjungierten Problems aus und beruht auf folgendem Lemma:

Lemma 1.4.4 (Aubin-Nitsche Lemma)
Seien U, V zwei reelle Hilbert-Räume mit stetiger und dichter Einbettung $V \hookrightarrow U$. Weiter sei $\mathcal{A}(u,v) : V \times V \longrightarrow \mathbb{R}$ eine beschränkte Bilinearform, derart, daß das adjungierte Problem

$$\text{Finde } u_g \in V \text{ mit} \qquad \mathcal{A}(v, u_g) \;=\; (g, v)_U\,, \qquad v \in V\,, \tag{1.4.4}$$

für jedes $g \in U$ eine eindeutige Lösung $u_g \in V$ besitzt. Schließlich sei $f^* \in V'$ ein beschränktes lineares Funktional und V_h ein endlichdimensionaler Teilraum von V. Dann gilt für je zwei Lösungen u von (1.4.1) und u_h von (1.4.2) die Fehlerabschätzung

$$\| u - u_h \|_U \;\leq\; M \,\| u - u_h \|_V \, \sup_{g \in U} \Big\{ \frac{1}{\| g \|_U} \inf_{v_h \in V_h} \| u_g - v_h \|_V \Big\}\,,$$

wobei $u_g \in V$ die eindeutige Lösung von (1.4.4) zu $g \in U$ ist.

Gemeinsam mit dem Lemma von Céa liefert das Aubin-Nitsche Lemma im V-koerziven Fall verbesserte Finite-Elemente Fehlerabschätzungen in der L^2-Norm. Man beachte aber, daß im Aubin-Nitsche Lemma nicht die V-Koerzivität von $\mathcal{A}(.,.)$ vorausgesetzt wird, sondern nur, daß das adjungierte Problem eindeutig lösbar ist. Im nichtkoerziven Fall liefert das Aubin-Nitsche Lemma im allgemeinen eine Abschätzung der Form

$$\| u - u_h \|_{0,2} \;\leq\; w(h) \, \| u - u_h \|_{1,2} \tag{1.4.5}$$

mit $w(h) \longrightarrow 0$ für $h \to 0$. An dieser Stelle setzt nun eine wichtige Beobachtung von A. H. SCHATZ ein, die zeigt, daß für hinreichend kleine h mit dem kontinuierlichen Problem auch das diskrete Problem eindeutig lösbar ist und die gleichen Fehlerabschätzungen gelten wie im V-koerziven Fall, [130].

Lemma 1.4.5 (Beobachtung von Schatz)
Seien U, V zwei reelle Hilbert-Räume mit stetiger Einbettung $V \hookrightarrow U$. Auf $V \times V$ sei eine beschränkte Bilinearform $\mathcal{A}(.,.)$ definiert, die einer Gårding-Ungleichung genügt und für die das homogene Problem „Finde $u \in V$ mit $\mathcal{A}(u,v) = 0$, $v \in V$" nur die triviale Lösung besitzt. Weiter sei $f^* \in V'$ ein beschränktes lineares Funktional und $u \in V$ die eindeutige Lösung von (1.4.1). Schließlich sei $\{V_h\}_{h>0}$ eine Familie endlichdimensionaler Teilräume von V, so daß für jede Lösung $u_h \in V_h$ des diskreten Problems eine Abschätzung der Form (1.4.5) gilt, mit $w(h) \longrightarrow 0$ für $h \to 0$.

Dann existiert eine Konstante $h_0 = h_0(U, \alpha, \sigma, w) > 0$, so daß das diskrete Problem für alle $h \leq h_0$ eine eindeutige Lösung $u_h \in V_h$ besitzt, die darüber hinaus der Fehlerabschätzung

$$\| u - u_h \|_V \leq \frac{2M}{\alpha} \inf_{v_h \in V_h} \| u - v_h \|_V \tag{1.4.6}$$

genügt, welche bis auf den Faktor 2 mit der Abschätzung des Lemmas von Céa übereinstimmt.

1.4.3 Finite-Elemente-Diskretisierung

Sei nun $\Omega \subset \mathbb{R}^n$ ein polyedrisches Gebiet mit Rand Γ. Auf Ω sei ein schwaches elliptisches Randwertproblem in der abstrakten Form (1.4.1) gegeben, mit $V := H_0^1(\Omega)$. Um mit Hilfe eines Galerkin-Ansatzes Näherungslösungen für das kontinuierliche Problem zu bestimmen, benötigt man geeignete Ansatzräume $V_h \subset H_0^1(\Omega)$. Beim Finite-Elemente-Verfahren werden diese dadurch konstruiert, daß man Polynome eines festen Grades stückweise bzgl. einer vorgegebenen Triangulierung $\mathcal{T}_h$ zusammensetzt.

Die einfachsten Finite-Elemente Ansatzräume bestehen aus stetigen Funktionen $u_h \in C(\overline{\Omega})$, die auf jedem Simplex $T \in \mathcal{T}_h$ mit einem Polynom k-ten Grades übereinstimmen und außerdem der Randbedingung $u_h = 0$ auf Γ genügen. Obwohl natürlich auch Ansätze höheren Grades verwendet werden, beschränken wir uns in diesem Buch auf lineare Finite Elemente. Die entsprechenden Ansatzräume V_h haben wir bereits in Kapitel 1.3.4 eingeführt und mit $\mathcal{P}_{1,D}(\mathcal{T}_h)$ bezeichnet. Die Konformität dieses Ansatzes folgt aus der Stetigkeit der Ansatzfunktionen. Es gilt nämlich (vgl. [48], S. 62):

Lemma 1.4.6 (Konformität der Ansatzräume)
Sei $\Omega \subset \mathbb{R}^n$ ein polyedrisches Lipschitz-Gebiet und $\mathcal{T}_h$ eine Triangulierung von Ω. Dann gilt $\mathcal{P}_1(\mathcal{T}_h) \subset H^1(\Omega)$ und folglich $\mathcal{P}_{1,D}(\mathcal{T}_h) \subset H_0^1(\Omega)$.

Wir können nun die *Finite-Elemente-Diskretisierung* des schwachen Problems (1.2.6) angeben. Sei dazu $\mathcal{T}_h$ eine konsistente Triangulierung von Ω. Der *Galerkin-Ansatz* mit dem Ansatzraum $V_h := \mathcal{P}_{1,D}(\mathcal{T}_h)$ führt auf das diskrete Problem

$$\textit{Finde } u_h \in \mathcal{P}_{1,D}(\mathcal{T}_h) \textit{ mit} \qquad \mathcal{A}(u_h, v_h) = f^*(v_h), \qquad v_h \in \mathcal{P}_{1,D}(\mathcal{T}_h). \tag{1.4.7}$$

Nach Folgerung 1.3.37 stimmt die Dimension des Ansatzraumes $\mathcal{P}_{1,D}(\mathcal{T}_h)$ mit der Anzahl $N_{h,D}$ der Eckpunkte von $\mathcal{T}_h$ überein, die nicht auf dem Rande von Ω liegen. Mit Hilfe einer beliebigen Basis $\Phi_{h,D} = \{\varphi_1^h, \ldots, \varphi_{N_{h,D}}^h\}$ von $\mathcal{P}_{1,D}(\mathcal{T}_h)$ kann (1.4.7) umgeformt werden in das äquivalente lineare Gleichungssystem

$$\sum_{j=1}^{N_{h,D}} \mathcal{A}(\varphi_j^h, \varphi_i^h)\, u_{h,j} = f^*(\varphi_i^h), \qquad 1 \leq i \leq N_{h,D}, \tag{1.4.8}$$

dessen Unbekannte die Werte $u_{h,j}$, $1 \leq j \leq N_{h,D}$, sind. Bezeichnen wir mit $\mathbf{A}_h$ die Matrix mit den Einträgen

$$A_{h,i,j} = \mathcal{A}(\varphi_j^h, \varphi_i^h), \qquad 1 \leq i, j \leq N_{h,D}, \tag{1.4.9}$$

und mit $\mathbf{u}_h$ bzw. $\mathbf{f}_h$ die Vektoren mit den Einträgen $u_{h,i}$ bzw. $f^*(\varphi_i^h)$, $1 \le i \le N_{h,D}$, so können wir (1.4.8) auch in der Form

$$\mathbf{A}_h \mathbf{u}_h = \mathbf{f}_h \tag{1.4.10}$$

schreiben. Jeder Lösung $\mathbf{u}_h$ von (1.4.10) entspricht eine Lösung u_h von (1.4.7) mit der Darstellung

$$u_h = \sum_{j=1}^{N_{h,D}} u_{h,j}\, \varphi_j^h .$$

Die Eigenschaften der Matrix $\mathbf{A}_h$, die üblicherweise als *Steifigkeitsmatrix* bezeichnet wird, hängen natürlich von denen der Bilinearform $\mathcal{A}(.,.)$ ab, zum Teil aber auch von V_h und manche sogar von Φ_h. Unabhängig vom Ansatzraum V_h gilt:

Lemma 1.4.7 (Eigenschaften der Steifigkeitsmatrix)

Sei V ein reeller Hilbert-Raum und $V_h \subset V$ ein endlichdimensionaler Teilraum mit Basis Φ_h. Weiter sei $\mathcal{A}(.,.) : V \times V \longrightarrow \mathbb{R}$ eine beschränkte Bilinearform und $\mathbf{A}_h$ die durch (1.4.9) definierte Steifigkeitsmatrix. Dann gilt:

(i) Ist $\mathcal{A}(.,.)$ symmetrisch, so ist auch $\mathbf{A}_h$ symmetrisch.

(ii) Ist $\mathcal{A}(.,.)$ V-koerziv, so ist $\mathbf{A}_h$ nichtsingulär und positiv definit.

Ist $\mathcal{A}(.,.)$ nicht V-koerziv, so hängt die Invertierbarkeit von $\mathbf{A}_h$ von V_h ab, nicht aber von der verwendeten Basis. Im Gegensatz dazu werden numerisch relevante Eigenschaften wie z.B. das Besetzungsmuster und die Kondition von $\mathbf{A}_h$ durch die Wahl von Φ_h wesentlich beeinflußt. Um eine effiziente Lösung des Gleichungssystems (1.4.10) zu ermöglichen, fordert man zumeist, daß die Matrix $\mathbf{A}_h$ *dünn* besetzt ist, d.h., die Basisfunktionen φ_j^h sollten möglichst lokale Träger besitzen. In dieser Hinsicht optimal ist die sogenannte *Knotenbasis* von $\mathcal{P}_{1,D}(\mathcal{T}_h)$.

Definition 1.4.8 (Die Knotenbasis)

Sei $\Omega \subset \mathbb{R}^n$ ein polyedrisches Lipschitz-Gebiet und $\mathcal{T}_h$ eine konsistente Triangulierung von Ω mit Eckpunkten $x_1^h, \ldots, x_{N_h}^h$. Dann ist die *Knotenbasis* $\Phi_h = \{\varphi_1^h, \ldots, \varphi_{N_h}^h\}$ von $\mathcal{P}_1(\mathcal{T}_h)$ definiert durch

$$\varphi_j^h \in \mathcal{P}_1(\mathcal{T}_h), \qquad \varphi_j^h(x_i^h) = \delta_{ij}, \qquad 1 \le i,j \le N_h .$$

Analog dazu bezeichnen wir $\Phi_{h,D} := \{\varphi_1^h, \ldots, \varphi_{N_{h,D}}^h\} \subset \Phi_h$ als die *Knotenbasis* von $\mathcal{P}_{1,D}(\mathcal{T}_h)$.

Die Knotenbasisfunktionen φ_j^h bezeichnet man auch als *globale Formfunktionen*. Wie man leicht einsieht, stimmt der Träger jeder Formfunktion φ_j^h mit der Elementumgebung Ω_j^h des Punktes x_j^h überein (vgl. Definition 1.3.32). Verwendet man nun die Knotenbasis $\Phi_{h,D}$ zur Aufstellung des Gleichungssystems (1.4.10), so besitzt die Steifigkeitsmatrix $\mathbf{A}_h$ zusätzlich zu Lemma 1.4.7 die folgenden Eigenschaften:

Lemma 1.4.9 (Weitere Eigenschaften der Steifigkeitsmatrix)
Sei $\Omega \subset \mathbb{R}^n$ ein polyedrisches Lipschitz-Gebiet mit Rand Γ und $\mathcal{A}(.,.)$ eine auf $H_0^1(\Omega)\times H_0^1(\Omega)$ definierte, beschränkte Bilinearform. Weiter sei $\{\mathcal{T}_h\}_{h>0}$ eine stabile Familie konsistenter Triangulierungen von Ω. Für jede der Triangulierungen $\mathcal{T}_h$ sei $\mathbf{A}_h$ die mit Hilfe der Knotenbasis $\Phi_{h,D}$ konstruierte Steifigkeitsmatrix. Dann gilt

(i) Die Matrizen $\mathbf{A}_h$ sind dünn besetzt, d.h., die Anzahl nichtverschwindender Elemente in jeder Zeile ist durch eine von $\mathcal{T}_h$ unabhängige Konstante $C = C(n, \delta)$ beschränkt.

(ii) Ist $\mathcal{A}(.,.)$ symmetrisch und $H_0^1(\Omega)$-koerziv, so gilt für die Kondition $\kappa(\mathbf{A}_h)$ von $\mathbf{A}_h$ die Abschätzung $\kappa(\mathbf{A}_h) \le C\,\underline{h}^{-2}$ mit einer ebenfalls von $\mathcal{T}_h$ unabhängigen Konstanten $C = C(n, M, \alpha, \delta)$ und $\underline{h} := \min_{T\in\mathcal{T}_h} h(T)$.

1.4.4 Finite-Elemente Fehlerabschätzungen

Fehlerabschätzungen in der H^1- bzw. L^2-Norm für das soeben beschriebene Finite-Elemente-Verfahren erhält man mit Hilfe der drei abstrakten Fehlerabschätzungen von Kapitel 1.4.2. Dazu setzen wir $V := H_0^1(\Omega)$ und betrachten zunächst den Fall, daß die Bilinearform $\mathcal{A}(.,.)$ V-koerziv ist. Um dann mit dem Lemma von Céa Fehlerabschätzungen in der H^1-Norm herzuleiten, benötigt man Aussagen über die Approximationseigenschaften der diskreten Teilräume $V_h = \mathcal{P}_{1,D}(\mathcal{T}_h)$. Genauer gesagt benötigt man eine Abschätzung der Form

$$\inf_{v_h\in V_h} \| u - v_h \|_{1,2} \le C\,h^q \| u \| , \tag{1.4.11}$$

wobei $u \in H_0^1(\Omega)$ die Lösung des kontinuierlichen Problems ist und $\| \,.\, \|$ eine geeignete Norm. Zur Herleitung einer solchen Abschätzung konstruiert man geeignete Projektionsoperatoren $\Pi_h : H_0^1(\Omega) \longrightarrow \mathcal{P}_{1,D}(\mathcal{T}_h)$ und versucht dann, den Projektionsfehler $\| u - \Pi_h u \|_{1,2}$ abzuschätzen. Jede solche Abschätzung hängt natürlich von der Regularität von u ab.

In den meisten Finite-Elemente-Büchern, so auch in [48], werden einfache Interpolationsoperatoren zum Beweis von Abschätzungen der Form (1.4.11) verwendet. Diese sind allerdings nur auf stetige Funktionen anwendbar und die so erhaltenen Fehlerabschätzungen gelten folglich nur unter der Voraussetzung $u \in H^s(\Omega)$ für ein $s > n/2$. Im H^2-regulären Fall z.B. ist dies nur für $n \le 3$ möglich. Erst PH. CLÉMENT gelang es, mit Hilfe lokaler L^2-Projektionen globale Operatoren Π_h zu konstruieren, die auf beliebige Funktionen $u \in H_0^1(\Omega)$ anwendbar sind und trotzdem optimale Fehlerabschätzungen liefern, [49].

Satz 1.4.10 (Approximationssatz (Clément))
Sei $\Omega \subset \mathbb{R}^n$ ein polyedrisches Lipschitz-Gebiet mit Rand Γ, und $\{\mathcal{T}_h\}_{h>0}$ sei eine stabile Familie konsistenter Triangulierungen von Ω. Dann existieren entsprechende Projektionsoperatoren $\Pi_h : H_0^1(\Omega) \longrightarrow \mathcal{P}_{1,D}(\mathcal{T}_h)$, derart, daß für $s \in [0,1]$ und alle Funktionen u aus $H_0^1(\Omega) \cap H^{1+s}(\Omega)$ die Abschätzungen

$$| u - \Pi_h u |_{1,2} \le C\,h^s \| u \|_{1+s,2} , \tag{1.4.12a}$$

$$| u - \Pi_h u |_{0,2} \le C\,h^{1+s} \| u \|_{1+s,2} , \tag{1.4.12b}$$

gelten, und zwar jeweils mit einer von u und h unabhängigen Konstanten $C = C(n, \delta, s)$, wobei δ die Stabilitätskonstante der Familie $\{\mathcal{T}_h\}_{h>0}$ ist.

Satz 1.4.10 liefert nun in Verbindung mit dem Lemma von Céa die gewünschten Fehlerabschätzungen in der H^1-Norm. Um unnötige Wiederholungen zu vermeiden, fassen wir an dieser Stelle die wichtigsten Grundvoraussetzungen an die Finite-Elemente-Diskretisierung noch einmal zusammen:

(FE) *Sei $\Omega \subset \mathbb{R}^n$ ein polyedrisches Lipschitz-Gebiet, $\mathcal{A}(.,.)$ eine auf $H_0^1(\Omega) \times H_0^1(\Omega)$ definierte, beschränkte Bilinearform und $f^* \in H^{-1}(\Omega)$ ein beschränktes lineares Funktional. Das kontinuierliche Problem (1.2.6) besitze eine eindeutige Lösung $u \in H_0^1(\Omega)$. Schließlich sei $\{\mathcal{T}_h\}_{h>0}$ eine stabile Familie konsistenter Triangulierungen von $\overline{\Omega}$, und für jede der Triangulierungen $\mathcal{T}_h$ sei das entsprechende diskrete Problem gegeben durch (1.4.7).*

Beachte, daß (FE) bereits die Stabilität der Triangulierungen $\mathcal{T}_h$ einschließt. Die eindeutige Lösbarkeit der diskreten Probleme wird an dieser Stelle nicht verlangt. Diese ist aber im V-koerziven Fall immer gegeben.

Satz 1.4.11 (Fehlerabschätzung in der H^1-Norm)
Es gelte die Voraussetzung (FE). Darüber hinaus sei die Bilinearform $\mathcal{A}(.,.)$ $H_0^1(\Omega)$-koerziv und die Lösung u des kontinuierlichen Problems liege in $H^{1+s}(\Omega)$ für ein $s \in [0,1]$. Dann besitzt jedes der diskreten Probleme (1.4.7) eine eindeutige Lösung $u_h \in \mathcal{P}_{1,D}(\mathcal{T}_h)$ und es gilt die Fehlerabschätzung

$$\| u - u_h \|_{1,2} \leq \frac{C\,M}{\alpha} h^s \| u \|_{1+s,2}$$

mit einer von u und h unabhängigen Konstanten[2] $C = C(\Omega, \delta, s)$.

Bemerkung 1.4.12 (Konvergenz des Finite-Elemente-Verfahrens)
Aus Satz 1.4.11 folgt unmittelbar, daß die Näherungslösungen u_h für $h \to 0$ gegen die Lösung u des kontinuierlichen Problems konvergieren, wenn diese in $H^{1+s}(\Omega)$ für ein $s > 0$ liegt. Mit Hilfe eines einfachen Approximationsarguments läßt sich die Konvergenz der Finite-Elemente-Methode aber auch dann noch zeigen, wenn nur $u \in H_0^1(\Omega)$ gilt ([48], S. 139).

Die Ungleichung (1.4.12b) läßt vermuten, daß für den Diskretisierungsfehler in der L^2-Norm bessere Abschätzungen gelten. Leider gilt das Lemma von Céa aber nur in der H^1-Norm. Trotzdem kann man mit Hilfe eines Dualitätsarguments – dem sogenannten *Nitsche-Trick* – optimale Fehlerabschätzungen in der L^2-Norm beweisen. Dieser Trick beruht auf dem Aubin-Nitsche Lemma (Lemma 1.4.4) und nutzt die Regularität des adjungierten Problems aus:

Lemma 1.4.13 (Der Nitsche-Trick)
Es gelte die Voraussetzung (FE). Das adjungierte Problem

$$\text{Finde } u \in H_0^1(\Omega) \text{ mit} \qquad \mathcal{A}(v,u) = f^*(v), \qquad v \in H_0^1(\Omega), \tag{1.4.13}$$

sei H^{1+s}-regulär für ein $s \in [0,1]$, mit Regularitätskonstante C_R.

[2] Hier und in der Folge nehmen wir an, daß die Abhängigkeit von Ω die von n einschließt.

Dann gilt für jede Lösung u_h des diskreten Problems die Abschätzung

$$\| u - u_h \|_{1-s,2} \leq C\, M\, h^s \| u - u_h \|_{1,2} \tag{1.4.14}$$

mit einer von u und h unabhängigen Konstanten $C = C(\Omega, C_R, \delta, s)$.

Satz 1.4.14 (Fehlerabschätzung in der L^2-Norm)
Es gelte die Voraussetzung (FE). Die Bilinearform $\mathcal{A}(.,.)$ sei $H_0^1(\Omega)$-koerziv und die Lösung u des kontinuierlichen Problems liege in $H^{1+s}(\Omega)$ für ein $s \in [0,1]$. Das adjungierte Problem (1.4.13) sei H^{1+s}-regulär mit Regularitätskonstante C_R. Dann gilt für die eindeutige Lösung u_h von (1.4.7) die Fehlerabschätzung

$$\| u - u_h \|_{0,2} \leq \| u - u_h \|_{1-s,2} \leq \frac{C\, M^2}{\alpha} h^{2s} \| u \|_{1+s,2}$$

mit einer von u und h unabhängigen Konstanten $C = C(\Omega, C_R, \delta, s)$.

Bisher haben wir bei allen Fehlerabschätzungen die V-Koerzivität von $\mathcal{A}(.,.)$ vorausgesetzt. Mit Hilfe des Lemmas von Schatz lassen sich aber für hinreichend kleine h alle Aussagen auf den nichtkoerziven Fall übertragen - vorausgesetzt, $\mathcal{A}(.,.)$ genügt einer Gårding-Ungleichung, das kontinuierliche homogene Problem ist eindeutig lösbar und das adjungierte Problem besitzt ein Minimum an Regularität:

Satz 1.4.15 (Konvergenzsatz für nichtkoerzive Bilinearformen)
Seien bis auf die $H_0^1(\Omega)$-Koerzivität von $\mathcal{A}(.,.)$ die Voraussetzungen von Satz 1.4.14 erfüllt. Stattdessen genüge $\mathcal{A}(.,.)$ einer Gårding-Ungleichung und das entsprechende homogene Problem sei eindeutig lösbar. Dann existiert eine Konstante $h_0 = h_0(M, \alpha, \sigma, \delta, C_R, s) > 0$, so daß das diskrete Problem (1.4.7) für alle $0 < h \leq h_0$ eindeutig lösbar ist und die Fehlerabschätzungen

$$\begin{aligned} \| u - u_h \|_{1,2} &\leq \frac{C\, M}{\alpha} h^s \| u \|_{1+s,2}\,, \\ \| u - u_h \|_{0,2} &\leq \frac{C\, M^2}{\alpha} h^{2s} \| u \|_{1+s,2}\,, \end{aligned}$$

gelten, mit von u und h unabhängigen Konstanten $C = C(\Omega, \delta, s)$ bzw. $C = C(\Omega, C_R, \delta, s)$.

Bemerkung 1.4.16 (Konvektionsdominierte Probleme)
In allen Fehlerabschätzungen tritt auf der rechten Seite der Faktor M/α bzw. M^2/α auf. Die Stetigkeitskonstante M kann aber z.B. bei Problemen mit dominierender Konvektion sehr groß werden. Tatsächlich kann für solche Probleme die Konvergenz der Galerkin-Diskretisierung (1.4.7) sehr schlecht ausfallen, was sich im allgemeinen dadurch bemerkbar macht, daß die diskrete Näherungslösung u_h vor allem in der Umgebung von Randschichten der exakten Lösung u zu starken Oszillationen neigt. In diesen Fällen muß die Diskretisierung (1.4.7) durch ein sogenanntes *Upwindverfahren* stabilisiert werden. Eine Reihe von Verfahren zur Stabilisiserung der Finite-Elemente-Methode findet man z.B. in [118] (siehe dazu auch Kapitel 5.1).

1.4.5 Inhomogene Dirichlet-Randbedingungen

Für Probleme mit inhomogener Dirichlet-Randbedingung $u = u_0$ auf Γ ist die schwache Fomulierung unter der Voraussetzung $u_0 \in H^{1/2}(\Gamma)$ gegeben durch:

$$\textit{Finde } u \in H^1_{u_0}(\Omega) \textit{ mit} \qquad \mathcal{A}(u,v) \;=\; f^*(v)\,, \qquad v \in H^1_0(\Omega)\,. \tag{1.4.15}$$

Wie wir bereits in Kapitel 1.2.2 gesehen haben, ist (1.4.15) äquivalent zu dem kontinuierlichen Problem

$$\textit{Finde } \tilde{u} \in H^1_0(\Omega) \textit{ mit} \quad \mathcal{A}(\tilde{u},v) \;:=\; f^*(v) - \mathcal{A}(\tilde{u}_0,v)\,, \quad v \in H^1_0(\Omega)\,, \tag{1.4.16}$$

wobei $\tilde{u}_0 \in H^1(\Omega)$ eine beliebige Fortsetzung von u_0 ist. Nehmen wir an, (1.4.16) besitze eine eindeutige Lösung $\tilde{u} \in H^1_0(\Omega)$, dann ist $u = \tilde{u} + \tilde{u}_0$ die eindeutige Lösung von (1.4.15), welche darüber hinaus von der aktuellen Fortsetzung $\tilde{u}_0$ unabhängig ist.

Bei der Diskretisierung von (1.4.16) mit dem Finite-Elemente-Verfahren treten nun eine Reihe von Schwierigkeiten auf. Zunächst ist eine Fortsetzung $\tilde{u}_0$ von u_0 im allgemeinen nur sehr schwer zu konstruieren. Aber selbst wenn eine Fortsetzung $\tilde{u}_0$ bekannt ist und eine Näherungslösung $\tilde{u}_h$ für (1.4.16) bestimmt werden kann, steht man vor dem Dilemma, daß die entsprechende Näherungslösung $u_h := \tilde{u}_h + \tilde{u}_0$ für (1.4.15) nicht mehr in $\mathcal{P}_1(\mathcal{T}_h)$ liegt und darüber hinaus von $\tilde{u}_0$ abhängt.

In der Praxis ersetzt man deswegen u_0 durch eine auf Γ stetige und bzgl. $\mathcal{T}_h$ stückweise lineare Approximation $u_{0,h}$. Diese wird dann in $\overline{\Omega}$ zu einer Funktion $\tilde{u}_{0,h} \in \mathcal{P}_1(\mathcal{T}_h)$ fortgesetzt. Eine naheliegende Fortsetzung $\tilde{u}_{0,h}$ ist z.B. gegeben durch

$$\tilde{u}_{0,h}(x_j^h) \;:=\; \begin{cases} 0\,, & 1 \le j \le N_{h,D}\,, \\ u_{0,h}(x_j^h)\,, & N_{h,D} < j \le N_h\,. \end{cases} \tag{1.4.17}$$

Das zu lösende diskrete Problem lautet dann

$$\textit{Finde } \tilde{u}_h \in \mathcal{P}_{1,D}(\mathcal{T}_h) \textit{ mit} \quad \mathcal{A}(\tilde{u}_h,v_h) \;=\; f^*(v_h) - \mathcal{A}(\tilde{u}_{0,h},v_h), \quad v_h \in \mathcal{P}_{1,D}(\mathcal{T}_h). \tag{1.4.18}$$

Wie oben definiert jede Lösung $\tilde{u}_h$ von (1.4.18) eine Näherungslösung $u_h = \tilde{u}_h + \tilde{u}_{0,h}$ für das schwache Problem (1.4.15). Da jede solche Näherungslösung u_h in $H^1_{u_{0,h}}(\Omega)$ liegt und nicht in $H^1_{u_0}(\Omega)$, kann man an dieser Stelle nicht mehr von einem Galerkin-Ansatz sprechen. Im Gegensatz zur oben genannten Methode gehört u_h nun aber zu $\mathcal{P}_1(\mathcal{T}_h)$ und hängt nicht mehr von der gewählten Fortsetzung $\tilde{u}_{0,h}$ ab[3].

Sei nun Φ_h die in Kapitel 1.3.3 eingeführte Knotenbasis von $\mathcal{P}_1(\mathcal{T}_h)$ und $\tilde{u}_{0,h}$ die durch (1.4.17) definierte Fortsetzung von $u_{0,h}$. Dann ist (1.4.18) äquivalent zu dem linearen Gleichungssystem

$$\sum_{j=1}^{N_{h,D}} \mathcal{A}(\varphi_j^h,\varphi_i^h)\,\tilde{u}_j^h \;=\; f^*(\varphi_i^h) \;-\; \sum_{j=N_{h,D}+1}^{N_h} \mathcal{A}(\varphi_j^h,\varphi_i^h)\,u_{0,h}(x_j^h)\,, \qquad 1 \le i \le N_{h,D}\,,$$

[3]Natürlich hängt u von der Approximation $u_{0,h}$ auf Γ ab, aber diese betrachten wir als fest.

mit den Unbekannten $\tilde{u}_j^h$, $1 \le j \le N_{h,D}$. Beachte, daß hier die Fortsetzung $\tilde{u}_{0,h}$ gar nicht mehr auftaucht. Aus der Lösung $\tilde{\mathbf{u}}_h = (\tilde{u}_1^h, \dots, \tilde{u}_{N_{h,D}}^h)^T$ dieses Gleichungssystems kann die Näherungslösung u_h eindeutig rekonstruiert werden durch

$$u_h = \sum_{j=1}^{N_{h,D}} \tilde{u}_j^h \varphi_j^h + \sum_{j=N_{h,D}+1}^{N_h} u_{0,h}(x_j^h)\, \varphi_j^h .$$

Da wir es hier nicht mehr mit einem Galerkin-Ansatz zu tun haben, lassen sich die Fehlerabschätzungen des vorherigen Kapitels nicht ohne weiteres auf die Diskretisierung (1.4.18) übertragen. Durch eine einfache Variation des Lemmas von Céa kann man jedoch im koerziven Fall eine zu Satz 1.4.11 analoge Abschätzung in der H^1-Norm beweisen (siehe z.B. [118], S. 174). Der Beweis von Fehlerabschätzungen in der L^2-Norm ist hingegen ungleich schwieriger. Hier kann man im allgemeinen keine $O(h^2)$-Konvergenz mehr erwarten. Der interessierte Leser sei an dieser Stelle auf [133] verwiesen. Eine Reihe weiterer Literaturhinweise zu dieser Problematik und zu anderen Ansätzen findet man z.B. in [48] auf S. 180.

1.4.6 Verwendung von Quadraturformeln

Zur Aufstellung des Gleichungssystems (1.4.10) sind die Terme $\mathcal{A}(\varphi_j^h, \varphi_i^h)$ und $f^*(\varphi_i^h)$ für $1 \le i, j \le N_{h,D}$ zu berechnen. Bei variierenden Koeffizienten ist jedoch die exakte Berechnung der entsprechenden Integrale im allgemeinen nicht möglich. Man wird daher zur Auswertung der Integrale auf jedem Element $T \in \mathcal{T}_h$ eine Quadraturformel der Form

$$\int_T \varphi\, dx \longrightarrow \sum_{\ell=1}^{L} \omega_\ell\, \varphi(x_{\ell,T}) \tag{1.4.19}$$

verwenden. Die Werte ω_ℓ heißen *Gewichte* und die Punkte $x_{\ell,T}$ *Integrationspunkte* der Quadraturformel. Im allgemeinen setzt man voraus, daß die Gewichte ω_ℓ positiv sind und die Integrationspunkte $x_{\ell,T}$ in T liegen. Die Verwendung von Quadraturformeln führt nun auf diskrete Probleme der Form

$$\textit{Finde } u_h \in \mathcal{P}_{1,D}(\mathcal{T}_h) \textit{ mit } \quad \mathcal{A}_h(u_h, v_h) = f_h^*(v_h), \qquad v_h \in \mathcal{P}_{1,D}(\mathcal{T}_h), \tag{1.4.20}$$

mit einer *gestörten* Bilinearform $\mathcal{A}_h(.,.)$ und einem *gestörten* Funktional f_h^*. Man spricht hier von einem *verallgemeinerten Galerkin-Ansatz*.

Für verallgemeinerte Galerkin-Diskretisierungen gelten die abstrakten Fehlerabschätzungen aus Kapitel 1.4.2 natürlich nicht mehr. Es existieren aber Verallgemeinerungen des Lemmas von Céa und des Aubin-Nitsche Lemmas, die auf Probleme der Form (1.4.20) anwendbar sind (siehe Kapitel 4.2.1). Die so erhaltenen Fehlerabschätzungen hängen unter den üblichen Voraussetzungen nur von der Genauigkeit der Quadraturformeln sowie von der Regularität der Koeffizienten von $\mathcal{A}(.,.)$ bzw. f^* auf den einzelnen Elementen der Triangulierungen $\mathcal{T}_h$ ab. Tatsächlich kann man für die Diskretisierung (1.4.20) mit Hilfe der am Ende von Kapitel 1.3.4 eingeführten Räume $H^{s,p}(\mathcal{T}_h)$ die folgenden Fehlerabschätzungen beweisen (vgl. [48], S. 204):

Satz 1.4.17 (Fehlerabschätzung in der H^1-Norm)
Es gelte die Voraussetzung (FE). Die Bilinearform $\mathcal{A}(.,.)$ sei $H_0^1(\Omega)$-koerziv und die Lösung u des kontinuierlichen Problems liege in $H^{1+s}(\Omega)$ für ein $s \in [0,1]$. Für die Koeffizienten von $\mathcal{A}(.,.)$ bzw. f^* und jede der Triangulierungen $\mathcal{T}_h$ gelte a_{ij}, b_j, c, $f \in H^{1,\infty}(\mathcal{T}_h)$, $1 \leq i,j \leq n$. Schließlich seien die verwendeten Quadraturformeln für alle konstanten Funktionen exakt.

Dann existiert eine Konstante $h_0 > 0$, so daß für alle $0 < h \leq h_0$ das diskrete Problem (1.4.20) eine eindeutige Lösung $u_h \in \mathcal{P}_{1,D}(\mathcal{T}_h)$ besitzt, die darüber hinaus der Fehlerabschätzung

$$\| u - u_h \|_{1,2} \leq \frac{C\,M_1}{\alpha} \left(h^s \| u \|_{1+s,2} + h \, |\!|\!| f |\!|\!|_{1,\infty} \right),$$

genügt, mit $M_1 := 1+\max_{i,j} \{ |\!|\!| a_{ij} |\!|\!|_{1,\infty}, |\!|\!| b_j |\!|\!|_{1,\infty}, |\!|\!| c |\!|\!|_{1,\infty} \}$ und einer von u und h unabhängigen Konstanten $C = C(\Omega, \delta, s)$.

Satz 1.4.18 (Fehlerabschätzung in der L^2-Norm)
Es gelte die Voraussetzung (FE). Die Bilinearform $\mathcal{A}(.,.)$ sei $H_0^1(\Omega)$-koerziv und die Lösung u des kontinuierlichen Problems liege in $H^{1+s}(\Omega)$ für ein $s \in [0,1]$. Das adjungierte Problem (1.4.13) sei H^{1+s}-regulär mit Regularitätskonstante C_R. Für die Koeffizienten von $\mathcal{A}(.,.)$, f^* und für jede der Triangulierungen $\mathcal{T}_h$ gelte a_{ij}, b_j, c, $f \in H^{2,\infty}(\mathcal{T}_h)$, $1 \leq i,j \leq n$. Schließlich seien die verwendeten Quadraturformeln exakt für alle Polynome vom Grad 1.

Dann existiert eine Konstante $h_0 > 0$, so daß für alle $0 < h \leq h_0$ das diskrete Problem (1.4.20) eine eindeutige Lösung $u_h \in \mathcal{P}_{1,D}(\mathcal{T}_h)$ besitzt, die darüber hinaus der Fehlerabschätzung

$$\| u - u_h \|_{0,2} \leq \frac{C\,M_1\,M_2}{\alpha} \left(h^{2s} \| u \|_{1+s,2} + h^2 \, |\!|\!| f |\!|\!|_{2,\infty} \right),$$

genügt, mit $M_k := 1 + \max_{i,j} \{ |\!|\!| a_{ij} |\!|\!|_{k,\infty}, |\!|\!| b_j |\!|\!|_{k,\infty}, |\!|\!| c |\!|\!|_{k,\infty} \}$, $k = 1,2$, und einer von u und h unabhängigen Konstanten $C = C(\Omega, C_R, \delta, s)$.

Die wesentliche Aussage der beiden Sätze ist die, daß trotz der Verwendung von Quadraturformeln im wesentlichen die gleichen Fehlerabschätzungen wie im Galerkin-Falle gelten, vorausgesetzt, die Quadraturformeln sind exakt für alle Polynome vom Grad 1 und die Koeffizienten a_{ij}, b_j, $c + \nabla \cdot b$ bzw. f sind stückweise $H^{2,\infty}$-regulär bzgl. jeder der Triangulierungen $\mathcal{T}_h$. Vollkommen analog läßt sich auch der Konvergenzsatz für den nichtkoerziven Fall, Satz 1.4.15, auf die vorliegende Situation übertragen. Dies sei jedoch dem Leser überlassen.

Bemerkung 1.4.19 (Lösbarkeit der diskreten Systeme)
Im Gegensatz zur Galerkin-Diskretisierung impliziert die V-Koerzivität von $\mathcal{A}(.,.)$ hier nicht die eindeutige Lösbarkeit der diskreten Probleme. Nur in wenigen Spezialfällen – z.B. wenn $b = 0$, $c \geq 0$ gilt und die Elliptizitätsbedingung erfüllt ist – folgt aus der V_h-Koerzivität von $\mathcal{A}(.,.)$ die von $\mathcal{A}_h(.,.)$ ohne Einschränkung an h. In allen anderen Fällen zeigt man unter den Voraussetzungen der Sätze 1.4.17 bzw. 1.4.18, daß $\mathcal{A}_h(.,.)$ V_h-koerziv für hinreichend kleine h ist.

Beispiel 1.4.20 (Eine einfache Quadraturformel)
Die einfachste Quadraturformel, die für alle Polynome vom Grad 1 exakt ist, lautet

$$\int_T \varphi \, dx \longrightarrow \varphi(x_S(T)),$$

wobei $x_S(T)$ der Schwerpunkt von T ist. Diese Quadraturformel wird üblicherweise als *Mittelpunktsregel* bezeichnet.

---

2 Adaptive Verfeinerungsalgorithmen

Bei der Diskretisierung elliptischer Randwertprobleme fallen im allgemeinen große lineare Gleichungssysteme an. Zu den modernsten und schnellsten Iterationsverfahren zur Lösung dieser Systeme zählen ohne Zweifel Mehrgitter- und Multilevelverfahren. Deren Anwendung setzt jedoch die Existenz einer ganzen Hierarchie $\mathcal{T}_0, \ldots, \mathcal{T}_J$ von Triangulierungen des Lösungsgebietes Ω voraus, die aus sukzessiven Verfeinerungen einer möglichst groben Anfangstriangulierung $\mathcal{T}_0$ besteht, und an deren Ende die Triangulierung $\mathcal{T} = \mathcal{T}_J$ steht, bzgl. der das Randwertproblem diskretisiert wurde.

Die Erzeugung derartiger Triangulierungshierarchien ist oft Teil eines adaptiven Prozesses, der in seiner einfachsten Form wie in Abb. 2.1 dargestellt werden kann. Zunächst wird das zu lösende Randwertproblem bzgl. einer vorgegebenen Anfangstriangulierung $\mathcal{T}_0$ diskretisiert und das entstehende Gleichungssystem gelöst. Von einem Fehlerschätzer wird anschließend die Qualität der Lösung beurteilt und eine Teilmenge der Elemente in $\mathcal{T}_0$ zur Verfeinerung vorgeschlagen. Basierend auf den Vorschlägen des Fehlerschätzers erzeugt dann ein Verfeinerungsalgorithmus – durch Verfeinerung von $\mathcal{T}_0$ – eine neue Triangulierung $\mathcal{T}_1$. Dieser Prozeß wird solange wiederholt, bis der Fehlerschätzer die diskrete Lösung akzeptiert.

Die Bedeutung solcher adaptiven Prozesse besteht darin, daß die Anzahl der Unbekannten durch adaptive – d.h., problemangepaßte – Verfeinerungen gegenüber uniformen – d.h. globalen – Verfeinerungen mitunter drastisch reduziert werden kann.

Wird als Löser in einem adaptiven Prozeß ein Mehrgitter- oder Multilevelverfahren verwendet, so spricht man von einem *adaptiven Multilevelverfahren*. Die Kombination dieser beiden Techniken bietet sich an, wenn das Multilevelverfahren direkt auf die adaptiv erzeugte Hierarchie aufgesetzt werden kann. Damit dies möglich ist, müssen zunächst die erzeugten Triangulierungen sukzessive Verfeinerungen der Anfangstriangulierung $\mathcal{T}_0$ sein. Dies ist bei dem oben beschriebenen einfachen Prozeß der Fall.

Darüber hinaus sollten die erzeugten Triangulierungen konsistent und in der Folge stabil sein (vgl. Definition 1.3.23 bzw. 2.1.13). Wie wir bereits in Kapitel 1.4 gesehen haben, ist die Stabilität der Triangulierungen ganz entscheidend für deren numerische Eigenschaften: Sie beeinflußt sowohl das Konvergenzverhalten der Diskretisierung als auch die Konvergenzgeschwindigkeit zahlreicher iterativer Löser – darunter auch die Multilevelverfahren selbst. Im Gegensatz dazu wird die Forderung nach der Konsistenz der Triangulierungen eher aus algorithmischen Gründen erhoben. Die meisten iterativen Lösungsverfahren lassen sich wesentlich leichter implementieren, wenn die zugrundeliegenden Triangulierungen konsistent sind. Außerdem setzen zahlreiche Blackbox-Löser und Fehlerschätzer die Konsistenz der Triangulierungen voraus.

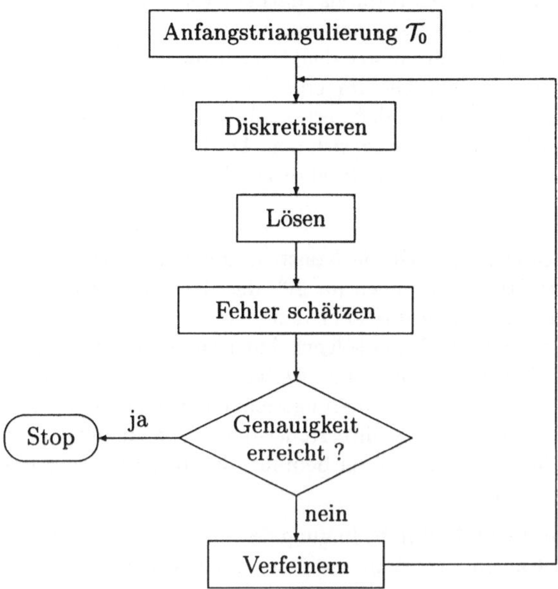

Abb. 2.1: Ein einfacher adaptiver Prozeß

Es ist nun die Aufgabe des Verfeinerungsalgorithmus, dafür zu sorgen, daß die erzeugten Triangulierungen konsistent und stabil sind. Zu diesem Zweck ist es bei einigen Verfahren – auch bei dem von uns vorgeschlagenen – erforderlich, bestehende Zerlegungen rückgängig zu machen und durch andere zu ersetzen. Überhaupt sollte ein guter Verfeinerungsalgorithmus in der Lage sein, bereits verfeinerte Bereiche auch wieder zu vergröbern, was insbesondere bei der Behandlung zeitabhängiger Probleme von großem Nutzen sein kann.

Allerdings scheinen diese Möglichkeiten in krassem Widerspruch zu der oben genannten Forderung zu stehen, daß die Folge der adaptiv erzeugten Triangulierungen aus *sukzessiven* Verfeinerungen der Anfangstriangulierung besteht. Tatsächlich handelt es sich hier weniger um einen Widerspruch als vielmehr um ein weitverbreitetes Mißverständnis. Letzteres beruht auf der stark vereinfachten Vorstellung, daß der Verfeinerungsalgorithmus auf eine Triangulierung $\mathcal{T}_k$ angewendet wird und eine konsistente Verfeinerung $\mathcal{T}_{k+1}$ von $\mathcal{T}_k$ liefert, so daß die Folge $\mathcal{T}_0, \ldots, \mathcal{T}_k, \ldots$ stabil ist.

Unsere Sicht eines Verfeinerungsalgorithmus ist hingegen allgemeiner gehalten und nicht auf die jeweils feinste Triangulierung beschränkt. Vielmehr soll der Algorithmus als Eingabe die komplette Hierarchie $(\mathcal{T}_0, \ldots, \mathcal{T}_J)$ erhalten und daraus – basierend auf Verfeinerungs- *und* Vergröberungsvorschlägen des Fehlerschätzers – eine neue Hierarchie $(\mathcal{T}'_0, \ldots, \mathcal{T}'_{J'})$ konsistenter Triangulierungen $\mathcal{T}'_k$ erzeugen. Diese sollen ebenfalls sukzessive Verfeinerungen von $\mathcal{T}_0 = \mathcal{T}'_0$ sein, brauchen aber – bis auf den Fall $k = 0$ – weder mit den Eingabetriangulierungen übereinzustimmen noch Verfeinerungen von diesen zu sein. Auch fordern wir nicht mehr $J' = J + 1$, denn im Falle einer globalen Vergröberung sollte z.B. $J' = J - 1$ gelten.

Diese Vorstellung soll nun zu Beginn dieses Kapitels mathematisch präzise formuliert werden, d.h., wir werden eine Spezifikation dessen angeben, was wir von einem adaptiven Verfeinerungsalgorithmus erwarten. Dazu führen wir den Begriff der *Multileveltriangulierung* ein. Grob gesprochen handelt es sich hierbei um eine Hierarchie von Triangulierungen, die bestimmten Bedingungen genügt. Die so definierten Multileveltriangulierungen dienen dann als Ein- und Ausgabe von Verfeinerungsalgorithmen. Darüber hinaus sind Multileveltriangulierungen aber auch genau die richtigen Objekte zur Formulierung von Mehrgitter- und Multilevelverfahren.

Unser Hauptziel in diesem Kapitel ist jedoch die Konstruktion und Analyse eines adaptiven Verfeinerungsverfahrens für Triangulierungen im $\mathbb{R}^3$, das der geforderten Spezifikation genügt und möglicherweise stark nichtuniforme aber dennoch konsistente, stabile Triangulierungen liefert. Beachte, daß die Konstruktion solcher Algorithmen nicht ganz einfach ist, da Adaptivität, Stabilität und Konsistenz nicht ohne weiteres miteinander verträglich sind. Je größer nämlich die lokale Variation der Verfeinerungstiefe einer Triangulierung ist, umso stärker entartete Elemente benötigt man, um ihre Konsistenz sicherzustellen. Die meisten adaptiven Verfeinerungsalgorithmen sind deswegen bemüht, die lokale Variation der Verfeinerungstiefe möglichst gering zu halten.

Eine weitere Schwierigkeit stellt die Stabilitätsbedingung dar, die in drei (und mehr) Dimensionen schwieriger zu erfüllen ist als im $\mathbb{R}^2$. Während jedes Dreieck leicht durch Verbindung seiner Kantenmittelpunkte in vier ihm ähnliche Dreiecke aufgespalten werden kann, existiert eine solche Zerlegung für Tetraeder im allgemeinen nicht. Die stabile Verfeinerung von Tetraedern ist folglich komplizierter.

Wie jedoch vom Autor in seiner Diplomarbeit, [27], gezeigt wurde, läßt sich die soeben beschriebene Dreieckszerlegung in kanonischer Weise auf den dreidimensionalen Fall übertragen. Das so erhaltene Verfahren, bei dem jedes Tetraeder in acht Teiltetraeder gleichen Volumens aufgespalten wird, erzeugt bei sukzessiver Anwendung auf ein beliebiges Ausgangstetraeder höchstens drei Ähnlichkeitsklassen und erfüllt damit die Stabilitätsbedingung. Darüber hinaus läßt es sich – mit Hilfe des in [27] angegebenen Algorithmus – fast so einfach implementieren wie das zweidimensionale Verfahren.

Das in [27] eingeführte Verfahren dient nun als Basis für die Konstruktion unseres adaptiven Verfeinerungsalgorithmus, der im wesentlichen aus drei Teilen besteht: (i) der *regulären* Verfeinerungsstrategie aus [27] für die vom Fehlerschätzer vorgeschlagenen Verfeinerungen, (ii) zusätzlichen *irregulären* Verfeinerungsregeln zur Konsistenzerhaltung und (iii), einem *globalen* Algorithmus, der die regulären und irregulären Verfeinerungen so umarrangiert und zusammensetzt, daß die erzeugten Triangulierungen konsistent und stabil sind.

Der beschriebene Aufbau ist charakteristisch für eine große Klasse von Verfeinerungsalgorithmen und geht zurück auf ein zweidimensionales Verfahren von R. E. Bank, das von ihm in den bekannten Mehrgittercode PLTMG implementiert wurde und seitdem zu den wohl am meisten verwendeten Verfahren überhaupt zählt (siehe [11], [19]). Entsprechend der von Bank benutzten Terminologie bezeichnen wir Algorithmen dieses Typs als *Rot/Grün*-Verfeinerungsalgorithmen.

Der Aufbau dieses Kapitels ist nun der folgende: In Kapitel 2.1 führen wir den Begriff der Multileveltriangulierung ein und spezifizieren unsere Verstellungen von einem adaptiven Verfeinerungsalgorithmus. In Kapitel 2.2 geben wir dann einen kurzen Überblick über die gängigsten Verfeinerungsstrategien in zwei, drei und mehr Raumdimensionen. Anschließend stellen wir in Kapitel 2.3 einen adaptiven Verfeinerungsalgorithmus für Tetraedergitter vor, der dann in Kapitel 2.4 eingehend analysiert wird.

2.1 Multileveltriangulierungen und adaptive Verfeinerungsalgorithmen

In diesem Kapitel wollen wir unsere Vorstellung von einem adaptiven Verfeinerungsalgorithmus präzisieren. Eine wichtige Rolle spielt dabei der Begriff der *Multileveltriangulierung*, der in diesem Buch eingeführt werden soll.

2.1.1 Multileveltriangulierungen

Die Verwendung von Mehrgitter- oder Multilevelverfahren zur Lösung von Randwertproblemen setzt das Vorhandensein einer ganzen Hierarchie von Triangulierungen des Lösungsgebietes Ω voraus. In diesem Buch betrachten wir ausschließlich *geschachtelte* Hierarchien, deren Triangulierungen durch sukzessive *Verfeinerung* einer Anfangstriangulierung erzeugt werden können[1]. Darüber hinaus beschränken wir uns auf Verfeinerungen, die der folgenden Definition genügen.

Definition 2.1.1 (Verfeinerung von Simplizes)
Sei T ein nichtentartetes Simplex im $\mathbb{R}^n$. Eine Triangulierung $\mathcal{S}(T)$ von T heißt *Verfeinerung* von T, wenn $\mathcal{S}(T)$ aus mindestens zwei Elementen besteht und alle Eckpunkte der Simplizes $T' \in \mathcal{S}(T)$ entweder mit Eckpunkten oder mit Kantenmittelpunkten von T übereinstimmen. In diesem Fall nennen wir T *Vater* der Simplizes $T' \in \mathcal{S}(T)$. Diese wiederum heißen *Söhne* von T bzw. *Brüder* der anderen Simplizes in $\mathcal{S}(T)$.

Den Fall der trivialen Triangulierung $\mathcal{S}(T) = \{T\}$ haben wir in Definition 2.1.1 explizit ausgeschlossen, um die Vater-Sohn-Relation sinnvoll definieren zu können. Aus der Bedingung an die Eckpunkte der Söhne folgt nun eine wichtige Abschätzung für deren Volumen:

Lemma 2.1.2 (Das Mindestvolumen der Söhne)
Sei $\mathcal{S}(T)$ Verfeinerung eines nichtentarteten Simplizes $T \subset \mathbb{R}^n$. Dann gilt für jeden Sohn $T' \in \mathcal{S}(T)$ die Abschätzung

$$\operatorname{vol}(T') \geq \frac{\operatorname{vol}(T)}{2^n}.$$

[1] Tatsächlich werden auch Mehrgitteransätze ohne die genannte Schachtelungsvoraussetzung verfolgt, wie z.B. von Bank & Xu, [20].

Beweis: Wir betrachten das Referenzelement $T = [\,0, e^{(1)}, \ldots, e^{(n)}\,]$, wobei $e^{(1)}, \ldots, e^{(n)}$ die Standardeinheitsvektoren des $\mathbb{R}^n$ sind. Mit Hilfe von Lemma 1.3.5 sieht man leicht ein, daß $\mathrm{vol}(T) = 1/n!$ gilt. Sei nun $T' = [\,x^{(0)}, \ldots, x^{(n)}\,]$ ein Sohn von T. Nach Definition besitzt T' positives Volumen. Da die Koordinaten der Eck- und Kantenmittelpunkte von T in der Menge $\{\,0, \frac{1}{2}, 1\,\}$ liegen, gilt das gleiche für Koordinaten der Eckpunkte von T'.

Wir setzen nun $\tilde{T}' := [\,2x^{(0)}, \ldots, 2x^{(n)}\,]$. Da $\tilde{T}'$ aus T' durch Skalierung mit dem Faktor 2 hervorgeht, gilt $\mathrm{vol}(\tilde{T}') = 2^n \mathrm{vol}(T') > 0$. Außerdem besitzen die Eckpunkte von $\tilde{T}'$ nach Konstruktion ganzzahlige Koordinaten. Hieraus folgt mit Lemma 1.3.5 $\mathrm{vol}(\tilde{T}') \geq 1/n!$, da die Determinante der ganzzahligen Matrix $B_{\tilde{T}'}$ ebenfalls ganzzahlig ist. Es gilt daher die Abschätzung $\mathrm{vol}(T') \geq 2^{-n}/n! = 2^{-n}\mathrm{vol}(T)$. Somit ist die Behauptung für das Referenzelement T bewiesen. Für ein beliebiges, nichtentartetes Simplex im $\mathbb{R}^n$ folgt die Behauptung durch affine Transformation (Lemma 1.3.17). □

Aus Lemma 2.1.2 folgt sofort, daß jedes verfeinerte Simplex $T \subset \mathbb{R}^n$ höchstens 2^n Söhne besitzt, die in diesem Fall alle das Volumen $\mathrm{vol}(T)/2^n$ haben. Solche maximalen Verfeinerungen spielen eine entscheidende Rolle bei der Formulierung unseres Verfeinerungsalgorithmus und bekommen deswegen einen eigenen Namen:

Definition 2.1.3 (Reguläre Verfeinerungen)

Eine Verfeinerung $\mathcal{S}(T)$ eines Simplizes $T \subset \mathbb{R}^n$ heißt *regulär*, wenn $\mathcal{S}(T)$ aus genau 2^n Söhnen von T besteht. Andernfalls heißt $\mathcal{S}(T)$ *irregulär*.

Bisher haben wir lediglich Verfeinerungen einzelner Simplizes betrachtet. Diese werden nun zu Verfeinerungen von Triangulierungen zusammengefaßt. Dabei nehmen wir wie immer an, daß es sich bei allen auftretenden Triangulierungen um Triangulierungen eines polyedrischen Gebietes handelt, lassen diese Voraussetzung aber oft der Einfachheit halber weg.

Definition 2.1.4 (Verfeinerung einer Triangulierung)

Eine Triangulierung $\mathcal{T}'$ heißt *Verfeinerung* einer Triangulierung $\mathcal{T} \neq \mathcal{T}'$, wenn für jedes Element $T \in \mathcal{T}$ entweder $T \in \mathcal{T}'$ gilt oder eine Teilmenge $\mathcal{S}(T) \subset \mathcal{T}'$ existiert, die Verfeinerung von T ist. Im Falle $T \in \mathcal{T} \cap \mathcal{T}'$ sagen wir, T bleibt beim Übergang von $\mathcal{T}$ zu $\mathcal{T}'$ *unverfeinert*.

Sei nun $\mathcal{T}_0, \ldots, \mathcal{T}_J$ eine endliche Folge von Triangulierungen, derart, daß für $0 \leq k < J$ $\mathcal{T}_{k+1}$ eine Verfeinerung von $\mathcal{T}_k$ ist. Betrachten wir eine bestimmte Triangulierung $\mathcal{T}_k$ der Stufe $k < J - 1$, so kann es sein, daß einige der Simplizes $T \in \mathcal{T}_k$ beim Übergang zu $\mathcal{T}_{k+1}$ unverfeinert bleiben, jedoch bei einem der nachfolgenden Übergänge von $\mathcal{T}_\ell$ zu $\mathcal{T}_{\ell+1}$, $\ell > k$, verfeinert werden. Es ist daher im Nachhinein nicht feststellbar, bei welchem Übergang ein gegebenes Simplex T der Folge entstanden ist, selbst wenn alle Vorfahren von T bekannt sind. Für die Anwendung von Multilevelverfahren ist jedoch von großer Bedeutung, daß jedem Tetraeder eindeutig eine Stufe (ein *Level*) zugeordnet werden kann, und daß jede Verfeinerung beim frühest möglichen Übergang stattfindet. Diese Überlegungen dienen als Motivation für die folgende Definition der *Multileveltriangulierung*.

Definition 2.1.5 (Multileveltriangulierung)

Sei $\Omega \subset \mathbb{R}^n$ ein polyedrisches Gebiet. Eine endliche Folge $\mathcal{M} = (\mathcal{T}_0, \ldots, \mathcal{T}_J)$ von Triangulierungen von Ω heißt *Multileveltriangulierung von* Ω, wenn für $0 \leq k < J$ die beiden folgenden Bedingungen erfüllt sind:

(i) $\mathcal{T}_{k+1}$ ist Verfeinerung von $\mathcal{T}_k$.

(ii) $T \in \mathcal{T}_k \cap \mathcal{T}_{k+1}$ impliziert $T \in \mathcal{T}_J$.

Eine Multileveltriangulierung $\mathcal{M}$ heißt *konsistent*, wenn alle $\mathcal{T}_k$, $0 \leq k \leq J$, konsistent sind. Den Index k nennen wir *Stufe* oder auch *Level* von $\mathcal{T}_k$ in $\mathcal{M}$. Die Triangulierungen $\mathcal{T}_0$ und $\mathcal{T}_J$ heißen *Anfangs-* bzw. *Endtriangulierung* von $\mathcal{M}$.

Die Bedingung (ii) bedeutet anschaulich, daß ein Simplex T, das beim Übergang von $\mathcal{T}_k$ zu $\mathcal{T}_{k+1}$ unverfeinert bleibt, auch bei allen nachfolgenden Übergängen nicht mehr verfeinert wird, d.h., es gilt $T \in \mathcal{T}_\ell$ für $k \leq \ell \leq J$. Aufgrund dieser Eigenschaft ist es sinnvoll, jedem Simplex einer Multileveltriangulierung den Index derjenigen Triangulierung zuzuordnen, in der es zum ersten Mal auftaucht.

Definition 2.1.6 (Stufenzahl, Level)
Sei $\mathcal{M} = (\mathcal{T}_0, \ldots, \mathcal{T}_J)$ eine Multileveltriangulierung und T ein Simplex in $\mathcal{M}$. Der Index

$$k = k(T) \; := \; \min \{ \, \ell \geq 0 \; | \; T \in \mathcal{T}_\ell \, \}$$

heißt *Stufe* oder auch *Level* von T.

Jede Multileveltriangulierung kann auch als Menge von Bäumen aufgefaßt werden, deren Wurzeln gerade den Elementen der Anfangstriangulierung $\mathcal{T}_0$ entsprechen und deren Kanten durch die Vater-Sohn-Relation gegeben sind. Wir verwenden deswegen auch für Multileveltriangulierungen eine Reihe von Bezeichnungen, wie sie für Bäume üblich sind.

Definition 2.1.7 (Bezeichnung der Elemente von Multileveltriangulierungen)
Sei $\mathcal{M} = (\mathcal{T}_0, \ldots, \mathcal{T}_J)$ eine Multileveltriangulierung und T ein beliebiges Simplex der Stufe $k = k(T)$ in $\mathcal{M}$. Wir verwenden die folgenden Bezeichnungen:

(i) T heißt *Blatt* von $\mathcal{T}_k$ bzw. $\mathcal{M}$, wenn $T \in \mathcal{T}_J$ gilt, d.h., wenn T in $\mathcal{M}$ nicht verfeinert wird.

(ii) Die Simplizes $T' \in \mathcal{T}_\ell$ mit $0 \leq \ell < k$ und $T \subset T'$ heißen *Vorfahren* von T in $\mathcal{M}$. Analog heißen die Simplizes $T' \in \mathcal{T}_\ell$ mit $k < \ell \leq J$ und $T' \subset T$ *Nachfolger* von T in $\mathcal{M}$.

(iii) T heißt *regulär*, wenn $k = 0$ gilt oder T aus einer regulären Verfeinerung stammt, d.h., wenn der Vater von T regulär verfeinert ist. Ansonsten heißt T *irregulär*.

Bei manchen Verfeinerungsalgorithmen – auch bei dem von uns verwendeten – werden irreguläre Elemente niemals weiter verfeinert. Multileveltriangulierungen, die dieser Bedingung genügen, wollen wir *regulär* nennen:

Definition 2.1.8 (Reguläre Multileveltriangulierungen)
Eine Multileveltriangulierung $\mathcal{M} = (\mathcal{T}_0, \ldots, \mathcal{T}_J)$ heißt *regulär*, wenn irreguläre Elemente in $\mathcal{M}$ nicht verfeinert werden, d.h., wenn jedes irreguläre Element ein Blatt von $\mathcal{M}$ ist.

Reguläre Multileveltriangulierungen besitzen eine Reihe nützlicher Eigenschaften, die einfache Multileveltriangulierungen im allgemeinen nicht haben. Z.B. kann jede reguläre Multileveltriangulierung eindeutig aus ihrer Anfangs- und Endtriangulierung rekonstruiert werden, ohne daß auch nur eine der Zwischenstufen bekannt ist. Darüber hinaus gelten für reguläre Multileveltriangulierungen eine Reihe von Abschätzungen, die in der Theorie der Multilevelverfahren häufig verwendet werden (siehe z.B. [159] und die Literaturhinweise dort). Um diese formulieren zu können, ordnen wir jeder Multileveltriangulierung analog zu Definition 1.3.9 bzw. 1.3.27 ein Entartungsmaß zu:

Definition 2.1.9 (Entartungsmaß für Multileveltriangulierungen)
Sei $\mathcal{M} = (\mathcal{T}_0, \ldots, \mathcal{T}_J)$ eine Multileveltriangulierung. Die Größe

$$\delta(\mathcal{M}) := \max_{0 \le k \le J} \delta(\mathcal{T}_k)$$

heißt das *Entartungsmaß* von $\mathcal{M}$.

Lemma 2.1.10 (Abschätzungen für reguläre Multileveltriangulierungen)
Sei $\mathcal{M} = (\mathcal{T}_0, \ldots, \mathcal{T}_J)$ eine reguläre Multileveltriangulierung, T' ein Element der Stufe k und T' ein Nachfolger von T auf der Stufe $\ell > k$. Dann gilt für das Volumen von T bzw. T' die Abschätzung

$$\mathrm{vol}(T') \ge \frac{\mathrm{vol}(T)}{2^{n(\ell-k)}} \ge \frac{\mathrm{vol}(T')}{2^{n-1}}.$$

Darüber hinaus gilt

$$C^{-1} h(T') \le \frac{h(T)}{2^{\ell-k}} \le C\, h(T')$$

mit einer nur von $\delta(\mathcal{M})$ abhängigen Konstanten $C > 0$.

Diese schönen Eigenschaften sind allerdings nicht der Hauptgrund, warum manche Verfeinerungsalgorithmen irreguläre Elemente von der Verfeinerung ausschließen. Wesentlich wichtiger ist, daß durch eine solche Regelung verhindert wird, daß irreguläre Verfeinerungen die Stabilität bestimmter regulärer Verfeinerungen zunichte machen. Dazu jedoch später mehr.

2.1.2 Adaptive Folgen von Multileveltriangulierungen

Die im vorangegangenen Kapitel definierten Multileveltriangulierungen bilden die Grundlage für die Anwendung von Mehrgitter- und Multilevelverfahren. Wir betrachten nun Folgen solcher Multileveltriangulierungen, die durch einen adaptiven Prozeß aus einer Anfangstriangulierung $\mathcal{T}_0$ erzeugt werden. Indem wir diesen Prozeß ganz bestimmten Regeln unterziehen, definieren wir den Begriff einer *adaptiven Folge von Multileveltriangulierungen*. Diese Regeln sollen nun kurz motiviert werden.

Sei $(\mathcal{M}_m)_{m\in\mathbb{N}_0}$ die zu konstruierende Folge von Multileveltriangulierungen. Für $m \in \mathbb{N}_0$ sei J_m der maximale Stufenindex von $\mathcal{M}_m$. Wir indizieren dann die Triangulierungen in $\mathcal{M}_m$ durch

$$\mathcal{M}_m = (\mathcal{T}_{m,0}, \mathcal{T}_{m,1}, \ldots, \mathcal{T}_{m,J_m}), \qquad m \in \mathbb{N}_0 .$$

Wir nehmen nun an, daß unser adaptiver Prozeß mit einer fest vorgegebenen Anfangstriangulierung $\mathcal{T}_0$ startet, d.h., es sei $\mathcal{M}_0 = (\mathcal{T}_0)$ und für alle $m \geq 0$ sei $\mathcal{T}_{m,0} = \mathcal{T}_0$ konstant. Eine solche Anfangstriangulierung sollte im allgemeinen so grob wie möglich sein, gerade fein genug, um die Form von Ω und die Sprünge der Koeffizienten des betrachteten Problems zu erfassen. In der Praxis kann die Erzeugung von Anfangstriangulierungen sehr aufwendig und teuer sein. Oft wird sie sogar noch von Hand ausgeführt, weil die zur Verfügung stehenden Algorithmen nicht in jeder Hinsicht überzeugen können. Dies ist jedoch nicht Thema dieses Buches.

Den adaptiven Prozeß zur Erzeugung der Folge $(\mathcal{M}_m)_{m\in\mathbb{N}_0}$ stellen wir uns so vor, daß für $m \geq 0$ einige der Blätter von $\mathcal{M}_m$ als zu Verfeinern und andere vielleicht als zu Entfernen markiert werden. Solche Markierungen können z.B. von einem Fehlerschätzer erzeugt werden. Ein geeigneter Verfeinerungsalgorithmus soll dann aus $\mathcal{M}_m$ unter Berücksichtigung der Markierungen eine neue Multileveltriangulierung $\mathcal{M}_{m+1}$ erstellen. Hierbei gehen wir davon aus, daß der Verfeinerungsalgorithmus und nicht der Fehlerschätzer entscheidet, wie ein markiertes Simplex schließlich verfeinert wird, d.h., die Markierung zeigt lediglich an, daß eine Verfeinerung stattfinden soll.

Darüber hinaus steht es dem Verfeinerungsalgorithmus frei, zusätzlich nichtmarkierte Elemente zu verfeinern, Entfernungs-Markierungen zu ignorieren und existierende Verfeinerungen durch andere zu ersetzen, um z.B. die Konsistenzbedingung zu erfüllen. Da vom Fehlerschätzer nur die Blätter von $\mathcal{M}_m$ markiert werden können, nehmen wir an, daß sich an den Verfeinerungen unterhalb der Blätter nichts ändert, d.h., alle Nichtblätter von $\mathcal{M}_m$ gehören auch zu $\mathcal{M}_{m+1}$. Diese Überlegungen führen auf die folgende Definition:

Definition 2.1.11 (Adaptive Folge von Multileveltriangulierungen)
Sei $(\mathcal{M}_m)_{m\in\mathbb{N}_0}$ eine Folge von Multileveltriangulierungen

$$\mathcal{M}_m = (\mathcal{T}_{m,0}, \mathcal{T}_{m,1}, \ldots, \mathcal{T}_{m,J_m}), \qquad m \in \mathbb{N}_0 , \tag{2.1.1}$$

die den folgenden Bedingungen genügt:

(i) $J_0 = 0$ und $\mathcal{M}_0 = (\mathcal{T}_0)$,

(ii) $\mathcal{T}_{m,0} = \mathcal{T}_0$ für alle $m \geq 0$,

(iii) Für alle $m \geq 0$ gehören die Nichtblätter von $\mathcal{M}_m$ auch zu $\mathcal{M}_{m+1}$.

Dann heißt $(\mathcal{M}_m)_{m\in\mathbb{N}_0}$ eine *adaptive Folge von Multileveltriangulierungen* mit *Anfangstriangulierung* $\mathcal{T}_0$.

Bemerkung 2.1.12 Definition 2.1.11 schließt nicht aus, daß beim Übergang von $\mathcal{M}_m$ zu $\mathcal{M}_{m+1}$ die Blätter von $\mathcal{M}_m$ oder neue Elemente in $\mathcal{M}_{m+1}$ beliebig oft verfeinert werden. Sie umfaßt damit auch solche Folgen, wie sie von den gängigen Bisektionsverfahren erzeugt werden (vgl. dazu Kapitel 2.2.2). Diese sichern die Konsistenz durch einen rekursiven Verfeinerungsprozeß, der auch bereits verfeinerte Elemente wieder einholen kann. Bei dem von uns verwendeten Verfahren ist dies nicht der Fall und es gilt $| J_{m+1} - J_m | \leq 1$ für $m \geq 0$. Allgemein folgt ja aus Bedingung (iii) nur $J_{m+1} \geq \max\{ 0, J_m - 1 \}$.

Wie wir schon mehrfach betont haben, sind für unsere Zwecke nur solche adaptiven Folgen brauchbar, bei denen die auftretende Simplizes nicht beliebig entarten. Diese Eigenschaft bezeichnen wir wie schon in Definition 1.3.28 als *Stabilität.*

Definition 2.1.13 (Stabilität)
Eine Folge $(\mathcal{M}_m)_{m\in\mathbb{N}_0}$ von Multileveltriangulierungen heißt *stabil*, wenn

$$\delta := \sup_{m\in\mathbb{N}_0} \delta(\mathcal{M}_m) < \infty$$

gilt. In diesem Fall heißt δ die *Stabilitätskonstante* der Folge $(\mathcal{M}_m)_{m\in\mathbb{N}_0}$.

Bemerkung 2.1.14 Eine Möglichkeit, die Stabilität einer Folge von Multileveltriangulierungen zu garantieren, besteht darin sicherzustellen, daß alle vorkommenden Simplizes sich in höchstens endlich viele Ähnlichkeitsklassen einteilen lassen (vgl. Lemma 1.3.21).

2.1.3 Adaptive Verfeinerungsalgorithmen

Wir können nun genauer spezifizieren, was wir uns unter einem adaptiven Verfeinerungsalgorithmus vorstellen. Dazu nehmen wir an, daß ein solcher Algorithmus als Eingabe eine Multileveltriangulierung $\mathcal{M}$ erhält, deren Blätter von einem Fehlerschätzer für *Verfeinerung*, *Nichtverfeinerung* oder *Entfernung* markiert worden sind. Als Ausgabe erwarten wir dann eine Multileveltriangulierung $\mathcal{M}'$, die die Vorgaben des Fehlerschätzers so weit wie möglich berücksichtigt. Schließlich soll bei sukzessiver Anwendung auf eine beliebige Anfangstriangulierung $\mathcal{M}_0 = (\mathcal{T}_0)$ eine adaptive Folge von Multileveltriangulierungen $(\mathcal{M}_m)_{m\in\mathbb{N}_0}$ entstehen, unabhängig davon, wie zwischendurch die jeweiligen Blätter markiert werden[2].

Es macht nun im allgemeinen wenig Sinn, alle nur denkbaren Multileveltriangulierungen als Eingabe zuzulassen. Man kann z.B. von einem Verfeinerungsalgorithmus kaum erwarten, daß er konsistente Multileveltriangulierungen liefert, wenn dies nicht auch für die Eingabe gilt. Wir nehmen deswegen an, daß jeder adaptive Verfeinerungsalgorithmus auf eine gewisse Teilmenge von Multileveltriangulierungen anwendbar ist, die jedoch hinreichend groß sein soll. Insgesamt erhalten wir so die folgende Definition:

Definition 2.1.15 (Adaptive Verfeinerungsalgorithmen)
Sei $\mathfrak{M}$ eine „hinreichend große" Menge von Multileveltriangulierungen im $\mathbb{R}^n$. Unter einem *adaptiven Verfeinerungsalgorithmus* für $\mathfrak{M}$ verstehen wir einen Algorithmus $\mathfrak{A}$ mit folgenden Eigenschaften:

[2]Die Folge selbst soll und wird natürlich von den Markierungen abhängen.

(i) Zu jeder Multileveltriangulierung $\mathcal{M} \in \mathfrak{M}$, deren Blätter einzeln für *Verfeinerung*, für *Nichtverfeinerung* oder für *Entfernung* markiert sind, liefert $\mathfrak{A}$ eine Multileveltriangulierung $\mathcal{M}' \in \mathfrak{M}$, die die Markierungen von $\mathcal{M}$ „hinreichend berücksichtigt".

(ii) Bei sukzessiver Anwendung von $\mathfrak{A}$ auf eine beliebige Multileveltriangulierung der Form $\mathcal{M}_0 = (\mathcal{T}_0) \in \mathfrak{M}$ entsteht – unabhängig von den jeweiligen Markierungen der Blätter – eine adaptive Folge $(\mathcal{M}_m)_{m \in \mathbb{N}_0}$ von Multileveltriangulierungen in $\mathfrak{M}$.

Die Brauchbarkeit eines adaptiven Verfeinerungsalgorithmus hängt natürlich davon ab, ob die Menge $\mathfrak{M}$ groß genug ist und ob die Eingabemarkierungen der Blätter hinreichend berücksichtigt werden. Ein Algorithmus, der z.B. nur auf strukturierte Multileveltriangulierungen anwendbar ist oder aber die Vorgaben des Fehlerschätzers ignoriert, ist in der Praxis wohl von wenig Nutzen.

Wir interessieren uns in diesem Buch auschließlich für adaptive Verfeinerungsalgorithmen, die *stabile* Folgen *konsistenter* Multileveltriangulierungen erzeugen. Wir können daher annehmen, daß auch die zulässige Eingabemenge $\mathfrak{M}$ nur aus konsistenten Multileveltriangulierungen besteht. Insbesondere muß in diesem Fall auch jede Anfangstriangulierung $\mathcal{T}_0$ konsistent sein. Bei manchen Verfahren muß $\mathfrak{M}$ aber noch weiter eingeschränkt werden. Die im nächsten Kapitel beschriebenen Rot/Grün-Verfeinerungsalgorithmen z.B. sind nur auf ganz spezielle, reguläre Multileveltriangulierungen anwendbar. Andere Verfahren wiederum funktionieren nur, wenn alle inneren $(n-2)$-Randsimplizes der Anfangstriangulierung $\mathcal{T}_0$ von einer geraden Anzahl von Elementen $T \in \mathcal{T}_0$ geteilt werden (siehe z.B. Kapitel 2.2.2).

Nachdem wir nun unsere Vorstellungen von einem adaptiven Verfeinerungsalgorithmus präzisiert haben, drängt sich natürlich die Frage auf, wie man denn solche Algorithmen tatsächlich konstruieren kann. Wir wollen deswegen im nächsten Kapitel einen Überblick über die bekanntesten Verfahren in zwei und mehr Dimensionen geben, bevor wir dann in Kapitel 2.3 einen eigenen adaptiven Verfeinerungsalgorithmus für Tetraedergitter vorstellen.

2.2 Verfeinerungsalgorithmen im Überblick

In den vergangenen Jahren sind eine ganze Reihe adaptiver Verfeinerungsalgorithmen entwickelt worden, die sowohl der Konsistenz- als auch der Stabilitätsbedingung genügen. Die meisten dieser Verfahren lassen sich in zwei Klassen einteilen:

(i) in die Rot/Grün-Verfeinerungsalgorithmen, und

(ii) die Bisektionsverfahren.

Obwohl das von uns konstruierte Verfahren zu den Rot/Grün-Verfeinerungsalgorithmen zählt, wollen wir an dieser Stelle einen Überblick über die wichtigsten Vertreter beider Klassen geben.

Zur Einstimmung auf die kommenden Ausführungen betrachte man die Abbildungen 2.2 und 2.3. Diese zeigen jeweils einen Ausschnitt zweier verschiedener Triangulierungen im $\mathbb{R}^2$. Die Triangulierung in Abb. 2.2 erhält man durch sukzessive, uniforme Rot/Grün-Verfeinerung eines speziellen Referenzdreiecks (vgl. dazu auch die Einleitung zu Kapitel 3). Die in Abb. 2.3 gezeigte Triangulierung läßt sich analog durch fortgesetzte, uniforme Bisektion erzeugen.

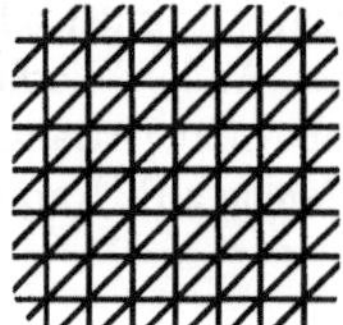

Abb. 2.2: Sukzessive Rot/Grün-Verfeinerung

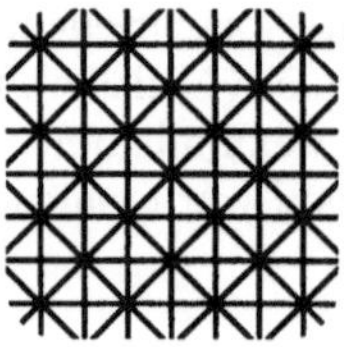

Abb. 2.3: Sukzessive Bisektion

Grob gesprochen kann man sagen, daß Triangulierungen, die durch uniforme Rot/Grün-Verfeinerung entstehen, nach einer affinen Transformation lokal etwa so aussehen wie in Abb. 2.2 dargestellt, während uniforme Bisektion eher auf Triangulierungen wie die in Abb. 2.3 führt. Bei mehrdimensionalen Triangulierungen gilt die entsprechende Aussage für die zweidimensionalen Randflächen der verfeinerten Simplizes. Der erfahrene Leser kann so schon vom Aussehen einer Triangulierung her Rückschlüsse auf den eingesetzten Verfeinerungsalgorithmus ziehen.

Historisch gesehen am Anfang der Entwicklung adaptiver Verfeinerungsalgorithmen stehen naturgemäß die zweidimensionalen Verfahren. Aus diesen können praktisch alle drei- und mehrdimensionalen Verfahren in irgendeiner Weise abgeleitet werden. Wie die folgenden Ausführungen zeigen, sind die entsprechenden Verallgemeinerungen jedoch keineswegs trivial.

2.2.1 Rot/Grün-Verfeinerungsalgorithmen

Als *Rot/Grün-Verfeinerungsalgorithmen* bezeichnen wir alle Verfahren, die im wesentlichen aus folgenden drei Bestandteilen bestehen:

(i) Einer stabilen, *regulären* Verfeinerungsstrategie für die vom Fehlerschätzer vorgesehenen Verfeinerungen,

(ii) zusätzlichen, *irregulären* Verfeinerungsregeln zur Konsistenzerhaltung,

(iii) einem *globalen* Algorithmus, der reguläre und irreguläre Verfeinerungen so zusammensetzt, daß die Konsistenz- und die Stabilitätsbedingung gleichzeitig erfüllt werden.

Hierbei verstehen wir unter einer stabilen, regulären Verfeinerungsstrategie ein Verfahren, mit dem jedes nichtentartete Simplex $T \subset \mathbb{R}^n$ so in 2^n Teilsimplizes zerlegt wird, daß die sukzessive Anwendung dieser Strategie eine stabile Folge konsistenter Triangulierungen von T liefert. Diese sogenannten *roten* Verfeinerungen werden für alle vom Fehlerschätzer vorgesehenen Verfeinerungen verwendet. Durch Hinzufügen weiterer, irregulärer Verfeinerungen wird anschließend die Konsistenz wiederhergestellt. Diesen Prozeß bezeichnet man üblicherweise als *grünen Abschluß*, und die entsprechenden irregulären Verfeinerungen heißen *grüne* Verfeinerungen.

Sowohl die rote als auch die grünen Verfeinerungsregeln sind *lokal*[3] in dem Sinne, daß sie die möglichen Verfeinerungen eines einzelnen Simplizes beschreiben. Der *globale* Algorithmus muß nun diese lokalen Verfeinerungen so zusammensetzen, daß die erzeugten Multileveltriangulierungen konsistent und stabil sind.

Dazu wird üblicherweise die zusätzliche Regel eingeführt, daß irreguläre Elemente niemals weiter verfeinert werden dürfen. Dadurch ist gewährleistet, daß die Stabilität der roten Verfeinerungen nicht durch die grünen zunichte gemacht wird. In diesem Fall müssen irreguläre Elemente, die zur Verfeinerung vorgesehen sind, durch reguläre ersetzt werden. Dieser Ersetzungsprozeß zählt zu den wichtigsten Aufgaben des globalen Algorithmus.

Bemerkung 2.2.1 (Lokale Quasiuniformität)

Da irreguläre Elemente nicht weiter verfeinert werden dürfen, müssen sie durch reguläre Elemente ersetzt werden, wenn sie selbst zur Verfeinerung vorgesehen sind oder aber zumindest eine zur Verfeinerung vorgesehene Kante besitzen. Dadurch erhält man glatte Übergänge zwischen verschieden stark verfeinerten Bereichen, in dem Sinne, daß die Stufenzahlen zweier Elemente mit gemeinsamer Kante sich höchstens um Eins unterscheiden. Aus der Stabilität der regulären Verfeinerungen folgt dann, daß die so erhaltenen Triangulierungen lokal quasiuniform sind (vgl. Definition 1.3.29).

Vorbild aller Rot/Grün-Verfeinerungsalgorithmen ist ein zweidimensionales Verfahren von R. E. Bank, das von ihm in den bekannten Mehrgittercode PLTMG implementiert wurde und seither wohl zu den am meisten verwendeten Verfahren überhaupt zählt (siehe [11], [19]). Bank war es auch, der als erster zwischen regulären bzw. irregulären Verfeinerungen unterschied und die Bezeichnung „*grüne Verfeinerungen*“ einführte[4]. In Analogie dazu wurden dann von anderen Autoren (z.B. in [55]) die regulären Verfeinerungen als „*rote Verfeinerungen*“ bezeichnet[5].

[3]Mit *lokalen* Verfeinerungen sind hier nicht wie üblich *adaptive* Verfeinerungen gemeint

[4]Nach eigenen Angaben wurde er dazu durch eine Vorlesung von D. Rose über Graphentheorie inspiriert, in der spezielle Punkte oder Kanten mit grüner Kreide markiert wurden.

[5]Darüber hinaus wurde von R. Kornhuber und R. Roitzsch die Bezeichnung „*blaue Verfeinerungen*“ für spezielle richtungsabhängige Verfeinerungen verwendet, siehe [97].

Das Verfahren von Bank läßt sich wie folgt beschreiben: Bei einer roten Verfeinerung wird ein gegebenes Dreieck T – wie in Abb. 2.4 gezeigt – durch Verbindung seiner Kantenmittelpunkte in vier Teildreiecke zerlegt, die alle zueinander und zu T ähnlich sind. Die einzigen irregulären Verfeinerungen, die Bank verwendet, sind einfache Bisektionen, bei denen einer der Eckpunkte mit dem Mittelpunkt der gegenüberliegenden Kante verbunden wird. Diese Bisektionen dienen ausschließlich dem grünen Abschluß und werden auf Dreiecke angewandt, die selbst unverfeinert sind und genau ein rot verfeinertes Nachbardreieck besitzen (Abb. 2.5). Dreiecke mit zwei oder drei rot verfeinerten Nachbarn werden ebenfalls regulär unterteilt (Abb. 2.6).

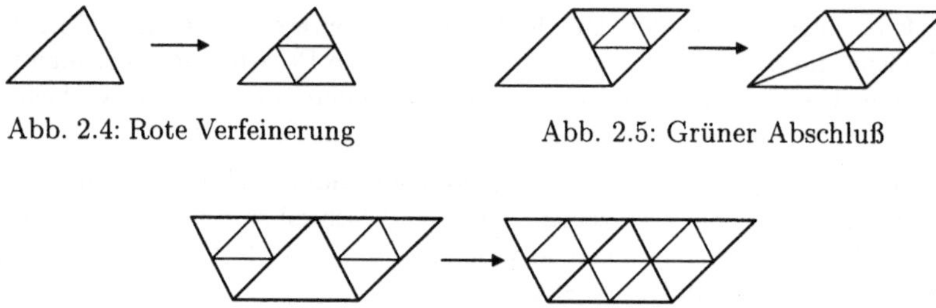

Abb. 2.4: Rote Verfeinerung

Abb. 2.5: Grüner Abschluß

Abb. 2.6: Grüner Abschluß bei zwei verfeinerten Kanten

Aufgrund der Tatsache, daß Dreiecke mit zwei verfeinerten Kanten regulär unterteilt werden, kann es unter Umständen zu einer unvorhergesehenen Fortpflanzung regulärer Verfeinerungen kommen. Dieser domino-artige Effekt läßt sich vermeiden, wenn man stattdessen einen kompletten Satz von Verfeinerungsregeln zur Verfügung stellt, d.h., eine Regel für jedes der $2^3 = 8$ möglichen Kantenverfeinerungsmuster (siehe Abb. 2.7). Hierbei entspricht das volle Muster einer regulären Verfeinerung, während das leere Muster andeutet: „keine Verfeinerung". Die übrigen sechs Muster lassen sich in zwei Typen mit jeweils einer oder zwei verfeinerten Kanten einteilen. Dreiecke mit zwei markierten Kanten können verfeinert werden, indem man die entsprechenden Kantenmittelpunkte miteinander sowie einen von ihnen mit der gegenüberliegenden Ecke verbindet.

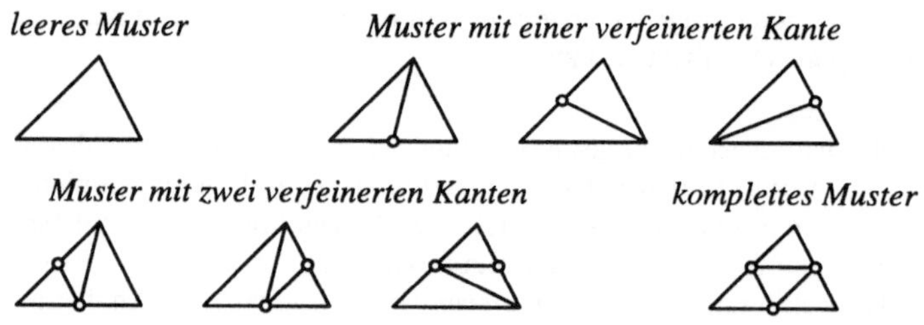

Abb. 2.7: Ein kompletter Satz von Verfeinerungsregeln im $\mathbb{R}^2$

Da durch rote Verfeinerungen keine neuen Ähnlichkeitsklassen entstehen und irreguläre Elemente nicht weiter verfeinert werden dürfen, erfüllt das Verfahren von Bank sowohl die Konsistenz- als auch die Stabilitätsbedingung. Diese Aussage gilt unabhängig davon, welche irregulären Verfeinerungsregeln verwendet werden. Allerdings müssen irreguläre Elemente, die zur Verfeinerung vorgesehen sind, durch reguläre ersetzt werden (siehe Abb. 2.8). Das gleiche gilt, wenn ein reguläres Nachbardreieck verfeinert werden soll (Abb. 2.9). Wie bereits erwähnt, ist dieser Ersetzungsprozeß Aufgabe des entsprechenden globalen Algorithmus.

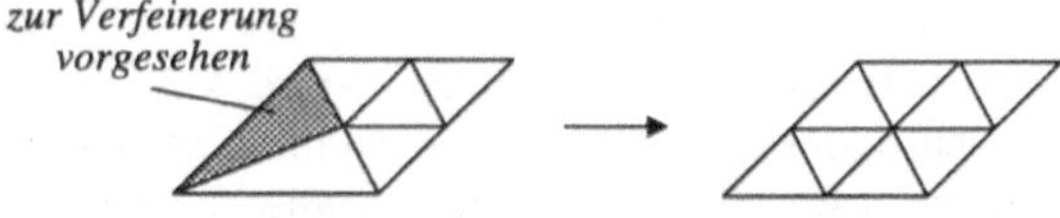

Abb. 2.8: Ersetzung irregulärer Verfeinerungen I

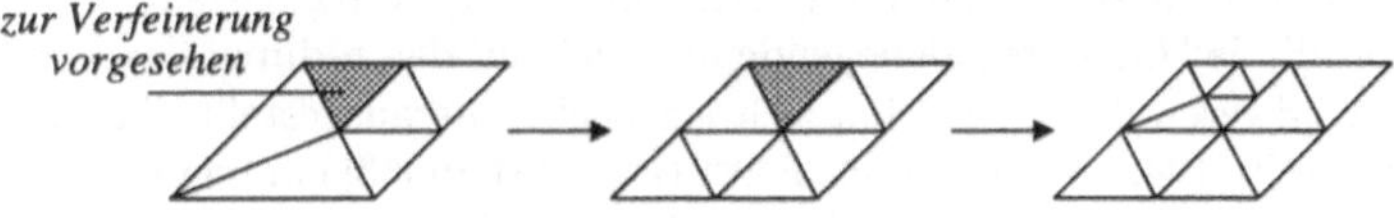

Abb. 2.9: Ersetzung irregulärer Verfeinerungen II

Zur Konstruktion eines solchen globalen Algorithmus gibt es verschiedene Möglichkeiten. Bank arbeitet mit einer Art *Aktive-Mengen-Strategie*. Hierbei werden alle Elemente, die noch verfeinert werden müssen, in einer globalen *Elementliste* gehalten. Diese besteht zu Beginn des Verfeinerungsprozesses aus allen vom Fehlerschätzer markierten Dreiecken und wird dann Element für Element abgearbeitet. Nach der Verfeinerung eines Elements wird dieses aus der Liste entfernt. Dafür werden eventuell benachbarte Dreiecke, die nun ebenfalls verfeinert werden müssen, aber sich noch nicht in der Liste befinden, an deren Ende angehängt.

Der beschriebene Algorithmus wird von Bank in seinem bekannten Mehrgittercode PLTMG eingesetzt, [11]. Eine ähnliche Strategie wird auch in dem Multilevelprogramm KASKADE verwendet, das Ende der 80er Jahre – basierend auf Ideen von DEUFLHARD, LEINEN & YSERENTANT – entwickelt wurde und seither am Konrad-Zuse-Zentrum in Berlin von ERDMANN, ROITZSCH ET AL. gepflegt und weiterentwickelt wird ([55], [58], [102],[103]).

Ein globaler Algorithmus ganz anderer Art wurde von P. BASTIAN für seinen Programmbaukasten UG konstruiert, [22], [23]. Bei seinem Verfahren werden die Elemente der zu verfeinernden Multileveltriangulierung stufenweise in zwei Phasen abgearbeitet. In der ersten Phase werden die einzelnen Stufen der Reihe nach von der feinsten zur gröbsten hin durchlaufen (*TopDown-Phase*), in der zweiten Phase dann genau andersherum (*BottomUp-Phase*). Wir wollen auf die Einzelheiten an dieser Stelle nicht näher eingehen, da wir uns mit dem Bastianschen Algorithmus in Kapitel 2.3.4 noch ausführlich beschäftigen werden.

Soviel zu den Rot/Grün-Verfeinerungsalgorithmen im $\mathbb{R}^2$. Um das Verfahren von Bank und seine oben aufgeführten Varianten auf den dreidimensionalen Fall zu übertragen, benötigt man insbesondere eine stabile, reguläre Verfeinerungsstrategie für Tetraeder. Wie man sich leicht vorstellen kann, ist eine solche Strategie bei weitem nicht so einfach zu konstruieren wie für Dreiecke. Im Gegensatz zum zweidimensionalen Fall kann nämlich ein beliebiges Tetraeder im allgemeinen nicht in $2^n = 8$ ihm ähnliche Teiltetraeder aufgespalten werden.

Trotzdem besitzen die roten Verfeinerungen von Bank eine kanonische Verallgemeinerung im $\mathbb{R}^3$, die unabhängig voneinander von S. ZHANG, [160], und vom Autor dieses Buches gefunden wurde, [27]. Die von beiden vorgeschlagene reguläre Verfeinerungsstrategie zeichnet sich dadurch aus, daß bei sukzessiver Anwendung auf ein beliebiges Ausgangstetraeder höchstens drei Ähnlichkeitsklassen entstehen. Sie ist damit automatisch stabil.

Das in [27] angegebene Verfahren wird bereits in den neueren, dreidimensionalen Versionen von KASKADE und UG eingesetzt (vgl. [26], [32], [135]). Es dient aber auch als Basis für den adaptiven Verfeinerungsalgorithmus, den wir in Kapitel 2.3 vorstellen werden. Diesen erhalten wir im wesentlichen dadurch, daß wir der erwähnten regulären Strategie eine Reihe von irregulären Verfeinerungsregeln hinzufügen und anschließend eine dreidimensionale Version des globalen Algorithmus von Bastian konstruieren. Unser Verfahren gehört somit ebenfalls zu den Rot/Grün-Verfeinerungsalgorithmen.

Die Darstellung der regulären Verfeinerungsstrategie in [27] besitzt gegenüber der von Zhang in [160] den Vorteil, daß die zugrundeliegende Idee sich auf den n-dimensionalen Fall übertragen läßt. Zum Leidwesen des Autors hat sich inzwischen herausgestellt, daß diese Idee nicht ganz neu war: Bereits 1942 wurde von H. FREUDENTHAL in [63] ein reguläres Verfeinerungsverfahren für (n)-Simplizes angegeben, das im Falle $n = 2$ mit den roten Verfeinerungen von Bank und im Falle $n = 3$ mit dem Verfahren aus [27] übereinstimmt. Dem Algorithmus von Freudenthal ist Kapitel 3.1 dieses Buches gewidmet. Wir werden das Verfahren dort detailliert herleiten und zeigen, daß bei sukzessiver Anwendung auf ein beliebiges Ausgangssimplex höchstens $n!/2$ Ähnlichkeitsklassen entstehen. Anschließend werden wir dann beweisen, daß diese Zahl für eine große Klasse von Verfeinerungsalgorithmen optimal ist.

2.2.2 Bisektionsverfahren

Die zweite Klasse von Verfeinerungsalgorithmen bilden die Bisektionsverfahren. Wie der Name schon sagt, werden bei diesen Verfahren ausschließlich Bisektionen zur Verfeinerung verwendet. Sie unterscheiden sich in der Art und Weise, wie die Konsistenz- und Stabilitätsbedingung erfüllt werden. Wir beginnen auch hier mit der Beschreibung der wichtigsten zweidimensionalen Verfahren: den Verfahren von M. C. RIVARA bzw. W. F. MITCHELL.

Beim Verfahren von M. C. RIVARA wird grundsätzlich die längste Kante eines Dreiecks halbiert, [124]. Die Zahl der Ähnlichkeitsklassen, die dadurch für jedes Ausgangsdreieck T entstehen können, hängt vom Entartungsmaß $\delta(T)$ ab, ist aber in jedem Fall endlich. Das Verfahren ist folglich stabil. Um nach Ausführung aller vorgesehenen Verfeinerungen die Konsistenz wiederherzustellen, werden Dreiecke mit mindestens einer verfeinerten Kante ebenfalls zur längsten Kante hin halbiert, solange, bis die Triangulierung konsistent ist. Wie Rivara zeigen konnte, handelt es sich bei diesem Abschluß um einen endlichen Prozeß.

Das Verfahren von W. F. MITCHELL beruht auf einer Idee von E. G. SEWELL und ist auch unter dem Namen *Newest-Vertex-Bisection* bekannt ([110], [111], [132]). Bei diesem Verfahren ist die zu verfeinernde Kante für alle Elemente der Anfangstriangulierung $\mathcal{T}_0$ im Prinzip frei wählbar. Anschließend wird immer diejenige Kante eines Dreiecks halbiert, die dem zuletzt erzeugten Eckpunkt (engl. *newest vertex*) gegenüberliegt. Dabei können, wie in Abb. 2.10 zu sehen ist, pro Ausgangsdreieck höchstens vier Ähnlichkeitsklassen entstehen und das Verfahren ist folglich stabil.

Im Gegensatz zu den Verfahren von Bank und Rivara wird bei Mitchells Methode die Konsistenz nicht erst im Nachhinein durch Schließen der Triangulierungen wiederhergestellt,

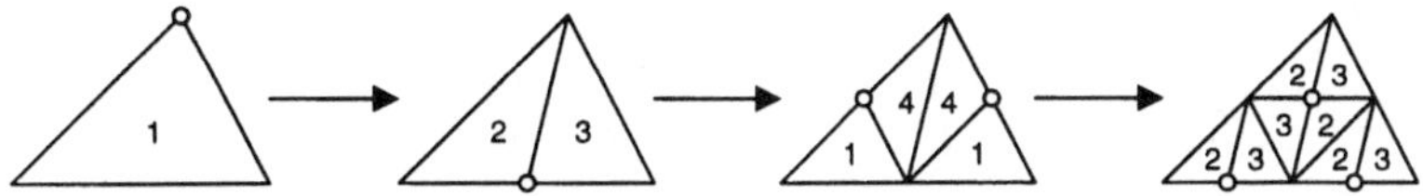

Abb. 2.10: Newest-Vertex-Bisection

sondern bleibt während des gesamten Verfeinerungsprozesses erhalten, indem immer Paare von Dreiecken mit gemeinsamer Kante gleichzeitig halbiert werden. Wenn in einem der beiden Dreiecke die gemeinsame Kante nicht dem zuletzt erzeugten Eckpunkt gegenüberliegt, wird dieses zunächst zusammen mit einem anderen Nachbarn verfeinert, der gegebenenfalls vorher mit einem seiner Nachbarn verfeinert wird, usw.

Die Konsistenz wird also auch hier durch einen rekursiven Prozeß erreicht. Dieser ist – wie Mitchell in [110] gezeigt hat – endlich, wenn die zu verfeinernden Kanten der Anfangstriangulierung $\mathcal{T}_0$ so gewählt werden, daß

(i) jedes Dreieck $T \in \mathcal{T}_0$ genau eine solche Kante besitzt, und

(ii) die gemeinsame Kante zweier benachbarter Dreiecke $T, T' \in \mathcal{T}_0$ entweder die zu verfeinernde Kante beider Dreiecke ist oder aber von keinem der beiden.

In diesem Fall ist die Länge des rekursiven Prozesses durch die Stufenzahl des jeweils zu verfeinernden Dreiecks beschränkt. Schließlich konnte Mitchell mit graphentheoretischen Mitteln zeigen, daß eine geeignete Menge von Kanten für jede konsistente Triangulierung existiert. Folglich ist sein Verfahren im Prinzip auf jede konsistente Anfangstriangulierung anwendbar[6].

Bemerkung 2.2.2 (Ein Bisektionsverfahren vom Rot/Grün-Typ)
Aus Mitchells Verfahren läßt sich eine weitere Methode ableiten, die im Prinzip sowohl den Bisektionsverfahren als auch den Rot/Grün-Verfeinerungsalgorithmen zugerechnet werden kann. Wie in Abb. 2.10 zu erkennen ist, können zwei aufeinanderfolgende Bisektionsschritte – vorausgesetzt der zweite Schritt wird auf beide Söhne des ersten angewandt – als eine reguläre Verfeinerung interpretiert werden. Bei sukzessiver Anwendung dieser zweistufigen Bisektionen entstehen höchstens zwei Ähnlichkeitsklassen pro Ausgangsdreieck (die Klassen 1 und 4 in Abb. 2.10). Man kann daher die roten Verfeinerungen in Banks Algorithmus durch diese zweistufigen Bisektionen ersetzen.

Die Verfahren von Rivara und Mitchell lassen sich auf den mehrdimensionalen Fall übertragen. Die Verallgemeinerung des Verfahrens von Rivara auf n Dimensionen wurde von ihr selbst vorgenommen, [125]. Die ersten dreidimensionalen Versionen des Verfahrens von Mitchell stammen von E. Bänsch, [21], und J. M. L. Maubach, [107], sowie A. Liu, B. Joe, [104], [105]. Alle drei Verfahren sind bis zu einem gewissen Punkt äquivalent. Sie unterscheiden sich lediglich in der Art und Weise, wie die Konsistenz erhalten wird. In Abb. 2.11 sind drei aufeinanderfolgende Bisektionsschritte im $\mathbb{R}^3$ zu sehen, wobei der zweite und dritte Schritt jeweils auf alle Söhne des vorhergehenden angewandt wird.

[6] Es war Mitchell (zumindest) zum Zeitpunkt seiner Dissertation noch nicht klar, ob die Bestimmung einer geeigneten Menge von Kanten in polynomieller Laufzeit möglich ist.

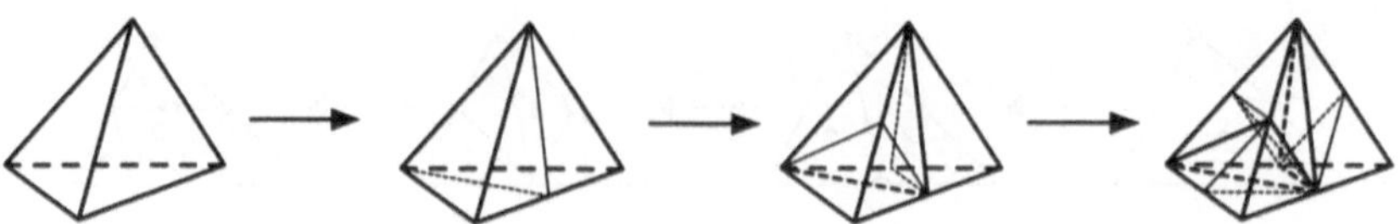

Abb. 2.11: Drei aufeinanderfolgende Bisektionsschritte

Inzwischen existieren auch einige n-dimensionale Versionen von Mitchells Verfahren, u.a. von J. M. L. MAUBACH, [108], und C. T. TRAXLER, [137]. Obwohl beide Verfahren im Prinzip auf dem gleichen zentralen Bisektionsschritt beruhen, ergeben sich doch einige gravierende Unterschiede. Während der Algorithmus von Maubach nur auf speziell strukturierte Anfangstriangulierungen $\mathcal{T}_0$ anwendbar ist, setzt das Verfahren von Traxler lediglich voraus, daß alle inneren $(n-2)$-Randsimplizes von $\mathcal{T}_0$ zu einer geraden Anzahl von Elementen in $\mathcal{T}_0$ gehören. Diese Bedingung läßt sich leicht nachprüfen, aber es ist noch nicht ganz klar, wie $\mathcal{T}_0$ zu modifizieren ist, wenn die Bedingung nicht erfüllt ist.

Bemerkung 2.2.3 (Anzahl der Ähnlichkeitsklassen)
Bei beiden Verfahren führt die sukzessive Anwendung auf ein beliebiges Ausgangssimplex auf maximal $n \cdot n! \cdot 2^{n-2}$ Ähnlichkeitsklassen. Faßt man analog zu Bemerkung 2.2.2 jeweils n aufeinanderfolgende Bisektionsschritte zu einer regulären Verfeinerung zusammen, so reduziert sich die Zahl der Ähnlichkeitsklassen auf $n! \cdot 2^{n-2}$. Das sind aber immer noch 2^{n-1} mal so viele, wie von Freudenthals Algorithmus erzeugt werden.

2.3 Ein adaptiver Verfeinerungsalgorithmus für Tetraedergitter

Wir wollen nun einen adaptiven Verfeinerungsalgorithmus im $\mathbb{R}^3$ vorstellen, der bei sukzessiver Anwendung auf eine beliebige, konsistente Anfangstriangulierung $\mathcal{T}_0$ und für beliebige Markierungen der jeweiligen Blätter eine stabile Folge konsistenter Multileveltriangulierungen erzeugt. Das Verfahren besteht aus der in [27] vorgeschlagenen regulären Verfeinerungsstrategie, ein paar zusätzlichen irregulären Verfeinerungsregeln für den grünen Abschluß, und einer an den dreidimensionalen Fall angepaßten Version des globalen Algorithmus von P. Bastian, [23]. Es gehört damit eindeutig zur Klasse der Rot/Grün-Verfeinerungsalgorithmen. An dieser Stelle sei darauf hingewiesen, daß eine vorläufige Version des Verfahrens von uns bereits veröffentlicht wurde (siehe [28]).

Der Aufbau dieses Kapitels ist der folgende: Zunächst beschreiben wir noch einmal die reguläre Verfeinerungsstrategie aus [27]. Anschließend fügen wir eine Reihe von irregulären Verfeinerungsregeln hinzu. Danach machen wir einige Annahmen über die verwendeten abstrakten Objekte (Elemente, Kanten, Eckpunkte), sowie ihre möglichen Zustände und Verknüpfungen untereinander. Basierend auf diesen Vereinbarungen können wir dann den globalen Algorithmus und die von ihm aufgerufenen Funktionen in einer Art C-Pseudocode formulieren. Außerdem wird die Funktionsweise des globalen Algorithmus ausführlich erläutert. Eine umfangreiche Analyse des Verfahrens führen wir dann im nächsten Kapitel durch.

2.3.1 Reguläre Verfeinerung von Tetraedern

Wir beginnen mit der Beschreibung der in [27] vorgeschlagenen, regulären Verfeinerungsstrategie. Sei dazu T ein beliebiges, nichtentartetes Tetraeder im $\mathbb{R}^3$. Gesucht wird eine reguläre Verfeinerung $\mathcal{S}(T)$, d.h., eine Zerlegung von T in acht Teiltetraeder $T_1, \ldots, T_8$, derart, daß alle Eckpunkte der Tetraeder T_i entweder mit Ecken oder mit Kantenmittelpunkten von T zusammenfallen.

Dazu unterteilen wir zunächst die vier Seitendreiecke von T mit den zweidimensionalen, roten Verfeinerungen von Bank. Abb. 2.12 zeigt, daß danach an den Ecken von T vier Teiltetraeder abgeschnitten werden können, die alle ähnlich zu T sind. Im Innern des übrigbleibenden Oktaeders kreuzen sich nun drei Parallelogramme (Abb. 2.13). Schneiden wir den Oktaeder entlang zwei dieser Parallelogramme auf, so erhalten wir vier weitere Söhne von T. Wie in Abb. 2.14 zu sehen ist, entspricht jede Wahl zweier Schnittparallelogramme einer möglichen Diagonalen des Oktaeders.

Alle acht Teiltetraeder besitzen das gleiche Volumen, aber die vier inneren sind im allgemeinen nicht mehr ähnlich zu T. Es stellt sich daher die Frage, welche der drei möglichen Diagonalen man bei aufeinanderfolgenden Verfeinerungsschritten wählen soll. Wie S. Zhang nämlich in [160] gezeigt hat, können bei ungeschickter Auswahl die entstehenden Tetraeder beliebig entarten.

In [27] haben wir deswegen einen einfachen Algorithmus vorgeschlagen, der bei sukzessiver Anwendung höchstens drei Ähnlichkeitsklassen pro Ausgangstetraeder erzeugt, unabhängig davon, wieviele aufeinanderfolgende Verfeinerungen durchgeführt werden. Zur Formulierung

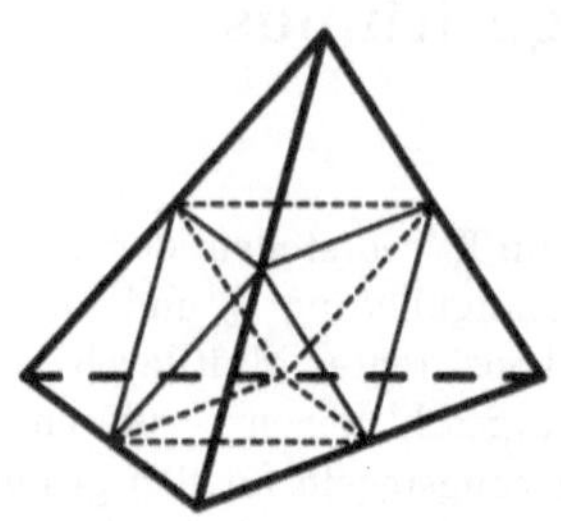

Abb. 2.12: Rote Verfeinerung der Seitenflächen

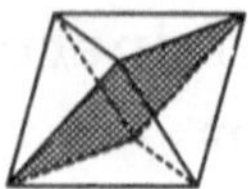
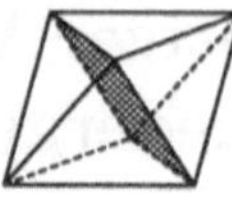
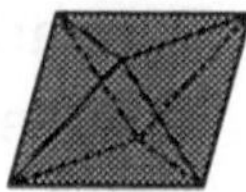

Abb. 2.13: Innere Parallelogramme

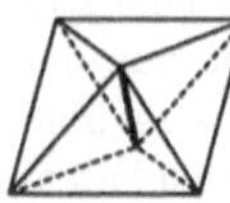
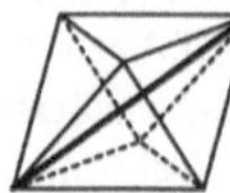
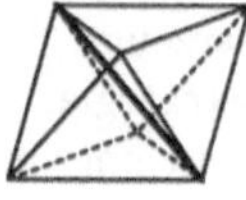

Abb. 2.14: Innere Diagonalen

dieses Algorithmus bezeichnen wir für ein Tetraeder $T = [\,x^{(0)}, x^{(1)}, x^{(2)}, x^{(3)}\,]$ seine Kantenmittelpunkte mit $x^{(ij)}$, $0 \le i < j \le 3$, wobei $x^{(ij)} := (x^{(i)} + x^{(j)})/2$ der Mittelpunkt der Kante zwischen $x^{(i)}$ und $x^{(j)}$ ist. Ein regulärer Verfeinerungsschritt wird dann durch den folgenden Algorithmus beschrieben:

Algorithm *RoteVerfeinerung3D*($T = [\,x^{(0)}, x^{(1)}, x^{(2)}, x^{(3)}\,]$)

{

$$
\begin{aligned}
T_1 &:= [\,x^{(0)}, x^{(01)}, x^{(02)}, x^{(03)}]; & T_5 &:= [x^{(01)}, x^{(02)}, x^{(03)}, x^{(13)}];\\
T_2 &:= [x^{(01)}, x^{(1)}, x^{(12)}, x^{(13)}]; & T_6 &:= [x^{(01)}, x^{(02)}, x^{(12)}, x^{(13)}];\\
T_3 &:= [x^{(02)}, x^{(12)}, x^{(2)}, x^{(23)}]; & T_7 &:= [x^{(02)}, x^{(03)}, x^{(13)}, x^{(23)}];\\
T_4 &:= [x^{(03)}, x^{(13)}, x^{(23)}, x^{(3)}\,]; & T_8 &:= [x^{(02)}, x^{(12)}, x^{(13)}, x^{(23)}];
\end{aligned}
$$

}

Die von Algorithmus *RoteVerfeinerung3D* erzeugten Söhne T_1 bis T_4 entsprechen gerade den abgeschnittenen Ecken von T und sind daher ihrem Vater ähnlich. T_5 bis T_8 hingegen stammen von dem übriggebliebenen Oktaeder. Die gewählte Diagonale verläuft zwischen den Kantenmittelpunkten $x^{(02)}$ und $x^{(13)}$, die gemeinsame Eckpunkte aller inneren Söhne sind. Die Diagonale ist also implizit durch die Reihenfolge der Eckpunkte von T gegeben. Letztere ist daher von größter Bedeutung für die Stabilität des Algorithmus, die durch folgenden Satz garantiert wird:

Satz 2.3.1 (Stabilität der roten Verfeinerungen in 3D)

Sei $T \subset \mathbb{R}^3$ ein beliebiges, nichtentartetes Tetraeder. Dann lassen sich alle bei sukzessiver Anwendung von Algorithmus RoteVerfeinerung3D auf T entstehenden Teiltetraeder in höchstens drei Ähnlichkeitsklassen einteilen.

Die Aussage von Satz 2.3.1 folgt unmittelbar aus einem allgemeineren Resultat über die reguläre Verfeinerung von (n)-Simplizes, das wir in Kapitel 3.1 beweisen werden (Satz 3.1.18). Der dort vorgestellte Algorithmus von Freudenthal stimmt nämlich für $n = 3$ mit Algorithmus *RoteVerfeinerung3D* überein (siehe Kapitel 3.1.5).

Bemerkung 2.3.2 (Die Shortest-Interior-Edge-Strategie)

Die Eckpunktreihenfolge aller von Algorithmus *RoteVerfeinerung3D* erzeugten Tetraeder ist eindeutig festgelegt durch die Eckpunktnumerierung der jeweiligen Eingabetetraeder. Die

Reihenfolge der Eckpunkte eines beliebigen Ausgangstetraeders $T \in \mathcal{T}_0$ ist aber im Prinzip frei wählbar. Zhang hat in [160] gezeigt, daß die maximale Entartung der Söhne von T minimiert wird, wenn man T so numeriert, daß die Diagonale zwischen $x^{(02)}$ und $x^{(13)}$ die kürzest mögliche ist. Ausgehend von dieser Idee untersucht er dann eine zweite Strategie, bei der immer die kürzeste Diagonale zur Verfeinerung herangezogen wird. Zhang konnte zeigen, daß diese *Shortest-Interior-Edge-Strategie* äquivalent zu Algorithmus *RoteVerfeinerung3D* ist, solange sie auf Ausgangstetraeder mit passender Numerierung und ohne stumpfe Seitendreiecke angewandt wird. Für Tetraeder mit mindestens einer stumpfen Seite hingegen liefern beide Verfahren im allgemeinen unterschiedliche Triangulierungen. In diesem Fall ist die Stabilitätsfrage für die Shortest-Interior-Edge-Strategie bisher noch nicht geklärt.

Bemerkung 2.3.3 (Vorteile der roten Verfeinerungen)
Wir haben bereits in Bemerkung 2.2.3 darauf hingewiesen, daß drei aufeinanderfolgende und geschickt gewählte Bisektionsschritte zu einer regulären Verfeinerung zusammengefaßt werden können (vgl. dazu auch Abb. 2.11). Die sukzessive Anwendung dieser Strategie führt dann im allgemeinen auf 12 Ähnlichkeitsklassen pro Ausgangstetraeder, also viermal soviele wie bei Algorithmus *RoteVerfeinerung3D*. Darüber hinaus können bei Anwendung dieses Verfahrens auf benachbarte Tetraeder Konsistenzprobleme auftreten, was bei unserem Algorithmus aufgrund der symmetrischen Unterteilung der Seitenflächen (vgl. Abb. 2.12) nicht der Fall ist.

2.3.2 Irreguläre Verfeinerungen

Algorithmus *RoteVerfeinerung3D* kann also auf benachbarte Tetraeder ohne Konsistenzprobleme angewandt werden. Bei adaptiven Verfeinerungen, wo im allgemeinen nur eine Teilmenge der gegebenen Tetraeder für reguläre Verfeinerung vorgesehen ist, müssen die erzeugten Triangulierungen durch Hinzufügen weiterer, irregulärer Verfeinerungen geschlossen werden, damit sie die Konsistenzbedingung erfüllen. Wie beim zweidimensionalen Algorithmus von Bank bezeichnen wir diesen Prozeß als *grünen Abschluß*.

Ziel dieses Kapitels ist die Auswahl einer geeigneten Menge von irregulären Verfeinerungen. Dazu stellen wir zunächst fest, daß es für die sechs Kanten eines Tetraeders $2^6 = 64$ verschiedene Kantenverfeinerungsmuster gibt (vgl. Abb. 2.7 in 2D). Lassen wir das volle und das leere Muster weg, so können wir die übrigen 62 irregulären Fälle durch Symmetrieüberlegungen in 9 verschiedene Typen einteilen.

Tatsächlich ist es möglich, einen vollständigen Satz von Verfeinerungsregeln für diese neun Typen zu konstruieren. Ein solcher kompletter Satz wird z.B. in dem Programmpaket UG verwendet (siehe [23], [135]). Um Fehler bei der Programmierung auszuschließen, werden die entsprechenden Verfeinerungsregeln dort allerdings automatisch erzeugt. Wir beschränken uns in diesem Buch aus praktischen Gründen auf die vier Typen, die in Abb. 2.15 zu sehen sind. Diese werden auch z.B. in KASKADE verwendet, siehe [1].

Eine Typ (1)-Regel wird verwendet, wenn ein benachbartes Tetraeder regulär verfeinert ist. Typ (2) wird bei Elementen mit genau einer verfeinerten Kante angewendet, und die Typen (3) und (4) bei Elementen, wo jeweils zwei benachbarte bzw. zwei sich gegenüberliegende Kanten verfeinert sind. Die anderen möglichen Fälle werden entsprechend der folgenden Regel behandelt:

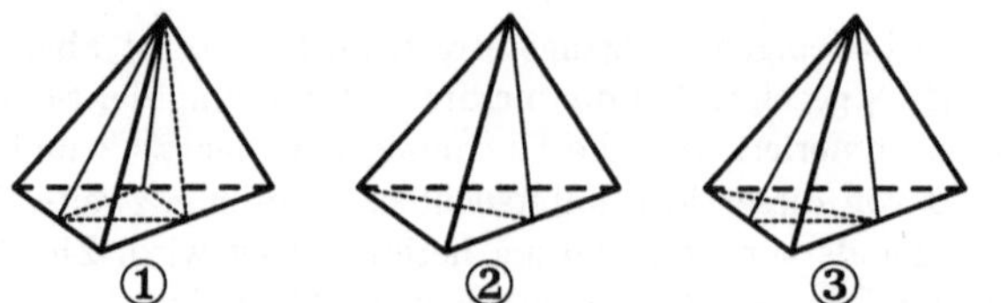

Abb. 2.15: Irreguläre Verfeinerungen für den grünen Abschluß in 3D

(V1) *Besitzt ein Tetraeder drei oder mehr verfeinerte Kanten, die nicht auf einer gemeinsamen Seite liegen, so wird es regulär – d.h. durch Algorithmus RoteVerfeinerung3D – unterteilt.*

Wie im zweidimensionalen Fall auch, kann es aufgrund der Regel (V1) zu einer dominoartigen Ausbreitung ungewollter regulärer Verfeinerungen kommen. Man überlegt sich jedoch leicht, daß für die Anwendung dieser Regel nur solche Tetraeder in Frage kommen, die mindestens einen Eckpunkt mit einem bereits bei der Eingabe verfeinerten oder zur Verfeinerung vorgesehenen Tetraeder gemeinsam haben. Der Domino-Effekt ist daher in gewisser Weise auf den Rand des tatsächlich zur Verfeinerung vorgesehenen Bereiches begrenzt.

Bemerkung 2.3.4 (Vorsicht bei Verfeinerungen vom Typ (3))
Bei Verfeinerungen vom Typ (3) ist Vorsicht geboten, da es im Prinzip zwei Möglichkeiten gibt, die *kritische Seite* mit den zwei verfeinerten Kanten zu unterteilen. Wenn zwei Tetraeder sich eine solche kritische Seite teilen, sind grundsätzlich beide nach einer Typ (3)-Regel zu verfeinern. Es müssen also die beiden Verfeinerungen aufeinander abgestimmt werden, damit die Konsistenzbedingung auch über die kritische Seite hinweg erfüllt ist. In Kapitel 2.4.2 werden wir zeigen, daß dies am einfachsten durch eine globale Numerierung der Anfangstriangulierung erreicht werden kann.

2.3.3 Abstrakte Datenstrukturen

Zu einem vollständigen Rot/Grün-Verfahren fehlt jetzt nur noch ein geeigneter globaler Algorithmus. Diesen wollen wir unabhängig von einer bestimmten Programmiersprache formulieren und benutzen daher auch keine vorgegebenen Datenstrukturen wie z.B. Rekords oder Zeiger. Stattdessen operiert unser Algorithmus auf einer Reihe abstrakter Objekte, genauer gesagt: auf den Elementen, Kanten und Eckpunkten der eingegebenen Multileveltriangulierung. In diesem Kapitel treffen wir nun einige wichtige Vereinbarungen, die die möglichen Zustände der erwähnten Objekte und ihre Verknüpfung untereinander betreffen.

Unser globaler Algorithmus arbeitet stufen- und elementorientiert, d.h., alle grundlegenden Operationen werden nacheinander für die Elemente einer bestimmten Stufe durchgeführt. Die wichtigsten Objekte sind daher die *Elemente* auf den verschiedenen Stufen.

Nun haben wir bei der Spezifikation adaptiver Verfeinerungsalgorithmen in Kapitel 2.1.3 als Ein- und Ausgabe die dort eingeführten Multileveltriangulierungen vorgesehen. Diese Gebilde eignen sich besonders gut zur Formulierung der mathematischen Eigenschaften der Verfahren. Zur Beschreibung der Verfeinerungsalgorithmen selbst sind sie weniger gut geeignet. Der wesentliche Grund dafür besteht darin, daß unverfeinerte Elemente zu verschiedenen Stufen einer Multileveltriangulierung gehören.

Jedes Element sollte aber als Objekt nur auf einer Stufe vorkommen, nämlich seiner eigenen. Für die Implementierung eines Verfahrens auf einem realen Rechner bedeutet das z.B., daß jedes Element nur einmal Speicherplatz beansprucht, auch wenn es in der Multileveltriangulierung mehrfach vorkommt. Wir ersetzen daher bei der Beschreibung unseres Verfeinerungsalgorithmus den Begriff der Multileveltriangulierung durch den dazu äquivalenten Begriff des *Multilevelgitters*.

Definition 2.3.5 (Multilevelgitter)

Sei $\mathcal{M} = (\mathcal{T}_0, \ldots, \mathcal{T}_J)$ eine Multileveltriangulierung. Für $0 \leq k \leq J$ sei das *Gitter* G_k definiert als Menge aller Elemente T der Stufe k von $\mathcal{M}$, d.h., es sei

(i) $G_0 := \mathcal{T}_0$,

(ii) $G_k := \mathcal{T}_k \setminus \mathcal{T}_{k-1}$, $1 \leq k \leq J$.

Dann heißt die Folge $\mathcal{G} = (G_0, \ldots, G_J)$ das zu $\mathcal{M}$ gehörige *Multilevelgitter*.

Jede Multileveltriangulierung $\mathcal{M} = (\mathcal{T}_0, \ldots, \mathcal{T}_J)$ kann eindeutig aus ihrem zugehörigen Multilevelgitter $\mathcal{G} = (G_0, \ldots, G_J)$ rekonstruiert werden. Bezeichnen wir nämlich mit $\overline{\Omega}_k$ den vom Gitter G_k überdeckten Bereich[7], $\overline{\Omega}_k = \bigcup \{ T \mid T \in G_k \}$, so gilt

$$\overline{\Omega} = \overline{\Omega}_0 \supset \overline{\Omega}_1 \supset \cdots \supset \overline{\Omega}_J \tag{2.3.1}$$

und die Triangulierungen $\mathcal{T}_k$ von $\mathcal{M}$ können rekonstruiert werden durch

(i) $\mathcal{T}_0 := G_0$,

(ii) $\mathcal{T}_k := G_k \cup \{ T \in \mathcal{T}_{k-1} \mid Int(T) \cap \overline{\Omega}_k = \emptyset \}$, $1 \leq k \leq J$.

Eine beliebige, endliche Folge $\mathcal{G} = (G_0, \ldots, G_J)$ von nichtleeren Tetraedermengen G_k nennen wir deswegen genau dann ein *Multilevelgitter*, wenn (2.3.1) gilt und die durch (i), (ii) definierte Folge $\mathcal{M} = (\mathcal{T}_0, \ldots, \mathcal{T}_J)$ eine Multileveltriangulierung ist.

Die Äquivalenz von Multileveltriangulierungen und Multilevelgittern erlaubt es uns, beide Begriffe nebeneinander zu verwenden und beliebig auszutauschen. Insbesondere verwenden wir alle in Kapitel 2.1 eingeführten Bezeichnungen von nun an auch für Multilevelgitter. So nennen wir z.B. ein Multilevelgitter genau dann *konsistent* bzw. *regulär*, wenn die zugehörige Multileveltriangulierung konsistent bzw. regulär ist[8]. Entsprechend sind auch die Begriffe *Söhne*, *Nachfolger*, *Blätter* usw. für Multilevelgitter wohldefiniert. Schließlich heißt eine Folge von Multilevelgittern genau dann eine (stabile) adaptive Folge, wenn die dazugehörenden Multileveltriangulierungen eine (stabile) adaptive Folge bilden.

Unser Verfeinerungsalgorithmus wird also auf ein Multilevelgitter $\mathcal{G} = (G_0, \ldots, G_J)$ angewandt, wobei jedes der Gitter G_k aus den Elementen der Stufe k besteht. Neben den Elementen betrachten wir als weitere Objekte deren *Kanten* und *Eckpunkte*. Im Gegensatz zu den Elementen können diese aber als Objekte mehrfach vorhanden sein:

[7] Man beachte, daß $\overline{\Omega}_k$ nicht notwendig zusammenhängend ist.

[8] Es wäre schwierig, die Konsistenz eines Multilevelgitters sinnvoll zu definieren ohne auf die entsprechende Multileveltriangulierung zurückzugreifen.

Wir nehmen an, daß jede Kante des Gitters G_k genau ein Objekt der Stufe k darstellt, und ebenso jeder Eckpunkt von G_k, $0 \leq k \leq J$. Jedes Objekt gehört zu einer bestimmten Stufe, d.h., wenn ein Punkt $x \in \mathbb{R}^3$ sowohl Eckpunkt von G_k als auch von G_{k+1} ist, so entspricht diesem Punkt ein Objekt P der Stufe k und eine weiteres Objekt P' der Stufe $k+1$. Das gleiche gilt auch für Kanten, die von Elementen unterschiedlicher Stufe geteilt werden. Um ein wenig Ordnung in diese Objekte zu bringen, definieren wir die folgenden Nachbarschafts- und Vater/Sohn-Beziehungen:

Definition 2.3.6 (Nachbarschafts- und Vater/Sohn-Beziehungen)
Sei $\mathcal{G} = (G_0, \ldots, G_J)$ ein *Multilevelgitter*, wobei für $0 \leq k \leq J$ das Gitter G_k als Triangulierung von $\overline{\Omega}_k = \bigcup \{ T \mid T \in G_k \}$ konsistent ist. Wir vereinbaren die folgenden Bezeichnungen:

(i) Zwei Elemente der gleichen Stufe heißen *Nachbarn*, falls sie eine gemeinsamen Seitenfläche besitzen.

(ii) Zwei Eckpunkte der gleichen Stufe heißen *Nachbarn*, wenn sie Eckpunkte eines Elements derselben Stufe sind (äquivalent: falls sie durch eine Kante derselben Stufe verbunden sind).

(iii) Ist P ein Eckpunkt der Stufe $0 \leq k < J$ und P' ein Eckpunkt der Stufe $k+1$ mit denselben Raumkoordinaten wie P, so nennen wir P' den *Sohn* von P und P den *Vater* von P'.

Beachte, daß nur Elemente bzw. Eckpunkte der gleichen Stufe Nachbarn sein können. Mit Absicht wurde in Definition 2.3.6 nicht die Konsistenz des ganzen Multilevelgitters $\mathcal{G}$ vorausgesetzt, da diese Bedingung im Verlauf des Verfeinerungsprozesses zeitweise verletzt ist.

Da unser Verfeinerungsalgorithmus elementorientiert arbeitet, werden Kanten und Eckpunkte meist über die Elemente angesprochen. Deswegen haben wir Kanten und Eckpunkte nicht analog den Elementen zu irgendwelchen Mengen zusammengefaßt. In einigen wenigen Fällen ist es aber auch notwendig, von einer Kante auf ihre beiden Endpunkte oder von einem Eckpunkt auf alle von ihm ausgehenden Kanten zuzugreifen.

Wir nehmen deshalb an, daß die Objekte einer Stufe untereinander und mit den Objekten der nächst höheren Stufe geeignet verknüpft[9] sind. Beipielsweise wollen wir von jedem gegebenen Element aus seine Kanten, Eckpunkte, Nachbarn und Söhne erreichen können. Jede Kante soll uns Zugriff auf ihre Endpunkte und – falls vorhanden – ihren Mittelpunkt (ein Eckpunkt der nächsten Stufe) ermöglichen. Schließlich wollen wir von jedem Eckpunkt auf alle von ihm ausgehenden Kanten der gleichen Stufe zugreifen zu können, sowie auf einen eventuell vorhandenen Sohn. In der folgenden *Zugriffsliste* sind alle geforderten Verknüpfungen noch einmal zusammengefaßt:

Zugriffsliste:

- **Element** → Eckpunkte (4), Kanten (6), Söhne (≤ 8), Nachbarn (≤ 4).
- **Kante** → Eckpunkte (2), Mittelpunkt (≤ 1).
- **Eckpunkt** → Kanten ($< \infty$), Sohn (≤ 1).

[9] In der Programmiersprache C würde man solche Verknüpfungen durch *Zeiger* realisieren.

In Klammern ist jeweils die maximale Anzahl von Verknüpfungen mit Objekten eines speziellen Typs vermerkt. Das „$\leq$"-Zeichen deutet an, daß die genannten Objekte nicht zu existieren brauchen. Unverfeinerte Elemente besitzen nun mal keine Söhne. Man beachte, daß die Zahl der von einem Eckpunkt ausgehenden Kanten im Prinzip beliebig groß sein kann, tatsächlich aber bei erfüllter Stabilitätsbedingung beschränkt ist.

Wir kommen nun zu den möglichen Zuständen eines Elements oder einer Kante. Um diese Zustände zu beschreiben, wollen wir eine möglichst anschauliche, aber dennoch präzise Notation einführen. Der aktuelle Verfeinerungszustand eines Elements T z.B. wird beschrieben durch Angabe der auf T angewandten, lokalen Verfeinerungsregel. Wir sagen „T ist *verfeinert durch (R)*", wenn das Element T durch Anwendung der Verfeinerungsregel (R) verfeinert wurde. Darüber hinaus unterscheiden wir reguläre und irreguläre Verfeinerungen, wobei zur regulären Verfeinerung ausschließlich Algorithmus *RoteVerfeinerung3D* verwendet wird. Jedes so verfeinerte Element heißt *regulär verfeinert*. Ein Element, das nicht *regulär verfeinert* ist, ist entweder *irregulär verfeinert* oder *unverfeinert*. Unverfeinerte Elemente heißen auch hier wieder *Blätter*.

Neben dem aktuellen Verfeinerungszustand trägt jedes Element T eine Markierung, die den Zustand beschreibt, den das Element nach Beendigung des Verfeinerungsalgorithmus besitzen soll oder vermutlich besitzen wird. Einige solcher Markierungen haben wir bereits in Kapitel 2.1.3 kennengelernt. Dort haben wir davon gesprochen, daß die Blätter einer Multileveltriangulierung für *Verfeinerung*, *Nichtverfeinerung* oder *Entfernung* markiert sein können.

Die gleiche Schreibweise verwenden wir nun auch für die Blätter eines Multilevelgitters. Darüber hinaus nehmen wir an, daß nicht nur die Blätter, sondern alle Elemente eines gegebenen Multilevelgitters Markierungen tragen. Allerdings gehen wir nach wie vor davon aus, daß vom Fehlerschätzer nur die Blätter markiert werden, und daß es dem Verfeinerungsalgorithmus überlassen bleibt, die Markierungen der Nichtblätter zu manipulieren. Im Gegensatz zum Fehlerschätzer markiert der Verfeinerungsalgorithmus ein Element T aber nicht einfach für *Verfeinerung*, sondern für *Verfeinerung durch (R)*, wobei (R) eine ganz bestimmte Verfeinerungsregel ist. Wenn (R) die reguläre Verfeinerungsregel ist, so sagen wir, T ist markiert für *reguläre Verfeinerung*.

Stimmt die Markierung eines Elementes T mit seiner aktuellen Verfeinerung überein, so sagen wir, T ist *entsprechend seiner Verfeinerung* markiert. In diesem Fall befindet sich T in einer Art Gleichgewichtszustand, d.h., die aktuelle Verfeinerung soll sich zunächst nicht ändern. Ein Blatt ist genau dann *entsprechend seiner Verfeinerung* markiert, wenn es für *Nichtverfeinerung* markiert ist. Nach Beendigung des globalen Verfeinerungsalgorithmus sollen sich alle Elemente in diesem Gleichgewichtszustand befinden.

Um den Zustand einer Kante zu definieren, verwenden wir die folgenden Bezeichnungen: Wir sagen, die Kante E ist *zur Verfeinerung durch das Element T vorgesehen*, wenn E eine Kante von T ist, die bei Anwendung der Verfeinerungsregel (R), für die T markiert ist, verfeinert würde. Beachte, daß E noch nicht *zur Verfeinerung durch T vorgesehen* ist, solange T lediglich für *Verfeinerung* markiert ist. Schließlich bedeutet die Aussage „E ist *zur Verfeinerung vorgesehen*", daß mindestens ein Element T existiert, durch das E zur Verfeinerung vorgesehen ist.

Bemerkung 2.3.7 (Implementierungshinweis)
Eine effiziente Implementierung des globalen Algorithmus setzt voraus, daß für jede Kante unmittelbar – ohne Betrachtung der Elemente drumherum – entschieden werden kann, ob sie zur Verfeinerung vorgesehen ist oder nicht. Diese Forderung kann in der Praxis dadurch erfüllt werden, daß man zu jeder Kante E einen Zähler $N(E)$ assoziiert, welcher diejenigen Elemente zählt, durch deren Markierungen E zur Verfeinerung vorgesehen ist. Wann immer dann die Markierung eines Elements T wechselt, müssen die Zähler der sechs Kanten von T auf den neuesten Stand gebracht werden.

2.3.4 Der globale Algorithmus

Wie wir bereits in Kapitel 2.2.1 gesehen haben, gibt es wenigstens zwei verschiedene Möglichkeiten, den globalen Algorithmus für ein Rot/Grün-Verfahren zu konstruieren. Sowohl die Aktive-Mengen-Strategie von Bank, [19], als auch der stufenorientierte Zweiphasenalgorithmus von Bastian, [23], lassen sich auf den dreidimensionalen Fall übertragen.

Wir haben uns für das Verfahren von Bastian entschieden, da es gegenüber der globalen Strategie von Bank einige Vorteile bietet. Zunächst erlaubt die stufenweise Bearbeitung der einzelnen Elemente eine effizientere Ausnutzung schneller Zwischenspeicher, sogenannter *Caches*. Auch bei der Parallelisierung kann die spezielle Struktur des Algorithmus ausgenutzt werden. Der für uns wichtigste Vorteil besteht aber darin, daß es beim Bastianschen Algorithmus auf einfache Weise möglich ist, am Rande adaptiv verfeinerter Bereiche Kopien bestimmter Elemente und Eckpunkte der vorherigen Stufe anzulegen und so die Implementierung zahlreicher Iterationsverfahren stark zu vereinfachen (vgl. [23], [29]).

Bevor wir nun unsere dreidimensionale Version dieses Verfahrens vorstellen, wollen wir noch einmal festhalten, was wir von dem Algorithmus eigentlich erwarten. Dazu legen wir zunächst die Menge $\mathfrak{M}$ der möglichen Eingabemultilevelgitter fest (vgl. Definition 2.1.15).

Definition 2.3.8 (Eingabemultilevelgitter)
Von nun an bezeichnen wir mit $\mathfrak{M}$ die Menge aller konsistenten und regulären Multilevelgitter im $\mathbb{R}^3$, deren reguläre Verfeinerungen mit den von Algorithmus *RoteVerfeinerung3D* erzeugten Verfeinerungen übereinstimmen.

Die so definierten Menge $\mathfrak{M}$ enthält z.B. alle Multilevelgitter der Form $\mathcal{G} = (\mathcal{T}_0)$ mit konsistenter Anfangstriangulierung $\mathcal{T}_0$. Da außerdem beliebig starke und auch adaptive Verfeinerungen möglich sind, ist $\mathfrak{M}$ sicherlich „hinreichend groß" im Sinne von Definition 2.1.15. Unser Verfeinerungsalgorithmus *GlobaleVerfeinerung3D* genügt nun der folgenden Ein- und Ausgabespezifikation:

Eingabe: Wir setzen voraus, daß Algorithmus *GlobalVerfeinerung3D* auf ein Multilevelgitter $\mathcal{G} = (G_0, \ldots, G_J) \in \mathfrak{M}$ angewendet wird, dessen Blätter einzeln für *Verfeinerung*, *Nichtverfeinerung* oder *Entfernung* markiert sind. Darüber hinaus seien alle Nichtblätter von $\mathcal{G}$ *entsprechend ihrer Verfeinerung* markiert.

Ausgabe: Ist die Eingabespezifikation erfüllt, so liefert Algorithmus *GlobaleVerfeinerung3D* als Ausgabe ein Multilevelgitter $\mathcal{G}' = (G'_0, \ldots, G'_{J'}) \in \mathfrak{M}$ mit $G'_0 = G_0$ und $| J' - J | \leq 1$, das alle Nichtblätter von $\mathcal{G}$ enthält. Alle Elemente in $\mathcal{G}'$ – auch die Blätter – sind *entsprechend ihrer Verfeinerung* markiert.

Da alle Elemente des Ausgabemultilevelgitters *entsprechend ihrer Verfeinerung* markiert sind und sich somit im angestrebten Gleichgewichtszustand befinden, würde eine erneute Anwendung des globalen Algorithmus keine weiteren Änderungen verursachen. Deswegen sollte der Algorithmus im Wechsel mit einem Fehlerschätzer eingesetzt werden, damit eventuell neue Blätter zur *Verfeinerung* oder *Entfernung* markiert werden können.

Die Markierungen der Blätter sind es dann auch, die die Handlungen des globalen Algorithmus bestimmen. Seine Aufgabe besteht darin, diese Markierungen in geeigneter Weise umzusetzen. Dazu gehört insbesondere die Auswahl einer entsprechenden Verfeinerungsregel für diejenigen Blätter, die zur *Verfeinerung* markiert sind. In unserem Fall ist dies natürlich immer die reguläre Verfeinerung durch Algorithmus *RoteVerfeinerung3D*. Darüber hinaus ist noch festzulegen, unter welchen Umständen zur *Entfernung* vorgesehene Elemente dann auch tatsächlich entfernt werden. Die folgende Aufstellung zeigt, wie unser globaler Algorithmus die Markierungen der Blätter im einzelnen interpretiert:

(i) Reguläre Blätter, die für *Verfeinerung* markiert sind, werden durch Algorithmus *RoteVerfeinerung3D* regulär verfeinert.

(ii) Irreguläre Blätter, die für *Verfeinerung* markiert sind, werden durch reguläre Elemente ersetzt.

(iii) Sind alle Söhne einer regulären Verfeinerung für *Entfernung* markiert, so wird diese – wenn möglich – rückgängig gemacht.

Diese drei Punkte machen deutlich, was wir in Definition 2.1.15 mit der Voraussetzung meinten, ein adaptiver Verfeinerungsalgorithmus müsse die Vorgaben des Fehlerschätzers „hinreichend“ berücksichtigen. Natürlich müssen – um die Konsistenz zu erhalten – eventuell auch solche Elemente verfeinert werden, die bei der Eingabe für *Nichtverfeinerung* vorgesehen oder deren Söhne für *Entfernung* markiert waren.

Die Hauptschwierigkeit bei der Konstruktion des globalen Algorithmus besteht darin, daß es im allgemeinen nicht möglich ist, den kompletten grünen Abschluß im Voraus zu bestimmen und erst dann die entsprechenden Verfeinerungen auszuführen. Dafür gibt es im wesentlichen zwei Gründe: Erstens müssen für den grünen Abschluß eventuell auch solche Elemente verfeinert werden, die zum Eingabezeitpunkt noch gar nicht vorhanden waren, und zweitens kann die Anwendung der Regel (V1) zu dem bereits erwähnten Domino-Effekt führen.

Um die genannten Schwierigkeiten zu bewältigen, teilen wir die Bestimmung des grünen Abschlusses in zwei Phasen auf und verzahnen sie stufenweise mit der eigentlichen Realisierung der Verfeinerungen. Den Aufbau des so erhaltenen globalen Algorithmus – Algorithmus *GlobaleVerfeinerung3D* – zeigt Abb. 2.16. In der ersten Phase, d.h. in Schleife (1), werden die einzelnen Stufen von oben nach unten (*Top-down*) abgearbeitet, d.h., beginnend beim feinsten Gitter G_J nacheinander bis zum gröbsten Gitter G_0. In Phase II (Schleife (4)) werden die Gitter dann in umgekehrter Reihenfolge bearbeitet (*Bottom-up*).

Bemerkung 2.3.9 Die Idee für den stufenorientierten, zweiphasigen Aufbau von Algorithmus *GlobaleVerfeinerung3D* stammt von P. BASTIAN, der die zweidimensionale Version des Verfahrens in seinen Programmbaukasten UG implementiert hat, [23]. Tatsächlich ist die Formulierung, so wie sie in Abb. 2.16 zu sehen ist, von der Dimension des Problems unabhängig. Der Aufbau der aufgerufenen Funktionen hingegen unterscheidet sich vom zweidimensionalen Fall. Diese mußten an die speziellen Besonderheiten dreidimensionaler Triangulierungen angepaßt werden.

```
Algorithm GlobaleVerfeinerung3D( G_0,...,G_J )
{
    for ( k = J, ..., 0 ) do                                  (1)
    {
        BestimmeMarkierungen (G_k);                           (2)
        SchließeGitter (G_k);                                 (3)
    }
    for ( k = 0, ..., J ) do if ( G_k ≠ ∅ ) then              (4)
    {
        if ( k > 0 ) then SchließeGitter (G_k);               (5)
        if ( k < J ) then VergröbereGitter (G_k);             (6)
        VerfeinereGitter (G_k);                               (7)
    }
    if ( G_J = ∅ ) then J := J − 1;                           (8)
    else if ( G_{J+1} ≠ ∅ ) then J := J + 1;                  (9)
}
```

Abb. 2.16: Globaler Verfeinerungsalgorithmus

Bevor wir auf die aufgerufenen Funktionen im Detail eingehen, wollen wir zunächst die Arbeitsweise von Algorithmus *GlobaleVerfeinerung3D* in groben Zügen verdeutlichen. In Phase I werden nur die Markierungen der Elemente manipuliert. Die Entfernung überflüssiger bzw. die Generierung neuer Objekte findet erst in der zweiten Phase statt. In Funktion *BestimmeMarkierungen* werden Elemente der Stufe k – abhängig von ihrem Verfeinerungszustand und den Markierungen der Elemente in G_{k+1} – entsprechend der Vorgaben (i) bis (iii) markiert. Weitere Markierungen für den grünen Abschluß werden anschließend in Funktion *SchließeGitter* vorgenommen. Da irreguläre Elemente nicht verfeinert werden dürfen, erstreckt sich der Abschluß zunächst nur über die vorhandenen regulären Elemente.

In Phase II werden die Markierungen dann in die Tat umgesetzt. In *VergröbereGitter* werden nicht mehr benötigte Elemente, Kanten und Eckpunkte auf der nächsten Stufe ausfindig gemacht und entfernt. Dies ist natürlich nur im Falle $k < J$ sinnvoll. In Funktion *VerfeinereGitter* werden die neuen Elemente sowie ihre nicht bereits vorhandenen Kanten und Eckpunkte erzeugt. Außerdem werden die neuen Objekte mit den alten im Sinne der obenstehenden Zugriffsliste verknüpft. Danach wird durch einen zweiten Aufruf von Funktion *SchließeGitter* der grüne Abschluß auf die neuen, regulären Elemente der Stufe $k > 0$ ausgedehnt, die zuvor durch *VerfeinereGitter* erzeugt worden sind.

Auf der Stufe $k = 0$ ist ein zweiter Aufruf von Funktion *SchließeGitter* überflüssig, denn alle Elemente $T \in G_0 = \mathcal{T}_0$ sind per Definition regulär. Da ausschließlich Blätter entfernt werden können, ist $G_k = \emptyset$ in Zeile (4) nur für $k = J$ möglich. In diesem Fall wird Schleife (4) vorzeitig abgebrochen und der Wert von J um 1 erniedrigt (8). Existieren andererseits neue Elemente der Stufe $J + 1$, so wird J um 1 erhöht (9).

Die Arbeitsweise von Algorithmus *GlobaleVerfeinerung3D* läßt sich am besten anhand eines zweidimensionalen Beispiels verdeutlichen. Man betrachte dazu die in Abb. 2.17 dargestellte Situation. Im Bild oben links ist der Ausschnitt eines Eingabemultilevelgitters mit drei Stufen zu sehen, d.h., es ist $J = 2$. Das große, rot verfeinerte Dreieck gehört zum Anfangsgitter G_0. Seine vier Söhne, von denen einer regulär und ein anderer irregulär unterteilt sind, gehören zu G_1. Deren Söhne wiederum gehören zu G_2. Von den regulären Elementen in G_2 sind zwei zur Verfeinerung vorgesehen. Diese haben wir grau schattiert eingezeichnet. In den folgenden Bildern werden Markierungen im Gegensatz zu den tatsächlichen Verfeinerungen durch graue, gestrichelte Linien dargestellt.

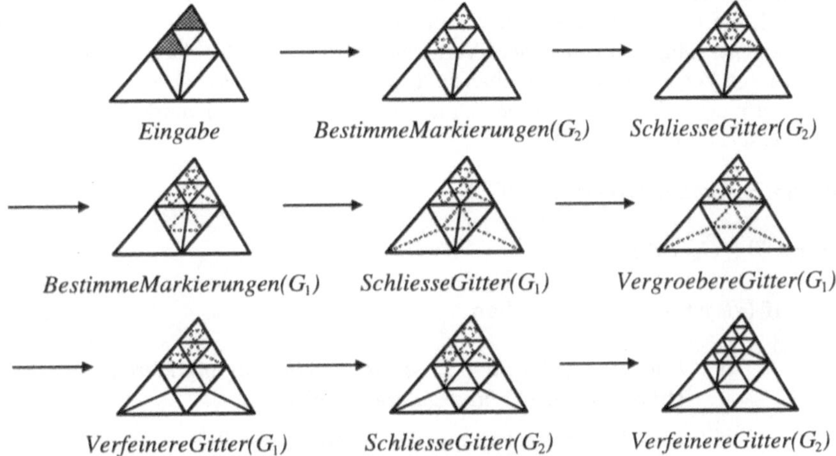

Abb. 2.17: Funktionsweise des globalen Algorithmus

Zunächst wird nun die Funktion *BestimmeMarkierungen* für das Gitter G_2 aufgerufen. Hier werden die zur *Verfeinerungen* vorgesehenen Elemente für *reguläre Verfeinerung* markiert. Anschließend wird beim ersten Aufruf von *SchließeGitter* auf dieser Stufe der grüne Abschluß unter den regulären Elementen von G_2 bestimmt. Dabei muß einmal die Regel (V1) angewendet werden. Beim Aufruf von *BestimmeMarkierungen* für das Gitter G_1 wird nun festgestellt, daß einer der irregulären Söhne eine *zur Verfeinerung vorgesehene* Kante besitzt. Folglich wird das entsprechende Vaterdreieck jetzt für *reguläre Verfeinerung* markiert. Dann wird Funktion *SchließeGitter* auf Stufe 1 aufgerufen und der grüne Abschluß unter den regulären Elementen von G_1 bestimmt.

Da alle Elemente in G_0 *entsprechend* ihrer Verfeinerung markiert sind, ist auf der Stufe 0 nichts zu tun. Auch der zweite Aufruf von Funktion *SchließeGitter* auf Stufe 1 bleibt wirkungslos, da alle in Abb. 2.17 dargestellten G_1-Elemente regulär sind. Erst der Aufruf *VergröbereGitter(G_1)* bringt die nächste Änderung. Die irregulären Elemente in G_1, die durch reguläre ersetzt werden sollen, werden entfernt. In Funktion *VerfeinereGitter* werden die neuen Markierungen dieser Stufe dann in die Tat umgesetzt, d.h., es werden entsprechende Söhne, Kanten und Eckpunkte erzeugt und mit den anderen Objekten in geeigneter Weise verknüpft. Anschließend erfolgt der zweite Aufruf von *SchließeGitter(G_2)*, durch den der grüne Abschluß auf die soeben erzeugten, neuen regulären Elemente ausgedehnt wird. Die so bestimmten Markierungen werden dann wieder von der Funktion *VerfeinereGitter* realisiert.

2.3.5 Beschreibung der aufgerufenen Funktionen

Wir kommen nun zur Beschreibung der von Algorithmus *GlobaleVerfeinerung3D* aufgerufenen Funktionen. Wie bereits erwähnt, unterscheiden sich diese vom zweidimensionalen Fall.

Wir beginnen mit der Funktion *BestimmeMarkierungen*, in der die Elemente der Stufe k entsprechend der oben formulierten Vorgaben markiert werden. Sie besteht aus einer einzigen Schleife (1), die für alle Elemente der Stufe k ausgeführt wird. Die Behandlung jedes einzelnen Elements hängt ab von seinem Verfeinerungszustand: Reguläre Blätter, die vom Fehlerschätzer zur *Verfeinerung* vorgesehen sind, werden für *reguläre Verfeinerung* markiert (4). Regulär verfeinerte Elemente, deren Söhne alle für *Entfernung* markiert sind, werden für *Nichtverfeinerung* markiert (9).

```
Function BestimmeMarkierungen(G_k)
{
    for ( T ∈ G_k ) do                                                        (1)
    {
        if ( T ist unverfeinert ) then                                        (2)
        {
            if ( T ist regulär ) and ( T ist für Verfeinerung markiert )      (3)
                then markiere T für reguläre Verfeinerung;                    (4)
            if ( T ist für Entfernung markiert ) and ( k = 0 )                (5)
                then markiere T für Nichtverfeinerung;                        (6)
        }
        if ( T ist regulär verfeinert ) then                                  (7)
        {
            if ( alle Söhne von T sind für Entfernung markiert )              (8)
                then markiere T für Nichtverfeinerung;                        (9)
            Markiere alle für Entf. markierten Söhne von T für Nichtverfeinerung;  (10)
        }
        if ( T ist irregulär verfeinert ) then                                (11)
        {
            if ( mind. eine Kante eines Sohnes von T ist zur Verf. vorgesehen )   (12)
                or ( mind. ein Sohn von T ist für Verfeinerung markiert )     (13)
                    then markiere T für reguläre Verfeinerung;                (14)
                    else markiere T für Nichtverfeinerung;                    (15)
            Markiere alle Söhne von T für Nichtverfeinerung;                  (16)
        }
    }
}
```

Jedes irregulär unterteilte Element wird ebenfalls für *Nichtverfeinerung* markiert (15), es sei denn, mindestens ein Sohn ist für *Verfeinerung* markiert oder besitzt eine *zur Verfeinerung vorgesehene* Kante. In diesem Fall wird das Element für *reguläre Verfeinerung* markiert (14).

Beachte, daß die Markierung eines Sohnes nur für *Verfeinerung* noch nicht impliziert, daß seine Kanten *zur Verfeinerung vorgesehen* sind (siehe Kapitel 2.3.3).

Außerdem werden in den Zeilen (6), (10) und (16) alle Markierungen für *Entfernung* durch Markierungen für *Nichtverfeinerung* ersetzt. Bei Söhnen regulär unterteilter Elemente darf diese Ersetzung natürlich erst nach der Auswertung der Markierungen stattfinden. Da auch in Funktion *SchließeGitter* keine Markierungen für *Entfernung* vorgenommen werden, sind diese nach der ersten Phase des Verfeinerungsprozesses vollständig verschwunden. Dies ist insbesondere für die Funktion *VergröbereGitter* von Bedeutung, in der dann nur noch die Elemente für *Entfernung* markiert werden, die tatsächlich nicht mehr benötigt werden.

Bemerkung 2.3.10 Durch Funktion *BestimmeMarkierungen* werden alle Markierungen für eine der irregulären Verfeinerungsregeln überschrieben – entweder in Zeile (14) oder (15). Jede irreguläre Verfeinerung, die nicht durch eine reguläre ersetzt wird, muß also durch den folgenden grünen Abschluß erneut bestätigt werden.

In Funktion *SchließeGitter* werden die Markierungen für den Abschluß der nächsten Stufe bestimmt. Dazu werden in der Menge Q alle Elemente $T \in G_k$ zusammengefaßt, die *Kandidaten* für eine abschließende Verfeinerung sind (1). Ein Element T ist genau dann ein *Kandidat* für den Abschluß, wenn es regulär ist (also verfeinert werden darf), und mindestens eine Kante besitzt, die zwar *zur Verfeinerung vorgesehen* ist, aber nicht *zur Verfeinerung durch* T. Ein für *reguläre Verfeinerung* markiertes Element kann also niemals Kandidat sein. So lange nun Q nichtleer ist, wird irgendein Element T aus Q herausgenommen und an Funktion *SchließeElement* übergeben, um eine passende Verfeinerungsregel für T zu bestimmen (5).

Function *SchließeGitter(G_k)*
{
  Sei Q die Menge aller regulären Elemente $T \in G_k$ mit mindestens einer Kante, die zur Verfeinerung vorgesehen ist, aber nicht zur Verfeinerung durch T; (1)
  while ($Q \neq \emptyset$) (2)
  {
    Wähle ein Element $T \in Q$; (3)
    $Q := Q \setminus \{T\}$; (4)
    SchließeElement (T); (5)
  }
}

In Funktion *SchließeElement* wird zunächst versucht, für das Element T eine passende Verfeinerungsregel zu finden, bei deren Anwendung genau diejenigen Kanten von T unterteilt werden, die auch zur Verfeinerung vorgesehen sind (1). Existiert eine solche Verfeinerungsregel R, so wird T für *Verfeinerung durch* R markiert (6). Vorsicht ist allerdings geboten, wenn R eine Regel vom Typ (3) ist (vgl. Bemerkung 2.3.4). In diesem Fall muß sichergestellt werden, daß die Markierungen von T und seinem kritischen Nachbarn T', welcher die zur Verfeinerung vorgesehenen Kanten teilt, konsistent sind. Dazu muß R gegebenenfalls durch die zweite zur Verfügung stehende Regel mit gleichem Kantenverfeinerungsmuster ausgetauscht werden (5). Der Abgleich der Markierungen ist aber nur möglich, wenn T' bereits durch eine Typ-(3)-Regel markiert ist, was genau dann der Fall ist, wenn T' nicht mehr zu Q gehört (4).

```
Function SchließeElement(T)
{
    Suche eine Verfeinerungsregel R, die genau diejenigen Kanten von T unterteilt,   (1)
        die zur Verfeinerung vorgesehen sind;
    if ( R existiert ) then                                                          (2)
    {
        if ( R ist vom Typ (3) )                                                     (3)
            and ( für den kritischen Nachbarn T' von T gilt : T' ∉ Q )               (4)
                then wähle R konsistent zur Markierung von T';                       (5)
        Markiere T für Verfeinerung durch R;                                         (6)
    }
    else
    {
        for ( jede Kante E von T ) do                                                (7)
            if ( E ist nicht zur Verfeinerung vorgesehen )                           (8)
                then Q := Q ∪ { T' ∈ G_k | T' regulär, T' ≠ T, E ist Kante von T' }; (9)
        Markiere T für reguläre Verfeinerung;                                        (10)
    }
}
```

Wenn in Zeile (1) eine passende Verfeinerungsregel für T nicht gefunden werden kann, bedeutet das, daß wenigstens drei Kanten von T zur Verfeinerung vorgesehen sind, die nicht auf einer Seite von T liegen. In diesem Fall wird T entsprechend der in Kapitel 2.3.2 formulierten Regel (V1) für *reguläre Verfeinerung* markiert (10). Durch diese Markierung entstehen aber einige zusätzliche zur *Verfeinerung vorgesehene* Kanten von T. Deswegen werden vorher alle regulären Elemente, die diese Kanten teilen und nicht bereits zu Q gehören, als neue Kandidaten in Q aufgenommen (9).

Wie oben bereits erläutert, wird Funktion *SchließeGitter* auf jeder Stufe $k > 0$ zweimal aufgerufen. Ziel dieser Aufrufe ist die Bestimmung des grünen Abschlusses für die Stufe $k+1$, d.h., die Elemente in G_k werden so markiert, daß nach Realisierung aller Markierungen die Triangulierung $\mathcal{T}'_{k+1}$ in der entsprechenden Ausgabemultileveltriangulierung konsistent ist.

In den bisher erläuterten Funktionen sind lediglich die Markierungen der Elemente ausgewertet und manipuliert worden. Diese Markierungen werden nun durch die beiden Funktionen *VergröbereGitter* und *VerfeinereGitter* in die Tat umgesetzt.

Funktion *VergröbereGitter* entfernt beim Aufruf auf der Stufe $k < J$ alle nicht mehr benötigten Objekte der Stufe $k+1$. Dazu werden zunächst alle Kanten und Eckpunkte der Stufe $k+1$ für *Entfernung* markiert (2). Diese Markierungen werden dann bei allen noch benötigten Kanten und Eckpunkten wieder gelöscht (6). Es sind dies gerade die Kanten und Eckpunkte aller Söhne von Elementen $T \in G_k$, die *entsprechend ihrer Verfeinerung* markiert sind. Nicht mehr gebraucht werden hingegen die Söhne von Elementen, die nicht *entsprechend ihrer Verfeinerung* markiert sind (4). Diese werden deshalb in Zeile (5) für *Entfernung* markiert.

Zum Schluß werden dann in den Zeilen (7) bis (9) alle Objekte der Stufe $k+1$ entfernt, die für *Entfernung* markiert sind. Beachte, daß die vom Fehlerschätzer angebrachten Markierungen für *Entfernung* bereits in Funktion *BestimmeMarkierungen* durch Markierungen für *Nichtverfeinerung* ersetzt worden sind.

Function *VergröbereGitter(G_k)*
{
  for ($T \in G_{k+1}$) **do** (1)
    Markiere alle Kanten und Eckpunkte von T für Entfernung; (2)
  for ($T \in G_k$) **do if** (*T ist verfeinert*) **then** (3)
  {
    if (*T ist nicht entsprechend seiner Verfeinerung markiert*) (4)
      then *markiere alle Söhne von T für Entfernung;* (5)
      else *lösche die Entfernungsmarkierungen aller Kanten und Eckpunkte* (6)
        aller Söhne von T;
  }
  for ($T \in G_{k+1}$) **do if** (*T ist für Entfernung markiert*) **then** (7)
  {
    Entferne alle für Entfernung markierten Kanten und Eckpunkte von T; (8)
    Entferne T aus G_{k+1}; (9)
  }
}

Nachdem alle nicht mehr benötigten Objekte der Stufe $k+1$ entfernt sind, werden in Funktion *VerfeinereGitter* – den Markierungen auf der Stufe k entsprechend – neue Söhne, Kanten und Eckpunkte der Stufe $k+1$ erzeugt und miteinander sowie mit den bereits vorhandenen Objekten im Sinne der Zugriffsliste verknüpft.

Zu Beginn von Funktion *VerfeinereGitter* wird im Falle $k = J$ ein neues Gitter G_{J+1} initialisiert (1). Dieses wird allerdings nur verwendet, wenn anschließend auch neue Objekte der Stufe $J+1$ erzeugt werden. Anschließend wird die Hauptschleife (2) für jedes Element $T \in G_k$ ausgeführt, das nicht *entsprechend seiner Verfeinerung* markiert ist. Am Anfang der Schleife ist ein solches Element T unverfeinert, denn alle eventuell vorhandenen Söhne sind in Funktion *VergröbereGitter* bereits entfernt worden. Daher muß T entweder für reguläre oder für eine der irregulären Verfeinerungen markiert sein.

In Zeile (4) wird das Element T nun durch Erzeugung der entsprechenden Söhne nach der Regel verfeinert, für die es markiert ist. Alle Söhne werden für Nichtverfeinerung markiert (6) und in das Gitter G_{k+1} aufgenommen (7). Für jeden Sohn T' werden dann die bereits vorhandenen Kanten und Eckpunkte bestimmt (8). Fehlende Kanten und Eckpunkte von T'

müssen in Zeile (9) neu erzeugt werden. Hierbei nehmen wir implizit an, daß sowohl das Aufspüren der vorhandenen als auch die Generierung neuer Kanten und Eckpunkte beinhalten, daß diese mit T' und den existierenden Objekten im Sinne der Zugriffsliste verknüpft werden. Um die geforderten Verknüpfungen zu vervollständigen, müssen in Zeile (10) dann nur noch die existierenden Nachbarn von T' gefunden werden.

Function *VerfeinereGitter*(G_k)
{
    if ($k = J$) **then** $G_{k+1} := \emptyset$; *(1)*
    for ($T \in G_k$) **do** *(2)*
        if (*T ist nicht entsprechend seiner Verfeinerung markiert*) **then** *(3)*
        {
            Verfeinere T entsprechend der Regel, für die es markiert ist; *(4)*
            for (*jeden Sohn T' von T*) **do** *(5)*
            {
                Markiere T' für Nichtverfeinerung; *(6)*
                $G_{k+1} := G_{k+1} \cup \{T'\}$; *(7)*
                Finde alle existierenden Kanten und Eckpunkte von T'; *(8)*
                Erzeuge alle fehlenden Kanten und Eckpunkte von T'; *(9)*
                Finde alle existierenden Nachbarn von T'; *(10)*
            }
        }
}

Nach Beendigung von Funktion *VerfeinereGitter* sind alle Elemente der Stufe k und deren neu erzeugte Söhne *entsprechend ihrer Verfeinerung* markiert. Damit ist zumindest eine der an die Ausgabegitterfolge gestellten Bedingungen erfüllt. In Kapitel 2.4 werden wir Algorithmus *GlobaleVerfeinerung3D* genauer analysieren und zeigen, daß er tatsächlich all unseren Anforderungen gerecht wird.

2.3.6 Der Adaptive Gitter-Manager AGM^3D

Die aktuelle Implementierung von Algorithmus *GlobaleVerfeinerung3D* ist Teil des Programmpakets AGM^3D. Dabei handelt es sich um eine Art Toolbox zur numerischen Lösung partieller Differentialgleichungen im $\mathbb{R}^3$. AGM^3D ist in ANSI C geschrieben und die verwendeten Datenstrukturen sind speziell auf die Anwendung adaptiver Multilevelverfahren zugeschnitten. Das Kürzel AGM steht für „*Adaptiver Gitter-Manager*" und das hochgestellte „*3D*" deutet an, daß es sich um ein Programm zur Verwaltung dreidimensionaler Gitter handelt.

AGM^3D wurde mit der Absicht entwickelt, dem potentiellen Benutzer die schwierige Aufgabe der Gitterverfeinerung abzunehmen, damit dieser sich ganz auf die Modellierung seines speziellen Problems und die Entwicklung geeigneter Diskretisierungen, Fehlerschätzer und Löser konzentrieren kann. Zu diesem Zweck stellt AGM^3D eine Reihe von problemunabhängigen Routinen für die Erzeugung, Verwaltung und Visualisierung von 3D-Multilevelgittern zur

Verfügung, mit deren Hilfe leicht adaptive Multilevelstrategien für verschiedene Problemklassen entwickelt, implementiert und getestet werden können. Auf diese Weise lassen sich vielleicht auch solche Benutzer zur Anwendung adaptiver Multilevelverfahren in 3D bewegen, die ansonsten – wenn sie sich selbst um die Gitterverwaltung kümmern müßten – wegen des großen Aufwandes wohl davor zurückschrecken würden.

Die gleiche Intention liegt auch dem Programmpaket UG von P. BASTIAN zugrunde. Tatsächlich stammt AGM^{3D} ursprünglich von einer frühen dreidimensionalen UG-Version ab, die vom Autor in Zusammenarbeit mit P. Bastian entwickelt wurde. Dementsprechend gehen viele der in AGM^{3D} eingearbeiteten Ideen auf P. Bastian zurück, insbesondere natürlich die Top-Down/Bottom-Up-Struktur des globalen Verfeinerungsalgorithmus.

Inzwischen ist UG zu einem mächtigen Programmpaket mit mehr als 400.000 Zeilen Quellcode angewachsen. Es stehen Verfeinerungsroutinen für zwei- und dreidimensionale Gitter, sowohl für serielle als auch für Parallelrechner zur Verfügung. Darüber hinaus wurden Diskretisierungen und Lösungsverfahren für eine ganze Reihe praxisrelevanter Probleme entwickelt und eingebunden, z.B. Löser für die zwei- und dreidimensionale Navier-Stokes-Gleichung, Mehrgitterverfahren für Strömungsprobleme in porösen Medien, usw. (siehe [23], [135]).

Im Gegensatz dazu nahm die Entwicklung von AGM^{3D} einen anderen Weg. Zwar ist AGM^{3D} wie auch UG als eine Art Toolbox zur Implementierung adaptiver Multilevelverfahren gedacht, aber weniger im Sinne einer möglichst umfassenden Allzweckbibliothek als vielmehr im Sinne eines möglichst verständlichen Anschauungscodes. Anstatt eine immer größere Auswahl von Problemen und Verfahren zu implementieren, haben wir den frühen 3D-Code komplett überarbeitet und unnötigen Ballast abgeworfen, ohne dabei jedoch die Flexibilität von Programm und Datenstrukturen einzuschränken. AGM^{3D} ist dadurch wesentlich übersichtlicher und transparenter geworden. Unterstützt durch das umfangreiche Handbuch, [29], erhält der interessierte Benutzer so wertvolle Einblicke in die algorithmischen Einzelheiten der Implementierung von 3D-Gitterverfeinerung und adaptiven Multilevelverfahren.

Bei der Implementierung von AGM^{3D} haben wir besonderen Wert darauf gelegt, die problemabhängigen Komponenten von den problemunabhängigen so weit wie möglich trennen. Entsprechend dieser Vorgabe besteht AGM^{3D} im wesentlichen aus drei Teilen:

(i) dem eigentlichen AGM^{3D}-Kernel, der die problem-unabhängigen Routinen zur Gitterverwaltung und -verfeinerung enthält,

(ii) einer graphischen Benutzeroberfläche zur Darstellung von Tetraedergittern und entsprechenden Näherungslösungen,

(iii) problemspezifischen Routinen wie z.B. Diskretisierungen, Fehlerschätzer, Löser, etc.

Der problemabhängige, dritte Teil muß natürlich von jedem Benutzer selbst implementiert werden. Wir haben z.B. für dieses Buch ein Finite-Volumen-Verfahren mit Upwind-Stabilisierung zur Diskretisierung skalarer Konvektions-Diffusions-Probleme implementiert. Die dabei entstehenden Gleichungssysteme werden durch ein Mehrgitterverfahren mit lokalem Block-Gauß-Seidel-Glätter und spezieller Numerierungsstrategie gelöst (siehe Kapitel 5).

Die problemabhängige Komponente der aktuellen AGM^{3D}-Version besteht dann auch in der Tat ausschließlich aus Routinen zur numerischen Behandlung von Konvektions-Diffusions-

Problemen. Dem potentiellen Anwender sollen diese Routinen in erster Linie zu Demonstrationszwecken dienen. Sie zeigen ihm, wie solche Verfahren mit Hilfe der zur Verfügung gestellten Verfeinerungsroutinen und entsprechender Datenstrukturen auf einfache und elegante Weise realisiert werden können. Jeder Benutzer sollte dann in der Lage sein, ähnliche Methoden für sein spezielles und wahrscheinlich komplizierteres Problem zu implementieren.

Im Gegensatz zur dritten Komponente enthält der AGM^{3D}-Kernel die problemunabhängigen Routinen, von denen die meisten zur Gitterverwaltung bzw -verfeinerung dienen. Dazu gehört natürlich auch die Implementierung von Algorithmus *GlobaleVerfeinerung3D*, allerdings in einer etwas anspruchsvolleren Version. Diese ermöglicht u.a. die Approximation krummflächig berandeter, nichtpolyedrischer Gebiete, indem jeweils neu erzeugte Mittelpunkte von Randkanten zum Rand hin verschoben werden.

Die drei Komponenten von AGM^{3D} sind zu einem lauffähigen Programm zusammengebunden, dessen Ausführung sich interaktiv kontrollieren läßt. Dafür stehen eine Reihe von Befehlen und Laufzeitvariablen zur Verfügung. Letztere können vom Benutzer zur Laufzeit verändert werden, um so die Ausführung der eingegebenen Kommandos zu steuern. Darüber hinaus kann zwischen verschiedenen Problemen, Diskretisierungen und Lösern beliebig hin- und hergeschaltet werden – vorausgesetzt, es steht genügend Speicherplatz zur Verfügung.

Zur Unterstützung der von ihm implementierten Routinen kann der Benutzer auf einfache Weise eigene Kommandos und Variablen definieren, die dann ebenfalls zur Laufzeit aufgerufen bzw. manipuliert werden können. Außerdem können verschiedene problemspezifische Datenstrukturen vom Benutzer definiert und mit Objekten wie Elementen, Kanten und Eckpunkten verknüpft werden. Diese Möglichkeiten sind es dann auch, die die Flexibilität von AGM^{3D} ausmachen.

Die Benutzeroberfläche besteht – wie in Abb. 2.18 zu sehen – aus einem Text- und einem Grafikfenster. Ihre Implementierung beruht auf dem weitverbreiteten X Window-System. Somit sollte AGM^{3D} auf nahezu allen Unix-Maschinen kompilierbar und lauffähig sein.

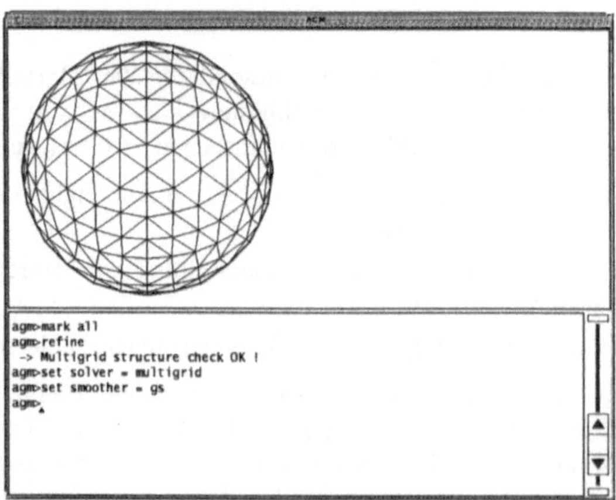

Abb. 2.18: AGM^{3D} in Aktion

Das Textfenster dient zur Eingabe der Kommandos und zur Ausgabe von Fehlermeldungen und anderen wissenswerten Informationen. Im Grafikfenster werden die erzeugten Tetraedergitter sowie die entsprechenden Näherungslösungen dargestellt. Damit diese auch im Innern der jeweiligen Lösungsgebiete betrachtet werden können, lassen letztere sich entlang einer frei definierbaren Fläche quasi „aufschneiden". Sowohl der Betrachterstandpunkt als auch Position und Orientierung der Schnittfläche können mit Hilfe geeigneter Kommandos zur Laufzeit verändert werden. Darüber hinaus können vom Inhalt des Grafikfensters jederzeit „Schnappschüsse" im Postscript-Format abgespeichert werden.

Zwei solcher Schnappschüsse sind in den Abbildungen 2.19 und 2.20 zu sehen. Abb. 2.19 zeigt eine Triangulierung des Einheitswürfels, die während der adaptiven Lösung eines speziellen Konvektions-Diffusions-Problems auftrat. Um einen Eindruck von der Triangulierung im Innern des Würfels zu gewinnen, haben wir ihn entlang der Hauptdiagonalen aufgeschnitten. Besonders gut zu erkennen sind bei diesem Beispiel die weichen Übergänge zwischen Bereichen unterschiedlicher Verfeinerungstiefe.

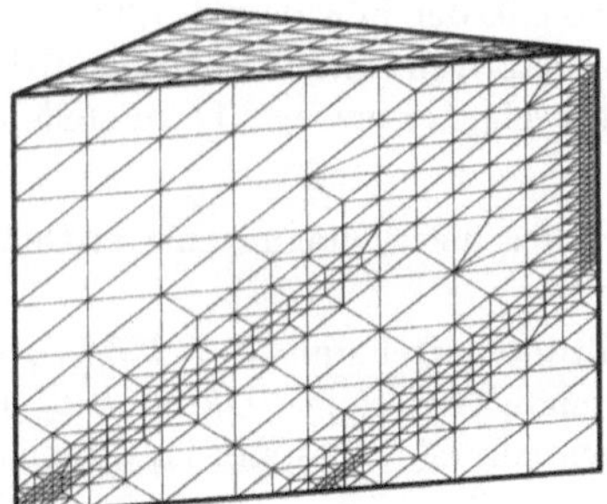

Abb. 2.19: Triangulierung des Einheitswürfels

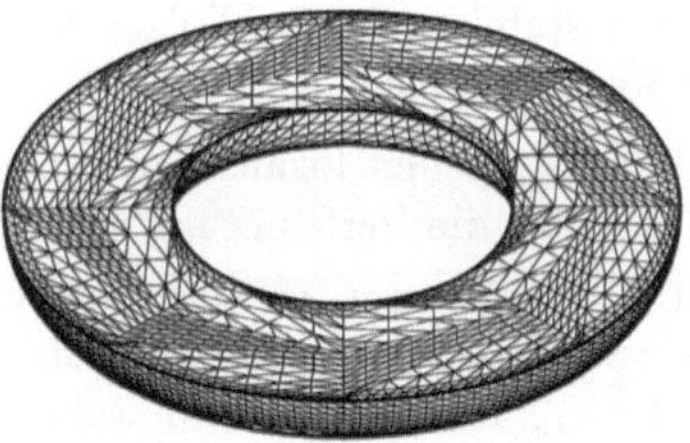

Abb. 2.20: Triangulierung eines Torus

Abb. 2.20 zeigt die untere Hälfte der Triangulierung eines dreidimensionalen Torus. Um seine gekrümmte Oberfläche zu approximieren, wurde jeder neue Mittelpunkt einer Randkante auf die Oberfläche des Torus projiziert. Hierbei ist allerdings Vorsicht geboten. Wenn die Anfangstriangulierung $\mathcal{T}_0$ nicht geeignet gewählt wird, kann die Projektion neuer Eckpunkte auf einen konkaven Teil des Randes zur Entartung der Elemente führen.

Weitere von AGM^{3D} erzeugte Bilder sind in Kapitel 5.4 zu sehen. Auf die Einzelheiten der Implementierung wollen wir hier nicht näher eingehen, da dadurch der Umfang dieses Buches sicherlich gesprengt würde. Stattdessen verweisen wir an dieser Stelle auf das ausführliche Handbuch, [29].

2.4 Analyse des Verfahrens

In diesem Kapitel wollen wir nun Algorithmus *GlobaleVerfeinerung3D* etwas genauer unter die Lupe nehmen. Wir werden beweisen, daß es sich um einen adaptiven Verfeinerungsalgorithmus im Sinne von Definition 2.1.15 handelt, der stabile adaptive Folgen konsistenter Multilevelgitter erzeugt. Darüber hinaus werden wir zeigen, daß der dazu benötigte Rechenaufwand durch ein konstantes Vielfaches der Problemgröße beschränkt ist.

Die folgende Analyse des globalen Algorithmus kann mühelos sowohl auf den zwei- wie auch auf den höherdimensionalen Fall übertragen werden. Insbesondere der Beweis der Konsistenzbedingung liefert wichtige Erkenntnisse über die Notwendigkeit einer hinreichend großen Menge von irregulären Verfeinerungen und damit auch über die Verwendbarkeit des Verfahrens in höheren Dimensionen (vgl. dazu die Kapitel 2.4.2 bzw. 3.1.7).

2.4.1 Korrektheit von Algorithmus GlobaleVerfeinerung3D

Wir zeigen zunächst, daß Algorithmus *GlobaleVerfeinerung3D* den in Kapitel 2.1.3 formulierten Anforderungen genügt, d.h., daß es sich um einen adaptiven Verfeinerungsalgorithmus handelt, der stabile adaptive Folgen konsistenter Multilevelgitter erzeugt. Dazu stellen wir zunächst folgendes fest:

(i) Alle zugelassenen lokalen Verfeinerungsregeln erfüllen die Bedingungen von Definition 2.1.1 an die Verfeinerung von Simplizes.

(ii) Sei $\mathcal{G} = (G_0, \dots, G_J) \in \mathfrak{M}$ das eingegebene Multilevelgitter und $\mathcal{G}' = (G'_0, \dots, G'_{J'})$ die von Algorithmus *GlobaleVerfeinerung3D* erzeugte Gitterfolge. Da für $k > 0$ das Gitter G'_k ausschließlich aus echten Verfeinerungen von G'_{k-1} besteht, ist $\mathcal{G}'$ ebenfalls ein Multilevelgitter.

(iii) Darüber hinaus ist $\mathcal{G}'$ regulär, da irreguläre Elemente niemals verfeinert werden und $\mathcal{G}$ nach Definition von $\mathfrak{M}$ regulär ist.

(iv) Das Ausgangsgitter G_0 bleibt grundsätzlich unverändert. Da außerdem nur Markierungen von Blättern oder von Vätern von Blättern manipuliert werden, können in Funktion *VergröbereGitter* auch nur Blätter entfernt werden. Also entsteht bei sukzessiver Anwendung von Algorithmus *GlobaleVerfeinerung3D* auf ein beliebiges Anfangsgitter $\mathcal{G} = (G_0) \in \mathfrak{M}$ eine adaptive Folge im Sinne von Definition 2.1.11.

(v) Daß jede von Algorithmus *GlobaleVerfeinerung3D* erzeugte adaptive Folge stabil ist, folgt aus der Stabilität der regulären Verfeinerungen (Satz 2.3.1) und der Tatsache, daß irreguläre Elemente nicht weiter verfeinert werden.

Es bleibt also nur noch die Konsistenz der erzeugten Multilevelgitter zu zeigen. Dazu beweisen wir zunächst zwei vorbereitende Lemmata. Das erste davon besagt, daß in der zweiten Phase des Verfeinerungsprozesses keine Markierungen für *reguläre Verfeinerung* mehr vorgenommen werden. Folglich wird in dieser Phase auch die Regel (V1) nicht mehr angewandt, und es können keine zusätzlichen *zur Verfeinerung vorgesehenen* Kanten entstehen.

Lemma 2.4.1 (Markierungen für reguläre Verfeinerung)
Sei $\mathcal{G} \in \mathfrak{M}$ ein entsprechend der Eingabespezifikationmarkiertes Multilevelgitter. Dann finden in der zweiten Phase der Anwendung von Algorithmus GlobaleVerfeinerung3D auf $\mathcal{G}$ keine

Markierungen für reguläre Verfeinerung statt, d.h., jedes regulär verfeinerte Element im Ausgabemultilevelgitter $\mathcal{G}'$ gehört bereits zur Eingabegitterfolge $\mathcal{G}$.

Beweis: Wir nehmen an, ein Element T der Stufe $k > 0$ werde während der zweiten Phase von Algorithmus *GlobaleVerfeinerung3D* für *reguläre Verfeinerung* markiert. Diese Markierung kann nur während des zweiten Aufrufs von Funktion *SchließeGitter* auf der Stufe k stattfinden, und zwar in *SchließeElement*, Zeile (6) oder (10). In jedem Fall muß T selbst regulär sein und mindestens drei *zur Verfeinerung vorgesehene* Kanten besitzen, die nicht auf einer gemeinsamen Seite von T liegen. Wir nennen diese drei Kanten E_1, E_2 und E_3.

Ohne Einschränkung der Allgemeinheit können wir annehmen, daß T das erste Element in dieser Phase ist, welches für *reguläre Verfeinerung* markiert wird. Daraus folgt zunächst, daß E_1, E_2 und E_3 schon in Phase I existiert haben und – nach Beendigung des ersten Aufrufs von Funktion *SchließeGitter* auf der Stufe k – *zur Verfeinerung vorgesehen* waren. Wir schließen weiter, daß auch der Vater T' von T in Phase I schon existiert haben muß. Wäre dies nicht der Fall, so müßte T' irgendwann in der zweiten Phase erzeugt und vor T für *reguläre Verfeinerung* markiert worden sein.

Wir zeigen nun, daß T bereits zum Eingabezeitpunkt existiert hat. Nehmen wir dazu an, T' sei in Phase I *unverfeinert* oder *irregulär verfeinert* gewesen. Wir betrachten noch einmal alle möglichen irregulären Verfeinerungen von T', die in Abb. 2.21 zu sehen sind. Keine dieser irregulären Unterteilungen kann auf drei Kanten führen, die wie E_1, E_2 und E_3

(i) auch bei regulärer Verfeinerung entstehen würden,

(ii) in diesem Fall zu einem einzigen, regulären Sohn T gehören,

(iii) aber nicht auf einer Seite von T liegen.

Da die Kanten E_1, E_2 und E_3 aber zum Eingabezeitpunkt bereits existiert haben, kann T' in Phase I nicht *irregulär verfeinert* und erst recht nicht *unverfeinert* gewesen sein. Also muß T' schon bei der Eingabe *regulär verfeinert* gewesen sein, d.h., T hat zu diesem Zeitpunkt bereits existiert.

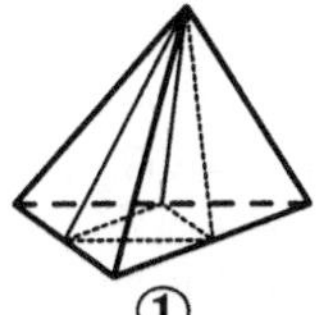

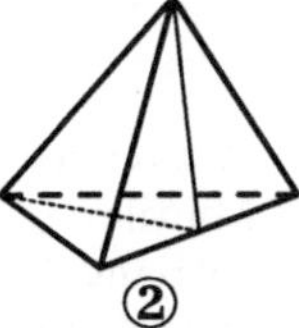

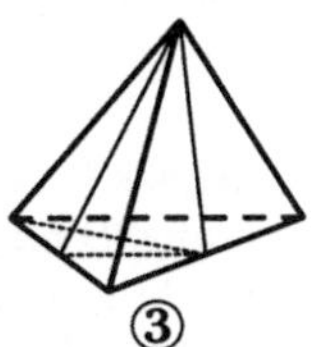

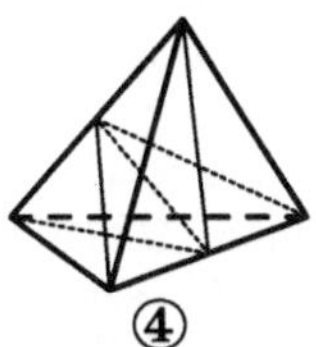

Abb. 2.21: Irreguläre Verfeinerungen in 3D

Folglich war T mit seinen *zur Verfeinerung vorgesehenen* Kanten E_1, E_2 und E_3 während des ersten Aufrufs von Funktion *SchließeGitter* irgendwann Kandidat in der Menge Q und muß in *SchließeElement* für *reguläre Verfeinerung* markiert worden sein. Das schließt aber aus, daß T in der zweiten Phase erneut an Funktion *SchließeElement* übergeben wird. Damit haben wir den gewünschten Widerspruch. □

In Kapitel 1.3.3 haben wir für die Eckpunkte x_j^h einer Triangulierung $\mathcal{T}_h$ die sogenannten Umgebungstriangulierungen $\mathcal{T}_j^h$ eingeführt. Vollkommen analog dazu definieren wir nun die Umgebungstriangulierungen von Kanten.

Definition 2.4.2 (Umgebungstriangulierung einer Kante)
Sei $\Omega \subset \mathbb{R}^3$ ein polyedrisches Gebiet und $\mathcal{T}$ eine konsistente Triangulierung von Ω. Für jede Kante E von $\mathcal{T}$ ist die *Umgebungstriangulierung* $\mathcal{T}_E$ von E bzgl. $\mathcal{T}$ definiert durch

$$\mathcal{T}_E := \{ T \in \mathcal{T} \mid E \text{ ist Kante von } T \},$$

d.h., $\mathcal{T}_E$ besteht aus allen Tetraedern $T \in \mathcal{T}$, die sich die Kante E teilen.

Unser zweites Lemma liefert nun eine wichtige Aussage über die Umgebungstriangulierungen von Kanten regulärer Elemente.

Lemma 2.4.3 (Umgebungstriangulierungen von Kanten regulärer Elemente)
Sei $\mathcal{G} = (G_0, \ldots, G_J) \in \mathfrak{M}$ ein Multilevelgitter und $\mathcal{M} = (\mathcal{T}_0, \ldots, \mathcal{T}_J)$ die dazugehörige Multileveltriangulierung. Weiter sei $T \in G_k$ ein reguläres Element der Stufe $0 < k \leq J$, und zu jeder Kante E von T sei $\mathcal{T}_E$ die Umgebungstriangulierung bzgl. $\mathcal{T}_k$. Dann gilt für jede Kante E von T die Inklusion $\mathcal{T}_E \subset G_k$, d.h., $\mathcal{T}_E$ besteht ausschließlich aus Elementen der Stufe k.

Beweis: Sei E Kante eines regulären Elements $T \in G_k$ für ein $k > 0$. Wir bezeichnen den Vater von T in G_{k-1} mit T'. Da bei einer regulären Verfeinerung alle sechs Kanten unterteilt werden, kann E nicht Kante von T' sein. Auch kann E nicht Kante eines anderen Elements in $\mathcal{T}_{k-1}$ sein, weil $\mathcal{T}_{k-1}$ nach Voraussetzung konsistent ist. Folglich gilt $\mathcal{T}_E \subset \mathcal{T}_k \setminus \mathcal{T}_{k-1}$ und somit $\mathcal{T}_E \subset G_k$. □

Mit Hilfe der Aussagen von Lemma 2.4.1 bzw. 2.4.3 können wir nun die Konsistenz der von Algorithmus *GlobaleVerfeinerung3D* erzeugten Multilevelgitter beweisen.

Satz 2.4.4 (Konsistenz der erzeugten Multilevelgitter)
Algorithmus GlobaleVerfeinerung3D erzeugt für jedes Multilevelgitter $\mathcal{G} \in \mathfrak{M}$ ein konsistentes Multilevelgitter $\mathcal{G}'$.

Beweis: Sei $\mathcal{G} = (G_0, \ldots, G_J) \in \mathfrak{M}$ das Eingabemultilevelgitter und $\mathcal{G}' = (G'_0, \ldots, G'_{J'})$ das von Algorithmus *GlobaleVerfeinerung3D* erzeugte Multilevelgitter. $\mathcal{M} = (\mathcal{T}_0, \ldots, \mathcal{T}_J)$ bzw. $\mathcal{M}' = (\mathcal{T}'_0, \ldots, \mathcal{T}'_{J'})$ seien die dazugehörigen Multileveltriangulierungen. Wie wir oben bereits gezeigt haben, sind $\mathcal{G}'$ bzw. $\mathcal{M}'$ regulär. Die Konsistenz beweisen wir nun durch Induktion über die Gitterstufe k.

Die Anfangstriangulierung $\mathcal{T}'_0 = G'_0 = G_0$ ist nach Voraussetzung konsistent. Die Konsistenz von $\mathcal{T}'_1$ folgt aus der Tatsache, daß alle Elemente in $\mathcal{T}'_0$ per Definition regulär sind und die Funktion *SchließeGitter* nach Konstruktion konsistente Markierungen für alle regulären Elemente erzeugt. Wir nehmen also an, daß für einen festen Index k, $0 < k < J'$, die Triangulierungen $\mathcal{T}'_0, \ldots, \mathcal{T}'_k$ konsistent sind, und folgern daraus die Konsistenz von $\mathcal{T}'_{k+1}$.

Sei dazu E eine beliebige Kante der Stufe k, die beim Übergang zu $\mathcal{T}'_{k+1}$ verfeinert wird. Da nur reguläre Elemente verfeinert werden, ist E Kante mindestens eines regulären Elements $T' \in G'_k$. Aus Lemma 2.4.3 – angewendet auf das abgebrochene Multilevelgitter $(G'_0, \ldots, G'_k) \in \mathfrak{M}$ – schließen wir, daß die Umgebungstriangulierung $\mathcal{T}'_E$ von E bzgl. $\mathcal{T}'_k$

ausschließlich aus Elementen der Stufe k besteht. Wie wir nun zeigen werden, sind darüber hinaus alle Elemente in $\mathcal{T}_E'$ regulär.

Dazu wenden wir zunächst Lemma 2.4.1 an. Aus der Tatsache, daß die Regel (V1) in der zweiten Phase von Algorithmus *GlobaleVerfeinerung3D* nicht mehr angewendet wird, folgt, daß E bereits zum Eingabezeitpunkt existiert hat und nach dem ersten Aufruf von Funktion *SchließeGitter* auf der Stufe k *zur Verfeinerung vorgesehen* gewesen sein muß, und zwar durch wenigstens ein reguläres Element $T \in G_k$. Da nach Voraussetzung $\mathcal{G} \in \mathfrak{M}$ gilt, können wir Lemma 2.4.3 erneut anwenden und schließen, daß die Umgebungstriangulierung $\mathcal{T}_E$ von E bzgl. $\mathcal{T}_k$ eine Teilmenge von G_k ist.

Da aber E nach dem ersten Aufruf von *SchließeGitter(G_k)* zur Verfeinerung vorgesehen ist, werden alle irregulären Elemente in $\mathcal{T}_E$ beim Aufruf von Funktion *BestimmeMarkierungen* auf der Stufe $k-1$ erkannt und in Phase II, ebenfalls auf der Stufe $k-1$, durch reguläre Elemente ersetzt. Folglich besteht $\mathcal{T}_E'$ ausschließlich aus regulären Elementen der Stufe k. Beim zweiten Aufruf von *SchließeGitter(G_k)* werden daher alle nicht konsistent markierten Elemente aus $\mathcal{T}_E'$ als Kandidaten in die Menge Q aufgenommen und in Funktion *SchließeElement* konsistent markiert. Die Triangulierung $\mathcal{T}_{k+1}'$ ist somit konsistent und die Behauptung bewiesen. □

Folgerung 2.4.5 (Korrektheit von Algorithmus GlobaleVerfeinerung3D)
Algorithmus GlobaleVerfeinerung3D ist ein adaptiver Verfeinerungsalgorithmus im Sinne von Definition 2.1.15. Er genügt der Ein- und Ausgabespezifikation von Kapitel 2.3.4 und erzeugt bei sukzessiver Anwendung auf eine konsistente Anfangstriangulierung $\mathcal{T}_0$ im $\mathbb{R}^3$ eine stabile Folge konsistenter Multilevelgitter.

Bemerkung 2.4.6 (Anmerkung zum Konsistenzbeweis)
Der Konsistenzbeweis für Algorithmus *GlobaleVerfeinerung3D* beruht auf der Tatsache, daß die Regel (V1) in der zweiten Phase nicht angewendet wird und daß für die von (V1) nicht betroffenen Elemente genügend irreguläre Verfeinerungsregeln zur Verfügung stehen. Im nächsten Kapitel werden wir anhand eines Gegenbeispiels zeigen, daß die Aussage von Satz 2.4.4 nicht mehr gilt, wenn man auf die Typ (3)-Verfeinerungen verzichtet und sie durch Typ (1)-Verfeinerungen ersetzt.

2.4.2 Die Notwendigkeit der Verfeinerungen vom Typ (3)

Die irregulären Verfeinerungen vom Typ (3) erfordern, wie wir bereits gesehen haben, einige Vorsicht, damit die kritische Seite mit den zwei verfeinerten Kanten von beiden Seiten her gleich unterteilt wird. Man könnte daher versucht sein, auf die Typ (3)-Verfeinerungen zu verzichten und sie durch die folgende Regel zu ersetzen:

(V2) *Besitzt ein Tetraeder zwei zur Verfeinerung vorgesehene Kanten, die auf einer gemeinsamen Seite liegen, so wird es durch die entsprechende Typ (1)-Verfeinerung für diese Seite markiert.*

Dabei muß man natürlich wie bei Anwendung der Regel (V1) einen möglichen Domino-Effekt inkaufnehmen.

Die beschriebene Vorgehensweise ist jedoch nur dann zu empfehlen, wenn der globale Algorithmus so aufgebaut ist, daß jederzeit Elemente beliebiger Stufe in den Abschlußprozeß aufgenommen werden können. Dies ist z.B. bei dem von Bank verwendeten Verfahren der Fall (vgl. dazu auch Kapitel 2.2.1). Sein Algorithmus arbeitet mit einer globalen Elementliste, an die jederzeit Elemente beliebiger Stufe angehängt werden können. Die gleiche Aktive-Mengen-Strategie wird auch in dem Programmpaket KASKADE benutzt. Tatsächlich wurden in einer frühen 3D-Version von KASKADE nur die irregulären Verfeinerungen vom Typ (1), (2) und (4) verwendet, siehe z.B. [32]. Inzwischen sind aber auch die Typ (3)-Verfeinerungen eingebaut worden, [1].

Bei Algorithmus *GlobaleVerfeinerung3D* hingegen können während der zweiten Phase des Verfeinerungsprozesses die Elemente niedrigerer Stufen nicht mehr in den grünen Abschluß miteinbezogen werden. Deswegen kann bei unserem Verfahren auf die Typ (3)-Verfeinerungen nicht verzichtet werden. Wie das folgende Beispiel zeigt, kann die Anwendung der Regel (V2) bei Algorithmus *GlobaleVerfeinerung3D* tatsächlich zu inkonsistenten Triangulierungen führen.

Beispiel 2.4.7 (Gegenbeispiel zur Verwendung der Regel (V2))
Betrachte eine Situation, wie sie in Abb. 2.22 dargestellt ist. Bild (1) zeigt drei Tetraeder A, B und C, die so angeordnet sind, daß B eine Kante mit A und eine Kante mit C gemeinsam hat. Wir nehmen an, daß A, B und C Tetraeder der Stufe 0 sind und zu einer konsistenten Triangulierung $\mathcal{T}_0$ gehören, die den Raum in einer näheren Umgebung vollständig ausfüllt, d.h., alle dargestellten Kanten seien vollständig von weiteren Elementen umgeben, die der Übersichtlichkeit halber nicht mit eingezeichnet wurden.

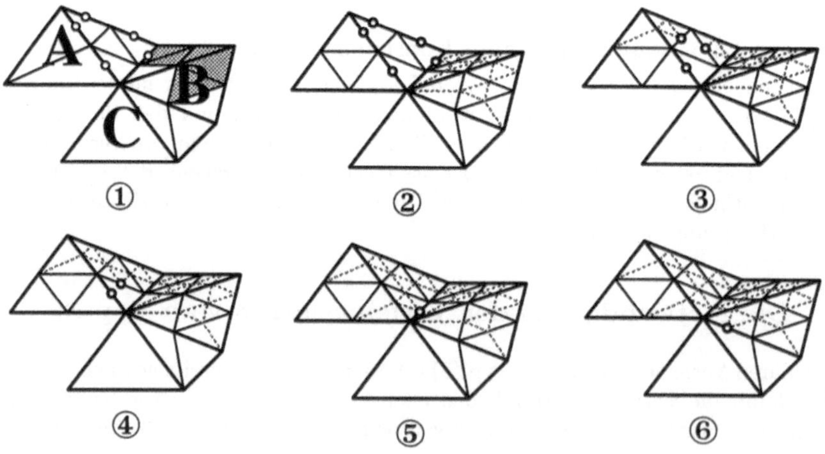

Abb. 2.22: Anwendung der Regel (V2)

Wie man sieht, ist B regulär verfeinert und einige seiner Söhne sind für *Verfeinerung* markiert (graue Schraffierung). Die Elemente A und C sind irregulär verfeinert, und zwar jeweils nach einer Typ (1)- bzw. Typ (2)-Regel. Die mit Kreisen markierten Kanten der Söhne von A seien zur Verfeinerung vorgesehen, aber nicht durch die Söhne von A selbst, sondern durch irgendwelche anderen, nicht eingezeichneten Elemente um die betroffenen Kanten herum.

Wir wollen uns nun überlegen, was wohl passiert, wenn wir Algorithmus *GlobaleVerfeinerung3D* in dieser Situation anwenden. Zunächst wird durch den ersten Aufruf von Funktion *SchließeGitter* auf der Stufe 1 der grüne Abschluß unter den Söhnen von B bestimmt, die ja regulär sind. Anschließend wird auf der Stufe 0 die irreguläre Verfeinerung von A durch eine reguläre ersetzt. Wie in Kapitel 2.3.4 haben wir auch hier die Markierungen grau gestrichelt eingezeichnet, im Gegensatz zu den tatsächlichen Verfeinerungen, die an den durchgezogenen, schwarzen Linien zu erkennen sind. Bild (2) zeigt den Zustand der Tetraeder zu dem Zeitpunkt, wo die Funktion *SchließeGitter* auf Stufe 1 zum zweiten Mal aufgerufen wird.

Zwei der neuen Söhne von A besitzen nun jeweils zwei *zur Verfeinerung vorgesehene* Kanten. Wenden wir auf beide die Regel (V2) an, so sind anschließend zwei Kanten eines weiteren Elements *zur Verfeinerung vorgesehen* (Bild (3)), auf das daher ebenfalls die Regel (V2) angewendet wird (Bild (4)). Dieser Prozeß pflanzt sich fort, bis schließlich, wie in Bild (5) zu sehen, auch ein Sohn von B betroffen ist. Dieses Element, das bisher durch eine Typ (2)-Regel markiert war, besitzt nun vier *zur Verfeinerung vorgesehene* Kanten und wird deswegen für *reguläre Verfeinerung* markiert.

Wie Bild (6) zeigt, besitzt nun auch einer der Söhne von C eine *zur Verfeinerung vorgesehene* Kante. Da irreguläre Elemente nicht verfeinert werden dürfen, müßte die Verfeinerung von C durch eine reguläre ersetzt werden. Weil Algorithmus *GlobaleVerfeinerung3D* sich aber schon in der zweiten Phase auf der Stufe 1 befindet, ist eine Änderung der Verfeinerung von Tetraeder C, das ja zu $\mathcal{T}_0$ gehört, nicht mehr möglich. Folglich kann der grüne Abschluß nicht korrekt berechnet werden.

Bemerkung 2.4.8 (Die zweite Phase des Verfeinerungsprozesses)
In Kapitel 2.4.1 haben wir gezeigt, daß die Regel (V1) in der zweiten Phase von Algorithmus *GlobaleVerfeinerung3D* nicht mehr angewendet wird. Diese Aussage war ganz entscheidend für den anschließenden Konsistenzbeweis. Dabei haben wir allerdings vorausgesetzt, daß Elemente mit zwei *zur Verfeinerung vorgesehenen* Kanten auf einer gemeinsamen Seite durch eine Typ (3)-Regel markiert werden. Wie das vorangegangene Beispiel zeigt, kann die Verwendung der Regel (V2) dazu führen, daß in Phase II des Verfeinerungsprozesses auch die Regel (V1) angewendet werden muß.

Da wir auf die Typ (3)-Verfeinerungen nicht verzichten können, wollen wir an dieser Stelle wenigstens noch ein paar Möglichkeiten aufzeigen, wie man dafür sorgen kann, daß jeweils zwei benachbarte Elemente mit zwei gemeinsamen, *zur Verfeinerung vorgesehenen* Kanten konsistent verfeinert werden. Der Einfachheit halber bezeichnen wir solche Elemente als *kritische* Nachbarn und ihre gemeinsame Seite als *kritische* Seite.

Eine Möglichkeit haben wir bereits in Kapitel 2.3.5 kennengelernt. Es handelt sich dabei um die Strategie, die wir in Funktion *SchließeElement* eingebaut haben. Bevor ein Tetraeder T für eine Typ (3)-Verfeinerung markiert wird, wird zunächst überprüft, ob der kritische Nachbar T' bereits für eine Typ (3)-Verfeinerung markiert ist – und wenn ja, für welche der beiden möglichen. Ist dies der Fall, so wird T für diejenige Typ (3)-Regel markiert, die zu der von T' konsistent ist. Wenn T' noch nicht entsprechend markiert ist, kann man die Typ (3)-Regel für T beliebig wählen.

Die beschriebene Strategie besitzt den Nachteil, daß zuerst der kritische Nachbar überprüft und die Markierung dann an die des Nachbarn angepaßt werden muß. Vor allem im Hinblick auf die Parallelisierung wäre eine Strategie wünschenswert, mit der die betroffenen Elemente konsistent markiert werden können ohne vorher auf den kritischen Nachbarn zugreifen zu müssen.

Dazu kann man z.B. die geometrischen Eigenschaften der kritischen Seite benutzen. Seien etwa E_1, E_2 die beiden *zur Verfeinerung vorgesehenen* Kanten auf der kritischen Seite S von T. Jede der beiden möglichen Typ (3)-Regeln für T ist dann eindeutig bestimmt durch Angabe derjenigen Kante, deren Mittelpunkt mit dem gegenüberliegenden Eckpunkt von S verbunden wird. Eine einfache Strategie besteht nun darin, immer den Mittelpunkt der längeren der beiden Kanten E_1, E_2 mit dem gegenüberliegenden Eckpunkt zu verbinden. Wendet man diese Strategie in beiden kritischen Nachbarn an, so erhält man automatisch konsistente Markierungen, da die geometrischen Eigenschaften von S nicht vom zu markierenden Element abhängen.

Ein weiterer Vorteil des soeben beschriebenen Verfahrens besteht darin, daß auf diese Weise das Entartungsmaß δ der zu erzeugenden Söhne von T bzw. T' optimiert werden kann. Der wesentliche Nachteil besteht darin, daß das Verfahren versagt, wenn die Kanten E_1 und E_2 gleich lang sind. In diesem Fall muß man versuchen, eine der beiden Kanten auf andere Weise zu identifizieren, etwa anhand der Koordinaten des Mittelpunktes. Mit jedem solchen Kriterium steigt allerdings der Rechenaufwand, und in den meisten Fällen wird es immer Beispiele geben, wo sie versagen.

Die unserer Meinung nach eleganteste Lösung des Problems besteht daher in folgendem Verfahren: Man numeriere zu Beginn des adaptiven Prozesses alle Eckpunkte der Anfangstriangulierung $\mathcal{T}_0$ der Reihe nach durch und stelle sicher, daß die Reihenfolge der vier Eckpunkte jedes Elements $T \in \mathcal{T}_0$ mit der dadurch induzierten Reihenfolge übereinstimmt. Für je zwei Elemente $T, T' \in \mathcal{T}_0$ mit gemeinsamer Seite S haben dann die drei zu S gehörenden Eckpunkte innerhalb der lokalen Eckpunktnumerierung von T die gleiche Reihenfolge wie in der von T'.

Wie Satz 3.1.25 in Kapitel 3.1.6 zeigen wird, gilt diese Aussage nicht nur für Nachbarn der Stufe 0, sondern die genannte Eigenschaft bleibt bei jeder regulären Verfeinerung durch Algorithmus *RoteVerfeinerung3D* erhalten. Folglich erhält man konsistente Typ (3)-Markierungen, wenn man grundsätzlich diejenige der beiden Kanten E_1, E_2 auswählt, die dem Eckpunkt mit dem kleineren Index innerhalb von T bzw. T' gegenüberliegt. Durch diesen einfachen Trick können die Typ (3)-Verfeinerungen sicher und ohne Abstimmung mit dem kritischen Nachbarn durchgeführt werden.

2.4.3 Komplexität von Algorithmus GlobaleVerfeinerung3D

Zum Schluß dieses Kapitels wollen wir noch zeigen, daß Algorithmus *GlobaleVerfeinerung3D* so implementiert werden kann, daß er von optimaler Komplexität ist, d.h., die Anzahl der durchzuführenden Operationen ist beschränkt durch ein konstantes Vielfaches der Blätterzahl des eingegebenen Multilevelgitters. Dazu zeigen wir zunächst, daß bei geschickter Implementierung die Zahl der für jedes Element durchzuführenden Operationen beschränkt ist, und zwar durch eine Konstante, die nur von der vorgegebenen Anfangstriangulierung $\mathcal{T}_0$ abhängt.

Die einzigen in dieser Hinsicht kritischen Operationen sind

(i) in *SchließeElement*, Zeile (9):
die Bestimmung aller Tetraeder $T' \in G_k$ mit vorgegebener Kante E,

(ii) in *VerfeinereGitter*, Zeile (8):
das Auffinden der existierenden Eckpunkte und Kanten eines neu erzeugten Elements,

(iii) in *VerfeinereGitter*, Zeile (9):
die Verknüpfung gerade erzeugter Eckpunkte und Kanten mit bereits existierenden Objekten,

(iv) in *VerfeinereGitter*, Zeile (10):
das Auffinden der existierenden Nachbarn jedes neu erzeugten Elements.

Von diesen vier Operationen werden wir nun zeigen, daß sie sich effizient realisieren lassen.

zu (i): In Funktion *SchließeElement*, Zeile (9), sind alle Elemente T' zu bestimmen, die sich eine vorgegebene Kante E der Stufe k teilen, d.h., alle Elemente in der Umgebungstriangulierung $\mathcal{T}_E$. Da E Kante mindestens eines regulären Elements ist – nämlich des an *Schließe-Element* übergebenen Tetraeders T –, gehören nach Lemma 2.4.3 alle Elemente $T' \in \mathcal{T}_E$ zur Stufe k. Wie ein Blick auf die Zugriffsliste in Kapitel 2.3.3 zeigt, können wir von E aus nicht direkt auf die gesuchten Elemente in $\mathcal{T}_E$ zugreifen. Da aber eines von ihnen – nämlich das Element T – bereits bekannt ist, kann man die in $\mathcal{T}_E$ bestehenden Nachbarschaftsbeziehungen ausnutzen, um die anderen zu finden[10]. Dazu muß allerdings vorausgesetzt werden, daß Ω ein Lipschitz-Gebiet ist.

In diesem Fall können die Elemente $T' \in \mathcal{T}_E$ in einer Folge $(T_0, T_1, \ldots, T_m)$ angeordnet werden, derart, daß T_i Nachbar von T_{i-1} für $1 \leq i \leq m$ ist[11]. Ist nun i der Index, für den $T = T_i$ gilt, so können wir mit Hilfe der Nachbarschaftsbeziehungen zunächst die Elemente $T_{i-1}, \ldots, T_0$ und dann die Elemente $T_{i+1}, \ldots, T_m$ bestimmen (oder umgekehrt). Der maximale Aufwand dafür ist pro Element durch eine Konstante beschränkt.

zu (ii): Sei T ein Element, das in Zeile (6) von Funktion *VerfeinereGitter* verfeinert wird, und T' einer der neuen Söhne von T. Um die existierenden Eckpunkte und Kanten von T' zu finden, benutzen wir ebenfalls nur die in der Zugriffsliste aufgeführten Verknüpfungen. Die Eckpunkte von T' sind entweder Söhne von Eckpunkten von T oder Kantenmittelpunkte von T. Auf beide haben wir Zugriff. Von den gefundenen Eckpunkten aus können wir dann auf die von ihnen ausgehenden Kanten zugreifen, unter denen sich auch die bereits existierenden Kanten von T' befinden. Da aufgrund der Stabilität unseres Algorithmus die Anzahl der von einem Eckpunkt aus startenden Kanten durch eine nur von $\delta(\mathcal{T}_0)$ abhängige Konstante beschränkt ist, können die bestehenden Eckpunkte und Kanten jedes neuen Elements mit beschränktem Aufwand gefunden werden.

zu (iii): Die Erzeugung neuer Kanten und Eckpunkte für ein neues Element T' ist sicher mit konstantem Aufwand möglich. Ihre Verknüpfung mit bereits vorhandenen Objekten bereitet ebenfalls keine Schwierigkeiten, denn es sind dies gerade diejenigen Objekte, von denen aus wir unter (ii) versucht haben, die existierenden Kanten und Eckpunkte von T' zu finden.

zu (iv): Schließlich können wir in Zeile (10) die existierenden Nachbarn von T' ebenfalls mit $O(1)$ Operationen aufspüren, denn diese sind entweder Söhne von T oder einem seiner

[10] Wir erinnern uns, daß nur Elemente gleicher Stufe Nachbarn sein können.

[11] Für Kanten E im Innern von Ω ist darüber hinaus T_0 noch Nachbar von T_m

Nachbarn. Hierbei genügt es, diejenigen Nachbarn von T zu untersuchen, die *entsprechend ihrer Verfeinerung* markiert sind. Alle anderen müssen nämlich erst noch verfeinert werden.

Nachdem wir für alle kritischen Operationen gezeigt haben, daß sie sich effizient realisieren lassen, können wir nun die Gesamtkomplexität von Algorithmus *GlobaleVerfeinerung3D* bestimmen. Dazu benutzen wir zwei Lemmata, mit deren Hilfe wir die Zahl der Blätter und Elemente von Eingabe- und Ausgabemultilevelgitter gegeneinander abschätzen können.

Lemma 2.4.9 (Die Anzahl von Blättern und Elementen in Multilevelgittern)
Sei $\mathcal{G} = (G_0, \ldots, G_J)$ ein Multilevelgitter. Wir bezeichnen mit N_{leaf} die Anzahl der Blätter und mit N_{tot} die Gesamtzahl aller Elemente von $\mathcal{G}$. Dann gilt $N_{leaf} \leq N_{tot} \leq 2\,N_{leaf}$.

Beweis: Die untere Abschätzung ist trivial. Die obere Abschätzung zeigen wir durch Induktion über die einzelnen Verfeinerungen. Für $\mathcal{G} = (G_0)$ ist die Behauptung offensichtlich richtig. Sei nun $\mathcal{G}$ ein beliebiges Multilevelgitter mit $N_{tot} \leq 2\,N_{leaf}$. Durch Verfeinerung eines beliebigen Blattes T von $\mathcal{G}$ entstehen $m \geq 2$ neue Elemente. Die Zahl der Blätter steigt um $m - 1$. Bezeichnen wir die Zahl der Blätter bzw. Elemente des neuen Multilevelgitters mit N'_{leaf} bzw. N'_{tot}, so folgt aus $m \leq 2\,(m-1)$ für $m \geq 2$ die Abschätzung

$$N'_{tot} \;=\; N_{tot} + m \;\leq\; 2N_{leaf} + m \;\leq\; 2(N_{leaf} + m - 1) \;=\; 2N'_{leaf}\,.$$

Damit ist die Behauptung bewiesen. □

Lemma 2.4.10 (Die Anzahl von Blättern in Ein- und Ausgabe)
Sei $\mathcal{G} \in \mathfrak{M}$ ein Multilevelgitter, das der Eingabespezifikation genügt, und $\mathcal{G}'$ das Multilevelgitter, das durch Anwendung von Algorithmus GlobaleVerfeinerung3D *auf $\mathcal{G}$ erzeugt wird. Die Zahl der Blätter von $\mathcal{G}$ bzw. $\mathcal{G}'$ bezeichnen wir mit N_{leaf} bzw. N'_{leaf}. Dann gilt*

$$\tfrac{1}{8}\,N_{leaf} \;\leq\; N'_{leaf} \;\leq\; 8\,N_{leaf}\,.$$

Beweis: Um die untere Abschätzung für N'_{leaf} zu zeigen, bezeichnen wir mit Σ die Menge aller Elemente in $\mathcal{G}$, die entweder Blatt der Stufe 0 oder Vater eines beliebigen Blattes sind. Da jedem Element in Σ höchstens acht Blätter entsprechen, folgt $N_{leaf} \leq 8\,|\,\Sigma\,|$, und weil jedes der Elemente in Σ auch noch zu $\mathcal{G}'$ gehört und dort entweder selbst Blatt ist oder ein Blatt als Nachfolger besitzt, gilt $|\,\Sigma\,| \leq N'_{leaf}$. Damit ist die erste Abschätzung bewiesen.

Um die obere Abschätzung zu zeigen, argumentieren wir wie folgt: Für jedes reguläre Blatt von $\mathcal{G}$ können durch Verfeinerung höchstens acht neue Blätter entstehen. Es genügt also, die irregulären Blätter zu betrachten. Sei dazu T ein irregulär verfeinertes Element der Stufe $0 \leq k < J$ von $\mathcal{G}$. Im schlimmsten Fall wird die Verfeinerung von T durch eine reguläre ersetzt und einige der neuen, regulären Elemente werden noch einmal verfeinert.

Nehmen wir nun an, es sei T' ein solcher regulärer Sohn von T, der noch weiter verfeinert wird. Wegen Lemma 2.4.1 müssen alle verfeinerten Kanten von T' schon bei der Eingabe existiert haben und nach dem ersten Aufruf von Funktion *SchließeGitter* auf der Stufe $k + 1$ zur Verfeinerung vorgesehen gewesen sein. Zum Eingabezeitpunkt war T aber irregulär verfeinert. Jede verfeinerte Kante von T' ist also sowohl Kante einer regulären Verfeinerung als auch Kante einer irregulären Verfeinerung von T. Außerdem muß es in $\mathcal{G}$ zu jeder solchen Kante ein reguläres Element außerhalb von T geben, durch das sie *zur Verfeinerung vorgesehen* ist. In Abb. 2.23 sind nun für jede der vier irregulären Verfeinerungstypen die Kanten markiert, die diese Voraussetzungen erfüllen.

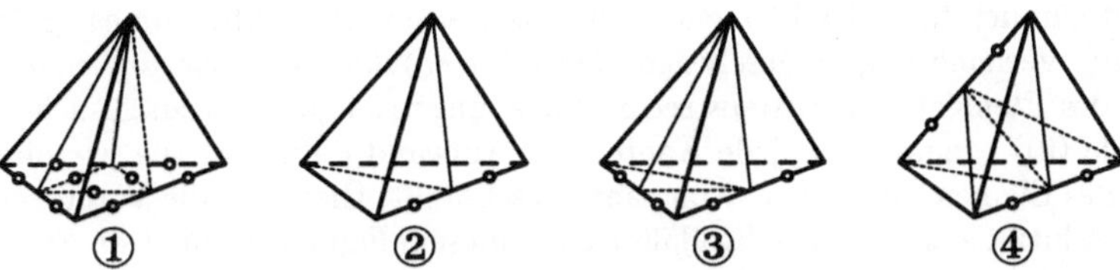

Abb. 2.23: Markierte Kanten irregulärer Elemente vor ...

Die kurze Kante auf der kritischen Seite der Typ (3)-Verfeinerung und die Diagonale der Typ (4)-Verfeinerung sind nicht markiert. Diese kommen zwar als Kanten einer regulären Verfeinerung in Frage, sie können aber nicht durch ein außerhalb liegendes Element *zur Verfeinerung vorgesehen* sein. Ersetzen wir nun die irregulären Verfeinerungen durch reguläre, so erhalten wir wir die in Abb. 2.24 dargestellte Situation (die Diagonale der regulären Verfeinerung spielt hier keine Rolle).

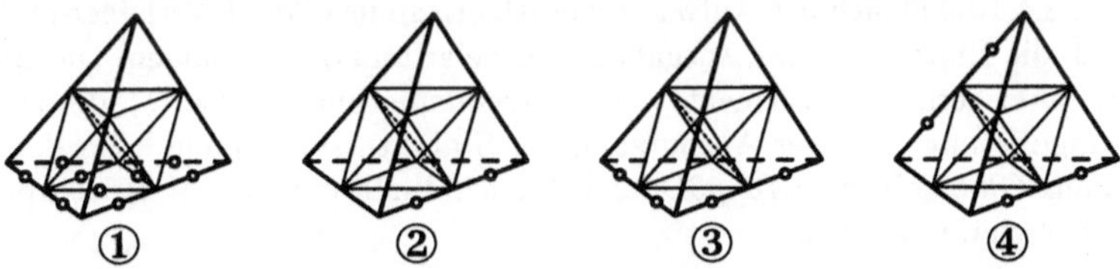

Abb. 2.24: ... und nach der Ersetzung durch reguläre Elemente

Anhand von Abb. 2.24 kann man sich nun leicht klar machen, daß keiner der neuen regulären Söhne von T in mehr Elemente unterteilt wird als T es vorher war. Daher kann auch hier die Zahl der Blätter unter den Nachfolgern von T höchstens um den Faktor 8 zunehmen, und die zweite Abschätzung ist somit ebenfalls bewiesen. □

Mit Hilfe der Abschätzungen von Lemma 2.4.9 bzw. 2.4.10 können wir nun die optimale Komplexität von Algoritmus *GlobaleVerfeinerung3D* beweisen. Allerdings müssen wir dazu voraussetzen, daß Ω ein Lipschitz-Gebiet ist.

Satz 2.4.11 (Die Komplexität von Algorithmus GlobaleVerfeinerung3D)
Sei $\Omega \subset \mathbb{R}^3$ ein polyedrisches Lipschitz-Gebiet und $\mathcal{G} \in \mathfrak{M}$ ein Multilevelgitter für Ω, das der Eingabespezifikation genügt. Dann ist der Aufwand für die Anwendung von Algorithmus GlobaleVerfeinerung3D auf $\mathcal{G}$ beschränkt durch ein konstantes Vielfaches der Blätterzahl von $\mathcal{G}$.

Beweis: Sei $\mathcal{G}'$ das Multilevelgitter, welches durch Anwendung von Algorithmus *GlobaleVerfeinerung3D* auf $\mathcal{G}$ entsteht. Mit N_{tot} bzw. N'_{tot} bezeichnen wir die Anzahl der Elemente in $\mathcal{G}$ bzw. $\mathcal{G}'$. Dann ist zunächst klar, daß die Funktionen *BestimmeMarkierungen* und

VergröbereGitter eine beschränkte Anzahl von Operationen für jedes Element der jeweils aktuellen Stufe k ausführen. Wie wir oben gezeigt haben, gilt diese Behauptung auch für die Funktion *VerfeinereGitter*, da sich die kritischen Operationen in den Zeilen (8) bis (10) für jedes neue Element mit konstantem Aufwand berechnen lassen und die Zahl jeweils neu erzeugter Söhne durch acht beschränkt ist.

Schließlich kann auch die Funktion *SchließeGitter* mit einer beschränkten Anzahl von Operationen für jedes Element des betrachteten Gitters ausgeführt werden. Die Funktion *SchließeElement* wird nämlich für jedes Element höchstens viermal ausgeführt, da es spätestens bei der vierten zur Verfeinerung vorgesehenen Kante für *reguläre Verfeinerung* markiert wird. Auch wird jedes Element in höchstens sechs Umgebungstriangulierungen gesucht (*SchließeElement*, Zeile (9)) – einmal für jede Kante. Der Aufwand dafür ist, wie wir oben gezeigt haben, für jedes Element durch eine Konstante beschränkt. Hier geht die Voraussetzung ein, daß Ω ein Lipschitz-Gebiet ist. Folglich läßt sich in diesem Fall auch Funktion *SchließeGitter* mit $O(1)$ Operationen pro Element berechnen.

Der Gesamtaufwand von Algorithmus *GlobaleVerfeinerung3D* ist demnach von der Größenordnung $O(N_{tot} + N'_{tot})$. Wegen Lemma 2.4.9 gilt nun $N_{tot} + N'_{tot} \leq 2\,(N_{leaf} + N'_{leaf})$, wobei N_{leaf} bzw. N'_{leaf} die Zahl der Blätter von $\mathcal{G}$ bzw. $\mathcal{G}'$ sind. Da sich N'_{leaf} mit Lemma 2.4.10 durch $8\,N_{leaf}$ abschätzen läßt, besitzt Algorithmus *GlobaleVerfeinerung3D* die optimale Komplexität $O(N_{leaf})$. Damit ist die Behauptung bewiesen. □

Bemerkung 2.4.12 (Abschätzung durch die Zahl der Eckpunkte)

Wegen Lemma 2.4.10 läßt sich der Aufwand von Algorithmus *GlobaleVerfeinerung3D* natürlich auch durch die Blätterzahl des Ausgabemultilevelgitters $\mathcal{G}'$ abschätzen. Die Blätter von $\mathcal{G}$ bzw. $\mathcal{G}'$ sind aber gerade die Elemente der Endtriangulierung $\mathcal{T}_J$ bzw. $\mathcal{T}'_{J'}$ der zugehörigen Multileveltriangulierungen. Unter Ausnutzung der Stabilitätsbedingung kann der Aufwand von Algorithmus *GlobaleVerfeinerung3D* folglich auch durch die Anzahl der Eckpunkte von $\mathcal{T}_J$ bzw. $\mathcal{T}'_{J'}$ abgeschätzt werden.

Bemerkung 2.4.13 (Implementierungshinweis für Nicht-Lipschitz-Gebiete)

Natürlich kann man Algorithmus *GlobaleVerfeinerung3D* auch so implementieren, daß er für Nicht-Lipschitz-Gebiete funktioniert und von optimaler Komplexität ist. Um dies zu verdeutlichen, betrachten wir *Komponenten* der Umgebungstriangulierungen $\mathcal{T}_E$. Eine Teilmenge $K \subset \mathcal{T}_E$ heißt *Komponente* von $\mathcal{T}_E \subset G_k$, wenn die Elemente in K so in einer Folge $T_0, \ldots, T_m$ angeordnet werden können, daß T_i Nachbar von T_{i-1} für $1 \leq i \leq m$ ist. Eine Komponente K von $\mathcal{T}_E$ heißt *maximal*, wenn nach Hinzufügen eines beliebigen Elements $T \in \mathcal{T}_E \setminus K$ die Menge $K \cup \{T\}$ keine Komponente mehr ist.

Ist nun Ω ein Lipschitz-Gebiet, so besteht jede Umgebungstriangulierung $\mathcal{T}_E \subset G_k$ nur aus einer maximalen Komponente: $\mathcal{T}_E$ selbst. Diese Eigenschaft haben wir oben bereits ausgenutzt. Wenn Ω kein Lipschitz-Gebiet ist, kann es vorkommen, daß die Umgebungstriangulierung einer Randkante E in zwei oder mehr maximale Komponenten zerfällt. Um auch für eine solche Kante die Umgebungstriangulierung $\mathcal{T}_E$ effizient bestimmen zu können, müssen wir von E aus auf jede ihrer maximalen Komponenten zugreifen können. In der Praxis läßt sich das leicht dadurch erreichen, daß man zu jeder Kante E mit zwei oder mehr maximalen Komponenten eine Liste L assoziiert, die für jede maximale Komponente $K \subset \mathcal{T}_E$ einen Zeiger auf ein beliebiges Element $T \in K$ enthält. Die anderen Elemente in K können dann wie oben von T aus mit Hilfe der Nachbarschaftsbeziehungen bestimmt werden.

3 Stabile Verfeinerung von (n)-Simplizes

Nachdem wir uns im vorigen Kapitel ausführlich mit der Verfeinerung von Tetraedergittern beschäftigt haben, wollen wir nun die Frage klären, inwieweit sich das dort beschriebene Verfahren auf den n-dimensionalen Fall übertragen läßt. Im Mittelpunkt des Interesses steht hierbei wie im dreidimensionalen Fall die Konstruktion einer stabilen, regulären Verfeinerungsstrategie für (n)-Simplizes.

In der Tat besitzen die roten Verfeinerungen von Bank und der in Kapitel 2.3.1 beschriebene Algorithmus *RoteVerfeinerung3D* eine kanonische Verallgemeinerung im $\mathbb{R}^n$. Diese beruht im wesentlichen auf der gleichen Idee, die auch der Herleitung des dreidimensionalen Verfahrens in [27] zugrundeliegt. Tatsächlich gelang es uns – basierend auf dieser Idee – ein stabiles reguläres Verfeinerungsverfahren für (n)-Simplizes zu konstruieren, das im Falle $n = 2$ mit den roten Verfeinerungen von Bank und im Falle $n = 3$ mit dem Verfahren aus [27] übereinstimmt.

Leider stellte sich dann heraus, daß diese Idee nicht mehr ganz neu war[1]. Das gleiche Verfahren wurde bereits 1942 von H. FREUDENTHAL in [63] vorgeschlagen. Er beantwortete damit eine Frage von L. E. J. BROUWER nach – wir zitieren – „*einer einfachen Konstruktion einer unendlichen Folge beliebig feiner Simplizialzerlegungen eines Polytops, deren jede eine Unterteilung der vorangehenden ist, und bei der die auftretenden Teilsimplexe nicht beliebig flach werden dürfen, ...*“.

Leider geht aus der Arbeit von Freudenthal nicht hervor, wofür Brouwer derartige Zerlegungen benötigte. Er erwähnt lediglich, daß diese „*in der Analysis und auch im Grenzgebiet zwischen Analysis und Topologie*“ Verwendung finden. Finite-Elemente- oder Mehrgitterverfahren hatten die beiden sicherlich nicht im Sinn. In [136] wird auf S. 29 die Vermutung geäußert, daß Brouwer das Verfahren zur Berechnung von Fixpunkten einsetzen wollte.

Obwohl das Verfahren von Freudenthal also seit langem bekannt ist, wollen wir es doch in diesem Buch in aller Ausführlichkeit herleiten. Wir werden beweisen, daß bei sukzessiver Anwendung des Verfahrens auf ein beliebiges, nichtentartetes Simplex $T \subset \mathbb{R}^n$ konsistente Triangulierungen entstehen, deren Elemente sich in maximal $n!/2$ Ähnlichkeitsklassen einteilen lassen. Darüber hinaus werden wir zeigen, daß der Freudenthalsche Algorithmus auch im $\mathbb{R}^n$ auf beliebige, konsistente Anfangstriangulierungen $\mathcal{T}_0$ angewendet werden kann, ohne dabei die Konsistenzbedingung zu verletzen.

Das Verfahren von Freudenthal besitzt demnach gegenüber den Bisektionsverfahren von J. M. L. MAUBACH, [108], bzw. C. T. TRAXLER, [137], schon wenigstens zwei entscheidende

[1] Vielen Dank an Angela Kunoth für den Hinweis auf die Arbeit von Freudenthal.

Vorteile: Erstens entstehen bei sukzessiver Verfeinerung wesentlich weniger Ähnlichkeitsklassen, und zweitens sind keinerlei zusätzliche Anforderungen an die entsprechenden Anfangstriangulierungen notwendig (vgl. dazu auch die Ausführungen in Kapitel 2.2.2).

Natürlich sind auch die hier beschriebenen Eigenschaften des Freudenthalschen Verfahrens schon lange bekannt. Daß wir in diesem Buch trotzdem insbesondere die Konsistenzeigenschaft so ausführlich beweisen, hat folgenden einfachen Grund: Wir konnten einen vollständigen Beweis der entsprechenden Aussagen in der vorhandenen Literatur nicht finden. Auch die Arbeit von Freudenthal, die gerade einmal 3 Seiten lang ist, enthält viele unbewiesene Zwischenbehauptungen. Zur damaligen Zeit herrschte halt noch eine etwas andere „*Beweiskultur*", als wir sie heute üblicherweise gewohnt sind.

Neben Altbekanntem werden wir in diesem Kapitel aber auch ein wirklich neues Ergebnis beweisen. Es handelt sich dabei um eine interessante Aussage über die minimale Anzahl von Ähnlichkeitsklassen, die bei sukzessiver Verfeinerung von Simplizes im $\mathbb{R}^n$ entstehen. Diese Aussage gilt für alle regulären Verfeinerungsalgorithmen, die wie das Verfahren von Freudenthal eine Eigenschaft besitzen, welche wir als *affine Invarianz* bezeichnen. Wir werden beweisen, daß bei sukzessiver Anwendung einer beliebigen regulären, affin invarianten Verfeinerungsstrategie im allgemeinen *mindestens* $n!/2$ Ähnlichkeitsklassen pro Ausgangssimplex entstehen. Folglich ist der Algorithmus von Freudenthal in dieser Hinsicht optimal.

Das vorliegende Kapitel besteht somit aus zwei großen Teilen: In Kapitel 3.1 leiten wir zunächst den Freudenthalschen Algorithmus her und zeigen die Konsistenz bzw. Stabilität der von ihm erzeugten Triangulierungen. In Kapitel 3.2 beweisen wir dann, daß das Verfahren von Freudenthal hinsichtlich der Anzahl der erzeugten Ähnlichkeitsklassen optimal ist.

3.1 Der Algorithmus von Freudenthal

Die Idee, auf der das Verfahren von Freudenthal beruht, läßt sich am besten anhand des zweidimensionalen Falles veranschaulichen. Dazu betrachte man die verschiedenen Triangulierungen des Einheitsquadrates, die in Abb. 3.1 zu sehen sind. Die Zerlegung in der Mitte unten kann auf zwei Arten erhalten werden: Einmal, indem man das Quadrat in zwei Dreiecke unterteilt und dann beide Dreiecke rot verfeinert, oder indem man das Quadrat in vier gleich große Teilquadrate zerlegt und anschließend jedes Teilquadrat in zwei Dreiecke unterteilt. Wichtig ist hierbei, daß die Diagonalen zur Zerlegung der Teilquadrate die gleiche Orientierung besitzen wie die Diagonale im Bild links unten.

Mit beiden Methoden lassen sich beliebig feine, äquivalente Zerlegungen des Einheitsquadrates erzeugen. Durch k-malige rote Verfeinerung der beiden Dreiecke im Bild links unten erhält man die gleiche konsistente Triangulierung, als wenn man das Einheitsquadrat zunächst in 4^k Teilquadrate und jedes von diesen wiederum in zwei Dreiecke zerlegt.

Um aus dieser Beobachtung eine Verfeinerungsstrategie für (n)-Simplizes abzuleiten, gehen wir in folgenden Schritten vor: Zunächst konstruieren wir eine konsistente Triangulierung $\mathcal{K}$ des n-dimensionalen Einheitswürfels, die im Falle $n = 2$ mit der in Abb. 3.1 links unten dargestellten Zerlegung übereinstimmt. Diese wird in der gängigen Literatur üblicherweise als Kuhn-Triangulierung bezeichnet.

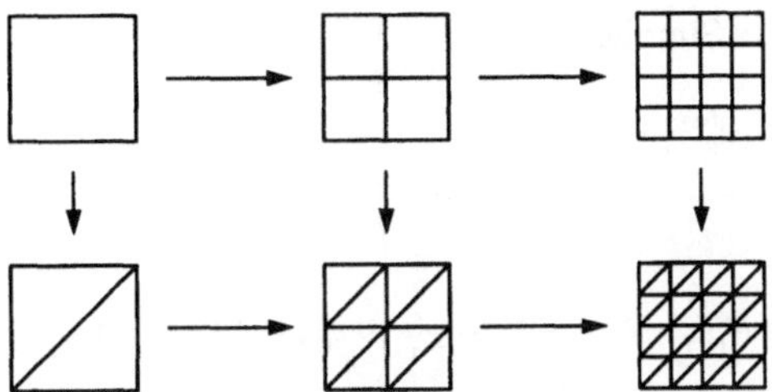

Abb. 3.1: Triangulierungen des Einheitsquadrates

Anschließend werden wir dann zeigen, daß eine konsistente Verfeinerung von $\mathcal{K}$ entsteht, wenn wir den Einheitswürfel in 2^n Teilwürfel zerlegen und die entsprechenden Kuhn-Triangulierungen der Teilwürfel zusammensetzen. Dadurch ist für jedes Element $T \in \mathcal{K}$ eine Verfeinerungsstrategie definiert, die sich durch affine Transformation auf beliebige Simplizes im $\mathbb{R}^n$ übertragen läßt.

3.1.1 Die Kuhn-Triangulierung

Der wichtigste Schritt zur Herleitung der n-dimensionalen Verfeinerungsstrategie ist die Konstruktion einer geeigeneten Triangulierung des Einheitswürfels. Betrachten wir dazu noch einmal die entsprechende, in Abb. 3.2 dargestellte Zerlegung im $\mathbb{R}^2$. Man erhält die Eckpunkte des unteren Dreiecks, indem man vom Nullpunkt aus zunächst der Kante in x-Richtung und dann der Kante in y-Richtung folgt. Analog stößt man auf die Eckpunkte des oberen Dreiecks, wenn man den Kanten des Quadrates zuerst in y- und dann in x-Richtung folgt. In beiden Fällen landet man schließlich beim Punkt $(1,1)^T$.

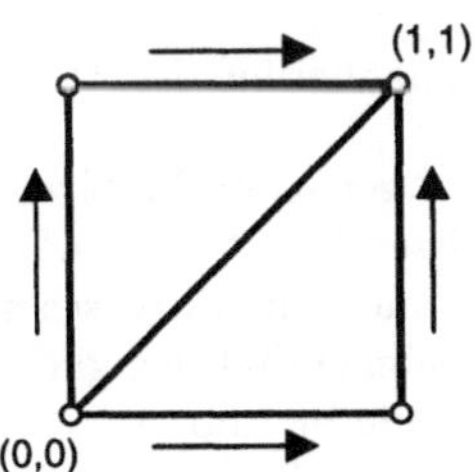

Abb. 3.2: Triangulierung des Einheitsquadrates

Der n-dimensionale Einheitswürfel bietet nun insgesamt $n!$ Möglichkeiten, über n Kanten vom Nullpunkt zum Punkt $(1,1,\ldots,1)^T$ zu gelangen, und dabei – Start- und Endpunkt eingeschlossen – $n+1$ Eckpunkte zu passieren. Assoziieren wir zu den Eckpunkten jedes solchen Weges ein n-Simplex, so erhalten wir tatsächlich eine Triangulierung des Einheitswürfels: die sogenannte *Kuhn-Triangulierung*.

Definition 3.1.1 (Die Kuhn-Triangulierung)
Seien $C = [0,1]^n$ der Einheitswürfel und $e^{(1)}, \ldots, e^{(n)}$ die Standard-Einheitsvektoren des $\mathbb{R}^n$. Weiter sei Π_n die Menge aller Permutationen der Zahlen $\{1,\ldots,n\}$.

Für $\pi \in \Pi_n$ sei $T_\pi \subset C$ das Simplex

$$T_\pi = [x_\pi^{(0)}, \dots, x_\pi^{(n)}]$$

mit den Eckpunkten

$$x_\pi^{(0)} = (0,0,\dots,0)^T, \qquad x_\pi^{(j)} = x_\pi^{(j-1)} + e^{(\pi(j))}, \qquad 1 \le j \le n. \tag{3.1.1}$$

Dann bezeichnen wir die Menge $\mathcal{K}(C) = \{ T_\pi \mid \pi \in \Pi_n \}$ als *Kuhn-Triangulierung* von C.

Bemerkung 3.1.2 (Zur Bezeichnung der Kuhn-Triangulierung)
Die Bezeichnung „*Kuhn-Triangulierung*" beruht auf einer 1960 erschienenen Arbeit von H. W. KUHN, [99]. Die genannten Triangulierungen wurden dort verwendet, um die Beziehung des Sperner Lemmas zum Brouwerschen Fixpunktsatz zu untersuchen. Historisch gesehen ist die Bezeichnung etwas unglücklich, denn die entsprechende Zerlegung ist natürlich auch in der Arbeit von Freudenthal zu finden, [63]. Kuhn selbst zitiert in [99] eine auf A. W. TUCKER zurückgehende Übungsaufgabe in [101].

Abb. 3.3: Kuhn-Triangulierung des Einheitswürfels im $\mathbb{R}^3$

Die Kuhn-Triangulierung besteht aus genau $n!$ Simplizes T_π, die alle das gleiche Volumen $\mathrm{vol}(T_\pi) = 1/n!$ besitzen. Allen Simplizes $T_\pi \in \mathcal{K}(C)$ sind die Eckpunkte $x_\pi^{(0)} = (0,0,\dots,0)^T$ und $x_\pi^{(n)} = (1,1,\dots,1)^T$ und damit auch die dazwischen liegende Kante gemeinsam. Die Kuhn-Triangulierung in einer Dimension enthält lediglich das Intervall $[0,1]$. In 2D besteht sie gerade aus den beiden Dreiecken, die in Abb. 3.2 zu sehen sind. Abb. 3.3 zeigt die aus sechs Tetraedern bestehende Kuhn-Triangulierung des dreidimensionalen Einheitswürfels.

Wir haben nun zu zeigen, daß $\mathcal{K}(C)$ tatsächlich eine konsistente Triangulierung von C ist. Dazu verwenden wir die folgende Darstellung der Simplizes T_π :

Lemma 3.1.3 (Darstellung der Simplizes T_π)
Sei $C = [0,1]^n$ der Einheitswürfel im $\mathbb{R}^n$. Dann gilt für die Simplizes T_π der Kuhn-Triangulierung $\mathcal{K}(C)$ die Darstellung

$$T_\pi \approx \{ x \in C \mid 0 \le x_{\pi(n)} \le \cdots \le x_{\pi(1)} \le 1 \}, \qquad \pi \in \Pi_n. \tag{3.1.2}$$

Beweis: Wir bezeichnen die rechte Seite von (3.1.2) mit $\tilde{T}_\pi$ und zeigen $T_\pi \approx \tilde{T}_\pi$ für $\pi \in \Pi_n$. Sei dazu $\pi \in \Pi_n$ beliebig und zunächst $x \in T_\pi$. Mit Hilfe der baryzentrischen Koordinaten λ von x bzgl. T_π folgt

$$x = \sum_{j=0}^{n} \lambda_j x_\pi^{(j)} = \sum_{j=0}^{n} \lambda_j \sum_{k=1}^{j} e^{(\pi(k))} = \sum_{k=1}^{n} e^{(\pi(k))} \sum_{j=k}^{n} \lambda_j . \tag{3.1.3}$$

Es gilt daher

$$x_{\pi(k)} = \sum_{j=k}^{n} \lambda_j , \qquad 1 \le k \le n .$$

Aus $\sum_{j=0}^{n} \lambda_j = 1$ und $\lambda_j \ge 0$ für $0 \le j \le n$ folgt nun

$$0 \le x_{\pi(n)} \le \cdots \le x_{\pi(1)} \le 1 \tag{3.1.4}$$

und somit $x \in \tilde{T}_\pi$. Damit ist Inklusion $T_\pi \subset \tilde{T}_\pi$ bereits gezeigt. Zum Beweis der Umkehrung nehmen wir an, es sei $x \in \tilde{T}_\pi$, d.h., für die Komponenten von x gelte (3.1.4). In diesem Fall setzen wir

$$\begin{aligned} \lambda_0 &:= 1 - x_{\pi(1)} , \\ \lambda_j &:= x_{\pi(j)} - x_{\pi(j+1)} , \qquad 1 \le j \le n-1 , \\ \lambda_n &:= x_{\pi(n)} . \end{aligned}$$

Wie man leicht einsieht, gilt $\sum_{j=0}^{n} \lambda_j = 1$. Aus (3.1.4) folgt weiter $\lambda_j \ge 0$ für $0 \le j \le n$. Darüber hinaus gilt

$$\sum_{j=k}^{n} \lambda_j = x_{\pi(k)} , \qquad 1 \le k \le n ,$$

und somit folgt durch Umkehrung von (3.1.3), daß die Zahlen $\lambda_0, \ldots, \lambda_n$ die baryzentrischen Koordinaten von x bzgl. T_π sind. Wegen $\lambda_j \ge 0$ für $0 \le j \le n$ gehört x zu T_π. Damit ist die Behauptung bewiesen. □

Mit Hilfe von Lemma 3.1.3 können wir leicht zeigen, daß $\mathcal{K}(C)$ tatsächlich eine Triangulierung von C ist. Um die Konsistenz zu beweisen, benötigen wir darüber hinaus noch eine ähnliche Darstellung für die Randsimplizes der Elemente T_π. Diese liefert uns das folgende Lemma:

Lemma 3.1.4 (Darstellung der Randsimplizes)
Sei $C = [0,1]^n$ und $T_\pi = [x_\pi^{(0)}, \ldots, x_\pi^{(n)}]$ eines der Simplizes in $\mathcal{K}(C)$. Weiter sei S ein (ℓ)-Randsimplex von T_π, $0 \le \ell \le n$, d.h., es existieren $\ell + 1$ Indizes $0 \le i_0 < \cdots < i_\ell \le n$ mit $S = [x_\pi^{(i_0)}, \ldots, x_\pi^{(i_\ell)}]$. Dann besitzt S die Darstellung

$$S \approx \left\{ x \in T_\pi \;\middle|\; x_{\pi(k)} = x_{\pi(k+1)} \text{ für } 0 \le k \le n,\ k \notin \{i_0, \ldots, i_\ell\} \right\}, \tag{3.1.5}$$

wobei wir zur Verfeinfachung der Notation $x_{\pi(0)} := 1$ und $x_{\pi(n+1)} := 0$ gesetzt haben.

Beweis: Sei $\pi \in \Pi_n$ und $S = [\, x_\pi^{(i_0)}, \ldots, x_\pi^{(i_\ell)} \,]$ ein (ℓ)-Randsimplex von T_π, mit $0 \le \ell \le n$ und $0 \le i_0 < \cdots < i_\ell \le n$. Wir bezeichnen die rechte Seite von (3.1.5) mit $\tilde{S}$ und zeigen $S \approx \tilde{S}$. Sei dazu zunächst $x \in S$. Für die baryzentrischen Koordinaten λ von x bzgl. T gilt

$$\lambda_j \;=\; 0\,, \qquad 0 \le j \le n,\; j \ne i_0, \ldots, i_\ell\,. \tag{3.1.6}$$

Wie im Beweis von Lemma 3.1.3 gilt

$$x_{\pi(k)} \;=\; \sum_{j=k}^{n} \lambda_j\,, \qquad 1 \le k \le n\,.$$

Wegen $x_{\pi(0)} := 1$ und $x_{\pi(n+1)} := 0$ gilt diese Darstellung auch für $k = 0$ bzw. $k = n+1$. Aus (3.1.6) folgt daher

$$x_{\pi(k)} \;=\; x_{\pi(k+1)}\,, \qquad 0 \le k \le n,\; k \ne i_0, \ldots, i_\ell\,,$$

und somit $x \in \tilde{S}$. Da $x \in S$ beliebig war, ist die Inklusion $S \subset \tilde{S}$ bewiesen. Zum Beweis der Umkehrung sei $x \in \tilde{S}$ beliebig. Analog zum Beweis von Lemma 3.1.3 sind die baryzentrischen Koordinaten λ von x bzgl. T_π gegeben durch

$$\lambda_j \;:=\; x_{\pi(j)} - x_{\pi(j+1)}\,, \qquad 0 \le j \le n\,.$$

Aus $x \in \tilde{S}$ schließen wir $\lambda_j = 0$ für $j \ne i_0, \ldots, i_\ell$. Folglich gilt $x \in [\, x_\pi^{(i_0)}, \ldots, x_\pi^{(i_\ell)} \,]$ und somit $x \in S$. Damit ist die Behauptung bewiesen. □

Mit Hilfe von Lemma 3.1.3 und Lemma 3.1.4 können wir nun die Konsistenz der Kuhn-Triangulierung beweisen.

Lemma 3.1.5 (Konsistenz der Kuhn-Triangulierung)
Sei $C = [\,0,1\,]^n$. Dann ist die Kuhn-Triangulierung $\mathcal{K}(C)$ eine konsistente Triangulierung von C.

Beweis: Wie man leicht einsieht ist $\mathcal{K}(C)$ tatsächlich eine Triangulierung von C. Alle Elemente $T_\pi \in \mathcal{K}(C)$ besitzen nämlich das Volumen $\mathrm{vol}(T_\pi) = 1/n! > 0$. Außerdem existiert für jeden Punkt $x \in C$ eine Permutation $\pi \in \Pi_n$ mit $0 \le x_{\pi(n)} \le \cdots \le x_{\pi(1)} \le 1$. Aus Lemma 3.1.3 folgt somit $C = \bigcup \{\, T_\pi \mid \pi \in \Pi_n \,\}$. Da für $Int(T_\pi)$ die Darstellung

$$Int(T_\pi) \;=\; \{\, x \in C \mid 0 < x_{\pi(n)} < \;\cdots\; < x_{\pi(1)} < 1 \,\}$$

gilt, können sich zwei verschiedene Simplizes $T_\pi, T_{\pi'} \in \mathcal{K}(C)$ höchstens am Rande schneiden. Folglich erfüllt $\mathcal{K}(C)$ alle Voraussetzungen, die wir in Definition 1.3.23 an eine Triangulierung gestellt haben.

Es bleibt also noch die Konsistenz von $\mathcal{K}(C)$ zu beweisen. Seien dazu $\pi, \pi' \in \Pi_n$ mit $\pi \ne \pi'$ beliebig. Wir haben zu zeigen, daß $T_\pi \cap T_{\pi'}$ ein gemeinsames, niederdimensionales Randsimplex von T_π und $T_{\pi'}$ ist. Dazu beweisen wir die Indentität

$$T_\pi \cap T_{\pi'} \;=\; S \;:=\; \mathrm{conv}\,\{\, x_\pi^{(j)} \mid x_\pi^{(j)} = x_{\pi'}^{(j)};\; 0 \le j \le n \,\}\,, \tag{3.1.7}$$

aus der die Behauptung folgt. Die Inklusion $S \subset T_\pi \cap T_\pi$ ist trivial, da S Teilmenge sowohl von T_π als auch von $T_{\pi'}$ ist. Es bleibt also nur noch die Umkehrung $T_\pi \cap T_{\pi'} \subset S$ zu zeigen. Sei dazu $x \in T_\pi \cap T_{\pi'}$ beliebig. Wegen Lemma 3.1.3 gilt

$$1 \geq x_{\pi(1)} \geq \cdots \geq x_{\pi(n)} \geq 0, \tag{3.1.8a}$$
$$1 \geq x_{\pi'(1)} \geq \cdots \geq x_{\pi'(n)} \geq 0. \tag{3.1.8b}$$

Wir setzen $i_0 := 0$ und definieren nacheinander die Indizes i_ν, $\nu = 1, 2, \ldots$, durch

$$i_\nu := \min \Big\{ k > i_{\nu-1} \,\Big|\, \{ \pi(i_{\nu-1}+1), \ldots, \pi(k) \} = \{ \pi'(i_{\nu-1}+1), \ldots, \pi'(k) \} \Big\}, \tag{3.1.9}$$

solange, bis für ein $\ell > 0$ schließlich $i_\ell = n$ gilt. Wir behaupten nun, daß mit den so definierten Indizes $0 = i_0 < i_1 < \cdots < i_\ell = n$ die Identität

$$x_{\pi(i_{\nu-1}+1)} = \cdots = x_{\pi(i_\nu)}, \qquad 1 \leq \nu \leq \ell, \tag{3.1.10}$$

gilt. Eine entsprechende Aussage gilt in diesem Fall natürlich auch für die Permutation π'. Zum Beweis dieser Behauptung genügt es, den Fall $\nu = 1$ zu betrachten. Die übrigen Fälle folgen analog. Nehmen wir also an, (3.1.10) sei für $\nu = 1$ falsch. Dann existiert ein Index i mit $1 < i \leq i_1$ und

$$x_{\pi(1)} \geq \cdots \geq x_{\pi(i-1)} > x_{\pi(i)} \geq \cdots \geq x_{\pi(n)}.$$

Für $1 \leq j \leq i-1$ und $i \leq k \leq i_1$ setzen wir $j' := (\pi')^{-1}(\pi(j))$ bzw. $k' := (\pi')^{-1}(\pi(k))$. Dann gilt $1 \leq j', k' \leq i_1$ und $\pi(j) = \pi'(j')$ bzw. $\pi(k) = \pi'(k')$. Aus (3.1.8b) und

$$x_{\pi'(j')} = x_{\pi(j)} > x_{\pi(k)} \geq x_{\pi'(k')}$$

folgt $j' < k'$ für jedes solche Paar (j, k). Durch Variation von k' erhalten wir

$$j' < k' = (\pi')^{-1}(\pi(k)), \qquad i \leq k \leq i_1.$$

Da für unterschiedliche k auch die Indizes k' verschieden sind, gilt

$$j' = (\pi')^{-1}(\pi(j)) \leq i-1, \qquad 1 \leq j \leq i-1,$$

und folglich

$$\{ \pi(1), \ldots, \pi(i-1) \} = \{ \pi'(1), \ldots, \pi'(i-1) \},$$

im Widerspruch zur Definition von i_1. Die Identität (3.1.10) ist somit bewiesen.

Aus (3.1.10) folgt aber mit Lemma 3.1.4 unmittelbar $x \in [\, x_\pi^{(i_0)}, \ldots, x_\pi^{(i_\ell)} \,]$. Da die entsprechende Aussage auch für π' gilt, folgt analog $x \in [\, x_{\pi'}^{(i_0)}, \ldots, x_{\pi'}^{(i_\ell)} \,]$. Wegen

$$x_\pi^{(i_k)} = \sum_{\nu=1}^{k} \Big(\sum_{j=i_{\nu-1}+1}^{i_\nu} e^{(\pi(j))} \Big) = \sum_{\nu=1}^{k} \Big(\sum_{j=i_{\nu-1}+1}^{i_\nu} e^{(\pi'(j))} \Big) = x_{\pi'}^{(i_k)}$$

für $0 \leq k \leq \ell$ gilt dann auch $x \in S$ und die Konsistenz von $\mathcal{K}(C)$ ist bewiesen. □

3.1.2 Verfeinerung der Kuhn-Triangulierung

Nachdem wir nun mit der Kuhn-Triangulierung eine geeignete Triangulierung des Einheitswürfels C zur Verfügung haben, müssen wir zeigen, daß eine konsistente Verfeinerung von $\mathcal{K}(C)$ entsteht, wenn wir den Einheitswürfel in 2^n Teilwürfel zerlegen und deren Kuhn-Triangulierungen zusammensetzen.

Sei dazu wieder $C = [\,0,1\,]^n$ und $\mathcal{T}_0 := \mathcal{K}(C) = \{\, T_\pi \,|\, \pi \in \Pi_n \,\}$ die Kuhn-Triangulierung von C. Wir zerlegen C in 2^n Teilwürfel

$$C_v \;:=\; v \,+\, \tfrac{1}{2}C\,, \qquad v \in \{\,0, \tfrac{1}{2}\,\}^n\,,$$

der Kantenlänge 1/2. Analog zu Definition 1.3.15 bezeichnen wir hier und in der Folge mit $v + q\,C$ das Bild von C unter der affinen Transformation $F : x \mapsto v + qx$. Die Kuhn-Triangulierung von C_v, $v \in \{\,0, \frac{1}{2}\,\}^n$, erhalten wir durch die entsprechende Transformation der Kuhn-Triangulierung von C (vgl. Definition 1.3.25):

$$\mathcal{K}(C_v) \;:=\; v + \tfrac{1}{2}\mathcal{K}(C) \;=\; \{\, v + \tfrac{1}{2}T_\pi \,|\, \pi \in \Pi_n \,\}\,, \qquad v \in \{\,0, \tfrac{1}{2}\,\}^n\,.$$

Verwenden wir die Bezeichnung

$$T_{v,\pi} \;:=\; v + \tfrac{1}{2}T_\pi\,, \qquad v \in \{\,0, \tfrac{1}{2}\,\}^n,\; \pi \in \Pi_n\,,$$

so besitzen die Kuhn-Triangulierungen der Teilwürfel C_v die Darstellung

$$\mathcal{K}(C_v) \;=\; \{\, T_{v,\pi} \mid \pi \in \Pi_n \,\}\,, \qquad v \in \{\,0, \tfrac{1}{2}\,\}^n\,.$$

Da C Vereinigung aller Teilwürfel C_v, $v \in \{\,0, \frac{1}{2}\,\}^n$ ist, erhalten wir durch Vereinigung der Kuhn-Triangulierungen $\mathcal{K}(C_v)$ eine Triangulierung $\mathcal{T}_1$ von C :

$$\mathcal{T}_1 \;:=\; \Big\{\, T_{v,\pi} \;\Big|\; v \in \{\,0, \tfrac{1}{2}\,\}^n,\; \pi \in \Pi_n \,\Big\}\,. \tag{3.1.11}$$

Unsere Aufgabe ist es nun, zu zeigen, daß $\mathcal{T}_1$ eine konsistente Verfeinerung von $\mathcal{T}_0$ ist. Wir beginnen dazu mit dem Beweis der Verfeinerungseigenschaft. Tatsächlich ist der Algorithmus von Freudenthal darin im Prinzip bereits enthalten.

Lemma 3.1.6 (Verfeinerung der Kuhn-Triangulierung)
Sei $C = [\,0,1\,]^n$ und $\mathcal{T}_0$ die Kuhn-Triangulierung von C. Dann ist die durch (3.1.11) definierte Triangulierung $\mathcal{T}_1$ eine Verfeinerung von $\mathcal{T}_0$.

Beweis: Seien $v \in \{\,0, \frac{1}{2}\,\}^n$ und $\pi \in \Pi_n$ beliebig. Wir suchen eine Permutation $\hat{\pi} = \hat{\pi}(v,\pi)$ mit $T_{v,\pi} \subset T_{\hat{\pi}}$. Sei dazu $0 \le k \le n$ die Anzahl der Einträge v_i von v mit $v_i = 1/2$. Dann existieren k Indizes $i_1, \ldots, i_k \in \{\,1, \ldots, n\,\}$ mit

$$1 \le i_1 < \cdots < i_k \le n, \qquad v_{\pi(i_1)} = \cdots = v_{\pi(i_k)} = \tfrac{1}{2}, \tag{3.1.12}$$

und die restlichen $n-k$ Indizes $i_{k+1},\ldots,i_n \in \{1,\ldots,n\}\setminus\{i_1,\ldots,i_k\}$ können so angeordnet werden, daß

$$1 \le i_{k+1} < \cdots < i_n \le n, \qquad v_{\pi(i_{k+1})} = \cdots = v_{\pi(i_n)} = 0, \tag{3.1.13}$$

gilt. Hier und im folgenden übergehen wir in den Fällen $k=0$ und $k=n$ diejenigen Gleichungen bzw. Ungleichungen, die keinen Sinn machen. Wir definieren nun die Permutation $\hat{\pi}$ durch

$$\hat{\pi}(j) = \pi(i_j), \qquad 1 \le j \le n.$$

Aus den Gleichungen auf der rechten Seite von (3.1.12) und (3.1.13) schließen wir

$$v_{\hat{\pi}(1)} = \cdots = v_{\hat{\pi}(k)} = \tfrac{1}{2}, \qquad v_{\hat{\pi}(k+1)} = \cdots = v_{\hat{\pi}(n)} = 0.$$

Sei nun $x \in \frac{1}{2}T_\pi$, d.h., es gelte $0 \le x_{\pi(n)} \le \cdots \le x_{\pi(1)} \le \frac{1}{2}$. Aus der Reihenfolge der Indizes i_j auf der linken Seite von (3.1.12) bzw. (3.1.13) folgt daher

$$0 \le x_{\hat{\pi}(k)} \le \cdots \le x_{\hat{\pi}(1)} \le \tfrac{1}{2}, \qquad 0 \le x_{\hat{\pi}(n)} \le \cdots \le x_{\hat{\pi}(k+1)} \le \tfrac{1}{2}. \tag{3.1.14}$$

Addieren wir auf der linken Seite von (3.1.14) $v_{\hat{\pi}(j)} = 1/2$, $1 \le j \le k$, und auf der rechten Seite $v_{\hat{\pi}(j)} = 0$, $k+1 \le j \le n$, so erhalten wir

$$\begin{array}{ccccccc} 0 & \le & v_{\hat{\pi}(n)} + x_{\hat{\pi}(n)} & \le \cdots \le & v_{\hat{\pi}(k+1)} + x_{\hat{\pi}(k+1)} & \le & \frac{1}{2} \\ & \le & v_{\hat{\pi}(k)} + x_{\hat{\pi}(k)} & \le \cdots \le & v_{\hat{\pi}(1)} + x_{\hat{\pi}(1)} & \le & 1 \end{array}$$

oder – damit gleichbedeutend –

$$v + x \in T_{\hat{\pi}}, \qquad x \in \tfrac{1}{2}T_\pi.$$

Also gilt $T_{v,\pi} \subset T_{\hat{\pi}} \in \mathcal{T}_0$. Da $T_{v,\pi} \in \mathcal{T}_1$ beliebig gewählt war und die Eckpunkte von $\mathcal{T}_1$ nach Konstruktion mit den Eck- und Kantenmittelpunkten von $\mathcal{T}_0$ übereinstimmen, ist $\mathcal{T}_1$ in der Tat eine Verfeinerung von $\mathcal{T}_0$. □

Die Konsistenz von $\mathcal{T}_1$ beruht auf der Tatsache, daß die Kuhn-Triangulierung eines n-Würfels auf dessen (k)-Hyperflächen k-dimensionale Kuhn-Triangulierungen induziert. Diese bemerkenswerte Eigenschaft der Kuhn-Triangulierung läßt sich besonders gut anhand des Falles $n=3$ beobachten (siehe Abb. 3.3). Wir verzichten jedoch auf einen Beweis dieser Aussage, da wir dafür extra (k)-Hyperflächen und ihre Kuhn-Triangulierungen einführen müßten, was nicht ohne erheblichen Aufwand möglich ist. Stattdessen zeigen wir die Konsistenz von $\mathcal{T}_1$ auf direktem Wege.

Lemma 3.1.7 (Konsistenz der verfeinerten Kuhn-Triangulierung)

Sei $C = [0,1]^n$ und $\mathcal{T}_0$ die Kuhn-Triangulierung von C. Dann ist die durch (3.1.11) definierte Triangulierung $\mathcal{T}_1$ konsistent.

Beweis: Seien $T_{v,\pi} = [\, x_{v,\pi}^{(0)}, \ldots, x_{v,\pi}^{(n)} \,]$ und $T_{v',\pi'} = [\, x_{v',\pi'}^{(0)}, \ldots, x_{v',\pi'}^{(n)} \,]$ zwei Elemente der Triangulierung $\mathcal{T}_1$, mit $v, v' \in \{\, 0, \frac{1}{2} \,\}^n$ und $\pi, \pi' \in \Pi_n$. Da die Triangulierung $\mathcal{K}(C_v)$ wegen Lemma 3.1.5 und Lemma 1.3.26 konsistent ist, können wir o.B.d.A. $v \neq v'$ annehmen. Wir verwenden die Darstellung

$$\begin{aligned} T_{v,\pi} &\approx \{\, x + v \mid \tfrac{1}{2} \geq x_{\pi(1)} \geq \cdots \geq x_{\pi(n)} \geq 0 \,\}\,, \\ T_{v',\pi'} &\approx \{\, x + v' \mid \tfrac{1}{2} \geq x_{\pi'(1)} \geq \cdots \geq x_{\pi'(n)} \geq 0 \,\}\,. \end{aligned}$$

Die entsprechenden Teilwürfel C_v und $C_{v'}$ sind gegeben durch

$$\begin{aligned} C_v &= \{\, x + v \mid 0 \leq x_k \leq \tfrac{1}{2},\ 1 \leq k \leq n \,\}\,, \\ C_{v'} &= \{\, x + v' \mid 0 \leq x_k \leq \tfrac{1}{2},\ 1 \leq k \leq n \,\}\,. \end{aligned}$$

Wir bezeichnen nun mit $i_1 < \cdots < i_\ell$ die Indizes in $\{1, \ldots, n\}$ mit $v_{\pi(i_k)} = v'_{\pi(i_k)}$, $1 \leq k \leq \ell$. Ensprechend seien $j_1 < \cdots < j_{n-\ell}$ die Indizes, für die $v_{\pi(j_k)} \neq v'_{\pi(j_k)}$ gilt. Da für jeden der Indizes j_k entweder $v_{\pi(j_k)} = 0$ und $v'_{\pi(j_k)} = 1/2$ oder $v_{\pi(j_k)} = 1/2$ und $v'_{\pi(j_k)} = 0$ gilt, besitzt die gemeinsame (ℓ)-Hyperfläche $H := C_v \cap C_{v'}$ von C_v bzw. $C_{v'}$ die Darstellung

$$H = \Big\{\, x + v \;\Big|\; 0 \leq x_{\pi(i_k)} \leq \tfrac{1}{2},\ 1 \leq k \leq \ell;\ x_{\pi(j_k)} + v_{\pi(j_k)} = \tfrac{1}{2},\ 1 \leq k \leq n - \ell \,\Big\}\,.$$

Folglich gilt für den Schnitt von $T_{v,\pi}$ mit H

$$T_{v,\pi} \cap H = \Big\{\, x + v \;\Big|\; \tfrac{1}{2} \geq x_{\pi(1)} \geq \cdots \geq x_{\pi(n)} \geq 0;\ x_{\pi(j_k)} + v_{\pi(j_k)} = \tfrac{1}{2},\ 1 \leq k \leq n - \ell \,\Big\}\,.$$

Unter der Voraussetzung, daß die entsprechenden Mengen nichtleer sind, setzen wir

$$a := \max \{\, j_k \mid 1 \leq k \leq n - \ell;\ v_{\pi(j_k)} = 0 \,\}\,, \tag{3.1.15a}$$

$$b := \min \{\, j_k \mid 1 \leq k \leq n - \ell;\ v_{\pi(j_k)} = \tfrac{1}{2} \,\}\,. \tag{3.1.15b}$$

Falls die Menge auf der rechten Seite von (3.1.15a) leer ist, so setzen wir $a := 0$. Entsprechend sei $b := n + 1$, wenn die rechte Seite von (3.1.15b) nicht existiert. Sei nun $x + v \in T_{v,\pi} \cap H$ und zunächst $a > 0$. Dann existiert ein Index $1 \leq k \leq n - \ell$ mit $a = j_k$, und für $1 \leq i \leq a$ gilt

$$\tfrac{1}{2} \;\geq\; x_{\pi(i)} \;\geq\; x_{\pi(a)} \;=\; x_{j_k} \;=\; x_{j_k} + v_{j_k} \;=\; \tfrac{1}{2}\,.$$

Folglich gilt $x_{\pi(i)} = 1/2$ für $1 \leq i \leq a$. Im Falle $a = 0$ ist diese Aussage trivial. Analog gilt $x_{\pi(i)} = 0$ für $b \leq i \leq n$. Wir erhalten so die Darstellung

$$T_{v,\pi} \cap H = \Big\{\, x + v \;\Big|\; \tfrac{1}{2} = x_{\pi(1)} = \cdots = x_{\pi(a)} \geq \cdots \geq x_{\pi(b)} = \cdots = x_{\pi(n)} = 0 \,\Big\}\,. \tag{3.1.16}$$

Im Falle $b \leq a$ gilt $T_{v,\pi} \cap H = \emptyset$ und damit auch $T_{v,\pi} \cap T_{v',\pi'} = \emptyset$. Wir können also o.B.d.A. annehmen, daß $b > a$ gilt. Beachte, daß dann alle Indizes zwischen a und b zu der Menge $\{\, i_1, \ldots, i_\ell \,\}$ gehören. Anschaulich gesprochen ist a der Index des ersten Eckpunktes von $T_{v,\pi}$, der in H liegt, und b der erste Index nach a, für den dies nicht mehr gilt. Aus (3.1.16) folgt nämlich mit Lemma 3.1.4 die Darstellung

$$T_{v,\pi} \cap H = [\, x_{v,\pi}^{(a)}, \ldots, x_{v,\pi}^{(b-1)} \,]\,,$$

d.h., es gilt $x_{v,\pi}^{(k)} \in H$ genau dann, wenn $a \leq k < b$ gilt. Eine ähnliche Darstellung gilt natürlich auch für $T_{v',\pi'} \cap H$. Seien dazu $i'_1 < \cdots < i'_\ell$ die Indizes mit $v_{\pi'(i'_k)} = v'_{\pi'(i'_k)}$ und entsprechend $j'_1 < \cdots < j'_{n-\ell}$ die Indizes mit $v_{\pi'(j'_k)} \neq v'_{\pi'(j'_k)}$. Wir definieren

$$\begin{aligned} a' &:= \max\{\, j'_k \mid 1 \leq k \leq n-\ell;\ v'_{\pi'(j'_k)} = 0 \,\}, \\ b' &:= \min\{\, j'_k \mid 1 \leq k \leq n-\ell;\ v'_{\pi'(j'_k)} = \tfrac{1}{2} \,\}, \end{aligned}$$

falls die entsprechenden Mengen auf der rechten Seite nichtleer sind. Ansonsten setzen wir wieder $a' := 0$ bzw. $b' := n+1$. Wie oben gilt dann die Darstellung

$$T_{v',\pi'} \cap H = [\, x_{v',\pi'}^{(a')}, \ldots, x_{v',\pi'}^{(b'-1)} \,].$$

Wir setzen nun $s_0 := 0$ und definieren nacheinander die Indizes s_ν, $\nu = 1, 2, \ldots$, durch

$$s_\nu := \min\Big\{\, k > s_{\nu-1} \;\Big|\; \{\,\pi(i_{s_{\nu-1}+1}), \ldots, \pi(i_k)\,\} = \{\,\pi'(i'_{s_{\nu-1}+1}), \ldots, \pi'(i'_k)\,\} \Big\},$$

solange, bis für ein $m > 0$ schließlich $i_{s_m} = i_\ell$ gilt. Wie im Beweis von Lemma 3.1.5 schließen wir, daß für jeden Punkt $x \in T_{v,\pi} \cap T_{v',\pi'}$ und für $1 \leq \nu \leq m$ die Identität

$$x_{\pi(i_{s_{\nu-1}+1})} = \cdots = x_{\pi(i_{s_\nu})} = x_{\pi'(i'_{s_{\nu-1}+1})} = \cdots = x_{\pi'(i'_{s_\nu})} \tag{3.1.17}$$

gilt. Um die folgende Argumentation zu vereinfachen, setzen wir $i_0 := 0$, $x_{\pi(0)} := 1/2$ und $s_{m+1} := \ell+1$, $i_{\ell+1} := n+1$, $x_{\pi(n+1)} := 0$. Dadurch sind die beiden folgenden Indizes $0 \leq p, q \leq m+1$ wohldefiniert:

$$\begin{aligned} p &:= \min\{\, 0 \leq \nu \leq m+1 \mid i_{s_\nu} \geq a;\ i'_{s_\nu} \geq a' \,\}, \\ q &:= \max\{\, 0 \leq \nu \leq m+1 \mid i_{s_\nu} < b;\ i'_{s_\nu} < b' \,\}. \end{aligned}$$

Sei nun $x \in T_{v,\pi} \cap T_{v',\pi'}$ beliebig. Aus (3.1.16) und (3.1.17) schließen wir, daß $x_{\pi(i_k)} = 1/2$ für alle Indizes $0 \leq k \leq s_p$ gilt. Umgekehrt gilt $x_{\pi(i_k)} = 0$ für $s_q < k \leq \ell+1$. Für die übrigen Indizes $s_p < k \leq s_q$ erhalten wir die Ungleichungskette

$$\begin{aligned} \tfrac{1}{2} = x_{\pi(i_{s_p})} &\geq x_{\pi(i_{s_p}+1)} = \cdots = x_{\pi(i_{s_{p+1}})} \geq \cdots \\ &\geq x_{\pi(i_{s_{q-1}+1})} = \cdots = x_{\pi(i_{s_q})} \geq x_{\pi(i_{s_q}+1)} = 0\,. \end{aligned} \tag{3.1.18}$$

Wir erinnern an dieser Stelle noch einmal daran, daß die Indizes zwischen a und b alle zu der Menge $\{\, i_1, \ldots, i_\ell \,\}$ gehören. Aus (3.1.18) folgt zunächst, daß $T_{v,\pi} \cap T_{v',\pi'}$ im Falle $q < p$ leer ist. Wir können also $q \geq p$ annehmen und schließen in diesem Fall aus Lemma 3.1.4, daß x in dem Randsimplex $S := [\, x_{v,\pi}^{(i_{s_p})}, x_{v,\pi}^{(i_{s_p+1})}, \ldots, x_{v,\pi}^{(i_{s_q})} \,]$ von $T_{v,\pi}$ liegt. Da $x \in T_{v,\pi} \cap T_{v',\pi'}$ beliebig gewählt war, gilt

$$T_{v,\pi} \cap T_{v',\pi'} \subset S := [\, x_{v,\pi}^{(i_{s_p})}, x_{v,\pi}^{(i_{s_p+1})}, \ldots, x_{v,\pi}^{(i_{s_q})} \,].$$

Vollkommen analog dazu zeigt man

$$T_{v,\pi} \cap T_{v',\pi'} \ \subset\ S' := [\,x_{v',\pi'}^{(i'_{s_p})}, x_{v',\pi'}^{(i'_{s_{p+1}})}, \ldots, x_{v',\pi'}^{(i'_{s_q})}\,].$$

Wenn wir nun zeigen können, daß die Eckpunkte von S und S' identisch sind, so folgt $S = S' \subset T_{v,\pi} \cap T_{v',\pi'}$ und somit $S \approx T_{v,\pi} \cap T_{v',\pi'}$. In diesem Fall ist $T_{v,\pi} \cap T_{v',\pi'}$ ein gemeinsames Randsimplex von $T_{v,\pi}$ bzw. $T_{v',\pi'}$ und die Behauptung wäre bewiesen. Sei also $p \le \nu \le q$ beliebig. Für den Eckpunkt $x_{v,\pi}^{(i_{s_\nu})}$ von $T_{v,\pi}$ gilt

$$x_{v,\pi}^{(i_{s_\nu})} \ = \ v + \tfrac{1}{2}\, x_{\pi}^{(i_{s_\nu})} \ = \ \sum_{i=1}^{n} v_{\pi(i)}\, e^{(\pi(i))} \ + \ \sum_{i=1}^{i_{s_\nu}} \tfrac{1}{2}\, e^{(\pi(i))}\,.$$

Wir spalten nun beide Summen auf und summieren getrennt über die Indizes i_k bzw. j_k. Für die Indizes $j_k \le i_{s_\nu}$ muß wegen $i_{s_\nu} < b$ die Ungleichung $j_k \le a$ gelten. Wir erhalten somit

$$x_{v,\pi}^{(i_{s_\nu})} \ = \ \sum_{k=1}^{\ell} v_{\pi(i_k)}\, e^{(\pi(i_k))} \ + \ \sum_{k=1}^{n-\ell} v_{\pi(j_k)}\, e^{(\pi(j_k))} \ + \ \sum_{k=1}^{s_\nu} \tfrac{1}{2}\, e^{(\pi(i_k))} \ + \ \sum_{\substack{k=1\\ j_k \le a}}^{n-\ell} \tfrac{1}{2}\, e^{(\pi(j_k))}\,.$$

Wegen $v_{\pi(j_k)} = 0$ für $j_k \le a$ und $v_{\pi(j_k)} = 1/2$ für $j_k > a$ gilt weiter

$$x_{v,\pi}^{(i_{s_\nu})} \ = \ \sum_{k=1}^{\ell} v_{\pi(i_k)}\, e^{(\pi(i_k))} \ + \ \sum_{k=1}^{n-\ell} \tfrac{1}{2}\, e^{(\pi(j_k))} \ + \ \sum_{k=1}^{s_\nu} \tfrac{1}{2}\, e^{(\pi(i_k))}\,.$$

Nun gelten für die Indizes i_k, j_k die Beziehungen $\{\,\pi(i_1), \ldots, \pi(i_\ell)\,\} = \{\,\pi'(i'_1), \ldots, \pi'(i'_\ell)\,\}$ sowie $\{\,\pi(j_1), \ldots, \pi(j_{n-\ell})\,\} = \{\,\pi'(j'_1), \ldots, \pi'(j'_{n-\ell})\,\}$. Nach Definition der Zahlen s_ν gilt außerdem $\{\,\pi(i_1), \ldots, \pi(i_{s_\nu})\,\} = \{\,\pi'(i'_1), \ldots, \pi'(i'_{s_\nu})\,\}$. Bedenken wir schließlich noch, daß $v_{\pi(i_k)} = v'_{\pi'(i'_k)}$ für $1 \le k \le \ell$ gilt, so erhalten wir

$$x_{v,\pi}^{(i_{s_\nu})} \ = \ \sum_{k=1}^{\ell} v'_{\pi'(i'_k)}\, e^{(\pi'(i'_k))} \ + \ \sum_{k=1}^{n-\ell} \tfrac{1}{2}\, e^{(\pi'(j'_k))} \ + \ \sum_{k=1}^{s_\nu} \tfrac{1}{2}\, e^{(\pi'(i'_k))} \ = \ x_{v',\pi'}^{(i'_{s_\nu})}\,.$$

Die Konsistenz der Triangulierung $\mathcal{T}_1$ ist damit bewiesen. □

Der Beweis von Lemma 3.1.6 enthält im Prinzip schon den Freudenthalschen Algorithmus. Tatsächlich läßt sich folgende Verfeinerungsstrategie für die einzelnen Simplizes von $\mathcal{T}_0$ ablesen:

Folgerung 3.1.8 (Verfeinerung der Elemente T_π)

Sei C der n-dimensionale Einheitswürfel, $\mathcal{T}_0$ die Kuhn-Triangulierung von C, und $\mathcal{T}_1$ die durch (3.1.11) definierte Verfeinerung von $\mathcal{T}_0$. Für $\hat{\pi} \in \Pi_n$ sei $\mathcal{S}(T_{\hat{\pi}}) = \{\,T \in \mathcal{T}_1 \,|\, T \subset T_{\hat{\pi}}\,\}$ die durch $\mathcal{T}_1$ induzierte Verfeinerung von $T_{\hat{\pi}} \in \mathcal{T}_0$. Dann besteht $\mathcal{S}(T_{\hat{\pi}})$ aus allen Elementen $T_{v,\pi} \in \mathcal{T}_1$ mit

$$v_{\hat{\pi}(1)} = \cdots = v_{\hat{\pi}(k)} = \tfrac{1}{2}\,, \qquad v_{\hat{\pi}(k+1)} = \cdots = v_{\hat{\pi}(n)} = 0\,, \tag{3.1.19}$$

und

$$(\pi^{-1} \circ \hat{\pi})(1) < \cdots < (\pi^{-1} \circ \hat{\pi})(k)\,, \qquad (\pi^{-1} \circ \hat{\pi})(k+1) < \cdots < (\pi^{-1} \circ \hat{\pi})(n)\,, \tag{3.1.20}$$

für einen Index $0 \le k \le n$.

Bemerkung 3.1.9 (Anschauliche Bedeutung von $\pi^{-1}(j)$)
$\pi^{-1}(j)$ ist die Position, an der die Zahl j in der Permutation $\pi = (\pi(1), \ldots, \pi(n))$ vorkommt. Daher bedeutet eine Ungleichung der Form $(\pi^{-1} \circ \hat{\pi})(j) < (\pi^{-1} \circ \hat{\pi})(j+1)$, daß in der Permutation π die Zahl $\hat{\pi}(j)$ links von $\hat{\pi}(j+1)$ steht.

Bemerkung 3.1.10 (Regularität der Verfeinerungen)
Für festes $0 \leq k \leq n$ und $\hat{\pi} \in \Pi_n$ beträgt die Anzahl derjenigen $\pi \in \Pi_n$, die der Bedingung (3.1.20) genügen, gerade $\binom{n}{k}$. Es gibt nämlich genau $\binom{n}{k}$ Möglichkeiten, k Positionen in π für die Zahlen $\hat{\pi}(1), \ldots, \hat{\pi}(k)$ auszuwählen. Somit gilt $|\mathcal{S}(T_{\hat{\pi}})| = \sum_{k=0}^{n} \binom{n}{k} = 2^n$ für $\hat{\pi} \in \Pi_n$, und alle Verfeinerungen $\mathcal{S}(T_{\hat{\pi}})$ sind folglich regulär.

3.1.3 Affin invariante Verfeinerungsstrategien

Folgerung 3.1.8 liefert eine reguläre Verfeinerungsstrategie für jedes Element $T_{\hat{\pi}} \in \mathcal{T}_0$. Um daraus ein von der Permutation $\hat{\pi}$ unabhängiges Verfahren abzuleiten, verwenden wir affine Transformationen. Der resultierende Algorithmus besitzt dann eine Eigenschaft, die wir als *affine Invarianz* bezeichnen (vgl. dazu auch Definition 1.3.25).

Definition 3.1.11 (Affin invariante Verfeinerungsstrategien)
Eine Verfeinerungsstrategie $\mathcal{S}$, die jedem Simplex $T \subset \mathbb{R}^n$ eine Verfeinerung $\mathcal{S}(T)$ zuordnet, heißt *affin invariant*, wenn $\mathcal{S}(F(T)) = F(\mathcal{S}(T))$ für jedes Simplex T und jede affine Transformation F im $\mathbb{R}^n$ gilt.

Bemerkung 3.1.12 (Beispiele affin invarianter Verfahren)
Zu den affin invarianten Verfahren zählen insbesondere die roten Verfeinerungen von Bank, das Newest-Vertex-Bisektionsverfahren von Mitchell, und die in Kapitel 2.3.1 vorgestellte Tetraeder-Verfeinerungsstrategie. Nicht affin invariant hingegen sind alle Verfahren, die in irgendeiner Weise von den geometrischen Eigenschaften der Simplizes abhängen, wie z.B. das Verfahren von Rivara, bei dem immer die längste Kante unterteilt wird, oder die Shortest-Interior-Edge-Strategie von Zhang (vgl. Kapitel 2.2.1 bzw. Bemerkung 2.3.2).

Um nun aus Folgerung 3.1.8 einen affin invarianten Algorithmus ableiten zu können, müssen wir zunächst noch beweisen, daß die dort aufgeführten Verfeinerungen $\mathcal{S}(T_{\hat{\pi}})$, $\hat{\pi} \in \Pi_n$, selbst affin invariant sind. Dazu verwenden wir die folgenden *Permutationsmatrizen*:

Definition 3.1.13 (Permutationsmatrizen)
Für $\pi \in \Pi_n$ ist die entsprechende *Permutationsmatrix* $P_\pi \in \mathbb{R}^{n \times n}$ definiert durch

$$P_\pi = \left(\delta_{i,\pi(j)}\right)_{i,j=1}^{n}.$$

Lemma 3.1.14 (Eigenschaften von Permutationsmatrizen)
Die Permutationsmatrizen P_π, $\pi \in \Pi_n$, besitzen die folgenden Eigenschaften:

(i) Für die identische Permutation $\pi_{\mathrm{id}} := (1, 2, \ldots, n)$ *stimmt die Matrix* $P_{\pi_{\mathrm{id}}}$ *mit der* $n \times n$*-Einheitsmatrix überein.*

(ii) Jede Permutationsmatrix P_π *ist orthogonal und es gilt* $P_{\pi^{-1}} = P_\pi^{-1} = P_\pi^T$.

(iii) Die Komposition von Permutationen entspricht der Multiplikation ihrer Permutationsmatrizen:

$$P_{\pi' \circ \pi} = P_{\pi'} P_\pi , \qquad \pi, \pi' \in \Pi_n .$$

(iv) Ist $x \in \mathbb{R}^n$ *ein beliebiger Vektor und* P_π *die Matrix zur Permutation* $\pi \in \Pi_n$*, so gilt für die Einträge des permutierten Vektors* $y := P_\pi x$ *:*

$$y_{\pi(i)} = x_i , \qquad y_i = x_{\pi^{-1}(i)} , \qquad 1 \leq i \leq n .$$

Sei nun wie in Lemma 3.1.14 $\pi_{\mathrm{id}} = (1, 2, \ldots, n)$ die identische Permutation. Als *Referenzsimplex* betrachten wir das Simplex $T_0 := T_{\pi_{\mathrm{id}}}$ aus der Kuhn-Triangulierung $\mathcal{T}_0$. Die Anwendung einer beliebigen Permutationsmatrix $P_{\hat\pi}$ auf T_0 ist eine affine Transformation. Das folgende Lemma zeigt nun, daß jedes der Simplizes $T_{\hat\pi} \in \mathcal{T}_0$ durch die entsprechende Transformation $P_{\hat\pi}$ aus T_0 hervorgeht, und daß die durch $\mathcal{T}_1$ induzierten Verfeinerungen $\mathcal{S}(T_{\hat\pi})$ tatsächlich affin invariant sind.

Lemma 3.1.15 (Darstellung der Simplizes $T_{\hat\pi}$ durch Koordinatenpermutation)
Sei C der n-dimensionale Einheitswürfel, $\mathcal{T}_0$ die Kuhn-Triangulierung von C, und $\mathcal{T}_1$ die durch (3.1.11) definierte Verfeinerung von $\mathcal{T}_0$. Für $\hat\pi \in \Pi_n$ sei $\mathcal{S}(T_{\hat\pi})$ die durch $\mathcal{T}_1$ induzierte Verfeinerung von $T_{\hat\pi}$. Bezeichnen wir mit T_0 das Referenzsimplex $T_0 = T_{\pi_{\mathrm{id}}} \in \mathcal{T}_0$, so gilt

(i) $T_{\hat\pi} = P_{\hat\pi} T_0$ *und*

(ii) $\mathcal{S}(T_{\hat\pi}) = P_{\hat\pi} \mathcal{S}(T_0)$

für alle $\hat\pi \in \Pi_n$.

Beweis: i) Für $T_{\hat\pi}$, $\hat\pi \in \Pi_n$, gilt die Darstellung

$$T_{\hat\pi} \approx \{ x \in C \mid 0 \leq x_{\hat\pi(n)} \leq \cdots \leq x_{\hat\pi(1)} \leq 1 \} . \tag{3.1.21}$$

Weiterhin gilt nach Lemma 3.1.14 (iv) für die Koordinaten des Vektors $y = P_{\hat\pi} x$, $\hat\pi \in \Pi_n$, die Beziehung $x_i = y_{\hat\pi(i)}$, $1 \leq i \leq n$. Somit folgt für $\hat\pi \in \Pi_n$

$$\begin{aligned} P_{\hat\pi} T_0 &\approx \{ P_{\hat\pi} x \mid x \in T_0 \} \\ &= \{ P_{\hat\pi} x \mid 0 \leq x_n \leq \cdots \leq x_1 \leq 1 \} \\ &= \{ y \in C \mid 0 \leq y_{\hat\pi(n)} \leq \cdots \leq y_{\hat\pi(1)} \leq 1 \} \approx T_{\hat\pi} . \end{aligned}$$

Damit ist die erste Behauptung bewiesen.

ii) Sei $\hat\pi \in \Pi_n$. Wir haben zu zeigen, daß $T \in \mathcal{S}(T_0)$ äquivalent ist zu $P_{\hat\pi} T \in \mathcal{S}(T_{\hat\pi})$. Sei also $T \in \mathcal{S}(T_0)$ beliebig. Dann gilt $T = T_{v,\pi} := v + \frac{1}{2} T_\pi$ für ein Paar (v, π) mit $v \in \{0, \frac{1}{2}\}^n$ und $\pi \in \Pi_n$. Nach Folgerung 3.1.8 existiert ein Index $0 \leq k \leq n$ mit

$$v_1 = \cdots = v_k = \tfrac{1}{2} , \qquad v_{k+1} = \cdots = v_n = 0 , \tag{3.1.22}$$

und

$$\pi^{-1}(1) < \cdots < \pi^{-1}(k)\,, \qquad \pi^{-1}(k+1) < \cdots < \pi^{-1}(n)\,. \tag{3.1.23}$$

Wir setzen $y = P_{\hat{\pi}}\, v$. Natürlich gilt $y \in \{\, 0, \frac{1}{2}\,\}^n$ und wegen $\pi^{-1} = (\hat{\pi} \circ \pi)^{-1} \circ \hat{\pi}$ sind (3.1.22) und (3.1.23) äquivalent zu

$$y_{\hat{\pi}(1)} = \cdots = y_{\hat{\pi}(k)} = \tfrac{1}{2}\,, \qquad y_{\hat{\pi}(k+1)} = \cdots = y_{\hat{\pi}(n)} = 0\,,$$

bzw.

$$\begin{array}{lcl} ((\hat{\pi} \circ \pi)^{-1} \circ \hat{\pi})(1) & < \cdots < & ((\hat{\pi} \circ \pi)^{-1} \circ \hat{\pi})(k)\,, \\ ((\hat{\pi} \circ \pi)^{-1} \circ \hat{\pi})(k+1) & < \cdots < & ((\hat{\pi} \circ \pi)^{-1} \circ \hat{\pi})(n)\,, \end{array}$$

Nach Folgerung 3.1.8 bedeutet dies nichts anderes, als daß $T_{y,\hat{\pi}\circ\pi}$ zu $\mathcal{S}(T_{\hat{\pi}})$ gehört. Wegen

$$T_{y,\hat{\pi}\circ\pi} \;=\; y + \tfrac{1}{2}\, T_{\hat{\pi}\circ\pi} \;=\; P_{\hat{\pi}}\, v + \tfrac{1}{2}\, P_{\hat{\pi}}\, T_\pi \;=\; P_{\hat{\pi}}(v + \tfrac{1}{2}\, T_\pi) \;=\; P_{\hat{\pi}}\, T_{v,\pi}$$

gilt also tatsächlich $T \in \mathcal{S}(T_0)$ genau dann, wenn $P_{\hat{\pi}}\, T$ in $\mathcal{S}(T_{\hat{\pi}})$ liegt. Daher stimmt $\mathcal{S}(T_{\hat{\pi}})$ mit der transformierten Triangulierung $P_{\hat{\pi}}\, \mathcal{S}(T_0)$ überein. □

3.1.4 Freudenthals Algorithmus

Wir können nun den Freudenthalschen Algorithmus angeben. Im Prinzip handelt es sich dabei lediglich um eine affin invariante Version von Folgerung 3.1.8. In Analogie zu der in Kapitel 2.3.1 vorgestellten Verfeinerungsstrategie für Tetraeder bezeichnen wir den Algorithmus von Freudenthal mit *RoteVerfeinerungND*.

Algorithm *RoteVerfeinerungND*($T = [\, x^{(0)}, \ldots, x^{(n)}\,]$)
{
  for ($0 \le k \le n$) **do** *(1)*
  {
    $v^{(0)} := \frac{1}{2}\,(x^{(0)} + x^{(k)})$; *(2)*
    for ($\pi \in \Pi_n$) **do** *(3)*
      if ($\pi^{-1}(1) < \cdots < \pi^{-1}(k)$) **and** ($\pi^{-1}(k+1) < \cdots < \pi^{-1}(n)$) **then** *(4)*
      {
        for ($1 \le \ell \le n$) **do** $v^{(\ell)} := v^{(\ell-1)} + \frac{1}{2}(x^{(\pi(\ell))} - x^{((\pi(\ell)-1))})$; *(5)*
        $T_{k,\pi} := [\, v^{(0)}, \ldots, v^{(n)}\,]$; *(6)*
      }
  }
}

Wir beweisen zunächst, daß der Freudenthalsche Algorithmus bei Anwendung auf alle Elemente $T \in \mathcal{T}_0$ tatsächlich die Triangulierung $\mathcal{T}_1$ liefert. Dazu genügt es wegen Lemma 3.1.15 zu zeigen, daß Algorithmus *RoteVerfeinerungND* affin invariant ist und für $T = T_{\pi_{\mathrm{id}}}$ die durch $\mathcal{T}_1$ induzierte Verfeinerung erzeugt.

Lemma 3.1.16 (Affine Invarianz von Algorithmus RoteVerfeinerungND)
Algorithmus RoteVerfeinerungND ist affin invariant und erzeugt bei Anwendung auf alle Simplizes $T_\pi \in \mathcal{T}_0$ die Triangulierung $\mathcal{T}_1$.

Beweis: Wir nehmen an, es sei $T = [\,x^{(0)}, \ldots, x^{(n)}\,]$ ein beliebiges Simplex im $\mathbb{R}^n$, und Algorithmus *RoteVerfeinerungND* erzeuge bei Anwendung auf T die Teilsimplizes $T_{k,\pi}$ für $0 \le k \le n$ und geeignete Permutationen $\pi \in \Pi_n$. Für jede affine Transformation F im $\mathbb{R}^n$ gilt nun

$$\begin{aligned} F(\tfrac{1}{2}(x+y)) &= \tfrac{1}{2}(Fx + Fy)\,, & x, y \in \mathbb{R}^n\,, \\ F(x + \tfrac{1}{2}(y-z)) &= Fx + \tfrac{1}{2}(Fy - Fz)\,, & x, y, z \in \mathbb{R}^n\,. \end{aligned}$$

Da die Zeilen (2) und (5) in Algorithmus *RoteVerfeinerungND* genau von dieser Form sind, werden bei Anwendung auf das Simplex $F(T) = [\,Fx^{(0)}, \ldots, Fx^{(n)}\,]$ die Söhne $T'_{k,\pi} = F(T_{k,\pi})$ erzeugt. Folglich ist Algorithmus *RoteVerfeinerungND* affin invariant.

Sei nun $T = T_{\pi_{\text{id}}}$ das Referenzsimplex mit den Eckpunkten $x^{(j)} = e^{(1)} + \cdots + e^{(j)}$ für $0 \le j \le n$. Bei der Anwendung von Algorithmus *RoteVerfeinerungND* auf T wird in Zeile (2) für $0 \le k \le n$ der Vektor

$$v^{(0)} = \tfrac{1}{2}\,(x^{(0)} + x^{(k)}) = \tfrac{1}{2}\sum_{j=1}^{k} e^{(j)} = (\underbrace{\tfrac{1}{2}, \ldots, \tfrac{1}{2}}_{k}, \underbrace{0, \ldots, 0}_{n-k})^T$$

berechnet. Dieser genügt der Gleichung (3.1.19) mit $\hat{\pi} = \pi_{\text{id}}$. Außerdem erfüllen diejenigen Permutationen $\pi \in \Pi_n$, die der Bedingung in Zeile (4) genügen, gerade die Ungleichung (3.1.20) mit $\hat{\pi} = \pi_{\text{id}}$. Schließlich werden in Zeile (5) die Eckpunkte $v^{(1)}, \ldots, v^{(\ell)}$ berechnet zu

$$v^{(\ell)} = v^{(0)} + \tfrac{1}{2}\sum_{j=1}^{\ell}(x^{(\pi(j))} - x^{(\pi(j)-1)}) = v^{(0)} + \tfrac{1}{2}\sum_{j=1}^{\ell} e^{\pi(j)}\,.$$

Somit wird in Zeile (6) das Simplex

$$T_{k,\pi} = [\,v^{(0)}, \ldots, v^{(n)}\,] = v^{(0)} + \tfrac{1}{2}T_\pi = T_{v^{(0)},\pi} \in \mathcal{T}_1$$

erzeugt. Die von Algorithmus *RoteVerfeinerungND* für $T = T_{\pi_{\text{id}}}$ erzeugte Triangulierung stimmt also mit der durch $\mathcal{T}_1$ induzierten überein. □

Aus Lemma 3.1.7 und Lemma 1.3.26 schließen wir, daß Algorithmus *RoteVerfeinerungND* für jedes nichtentartete Simplex $T \subset \mathbb{R}^n$ eine konsistente, reguläre Verfeinerung $\mathcal{S}(T)$ erzeugt. Es bleibt noch zu beweisen, daß bei sukzessiver Anwendung auf ein beliebiges, nichtentartetes Simplex $T \subset \mathbb{R}^n$ eine stabile Folge konsistenter Triangulierungen von T entsteht.

Dazu zeigen wir zunächst, daß die sukzessive Anwendung von Algorithmus *RoteVerfeinerungND* auf die Elemente der Kuhn-Triangulierung $\mathcal{K}(C)$ die gleichen konsistenten Triangulierungen liefert, wie man sie erhält, wenn man C zunächst in geeignete Teilwürfel aufspaltet und deren Kuhn-Triangulierungen zusammensetzt.

Lemma 3.1.17 (Sukzessive Anwendung von Algorithmus RoteVerfeinerungND)
Sei C der Einheitswürfels im $\mathbb{R}^n$ und $\mathcal{T}_0 = \{ T_\pi \,|\, \pi \in \Pi_n \}$ die Kuhn-Triangulierung von C. Für $k > 0$ sei $\mathcal{T}_k$ die Triangulierung von C, die durch Anwendung von Algorithmus RoteVerfeinerungND auf jedes Simplex $T \in \mathcal{T}_{k-1}$ entsteht. Dann ist jede der Triangulierungen $\mathcal{T}_k$, $k \geq 0$, konsistent, und es gilt die Darstellung

$$\mathcal{T}_k \;=\; \left\{ T_{v,\pi} := v + 2^{-k} T_\pi \;\middle|\; v \in \mathcal{Z}_k^n;\ \pi \in \Pi_n \right\}, \tag{3.1.24}$$

mit $\mathcal{Z}_k^n := \{ v \in [0,1)^n \,|\, 2^k v_i \in \mathbb{Z},\ 1 \leq i \leq n \}$ für $k \geq 0$.

Beweis: Wir beweisen die Darstellung (3.1.24) durch Induktion. Für $k = 0$ ist die Behauptung trivial. Der Fall $k = 1$ entspricht der Aussage von Lemma 3.1.16. Nehmen wir also an, es gelte (3.1.24) für ein $k \in \mathbb{N}_0$. Dann ist $\mathcal{T}_k$ nichts anderes als die Vereinigung der Kuhn-Triangulierungen $\mathcal{K}(C_v)$ aller Teilwürfel $C_v := v + 2^{-k} C$ mit $v \in \mathcal{Z}_k^n$. Sei nun $v \in \mathcal{Z}_k^n$ beliebig und $\mathcal{T}_1(C_v)$ diejenige Triangulierung von C_v, die durch Verfeinerung aller Elemente $T \in \mathcal{K}(C_v)$ entsteht. Da Algorithmus *RoteVerfeinerungND* affin invariant ist, folgt aus Lemma 3.1.16

$$\mathcal{T}_1(C_v) \;=\; \mathcal{T}_1(v + 2^{-k} C) \;=\; v + 2^{-k}\, \mathcal{T}_1(C)\,, \tag{3.1.25}$$

wobei $\mathcal{T}_1(C)$ die durch (3.1.11) definierte Triangulierung von C ist. Da $\mathcal{T}_{k+1}$ nichts anderes ist als die Vereinigung aller Triangulierungen $\mathcal{T}_1(C_v)$, $v \in \mathcal{Z}_k^n$, folgt aus (3.1.25) die Darstellung (3.1.24) für $\mathcal{T}_{k+1}$. Die Konsistenz der Triangulierungen $\mathcal{T}_k$ beweist man vollkommen analog zu Lemma 3.1.7. $\square$

Da die Permutationsmatrizen P_π orthogonal sind (vgl. Lemma 3.1.14 (ii)), gehören alle Simplizes der Triangulierungen $\mathcal{T}_k$, $k \in \mathbb{N}_0$, zur selben Ähnlichkeitsklasse. Die Ähnlichkeit zweier Simplizes geht aber bei affinen Transformationen im allgemeinen verloren. Daß trotzdem auch bei sukzessiver Verfeinerung eines beliebigen Simplizes nur eine beschränkte Anzahl von Ähnlichkeitsklassen auftreten kann, folgt aus der Tatsache, daß jedes Element in einer der Triangulierungen $\mathcal{T}_k$ nur durch Translation und Skalierung – ohne Rotation – in eines der Simplizes $T_\pi \in \mathcal{T}_0$ transformiert werden kann. Wir erhalten so den folgenden Satz über die Stabilität von Algorithmus *RoteVerfeinerungND*:

Satz 3.1.18 (Stabilität von Algorithmus RoteVerfeinerungND)
Für ein beliebiges, nichtentartetes Simplex T im $\mathbb{R}^n$ entsteht bei sukzessiver Anwendung von Algorithmus RoteVerfeinerungND eine stabile Folge konsistenter Triangulierungen von T. Darüber hinaus lassen sich alle erzeugten Teilsimplizes in höchstens $n!/2$ Ähnlichkeitsklassen einteilen.

Beweis: Sei $T = [\, x^{(0)}, \ldots, x^{(n)} \,]$ ein beliebiges nichtentartetes Simplex im $\mathbb{R}^n$. Wir setzen $\mathcal{T}_0(T) := \{T\}$ und bezeichnen mit $\mathcal{T}_k(T)$, $k > 0$, die sukzessiven Verfeinerungen von $\mathcal{T}_0(T)$. Weiter seien C der Einheitswürfel im $\mathbb{R}^n$, $\mathcal{T}_0(C)$ die Kuhn-Triangulierung von C und $\mathcal{T}_k(C)$, $k > 0$, die sukzessiven Verfeinerungen von $\mathcal{T}_0(C)$. Schließlich sei $T_0 = T_{\pi_{\mathrm{id}}}$ das Referenzsimplex aus $\mathcal{T}_0(C)$ und $F : x \mapsto w + Bx$ die eindeutige affine Transformation mit $T = F(T_0)$. Aus der affinen Invarianz von Algorithmus *RoteVerfeinerungND* folgt zunächst

$$\mathcal{T}_k(T) \;=\; \{\, F(T') \,|\, T' \in \mathcal{T}_k(C);\ T' \subset T_0 \,\}\,, \qquad k \in \mathbb{N}_0\,.$$

Wegen Lemma 1.3.26 sind daher alle Triangulierungen $\mathcal{T}_k(T)$, $k \geq 0$, konsistent. Nun ist nach Lemma 3.1.17 jedes Simplex $T' \in \mathcal{T}_k(C)$ von der Form $T' = v + 2^{-k}\,T_\pi$ mit $v \in \mathcal{Z}_k^n$ und $T_\pi \in \mathcal{T}_0(C)$. Wegen

$$\begin{aligned} F(T') &= w + B\,(v + 2^{-k}\,T_\pi) \\ &= (F\,v - 2^{-k}w) + 2^{-k}F(T_\pi) \end{aligned}$$

gehört $F(T')$ zur gleichen Ähnlichkeitsklasse wie $F(T_\pi)$. Jedes Simplex in einer der Triangulierungen $\mathcal{T}_k(T)$, $k \in \mathbb{N}_0$, ist also ähnlich zu einem der $n!$ Simplizes $F(T_\pi)$, $\pi \in \Pi_n$. Seien nun $\pi, \pi' \in \Pi_n$ zwei Permutationen mit $\pi'(j) = \pi(n+1-j)$ für $1 \leq j \leq n$. Für die Eckpunkte $x_\pi^{(i)}$ bzw. $x_{\pi'}^{(i)}$ von T_π und $T_{\pi'}$ gilt

$$x_{\pi'}^{(i)} = \sum_{j=1}^{i} e^{\pi'(j)} = \sum_{j=1}^{i} e^{\pi(n+1-j)} = \mathbb{1} - \sum_{j=1}^{n-i} e^{\pi(j)} = \mathbb{1} - x_\pi^{(n-i)}, \qquad 0 \leq i \leq n,$$

mit $\mathbb{1} := (\,1, 1, \ldots, 1\,)^T$. Also gilt

$$T_{\pi'} \approx \mathbb{1} - T_\pi \qquad \text{bzw.} \qquad F(T_{\pi'}) \approx (2\,w + B\,\mathbb{1}) - F(T_\pi)\,,$$

und daher sind $F(T_\pi)$ und $F(T_{\pi'})$ einander ähnlich. Die Anzahl der durch sukzessive Verfeinerung von T erzeugten Ähnlichkeitsklassen beträgt also höchstens $n!/2$. □

Bemerkung 3.1.19 (Freudenthals Algorithmus im Vergleich mit Bisektion I)
In Kapitel 2.2.2 haben wir bereits darauf hingewiesen, daß die Bisektionsverfahren von Maubach und Traxler bei sukzessiver Anwendung im allgemeinen $n \cdot n! \cdot 2^{n-2}$ Ähnlichkeitsklassen pro Ausgangssimplex erzeugen. Selbst wenn man n aufeinanderfolgende Bisektionsschritte zu einer regulären Verfeinerung zusammenfaßt, bleiben immer noch $n! \cdot 2^{n-2}$ Ähnlichkeitsklassen übrig, d.h., 2^{n-1}-mal so viele wie beim Algorithmus von Freudenthal. Letzterer ist demnach den Bisektionsverfahren hinsichtlich der Anzahl der erzeugten Ähnlichkeitsklassen überlegen. Tatsächlich kann man zeigen, daß alle Ähnlichkeitsklassen, die bei sukzessiver Anwendung von Algorithmus *RoteVerfeinerungND* entstehen, auch bei fortgesetzter, n-stufiger Bisektion auftreten. Hieraus folgt, daß die maximale Entartung aller vorkommenden Elemente bei Algorithmus *RoteVerfeinerungND* nicht schlechter sein kann als bei den Bisektionsverfahren.

3.1.5 Freudenthals Algorithmus im Fall n=3

Im zweidimensionalen Fall erzeugt Algorithmus *RoteVerfeinerungND* gerade die roten Verfeinerungen von Bank (siehe Abb. 2.4). Hier entsteht bei sukzessiver Anwendung genau eine Ähnlichkeitsklasse pro Ausgangsdreieck. Wir wollen nun zeigen, daß Algorithmus *RoteVerfeinerungND* im Falle $n = 3$ zu dem in Kapitel 2.3.1 vorgestellten Algorithmus *RoteVerfeinerung3D* äquivalent ist. Hieraus folgt mit Satz 3.1.18 unmittelbar die Aussage von Satz 2.3.1. Der Beweis des folgenden Lemmas soll darüber hinaus auch die Arbeitsweise von Algorithmus *RoteVerfeinerungND* verdeutlichen.

Lemma 3.1.20 (Algorithmus RoteVerfeinerungND im Falle n=3)
Algorithmus RoteVerfeinerungND ist im Falle $n = 3$ äquivalent zu Algorithmus RoteVerfeinerung3D.

Beweis: Sei $T = [\,x^{(0)}, x^{(1)}, x^{(2)}, x^{(3)}\,]$ ein beliebiges Tetraeder im $\mathbb{R}^3$. Wie bei der Formulierung von Algorithmus *RoteVerfeinerung3D* sei $x^{(ij)} = \frac{1}{2}(x^{(i)} + x^{(j)})$ der Mittelpunkt der Kante zwischen $x^{(i)}$ und $x^{(j)}$, $0 \leq i < j \leq 3$.

Bei der Anwendung von Algorithmus *RoteVerfeinerungND* auf T wird die Schleife (1) für $0 \leq k \leq 3$ durchlaufen. Der gemeinsame erste Eckpunkt aller für festes k erzeugten Tetraeder $T_{k,\pi}$ ist der Punkt $v^{(0)} = x^{(0k)}$. Für jeden Index k existieren dann genau $\binom{3}{k}$ verschiedene Permutationen $\pi \in \Pi_3$, die der Bedingung in Zeile (4) genügen. Diese zeichnen sich dadurch aus, daß innerhalb von $\pi = (\,\pi(1), \pi(2), \pi(3)\,)$ die Zahlen $0, \ldots, k$ bzw. $k+1, \ldots, 3$ in der richtigen Reihenfolge stehen. Aufgrund dieser Überlegungen macht man sich nun leicht klar, daß Algorithmus *RoteVerfeinerungND* für $0 \leq k \leq 3$ die folgenden Startpunkte $v^{(0)}$, Permutationen π und Tetraeder $T_{k,\pi}$ erzeugt:

$$\underline{\textbf{k=0:}} \quad v^{(0)} = x^{(0)}, \quad \pi = (1,2,3) \implies T_{k,\pi} = [\,x^{(0)}, x^{(01)}, x^{(02)}, x^{(03)}\,];$$

$$\begin{array}{llll} \underline{\textbf{k=1:}} & v^{(0)} = x^{(01)}, & \pi = (1,2,3) \implies & T_{k,\pi} = [\,x^{(01)}, x^{(1)}, x^{(12)}, x^{(13)}\,], \\ & & \pi = (2,1,3) \implies & T_{k,\pi} = [\,x^{(01)}, x^{(02)}, x^{(12)}, x^{(13)}\,], \\ & & \pi = (2,3,1) \implies & T_{k,\pi} = [\,x^{(01)}, x^{(02)}, x^{(03)}, x^{(13)}\,]; \end{array}$$

$$\begin{array}{llll} \underline{\textbf{k=2:}} & v^{(0)} = x^{(02)}, & \pi = (1,2,3) \implies & T_{k,\pi} = [\,x^{(02)}, x^{(12)}, x^{(2)}, x^{(23)}\,], \\ & & \pi = (1,3,2) \implies & T_{k,\pi} = [\,x^{(02)}, x^{(12)}, x^{(13)}, x^{(23)}\,], \\ & & \pi = (3,1,2) \implies & T_{k,\pi} = [\,x^{(02)}, x^{(03)}, x^{(13)}, x^{(23)}\,]; \end{array}$$

$$\underline{\textbf{k=3:}} \quad v^{(0)} = x^{(03)}, \quad \pi = (1,2,3) \implies T_{k,\pi} = [\,x^{(03)}, x^{(13)}, x^{(23)}, x^{(3)}\,].$$

Für festes k hängt die Reihenfolge der erzeugten Tetraeder $T_{k,\pi}$ natürlich von der Reihenfolge der auftretenden Permutationen ab. Bis auf die Reihenfolge ihrer Generierung aber stimmen die so erzeugten Tetraeder mit den von Algorithmus *RoteVerfeinerung3D* erzeugten Tetraedern überein, und zwar einschließlich der jeweiligen Eckpunktnumerierungen. Folglich sind beide Algorithmen im Falle $n = 3$ äquivalent. □

3.1.6 Globale Verfeinerungen im $\mathbb{R}^n$

Der dreidimensionale Fall unterscheidet sich vom n-dimensionalen dadurch, daß bei der Verfeinerung benachbarter Tetraeder – aufgrund der symmetrischen Unterteilung der Seitenflächen – keine Konsistenzprobleme auftreten können. Dies ist in höheren Dimensionen nicht mehr der Fall. Wenden wir Algorithmus *RoteVerfeinerungND* z.B. auf zwei benachbarte

(4)-Simplizes T, T' an, so wird das gemeinsame Randtetraeder S sowohl von T aus als auch von T' aus so unterteilt, als wenn Algorithmus *RoteVerfeinerung3D* auf S angewendet würde (vgl. Lemma 3.1.24). Es ist jedoch durchaus möglich, daß die beiden durch T bzw. T' induzierten Zerlegungen von S nicht übereinstimmen. Dies ist genau dann der Fall, wenn die bei der Unterteilung von S auftretende innere Diagonale in beiden Fällen verschieden ist.

Für eine zwar konsistente, aber ansonsten beliebig unstrukturierte Anfangstriangulierung $\mathcal{T}_0$ im $\mathbb{R}^n$ stellt sich also die Frage, wie man sicherstellen kann, daß bei sukzessiver Verfeinerung von $\mathcal{T}_0$ durch Algorithmus *RoteVerfeinerungND* konsistente Triangulierungen entstehen. Die Antwort auf diese Frage ist erstaunlich einfach und war auch H. Freudenthal bereits bekannt (siehe [63]). Man muß nur dafür sorgen, daß die Eckpunktnumerierungen je zweier sich berührender Simplizes in $\mathcal{T}_0$ so aufeinander abgestimmt sind, daß beide auf dem gemeinsamen Randsimplex die gleiche Eckpunktreihenfolge besitzen. Triangulierungen mit dieser Eigenschaft nennen wir *konsistent numeriert* (vgl. auch Bemerkung 1.3.24).

Definition 3.1.21 (Konsistent numerierte Triangulierungen)
Zwei Simplizes T, T' im $\mathbb{R}^n$ mit einem gemeinsamen Randsimplex S heißen *konsistent numeriert*, wenn die Eckpunktnumerierung von T auf S die gleiche Eckpunktreihenfolge induziert wie die von T'. Eine Triangulierung $\mathcal{T}$ im $\mathbb{R}^n$ heißt *konsistent numeriert*, wenn $\mathcal{T}$ konsistent ist und je zwei sich berührende Elemente $T, T' \in \mathcal{T}$ konsistent numeriert sind.

Bemerkung 3.1.22 (Erzeugung konsistenter Numerierungen)
Um für eine gegebene, konsistente Triangulierung $\mathcal{T}$ eine konsistente Numerierung ihrer Elemente zu erzeugen, geht man zweckmäßigerweise wie folgt vor: Man numeriert zunächst die Eckpunkte von $\mathcal{T}$ der Reihe nach durch und übernimmt dann für jedes Simplex $T \in \mathcal{T}$ die durch die globale Numerierung induzierte Reihenfolge seiner Eckpunkte. Auf diese Weise läßt sich jede konsistente Triangulierung konsistent numerieren. Beachte, daß die globale Numerierung der Eckpunkte beliebig gewählt werden kann.

Wir wollen nun zeigen, daß für eine beliebige Anfangstriangulierung $\mathcal{T}_0$ im $\mathbb{R}^n$ die Konsistenz der Numerierung hinreichend dafür ist, daß bei sukzessiver Anwendung von Algorithmus *RoteVerfeinerungND* auf alle Elemente $T \in \mathcal{T}_0$ konsistente Triangulierungen entstehen. Zwar ist diese Behauptung in ähnlicher Form auch in der Freudenthalschen Arbeit zu finden, sie wird dort aber – wie die übrigen Konsistenzaussagen auch – nicht bewiesen. Wir wollen den Beweis deswegen in diesem Buch nachholen. Dazu zeigen wir zunächst, daß die von Algorithmus *RoteVerfeinerungND* erzeugte Zerlegung eines einzelnen Simplizes $T \subset \mathbb{R}^n$ konsistent numeriert ist.

Lemma 3.1.23 (Konsistenz der Numerierung roter Verfeinerungen)
Bei Anwendung von Algorithmus RoteVerfeinerungND auf ein beliebiges, nichtentartetes Simplex T im $\mathbb{R}^n$ entsteht eine konsistent numerierte Verfeinerung von T.

Beweis: Wir bezeichnen die durch Algorithmus *RoteVerfeinerungND* erzeugte Verfeinerung mit $\mathcal{T}(T)$. Nach Satz 3.1.18 ist $\mathcal{T}(T)$ konsistent. Um zu zeigen, daß $\mathcal{T}(T)$ darüber hinaus konsistent numeriert ist, ziehen wir uns auf das Referenzsimplex $T_0 = [\,x^{(0)}, \dots, x^{(n)}\,]$ mit den Eckpunkten $x^{(i)} = e^{(1)} + \cdots + e^{(i)}$, $0 \le i \le n$, zurück. Die entsprechende Verfeinerung $\mathcal{T}(T_0)$ besteht aus den Elementen $T_{k,\pi} = [\, x^{(0)}_{k,\pi}, \ldots, x^{(n)}_{k,\pi} \,]$ mit den Eckpunkten

$$x^{(i)}_{k,\pi} \;=\; \tfrac{1}{2} \sum_{j=1}^{k} e^{(j)} + \tfrac{1}{2} \sum_{j=1}^{i} e^{(\pi(j))} , \qquad 0 \le i \le n ,$$

für $0 \le k \le n$ und geeignete Permutationen $\pi \in \Pi_n$. Seien nun $T_{k,\pi}$, $T_{k'\pi'}$ zwei solcher Nachfolger von T_0 mit $T_{k,\pi} \cap T_{k'\pi'} \ne \emptyset$. Aufgrund der Konsistenz von $\mathcal{T}(T_0)$ ist $T_{k,\pi} \cap T_{k'\pi'}$ nichts anderes als die lineare Hülle der gemeinsamen Eckpunkte von $T_{k,\pi}$ bzw. $T_{k'\pi'}$, d.h., für ein $0 \le \ell \le n$ und geeignete Indizes $i_0 < \cdots < i_\ell$ bzw. $j_0 < \cdots < j_\ell$ gilt

$$[\, x^{(i_0)}_{k,\pi}, \ldots, x^{(i_\ell)}_{k,\pi} \,] \;\approx\; T_{k,\pi} \cap T_{k'\pi'} \;\approx\; [\, x^{(j_0)}_{k',\pi'}, \ldots, x^{(j_\ell)}_{k',\pi'} \,] \,.$$

Es bleibt zu zeigen, daß $[\, x^{(i_0)}_{k,\pi}, \ldots, x^{(i_\ell)}_{k,\pi} \,] = [\, x^{(j_0)}_{k',\pi'}, \ldots, x^{(j_\ell)}_{k',\pi'} \,]$ gilt. Seien dazu x und x' zwei gemeinsame Eckpunkte von $T_{k,\pi}$ bzw. $T_{k'\pi'}$ und μ, ν bzw. μ', ν' die entsprechenden Indizes mit $x = x^{(i_\mu)}_{k,\pi} = x^{(j_{\mu'})}_{k',\pi'}$ bzw. $x' = x^{(i_\nu)}_{k,\pi} = x^{(j_{\nu'})}_{k',\pi'}$. Nehmen wir an, daß $\mu < \nu$ aber $\mu' > \nu'$ gilt, so folgt aus $i_\mu < i_\nu$ einerseits

$$x' - x \;=\; x^{(i_\nu)}_{k,\pi} - x^{(i_\mu)}_{k,\pi} \;=\; \tfrac{1}{2} \sum_{j=i_\mu+1}^{i_\nu} e^{\pi(j)} ,$$

andererseits schließen wir aus $j_{\mu'} > j_{\nu'}$

$$x - x' \;=\; x^{(j_{\mu'})}_{k',\pi'} - x^{(j_{\nu'})}_{k',\pi'} \;=\; \tfrac{1}{2} \sum_{j=j_{\nu'}+1}^{j_{\mu'}} e^{\pi'(j)} .$$

Also sind sowohl die Einträge von $x - x'$ als auch die von $x' - x$ nichtnegativ, woraus $x = x'$ folgt – im Widerspruch zur Annahme $i_\mu < i_\nu$. Es gilt daher $x^{(i_\mu)}_{k,\pi} = x^{(j_\mu)}_{k',\pi'}$ für $0 \le \mu \le \ell$ und folglich $[\, x^{(i_0)}_{k,\pi}, \ldots, x^{(i_\ell)}_{k,\pi} \,] = [\, x^{(j_0)}_{k',\pi'}, \ldots, x^{(j_\ell)}_{k',\pi'} \,]$. Damit ist die Konsistenz der Numerierung von $\mathcal{T}(T_0)$ bewiesen. Aus der affinen Invarianz von Algorithmus *RoteVerfeinerungND* schließen wir, daß auch $\mathcal{T}(T)$ konsistent numeriert ist. □

Bereits in Kapitel 2.3.1 haben wir gesehen, daß die rote Verfeinerung eines Tetraeders $T \subset \mathbb{R}^3$ auf den Seitenflächen zweidimensionale rote Verfeinerungen induziert (vgl. Abb. 2.12). Wie das folgende Lemma zeigt, gilt eine entsprechende Aussage auch in höheren Dimensionen.

Lemma 3.1.24 (Zerlegung der Randsimplizes bei roter Verfeinerung)
Sei T ein nichtentartetes Simplex im $\mathbb{R}^n$ und $\mathcal{T}(T)$ die durch Algorithmus RoteVerfeinerungND erzeugte Verfeinerung von T. Weiter sei S ein beliebiges (ℓ)-Randsimplex der Dimension $0 \le \ell \le n$ von T, und $\mathcal{T}(S)$ sei diejenige Triangulierung von S, die bei Anwendung von Algorithmus RoteVerfeinerungND auf S entsteht. Dann stimmt $\mathcal{T}(S)$ mit der durch $\mathcal{T}(T)$ induzierten Zerlegung von S überein, d.h., für jedes Element $T' \in \mathcal{T}(T)$ ist $T' \cap S$ ein Randsimplex von T', das einschließlich der durch T' induzierten Eckpunktreihenfolge mit einem Randsimplex von $\mathcal{T}(S)$ übereinstimmt.

Beweis: Aufgrund der affinen Invarianz von Algorithmus *RoteVerfeinerungND* genügt es, die Behauptung für ein Referenzsimplex zu beweisen. Sei also wieder $T_0 = [\,x^{(0)}, \ldots, x^{(n)}\,]$ das Simplex mit den Eckpunkten $x^{(i)} = e^{(1)} + \cdots + e^{(i)}$ für $0 \le i \le n$. Die entsprechende Verfeinerung $\mathcal{T}(T_0)$ besteht aus den Elementen $T_{k,\pi} = [\,x^{(0)}_{k,\pi}, \ldots, x^{(n)}_{k,\pi}\,]$ mit den Eckpunkten

$$x^{(i)}_{k,\pi} \;=\; \tfrac{1}{2} \sum_{j=1}^{k} e^{(j)} + \tfrac{1}{2} \sum_{j=1}^{i} e^{(\pi(j))}, \qquad 0 \le i \le n, \tag{3.1.26}$$

für $0 \le k \le n$ und geeignete Permutationen $\pi \in \Pi_n$ mit $\pi^{-1}(1) < \cdots < \pi^{-1}(k)$ bzw. $\pi^{-1}(k+1) < \cdots < \pi^{-1}(n)$. Wir betrachten ein beliebiges, aber von nun an festes Element $T_{k,\pi} \in \mathcal{T}(T_0)$ sowie ein beliebiges (ℓ)-Randsimplex $S = [\,x^{(p_0)}, \ldots, x^{(p_\ell)}\,]$ von T_0 mit Dimension $0 \le \ell \le n$ und Indizes $p_0 < p_1 < \cdots < p_\ell$. Zur Abkürzung setzen wir

$$\begin{aligned} v_0 \;&:=\; e^{(1)} + \cdots + e^{(p_0)}\,, \\ v_s \;&:=\; e^{(p_{s-1}+1)} + \cdots + e^{(p_s)}\,, \qquad 1 \le s \le \ell\,. \end{aligned}$$

Uns interessiert der Schnitt von $T_{k,\pi}$ und S. Seien dazu $i_0 < \ldots < i_m$ die Indizes derjenigen Eckpunkte $x^{(i)}_{k,\pi}$ von $T_{k,\pi}$, die auch in S liegen. Dann gilt für $T_{k,\pi} \cap S$ die Darstellung

$$T_{k,\pi} \cap S \;\approx\; [\,x^{(i_0)}_{k,\pi}, \ldots, x^{(i_m)}_{k,\pi}\,]\,. \tag{3.1.27}$$

Die Inklusion $[\,x^{(i_0)}_{k,\pi}, \ldots, x^{(i_m)}_{k,\pi}\,] \subset T_{k,\pi} \cap S$ folgt aus der Tatsache, daß $[\,x^{(i_0)}_{k,\pi}, \ldots, x^{(i_m)}_{k,\pi}\,]$ sowohl in $T_{k,\pi}$ als auch in S enthalten ist. Zum Beweis der Umkehrung nehmen wir an, es sei $x \in T_{k,\pi}$ ein Punkt, der nicht zu $[\,x^{(i_0)}_{k,\pi}, \ldots, x^{(i_m)}_{k,\pi}\,]$ gehört. Dann existiert eine minimale Anzahl von Eckpunkten $x^{(i_{m+1})}_{k,\pi}, \ldots, x^{(i_{m'})}_{k,\pi}$, $m' > m$, die nicht zu S gehören, für die aber

$$x \;\in\; [\,x^{(i_0)}_{k,\pi}, \ldots, x^{(i_m)}_{k,\pi}, x^{(i_{m+1})}_{k,\pi}, \ldots, x^{(i_{m'})}_{k,\pi}\,]$$

gilt. Folglich besitzt x die Darstellung

$$x \;=\; \sum_{j=0}^{m'} \lambda_j\, x^{(i_j)}_{k,\pi}\,, \tag{3.1.28}$$

wobei $\lambda_0, \ldots, \lambda_{m'}$ die baryzentrischen Koordinaten von x bzgl. $[\,x^{(i_0)}_{k,\pi}, \ldots, x^{(i_{m'})}_{k,\pi}\,]$ sind und $\lambda_j \neq 0$ für $m+1 \le j \le m'$ gilt. Da jeder Eckpunkt von $T_{k,\pi}$ entweder Eck- oder Kantenmittelpunkt von T_0 ist, existieren Indizes $0 \le a_j \le b_j \le n$ mit $x^{(i_j)}_{k,\pi} = (x^{(a_j)} + x^{(b_j)})/2$ für $0 \le j \le m'$. Bezeichnen wir mit $\tilde{\lambda}$ die baryzentrischen Koordinaten von x bzgl. T, so gilt

$$x \;=\; \sum_{j=0}^{n} \tilde{\lambda}_j\, x^{(j)} \;=\; \sum_{j=0}^{m'} \frac{\lambda_j}{2}\,(x^{(a_j)} + x^{(b_j)})\,.$$

Aus $\lambda_j > 0$ folgt somit $\tilde{\lambda}_{a_j}, \tilde{\lambda}_{b_j} > 0$ für $m+1 \le j \le m'$. Da jeder der Punkte $x^{(i_{m+1})}_{k,\pi}, \ldots, x^{(i_{m'})}_{k,\pi}$ außerhalb von S liegt, gilt entweder $x^{(a_j)} \notin S$ oder $x^{(b_j)} \notin S$. Folglich gilt $\tilde{\lambda}_s > 0$ für mindestens einen Eckpunkt $x^{(s)}$, der nicht zu S gehört. Da T_0 nichtentartet ist, kann x nicht in S liegen. Damit ist die Inklusion $T_{k,\pi} \cap S \subset [\,x^{(i_0)}_{k,\pi}, \ldots, x^{(i_m)}_{k,\pi}\,]$ und also auch die Darstellung (3.1.27) bewiesen.

Wir betrachten nun einen festen Eckpunkt $x_{k,\pi}^{(i)} \in S$. Da $x_{k,\pi}^{(i)}$ entweder Eckpunkt oder Kantenmittelpunkt von S ist, existieren zwei Indizes $0 \le a \le b \le \ell$ mit

$$x_{k,\pi}^{(i)} = \tfrac{1}{2}\left(x^{(p_a)} + x^{(p_b)}\right) = v_0 + \tfrac{1}{2}\sum_{j=1}^{a} v_j + \tfrac{1}{2}\sum_{j=1}^{b} v_j . \qquad (3.1.29)$$

Vergleichen wir diese Darstellung mit (3.1.26), so folgt zunächst

$$p_a \le k \le p_b \qquad (3.1.30)$$

und dann

$$\{\,\pi(1),\dots,\pi(i)\,\} = \{\,1,\dots,p_a\,\} \cup \{\,k+1,\dots,p_b\,\} . \qquad (3.1.31)$$

Wir setzen nun

$$k' := \max\{\,0 \le j \le \ell \mid p_j \le k\,\}$$

und schließen aus (3.1.30), daß $0 \le a \le k' \le b \le \ell$ gilt. Weiter definieren wir ℓ Indizes $j_1,\dots,j_\ell$ durch

$$j_s := \min\left\{0 \le j \le n \,\middle|\, \{\,p_{s-1}+1,\dots,p_s\,\} \subset \{\,\pi(1),\dots,\pi(j)\,\}\right\}, \qquad s \ne k'+1 ,$$

bzw.

$$j_s := \min\left\{0 \le j \le n \,\middle|\, \{\,k+1,\dots,p_s\,\} \subset \{\,\pi(1),\dots,\pi(j)\,\}\right\}, \qquad s = k'+1 .$$

Da die Indizes $j_1,\dots,j_\ell$ paarweise verschieden sind, existiert eine eindeutige Permutation $\pi' \in \Pi_\ell$ mit

$$j_{\pi'(1)} < \cdots < j_{\pi'(\ell)} .$$

Wir zeigen nun, daß π' der Bedingung

$$(\pi')^{-1}(1) < \cdots < (\pi')^{-1}(k') , \qquad (\pi')^{-1}(k'+1) < \cdots < (\pi')^{-1}(\ell) \qquad (3.1.32)$$

genügt und somit (k',π') eines der zulässigen Paare ist, für die bei Anwendung von Algorithmus *RoteVerfeinerungND* auf S ein Sohn $S_{k',\pi'}$ erzeugt wird. Aus $p_{k'} \le k$ folgt aufgrund der Eigenschaften von π zunächst

$$\pi^{-1}(1) < \cdots < \pi^{-1}(p_{k'})$$

und somit $j_1 < \cdots < j_{k'}$. Hieraus schließen wir $(\pi')^{-1}(1) < \cdots < (\pi')^{-1}(k')$. Umgekehrt folgt aus $k+1 \le p_{k'+1}$ die Ungleichungskette

$$\pi^{-1}(k+1) < \cdots < \pi^{-1}(p_{k'+1}) < \cdots < \pi^{-1}(p_\ell) ,$$

so daß $j_{k'+1} < \cdots < j_\ell$ und folglich $(\pi')^{-1}(k'+1) < \cdots < (\pi')^{-1}(\ell)$ gilt. Damit ist (3.1.32) bewiesen.

Bei der Anwendung von Algorithmus *RoteVerfeinerungND* auf S entsteht also das (ℓ)-Simplex $S_{k',\pi'} = [\, y^{(0)}_{k',\pi'}, \ldots, y^{(\ell)}_{k',\pi'} \,]$ mit den Eckpunkten

$$\begin{aligned} y^{(i)}_{k',\pi'} &= \tfrac{1}{2}\,(x^{(p_0)} + x^{(p_{k'})}) + \tfrac{1}{2}\sum_{j=1}^{i}(x^{(p_{\pi'(j)})} - x^{(p_{\pi'(j)-1})}) \\ &= v_0 + \tfrac{1}{2}\sum_{j=1}^{k'} v_j + \tfrac{1}{2}\sum_{j=1}^{i} v_{\pi'(j)}\,, \qquad 0 \le i \le \ell\,. \end{aligned} \tag{3.1.33}$$

Es bleibt zu zeigen, daß das durch $T_{k,\pi} \cap S$ definierte Randsimplex $[\, x^{(i_0)}_{k,\pi}, \ldots, x^{(i_m)}_{k,\pi} \,]$ tatsächlich auch ein Randsimplex von $S_{k',\pi'}$ ist. Sei dazu $i \in \{\, i_0, \ldots, i_m \,\}$ beliebig. Die zugehörigen Indizes a, b seien wie oben definiert. Wir suchen einen Index $0 \le i' \le \ell$ mit $x^{(i)}_{k,\pi} = y^{(i')}_{k',\pi'}$ und benutzen dazu die Darstellung (3.1.29). Aus $a \le k' \le b$ schließen wir

$$x^{(i)}_{k,\pi} = v_0 + \tfrac{1}{2}\sum_{j=1}^{k'} v_j + \tfrac{1}{2}\sum_{j=1}^{a} v_j + \tfrac{1}{2}\sum_{j=k'+1}^{b} v_j\,.$$

Weiter folgt aus (3.1.31) die Äquivalenz

$$j_s \le i \iff s \in \{\, 1, \ldots, a \,\} \cup \{\, k'+1, \ldots, b \,\}\,.$$

Setzen wir

$$i' := \max \left\{ \pi'^{-1}(s) \,\middle|\, s \in \{\, 1, \ldots, a \,\} \cup \{\, k'+1, \ldots, b \,\} \right\},$$

so folgt unmittelbar

$$\{\, \pi'(1), \ldots, \pi'(i') \,\} = \{\, 1, \ldots, a \,\} \cup \{\, k'+1, \ldots, b \,\}$$

und daher

$$x^{(i)}_{k,\pi} = v_0 + \tfrac{1}{2}\sum_{j=1}^{k'} v_j + \tfrac{1}{2}\sum_{j=1}^{i'} v_{\pi'(j)} = y^{(i')}_{k',\pi'}\,.$$

Also sind alle Eckpunkte von $[\, x^{(i_0)}_{k,\pi}, \ldots, x^{(i_d)}_{k,\pi} \,]$ auch Eckpunkte von $S_{k',\pi'}$, d.h., es existieren Indizes $i'_0, \ldots, i'_m$ mit $x^{(i_j)}_{k,\pi} = y^{(i'_j)}_{k',\pi'}$ für $0 \le j \le m$. Um zu zeigen, daß $[\, x^{(i_0)}_{k,\pi}, \ldots, x^{(i_m)}_{k,\pi} \,]$ tatsächlich ein (m)-Randsimplex von $S_{k',\pi'}$ einschließlich der induzierten Eckpunktnumerierung ist, nehmen wir an, es seien $0 \le \mu < \nu \le m$ zwei Indizes mit $i'_\mu > i'_\nu$. Dann folgt aus (3.1.26) und $i_\mu < i_\nu$ einerseits

$$x^{(i_\nu)}_{k,\pi} - x^{(i_\mu)}_{k,\pi} = \tfrac{1}{2}\sum_{j=i_\mu+1}^{i_\nu} e^{\pi(j)}\,,$$

andererseits schließen wir aus (3.1.33) und $i'_\mu > i'_\nu$

$$x^{(i_\mu)}_{k,\pi} - x^{(i_\nu)}_{k,\pi} = y^{(i'_\mu)}_{k',\pi'} - y^{(i'_\nu)}_{k',\pi'} = \tfrac{1}{2}\sum_{j=i'_\nu+1}^{i'_\mu} v_{\pi'(j)}\,.$$

Da folglich alle Eintrage sowohl von $x_{k,\pi}^{(i_\nu)} - x_{k,\pi}^{(i_\mu)}$ als auch von $x_{k,\pi}^{(i_\mu)} - x_{k,\pi}^{(i_\nu)}$ größer oder gleich Null sind, muß $x_{k,\pi}^{(i_\nu)} = x_{k,\pi}^{(i_\mu)}$ gelten, im Widerspruch zur Annahme $\mu < \nu$. Also stimmt die Reihenfolge der Eckpunkte $x_{k,\pi}^{(i_0)}, \ldots, x_{k,\pi}^{(i_m)}$ mit der durch $S_{k',\pi'}$ induzierten Reihenfolge überein und $[\, x_{k,\pi}^{(i_0)}, \ldots, x_{k,\pi}^{(i_m)} \,]$ ist tatsächlich ein echtes (m)-Randsimplex von $S_{k',\pi'}$. □

Mit Hilfe von Lemma 3.1.23 und Lemma 3.1.24 können wir nun den folgenden Satz über die globale Verfeinerung konsistent numerierter Triangulierungen beweisen.

Satz 3.1.25 (Globale Verfeinerung konsistent numerierter Triangulierungen)
Sei $\mathcal{T}_0$ eine konsistent numerierte Triangulierung und $\mathcal{T}_1$ die Verfeinerung von $\mathcal{T}_0$, die durch globale Anwendung von Algorithmus RoteVerfeinerungND auf alle Elemente $T \in \mathcal{T}_0$ erzeugt wird. Dann ist $\mathcal{T}_1$ ebenfalls konsistent numeriert.

Beweis: Seien T_1, T_2 zwei beliebige Elemente in $\mathcal{T}_0$ mit $T_1 \cap T_2 \neq \emptyset$. Wir bezeichnen mit $\mathcal{T}(T_1)$ bzw. $\mathcal{T}(T_2)$ die durch Algorithmus *RoteVerfeinerungND* erzeugten Verfeinerungen von T_1 und T_2. Aus Lemma 3.1.23 schließen wir, daß jede der Triangulierungen $\mathcal{T}(T_1)$ bzw. $\mathcal{T}(T_2)$ für sich genommen konsistent numeriert ist. Es bleibt zu zeigen, daß $\mathcal{T}(T_1) \cup \mathcal{T}(T_2)$ eine konsistent numerierte Triangulierung von $T_1 \cup T_2$ ist.

Nach Voraussetzung ist $\mathcal{T}_0$ konsistent numeriert. Folglich ist $S = T_1 \cap T_2$ ein gemeinsames (ℓ)-Randsimplex der Dimension $0 \leq \ell \leq n$ von T_1 und T_2, dessen Eckpunktnumerierung mit der von T_1 bzw. T_2 induzierten Reihenfolge übereinstimmt. Wir bezeichnen mit $\mathcal{T}(S)$ die durch Anwendung von Algorithmus *RoteVerfeinerungND* auf S erzeugte Verfeinerung.

Seien nun T_1', T_2' zwei beliebige Söhne von T_1 bzw. T_2 mit $T_1' \cap T_2' \neq \emptyset$. Aus Lemma 3.1.24 folgt, daß $T_1' \cap S$ einschließlich der von T_1' induzierten Eckpunktnumerierung mit einem Randsimplex von $\mathcal{T}(S)$ übereinstimmt. Eine entsprechende Aussage gilt natürlich auch für $T_2' \cap S$. Aus der Konsistenz von $\mathcal{T}(S)$ schließen wir zunächst, daß $T_1' \cap T_2' = (T_1' \cap S) \cap (T_2' \cap S)$ ein gemeinsames Randsimplex von T_1' und T_2' ist. Außerdem folgt aus der Tatsache, daß $\mathcal{T}(S)$ nach Lemma 3.1.23 konsistent numeriert ist, daß auch T_1' und T_2' konsistent zueinander numeriert sind. Da $T_1' \in \mathcal{T}(T_1)$ bzw. $T_2' \in \mathcal{T}(T_2)$ beliebig gewählt waren, ist die Behauptung bewiesen. □

Bemerkung 3.1.26 (Freudenthals Algorithmus im Vergleich mit Bisektion II)
Da jede konsistente Triangulierung konsistent numeriert werden kann, ist Algorithmus *RoteVerfeinerungND* auf beliebige Anfangstriangulierungen $\mathcal{T}_0$ im $\mathbb{R}^n$ anwendbar. Neben der geringeren Anzahl von Ähnlichkeitsklassen besteht hierin ein weiterer wichtiger Vorteil des Freudenthalschen Algorithmus gegenüber den n-dimensionalen Bisektionsverfahren. Diese sind nämlich im allgemeinen nur auf eine eingeschränkte Klasse von Anfangstriangulierungen anwendbar, siehe [108], [137].

3.1.7 Adaptive Verfeinerungen im $\mathbb{R}^n$

Zum Abschluß des ersten Teils von Kapitel 3 wollen wir noch kurz andeuten, wie man auf der Basis von Algorithmus *RoteVerfeinerungND* ein adaptives Verfeinerungverfahren für den $\mathbb{R}^n$ konstruieren kann. Dazu benötigen wir zunächst eine Menge von zusätzlichen, irregulären Verfeinerungsregeln für Simplizes. Hier schlagen wir die folgende Vorgehensweise vor:

Sei $T = [\,x^{(0)}, \ldots, x^{(n)}\,]$ ein Simplex im $\mathbb{R}^n$ und $\mathcal{E}$ die Menge der zur Verfeinerung vorgesehenen Kanten von T. Dann existiert ein eindeutiges (ℓ)-Randsimplex S von T mit *minimaler* Dimension $0 \leq \ell \leq n$, das alle Kanten $E \in \mathcal{E}$ enthält. Wir bezeichnen mit $i_1, \ldots, i_{n-\ell}$ die Indizes derjenigen Eckpunkte von T, die *nicht* zu S gehören. Außerdem sei $\mathcal{T}(S)$ die ℓ-dimensionale Triangulierung von S, die bei Anwendung von Algorithmus *RoteVerfeinerungND* auf S entsteht. Wir wählen dann für T die folgende Verfeinerung $\mathcal{T}_S(T)$:

$$\mathcal{T}_S(T) := \left\{ T' = [\,y^{(0)}, \ldots, y^{(\ell)}, x^{(i_1)}, \ldots, x^{(i_{n-\ell})}\,] \;\middle|\; S' = [\,y^{(0)}, \ldots, y^{(\ell)}\,] \in \mathcal{T}(S) \right\}. \quad (3.1.34)$$

Man überlegt sich leicht, daß aus der Konsistenz von $\mathcal{T}(S)$ die Konsistenz von $\mathcal{T}_S(T)$ folgt. Im Falle $\ell = n$ gilt $S = T$ und $\mathcal{T}_S(T)$ stimmt mit der von Algorithmus *RoteVerfeinerungND* für T erzeugten Triangulierung überein. Andernfalls handelt es sich bei $\mathcal{T}_S(T)$ um eine irreguläre Verfeinerung von T.

Die Reihenfolge der Indizes $i_1, \ldots, i_{n-\ell}$ in der Darstellung (3.1.34) spielt keine Rolle, solange irreguläre Elemente nicht weiter verfeinert werden. In diesem Fall können auch die Positionen der Eckpunkte $x^{(i_1)}, \ldots, x^{(i_{n-\ell})}$ für jeden Sohn T' beliebig verschoben werden. Wichtig ist nur, daß die Eckpunkte $y^{(0)}, \ldots, y^{(\ell)}$ innerhalb von T' die gleiche Reihenfolge einnehmen wie im entsprechenden Element $S' \in \mathcal{T}(S)$. Hieraus folgt mit Lemma 3.1.24, daß je zwei reguläre und benachbarte Simplizes einer gegebenen Triangulierung $\mathcal{T}$ immer konsistent zueinander verfeinert werden, unabhängig davon, ob regulär oder irregulär verfeinert wird.

Die Verwendung der irregulären Verfeinerungsregeln $\mathcal{T}_S(T)$ kann natürlich auch hier zu einem Domino-Effekt führen. Diese unerwünschte Ausbreitung regulärer oder irregulärer Verfeinerungen ist aber wie beim dreidimensionalen Verfahren auf solche Elemente beschränkt, die zumindest einen Eckpunkt besitzen, von dem eine tatsächlich zur Verfeinerung vorgesehene Kante ausgeht (vgl. dazu Kapitel 2.3.2).

Da wir nun eine geeignete Menge von irregulären Verfeinerungen zur Verfügung haben, fehlt zu einem kompletten Rot/Grün-Verfeinerungsverfahren nur noch ein entsprechender globaler Algorithmus. Sowohl der globale Algorithmus von Bank als auch der stufenorientierte Zweiphasenalgorithmus von Bastian lassen sich zumindest formal auf den $\mathbb{R}^n$ übertragen. Wie die Überlegungen in Kapitel 2.4.2 jedoch zeigen, ist das Verfahren von Bastian hier ungeeignet. Im dreidimensionalen Fall stimmen nämlich die soeben beschriebenen irregulären Verfeinerungsregeln mit den Verfeinerungen vom Typ (1) bzw. (2) aus Kapitel 2.3.2 überein. Ohne die Verfeinerungen vom Typ (3) ist aber eine korrekte Bestimmung des grünen Abschlußes durch das Verfahren von Bastian im allgemeinen nicht gewährleistet.

Hier gibt es im Prinzip nur zwei Möglichkeiten: Entweder man verwendet den Bankschen Algorithmus mit seiner Aktive-Menge-Strategie, oder man stellt eine hinreichend große Menge von irregulären Verfeinerungen zur Verfügung. Ideal wäre an dieser Stelle natürlich ein vollständiger Satz von Verfeinerungsregeln für jedes der $2^{\frac{n(n+1)}{2}}$ möglichen Kantenverfeinerungsmuster. Wie der Beweis von Satz 2.4.4 zeigt, genügt es aber auch, wenn zumindest für alle $(n-1)$-Randsimplizes und ihre möglichen Kantenverfeinerungsmuster eine entsprechende Verfeinerungsregel vorhanden ist. In diesem Fall kann auch das Verfahren von Bastian in höheren Dimensionen angewendet werden.

3.2 Über die Anzahl der Ähnlichkeitsklassen

Wie wir im vorhergehenden Kapitel gesehen haben, treten bei sukzessiver Anwendung von Algorithmus *RoteVerfeinerungND* nur endlich viele Ähnlichkeitsklassen auf und die so erzeugten Triangulierungen sind folglich stabil. Diese Eigenschaft ist für die Konvergenz verschiedener numerischer Verfahren von großer Bedeutung. Für die Implementierung solcher Verfahren ist es darüber hinaus oft wünschenswert, daß die Anzahl der erzeugten Ähnlichkeitsklassen möglichst klein ist. So können etwa zahlreiche besonders zeitraubende Aufgaben signifikant beschleunigt werden, wenn man Daten nur einmal berechnet und speichert, die lediglich von der Stufe und der Ähnlichkeitsklasse eines Simplizes abhängen.

Die Anzahl der Ähnlichkeitsklassen, die bei sukzessiver Anwendung von Algorithmus *RoteVerfeinerungND* entstehen, ist nach Satz 3.1.18 pro Ausgangssimplex durch $n!/2$ beschränkt. Natürlich gibt es auch Simplizes, bei deren Verfeinerung weniger als $n!/2$ Ähnlichkeitsklassen auftreten. Dazu zählen u.a. die Elemente aus der Kuhn-Triangulierung des n-dimensionalen Einheitswürfels, deren Nachfolger alle der gleichen Ähnlichkeitsklasse angehören. Ein weiteres Beispiel im $\mathbb{R}^3$, bei dem nur eine einzige Ähnlichkeitsklasse auftritt, stammt aus [160]:

Beispiel 3.2.1
Sei $T = [\,x^{(0)}, x^{(1)}, x^{(2)}, x^{(3)}\,]$ ein Tetraeder, dessen Kantenlängen $\ell_{ij} := |\,x^{(i)} - x^{(j)}\,|$ gegeben sind durch $\ell_{02} = \ell_{13} = 1$ bzw. $\ell_{01} = \ell_{03} = \ell_{12} = \ell_{23} = \sqrt{3}/2$. Dann sind alle durch sukzessive Anwendung von Algorithmus *RoteVerfeinerung3D* erzeugten Nachfolger ähnlich zu T.

Auf der anderen Seite gibt es durchaus reguläre Verfeinerungsstrategien, deren Anwendung auf mehr als $n!/2$ Ähnlichkeitsklassen führt. Dazu zählen z.B. die in Kapitel 2.2.2 erwähnten Bisektionsverfahren von Maubach und Traxler, wenn man jeweils n aufeinanderfolgende Bisektionsschritte zu einer regulären Verfeinerung zusammenfaßt (vgl. dazu Bemerkung 2.2.3). Bei diesen Verfahren entstehen im allgemeinen $n! \cdot 2^{n-2}$ Ähnlichkeitsklassen pro Ausgangssimplex.

Es stellt sich nun die Frage, ob es nicht vielleicht eine reguläre Verfeinerungsstrategie gibt, bei deren Anwendung weniger als $n!/2$ Ähnlichkeitsklassen pro Ausgangssimplex entstehen. Wir wollen in diesem Kapitel zeigen, daß ein solches Verfahren – zumindest unter denen, die affin invariant sind – nicht existiert. Tatsächlich werden wir beweisen, daß die sukzessive Anwendung jeder regulären und affin invarianten Verfeinerungsstrategie für *fast alle* Ausgangssimplizes $T \subset \mathbb{R}^n$ auf *mindestens* $n!/2$ Ähnlichkeitsklassen führt. Folglich ist Algorithmus *RoteVerfeinerungND* in dieser Hinsicht optimal.

Wie die oben angeführten Beispiele zeigen, kann die entsprechende Aussage nicht für alle Simplizes im $\mathbb{R}^n$ gelten. Mit der Formulierung „für fast alle Simplizes“ meinen wir, daß die Menge aller Simplizes $T \subset \mathbb{R}^n$, für die bei sukzessiver Verfeinerung weniger als $n!/2$ Ähnlichkeitsklassen entstehen, eine Ausnahmemenge im Lebesgueschen Sinne ist (siehe Definition 3.2.14).

Beim Beweis des gewünschten Resultates machen wir u.a. von der *Polarzerlegung* nichtsingulärer Matrizen Gebrauch. Wir zeigen zunächst eine wichtige Differenzierbarkeitseigenschaft solcher Polarzerlegungen und verwenden dazu eine ganze Reihe nichttrivialer Aussagen der linearen Algebra. Anschließend beweisen wir dann unseren Satz über die minimale Anzahl der bei sukzessiver Verfeinerung erzeugten Ähnlichkeitsklassen.

3.2.1 Einige Lemmata aus der linearen Algebra

Wir führen zunächst ein paar gebräuchliche Bezeichnungen für spezielle Matrizenräume ein.

Definition 3.2.2 (Bezeichnungen für Matrizenräume)
Für $n \in \mathbb{N}$ seien die folgenden Teilräume von $\mathbb{R}^{n\times n}$ definiert:

$$\begin{aligned} LG^{(n)} &:= \{ A \in \mathbb{R}^{n\times n} \mid \det A \neq 0 \}, \\ LG^{(n)}_{\pm} &:= \{ A \in \mathbb{R}^{n\times n} \mid \det A \gtrless 0 \}, \\ Sym^{(n)} &:= \{ A \in \mathbb{R}^{n\times n} \mid A = A^T \}, \\ Spd^{(n)} &:= \{ A \in Sym^{(n)} \mid A \text{ ist symmetrisch positiv definit} \}, \\ Orth^{(n)} &:= \{ Q \in \mathbb{R}^{n\times n} \mid Q^T Q = I \}, \\ Orth^{(n)}_{\pm} &:= \{ Q \in Orth^{(n)} \mid \det Q = \pm 1 \}. \end{aligned}$$

Der Raum $LG^{(n)}$ wird oft auch als *lineare Gruppe* bezeichnet. Die Matrizen dieser Gruppe können eindeutig in ein Produkt aus einer orthogonalen und einer symmetrisch positiv definiten Matrix zerlegt werden. Die Existenz dieser sogenannten *Polarzerlegung* zeigt das folgende Lemma. Den Beweis findet man in jedem Buch über lineare Algebra, so z.B. in [96] auf S. 198.

Lemma 3.2.3 (Existenz der Polarzerlegung)
Jede nichtsinguläre Matrix $A \in LG^{(n)}$ besitzt eine eindeutige Zerlegung der Form

$$A = QX^{1/2}, \qquad Q \in Orth^{(n)},\ X \in Sym^{(n)}, \tag{3.2.1}$$

und für die symmetrisch positiv definite Matrix X gilt $X = A^T A$. Die Zerlegung (3.2.1) heißt die Polarzerlegung von A.

Die Vektorräume $\mathbb{R}^{n\times n}$ und $Sym^{(n)}$ sind linear und können mit einer beliebigen Matrixnorm versehen werden. Da es sich um endlichdimensionale Räume handelt, sind alle möglichen Normen zueinander äquivalent. Die Dimension des Raumes $Sym^{(n)}$ beträgt $n(n+1)/2$. Wir bezeichnen sowohl das *Lebuesgue-Maß*[2] in $\mathbb{R}^{n\times n}$ als auch das von $Sym^{(n)}$ mit μ. Teilmengen vom Maße $\mu = 0$ in $\mathbb{R}^{n\times n}$ oder $Sym^{(n)}$ bezeichnen wir wie üblich als *Lebesguesche Nullmengen*. Zu diesen zählen u.a. alle echten Teilräume von $\mathbb{R}^{n\times n}$ bzw. $Sym^{(n)}$.

Wesentlicher Zweck dieses Kapitels ist nun der Beweis des folgenden Lemmas, welches besagt, daß die Menge aller Matrizen $A \in LG^{(n)}$, deren Polarzerlegung $A = QX^{1/2}$ auf eine Matrix X in einem echten Teilraum M von $Sym^{(n)}$ führt, selbst eine Lebesguesche Nullmenge ist.

Lemma 3.2.4 (Eine wichtige Eigenschaft der Polarzerlegung)
Sei $M \subset Sym^{(n)}$ ein echter Teilraum der Dimension $k < n(n+1)/2$. Dann ist die Menge

$$\mathcal{B} := \{ A = QX^{1/2} \mid Q \in Orth^{(n)};\ X \in M \cap Spd^{(n)} \}$$

eine Lebesguesche Nullmenge im $\mathbb{R}^{n\times n}$.

[2] Zur Definition des Lebesgue-Maßes siehe etwa [25].

Der Beweis von Lemma 3.2.4 beruht auf der Existenz einer lokal Lipschitz-stetigen Parametrisierung der Menge $\mathcal{B}$. Lipschitz-stetige Parametrisierungen besitzen eine wichtige Eigenschaft, die stetige Abbildungen im allgemeinen nicht haben: Sie bilden Lebesguesche Nullmengen wieder auf Nullmengen ab. Eine unmittelbare Folgerung hieraus ist z.B. die Aussage (vi) von Satz 1.1.8. Der folgende Beweis stammt aus dem Buch von J. WLOKA, [149].

Lemma 3.2.5 (Nullmengen unter Lipschitz-stetigen Transformationen)
Sei $\Omega \subset \mathbb{R}^n$ eine offene Menge und $f : \Omega \longrightarrow \mathbb{R}^n$ eine Lipschitz-stetige Abbildung. Dann ist das Bild $f(A)$ jeder Nullmenge $A \subset \Omega$ wieder eine Nullmenge im $\mathbb{R}^n$.

Beweis: Wir verwenden die folgende Charakterisierung: Eine Teilmenge $A \subset \mathbb{R}^n$ ist eine Lebesguesche Nullmenge genau dann, wenn es zu jedem $\varepsilon > 0$ eine abzählbare Überdeckung von A durch offene Kugeln $B_1, B_2, \ldots$ gibt, deren Gesamtvolumen kleiner als ε ist.

Sei also $A \subset \Omega$ eine Lebesguesche Nullmenge und $\varepsilon > 0$ beliebig. L sei die Lipschitz-Konstante von f. Dann existiert zu $\tilde{\varepsilon} := \varepsilon L^{-n}$ eine offene Überdeckung von A durch abzählbar viele Kugeln $B_{r_k}(x_k) \subset \Omega$ mit Radius r_k und Mittelpunkt x_k, $k \in \mathbb{N}$, so daß

$$A \subset \bigcup_{k \in \mathbb{N}} B_{r_k}(x_k), \qquad \sum_{k \in \mathbb{N}} \operatorname{vol}\big(B_{r_k}(x_k)\big) < \tilde{\varepsilon},$$

gilt. Wegen

$$|\, f(x) - f(y) \,| \le L\, |\, x - y \,|, \qquad x, y \in \Omega,$$

bildet f Kugeln vom Radius r in Kugeln vom Radius Lr ab. Es gilt also

$$f(A) \subset \bigcup_{k \in \mathbb{N}} f(B_{r_k}(x_k)) \subset \bigcup_{k \in \mathbb{N}} B_{Lr_k}(f(x_k))$$

und außerdem

$$\sum_{k \in \mathbb{N}} \operatorname{vol}\big(B_{Lr_k}(f(x_k))\big) < L^n \tilde{\varepsilon} = \varepsilon .$$

Für jedes $\varepsilon > 0$ existiert also eine offene Überdeckung von $f(A)$ durch abzählbar viele Kugeln mit Gesamtvolumen kleiner als ε. Daher ist auch $f(A)$ eine Lebesguesche Nullmenge. □

Bemerkung 3.2.6 (Lokal Lipschitz-stetige Parametrisierungen)
Die Stetigkeit von f allein reicht hier nicht aus. Die sogenannten Peano-Kurven z.B. bilden $\mathbb{R}$ stetig und surjektiv auf den $\mathbb{R}^2$ ab. Hinreichend für die Aussage von Lemma 3.2.5 ist jedoch die lokale Lipschitz-Stetigkeit von f. Indem wir Ω durch abzählbar viele kompakte Mengen $K_1, K_2, \ldots$ ausschöpfen, auf denen f dann Lipschitz-stetig ist, können wir $f(A)$ darstellen als abzählbare Vereinigung der Nullmengen $f(K_i \cap A)$, $i \in \mathbb{N}$. Auch in diesem Fall ist $f(A)$ also wieder eine Nullmenge.

Zum Beweis von Lemma 3.2.4 wollen wir nun eine geeignete, lokal Lipschitz-stetige Parametrisierung von $LG^{(n)}$ konstruieren. Es liegt nahe, dazu die Polarzerlegung selbst zu verwenden, d.h., wir parametrisieren die orthogonalen und die symmetrisch positiv definiten Matrizen getrennt. Eine Parametrisierung von $Orth^{(n)}$ ist bekanntlich mit Hilfe sogenannter *Jacobi-Rotationen* möglich.

Definition 3.2.7 (Jacobi-Rotationen)
Sei $n \geq 2$. Für $2 \leq i \leq n$ und $\varphi \in \mathbb{R}$ ist die *Jacobi-Rotation* $J_i(\varphi) \in Orth_+^{(n)}$ definiert durch

$$J_i(\varphi) \;=\; \begin{pmatrix} 1 & & & & \\ & \ddots & & & \\ & & \cos\varphi & \sin\varphi & \\ & & -\sin\varphi & \cos\varphi & \\ & & & & \ddots & \\ & & & & & 1 \end{pmatrix} \begin{matrix} \\ \\ \leftarrow i-1 \\ \leftarrow \;\; i \\ \\ \\ \end{matrix}$$

Der Winkel φ heißt *Rotationswinkel* von $J_i(\varphi)$.

Bemerkung 3.2.8 (Inverse Jacobi-Rotationen)
Jacobi-Rotationen sind orthogonal und besitzen die Determinante +1. Für $2 \leq i \leq n$ und alle Rotationswinkel $\varphi \in \mathbb{R}$ gilt $J_i(\varphi)^T = J_i(\varphi)^{-1} = J_i(-\varphi)$.

Das folgende Lemma zeigt nun, daß jede orthogonale Matrix $Q \in Orth^{(n)}$ bis auf eine Diagonalmatrix $D_Q := \operatorname{diag}(1, \ldots, 1, \det Q)$ als Produkt von $n\,(n-1)/2$ Jacobi-Rotationen dargestellt werden kann. Obwohl dieses Resultat wohlbekannt ist, konnten wir einen Beweis in der Literatur nicht finden. Wir beweisen die Aussage deswegen an Ort und Stelle.

Lemma 3.2.9 (Darstellung orthogonaler Matrizen durch Jacobi-Rotationen)
Sei $n \geq 2$. Für $1 \leq j < i \leq n$ seien die halboffenen Intervalle $I_{i,j}$ definiert durch

$$I_{i,j} \;:=\; \begin{cases} [\,0, 2\pi\,)\,, & i = j+1\,, \\ [\,0, \pi\,)\,, & i > j+1\,. \end{cases} \tag{3.2.2}$$

Dann kann jede orthogonale Matrix $Q \in \mathbb{R}^{n\times n}$ dargestellt werden als Produkt[3]

$$Q \;=\; \prod_{j=n-1}^{1} \Big(\prod_{i=j+1}^{n} J_i(\varphi_{i,j})^T \Big)\, D_Q \tag{3.2.3}$$

von $n\,(n-1)/2$ Jacobi-Rotationen $J_i(\varphi_{i,j})^T$ mit Rotationswinkeln $\varphi_{i,j} \in I_{i,j}$, $1 \leq j < i \leq n$, und der Diagonalmatrix $D_Q := \operatorname{diag}(1, \ldots, 1, \det Q)$.

[3] Produkte von Matrizen werden von rechts nach links aufgebaut:

$$\prod_{k=1}^{n} M_k \;=\; M_n \cdots M_1\,, \qquad \prod_{k=n}^{1} M_k \;=\; M_1 \cdots M_n\,.$$

Beweis: Sei $Q = (q_{ij})_{i,j=1}^n$ orthogonal. Multiplizieren wir Q von links her mit einer beliebigen Jacobi-Rotation $J_i(\varphi)$, $2 \le i \le n$, so sind davon nur die $i-1$-te und i-te Zeile von Q betroffen. Für einen beliebigen Spaltenindex j gilt:

$$\begin{aligned} \tilde{q}_{i-1,j} &:= J_i(\varphi)\, Q|_{i-1,j} = \quad q_{i-1,j} \cos\varphi + q_{i,j} \sin\varphi\,, \\ \tilde{q}_{i,j} &:= J_i(\varphi)\, Q|_{i,j} \quad = -q_{i-1,j} \sin\varphi + q_{i,j} \cos\varphi\,. \end{aligned}$$

Falls $q_{i,j} \neq 0$ ist, können wir $\tilde{q}_{i,j}$ durch die Wahl

$$\varphi = \operatorname{arccot} \frac{q_{i-1,j}}{q_{i,j}}, \qquad \varphi \in (0, \pi)\,,$$

zu Null machen. Im Falle $q_{i,j} = 0$ setzen wir $\varphi = 0$ und erhalten so ebenfalls $\tilde{q}_{i,j} = 0$.

Durch Hintereinanderschalten geeigneter Jacobi-Rotationen können wir nacheinander alle Elemente unterhalb der Diagonalen von Q zu Null machen. Um zu verhindern, daß bereits auf Null gesetzte Elemente wieder einen Wert $\neq 0$ annehmen, müssen die Rotationen in einer bestimmten Reihenfolge ausgeführt werden. Dazu bestimmen wir zunächst einen Winkel $\varphi_{n,1} \in [0, \pi) = I_{n,1}$ derart, daß in der Matrix $Q_1 := J_n(\varphi_{n,1})\, Q$ an der Stelle $(n, 1)$ eine Null steht. Dann wählen wir $\varphi_{n-1,1} \in [0, \pi)$ so, daß das Element von $Q_2 := J_{n-1}(\varphi_{n-1,1})\, Q_1$ an der Stelle $(n-1, 1)$ verschwindet. Da diese Rotation die letzte Zeile von Q_1 unverändert läßt, steht auch an der Stelle $(n, 1)$ weiterhin eine Null.

Auf diese Weise arbeiten wir uns nun in der ersten Spalte von unten nach oben vor und erhalten schließlich die Matrix $Q_{n-1} = J_2(\varphi_{2,1})\, Q_{n-2}$, in der bis auf das oberste alle Elemente der ersten Spalte verschwinden. Indem wir eventuell $\varphi_{2,1}$ um den Wert π erhöhen, können wir sicherstellen, daß das Diagonalelement an der Stelle $(1, 1)$ positiv ist. Für $i = j+1$ lassen wir also $\varphi_{i,j} \in [0, 2\pi) = I_{i,j}$ zu.

Nachdem wir nun die erste Spalte von Q unterhalb der Diagonalen auf Null gesetzt haben, arbeiten wir – wie in Abb. 3.4 zu sehen – die Spalten 2 bis $n-1$ nacheinander auf die gleiche Weise ab. In der j-ten Spalte bestimmen wir für $i = n, \ldots, j+1$ die Jacobi-Rotationen $J_i(\varphi_{i,j})$ mit Rotationswinkeln $\varphi_{i,j} \in I_{i,j}$ derart, daß alle Elemente unterhalb der Diagonalen in dieser Spalte verschwinden und das Diagonalelement selbst positiv ist. Zum Schluß erhalten wir dann eine obere Dreiecksmatrix $\hat{Q} = Q_{\frac{n(n-1)}{2}}$, deren Diagonalelemente alle positiv sind bis eventuell auf das Element an der Stelle (n, n).

Nach Konstruktion besitzt $\hat{Q}$ die Darstellung

$$\hat{Q} = \prod_{j=1}^{n-1} \Big(\prod_{i=n}^{j+1} J_i(\varphi_{i,j}) \Big)\, Q\,, \tag{3.2.4}$$

mit $\varphi_{i,j} \in I_{i,j}$ für $1 \le j < i \le n$. Nun ist $\hat{Q}$ als Produkt orthogonaler Matrizen selbst orthogonal, d.h., die Spalten von $\hat{Q}$ haben die Euklidische Länge 1 und stehen paarweise aufeinander senkrecht. Jede orthogonale, obere Dreiecksmatrix ist aber notwendig diagonal und für die entsprechenden Diagonalelemente gilt $\hat{q}_{ii} = \pm 1$, $1 \le i \le n$. Aus der Tatsache, daß höchstens $\hat{q}_{nn}$ ein negatives Vorzeichen besitzt und die Determinanten aller Jacobi-Rotationen positiv sind, schließen wir, daß $\hat{Q} = D_Q$ gilt. Setzen wir D_Q in (3.2.4) ein und bringen die Jacobi-Rotationen auf die linke Seite, so erhalten wir die Darstellung (3.2.3). Damit ist die Behauptung bewiesen. □

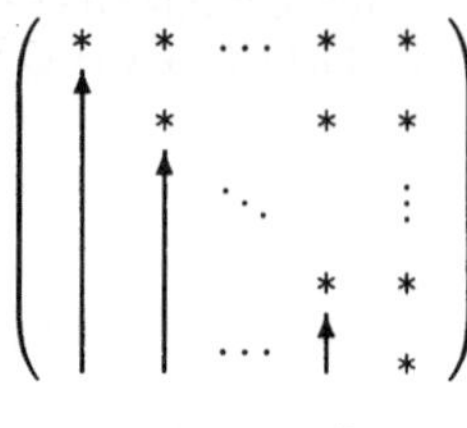

Abb. 3.4: Reihenfolge für die Anwendung der Jacobi-Rotationen

Bemerkung 3.2.10
Die Intervalle $I_{i,j}$ können in $\mathbb{R}$ unabhängig voneinander beliebig verschoben werden.

Bemerkung 3.2.11 Die Darstellung orthogonaler Matrizen durch (3.2.3) mit Rotationswinkeln $\varphi_{i,j} \in I_{i,j}$ ist im allgemeinen nicht eindeutig.

Mit Hilfe von Lemma 3.2.9 können wir sowohl $Orth_+^{(n)}$ als auch $Orth_-^{(n)}$ über die Rotationswinkel $\varphi_{i,j}$ parametrisieren. Beide Parametrisierungen sind beliebig oft differenzierbar, da jede ihrer Komponenten aus einer Summe von Produkten von Sinus- und Cosinus-Termen besteht. Um hieraus mit Hilfe der Polarzerlegung eine lokal Lipschitz-stetige Parametrisierung von $LG^{(n)}$ zu konstruieren, müssen wir noch zeigen, daß die Abbildung $A \mapsto A^{1/2}$ lokal Lipschitz-stetig in $Spd^{(n)}$ ist. Dazu beweisen wir zunächst das folgende Lemma:

Lemma 3.2.12 *$Spd^{(n)}$ ist eine offene, konvexe Teilmenge von $Sym^{(n)}$.*

Beweis: Bekanntlich sind die Eigenwerte symmetrischer Matrizen reell. Wir bezeichnen mit $\lambda_{min}(A)$ den kleinsten Eigenwert und mit $\varrho(A)$ den Spektralradius von $A \in Sym^{(n)}$. Eine symmetrische Matrix A ist genau dann positiv definit, wenn $\lambda_{min}(A) > 0$ gilt. Zur Definition von Umgebungen in $Sym^{(n)}$ können wir eine beliebige Norm verwenden, denn alle Normen für $Sym^{(n)}$ sind äquivalent. Der Einfachheit halber betrachten wir hier die Spektralnorm $\| A \|_2 := \varrho(A)$, $A \in Sym^{(n)}$.

Sei nun $A \in Spd^{(n)}$ beliebig. Wir suchen eine Umgebung $U(A)$ in $Sym^{(n)}$, die ganz in $Spd^{(n)}$ liegt. Sei dazu $B \in Sym^{(n)}$ beliebig mit $\| B \|_2 = \varrho(B) < \lambda_{min}(A)$. Da $A + B$ ebenfalls symmetrisch ist, sind alle Eigenwerte von $A + B$ reell und es gilt

$$\lambda_{min}(A) = \min_{\|v\|_2=1} v^T(A+B)\,v \geq \lambda_{min}(A) - \varrho(B) > 0\,.$$

Daher ist auch $A + B$ symmetrisch positiv definit. Folglich liegt die Umgebung

$$U(A) = \left\{ A+B \;\middle|\; B \in Sym^{(n)};\ \| B \|_2 < \lambda_{min}(A) \right\}$$

ganz in $Spd^{(n)}$. Da $A \in Spd^{(n)}$ beliebig war, ist $Spd^{(n)}$ eine offene Teilmenge von $Sym^{(n)}$. Die Konvexität von $Spd^{(n)}$ folgt aus der Tatsache, daß für alle $t \in [0,1]$ mit A und B auch $A + t\,(B - A)$ symmetrisch positiv definit ist. $\square$

Da $Spd^{(n)}$ offen und konvex ist, genügt es zu zeigen, daß die Abbildung $G : A \mapsto A^{1/2}$ in $Spd^{(n)}$ stetig differenzierbar ist. Hieraus folgt mit Hilfe des Mittelwertsatzes die lokale Lipschitz-Stetigkeit von G. Die Differenzierbarkeit von G wiederum beweist man am einfachsten mit dem Satz über die Differenzierbarkeit der Inversen, siehe z.B. [71], S. 467. Die hier verwendenten *Fréchet-Ableitungen* werden dort ebenfalls definiert. Sie stimmen im Falle endlichdimensionaler Räume mit dem üblichen Ableitungsbegriff überein.

Lemma 3.2.13 (Differenzierbarkeit der Abbildung $A \mapsto A^{1/2}$)
Sei $n \in \mathbb{N}$. Die durch $G(A) = A^{1/2}$ definierte Funktion $G : Spd^{(n)} \longrightarrow Spd^{(n)}$ ist in $Spd^{(n)}$ stetig differenzierbar.

Beweis: Die durch $F(A) = A^2$ definierte Funktion $F : Sym^{(n)} \longrightarrow Sym^{(n)}$ ist stetig differenzierbar in $Sym^{(n)}$. Wegen

$$F(A+E) \;=\; F(A) + AE + EA + E^2$$

ist die (Fréchet-)Ableitung $F'[A] : Sym^{(n)} \longrightarrow Sym^{(n)}$ von F an der Stelle A gegeben durch

$$F'[A](E) \;=\; AE + EA\,, \qquad E \in Sym^{(n)}\,.$$

Für $A \in Spd^{(n)}$ ist $F'[A]$ darüber hinaus bijektiv. Sei nämlich $F'[A](E) = AE - EA = 0$ für eine Matrix $E \in Sym^{(n)}$. Wir betrachten einen beliebigen Eigenwert $\lambda > 0$ von A mit dem zugehörigem Eigenvektor $v \neq 0$. Aus $AE + EA = 0$ folgt dann $A(Ev) = -\lambda(Ev)$. Da A nur positive Eigenwerte besitzt, muß also $Ev = 0$ gelten. Da wir den Eigenvektor v beliebig gewählt haben und A n linear unabhängige Eigenvektoren besitzt, gilt $Ev = 0$ für alle $v \in \mathbb{R}^n$ und somit $E = 0$. Folglich ist $F'[A]$ injektiv. Da es sich bei $Sym^{(n)}$ um einen endlichdimensionalen Raum handelt, ist $F'[A]$ auch surjektiv.

Wir können nun den Satz über die Differenzierbarkeit der Inversen anwenden, der besagt, daß aus der stetigen Differenzierbarkeit von F in einer offenen Teilmenge $X \subset Sym^{(n)}$ sowie aus der Bijektivität von $F'[A]$ für ein $A \in X$ folgt, daß F in einer Umgebung $U(A)$ umkehrbar und die inverse Abbildung $G = F^{-1}$ in einer Umgebung von $F(A)$ ebenfalls stetig differenzierbar ist. Da $Spd^{(n)}$ nach Lemma 3.2.12 eine offene Teilmenge von $Sym^{(n)}$ ist, folgt hieraus die stetige Differenzierbarkeit von G in $Spd^{(n)}$. □

Nachdem wir gezeigt haben, daß orthogonale Matrizen als Produkt von Jacobi-Rotationen darstellbar sind und daß die Abbildung $A \mapsto A^{1/2}$ stetig differenzierbar ist, sind wir nun in der Lage, Lemma 3.2.4 vollständig zu beweisen. Wie oben bereits angedeutet, benutzen wir dazu den Mittelwertsatz. Dieser kann z.B. in [56] auf Seite 160 nachgeschlagen werden.

Beweis von Lemma 3.2.4: Zur Abkürzung setzen wir $m := \dim Sym^{(n)} = n\,(n+1)/2$ und $m' := n\,(n-1)/2$. Sei dann $M \subset Sym^{(n)}$ ein echter Teilraum der Dimension $k < m$. Wir zerlegen $\mathcal{B}$ in die beiden Teilmengen

$$\begin{aligned}\mathcal{B}_+ \;&:=\; \{\, B = QX^{1/2} \mid Q \in Orth_+^{(n)},\; X \in M \cap Spd^{(n)} \,\}\,,\\ \mathcal{B}_- \;&:=\; \{\, B = QX^{1/2} \mid Q \in Orth_-^{(n)},\; X \in M \cap Spd^{(n)} \,\}\,,\end{aligned}$$

und zeigen, daß $\mathcal{B}_+$ eine Lebesguesche Nullmenge ist. Der Beweis für $\mathcal{B}_-$ verläuft analog.

Zur Konstruktion einer Parametrisierung von $LG_+^{(n)}$ wählen wir eine Basis $\{ M_1, \dots, M_k \}$ von M und ergänzen sie zu einer Basis $\{ M_1, \dots, M_k, \dots, M_m \}$ von $Sym^{(n)}$. Aus Lemma 3.2.12 folgt, daß die Menge

$$\mathcal{A} := \{ \alpha \in \mathbb{R}^m \mid \sum_{i=1}^{m} \alpha_i M_i \in Spd^{(n)} \}$$

in $\mathbb{R}^m$ offen und konvex ist. Sei weiter $\mathcal{I}$ eine offene und konvexe Teilmenge von $\mathbb{R}^{m'}$, die das Tensorprodukt der Intervalle $I_{i,j}$ aus Lemma 3.2.9 in der dort angegebenen Reihenfolge enthält, d.h. es gelte

$$\bigotimes_{j=n-1}^{1} \Big(\bigotimes_{i=j+1}^{n} I_{i,j} \Big) \subset \mathcal{I}.$$

Dann existiert nach Lemma 3.2.9 eine surjektive Abbildung $\Phi : \mathcal{I} \longrightarrow Orth_+^{(n)}$, welche darüber hinaus in $\mathcal{I}$ beliebig oft stetig differenzierbar ist, da jede ihrer Komponenten lediglich aus Sinus- und Cosinus-Termen besteht.

Da jede Matrix $B \in LG_+^{(n)}$ eine Polarzerlegung $B = QX^{1/2}$ mit $Q \in Orth_+^{(n)}$ und $X \in Spd^{(n)}$ besitzt, ist die durch

$$\mathcal{F}(y, \alpha) := \Phi(y) \Big(\sum_{i=1}^{m} \alpha_i M_i \Big)^{1/2}, \qquad y \in \mathcal{I}, \, \alpha \in \mathcal{A}, \tag{3.2.5}$$

definierte Funktion $\mathcal{F} : \mathcal{I} \times \mathcal{A} \subset \mathbb{R}^{m'} \times \mathbb{R}^m \longrightarrow LG_+^{(n)} \subset \mathbb{R}^{n \times n}$ surjektiv. Wir können also $LG_+^{(n)}$ durch $\mathcal{F}$ über $\mathcal{I} \times \mathcal{A}$ parametrisieren.

Wegen Lemma 3.2.13 ist $\mathcal{F}$ in $\mathcal{I} \times \mathcal{A}$ stetig differenzierbar. Da mit $\mathcal{I}$ und $\mathcal{A}$ auch $\mathcal{I} \times \mathcal{A}$ offen und konvex ist, folgt aus dem Mittelwertsatz die lokale Lipschitz-Stetigkeit von $\mathcal{F}$. Aufgrund von Lemma 3.2.5 bzw. Bemerkung 3.2.6 bildet $\mathcal{F}$ also Nullmengen in $\mathcal{I} \times \mathcal{A}$ auf Nullmengen im $\mathbb{R}^{n \times n}$ ab. Setzen wir

$$\mathcal{A}' := \{ \alpha \in \mathcal{A} \mid \alpha_{k+1} = \cdots = \alpha_m = 0 \},$$

so ist $\mathcal{I} \times \mathcal{A}'$ wegen $k < m$ Teilmenge einer niederdimensionalen Hyperfläche im $\mathbb{R}^{m'} \times \mathbb{R}^m$ und besitzt daher das Maß Null. Folglich ist auch $\mathcal{B}_+ = \mathcal{F}(\mathcal{I} \times \mathcal{A}')$ eine Nullmenge im $\mathbb{R}^{n \times n}$. Damit ist Lemma 3.2.4 vollständig bewiesen. □

3.2.2 Hauptsatz über die Anzahl der Ähnlichkeitsklassen

Mit Hilfe von Lemma 3.2.4 können wir nun ein interessantes Resultat über die minimale Anzahl der erzeugten Ähnlichkeitsklassen beweisen. Bevor wir den entsprechenden Satz angeben, wollen wir noch klären, was wir mit der Formulierung meinen, „eine Aussage $\mathfrak{A}$ gilt für *fast alle* Simplizes im $\mathbb{R}^n$“.

Nach Lemma 1.3.16 kann jedes nichtentartete Simplex $T \subset \mathbb{R}^n$ über ein festes Referenzsimplex T_0 mit einer affinen Transformation $F = F_T$ identifiziert werden, und umgekehrt. Jede affine Transformation $F : x \mapsto v + Bx$ wiederum läßt sich als Punkt in $\mathbb{R}^n \times \mathbb{R}^{n \times n}$ auffassen. Wir können also Mengen von affinen Transformationen das Lebesgue-Maß des Raumes $\mathbb{R}^n \times \mathbb{R}^{n \times n}$ zuordnen.

Definition 3.2.14 (Ausnahmemengen von Simplizes)
Sei $T_0 \subset \mathbb{R}^n$ ein nichtentartetes Referenzsimplex. Wir sagen, eine Aussage $\mathfrak{a}$ gilt für *fast alle* Simplizes $T \subset \mathbb{R}^n$, wenn die Menge der affinen Transformationen F, für die $F(T_0)$ die Aussage $\mathfrak{a}$ nicht erfüllt, eine Lebesguesche Nullmenge im $\mathbb{R}^n \times \mathbb{R}^{n\times n}$ ist.

Natürlich ist Definition 3.2.14 unabhängig von der Wahl des Referenzelements T_0. Wir können nun unseren Satz über die minimale Anzahl der Ähnlichkeitsklassen formulieren. Das entsprechende Resultat gilt für alle regulären Verfeinerungsstrategien, die affin invariant sind.

Satz 3.2.15 (Anzahl der Ähnlichkeitsklassen bei regulärer Verfeinerung)
Es sei $\mathcal{S}$ eine affin invariante, reguläre Verfeinerungsstrategie für Simplizes im $\mathbb{R}^n$. Dann entstehen für fast alle Simplizes $T \subset \mathbb{R}^n$ bei sukzessiver Anwendung von $\mathcal{S}$ auf T wenigstens $n!/2$ verschiedene Ähnlichkeitsklassen.

Beweis: Sei $T_0 = T_{\pi_{\text{id}}}$ das Referenzsimplex aus der Kuhn-Triangulierung des n-dimensionalen Einheitswürfels. Wir setzen $\mathcal{T}_0 = \{T_0\}$ und bezeichnen mit $\mathcal{T}_k$, $k > 0$, diejenige Triangulierung, die durch Anwendung von $\mathcal{S}$ auf alle Simplizes $T \in \mathcal{T}_{k-1}$ entsteht. Für festes $k \geq 0$ teilen wir die Simplizes $T \in \mathcal{T}_k$ in die Äquivalenzklassen

$$[T] \;:=\; \{\, T' \in \mathcal{T}_k \mid T' \approx v + T \text{ für ein } v \in \mathbb{R}^n \,\}\,, \qquad T \in \mathcal{T}_k\,,$$

bzw.

$$[T]^{\pm} \;:=\; \{\, T' \in \mathcal{T}_k \mid T' \approx v + T \text{ oder } T' \approx v - T \text{ für ein } v \in \mathbb{R}^n \,\}\,, \qquad T \in \mathcal{T}_k\,,$$

ein. Die Anzahl der verschiedenen Äquivalenzklassen $[T]$ bzw. $[T]^{\pm}$, $T \in \mathcal{T}_k$, bezeichnen wir mit μ_k bzw. $\mu_k^{\pm}$. Wie man leicht einsieht, gilt $\mu_k^{\pm} \geq \mu_k/2$. Ist außerdem F eine beliebige affine Transformation, so werden alle Simplizes einer Äquivalenzklasse $[T]$ oder $[T]^{\pm}$ durch F in die gleiche Ähnlichkeitsklasse abgebildet. Wir beweisen nun die beiden folgenden Aussagen:

Beh. 1: *Für hinreichend großes k gilt $\mu_k \geq n!$ und folglich $\mu_k^{\pm} \geq n!/2$.*

Beh. 2: *Seien T, T' zwei Simplizes in $\mathcal{T}_k$ mit $[T]^{\pm} \neq [T']^{\pm}$. Dann ist die Menge aller affinen Transformationen F, die T und T' in die gleiche Ähnlichkeitsklasse abbilden, eine Lebesguesche Nullmenge im $\mathbb{R}^n \times \mathbb{R}^{n\times n}$.*

Hieraus schließen wir, daß für hinreichend großes k die Elemente $T \in \mathcal{T}_k$ durch fast jede affine Transformation F in nicht weniger als $n!/2$ Ähnlichkeitsklassen abgebildet werden. Da $\mathcal{S}$ affin invariant ist, führt die sukzessive Anwendung von $\mathcal{S}$ in diesem Fall für fast alle Simplizes $T = F_T(T_0)$ auf mindestens $n!/2$ Ähnlichkeitsklassen. Die Behauptung wäre damit bewiesen.

Beweis von Beh. 1: Wir haben zu zeigen, daß für hinreichend großes k die Abschätzung $\mu_k \geq n!$ gilt. Dazu wählen wir $k \geq 0$ so, daß ein n-Würfel mit achsenparallelen Kanten der

Länge 2^{-k} ganz in T_0 hineinpaßt. Schneiden wir einen solchen Würfel C mit allen Simplizes einer Äquivalenzklasse $[T]$, so erhalten wir die Menge

$$C \cap [T] := \bigcup_{T' \in [T]} (T' \cap C), \qquad T \in \mathcal{T}_k.$$

Wir wollen nun das Volumen von $C \cap [T]$ abschätzen. Da die Elemente der Triangulierung $\mathcal{T}_k$ sich paarweise höchstens am Rande schneiden, gilt

$$\operatorname{vol}(C \cap [T]) = \sum_{T' \in \mathcal{T}_k} \operatorname{vol}(C \cap T'), \qquad T \in \mathcal{T}_k.$$

Da nur solche Verfeinerungen zugelassen sind, bei denen die neuen Eckpunkte mit Kantenmittelpunkten der verfeinerten Simplizes übereinstimmen, liegen alle Eckpunkte von $\mathcal{T}_k$ auf einem regelmäßigen rechteckgitter der Gitterweite 2^{-k}, d.h., alle Eckpunkte gehören zu der Menge

$$\mathcal{Z}_k^n := \{ x \in \mathbb{R}^n \mid 2^k x_i \in \mathbb{Z},\ 1 \le i \le n \}.$$

Für je zwei Simplizes T, T' einer Äquivalenzklasse $[T] = [T']$ existiert daher ein Vektor $v \in \mathcal{Z}_k^n$ mit $T' \approx v + T$. Wir erhalten somit die Abschätzung

$$\operatorname{vol}(C \cap [T]) \le \sum_{v \in \mathcal{Z}_k^n} \operatorname{vol}\big(C \cap (v+T)\big), \qquad T \in \mathcal{T}_k.$$

Abb. 3.5 verdeutlicht anhand eines zweidimensionalen Beispiels den Schnitt des Würfels C mit den Simplizes $v+T$, $v \in \mathcal{Z}_k^n$. Zu sehen ist dort ein spezielles Dreieck T sowie ein Ausschnitt aus der Vereinigung aller Dreiecke $v+T$ mit $v \in \mathcal{Z}_k^2$. Die Eckpunkte dieser Dreiecke liegen auf einem regelmäßigen Rechteckgitter, dessen Gitterweite mit der Kantenlänge des Würfels C übereinstimmt. Die Schnittmenge von C mit allen eingezeichneten Dreiecken ist an der dunkelgrauen Farbe zu erkennen.

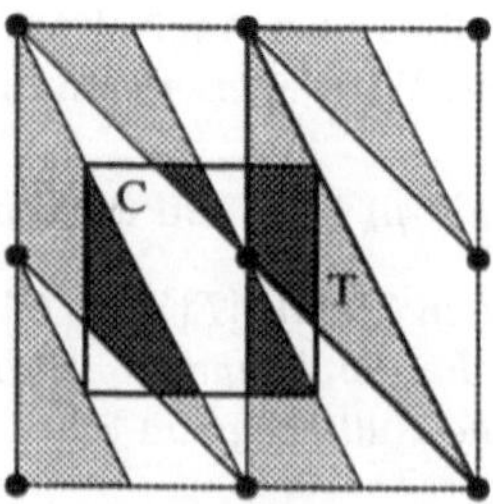

Abb. 3.5: Darstellung von $C \cap [T]$)

Anstatt des Simplizes T können wir natürlich auch den Würfel C verschieben. Es gilt nämlich $C \cap (v+T) = (-v+C) \cap T$ für $v \in \mathbb{R}^n$ und somit

$$\sum_{v \in \mathcal{Z}_k^n} \operatorname{vol}\big(C \cap (v+T)\big) = \sum_{v \in \mathcal{Z}_k^n} \operatorname{vol}\big((-v+C) \cap T\big) = \sum_{v \in \mathcal{Z}_k^n} \operatorname{vol}\big((v+C) \cap T\big)$$

für $T \in \mathcal{T}_k$. Da der Würfel C gerade die Kantenlänge 2^{-k} hat, können sich die Mengen $v+C$, $v \in \mathcal{Z}_k^n$, paarweise höchstens am Rand schneiden und wir erhalten

$$\sum_{v \in \mathcal{Z}_k^n} \mathrm{vol}\big((v+C) \cap T \big) = \mathrm{vol}\Big(T \cap \Big(\bigcup_{v \in \mathcal{Z}_k^n} (v+C)\Big)\Big) = \mathrm{vol}(T \cap \mathbb{R}^n) = \mathrm{vol}(T).$$

Folglich gilt für $T \in \mathcal{T}_k$ die Abschätzung

$$\mathrm{vol}(C \cap [T]) \leq \mathrm{vol}(T).$$

Nun ist die Verfeinerungsstrategie $\mathcal{S}$ nach Voraussetzung regulär, d.h., alle Simplizes $T \in \mathcal{T}_k$ besitzen das gleiche Volumen

$$\mathrm{vol}(T) = 2^{-kn}\,\mathrm{vol}(T_0) = \frac{2^{-kn}}{n!}.$$

Da C ganz in T_0 liegt und somit von den Simplizes $T \in \mathcal{T}_k$ vollständig überdeckt wird, schließen wir

$$2^{-kn} = \mathrm{vol}(C) = \sum_{[T]} \mathrm{vol}(C \cap [T]) \leq \mu_k \,\mathrm{vol}(T) = \mu_k \frac{2^{-kn}}{n!}.$$

Hieraus folgt $\mu_k \geq n!$ und die gewünschte Abschätzung ist bewiesen.

Beweis von Beh. 2: Wir zeigen nun, daß fast alle affinen Transformationen F je zwei verschiedene Äquivalenzklassen $[T]^{\pm} \neq [T']^{\pm}$ in unterschiedliche Ähnlichkeitsklassen abbilden. Seien dazu $T, T' \in \mathcal{T}_k$ mit $[T]^{\pm} \neq [T']^{\pm}$. Weiter sei $G : x \mapsto v + Ax$ die eindeutige affine Transformation mit $T' = G(T)$. Aus $\mathrm{vol}(T) = \mathrm{vol}(T')$ folgt dann $|\det A| = 1$, und wegen $[T]^{\pm} \neq [T']^{\pm}$ kann weder A noch $-A$ die Transformationsmatrix einer Umnumerierung von T sein (siehe Definition 1.3.19).

Sei nun $F : x \mapsto w + Bx$ eine beliebige weitere affine Transformation. Da die Ähnlichkeitsklassen von $F(T)$ bzw. $F(T')$ nicht von w abhängen, können wir o.B.d.A. $w = 0$ annehmen. Folglich sind $F(T)$ und $F(T')$ einander genau dann ähnlich, wenn

$$BT' \approx z + cQBT$$

für ein $c > 0$, ein $z \in \mathbb{R}^n$ und ein $Q \in Orth^{(n)}$ gilt. Aus $\mathrm{vol}(BT) = \mathrm{vol}(BT')$ folgt zunächst $c = 1$. Außerdem gibt es eine Umnumerierung $x \mapsto u + Ux$ von T' mit

$$B(u + UT') = z + QBT$$

bzw.

$$Bu + BUv + BUAT = z + QBT.$$

Aus $\mathrm{vol}(T) = \mathrm{vol}(T') > 0$ schließen wir $z = Bu + BUv$ und somit $BUA = QB$. Die Ähnlichkeit von $F(T)$ und $F(T')$ ist also äquivalent dazu, daß eine Umnumerierung von T' mit Matrix U existiert, so daß $BUAB^{-1}$ orthogonal ist. Verwenden wir für eine Weile die Abkürzung $\tilde{A} = UA$, so muß also

$$(B\tilde{A}B^{-1})^T = (B\tilde{A}B^{-1})^{-1}$$

gelten, bzw. äquivalent dazu

$$B^TB = \tilde{A}^TB^TB\tilde{A}.$$

Nach Lemma 3.2.3 liegen $F(T)$ und $F(T')$ genau dann in der gleichen Ähnlichkeitsklasse, wenn die Polarzerlegung von B,

$$B = VX^{1/2}, \qquad V \in Orth^{(n)},\ X \in Spd^{(n)},$$

auf eine symmetrisch positiv definite Matrix X führt, für die

$$X = \tilde{A}^TX\tilde{A} \tag{3.2.6}$$

mit $\tilde{A} = UA$ und einer geeigneten Umnumerierung U gilt. Wir werden nun zeigen, daß die Menge aller nichtsingulären Matrizen B, die eine solche Polarzerlegung besitzen, eine Lebesguesche Nullmenge in $\mathbb{R}^{n\times n}$ ist.

Sei dazu $M \subset Sym^{(n)}$ die Menge derjenigen Matrizen $X \in Sym^{(n)}$, die der Gleichung (3.2.6) genügen. Wie man leicht einsieht, ist M ein linearer Teilraum von $Sym^{(n)}$. Um zu zeigen, daß M ein echter Teilraum ist, nehmen wir $M = Sym^{(n)}$ an und leiten daraus einen Widerspruch her. Sei dazu $\tilde{A} = (\tilde{a}_{ij})_{i,j=1}^n$ und $X = (x_{ij})_{i,j=1}^n$. Dann können wir (3.2.6) auch schreiben als

$$x_{ij} = \sum_{k,\ell=1}^{n} \tilde{a}_{ki}\, x_{k\ell}\, \tilde{a}_{\ell j}, \qquad 1 \le i,j \le n.$$

Für einen festen Index i mit $1 \le i \le n$ betrachten wir zunächst den Fall, daß X diagonal ist mit $x_{ii} = 1$ und $x_{jj} = 0$, $j \neq i$. Daraus folgt

$$1 = x_{ii} = \tilde{a}_{ii}^2$$

und weiter

$$0 = x_{jj} = \tilde{a}_{ij}^2, \qquad j \neq i.$$

Da wir i beliebig wählen können, ist also $\tilde{A}$ eine Diagonalmatrix mit Einträgen $\tilde{a}_{ii} = \pm 1$ für $1 \le i \le n$. Sei nun $1 \le i < j \le n$ und $X \in Sym^{(n)}$ die Matrix mit Einsen an den Stellen (i,j) bzw. (j,i) und Nullen sonst. Wir erhalten dann

$$1 = x_{ij} = \tilde{a}_{ii}\,\tilde{a}_{jj} + \tilde{a}_{ij}\,\tilde{a}_{ji} = \tilde{a}_{ii}\,\tilde{a}_{jj}$$

und somit $\tilde{a}_{ii} = \tilde{a}_{jj}$ für $1 \le i,j \le n$. Es muß also $\tilde{A} = \pm I$ gelten. Nun gilt aber $\tilde{A} = UA$ für eine Umnumerierung U von T'. Wegen $A = \pm U^{-1}$ ist also entweder A oder $-A$ eine Umnumerierung von T, im Widerspruch zur Annahme, daß die Äquivalenzklassen $[T]^{\pm}$ und $[T']^{\pm}$ verschieden sind.

M ist also ein echter Teilraum von $Sym^{(n)}$. Wir können nun Lemma 3.2.4 anwenden und schließen, daß die Menge

$$\mathcal{B} := \{ B = VX^{1/2} \mid V \in Orth^{(n)};\ X \in M \cap Spd^{(n)} \}$$

eine Nullmenge im $\mathbb{R}^{n\times n}$ ist. Folglich ist die Menge aller affinen Transformationen F mit Transformationsmatrix $B \in \mathcal{B}$ eine Lebesguesche Nullmenge im $\mathbb{R}^n \times \mathbb{R}^{n\times n}$. Da $B \in \mathcal{B}$ aber äquivalent zur Ähnlichkeit von $F(T)$ und $F(T')$ ist, ist die Behauptung bewiesen. □

Bemerkung 3.2.16

Durch Induktion kann man zeigen, daß ein Würfel mit achsenparallelen Kanten der Länge 2^{-k} genau dann in T_0 Platz findet, wenn $k \ge n-1$ gilt. Hieraus folgt, daß Algorithmus *RoteVerfeinerungND* spätestens auf der Stufe $k = n$ keine neuen Ähnlichkeitsklassen mehr erzeugt.

Der Beweis von Satz 3.2.15 beruht auf der Tatsache, daß die Eckpunkte der Triangulierungen $\mathcal{T}_k$ von T_0 alle auf dem gleichmäßigen Gitter $\mathcal{Z}_k^n$ liegen. Die Voraussetzung, daß die $\mathcal{T}_k$ Verfeinerungen voneinander sind, wurde überhaupt nicht benutzt. Wir erhalten somit als Folgerung:

Folgerung 3.2.17

Sei $\mathcal{T}$ Triangulierung eines polyedrischen Gebietes $\Omega \subset \mathbb{R}^n$, $n \ge 2$. Für ein $h > 0$ gelte

(i) die Eckpunkte von $\mathcal{T}$ liegen auf einem gleichmäßigen Gitter mit Gitterweite h,

(ii) in $\overline{\Omega}$ findet ein n-Würfel mit achsenparallelen Kanten der Länge h Platz,

(iii) für jedes Element $T \in \mathcal{T}$ gilt $\mathrm{vol}(T) = h^n/n!$.

Dann führt fast jede affine Transformation F auf eine Triangulierung $F(\mathcal{T})$, deren Elemente zu wenigstens $n!/2$ verschiedenen Ähnlichkeitsklassen gehören.

4 Finite-Volumen-Diskretisierung

Neben Differenzen- und Finite-Elemente-Verfahren hat sich die Finite-Volumen-Methode als drittes Diskretisierungsverfahren etabliert. Dieses Verfahren, das in der Literatur auch als Box- oder Balance-Methode bezeichnet wird, entspringt dem Versuch, Differenzenverfahren auch auf unstrukturierte Gitter anzuwenden und so die Vorteile des Differenzenverfahrens mit denen der Finite-Elemente-Methode zu vereinigen. Einer der ersten Hinweise auf ein solches Verfahren findet sich in einem Buch von R. S. VARGA, [139], aus dem Jahre 1962.

Die Finite-Volumen-Methode läßt sich aber nicht nur als ein Differenzenverfahren für unstrukturierte Gitter interpretieren, sondern kann auch als Petrov-Galerkin Finite-Elemente-Diskretisierung aufgefaßt werden. Im Gegensatz zu den Finiten Elementen besitzt die Finite-Volumen-Methode jedoch eine Eigenschaft, die man als *Konservativität* bezeichnet. Bei einer konservativen Diskretisierung heben sich bestimmte innere Flußterme gegenseitig auf, wenn man die diskreten Gleichungen zu benachbarten Gitterzellen addiert. Somit eignet sich die Finite-Volumen-Methode insbesondere zur Diskretisierung physikalischer Erhaltungssätze (engl. „conservation laws", „balance equations"), zu denen ja auch Konvektions-Diffusions-Gleichungen zählen. Die Finite-Elemente-Methode hingegen ist im allgemeinen nicht konservativ, was sich speziell bei nichtlinearen Problemen sowie bei Problemen mit unstetigen Koeffizienten nachteilig bemerkbar machen kann (vgl. [91], S. 240).

Entsprechend der beiden genannten Interpretationsmöglichkeiten existieren natürlich auch unterschiedliche Konvergenzbeweise. Die Konvergenz des Finite-Volumen-Verfahrens für lineare elliptische Randwertprobleme wurde unter anderem von BANK & ROSE, [18], W. HACKBUSCH, [81], und B. HEINRICH, [86], untersucht. Während in der Monographie von Heinrich die Darstellung als Differenzenverfahren im Vordergrund steht, beruhen die Fehlerabschätzungen in den beiden anderen Arbeiten auf der starken Verwandtschaft von Finite-Volumen-Methode und Finiten Elementen. Tatsächlich kann man zeigen, daß für eine große Klasse von Problemen beide Verfahren auf die gleiche Steifigkeitsmatrix führen.

In allen drei Arbeiten werden allerdings ausschließlich zweidimensionale Diskretisierungen betrachtet. Wir wollen daher in diesem Buch eine Finite-Volumen-Diskretisierung für elliptische Randwertprobleme in n Dimensionen vorstellen und auf ihre Konvergenzeigenschaften hin untersuchen. Wir werden zeigen, daß unter vergleichbaren Voraussetzungen ähnliche Fehlerabschätzungen gelten wie für lineare Finite Elemente.

Dazu folgen wir im wesentlichen den Argumenten von Hackbusch, [81], die wir auf den n-dimensionalen Fall übertragen. Im Gegensatz zu ihm machen wir jedoch vom Deny-Lions Lemma Gebrauch, so daß sich einige Beweise wesentlich vereinfachen. Außerdem ordnen wir auch dem Finite-Volumen-Verfahren eine Bilinearform zu und vermeiden somit die Betrachtung der entsprechenden Steifigkeitsmatrizen. Die gesamte Darstellung wird dadurch etwas eleganter. Darüber hinaus verwenden wir eine verallgemeinerte schwache Formulierung für elliptische Randwertprobleme, von der wir zeigen können, daß sie zur herkömmlichen schwachen Formulierung äquivalent ist, und aus der das Finite-Volumen-Verfahren bequem mit Hilfe eines verallgemeinerten Petrov-Galerkin-Ansatzes abgeleitet werden kann.

Neben den üblichen Finite-Elemente-Triangulierungen benötigt man für die hier vorgestellte Finite-Volumen-Diskretisierung sogenannte *duale Boxgitter*. Wie die Analyse von Hackbusch zeigt, müssen diese Boxgitter im $\mathbb{R}^2$ einer speziellen Gleichgewichtsbedingung genügen, um optimale Fehlerabschätzungen in der L^2-Norm zu erhalten. Wir verwenden in diesem Buch insgesamt vier Gleichgewichts- und Regularitätsbedingungen für duale Boxgitter im $\mathbb{R}^n$. Diese Bedingungen genügen, um unabhängig von der tatsächlichen Form der Boxgitter die gewünschten Fehlerabschätzungen zu beweisen.

Erst im Anschluß an die Fehlerabschätzungen stellen wir dann ein Verfahren zur Konstruktion von Boxgittern im $\mathbb{R}^n$ vor, die den genannten Bedingungen genügen. Hierbei handelt es sich um die Verallgemeinerung einer in zwei Dimensionen oft verwendeten Methode, bei der zur Konstruktion der Boxen die Schwerpunkte der Dreiecke mit den Kantenmittelpunkten verbunden werden. Für das resultierende *Schwerpunktverfahren* im $\mathbb{R}^n$ leiten wir dann mit Hilfe baryzentrischer Koordinaten eine besonders elegante Darstellung her.

Der Aufbau dieses Kapitels ist nun der folgende: In Kapitel 4.1 leiten wir zunächst eine verallgemeinerte schwache Formulierung für das Dirichlet-Problem her, aus der dann mit Hilfe eines Petrov-Galerkin-Ansatzes das Finite-Volumen-Verfahren abgeleitet werden kann. Anschließend beweisen wir in Kapitel 4.2 Fehlerabschätzungen in der H^1- und der L^2-Norm, wobei wir lediglich voraussetzen, daß die verwendeten Boxgitter einer Reihe von Gleichgewichts- und Regularitätsbedingungen genügen. In Kapitel 4.3 betrachten wir dann einige Varianten des Verfahrens und untersuchen insbesondere den Einfluß der Benutzung von Quadraturformeln auf die Konvergenzordnung. Erst im letzten Kapitel stellen wir dann eine Methode zur Konstruktion geeigneter dualer Boxgitter im $\mathbb{R}^n$ vor und zeigen, daß die so definierten Boxgitter alle Gleichgewichts- und Regularitätsbedingungen erfüllen.

4.1 Herleitung des Verfahrens

Sowohl bei der Herleitung des Finite-Volumen-Verfahrens als auch beim Beweis entsprechender Fehlerabschätzungen beschränken wir uns der Einfachheit halber auf elliptische Randwertprobleme mit homogener Dirchlet-Randbedingung. Für Dirichlet-Probleme mit inhomogener Randbedingung gelten dann ähnliche Aussagen wie in Kapitel 1.4.5. Ansonsten starten wir mit den gleichen Voraussetzungen wie beim Finite-Elemente-Verfahren: Es sei $\Omega \subset \mathbb{R}^n$ ein polyedrisches Lipschitz-Gebiet. Auf Ω sei das folgende elliptische Randwertproblem gegeben: Gesucht wird eine Lösung u der Differentialgleichung

$$\mathcal{L}u := \nabla \cdot (-A\nabla u + bu) + cu = f \qquad \text{in } \Omega, \tag{4.1.1a}$$

die darüber hinaus der homogenen Dirichlet-Randbedingung

$$u = 0 \qquad \text{auf } \Gamma \tag{4.1.1b}$$

genügt. Wir nehmen an, daß die Koeffizienten dieses Randwertproblems den folgenden Mindestanforderungen genügen:

(i) $A = (a_{ij})_{i,j=1}^n$ ist in Ω symmetrisch positiv definit und genügt der Elliptizitätsbedingung (1.2.2) mit einer Konstanten $C_E > 0$.
(ii) $a_{ij}, b_j, c \in L^\infty(\Omega)$ für $1 \le i, j \le n$ und $\nabla \cdot b \in L^\infty(\Omega)$,
(iii) $f \in H^{-1}(\Omega)$.

Die schwache Formulierung des Randwertproblems (4.1.1) lautet:

Finde eine Funktion $u \in H_0^1(\Omega)$ mit

$$\int_\Omega \nabla v \cdot A \nabla u \, dx - \int_\Omega u \, b \cdot \nabla v \, dx + \int_\Omega c \, u \, v \, dx = \int_\Omega f v \, dx \tag{4.1.2}$$

für alle $v \in H_0^1(\Omega)$.

Nach Satz 1.2.18 ist das schwache Problem (4.1.2) eindeutig lösbar, wenn nicht zufällig das entsprechende homogene Problem mehr als eine Lösung besitzt. Jede Lösung u von (4.1.2) heißt eine schwache Lösung des Randwertproblems (4.1.1). Liegt u darüber hinaus in $H^2(\Omega)$, so heißt u eine starke Lösung von (4.1.1). Wie in Kapitel 1.2.2 definieren wir die zugehörige Bilinearform $\mathcal{A}(.,.) : H_0^1(\Omega) \times H_0^1(\Omega) \longrightarrow \mathbb{R}$ durch

$$\mathcal{A}(u,v) = \int_\Omega \nabla v \cdot A \nabla u \, dx - \int_\Omega u \, b \cdot \nabla v \, dx + \int_\Omega c \, u \, v \, dx, \quad u, v \in H_0^1(\Omega), \tag{4.1.3}$$

und das entsprechende beschränkte lineare Funktional f^* durch

$$f^*(v) = \int_\Omega f v \, dx, \qquad v \in H_0^1(\Omega). \tag{4.1.4}$$

Die abstrakte Formulierung des schwachen Problems (4.1.2) lautet dann:

$$\textit{Finde ein } u \in H_0^1(\Omega) \textit{ mit} \qquad \mathcal{A}(u,v) = f^*(v), \qquad v \in H_0^1(\Omega). \tag{4.1.5}$$

Wie in Kapitel 1.4 bezeichnen wir (4.1.2) bzw. (4.1.5) als das *kontinuierliche Problem* – im Gegensatz zu den diskreten Problemen, wie sie bei der Diskretisierung von (4.1.2) mit dem Finite-Volumen-Verfahren entstehen. Obwohl das Finite-Volumen-Verfahren wie das Finite-Elemente-Verfahren zur Bestimmung von Näherungslösungen von (4.1.2) dient, beruht seine Herleitung auf einer anderen, sogenannten verallgemeinerten schwachen Formulierung des Randwertproblems (4.1.1).

4.1.1 Verallgemeinerte schwache Formulierung elliptischer Randwertprobleme

Die verallgemeinerte schwache Formulierung des Randwertproblems (4.1.1) bezieht sich auf eine vorgegebene Zerlegung $\mathcal{B} = \{ B_1, \ldots, B_m \}$ von Ω in eine endliche Anzahl abgeschlossener Lipschitz-Mengen $B_i \subset \overline{\Omega}$, von denen sich je zwei höchstens am Rande schneiden. Für jede solche Zerlegung $\mathcal{B}$ bezeichnen wir mit $H_0^1(\mathcal{B})$ den Raum aller Funktionen $\overline{v} \in L^2(\Omega)$, die stückweise H^1-regulär bzgl. $\mathcal{B}$ sind und auf Γ stückweise im Sinne der Spur verschwinden.

Zur Herleitung der verallgemeinerten schwachen Formulierung nehmen wir zunächst an, die Koeffizienten des Randwertproblems (4.1.1) seien hinreichend glatt und $u \in H^2(\Omega)$ sei eine starke Lösung. Wir multiplizieren die Differentialgleichung $\mathcal{L}u = f$ mit einer beliebigen Testfunktionen $\overline{v} \in H_0^1(\mathcal{B})$ und integrieren anschließend über Ω. Für den Divergenzterm auf der linken Seite erhalten wir durch Anwendung der Greenschen Formel (1.1.9) auf jede der Mengen $B \in \mathcal{B}$ die Darstellung

$$
\begin{aligned}
&\int_\Omega \overline{v}\, \nabla \cdot (-A\nabla u + bu)\, dx \\
&\quad = \sum_{B\in\mathcal{B}} \int_B \overline{v}\, \nabla \cdot (-A\nabla u + bu)\, dx \\
&\quad = \sum_{B\in\mathcal{B}} \Big(\int_B \nabla\overline{v} \cdot (A\nabla u - bu)\, dx - \int_{\partial B} \overline{v}\, (A\nabla u - bu) \cdot d\sigma \Big).
\end{aligned}
$$

Wir erhalten so die folgende, *verallgemeinerte schwache Formulierung* des Randwertproblems (4.1.1) bzgl. $\mathcal{B}$:

$$
\left.
\begin{aligned}
&\text{Finde eine Funktion } u \text{ in einem geeigneten Lösungsraum } \mathcal{H} \text{ mit} \\
&\sum_{B\in\mathcal{B}} \Big(\int_B \nabla\overline{v} \cdot (A\nabla u - bu)\, dx + \int_B c\, u\, \overline{v}\, dx \\
&\qquad - \int_{\partial B} \overline{v}\, A\nabla u \cdot d\sigma + \int_{\partial B} b\, u\, \overline{v} \cdot d\sigma \Big) = \int_\Omega f\, \overline{v}\, dx \\
&\text{für alle } \overline{v} \in H_0^1(\mathcal{B}).
\end{aligned}
\right\} \qquad (4.1.6)
$$

Ziel dieses Kapitels ist es, einen geeigneten Lösungsraum $\mathcal{H}$ zu bestimmen und hinreichende Bedingungen anzugeben, unter denen (4.1.6) zum bisherigen schwachen Problem (4.1.2) äquivalent ist. Im H^2-regulären Fall fällt dies nicht weiter schwer. Man überzeugt sich leicht davon, daß – vollkommen analog zu Satz 1.2.7 – die folgende Aussage gilt:

Lemma 4.1.1 (Äquivalenz der schwachen Probleme im H^2-regulären Fall)
Sei $\Omega \subset \mathbb{R}^n$ ein beschränktes Lipschitz-Gebiet und $\mathcal{B}$ eine endliche Zerlegung von Ω in abgeschlossene Lipschitz-Mengen, von denen sich je zwei höchstens am Rande schneiden. Für die Koeffizienten des Randwertproblems (4.1.1) gelte $a_{ij}, b_j \in H^{1,\infty}(\Omega)$ für $1 \le i, j \le n$ sowie $c \in L^\infty(\Omega)$, $f \in L^2(\Omega)$.

Dann ist jede Lösung u von (4.1.6) in $\mathcal{H} := H^2(\Omega) \cap H_0^1(\Omega)$ eine starke und somit auch eine schwache Lösung des Randwertproblems (4.1.1). Umgekehrt ist jede Lösung von (4.1.2) in $H^2(\Omega)$ eine Lösung des verallgemeinerten schwachen Problems (4.1.6).

Um eine ähnliche Aussage auch unter schwächeren Voraussetzungen an u und die Koeffizienten von $\mathcal{L}$ beweisen zu können, müssen wir zunächst die Frage klären, unter welchen Bedingungen die Randintegrale auf der linken Seite von (4.1.6) existieren, so daß die verallgemeinerte schwache Formulierung überhaupt Sinn macht. Nehmen wir dazu an, daß die betreffenden Koeffizienten gerade den Mindestanforderungen $a_{ij}, b_j \in L^\infty(\Omega)$ für $1 \le i,j \le n$ sowie $\nabla \cdot b \in L^\infty(\Omega)$ genügen, und daß u lediglich in $H_0^1(\Omega)$ liegt.

Aus Lemma 1.1.40 schließen wir zunächst, daß $bu \in H(\mathrm{div}; B)$ für jede der Mengen $B \in \mathcal{B}$ gilt. Mit Satz 1.1.38 folgt dann $bu \cdot \vec{n} \in H^{-1/2}(\partial B)$. Folglich kann das Randintegral

$$\int_{\partial B} b\, u\, \overline{v} \cdot d\sigma\,, \qquad \overline{v} \in H_0^1(\mathcal{B})\,,$$

als Dualitätsprodukt auf $H^{-1/2}(\partial B) \times H^{1/2}(\partial B)$ interpretiert werden. Das Randintegral

$$\int_{\partial B} \overline{v}\, A\nabla u \cdot d\sigma\,, \qquad \overline{v} \in H_0^1(\mathcal{B})\,, \tag{4.1.7}$$

hingegen existiert für beliebige Funktionen $u \in H_0^1(\Omega)$ im allgemeinen nicht. Wir definieren deshalb einen Teilraum $H_0^1(\Omega; A\nabla)$ von $H_0^1(\Omega)$ durch

$$H_0^1(\Omega; A\nabla) \;:=\; \left\{\, u \in H_0^1(\Omega) \;\middle|\; A\nabla u \in H(\mathrm{div};\Omega) \,\right\}.$$

Für $u \in H_0^1(\Omega; A\nabla)$ und $B \in \mathcal{B}$ gilt dann $A\nabla u \in H(\mathrm{div}; B)$ und somit kann auch das Integral

$$\int_{\partial B} \overline{v}\, A\nabla u \cdot d\sigma\,, \qquad \overline{v} \in H_0^1(\mathcal{B})\,,$$

als Dualitätsprodukt auf $H^{-1/2}(\partial B) \times H^{1/2}(\partial B)$ interpretiert werden. Unter der Voraussetzung $u \in H_0^1(\Omega; A\nabla)$ existieren also beide Randintegrale auf der linken Seite von (4.1.6). Folglich ist in diesem Fall das verallgemeinerte Randwertproblem (4.1.6) mit $\mathcal{H} := H_0^1(\Omega; A\nabla)$ wohldefiniert. Tasächlich sind die schwachen Formulierungen (4.1.2) und (4.1.6) dann sogar äquivalent.

Satz 4.1.2 (Äquivalenz der schwachen Formulierungen)

Sei $\Omega \subset \mathbb{R}^n$ ein beschränktes Lipschitz-Gebiet und $\mathcal{B}$ eine endliche Zerlegung von Ω in abgeschlossene Lipschitz-Mengen, von denen sich je zwei höchstens am Rande schneiden. Für die Koeffizienten der schwachen Probleme (4.1.2) bzw. (4.1.6) gelte:

(i) $a_{ij}, b_j, c \in L^\infty(\Omega)$ *für* $1 \le i,j \le n$ *und* $\nabla \cdot b \in L^\infty(\Omega)$,

(ii) $f \in L^2(\Omega)$.

Dann ist jede Lösung $u \in H_0^1(\Omega)$ des schwachen Problems (4.1.2) eine Lösung von (4.1.6) mit $\mathcal{H} := H_0^1(\Omega; A\nabla)$. Umgekehrt ist jede Lösung $u \in \mathcal{H}$ von (4.1.6) eine Lösung von (4.1.2).

Beweis: Sei zunächst $u \in H_0^1(\Omega)$ eine Lösung des schwachen Problems (4.1.2). Nach Bemerkung 1.2.8 liegen sowohl $A\nabla u$ als auch bu in $H(\mathrm{div};\Omega)$ und es gilt

$$\nabla \cdot (-A\nabla u + bu) + cu \;=\; f \quad \text{in } L^2(\Omega).$$

Somit gehört u zu $\mathcal{H} = H_0^1(\Omega; A\nabla)$. Darüber hinaus gilt $-A\nabla u + bu \in H(\mathrm{div}; B)$ und

$$\nabla \cdot (-A\nabla u + bu) + cu = f \quad \text{in } L^2(B)$$

für jede der Mengen $B \in \mathcal{B}$. Die verallgemeinerte Greensche Formel liefert

$$\int_{\partial B} \overline{v}\,(A\nabla u - bu) \cdot d\sigma = \int_B \overline{v}\,\nabla \cdot (A\nabla u - bu)\,dx + \int_B \nabla\overline{v} \cdot (A\nabla u - bu)\,dx$$

für $B \in \mathcal{B}$ und $\overline{v} \in H_0^1(\mathcal{B})$. Hieraus folgt die Beziehung

$$\begin{aligned}\int_B f\,\overline{v}\,dx &= \int_B \overline{v}\,\nabla \cdot (-A\nabla u + bu)\,dx + \int_B c\,u\,\overline{v}\,dx \\ &= \int_B \nabla\overline{v} \cdot (A\nabla u - bu)\,dx - \int_{\partial B} \overline{v}\,(A\nabla u - bu) \cdot d\sigma + \int_B c\,u\,\overline{v}\,dx\,.\end{aligned}$$

Summation über alle $B \in \mathcal{B}$ zeigt, daß u eine Lösung von (4.1.6) ist.

Sei nun umgekehrt $u \in H_0^1(\Omega; A\nabla)$ eine Lösung des verallgemeinerten schwachen Problems. Für jede der Mengen $B \in \mathcal{B}$ und eine beliebige Testfunktion $\overline{v} \in C_0^\infty(B)$ folgt

$$\int_B \nabla\overline{v} \cdot (A\nabla u - bu)\,dx + \int_B c\,u\,\overline{v}\,dx = \int_B f\,\overline{v}\,dx\,, \qquad \overline{v} \in C_0^\infty(B)\,,$$

und somit

$$\nabla \cdot (-A\nabla u + bu) + cu = f \quad \text{in } L^2(B). \tag{4.1.8}$$

Wegen $u \in H_0^1(\Omega; A\nabla)$ gilt $A\nabla u \in H(\mathrm{div}; \Omega)$. Aus $\nabla \cdot b \in L^\infty(\Omega)$ schließen wir mit Hilfe von Lemma 1.1.40, daß auch bu in $H(\mathrm{div}; \Omega)$ liegt. Da $\nabla \cdot (-A\nabla u + bu)$ in $L^2(\Omega)$ liegt und auf jeder der Mengen $B \in \mathcal{B}$ mit $f - cu$ übereinstimmt, folgt

$$-\nabla \cdot A\nabla u + \nabla \cdot (bu) + cu = f \quad \text{in } L^2(\Omega).$$

Nach Definition der schwachen Divergenz gilt also

$$\int_\Omega \nabla v \cdot A\nabla u\,dx - \int_\Omega u\,b \cdot \nabla v\,dx + \int_\Omega c\,u\,v\,dx = \int_\Omega f\,v\,dx\,, \qquad v \in C_0^\infty(\Omega)\,.$$

Aus der Tatsache, daß $C_0^\infty(\Omega)$ dicht in $H_0^1(\Omega)$ liegt, folgt, daß u eine Lösung des schwachen Problems (4.1.2) ist. Damit ist die Behauptung bewiesen. □

Bemerkung 4.1.3 (Natürliche Randbedingungen I)

Um den Umfang dieses Buches in Grenzen zu halten, haben wir uns bei unseren Betrachtungen von Beginn an auf reine Dirichlet-Probleme beschränkt und *natürliche Randbedingungen* der Form

$$A\nabla u \cdot \vec{n} = \varphi_n \quad \text{auf } \Gamma$$

bewußt ausgeschlossen. Es sei jedoch an dieser Stelle darauf hingewiesen, daß natürliche Randbedingungen die theoretische Untersuchung des Finite-Volumen-Verfahrens in nicht unerheblichem Maße erschweren – im Gegensatz übrigens zum Finite-Elemente-Verfahren, wo sie sich relativ problemlos einbinden lassen. So führen natürliche Randbedingungen z.B. auf eine verallgemeinerte schwache Formulierung der Form: *Finde eine Funktion u in einem geeigneten Lösungsraum $\mathcal{H}$ mit*

$$\begin{aligned}\sum_{B\in\mathcal{B}} \Bigg(&\int_B \nabla\overline{v}\cdot(A\nabla u - bu)\,dx + \int_B c\,u\,\overline{v}\,dx \\ &- \int_{\partial B\setminus\Gamma} \overline{v}\,A\nabla u\cdot d\sigma + \int_{\partial B} b\,u\,\overline{v}\cdot d\sigma \Bigg) = \int_\Omega f\,\overline{v}\,dx + \int_\Gamma \varphi_n\,\overline{v}\,d\sigma\end{aligned} \tag{4.1.9}$$

für alle $\overline{v} \in H^1(\mathcal{B}) := \{\,\overline{u} \in L^2 \,|\, \overline{u} \in H^1(B),\ B \in \mathcal{B}\,\}$. Die Boxrandintegrale

$$\int_{\partial B\setminus\Gamma} \overline{v}\,A\nabla u\cdot d\sigma\,, \qquad B \in \mathcal{B}\,,\ B\cap\Gamma \neq \emptyset\,, \tag{4.1.10}$$

existieren jedoch unter der oben genannten Voraussetzung $A\nabla u \in H(\mathrm{div};\Omega)$ im allgemeinen nicht, da $A\nabla u\cdot\vec{n}$ sich in diesem Fall nur als Funktional in $H^{-1/2}(\partial B)$ interpretieren läßt und eine Aufspaltung der Form

$$\int_{\partial B} \overline{v}\,A\nabla u\cdot d\sigma = \int_{\partial B\setminus\Gamma} \overline{v}\,A\nabla u\cdot d\sigma + \int_{\partial B\cap\Gamma} \overline{v}\,A\nabla u\cdot d\sigma$$

folglich nicht möglich ist (vgl. Bemerkung 1.1.34). Um die Existenz der Boxrandintegrale (4.1.10) zu sichern, sind daher stärkere Voraussetzungen an A bzw. u notwendig. Hinreichend sind z.B. $a_{i,j} \in H^{1,\infty}(\mathcal{B})$ für $1 \le i,j \le n$ und $u \in H^{1+s}(\Omega)$ für ein $s > 1/2$, da $A\nabla u\cdot\vec{n}$ dann in $L^2(\Omega)$ liegt. Daraus folgt aber noch lange nicht, daß die verallgemeinerte schwache Formulierung (4.1.9) mit $\mathcal{H} = H^{1+s}(\Omega)$ auch zu der entsprechenden einfachen schwachen Formulierung äquivalent ist. Um dies zu gewährleisten, wird man wohl $u \in H^2(\Omega)$ voraussetzen müssen. Und selbst dann führen natürliche Randbedingungen beim Finite-Volumen-Verfahren noch zu Schwierigkeiten: Im Gegensatz zum Dirichlet-Problem erlauben sie bestenfalls Fehlerabschätzungen der Ordnung $O(h^{3/2})$ (vgl. Bemerkung 4.2.29).

Analog zum schwachen Problem (4.1.2) können wir auch das verallgemeinerte schwache Problem (4.1.6) in eine abstrakte Form bringen. Dazu definieren wir eine Bilinearform $\mathcal{A}_\mathcal{B}(.,.) : \mathcal{H} \times H_0^1(\mathcal{B}) \longrightarrow \mathbb{R}$ durch

$$\begin{aligned}\mathcal{A}_\mathcal{B}(u,\overline{v}) = \sum_{B\in\mathcal{B}} \Bigg(&\int_B \nabla\overline{v}\cdot(A\nabla u - bu)\,dx + \int_B c\,u\,\overline{v}\,dx \\ &- \int_{\partial B} \overline{v}\,A\nabla u\cdot d\sigma + \int_{\partial B} b\,u\,\overline{v}\cdot d\sigma \Bigg)\end{aligned} \tag{4.1.11}$$

für $u \in \mathcal{H}$ und $\overline{v} \in H_0^1(\mathcal{B})$. Der rechten Seite ordnen wir wie bisher das beschränkte lineare Funktional f^* aus (4.1.4) zu. Die abstrakte Formulierung des schwachen Problems (4.1.6) lautet dann:

$$\text{Finde ein } u \in \mathcal{H} \text{ mit} \qquad \mathcal{A}_{\mathcal{B}}(u,\overline{v}) \;=\; f^*(\overline{v}), \qquad \overline{v} \in H_0^1(\mathcal{B}). \tag{4.1.12}$$

Für bzgl. $\mathcal{B}$ stückweise konstante Testfunktionen $\overline{v}$ besitzt $\mathcal{A}_{\mathcal{B}}(.,.)$ die einfache Gestalt

$$\mathcal{A}_{\mathcal{B}}(u,\overline{v}) \;=\; \sum_{B\in\mathcal{B}} \Big(\int_B c\,u\,\overline{v}\,dx \;-\; \int_{\partial B} \overline{v}\,A\nabla u\cdot d\sigma \;+\; \int_{\partial B} b\,u\,\overline{v}\cdot d\sigma \Big).$$

Auf dieser Darstellung beruht nun das Finite-Volumen-Verfahren, das wir in den beiden nächsten Kapiteln vorstellen werden. Die zugrundeliegende Zerlegung $\mathcal{B}$ von $\overline{\Omega}$ bezeichnet man in diesem Zusammenhang als *Boxgitter*, die einzelnen Mengen $B \in \mathcal{B}$ als *Kontrollvolumen* oder *Boxen*. Derartige Zerlegungen lassen sich z.B. mit Hilfe der üblichen Finite-Elemente-Triangulierungen konstruieren. Man spricht in diesem Fall von einem *dualen Boxgitter*.

4.1.2 Duale Boxgitter

Die in der Literatur verwendeten Finite-Volumen-Diskretisierungen unterscheiden sich in der Art und Weise, wie die Zerlegungen $\mathcal{B}$ konstruiert werden und an welchen Stellen die Unbekannten des diskreten Problems innerhalb der *Kontrollvolumen* $B \in \mathcal{B}$ lokalisiert sind. Grundsätzlich unterscheidet man die folgenden Varianten (wir verwenden die englischsprachigen Bezeichnungen aus [91] und [118]):

(i) *Cell-Centered Finite Volume Methods:* Die Unbekannten werden mit den Kontrollvolumen assoziiert. In diesem Fall repräsentiert jede Unbekannte z.B. den Durchschnittswert der gesuchten Größe im entsprechenden Kontrollvolumen oder den Wert an einer bestimmten Stelle wie etwa dem Schwerpunkt.

(ii) *Cell-Vertex Finite Volume Methods:* Die Unbekannten werden wie bei einer Triangulierung mit den Eckpunkten der Kontrollvolumen assoziiert. Diese Vorgehensweise ist im allgemeinen nur bei besonders regelmäßigen Zerlegungen wie etwa einem Rechteckgitter sinnvoll, wo bis auf den Rand jedem Eckpunkt genau ein Kontrollvolumen zugeordnet werden kann.

(iii) *Vertex-Centered Finite Volume Methods:* Die Kontrollvolumen werden wie die Unbekannten zu den Eckpunkten einer vorgegebenen anderen Zerlegung assoziiert.

Das in diesem Buch vorgestellte Verfahren gehört zu den *Vertex-Centered Finite Volume Methods*. Die entsprechenden Boxgitter werden mit Hilfe von Finite-Elemente-Triangulierungen konstruiert. Jedem Eckpunkt x_j^h einer gegebenen Triangulierung $\mathcal{T}_h$ ordnen wir genau ein Kontrollvolumen B_j^h zu. Um zu gewährleisten, daß die resultierenden Gleichungssysteme vernünftig konditioniert sind, fordern wir, daß B_j^h den Punkt x_j^h enthält und selbst in einer nicht allzu großen Umgebung von x_j^h enthalten ist. Als maximale Umgebungen bieten sich hier die in Kapitel 1.3.4 eingeführten Elementumgebungen Ω_j^h an. Wir erhalten so die folgende Definition eines *dualen Boxgitters*:

Definition 4.1.4 (Duales Boxgitter)
Sei $\Omega \subset \mathbb{R}^n$ ein polyedrisches Lipschitz-Gebiet und $\mathcal{T}_h$ eine konsistente Triangulierung von Ω mit Eckpunkten $x_1^h, \ldots, x_{N_h}^h$. Eine entsprechende Menge $\mathcal{B}_h = \{ B_1^h, \ldots, B_{N_h}^h \}$ von abgeschlossenen Teilmengen $B_j^h \subset \overline{\Omega}$ heißt *duales Boxgitter* zu $\mathcal{T}_h$, wenn die folgenden Bedingungen erfüllt sind:

(i) B_j^h ist eine abgeschlossene Lipschitz-Menge, $1 \leq j \leq N_h$,
(ii) $x_j^h \in B_j^h$ für $1 \leq j \leq N_h$,
(iii) $B_j^h \subset \Omega_j^h$ für $1 \leq j \leq N_h$,
(iv) $\overline{\Omega} = \bigcup_{j=1}^{N_h} B_j^h$,
(v) $Int(B_j^h) \cap Int(B_{j'}^h) = \emptyset$ für $j \neq j'$.

In diesem Fall heißen die Elemente $B_j^h \in \mathcal{B}_h$ *Boxen* oder auch *Kontrollvolumen* von $\mathcal{B}_h$.

Trotz der in Definition 4.1.4 aufgeführten Einschränkungen hat man bei der Konstruktion der Boxen $B_j^h \in \mathcal{B}_h$ noch jede Menge Spielraum. Obwohl natürlich auch krummlinig berandete Kontrollvolumen denkbar sind, werden in der Praxis meist polyedrische Boxen verwendet, um die Auswertung der entsprechenden Randintegrale zu erleichtern.

Die beiden gängigsten Verfahren im $\mathbb{R}^2$ wollen wir an dieser Stelle kurz erläutern: Beim ersten Verfahren – wir nennen es das *Schwerpunktverfahren* im $\mathbb{R}^2$ – wird in jedem Dreieck $T \in \mathcal{T}_h$ der Schwerpunkt mit den drei Kantenmittelpunkten verbunden. Dadurch wird jedes Dreieck in drei gleich große Anteile zerlegt, von denen jeder eindeutig einem Eckpunkt des Dreiecks und damit der zugehörigen Box zugeordnet werden kann. Die Box B_j^h besteht dann aus den zum Eckpunkt x_j^h gehörenden Anteilen in allen Dreiecken $T \in \mathcal{T}_j^h$ (Abb. 4.1). Wie wir in Kapitel 4.4 zeigen werden, ist das so erzeugte Boxgitter $\mathcal{B}_h$ tatsächlich ein duales Boxgitter zu $\mathcal{T}_h$ im Sinne von Definition 4.1.4.

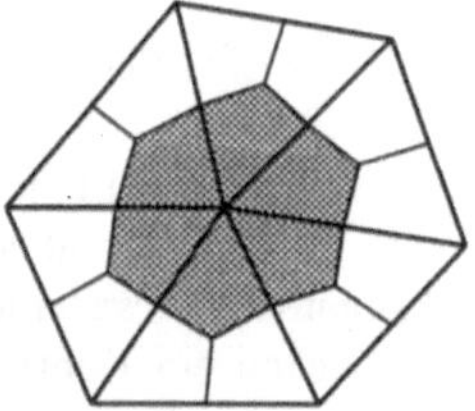

Abb. 4.1:
Schwerpunktverfahren im $\mathbb{R}^2$

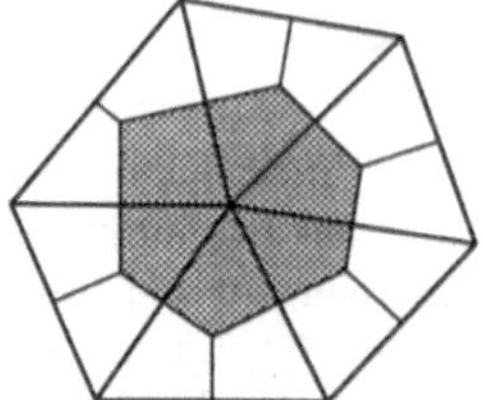

Abb. 4.2:
Mittelsenkrechtenverfahren im $\mathbb{R}^2$

Beim zweiten Verfahren wird anstatt des Schwerpunkts der Schnittpunkt der Mittelsenkrechten mit den drei Kantenmittelpunkten verbunden (Abb. 4.2). Folglich bezeichnen wir diese Methode als *Mittelsenkrechtenverfahren*.

Das Mittelsenkrechtenverfahren besitzt gegenüber dem Schwerpunktverfahren die folgenden Vorteile:

- Alle Boxen sind konvex.

- Die Anzahl der geraden Randstücke jeder Box ist im allgemeinen nur halb so hoch.
- Bei der Finite-Volumen Upwind-Diskretisierung von Konvektionstermen treten weniger künstlichen Zyklen auf (vgl. Beispiel 5.3.24 sowie die anschließende Bemerkung).

Diesen Vorteilen stehen allerdings eine Reihe gravierender Nachteile gegenüber. Der größte Nachteil besteht darin, daß das Mittelsenkrechtenverfahren nur angewendet werden kann, wenn alle auftretenden Innenwinkel kleiner oder gleich $\pi/2$ sind, da ansonsten der Schnittpunkt der Mittelsenkrechten außerhalb des Dreiecks liegt. Neben der eingeschränkten Anwendbarkeit besitzt das Mittelsenkrechtenverfahren aber noch weitere Nachteile:

- Die Verallgemeinerung des Verfahrens auf n Dimensionen ist wesentlich schwieriger.
- Die entsprechenden Finite-Volumen-Diskretisierungen sind im allgemeinen nur von erster Ordnung, da die in Kapitel 4.2.2 formulierte Gleichgewichtsbedingung (G1) nicht erfüllt ist.

Aufgrund der beschriebenen Nachteile bevorzugen wir in diesem Buch das Schwerpunktverfahren. In Kapitel 4.4.1 werden wir zeigen, wie sich das Schwerpunktverfahren in kanonischer Weise auf den $\mathbb{R}^n$ übertragen läßt.

Bemerkung 4.1.5 (Zur Anwendbarkeit des Mittelsenkrechtenverfahrens)
Interessanterweise wurde erst 1988 in einer Arbeit von BAKER, GROSSE & RAFFERTY bewiesen, daß überhaupt für jedes polygonale Gebiet $\Omega \subset \mathbb{R}^2$ eine konsistente Triangulierung $\mathcal{T}_h$ existiert, in der alle vorkommenden Winkel kleiner oder gleich $\pi/2$ sind, [10]. Für polyedrische Gebiete im $\mathbb{R}^3$ oder $\mathbb{R}^n$ ist ein ähnliches Resultat meines Wissens bisher unbekannt.

Bemerkung 4.1.6 (Ausrichten der Boxen in Konvektionsrichtung)
Die Freiheit, die man bei der Wahl der Boxen B_j^h hat, kann für die verschiedensten Zwecke ausgenutzt werden. In [92] wird z.B. gezeigt, wie sich bei bestimmten Upwindverfahren der Crosswind-Anteil der künstlichen Diffusion durch Ausrichten der Boxen in Konvektionsrichtung drastisch reduzieren läßt.

Wir wollen nun auch für die dualen Boxgitter geeignete Ansatzräume und entsprechende Basen definieren. Dazu erinnern wir noch einmal an die in Kapitel 1.3.4 getroffene Vereinbarung, daß die Eckpunkte $x_1^h, \ldots, x_{N_h}^h$ einer Triangulierung $\mathcal{T}_h$ so numeriert werden, daß x_j^h genau dann ein Randpunkt von Ω ist, wenn $N_{h,D} < j \leq N_h$ gilt, wobei $N_{h,D} \leq N_h$ die Anzahl der Eckpunkte von $\mathcal{T}_h$ ist, die nicht auf Γ liegen.

Definition 4.1.7 (Die Ansatzräume $\mathcal{P}_0(\mathcal{B}_h)$ und $\mathcal{P}_{0,D}(\mathcal{B}_h)$)
Sei $\Omega \subset \mathbb{R}^n$ ein polyedrisches Lipschitz-Gebiet und $\mathcal{T}_h$ eine konsistente Triangulierung von Ω mit Eckpunkten $x_1^h, \ldots, x_{N_h}^h$. Weiter sei $\mathcal{B}_h = \{ B_1^h, \ldots, B_{N_h}^h \}$ ein duales Boxgitter zu $\mathcal{T}_h$. Wir definieren die folgenden, bzgl. $\mathcal{B}_h$ stückweise konstanten Ansatzräume:

$$\begin{aligned}
\mathcal{P}_0(\mathcal{B}_h) &:= \left\{ \overline{v}_h \in L^2(\Omega) \;\middle|\; \overline{v}_h\big|_B \in \mathcal{P}_0(B) \text{ für } B \in \mathcal{B}_h \right\}, \\
\mathcal{P}_{0,D}(\mathcal{B}_h) &:= \left\{ \overline{v}_h \in \mathcal{P}_0(\mathcal{B}_h) \;\middle|\; \overline{v}_h\big|_{B_j^h} = 0,\ N_{h,D} < j \leq N_h \right\}.
\end{aligned}$$

Bemerkung 4.1.8 (Vorsicht !)
Funktionen $\overline{v}_h \in \mathcal{P}_0(\mathcal{B}_h)$ sind im allgemeinen weder stetig noch gehören sie zu $H^1(\Omega)$. Darüber hinaus gilt im allgemeinen

$$\mathcal{P}_{0,D}(\mathcal{B}_h) \neq \left\{ \overline{v}_h \in \mathcal{P}_0(\mathcal{B}_h) \,\middle|\, \overline{v}_h = 0 \text{ auf } \Gamma \right\}, \tag{4.1.13}$$

denn auch für Eckpunkte x_j^h, die nicht auf Γ liegen, kann $B_j^h \cap \Gamma \neq \emptyset$ gelten. In diesem Fall gilt $\mathcal{P}_{0,D}(\mathcal{B}_h) \not\subset H_0^1(\mathcal{B}_h)$ und die Verwendung der Ansatzräume $\mathcal{P}_{0,D}(\mathcal{B}_h)$ führt zu einer nichtkonformen Diskretisierung von (4.1.6). Wir werden jedoch in Kapitel 4.2.2 eine sogenannte *Regularitätsbedingung (R2)* einführen, die – wenn sie erfüllt ist – die Gleichheit in (4.1.13) gewährleistet und damit auch die Inklusion $\mathcal{P}_{0,D}(\mathcal{B}_h) \subset H_0^1(\mathcal{B}_h)$.

Die Räume $\mathcal{P}_0(\mathcal{B}_h)$ und $\mathcal{P}_1(\mathcal{T}_h)$ bzw. $\mathcal{P}_{0,D}(\mathcal{B}_h)$ und $\mathcal{P}_{1,D}(\mathcal{T}_h)$ besitzen jeweils die gleiche Dimension:

$$\dim \mathcal{P}_0(\mathcal{B}_h) = \dim \mathcal{P}_1(\mathcal{T}_h) = N_h\,, \qquad \dim \mathcal{P}_{0,D}(\mathcal{B}_h) = \dim \mathcal{P}_{1,D}(\mathcal{T}_h) = N_{h,D}\,.$$

Die charakteristischen Funktionen χ_j^h der Boxen B_j^h bilden eine Basis für $\mathcal{P}_0(\mathcal{B}_h)$ bzw. $\mathcal{P}_{0,D}(\mathcal{B}_h)$. Wir nennen sie die *charakteristische Basis*:

Definition 4.1.9 (Die charakteristische Basis)
Sei $\Omega \subset \mathbb{R}^n$ ein polyedrisches Lipschitz-Gebiet. Weiter sei $\mathcal{T}_h$ eine konsistente Triangulierung von Ω und $\mathcal{B}_h$ ein duales Boxgitter zu $\mathcal{T}_h$. Dann ist die *charakteristische Basis* $\mathcal{X}_h = \{ \chi_1^h, \ldots, \chi_{N_h}^h \}$ von $\mathcal{P}_0(\mathcal{B}_h)$ definiert durch

$$\chi_j^h \in \mathcal{P}_0(\mathcal{B}_h)\,, \qquad \chi_j^h\Big|_{B_i^h} = \delta_{ij}\,, \qquad 1 \le i,j \le N_h\,.$$

Analog dazu bezeichnen wir $\mathcal{X}_{h,D} := \{ \chi_1^h, \ldots, \chi_{N_{h,D}}^h \} \subset \mathcal{X}_h$ als die *charakteristische Basis* von $\mathcal{P}_{0,D}(\mathcal{B}_h)$.

Mit Hilfe der charakteristischen Basis $\mathcal{X}_h$ von $\mathcal{P}_0(\mathcal{B}_h)$ und der Knotenbasis Φ_h von $\mathcal{P}_1(\mathcal{T}_h)$ definieren wir eine Bijektion $G : \mathcal{P}_1(\mathcal{T}_h) \longrightarrow \mathcal{P}_0(\mathcal{B}_h)$ durch

$$G \,:\, v_h = \sum_{j=1}^{N_h} v_j\, \varphi_j^h \;\mapsto\; \overline{v}_h = \sum_{j=1}^{N_h} v_j\, \chi_j^h\,, \qquad v \in \mathcal{P}_1(\mathcal{T}_h)\,.$$

Da jede Box B_j^h den Eckpunkt x_j^h enthält, ist $\overline{v}_h = G\, v_h$ die eindeutig bestimmte Funktion in $\mathcal{P}_0(\mathcal{B}_h)$, die in den Eckpunkten von $\mathcal{T}_h$ mit v_h übereinstimmt. Wie man leicht einsieht, ist die Restriktion von G auf $\mathcal{P}_{1,D}(\mathcal{T}_h)$ eine bijektive Abbildung zwischen $\mathcal{P}_{1,D}(\mathcal{T}_h)$ und $\mathcal{P}_{0,D}(\mathcal{B}_h)$. Im folgenden schreiben wir der Einfachheit halber $\overline{v}_h$ statt $G\, v_h$. Umgekehrt sei für $\overline{v}_h \in \mathcal{P}_0(\mathcal{B}_h)$ die Funktion $v_h \in \mathcal{P}_1(\mathcal{T}_h)$ definiert durch $v_h = G^{-1}\overline{v}_h$. Für die charakteristischen Basisfunktionen χ_j^h gilt somit

$$\chi_j^h = \overline{\varphi}_j^h\,, \qquad 1 \le j \le N_h\,.$$

Wie wir später sehen werden, gilt die Abschätzung $\|\, v_h - \overline{v}_h \,\|_{0,2} \;\le\; h\, |\, v_h \,|_{1,2}$ für alle Funktionen $v_h \in \mathcal{P}_1(\mathcal{T}_h)$ (siehe Lemma 4.2.15).

4.1.3 Die Finite-Volumen-Diskretisierung

Mit Hilfe der soeben definierten Ansatzräume können wir nun das Finite-Volumen-Verfahren für elliptische Randwertprobleme formulieren. Es erweist sich dabei als zweckmäßig, das Verfahren nicht direkt aus dem verallgemeinerten schwachen Problem (4.1.6), sondern aus einem geringfügig modifizierten Problem abzuleiten.

Um dies einzusehen, nehmen wir an, es seien Ω ein polyedrisches Lipschitz-Gebiet, $\mathcal{T}_h$ eine konsistente Triangulierung von Ω, und $\mathcal{B}_h$ ein duales Boxgitter zu $\mathcal{T}_h$. Wie oben seien außerdem $\mathcal{H} := H_0^1(\Omega; A\nabla)$ der Lösungsraum und $H_0^1(\mathcal{B}_h)$ der Testfunktionenraum des verallgemeinerten schwachen Problems. Die direkte Diskretisierung von (4.1.6) mit Hilfe der Ansatzräume $\mathcal{P}_{1,D}(\mathcal{T}_h)$ bzw. $\mathcal{P}_{0,D}(\mathcal{B}_h)$ führt auf das abstrakte diskrete Problem

$$\text{Finde } u_h \in \mathcal{P}_{1,D}(\mathcal{T}_h) \text{ mit } \quad \mathcal{A}_{\mathcal{B}_h}(u_h, \overline{v}_h) = f^*(\overline{v}_h), \qquad \overline{v}_h \in \mathcal{P}_{0,D}(\mathcal{B}_h),$$

wobei die Bilinearform $\mathcal{A}_{\mathcal{B}_h}$ durch (4.1.11) definiert ist und für $u_h \in \mathcal{P}_{1,D}(\mathcal{T}_h)$, $\overline{v}_h \in \mathcal{P}_{0,D}(\mathcal{B}_h)$ die Gestalt

$$\mathcal{A}_{\mathcal{B}_h}(u_h, \overline{v}_h) = \sum_{B \in \mathcal{B}_h} \Big(\int_B c\, u_h \overline{v}_h \, dx - \int_{\partial B} \overline{v}_h A \nabla u_h \cdot d\sigma + \int_{\partial B} b\, u_h \overline{v}_h \cdot d\sigma \Big)$$

annimmt. Beachte, daß es sich hier im Prinzip um einen nichtkonformen Ansatz handelt, da im allgemeinen weder $\mathcal{P}_{1,D}(\mathcal{T}_h) \subset \mathcal{H}$ noch $\mathcal{P}_{0,D}(\mathcal{B}_h) \subset H_0^1(\mathcal{B}_h)$ gilt (vgl. Bemerkung 4.1.8). Das Integral

$$\int_{\partial B} \overline{v}_h A \nabla u_h \cdot d\sigma$$

wird deswegen im allgemeinen nur dann existieren, wenn die Koeffizienten a_{ij} genügend glatt sind. Unsere Standardvoraussetzung $a_{ij} \in L^\infty(\Omega)$ für $1 \le i, j \le n$ reicht hier sicher nicht aus. Hinreichend für die Existenz der entsprechenden Randintegrale ist z.B. die Forderung, daß A stückweise Lipschitz-regulär bzgl. $\mathcal{T}_h$ ist.

Leider erhält man bei direkter Diskretisierung von (4.1.6) keine optimalen Fehlerabschätzungen in der L^2-Norm, selbst wenn A hinreichend regulär ist. Vielmehr fallen diese um bis zu eine h-Potenz schlechter aus als bei linearen Finiten Elementen (vgl. Kapitel 4.3.4). Um optimale Fehlerabschätzungen zu erhalten, müssen wir die Bilinearform $\mathcal{A}_{\mathcal{B}_h}(.,.)$ geringfügig modifizieren. Wie in [81] ersetzen wir dazu die Koeffizienten a_{ij} durch ihre bzgl. $\mathcal{T}_h$ stückweise konstanten Mittelwerte, die durch folgende *Mittelwertprojektion* definiert sind:

Definition 4.1.10 (Mittelwertprojektion)

Sei $\Omega \subset \mathbb{R}^n$ ein polyedrisches Gebiet und $\mathcal{T}_h$ eine Triangulierung von Ω. Für jede integrierbare Funktion $v \in L^1(\Omega)$ ist durch

$$\underline{v}|_T := \frac{1}{\text{vol}(T)} \int_T v(x)\, dx, \qquad T \in \mathcal{T}_h,$$

eine bzgl. $\mathcal{T}_h$ stückweise konstante Funktion $\underline{v} \in \mathcal{P}_0(\mathcal{T}_h)$ definiert. Die durch $\underline{\Pi} : v \mapsto \underline{v}$ definierte Projektion $\underline{\Pi} : L^1(\Omega) \longrightarrow \mathcal{P}_0(\mathcal{T}_h)$ bezeichnen wir als die *Mittelwertprojektion* bzgl. $\mathcal{T}_h$. Ist $b = (b_1, \ldots, b_n)^T$ ein integrierbares Vektorfeld, so bezeichnen wir mit $\underline{b}$ das stückweise konstante Vektorfeld $\underline{b} := (\underline{b}_1, \ldots, \underline{b}_n)^T$. Analog sei $\underline{A} = (\underline{a}_{ij})_{i,j=1}^n$ die stückweise konstante Matrix zu $A = (a_{ij})_{i,j=1}^n$.

Ersetzen wir nun in der Bilinearform $\mathcal{A}_{\mathcal{B}_h}(.,.)$ die Matrix A durch $\underline{A}$, so erhalten wir dadurch die diskrete Bilinearform $\mathcal{A}_h(.,.) : \mathcal{P}_{1,D}(\mathcal{T}_h) \times \mathcal{P}_{0,D}(\mathcal{B}_h) \longrightarrow \mathbb{R}$ mit der Darstellung

$$\mathcal{A}_h(u_h, \overline{v}_h) = \sum_{B \in \mathcal{B}_h} \Big(\int_B c\, u_h \overline{v}_h\, dx - \int_{\partial B} \overline{v}_h\, \underline{A} \nabla u_h \cdot d\sigma + \int_{\partial B} b\, u_h \overline{v}_h \cdot d\sigma \Big) \tag{4.1.14}$$

für $u_h \in \mathcal{P}_{1,D}(\mathcal{T}_h)$ und $\overline{v}_h \in \mathcal{P}_{0,D}(\mathcal{B}_h)$. Beachte, daß die so modifizierte Bilinearform $\mathcal{A}_h(.,.)$ auch dann wohldefiniert ist, wenn die Koeffizienten a_{ij} nur in $L^\infty(\Omega)$ liegen. Die *Finite-Volumen-Diskretisierung* des Randwertproblems (4.1.1) lautet nun:

$$\text{Finde } u_h \in \mathcal{P}_{1,D}(\mathcal{T}_h) \text{ mit} \qquad \mathcal{A}_h(u_h, \overline{v}_h) = f^*(\overline{v}_h), \qquad \overline{v}_h \in \mathcal{P}_{0,D}(\mathcal{B}_h). \tag{4.1.15}$$

Wir bezeichnen (4.1.15) wieder als das *diskrete Problem*. Letzteres kann mit Hilfe der Basen $\Phi_{h,D}$ und $\mathcal{X}_{h,D}$ in das äquivalente lineare Gleichungssystem

$$\sum_{j=1}^{N_{h,D}} \mathcal{A}_h(\varphi_j^h, \chi_i^h)\, u_{h,j} = f^*(\chi_i^h), \qquad 1 \le i \le N_{h,D}, \tag{4.1.16}$$

umgeformt werden, dessen Unbekannte die Werte $u_{h,j}$, $1 \le j \le N_{h,D}$, sind. Bezeichnen wir mit $\mathbf{A}_h$ die Matrix mit den Einträgen

$$A_{h,i,j} = \mathcal{A}_h(\varphi_j^h, \chi_i^h), \qquad 1 \le i,j \le N_{h,D},$$

und mit $\mathbf{u}_h$ bzw. $\mathbf{f}_h$ die Vektoren mit den Komponenten $u_{h,i}$ bzw. $f^*(\chi_i^h)$, $1 \le i \le N_{h,D}$, so können wir (4.1.16) auch in der Form

$$\mathbf{A}_h \mathbf{u}_h = \mathbf{f}_h \tag{4.1.17}$$

schreiben. Jeder Lösung $\mathbf{u}_h$ von (4.1.17) entspricht eine Lösung u_h von (4.1.15) mit der Darstellung

$$u_h = \sum_{j=1}^{N_{h,D}} u_{h,j}\, \varphi_j^h .$$

Analog zu den Finiten Elementen bezeichnen wir die Matrix $\mathbf{A}_h$ als *Finite-Volumen-Steifigkeitsmatrix*. Wie wir im nächsten Kapitel zeigen werden, führt die Verwendung der modifizierten Bilinearform $\mathcal{A}_h$ dazu, daß bei reinen Diffusionsproblemen ($b = 0$, $c = 0$) die Steifigkeitsmatrizen beider Verfahren übereinstimmen.

Wenn wir (4.1.15) als Diskretisierung des verallgemeinerten schwachen Problems (4.1.6) auffassen, so handelt es sich dabei um einen nichtkonformen, *verallgemeinerten Petrov-Galerkin-Ansatz*, da Ansatz- und Testfunktionenraum verschieden sind und zur Diskretisierung eine modifizierte Bilinearform verwendet wurde. Wir können (4.1.15) aber auch als konforme, verallgemeinerte Galerkin-Diskretisierung des ursprünglichen schwachen Problems (4.1.2) deuten, indem wir $\mathcal{A}_h(u_h, \overline{v}_h) = \mathcal{A}_h(u_h, Gv_h)$ als Bilinearform auf $\mathcal{P}_{1,D}(\mathcal{T}_h) \times \mathcal{P}_{1,D}(\mathcal{T}_h)$ und $f^*(\overline{v}_h)$ entsprechend als gestörtes Funktional auf $\mathcal{P}_{1,D}(\mathcal{T}_h)$ interpretieren. Auf dieser zweiten Sichtweise beruhen auch die Fehlerabschätzungen, die wir nun im nächsten Kapitel beweisen werden, d.h., wir vergleichen die diskrete Lösung u_h mit der Lösung u des kontinuierlichen Problems (4.1.2).

4.2 Fehlerabschätzungen in der H^1- und L^2-Norm

Zur Herleitung von Fehlerabschätzungen für das Finite-Volumen-Verfahren beschreiten wir den üblichen Weg. Wir beweisen zunächst zwei abstrakte Fehlerabschätzungen für den Fall, daß die Bilinearform $\mathcal{A}(.,.)$ des kontinuierlichen Problems V-koerziv ist. Anschließend schätzen wir die darin auftretenden Terme

$$|\,\mathcal{A}(u_h, v_h) - \mathcal{A}_h(u_h, \overline{v}_h)\,| \qquad \text{bzw.} \qquad |\,f^*(v_h - \overline{v}_h)\,|$$

für $u_h, v_h \in V_h$ ab, indem wir lokale Abschätzungen für die einzelnen Integrale von $\mathcal{A}(.,.)$, $\mathcal{A}_h(.,.)$ bzw. f^* herleiten. Wir erhalten so Fehlerabschätzungen für den V-koerziven Fall. Diese können dann für hinreichend kleine h auf den nichtkoerziven Fall übertragen werden. Wie sich herausstellen wird, führt die Verwendung der modifizierten Bilinearform $\mathcal{A}_h(.,.)$ dazu, daß für das Finite-Volumen-Verfahren ähnliche Fehlerabschätzungen gelten wie für lineare Finite Elemente.

Bei der Abschätzung der Einzelterme folgen wir im wesentlichen den Argumenten von W. Hackbusch, [81], verzichten aber auf eine genaue Bestimmung der jeweiligen Konstanten und verwenden stattdessen das Deny-Lions Lemma. Dafür gelten unsere Abschätzungen für beliebige Raumdimensionen.

4.2.1 Abstrakte Fehlerabschätzungen

Für Galerkin-Diskretisierungen sind die beiden wichtigsten abstrakten Fehlerabschätzungen das Lemma von Céa sowie das Aubin-Nitsche Lemma. Ihre zahlreichen Verallgemeinerungen für Nicht-Galerkin-Diskretisierungen bezeichnet man üblicherweise als Strang- bzw. verallgemeinerte Aubin-Nitsche Lemmata. Deren Formulierung hängt im allgemeinen von der gegebenen Ausgangssituation ab.

Wir interpretieren die Diskretisierung (4.1.15) an dieser Stelle als verallgemeinerten Galerkin-Ansatz für das kontinuierliche Problem (4.1.5). Dazu deuten wir $\mathcal{A}_h(u_h, \overline{v}_h) = \mathcal{A}_h(u_h, G v_h)$ als Bilinearform auf $\mathcal{P}_{1,D}(\mathcal{T}_h) \times \mathcal{P}_{1,D}(\mathcal{T}_h)$ und $f_h^*(v_h) := f^*(\overline{v}_h)$ als entsprechendes „gestörtes" Funktional. Wegen $\mathcal{P}_{1,D}(\mathcal{T}_h) \subset H_0^1(\Omega)$ haben wir es dann auch hier mit einem konformen Ansatz zutun. Für konforme, verallgemeinerte Galerkin-Diskretisierungen gelten nun die beiden folgenden, abstrakten Fehlerabschätzungen (siehe z.B. [48], S. 192):

Lemma 4.2.1 (Erstes Lemma von Strang)
Sei V ein reeller Hilbert-Raum mit Norm $\|\,.\,\|$ und $V_h \subset V$ ein endlichdimensionaler Teilraum. $\mathcal{A}(.,.) : V \times V \longrightarrow \mathbb{R}$ sei eine beschränkte, V-koerzive Bilinearform und $f^* \in V'$ ein beschränktes lineares Funktional. $u \in V$ sei die eindeutige Lösung des kontinuierlichen Problems

$$\text{Finde ein } u \in V \text{ mit} \qquad \mathcal{A}(u, v) \;=\; f^*(v)\,, \qquad v \in V\,. \tag{4.2.1}$$

Weiter sei $\mathcal{A}_h(.,.)$ eine auf $V_h \times V_h$ definierte Bilinearform und $f_h^* \in V_h'$. Dann gilt für jede Lösung $u_h \in V_h$ des diskreten Problems

$$\text{Finde ein } u_h \in V_h \text{ mit} \qquad \mathcal{A}_h(u_h, v_h) \;=\; f_h^*(v_h)\,, \qquad v_h \in V_h\,, \tag{4.2.2}$$

die abstrakte Fehlerabschätzung

$$\begin{aligned}\| u - u_h \| \;&\leq\; \frac{2M}{\alpha} \inf_{v_h \in V_h} \| u - v_h \| \\ &+ \frac{1}{\alpha} \sup_{v_h \in V_h} \frac{|\mathcal{A}(u_h, v_h) - \mathcal{A}_h(u_h, v_h)|}{\| v_h \|} + \frac{1}{\alpha} \sup_{v_h \in V_h} \frac{|f^*(v_h) - f_h^*(v_h)|}{\| v_h \|} .\end{aligned}$$

Beweis: Aus der V-Koerzivität von $\mathcal{A}(.,.)$ und der Tatsache, daß u und u_h Lösungen von (4.2.1) bzw. (4.2.2) sind, folgt zunächst für beliebiges $v_h \in V_h$

$$\begin{aligned}\alpha \| u_h - v_h \|^2 \;&\leq\; \mathcal{A}(u_h - v_h, u_h - v_h) \\ &= \mathcal{A}(u - v_h, u_h - v_h) + \mathcal{A}(u_h - u, u_h - v_h) \\ &= \mathcal{A}(u - v_h, u_h - v_h) + \mathcal{A}(u_h, u_h - v_h) - f^*(u_h - v_h) \\ &= \mathcal{A}(u - v_h, u_h - v_h) + \{ \mathcal{A}(u_h, u_h - v_h) - \mathcal{A}_h(u_h, u_h - v_h) \} \\ &\quad + \{ f_h^*(u_h - v_h) - f^*(u_h - v_h) \} .\end{aligned}$$

Aus der Stetigkeit von $\mathcal{A}(.,.)$ folgt weiter

$$\begin{aligned}\alpha \| u_h - v_h \| \;&\leq\; M \| u - v_h \| + \frac{|\mathcal{A}(u_h, u_h - v_h) - \mathcal{A}_h(u_h, u_h - v_h)|}{\| u_h - v_h \|} \\ &\quad + \frac{|f^*(u_h - v_h) - f_h^*(u_h - v_h)|}{\| u_h - v_h \|} \\ &\leq\; M \| u - v_h \| + \sup_{w_h \in V_h} \frac{|\mathcal{A}(u_h, w_h) - \mathcal{A}_h(u_h, w_h)|}{\| w_h \|} \\ &\quad + \sup_{w_h \in V_h} \frac{|f^*(w_h) - f_h^*(w_h)|}{\| w_h \|} .\end{aligned}$$

Kombinieren wir diese Ungleichung mit der Dreiecksungleichung

$$\| u - u_h \| \leq \| u - v_h \| + \| u_h - v_h \|$$

und bilden anschließend auf der rechten Seite das Infimum über alle $v_h \in V_h$, so folgt aus $\alpha \leq M$ bzw. $M/\alpha + 1 \leq 2\,M/\alpha$ die Behauptung. □

Lemma 4.2.2 (Verallgemeinertes Aubin-Nitsche Lemma)
Seien U, V zwei reelle Hilbert-Räume mit stetiger, dichter Einbettung $V \hookrightarrow U$, und $V_h \subset V$ sei ein endlichdimensionaler Teilraum. $\mathcal{A}(.,.) : V \times V \longrightarrow \mathbb{R}$ sei eine beschränkte Bilinearform und $f^* \in V'$ ein beschränktes lineares Funktional. Das kontinuierliche Problem (4.2.1) besitze eine eindeutige Lösung $u \in V$, und das adjungierte Problem

$$\text{Finde } u_g \in V \text{ mit} \qquad \mathcal{A}(v, u_g) = (g, v)_U , \qquad v \in V , \tag{4.2.3}$$

sei ebenfalls eindeutig lösbar für jedes $g \in U$. Schließlich sei $\mathcal{A}_h(.,.)$ eine auf $V_h \times V_h$ definierte Bilinearform und $f_h^* \in V_h'$. Dann gilt für jede Lösung $u_h \in V_h$ des diskreten Problems (4.2.2) die abstrakte Fehlerabschätzung

$$\begin{aligned} \| u - u_h \|_U \leq \sup_{g \in U} \frac{1}{\| g \|_U} \inf_{v_h \in V_h} \Big\{ & M \| u - u_h \|_V \| u_g - v_h \|_V \\ & + | \mathcal{A}(u_h, v_h) - \mathcal{A}_h(u_h, v_h) | + | f^*(v_h) - f_h^*(v_h) | \Big\}, \end{aligned}$$

wobei $u_g \in V$ die eindeutige Lösung des adjungierten Problems (4.2.3) zu $g \in U$ ist.

Beweis: Sei $g \in U$ beliebig und $u_g \in V$ die eindeutige Lösung des adjungierten Problems (4.2.3). Dann gilt für $v_h \in V_h$ die Beziehung

$$\begin{aligned} (g, u - u_h)_U &= \mathcal{A}(u - u_h, u_g) \\ &= \mathcal{A}(u - u_h, u_g - v_h) + \mathcal{A}(u - u_h, v_h) \\ &= \mathcal{A}(u - u_h, u_g - v_h) - \mathcal{A}(u_h, v_h) + f^*(v_h) \\ &= \mathcal{A}(u - u_h, u_g - v_h) + \{\mathcal{A}_h(u_h, v_h) - \mathcal{A}(u_h, v_h)\} + \{ f^*(v_h) - f_h^*(v_h) \} . \end{aligned}$$

Wir können auf der rechten Seite das Infimum über alle $v_h \in V_h$ bilden und erhalten aufgrund der Beschränktheit von $\mathcal{A}(.,.)$ die Abschätzung

$$\begin{aligned} | (g, u - u_h)_U | \leq \inf_{v_h \in V_h} \Big\{ & M \| u - u_h \|_V \| u_g - v_h \|_V \\ & + | \mathcal{A}(u_h, v_h) - \mathcal{A}_h(u_h, v_h) | + | f^*(v_h) - f_h^*(v_h) | \Big\} . \end{aligned}$$

Aus der Charakterisierung

$$\| u - u_h \|_U = \sup_{g \in U} \frac{| (g, u - u_h)_U |}{\| g \|_U}$$

folgt die Behauptung. □

Bemerkung 4.2.3

Auf dem ersten Strang-Lemma und dem verallgemeinerten Aubin-Nitsche Lemma beruhen auch die in Kapitel 1.4.6 vorgestellten Fehlerabschätzungen für das Finite-Elemente-Verfahren mit Quadraturformeln. Beide Lemmata stammen aus [48]. Allerdings haben wir das Strang-Lemma und seinen Beweis geringfügig modifizert. Anstatt der gleichmäßigen V_h-Koerzivität der diskreten Bilinearformen $\mathcal{A}_h(.,.)$ setzen wir die V-Koerzivität von $\mathcal{A}(.,.)$ voraus. Für hinreichend kleine h sind beide Forderungen äquivalent.

Im Galerkin-Fall – d.h. für $\mathcal{A}_h(.,.) = \mathcal{A}(.,.)$ und $f_h^* = f^*$ – geht das erste Strang-Lemma in das Lemma von Céa und das verallgemeinerte Aubin-Nitsche Lemma in das einfache Aubin-Nitsche Lemma über. Die zusätzlichen Terme auf der rechten Seite der entsprechenden Ungleichungen im allgemeinen Fall bezeichnet man üblicherweise als *Konsistenzfehler*. Die Größe dieses Konsistenzfehlers ist ein Maß dafür, wie gut das gestörte diskrete Problem das ungestörte diskrete Problem approximiert.

Setzen wir nun die durch (4.1.14) definierte diskrete Bilinearform $\mathcal{A}_h(\cdot, G\cdot)$ in die beiden abstrakten Fehlerabschätzungen ein und ebenso das diskrete Funktional $f^*(G\cdot)$, so erhalten wir auf der rechten Seite Konsistenzfehlerterme der Form

$$|\,\mathcal{A}(u_h, v_h) - \mathcal{A}_h(u_h, \overline{v}_h)\,| \qquad \text{bzw.} \qquad |\,f^*(v_h - \overline{v}_h)\,|$$

mit $u_h, v_h \in V_h$. Um zu beweisen, daß das Finite-Volumen-Verfahren im Prinzip die gleichen optimalen Fehlerabschätzungen liefert wie das Finite-Elemente-Verfahren, müssen wir also im wesentlichen zeigen, daß der Konsistenzfehler von der Größenordnung $O(h^2)$ ist.

Dazu muß man allerdings eine Reihe zusätzlicher Voraussetzungen an das verwendete duale Boxgitter $\mathcal{B}_h$ stellen. Die wichtigste Voraussetzung ist eine sogenannte *Gleichgewichtsbedingung*, welche besagt, daß jedes Element $T \in \mathcal{T}_h$ durch die Boxen seiner Eckpunkte in $n+1$ gleich große Anteile zerlegt wird. Auf dieser Gleichgewichtsbedingung beruhen auch die optimalen Fehlerabschätzungen für das zweidimensionale Verfahren in der Arbeit von Hackbusch, [81]. Die dort zugelassenen Boxgitter unterliegen allerdings einigen Einschränkungen, die wir in Definition 4.1.4 nicht gemacht haben. Für unsere n-dimensionalen Fehlerabschätzungen setzen wir deswegen insgesamt bis zu vier Gleichgewichts- und Regularitätsbedingungen voraus.

4.2.2 Gleichgewichts- und Regularitätsbedingungen

Wie die beiden in Kapitel 4.1.2 vorgestellten Verfahren zeigen, werden in der Praxis meist polyedrische Boxen verwendet, um die Berechnung der entsprechenden Randintegrale zu erleichtern. Für die Konvergenzanalyse des Finite-Volumen-Verfahrens ist die Form der Boxen jedoch völlig unerheblich, solange gewisse Gleichgewichts- und Regularitätsbedingungen erfüllt sind. Zur Formulierung dieser Bedingungen führen wir nun eine spezielle Notation für den Rand der Boxanteile $B_j^h \cap T$ ein.

Definition 4.2.4 (Randsimplizes)

Sei $T = [\,x_T^{(0)}, \ldots, x_T^{(n)}\,]$ ein nichtentartetes Simplex im $\mathbb{R}^n$. Für $0 \le k \le n$ bezeichnen wir mit $S_k(T)$ dasjenige $(n-1)$-Randsimplex von T, das dem Eckpunkt $x_T^{(k)}$ gegenüberliegt.

Definition 4.2.5 (Der Rand der Boxanteile $B_j^h \cap T$)

Sei $\Omega \subset \mathbb{R}^n$ ein polyedrisches Lipschitz-Gebiet und $\mathcal{T}_h$ eine konsistente Triangulierung von Ω mit Eckpunkten $x_1^h, \ldots, x_{N_h}^h$. Weiter sei $\mathcal{B}_h = \{\,B_1^h, \ldots, B_{N_h}^h\,\}$ ein duales Boxgitter zu $\mathcal{T}_h$.

Für $1 \le j \le N_h$ und jedes Simplex $T = [\,x_T^{(0)}, \ldots, x_T^{(n)}\,]$ aus der Umgebungstriangulierung $\mathcal{T}_j^h$ bezeichnen wir

(i) mit $i_{j,T}$ den eindeutig bestimmten Index des Eckpunktes x_j^h in T, d.h., den eindeutigen Index mit $x_j^h = x_T^{(i_{j,T})}$,

(ii) mit $S_{j,k}(T)$, $0 \le k \le n$, die durch

$$S_{j,k}(T) := \begin{cases} B_j^h \cap S_k(T)\,, & k \ne i_{j,T}\,, \\ \overline{\partial B_j^h \cap [\,\mathrm{Int}(T) \cup S_k(T)\,]}\,, & k = i_{j,T}\,, \end{cases}$$

definierten Teilmengen von $\partial(B_j^h \cap T)$.

Die Mengen $B_j^h \cap T$, $T \in \mathcal{T}_j^h$, selber bezeichnen wir als *Boxanteile* von B_j^h.

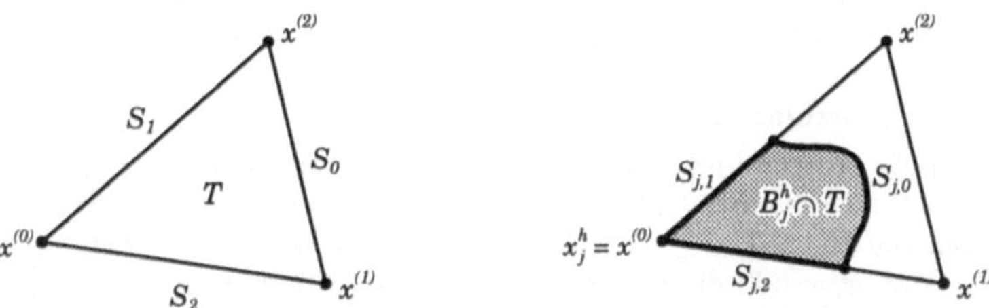

Abb. 4.3: Randsimplizes von T

Abb. 4.4: Der Rand von $B_j^h \cap T$

Abb. 4.3 verdeutlicht anhand eines zweidimenionalen Beispiels die Bezeichung der Randsimplizes $S_k(T)$, $1 \leq k \leq n$. Daneben ist in Abb. 4.4 schematisch ein Boxanteil $B_j^h \cap T$ dargestellt. Der Rand von $B_j^h \cap T$ besteht aus den Teilmengen $S_{j,k}(T)$, $0 \leq k \leq n$. Beachte, daß diese im allgemeinen nicht notwendig zusammenhängend sein müssen. Auch ist nicht ausgeschlossen, daß die Menge $S_{j,i_{j,T}}(T)$ das Randsimplex $S_{i_{j,T}}$ schneidet (vgl. dazu die zweite Regularitätsbedingung weiter unten). Wir können nun die beiden folgenden Gleichgewichtsbedingungen definieren:

Definition 4.2.6 (Gleichgewichtsbedingungen)
Sei $\Omega \subset \mathbb{R}^n$ ein polyedrisches Lipschitz-Gebiet und $\mathcal{T}_h$ eine konsistente Triangulierung von Ω. Ein duales Boxgitter $\mathcal{B}_h = \{ B_1^h, \ldots, B_{N_h}^h \}$ zu $\mathcal{T}_h$ erfüllt die *Gleichgewichtsbedingung* (G1), wenn für jede Box $B_j^h \in \mathcal{B}_h$ und jedes Element $T \in \mathcal{T}_j^h$ die Beziehung

$$\text{(G1)} \qquad \operatorname{vol}(B_j^h \cap T) = \frac{\operatorname{vol}(T)}{n+1}$$

gilt. $\mathcal{B}_h$ erfüllt die *Gleichgewichtsbedingung* (G2), wenn für jede Box $B_j^h \in \mathcal{B}_h$, jedes Element $T \in \mathcal{T}_j^h$ und jeden Index $0 \leq k \leq n$ mit $k \neq i_{j,T}$ die Beziehung

$$\text{(G2)} \qquad \operatorname{vol}(S_{j,k}(T)) = \operatorname{vol}(B_j^h \cap S_k(T)) = \frac{\operatorname{vol}(S_k(T))}{n}$$

gilt, wobei hier das $(n-1)$-dimensionale Volumen von $S_k(T)$ bzw. $S_{j,k}(T)$ gemeint ist.

Die Gleichgewichtsbedingung (G1), die auch in der Arbeit von Hackbusch verwendet wird, bedeutet, daß für jedes Element $T \in \mathcal{T}_h$ die Boxanteile $B_j^h \cap T$ aller Eckpunkte x_j^h von T das gleiche Volumen besitzen. Von den beiden in Kapitel 4.1.2 vorgestellten Verfahren besitzt nur das Schwerpunktverfahren diese Eigenschaft (siehe Abb. 4.1). Das Mittelsenkrechtenverfahren hingegen genügt der Gleichgewichtsbedingung (G1) im allgemeinen nicht (siehe Abb. 4.2).

Bei der Gleichgewichtsbedingung (G2) handelt es sich um eine analoge Forderung für die $(n-1)$-Randsimplizes der Triangulierung $\mathcal{T}_h$. Im $\mathbb{R}^2$ (und nur dort) wird diese Forderung sowohl vom Schwerpunktverfahren als auch vom Mittelsenkrechtenverfahren erfüllt. In [81] genügen alle Boxgitter automatisch der Gleichgewichtsbedingung (G2), da dort der Boxenrand ∂B_j^h die inneren Kanten von $\mathcal{T}_h$ nur im Kantenmittelpunkt schneiden darf. Die beiden folgenden Regularitätsbedingungen sind in [81] ebenfalls per Definition erfüllt:

Definition 4.2.7 (Regularitätsbedingungen)
Sei $\Omega \subset \mathbb{R}^n$ ein polyedrisches Lipschitz-Gebiet und $\mathcal{T}_h$ eine konsistente Triangulierung von Ω. Ein duales Boxgitter $\mathcal{B}_h = \{ B_1^h, \ldots, B_{N_h}^h \}$ zu $\mathcal{T}_h$ erfüllt die *Regularitätsbedingung* (R1), wenn jeder der Boxanteile $B_j^h \cap T$, $1 \le j \le N_h$, $T \in \mathcal{T}_j^h$, eine Lipschitz-Menge im Sinne von Definition 1.1.10 ist. $\mathcal{B}_h$ erfüllt die *Regularitätsbedingung* (R2), wenn $S_{j,i_j,T}(T) \cap S_{i_j,T}(T) = \emptyset$ für $1 \le j \le N_h$ und jedes Element $T \in \mathcal{T}_j^h$ gilt.

Die Regularitätsbedingung (R1) ermöglicht es uns zunächst, auf jedem der Boxanteile $B_j^h \cap T$ partiell zu integrieren. Duale Boxgitter, die der Bedingung (R1) genügen, besitzen darüber hinaus aber noch eine weitere, äußerst angenehme Eigenschaft: Aus Definition 1.1.10 folgt, daß für jede Box B_j^h und je zwei benachbarte Elemente $T, T' \in \mathcal{T}_j^h$ mit gemeinsamem Randsimplex S die Beziehung

$$\overline{Int(B_j^h \cap T)} \cap S = \overline{Int(B_j^h \cap T')} \cap S = B_j^h \cap S$$

gilt, d.h., $\overline{Int(B_j^h \cap T)} \cap S$ hängt nicht von T sondern nur von S ab. Mit anderen Worten, die Boxanteile $B_j^h \cap T$, $T \in \mathcal{T}_j^h$, passen an den gemeinsamen Randsimplizes „richtig“ zusammen. In Abb. 4.5 ist eine Box B_j^h zu sehen, für die die Regularitätsbedingung (R1) verletzt ist, da der dunkel eingezeichnete Boxanteil $B_j^h \cap T$ keine Lipschitz-Menge ist.

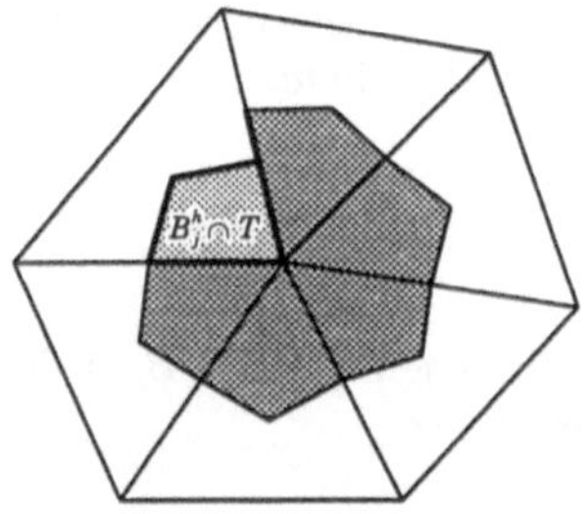

Abb. 4.5: Gegenbeispiel zu (R1)

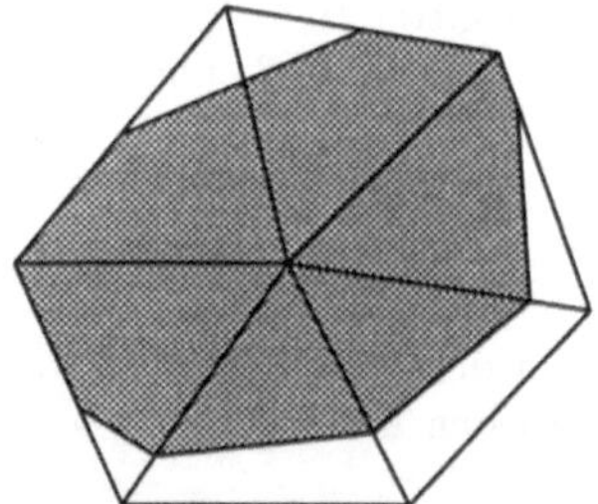

Abb. 4.6: Gegenbeispiel zu (R2)

Die Regularitätsbedingung (R2) läßt sich folgendermaßen veranschaulichen: Für innere Eckpunkte x_j^h, die nicht auf Γ liegen, bedeutet (R2), daß B_j^h ganz im Innern der Elementumgebung Ω_j^h liegt und folglich $\partial B_j^h \cap \partial\Omega_j^h = \emptyset$ gilt. Abb. 4.6 zeigt eine Box, bei der diese Bedingung verletzt ist. Für Randpunkte x_j^h folgt aus (R2) immerhin noch, daß $\partial B_j^h \cap \partial\Omega_j^h$ eine Teilmenge von Γ ist, die allerdings keine der Mengen $S_{j,i_j,T}(T)$, $T \in \mathcal{T}_j^h$, enthält.

Bemerkung 4.2.8 Genügt ein duales Boxgitter $\mathcal{B}_h$ der Regularitätsbedingung (R2), so stimmt $\mathcal{P}_{0,D}(\mathcal{B}_h)$ mit der Menge $\{ \overline{v}_h \in \mathcal{P}_0(\mathcal{B}_h) \mid \overline{v}_h = 0 \text{ auf } \Gamma \}$ überein und es gilt $\mathcal{P}_{0,D}(\mathcal{B}_h) \subset H_0^1(\mathcal{B}_h)$ (vgl. Bemerkung 4.1.8).

4.2.3 Darstellung des Boxenrandes

Duale Boxgitter, die beiden Regularitätsbedingungen genügen, erlauben eine besonders einfache Darstellung des Boxenrandes ∂B_j^h durch die Mengen $S_{j,k}(T)$. Diese Darstellung benötigen wir später zum Beweis der Behauptung, daß die Finite-Volumen-Steifigkeitsmatrix für reine Diffusionsprobleme mit der entsprechenden Finite-Elemente-Steifigkeitsmatrix übereinstimmt (siehe Lemma 4.2.17). Sie kann aber auch für die Implementierung des Verfahrens – etwa bei der Auswertung der Randintegrale – von großem Nutzen sein. Wir beweisen zunächst eine entsprechende Darstellung für die Ränder der Boxanteile $B_j^h \cap T$:

Lemma 4.2.9 (Darstellung von $\partial(B_j^h \cap T)$)
Sei $\Omega \subset \mathbb{R}^n$ ein polyedrisches Lipschitz-Gebiet und $\mathcal{T}_h$ eine konsistente Triangulierung von Ω. Weiter sei $\mathcal{B}_h = \{ B_1^h, \ldots, B_{N_h}^h \}$ ein duales Boxgitter zu $\mathcal{T}_h$. Dann besitzt der Rand jedes Boxanteils $B_j^h \cap T$, $1 \leq j \leq N_h$, $T \in \mathcal{T}_j^h$, die Darstellung

$$\partial(B_j^h \cap T) \;=\; \bigcup_{k=0}^{n} S_{j,k}(T)\,. \tag{4.2.4}$$

Genügt $\mathcal{B}_h$ darüber hinaus der Regularitätsbedingung (R1), so ist durch (4.2.4) eine Zerlegung von $\partial(B_j^h \cap T)$ in $n+1$ abgeschlossene Teilmengen gegeben, von denen sich je zwei höchstens am Rande schneiden.

Beweis: Seien $B_j^h \in \mathcal{B}_h$ und $T \in \mathcal{T}_j^h$ beliebig. Wir beweisen zunächst die Darstellung (4.2.4). Dazu verwenden wir die Beziehung

$$\partial(B_j^h \cap T) \;=\; (\partial B_j^h \cap T) \cup (B_j^h \cap \partial T)\,.$$

Aus $T = Int(T) \cup S_0(T) \cup \cdots \cup S_n(T)$ schließen wir

$$\begin{aligned} \partial B_j^h \cap T \;&\subset\; \Big(\partial B_j^h \cap [\,\mathrm{Int}(T) \cup S_{i_{j,T}}(T)\,]\Big) \cup \bigcup_{k \neq i_{j,T}} \Big(\partial B_j^h \cap S_k(T)\Big) \\ &\subset\; \overline{\partial B_j^h \cap [\,\mathrm{Int}(T) \cup S_{i_{j,T}}(T)\,]} \cup \bigcup_{k \neq i_{j,T}} \Big(B_j^h \cap S_k(T)\Big) \;=\; \bigcup_{k=0}^{n} S_{j,k}(T)\,. \end{aligned}$$

Analog folgt aus $\partial T = S_0(T) \cup \cdots \cup S_n(T)$ und der Konsistenz von $\mathcal{T}_h$ die Inklusion

$$\begin{aligned} B_j^h \cap \partial T \;&\subset\; \Big(B_j^h \cap S_{i_{j,T}}(T)\Big) \cup \bigcup_{k \neq i_{j,T}} \Big(B_j^h \cap S_k(T)\Big) \\ &=\; \Big(\partial B_j^h \cap S_{i_{j,T}}(T)\Big) \cup \bigcup_{k \neq i_{j,T}} \Big(B_j^h \cap S_k(T)\Big) \;\subset\; \bigcup_{k=0}^{n} S_{j,k}(T)\,. \end{aligned}$$

Hierbei haben wir ausgenutzt, daß $B_j^h \subset \Omega_j^h$ gilt und B_j^h die Menge $S_{i_{j,T}}(T) \subset \partial\Omega_j^h$ folglich nur auf ∂B_j^h schneiden kann. Die Inklusion $\partial(B_j^h \cap T) \subset \bigcup S_{j,k}(T)$ ist damit bewiesen. Die Umkehrung folgt analog aus

$$S_{j,k}(T) \;=\; B_j^h \cap S_k(T) \;\subset\; B_j^h \cap \partial T\,, \qquad k \neq i_{j,T}\,,$$

und

$$S_{j,i_{j,T}}(T) \;=\; \overline{\partial B_j^h \cap [\,\mathrm{Int}(T) \cup S_{i_{j,T}}(T)\,]} \;\subset\; \partial B_j^h \cap T\,.$$

Damit wäre die Darstellung (4.2.4) bewiesen. Daß es sich um eine Zerlegung in abgeschlossene Mengen handelt, folgt aus der Definition der Mengen $S_{j,k}(T)$. Da die Randsimplizes $S_k(T)$ sich gegenseitig höchstens am Rande schneiden, gilt das gleiche auch für die Mengen $S_{j,k}(T)$, $k \neq i_{j,T}$. Wenn die gleiche Behauptung für $k = i_{j,T}$ nicht gilt, kann der Rand von $B_j^h \cap T$ nicht Lipschitz-regulär sein. Folglich schneiden sich alle Mengen $S_{j,k}(T)$ höchstens am Rande, wenn $\mathcal{B}_h$ der Bedingung (R1) genügt. □

Lemma 4.2.10 (Darstellung des Boxenrandes ∂B_j^h)
Sei $\Omega \subset \mathbb{R}^n$ ein polyedrisches Lipschitz-Gebiet mit Rand Γ und $\mathcal{T}_h$ eine konsistente Triangulierung von Ω. Weiter sei $\mathcal{B}_h = \{ B_1^h, \ldots, B_{N_h}^h \}$ ein duales Boxgitter zu $\mathcal{T}_h$, das der Regularitätsbedingung (R1) genügt. Dann gilt für den Rand jeder der Boxen B_j^h, $1 \leq j \leq N_h$, die Darstellung

$$\partial B_j^h = \Big\{ \bigcup_{T \in \mathcal{T}_j^h} S_{j,i_{j,T}}(T) \Big\} \cup \Big\{ \partial B_j^h \cap \Gamma \Big\}. \tag{4.2.5}$$

Genügt $\mathcal{B}_h$ darüber hinaus der Bedingung (R2), so ist durch (4.2.5) eine Zerlegung von ∂B_j^h in abgeschlossene Teilmengen gegeben, von denen sich je zwei höchstens am Rande schneiden.

Beweis: Sei $B_j^h \in \mathcal{B}_h$ beliebig. Wir bezeichnen die rechte Seite von (4.2.5) mit K_j. Wie man leicht einsieht, ist K_j eine Teilmenge von ∂B_j^h, denn es gilt

$$S_{j,i_{j,T}}(T) = \overline{\partial B_j^h \cap [\,\mathit{Int}(T) \cup S_{i_{j,T}}(T)\,]} \subset \partial B_j^h$$

für jedes Element $T \in \mathcal{T}_j^h$. Es bleibt also die Inklusion $\partial B_j^h \subset K_j$ zu beweisen. Nehmen wir dazu an, es sei x ein Randpunkt von B_j^h, der nicht zu K_j gehört. Wir bezeichnen mit $\mathcal{T}_x$ die Menge aller Simplizes $T \in \mathcal{T}_j^h$, die x enthalten, und mit Ω_x die Vereinigung aller Simplizes $T \in \mathcal{T}_x$. Wegen $x \in B_j^h \subset \Omega_j^h$ sind sowohl $\mathcal{T}_x$ als auch Ω_x nichtleer.

Aus der Konsistenz von $\mathcal{T}_h$ folgt zunächst, daß x im Innern von Ω_x liegt. Sonst müßte nämlich $x \in \Gamma$ oder $x \in S_{i_{j,T}}(T)$ für ein $T \in \mathcal{T}_x$ gelten. Beides ist aber wegen $x \notin K_j$ ausgeschlossen. Es existiert also eine offene Umgebung $U(x)$, die ganz in Ω_x liegt. Da K_j als Vereinigung abgeschlossener Mengen selbst abgeschlossen ist, können wir $U(x)$ o.B.d.A. so wählen, daß $U(x) \cap K_j = \emptyset$ gilt.

Wir zeigen nun, daß für jedes Element $T \in \mathcal{T}_x$ die Identität

$$\overline{U(x)} \cap T = \overline{U(x)} \cap (B_j^h \cap T) \tag{4.2.6}$$

gilt. Mit $U(x) \subset \Omega_x$ und der Konsistenz von $\mathcal{T}_h$ folgt hieraus $\overline{U(x)} = \overline{U(x)} \cap B_j^h$ und somit $\overline{U(x)} \subset B_j^h$. Dann muß aber x ein innerer Punkt von B_j^h sein, im Widerspruch zur Annahme, daß $x \in \partial B_j^h$ gilt. Die Darstellung (4.2.5) wäre damit bewiesen.

Sei also $T \in \mathcal{T}_x$ beliebig. Es gilt zunächst $x \in \partial B_j^h \cap T \subset \partial(B_j^h \cap T)$. Außerdem folgt aus $\mathit{Int}(B_j^h \cap T) \subset \mathit{Int}(T)$ sofort

$$\big(U(x) \cap \mathrm{Int}(B_j^h \cap T)\big) \subset \big(U(x) \cap \mathrm{Int}(T)\big). \tag{4.2.7}$$

Um zu zeigen, daß in (4.2.7) sogar die Gleichheit gilt, bringen wir jetzt die Bedingung (R1) ins Spiel. Aus der Lipschitz-Regularität von $B_j^h \cap T$ folgt nämlich $\partial(B_j^h \cap T) = \partial(Int(B_j^h \cap T))$ und somit $x \in \partial(Int(B_j^h \cap T))$. Folglich ist der Schnitt von $U(x)$ und $Int(B_j^h \cap T)$ nichtleer. Aus der Annahme, daß $U(x) \cap Int(T)$ auch Punkte enthält, die nicht zu $Int(B_j^h \cap T)$ gehören, folgt daher, daß $U(x) \cap Int(T)$ wenigstens einen Randpunkt von $B_j^h \cap T$ enthält. Dies ist aber nicht möglich, da alle Randpunkte von $B_j^h \cap T$ im Innern von T zu K_j gehören und damit nicht in $U(x)$ liegen können. Es gilt also tatsächlich

$$U(x) \cap Int(B_j^h \cap T) \;=\; U(x) \cap Int(T)\,.$$

Bilden wir auf beiden Seiten den Abschluß, so folgt

$$\overline{U(x)} \cap \overline{Int(B_j^h \cap T)} \;=\; \overline{U(x)} \cap \overline{Int(T)}\,.$$

Da sowohl T als auch $B_j^h \cap T$ Lipschitz-regulär sind, gilt (4.2.6) und somit die Darstellung (4.2.5). Daß die Mengen $S_{j,i_j,T}(T)$, $T \in \mathcal{T}_j^h$, sich höchstens am Rande schneiden können, folgt aus der letzten Aussage von Lemma 4.2.9 und der Tatsache, daß die Elemente $T \in \mathcal{T}_j^h$ paarweise höchstens am Rand überlappen. Schneidet nun Γ eine der Mengen $S_{j,i_j,T}(T)$ in ihrem Innern, so ist dies nur auf $S_{i_j,T}(T)$ möglich, also nur dann, wenn die Regularitätsbedingung (R2) verletzt ist. Gilt (R2), so schneiden sich auch $\partial B_j^h \cap \Gamma$ und die Mengen $S_{j,i_j,T}(T)$ höchstens am Rande. □

4.2.4 Eine Reihe vorbereitender Lemmata

Bevor wir daran gehen, den Konsistenzfehler $|\,\mathcal{A}(u_h, v_h) - \mathcal{A}_h(u_h, \overline{v}_h)\,|$ bzw. $|\,f^*(w_h - \overline{w}_h)\,|$ abzuschätzen, stellen wir in diesem Kapitel eine Reihe hilfreicher Lemmata zusammen, die wir zum Beweis der entsprechenden Fehlerabschätzungen benötigen. Eine dieser Aussagen ist das Deny-Lions Lemma, das auch bei der Konvergenzanalyse des Finite-Elemente-Verfahrens eine große Rolle spielt (siehe z.B. [48], S. 120):

Satz 4.2.11 (Deny-Lions Lemma)

Sei $\Omega \subset \mathbb{R}^n$ ein beschränktes Lipschitz-Gebiet, $k \geq 0$ ein Polynomgrad, $s = k + \lambda$ für ein $\lambda \in (\,0, 1\,]$, und $1 \leq p \leq \infty$. Dann gilt für $u \in H^{s,p}(\Omega)$ die Abschätzung

$$\inf_{v \in \mathcal{P}_k(\Omega)} \|\, u + v \,\|_{s,p} \;\leq\; C\,|\, u \,|_{s,p} \tag{4.2.8}$$

mit einer von u unabhängigen Konstanten $C = C(\Omega, s, p)$.

Bemerkung 4.2.12 (Die Konstante des Deny-Lions Lemmas)

Das Deny-Lions Lemma wird meistens – auch in [48] – mit Hilfe des Fortsetzungssatzes von Hahn-Banach und eines Kompaktheitsarguments bewiesen. Bei dieser Beweistechnik ist eine genauere Quantifizierung der Konstanten C in (4.2.8) nicht möglich. Aussagen der Form (4.2.8) lassen sich jedoch auch auf konstruktivem Wege beweisen, z.B. mit Hilfe geeigneter Taylorentwicklungen (siehe [57]).

Bemerkung 4.2.13 (Interpretation des Deny-Lions Lemmas)
Die Aussage des Deny-Lions Lemmas ist im wesentlichen die, daß auf dem Restklassenraum $H^{s,p}(\Omega)/\mathcal{P}_k(\Omega)$ die Halbnorm $|u|_{s,p}$ äquivalent zur Norm

$$\| \dot{u} \|_{s,p} := \inf_{v \in \mathcal{P}_k(\Omega)} \| u + v \|_{s,p}$$

ist, wobei die Restklasse $\dot{u} \in H^{s,p}(\Omega)/\mathcal{P}_k(\Omega)$ für $u \in H^{s,p}(\Omega)$ definiert ist durch

$$\dot{u} := \{ u + v \mid v \in \mathcal{P}_k(\Omega) \} .$$

Im Falle $s = 1$, $k = 0$ läßt sich (4.2.8) als verallgemeinerte Poincaré-Ungleichung interpretieren.

Wir benutzen das Deny-Lions Lemma in diesem Kapitel zunächst, um den Projektionsfehler $v - \underline{v}$ abzuschätzen. Dazu setzen wir voraus, daß v stückweise $H^{s,p}$-regulär bzgl. $\mathcal{T}_h$ ist.

Lemma 4.2.14 (Abschätzung des Projektionsfehlers)
Sei $\Omega \subset \mathbb{R}^n$ ein polyedrisches Gebiet und $\mathcal{T}_h$ eine Triangulierung von Ω. Dann gilt für $0 \leq s \leq 1$, $1 \leq p \leq \infty$, und jede Funktion $v \in H^{s,p}(\mathcal{T}_h)$ die Abschätzung

$$\| v - \underline{v} \|_{0,p} \leq C\, \delta(\mathcal{T}_h)^{n/p}\, h^s \, |\!|\!| v |\!|\!|_{s,p} \tag{4.2.9}$$

mit einer von v und $\mathcal{T}_h$ unabhängigen Konstanten $C = C(n, s, p)$. Im Falle $s = 0$ oder $s = 1$ gilt (4.2.9) auch ohne den Faktor $\delta(\mathcal{T}_h)^{n/p}$.

Beweis: Sei $\hat{T} \subset \mathbb{R}^n$ ein nichtentartetes Referenzsimplex und zunächst $1 \leq p < \infty$. Wir bezeichnen mit $\underline{\Pi}_{\hat{T}}$ die lokale Mittelwertprojektion bzgl. $\{\hat{T}\}$. Für $\hat{v} \in H^{s,p}(\hat{T})$ folgt dann aus dem Einbettungssatz für L^p-Räume (Lemma 1.1.14)

$$\begin{aligned} \| \underline{\Pi}_{\hat{T}} \hat{v} \|_{0,p;\hat{T}} &= \Big\| \frac{1}{\operatorname{vol}(\hat{T})} \int_{\hat{T}} \hat{v}\, dx \Big\|_{0,p;\hat{T}} \leq \Big(\int_{\hat{T}} \frac{\| \hat{v} \|_{0,1;\hat{T}}^p}{\operatorname{vol}(\hat{T})^p}\, dx \Big)^{1/p} \\ &= \frac{\| \hat{v} \|_{0,1;\hat{T}}}{\operatorname{vol}(\hat{T})^{1-1/p}} \leq \| \hat{v} \|_{0,p;\hat{T}} . \end{aligned}$$

Folglich ist $\underline{\Pi}_{\hat{T}}$ ein beschränkter linearer Operator von $L^p(\hat{T})$ nach $L^p(\hat{T})$ mit Norm Eins. Die gleiche Aussage gilt natürlich auch für $p = \infty$. Wegen $\hat{p} - \underline{\Pi}_{\hat{T}} \hat{p} = 0$ für $\hat{p} \in \mathcal{P}_0(\hat{T})$ folgt mit Hilfe des Deny-Lions Lemmas für $0 < s \leq 1$ die Abschätzung

$$\begin{aligned} \| \hat{v} - \underline{\Pi}_{\hat{T}} \hat{v} \|_{0,p;\hat{T}} &= \| (I - \underline{\Pi}_{\hat{T}})\, \hat{v} \|_{0,p;\hat{T}} = \inf_{\hat{p} \in \mathcal{P}_0(\hat{T})} \| (I - \underline{\Pi}_{\hat{T}})\, (\hat{v} + \hat{p}) \|_{0,p;\hat{T}} \\ &\leq 2 \inf_{\hat{p} \in \mathcal{P}_0(\hat{T})} \| \hat{v} + \hat{p} \|_{0,p;\hat{T}} \leq C(\hat{T}, s, p)\, | \hat{v} |_{s,p;\hat{T}} . \end{aligned}$$

Im Falle $s = 0$ ist die entsprechende Abschätzung trivial. Der Transformationssatz 1.3.18 liefert dann für ein beliebiges, nichtentartetes Simplex T die Abschätzung

$$\| v - \underline{\Pi}_T v \|_{0,p;T} \leq C(\hat{T}, s, p)\, \delta(T)^{n/p}\, h(T)^s\, | v |_{s,p;T}\,, \qquad v \in H^{s,p}(T)\,,$$

mit einer von v und h unabhängigen Konstanten $C = C(\hat{T}, s, p) = C(n, s, p)$. Im Falle $s = 0$ oder $s = 1$ entfällt der Faktor $\delta(\mathcal{T}_h)^{n/p}$. Durch Summation (bzw. Maximumbildung) über alle Elemente $T \in \mathcal{T}_h$ folgt dann die Behauptung für beliebige Funktionen $v \in H^{s,p}(\mathcal{T}_h)$. □

Um im nächsten Kapitel für $u_h, v_h \in \mathcal{P}_{1,D}(\mathcal{T}_h)$ den Konsistenzfehler $\mathcal{A}(u_h, v_h) - \mathcal{A}_h(u_h, \overline{v}_h)$ abzuschätzen, spalten wir diesen wie folgt in seine Einzelterme auf:

$$\begin{aligned}\mathcal{A}(u_h, v_h) - \mathcal{A}_h(u_h, \overline{v}_h) \;=\; & \Big(\int_\Omega \nabla v_h \cdot A \nabla u_h \, dx + \sum_{B \in \mathcal{B}_h} \int_{\partial B} \overline{v}_h \underline{A} \nabla u_h \cdot d\sigma \Big) \\ & - \Big(\int_\Omega u_h\, b \cdot \nabla v_h \, dx + \sum_{B \in \mathcal{B}_h} \int_{\partial B} b\, u_h \overline{v}_h \cdot d\sigma \Big) \\ & + \int_\Omega c\, u_h\, (v_h - \overline{v}_h) \, dx\,. \end{aligned} \tag{4.2.10}$$

Der Konsistenzfehler $f^*(v_h - \overline{v}_h)$ besitzt für $v_h \in \mathcal{P}_{1,D}(\mathcal{T}_h)$ die Darstellung

$$f^*(v_h - \overline{v}_h) \;=\; \int_\Omega f\,(v_h - \overline{v}_h)\, dx\,.$$

Wie man sieht, spielt der Term $v_h - \overline{v}_h$ eine wichtige Rolle. Er ist implizit auch in der Differenz der Konvektionsterme enthalten. Aus der verallgemeinerten Greenschen Formel folgt nämlich für beliebige Funktionen $u_h, v_h \in \mathcal{P}_{1,D}(\mathcal{T}_h)$ die Beziehung

$$\begin{aligned} - \int_\Omega u_h\, b \cdot \nabla v_h \, dx - \sum_{B \in \mathcal{B}_h} \int_{\partial B} b\, u_h \overline{v}_h \cdot d\sigma \;&=\; \int_\Omega v_h \nabla \cdot (b u_h) \, dx - \sum_{B \in \mathcal{B}_h} \int_B \overline{v}_h \nabla \cdot (b u_h) \, dx \\ &=\; \int_\Omega (v_h - \overline{v}_h) \nabla \cdot (b u_h) \, dx\,. \end{aligned} \tag{4.2.11}$$

Auch hier tritt also die Differenz $v_h - \overline{v}_h$ als Faktor auf. Wir wollen diese deswegen nun etwas genauer unter die Lupe nehmen. Das folgende Lemma liefert eine einfache Abschätzung für den Abstand von v_h und $\overline{v}_h$ in der L^2-Norm. Der Beweis folgt bis auf ein paar Vereinfachungen im wesentlichen der Darstellung in [81].

Lemma 4.2.15 (Abschätzung für $\| v_h - \overline{v}_h \|_{0,2}$)
Sei $\Omega \subset \mathbb{R}^n$ ein polyedrisches Gebiet und $\mathcal{T}_h$ eine konsistente Triangulierung von Ω. Weiter sei $\mathcal{B}_h$ ein duales Boxgitter zu $\mathcal{T}_h$. Dann gilt die Abschätzung

$$\| v_h - \overline{v}_h \|_{0,2} \;\leq\; h\, | v_h |_{1,2}$$

für jede Funktion $v_h \in \mathcal{P}_1(\mathcal{T}_h)$.

Beweis: Sei $x_j^h \in \mathcal{N}_h$ einer der Eckpunkte von $\mathcal{T}_h$ und B_j^h die entsprechende Box in $\mathcal{B}_h$. Weiter sei $T \in \mathcal{T}_j^h$ beliebig. Dann ist $\overline{v}_h$ in $B_j^h \cap T$ konstant, mit $\overline{v}_h(x) = v_h(x_j^h)$ für alle $x \in B_j^h \cap T$. Da v_h außerdem linear auf T ist, gilt

$$v_h(x) - \overline{v}_h(x) = \nabla v_h \cdot (x - x_j^h), \qquad x \in B_j^h \cap T.$$

Beachte hierbei, daß ∇v_h auf T konstant ist. Es folgt

$$\begin{aligned}\int_{B_j^h \cap T} |\, v_h - \overline{v}_h \,|^2 \, dx &= \int_{B_j^h \cap T} |\, \nabla v_h \cdot (x - x_j^h) \,|^2 \, dx \\ &\leq \int_{B_j^h \cap T} |\, \nabla v_h \,|^2 \, |\, x - x_j^h \,|^2 \, dx \\ &\leq h^2 \int_{B_j^h \cap T} |\, \nabla v_h \,|^2 \, dx \,.\end{aligned}$$

Summation über $1 \leq j \leq N_h$ und alle Elemente $T \in \mathcal{T}_j^h$ liefert die Behauptung. □

Genügt das Boxgitter $\mathcal{B}_h$ der Gleichgewichtsbedingung (G1), so besitzt die Differenz $v_h - \overline{v}_h$ eine weitere, angenehme Eigenschaft: Sie liegt dann im L^2-orthogonalen Komplement von $\mathcal{P}_0(\mathcal{T}_h)$. Dies ist die Aussage des *ersten Gleichgewichtslemmas*:

Lemma 4.2.16 (Erstes Gleichgewichtslemma)
Sei $\Omega \subset \mathbb{R}^n$ ein polyedrisches Gebiet und $\mathcal{T}_h$ eine konsistente Triangulierung von Ω. Weiter sei $\mathcal{B}_h$ ein duales Boxgitter zu $\mathcal{T}_h$, das der Gleichgewichtsbedingung (G1) genügt. Dann gilt

$$\int_\Omega u_h \, (v_h - \overline{v}_h) \, dx = 0$$

für beliebige Funktionen $u_h \in \mathcal{P}_0(\mathcal{T}_h)$ und $v_h \in \mathcal{P}_1(\mathcal{T}_h)$.

Beweis: Sei $x_j^h \in \mathcal{N}_h$ einer der Eckpunkte von $\mathcal{T}_h$ und B_j^h die entsprechende Box in $\mathcal{B}_h$. Weiter seien $\varphi_j^h \in \Phi_h$ bzw. $\chi_j^h \in \mathcal{X}_h$ die entsprechenden Basisfunktionen. Für eine beliebige Funktion $u_h \in \mathcal{P}_0(\mathcal{T}_h)$ gilt

$$\int_\Omega u_h \, \varphi_j^h \, dx = \sum_{T \in \mathcal{T}_j^h} u_h|_T \int_T \varphi_j^h \, dx = \sum_{T \in \mathcal{T}_j^h} u_h|_T \, \frac{\mathrm{vol}(T)}{n+1} \,.$$

Aus der Gültigkeit der Gleichgewichtsbedingung (G1) folgt somit

$$\begin{aligned}\int_\Omega u_h \, \varphi_j^h \, dx &= \sum_{T \in \mathcal{T}_j^h} u_h|_T \, \mathrm{vol}(B_j^h \cap T) = \sum_{T \in \mathcal{T}_j^h} \int_{B_j^h \cap T} u_h \, dx \\ &= \int_{B_j^h} u_h \, dx = \int_\Omega u_h \, \chi_j^h \, dx = \int_\Omega u_h \, \overline{\varphi}_j^h \, dx \,.\end{aligned}$$

Da die Basisfunktion $\varphi_j^h \in \Phi_h$ beliebig gewählt war, gilt die Behauptung für jede Funktion $v_h \in \mathcal{P}_1(\mathcal{T}_h)$. □

Um die Differenz der Diffusionsterme abschätzen zu können, würden wir diese gerne wie die Konvektionsterme durch ein gemeinsames Integral beschreiben. Dies ist aber leider nicht möglich, da $A\nabla u_h$ im allgemeinen nicht zu $H(\mathrm{div}; B)$ gehört und wir außerdem in der Bilinearform $\mathcal{A}_h(.,.)$ die Matrix A durch $\underline{A}$ ersetzt haben. Letzteres führt aber glücklicherweise dazu, daß die Differenz der Diffusionsterme verschwindet, wenn $\mathcal{B}_h$ den Bedingungen (G1), (R1) und (R2) genügt. Diese Aussage folgt aus dem *zweiten Gleichgewichtslemma*:

Lemma 4.2.17 (Zweites Gleichgewichtslemma)
Sei $\Omega \subset \mathbb{R}^n$ ein polyedrisches Lipschitz-Gebiet und $\mathcal{T}_h$ eine konsistente Triangulierung von Ω. Weiter sei $\mathcal{B}_h$ ein duales Boxgitter zu $\mathcal{T}_h$, das der Gleichgewichtsbedingung (G2) sowie den Regularitätsbedingungen (R1) und (R2) genügt. Dann gilt

$$\int_\Omega u_h \cdot \nabla v_h \, dx = - \sum_{B\in\mathcal{B}_h} \int_{\partial B\setminus\Gamma} \overline{v}_h \, u_h \cdot d\sigma$$

für alle Funktionen $u_h \in \mathcal{P}_0(\mathcal{T}_h)^n$ und $v_h \in \mathcal{P}_1(\mathcal{T}_h)$.

Beweis: Sei $u_h \in \mathcal{P}_0(\mathcal{T}_h)^n$ beliebig. Wir verwenden die Bezeichnungen von Definition 4.2.5. Es genügt zu zeigen, daß für jede Box $B_j^h \in \mathcal{B}_h$ und für jedes Element $T \in \mathcal{T}_j^h$ die Beziehung

$$\int_T u_h \cdot \nabla\varphi_j^h \, dx = - \int_{S_{j,i_j,T}(T)} u_h \cdot d\sigma \tag{4.2.12}$$

gilt. Nach Summation über alle $T \in \mathcal{T}_j^h$ folgt dann nämlich aus Lemma 4.2.10

$$\int_\Omega u_h \cdot \nabla\varphi_j^h \, dx = - \sum_{T\in\mathcal{T}_j^h} \int_{S_{j,i_j,T}(T)} u_h \cdot d\sigma = - \int_{\partial B_j^h\setminus\Gamma} u_h \cdot d\sigma$$

für $1 \le j \le N_h$, und damit die Behauptung. Seien also $1 \le j \le N_h$ und $T \in \mathcal{T}_j^h$ beliebig. Da u_h auf T konstant ist, folgt nach partieller Integration

$$\int_T u_h \cdot \nabla\varphi_j^h \, dx = - \int_T \varphi_j^h \underbrace{\nabla \cdot u_h}_{0} \, dx + \int_{\partial T} \varphi_j^h \, u_h \cdot d\sigma = \int_{\partial T} \varphi_j^h \, u_h \cdot d\sigma .$$

Sei nun wieder $S_k(T)$, $0 \le k \le n$, das $(n-1)$-Randsimplex von T, das dem k-ten Eckpunkt von T gegenüberliegt. Außerdem sei $\vec{n}_k(T)$, $0 \le k \le n$, der äußere Normalenvektor von T auf $S_k(T)$. Da φ_j^h auf T linear ist mit $\varphi_j^h(x_j^h) = 1$ und $\varphi_j^h = 0$ auf $S_{i_j,T}(T)$, schließen wir

$$\int_T u_h \cdot \nabla\varphi_j^h \, dx = \sum_{k\neq i_{j,T}} \int_{S_k(T)} \varphi_j^h \, u_h \cdot d\sigma = \sum_{k\neq i_{j,T}} \frac{\mathrm{vol}(S_k(T))}{n} \left(u_h \cdot \vec{n}_k(T)\right) .$$

Aus der Gleichgewichtsbedingung (G2) folgt weiter

$$\int_T u_h \cdot \nabla\varphi_j^h \, dx = \sum_{k\neq i_{j,T}} \mathrm{vol}(B_j^h \cap S_k(T)) \left(u_h \cdot \vec{n}_k(T)\right) = \sum_{k\neq i_{j,T}} \int_{S_{j,k}(T)} u_h \cdot d\sigma .$$

Aus Lemma 4.2.9 und der Lipschitz-Regularität der Boxanteile $B_j^h \cap T$ folgt schließlich

$$\sum_{k\neq i_{j,T}} \int_{S_{j,k}(T)} u_h \cdot d\sigma \;=\; \underbrace{\int_{\partial(B_j^h\cap T)} u_h \cdot d\sigma}_{0} \;-\; \int_{S_{j,i_{j,T}}(T)} u_h \cdot d\sigma \;=\; -\int_{S_{j,i_{j,T}}(T)} u_h \cdot d\sigma\,.$$

Also gilt (4.2.12) für jede der Boxen $B_j^h \in \mathcal{B}_h$ und für jedes Element $T \in \mathcal{T}_j^h$. Damit ist die Behauptung bewiesen. □

Bemerkung 4.2.18 (Zur Rolle der Regularitätsbedingung (R2))
Für die Fehlerabschätzungen dieses Kapitels kann die Regularitätsbedingung (R2) noch abgeschwächt werden. Wie man leicht einsieht, gelten Lemma 4.2.10 und Lemma 4.2.17 auch dann noch, wenn die Forderung $S_{j,i_{j,T}}(T) \cap S_{i_{j,T}}(T) = \emptyset$ nur für solche Randsimplizes $S_{i_{j,T}}(T)$ erhoben wird, die auf Γ liegen. In diesem Fall behält auch Bemerkung 4.2.8 ihre Gültigkeit. Tatsächlich benötigen wir die volle Regularitätsbedingung (R2) im Innern von Ω auch später nur an einer Stelle - nämlich in Kapitel 4.3 zum Beweis einer Fehlerabschätzung für die unmodifizierte Bilinearform $\mathcal{A}_{\mathcal{B}_h}(.,.)$. Das entsprechende Resultat (Lemma 4.3.13) ist allerdings für die Anwendung des Finite-Volumen-Verfahrens nur von untergeordneter Bedeutung.

Ganz verzichten kann man auf die Regularitätsbedingung (R2) jedoch nicht. Ohne sie erhalten wir anstatt der Aussage von Lemma 4.2.17 lediglich die Beziehung

$$\int_\Omega u_h \cdot \nabla v_h \, dx \;=\; -\sum_{B_j^h\in\mathcal{B}_h} \sum_{T\in\mathcal{T}_j^h} \int_{S_{j,i_{j,T}}(T)} \overline{v}_h \, u_h \cdot d\sigma\,.$$

Die Vereinigung der Mengen $S_{j,i_{j,T}}(T)$, $T \in \mathcal{T}_j^h$, kann in diesem Fall auch Teile von Γ enthalten, auf denen $\overline{v}_h$ nicht notwendig verschwinden muß.

4.2.5 Abschätzung der Einzelterme

Mit Hilfe der vorangegangenen Lemmata wollen wir nun die einzelnen Terme der Ausdrücke

$$|\,\mathcal{A}(u_h, v_h) - \mathcal{A}_h(u_h, \overline{v}_h)\,| \qquad \text{bzw.} \qquad |\,f^*(v_h - \overline{v}_h)\,|$$

abschätzen. Wir beginnen mit der Differenz der Diffusionsterme. Tatsächlich gibt es hier nicht viel abzuschätzen, denn die Differenz der Diffusionsterme verschwindet, wenn das Boxgitter $\mathcal{B}_h$ den Bedingungen (G2), (R1) und (R2) genügt. Hier zahlt sich aus, daß wir in der Bilinearform $\mathcal{A}_h(.,.)$ die Matrix A durch $\underline{A}$ ersetzt haben. Tut man dies nicht, lassen sich im allgemeinen nur suboptimale Fehlerabschätzungen beweisen (siehe Kapitel 4.3.4). So aber folgt aus dem zweiten Gleichgewichtslemma die Äquivalenz der Diffusionsterme:

Lemma 4.2.19 (Äquivalenz der Diffusionsterme)
Sei $\Omega \subset \mathbb{R}^n$ ein polyedrisches Lipschitz-Gebiet und $\mathcal{T}_h$ eine konsistente Triangulierung von Ω. Weiter sei $\mathcal{B}_h$ ein duales Boxgitter zu $\mathcal{T}_h$, das der Gleichgewichtsbedingung (G2) sowie den Regularitätsbedingungen (R1) und (R2) genügt. Dann gilt

$$\int_\Omega \nabla v_h \cdot A\nabla u_h \, dx \;=\; -\sum_{B\in\mathcal{B}_h} \int_{\partial B} \overline{v}_h \, \underline{A}\nabla u_h \cdot d\sigma$$

für beliebige Funktionen $u_h, v_h \in \mathcal{P}_{1,D}(\mathcal{T}_h)$.

Beweis: Seien zunächst $u_h, v_h \in \mathcal{P}_1(\mathcal{T}_h)$ beliebig. Da ∇u_h und ∇v_h stückweise konstant bzgl. $\mathcal{T}_h$ sind, gilt

$$\int_\Omega \nabla v_h \cdot A \nabla u_h \, dx \;=\; \int_\Omega \nabla v_h \cdot \underline{A} \nabla u_h \, dx \,.$$

Da $\underline{A}\nabla u_h$ in $\mathcal{P}_0(\mathcal{T}_h)^n$ liegt, können wir das zweite Gleichgewichtslemma anwenden und erhalten

$$\int_\Omega \nabla v_h \cdot \underline{A} \nabla u_h \, dx \;=\; - \sum_{B \in \mathcal{B}_h} \int_{\partial B \setminus \Gamma} \overline{v}_h \, \underline{A} \nabla u_h \cdot d\sigma \tag{4.2.13}$$

für $u_h, v_h \in \mathcal{P}_1(\mathcal{T}_h)$. Liegt v_h darüber hinaus in $\mathcal{P}_{1,D}(\mathcal{T}_h)$, so verschwindet aufgrund der Regularitätsbedingung (R2) auch $\overline{v}_h$ auf Γ (siehe Bemerkung 4.2.8). In diesem Fall können wir in (4.2.13) die Integrationsbereiche $\partial B \setminus \Gamma$ durch ∂B ersetzen und es folgt die Behauptung. □

Folgerung 4.2.20 (Äquivalenz der Steifigkeitsmatrizen)
Unter den Voraussetzungen von Lemma 4.2.19 liefern die Finite-Volumen-Diskretisierung (4.1.15) und das Finite-Elemente-Verfahren (1.4.7) für reine Diffusionsprobleme die gleiche Steifigkeitsmatrix. Die entsprechenden diskreten Probleme unterscheiden sich dann höchstens in der rechten Seite.

Als nächstes schätzen wir die Differenz der Quellterme ab. Wie das folgende Lemma zeigt, erhalten wir eine $O(h^2)$-Abschätzung nur dann, wenn die Gleichgewichtsbedingung (G1) gilt. Diese Aussage ist typisch für alle weiteren Abschätzungen. Diese lassen sich immer um eine h-Potenz verbessern, wenn (G1) erfüllt ist – vorausgesetzt natürlich, die entsprechenden Koeffizienten sind stückweise hinreichend glatt.

Lemma 4.2.21 (Abschätzungen für die Quellterme)
Sei $\Omega \subset \mathbb{R}^n$ ein polyedrisches Gebiet und $\mathcal{T}_h$ eine konsistente Triangulierung von Ω. Weiter seien $\mathcal{B}_h$ ein duales Boxgitter zu $\mathcal{T}_h$ und $f \in L^2(\Omega)$. Dann gilt die Abschätzung

$$\Big| \int_\Omega f \, (v_h - \overline{v}_h) \, dx \Big| \;\leq\; h \, \| f \|_{0,2} \, | v_h |_{1,2} \,, \qquad v_h \in \mathcal{P}_1(\mathcal{T}_h) \,.$$

Liegt f darüber hinaus in $H^1(\mathcal{T}_h)$ und genügt $\mathcal{B}_h$ der Gleichgewichtsbedingung (G1), so gilt die verbesserte Abschätzung

$$\Big| \int_\Omega f \, (v_h - \overline{v}_h) \, dx \Big| \;\leq\; C h^2 \, |\!|\!| f |\!|\!|_{1,2} \, | v_h |_{1,2} \,, \qquad v_h \in \mathcal{P}_1(\mathcal{T}_h) \,,$$

mit einer von f, v_h und h unabhängigen Konstanten $C = C(n)$.

Beweis: Für $f \in L^2(\Omega)$ und $v_h \in \mathcal{P}_1(\mathcal{T}_h)$ folgt aus Lemma (4.2.15) zunächst die Abschätzung

$$\Big| \int_\Omega f\,(v_h - \overline{v}_h)\,dx \Big| \;\le\; \|\, f\,\|_{0,2}\, \|\, v_h - \overline{v}_h\,\|_{0,2} \;\le\; h\,\|\, f\,\|_{0,2}\, |\, v_h\,|_{1,2}\,.$$

Sei nun zusätzlich $f \in H^1(\mathcal{T}_h)$ und die Gleichgewichtsbedingung (G1) erfüllt. Aus Lemma 4.2.16 schließen wir

$$\int_\Omega \underline{f}\,(v_h - \overline{v}_h)\,dx \;=\; 0\,, \qquad v_h \in \mathcal{P}_1(\mathcal{T}_h)\,,$$

und somit

$$\Big| \int_\Omega f\,(v_h - \overline{v}_h)\,dx \Big| \;=\; \Big| \int_\Omega (f - \underline{f})\,(v_h - \overline{v}_h)\,dx \Big| \;\le\; h\,\|\, f - \underline{f}\,\|_{0,2}\, |\, v_h\,|_{1,2}$$

für alle $v_h \in \mathcal{P}_1(\mathcal{T}_h)$. Die $O(h^2)$-Abschätzung folgt daher unmittelbar aus Lemma 4.2.14. □

Vollkommen analog zu Lemma 4.2.21 erhalten wir nun entsprechende Abschätzungen auch für die Konvektions- und Reaktionsterme:

Lemma 4.2.22 (Abschätzungen für die Reaktionsterme)
Sei $\Omega \subset \mathbb{R}^n$ ein polyedrisches Gebiet und $\mathcal{T}_h$ eine konsistente Triangulierung von Ω. Weiter seien $\mathcal{B}_h$ ein duales Boxgitter zu $\mathcal{T}_h$ und $c \in L^\infty(\Omega)$. Dann gilt die Abschätzung

$$\Big| \int_\Omega c\,u_h\,(v_h - \overline{v}_h)\,dx \Big| \;\le\; h\,\|\, c\,\|_{0,\infty}\, \|\, u_h\,\|_{0,2}\, |\, v_h\,|_{1,2}\,, \qquad u_h, v_h \in \mathcal{P}_1(\mathcal{T}_h)\,.$$

Liegt c darüber hinaus in $H^{1,\infty}(\mathcal{T}_h)$ und genügt $\mathcal{B}_h$ der Gleichgewichtsbedingung (G1), so gilt die verbesserte Abschätzung

$$\Big| \int_\Omega c\,u_h\,(v_h - \overline{v}_h)\,dx \Big| \;\le\; C\,h^2\, |||c|||_{1,\infty}\, \|\, u_h\,\|_{1,2}\, |\, v_h\,|_{1,2}\,, \qquad u_h, v_h \in \mathcal{P}_1(\mathcal{T}_h)\,,$$

mit einer von c, u_h, v_h und h unabhängigen Konstanten $C = C(n)$.

Beweis: Wir setzen $f = c\,u_h$ für $u_h \in \mathcal{P}_1(\mathcal{T}_h)$. Aus $c \in L^\infty(\Omega)$ folgt dann $f \in L^2(\Omega)$ und aus $c \in H^{1,\infty}(\mathcal{T}_h)$ sogar $f \in H^1(\mathcal{T}_h)$. Wir können also Lemma 4.2.21 anwenden und erhalten die Abschätzungen

$$\Big| \int_\Omega c\,u_h\,(v_h - \overline{v}_h)\,dx \Big| \;\le\; h\,\|\, c\,u_h\,\|_{0,2}\, |\, v_h\,|_{1,2} \;\le\; h\,\|\, c\,\|_{0,\infty}\, \|\, u_h\,\|_{0,2}\, |\, v_h\,|_{1,2}$$

bzw.

$$\Big| \int_\Omega c\,u_h\,(v_h - \overline{v}_h)\,dx \Big| \;\le\; C\,h^2\, |||c\,u_h|||_{1,2}\, |\, v_h\,|_{1,2} \;\le\; C\,h^2\, |||c|||_{1,\infty}\, \|\, u_h\,\|_{1,2}\, |\, v_h\,|_{1,2}$$

für beliebige Funktionen $v_h \in \mathcal{P}_1(\mathcal{T}_h)$. □

Bei den Konvektionstermen genügt es aufgrund der Identität (4.2.11), das Integral

$$\int_\Omega (v_h - \overline{v}_h)\,\nabla \cdot (b u_h)\,dx \tag{4.2.14}$$

abzuschätzen. Wir erinnern noch einmal daran, daß die Norm $\|\,.\,\|_{0,p}$ für vektorwertige Funktionen gemäß Vereinbarung 1.1.12 definiert ist.

Lemma 4.2.23 (Abschätzungen für die Konvektionsterme)
Sei $\Omega \subset \mathbb{R}^n$ ein polyedrisches Gebiet und $\mathcal{T}_h$ eine konsistente Triangulierung von Ω. Weiter sei $\mathcal{B}_h$ ein duales Boxgitter zu $\mathcal{T}_h$ und $b \in L^\infty(\Omega)^n$ ein Vektorfeld mit schwacher Divergenz $\nabla \cdot b \in L^\infty(\Omega)$. Dann gilt für $u_h, v_h \in \mathcal{P}_1(\mathcal{T}_h)$ die Abschätzung

$$\left| \int_\Omega (v_h - \overline{v}_h) \nabla \cdot (b u_h) \, dx \right| \leq C h \Big(\| b \|_{0,\infty} + \| \nabla \cdot b \|_{0,\infty} \Big) \| u_h \|_{1,2} \, | v_h |_{1,2} \, .$$

Gilt darüber hinaus $b \in H^{1,\infty}(\mathcal{T}_h)^n$ sowie $\nabla \cdot b \in H^{1,\infty}(\mathcal{T}_h)$, und genügt $\mathcal{B}_h$ außerdem der Gleichgewichtsbedingung (G1), so gilt für $u_h, v_h \in \mathcal{P}_1(\mathcal{T}_h)$ die verbesserte Abschätzung

$$\left| \int_\Omega (v_h - \overline{v}_h) \nabla \cdot (b u_h) \, dx \right| \leq C h^2 \Big(|\!|\!| \nabla \cdot b |\!|\!|_{1,\infty} + \max_{1 \leq i \leq n} |\!|\!| b_i |\!|\!|_{1,\infty} \Big) \| u_h \|_{1,2} \, | v_h |_{1,2} \, .$$

In beiden Abschätzungen hängt die Konstante C nur von n ab.

Beweis: Aus der verallgemeinerten Produktregel (Lemma 1.1.40) folgt zunächst

$$\begin{aligned} & \left| \int_\Omega (v_h - \overline{v}_h) \nabla \cdot (b u_h) \, dx \right| \\ & \leq \| \nabla \cdot (b u_h) \|_{0,2} \, \| v_h - \overline{v}_h \|_{0,2} \\ & \leq h \Big(\| u_h \nabla \cdot b \|_{0,2} + \| b \cdot \nabla u_h \|_{0,2} \Big) | v_h |_{1,2} \\ & \leq h \Big(\| \nabla \cdot b \|_{0,\infty} \| u_h \|_{0,2} + \| b \|_{0,\infty} \| \nabla u_h \|_{0,2} \Big) | v_h |_{1,2} \\ & \leq C h \Big(\| \nabla \cdot b \|_{0,\infty} + \| b \|_{0,\infty} \Big) \| u_h \|_{1,2} \, | v_h |_{1,2} \, . \end{aligned}$$

Gelte nun zusätzlich $b \in H^{1,\infty}(\mathcal{T}_h)^n$ und $\nabla \cdot b \in H^{1,\infty}(\mathcal{T}_h)$. Außerdem sei die Gleichgewichtsbedingung (G1) erfüllt. Wir spalten das Integral (4.2.14) auf in

$$\int_\Omega (v_h - \overline{v}_h) \nabla \cdot (b u_h) \, dx = \int_\Omega (v_h - \overline{v}_h) \, u_h \nabla \cdot b \, dx + \int_\Omega (v_h - \overline{v}_h) \, b \cdot \nabla u_h \, dx$$

und schätzen die beiden Integrale auf der rechten Seite getrennt ab. Auf das erste Integral können wir wegen $\nabla \cdot b \in H^{1,\infty}(\mathcal{T}_h)$ Lemma 4.2.22 anwenden und erhalten

$$\left| \int_\Omega (v_h - \overline{v}_h) \, u_h \nabla \cdot b \, dx \right| \leq C h^2 \, |\!|\!| \nabla \cdot b |\!|\!|_{1,\infty} \| u_h \|_{1,2} \, | v_h |_{1,2}$$

für $u_h, v_h \in \mathcal{P}_1(\mathcal{T}_h)$. Da ∇u_h bzgl. $\mathcal{T}_h$ stückweise konstant ist, folgt aus Lemma 4.2.16 für das zweite Integral die Abschätzung

$$\begin{aligned} \left| \int_\Omega (v_h - \overline{v}_h) \, b \cdot \nabla u_h \, dx \right| &= \left| \int_\Omega (v_h - \overline{v}_h) (b - \underline{b}) \cdot \nabla u_h \, dx \right| \\ &\leq \| (b - \underline{b}) \cdot \nabla u_h \|_{0,2} \, \| v_h - \overline{v}_h \|_{0,2} \\ &\leq h \, \| b - \underline{b} \|_{0,\infty} \, \| \nabla u_h \|_{0,2} \, | v_h |_{1,2} \, . \end{aligned}$$

Der Projektionsfehler $\| b - \underline{b} \|_{0,\infty}$ kann mit Lemma 4.2.14 abgeschätzt werden durch

$$\| b - \underline{b} \|_{0,\infty} = \operatorname*{ess\,sup}_{x \in \Omega} | b - \underline{b} | \leq C(n) \max_{1 \leq i \leq n} \| b_i - \underline{b_i} \|_{0,\infty} \leq C h \max_{1 \leq i \leq n} |\!|\!| b_i |\!|\!|_{1,\infty} \, .$$

Setzen wir alle Abschätzungen zusammen, so folgt die Behauptung. □

4.2.6 Globale Fehlerabschätzungen

Setzen wir nun die soeben bewiesenen Abschätzungen der Einzelterme in die abstrakten Fehlerabschätzungen aus Kapitel 4.2.1 ein, so erhalten wir die gewünschten globalen Fehlerabschätzungen für das Finite-Volumen-Verfahren. Bevor wir die entsprechenden Abschätzungen angeben, fassen wir unter dem Kürzel (FV) noch einmal die wesentlichen Voraussetzungen zusammen:

(FV) *Sei $\Omega \subset \mathbb{R}^n$ ein polyedrisches Lipschitz-Gebiet mit Rand Γ. Durch (4.1.3) sei auf $H_0^1(\Omega)\times H_0^1(\Omega)$ eine beschränkte Bilinearform $\mathcal{A}(.,.)$ definiert. Für die Koeffizienten von $\mathcal{A}(.,.)$ gelte a_{ij}, b_j, $c \in L^\infty(\Omega)$, $1 \le i,j \le n$, und $\nabla \cdot b \in L^\infty(\Omega)$. Weiter sei $f \in L^2(\Omega)$, so daß durch (4.1.4) ein beschränktes lineares Funktional f^* auf $H_0^1(\Omega)$ definiert ist. Das kontinuierliche Problem (4.1.5) besitze eine eindeutige Lösung $u \in H_0^1(\Omega)$.*

Sei weiter $\{(\mathcal{T}_h, \mathcal{B}_h)\}_{h>0}$ eine stabile Familie konsistenter Triangulierungen von Ω mit entsprechenden dualen Boxgittern $\mathcal{B}_h$. Für jedes Paar $(\mathcal{T}_h, \mathcal{B}_h)$ sei $\mathcal{A}_h(.,.)$ die durch (4.1.14) definierte Bilinearform, und (4.1.15) sei das entsprechende diskrete Problem.

Wir bezeichnen wieder mit M die Stetigkeitskonstante der Bilinearform $\mathcal{A}(.,.)$. Wird zusätzlich die $H_0^1(\Omega)$-Koerzivität von $\mathcal{A}(.,.)$ vorausgesetzt, bezeichnen wir die Koerzivitätskonstante mit α. Um die Fehlerabschätzungen möglichst übersichtlich zu gestalten, definieren wir zwei weitere Konstanten M_0 und M_1 durch

$$\begin{aligned} M_0 &:= \max\left\{1,\, M,\, \| c \|_{0,\infty},\, \| b \|_{0,\infty},\, \| \nabla\cdot b \|_{0,\infty}\right\}, \\ M_1 &:= \max\left\{1,\, M,\, |\!|\!| c |\!|\!|_{1,\infty},\, |\!|\!| \nabla\cdot b |\!|\!|_{1,\infty},\, \max_{1\le j\le n} |\!|\!| b_j |\!|\!|_{1,\infty}\right\}. \end{aligned}$$

Die Konstante M_1 wird natürlich nur unter der Voraussetzung benutzt, daß c, b und $\nabla \cdot b$ stückweise $H^{1,\infty}$-regulär bzgl. $\mathcal{T}_h$ sind.

Wie beim Finite-Elemente-Verfahren beginnen wir mit der Fehlerabschätzung in der H^1-Norm für den $H_0^1(\Omega)$-koerziven Fall. Diese leiten wir mit Hilfe des ersten Strang-Lemmas her. Die entsprechende Abschätzung für das Finite-Elemente-Verfahren findet man in Satz 1.4.11. Unter der gleichen Regularitätsvoraussetzung $u \in H^{1+s}(\Omega)$ erhalten wir auch hier die Konvergenzordnung $O(h^s)$. Da wir es an dieser Stelle mit einem verallgemeinerten Galerkin-Ansatz zu tun haben, ist es nicht weiter verwunderlich, daß die hier bewiesenen Abschätzungen im wesentlichen mit denen von Kapitel 1.4.6 übereinstimmen, wo wir die Finite-Elemente-Diskretisierung mit Quadraturformeln betrachtet haben.

Satz 4.2.24 (Fehlerabschätzung in der H^1-Norm)
Es gelte die Voraussetzung (FV). Die Bilinearform $\mathcal{A}(.,.)$ sei $H_0^1(\Omega)$-koerziv und die Boxgitter $\mathcal{B}_h$ genügen den Bedingungen (G2), (R1) und (R2). Die Lösung u des kontinuierlichen Problems liege in $H^{1+s}(\Omega)$ für ein $s \in [0,1]$. Dann existiert ein $h_0 = h_0(n, M_0/\alpha) > 0$, so daß das diskrete Problem (4.1.15) für alle $h \le h_0$ eine eindeutige Lösung $u_h \in \mathcal{P}_{1,D}(\mathcal{T}_h)$ besitzt, die darüber hinaus der Fehlerabschätzung

$$\| u - u_h \|_{1,2} \le \frac{C\, M_0}{\alpha}\left(h^s \| u \|_{1+s,2} + h \| f \|_{0,2}\right) \tag{4.2.15}$$

genügt, mit einer von h, u und f unabhängigen Konstanten $C = C(\Omega, \delta, s)$.

Beweis: Das erste Strang-Lemma liefert die abstrakte Abschätzung

$$\begin{aligned} \| u - u_h \|_{1,2} \;\leq\; & \frac{2M}{\alpha} \inf_{v_h \in \mathcal{P}_{1,D}(\mathcal{T}_h)} \| u - v_h \|_{1,2} \\ & + \frac{1}{\alpha} \sup_{v_h \in \mathcal{P}_{1,D}(\mathcal{T}_h)} \frac{| \mathcal{A}(u_h, v_h) - \mathcal{A}_h(u_h, \overline{v}_h) |}{\| v_h \|_{1,2}} + \frac{1}{\alpha} \sup_{v_h \in \mathcal{P}_{1,D}(\mathcal{T}_h)} \frac{| f^*(v_h - \overline{v}_h) |}{\| v_h \|_{1,2}} . \end{aligned} \tag{4.2.16}$$

Aus Lemma 4.2.19, Lemma 4.2.22 und Lemma 4.2.23 folgt zunächst

$$\sup_{v_h \in \mathcal{P}_{1,D}(\mathcal{T}_h)} \frac{| \mathcal{A}(u_h, v_h) - \mathcal{A}_h(u_h, \overline{v}_h) |}{\| v_h \|_{1,2}} \leq C\, M_0\, h \, \| u_h \|_{1,2}$$

mit $C = C(n)$. Aus Lemma 4.2.21 schließen wir

$$\sup_{v_h \in \mathcal{P}_{1,D}(\mathcal{T}_h)} \frac{| f^*(v_h - \overline{v}_h) |}{\| v_h \|_{1,2}} \leq h \, \| f \|_{0,2} .$$

Setzen wir diese Abschätzungen in (4.2.16) ein, so folgt

$$\| u - u_h \|_{1,2} \leq \frac{2M}{\alpha} \inf_{v_h \in \mathcal{P}_{1,D}(\mathcal{T}_h)} \| u - v_h \|_{1,2} + \frac{C\, M_0\, h}{\alpha} \| u_h \|_{1,2} + \frac{h}{\alpha} \| f \|_{0,2} . \tag{4.2.17}$$

Für alle $h \leq h_0 := \alpha / (2\, C\, M_0)$ gilt nun die Ungleichung

$$\frac{C\, M_0\, h}{\alpha} \| u_h \|_{1,2} \leq \frac{1}{2} \| u - u_h \|_{1,2} + \frac{C\, M_0\, h}{\alpha} \| u \|_{1,2} .$$

Subtrahieren wir auf beiden Seiten von (4.2.17) den Term $\frac{1}{2} \| u - u_h \|_{1,2}$, so folgt

$$\| u - u_h \|_{1,2} \leq \frac{4M}{\alpha} \inf_{v_h \in \mathcal{P}_{1,D}(\mathcal{T}_h)} \| u - v_h \|_{1,2} + \frac{2\, C\, M_0\, h}{\alpha} \| u \|_{1,2} + \frac{2h}{\alpha} \| f \|_{0,2} . \tag{4.2.18}$$

Der Satz von Clément (Satz 1.4.10) liefert

$$\inf_{v_h \in \mathcal{P}_{1,D}(\mathcal{T}_h)} \| u - v_h \|_{1,2} \leq C(\Omega, \delta, s)\, h^s \, \| u \|_{1+s,2} .$$

Insgesamt folgt also

$$\| u - u_h \|_{1,2} \leq \frac{C}{\alpha} \Big(M_0\, h^s \, \| u \|_{1+s,2} + h \, \| f \|_{0,2} \Big)$$

und damit Abschätzung (4.2.15). Es bleibt die eindeutige Lösbarkeit des diskreten Problems für $h \leq h_0$ zu zeigen. Nach Voraussetzung besitzt das kontinuierliche homogene Problem nur die triviale Lösung $u = 0$. Da $H_0^1(\Omega)$ stetig und dicht in $L^2(\Omega)$ eingebettet ist, kann $f^* = 0$ nur für $f = 0$ gelten. Folglich ist das entsprechende diskrete Problem ebenfalls homogen. Dieses kann aufgrund der eben bewiesenen Fehlerabschätzung für $h \leq h_0$ nur die triviale Lösung $u_h = 0$ besitzen. Das diskrete Problem (4.1.15) ist somit für $h \leq h_0$ eindeutig lösbar.
□

*Als nächstes beweisen wir mit Hilfe des verallgemeinerten Aubin-Nitsche Lemmas eine Fehler*abschätzung in der L^2-Norm. Auch hier wird noch die $H_0^1(\Omega)$-Koerzivität von $\mathcal{A}(.,.)$ vorausgesetzt. Die entsprechende Aussage für das Finite-Elemente-Verfahren findet man in Satz 1.4.14.

Satz 4.2.25 (Fehlerabschätzungen in der L^2-Norm)
Seien die Voraussetzungen von Satz 4.2.24 erfüllt. Darüber hinaus genüge jedes Boxgitter $\mathcal{B}_h$ der Gleichgewichtsbedingung (G1), und für die Koeffizienten des kontinuierlichen Problems gelte $b \in H^{1,\infty}(\mathcal{T}_h)^n$, $\nabla \cdot b \in H^{1,\infty}(\mathcal{T}_h)$, $c \in H^{1,\infty}(\mathcal{T}_h)$ und $f \in H^1(\mathcal{T}_h)$. Außerdem sei das adjungierte Problem

$$\text{Finde } u \in H_0^1(\Omega) \text{ mit} \qquad \mathcal{A}(v,u) \;=\; g^*(v)\,, \qquad v \in H_0^1(\Omega)\,, \tag{4.2.19}$$

H^{1+s}-regulär mit Regularitätskonstante C_R. Dann existiert ein $h_0 = h_0(n, M_0/\alpha) > 0$, so daß das diskrete Problem (4.1.15) für alle $h \le h_0$ eine eindeutige Lösung $u_h \in \mathcal{P}_{1,D}(\mathcal{T}_h)$ besitzt, die darüber hinaus der Fehlerabschätzung

$$\| u - u_h \|_{0,2} \;\le\; \| u - u_h \|_{1-s,2} \;\le\; \frac{C\, M_0\, M_1}{\alpha} \left(h^{2s} \| u \|_{1+s,2} + h^2 \, |\!|\!| f |\!|\!|_{1,2} \right) \tag{4.2.20}$$

genügt, mit einer von h, u und f unabhängigen Konstanten $C = C(\Omega, \delta, C_R, s)$.

Beweis: Wir setzen $U = H_0^{1-s}(\Omega)$ und identifizieren U mit seinem Dualraum $U' = H^{-1+s}(\Omega)$, d.h. (vgl. Kapitel 1.1.8), zu jeder Funktion $\hat{g} \in H_0^{1-s}(\Omega)$ existiert eine Funktion $g \in H^{-1+s}(\Omega)$ mit $\| g \|_{-1+s,2} = \| \hat{g} \|_{1-s,2}$ und $(\hat{g}, v)_{H^{1-s}(\Omega)} = \int g\, v \; dx$ für alle $v \in H_0^{1-s}(\Omega)$. Das verallgemeinerte Aubin-Nitsche Lemma liefert dann die abstrakte Fehlerabschätzung

$$\begin{aligned} \| u - u_h \|_{1-s,2} \;\le\; \sup_{g \in H^{-1+s}(\Omega)} \frac{1}{\| g \|_{-1+s,2}} \inf_{v_h \in \mathcal{P}_{1,D}(\mathcal{T}_h)} & \Big\{ M \, \| u - u_h \|_{1,2} \, \| u_g - v_h \|_{1,2} \\ & + | \mathcal{A}(u_h, v_h) - \mathcal{A}_h(u_h, \overline{v}_h) | \;+\; | f^*(v_h - \overline{v}_h) | \Big\}, \end{aligned}$$

wobei $u_g \in H^{1+s}(\Omega)$ die eindeutige Lösung des adjungierten Problems (4.2.19) zu dem Funktional $g^*(v) = \int g\, v \; dx$, $g \in H^{-1+s}(\Omega)$, ist. Sei nun $\Pi_h : H_0^1(\Omega) \longrightarrow \mathcal{P}_{1,D}(\mathcal{T}_h)$ die Projektion aus dem Satz von Clément (Satz 1.4.10). Ersetzen wir in der obigen Abschätzung v_h durch $\Pi_h u_g$, so folgt mit Hilfe der im vorangegangenen Kapitel bewiesenen Aussagen die Abschätzung

$$\begin{aligned} \| u - u_h \|_{1-s,2} \;&\le\; \sup_{g \in H^{-1+s}(\Omega)} \frac{1}{\| g \|_{-1+s,2}} \Big\{ M \, \| u - u_h \|_{1,2} \, \| u_g - \Pi_h u_g \|_{1,2} \\ & \qquad + | \mathcal{A}(u_h, \Pi_h u_g) - \mathcal{A}_h(u_h, \overline{\Pi_h u_g}) | \;+\; | f^*(\Pi_h u_g - \overline{\Pi_h u_g}) | \Big\} \\ &\le\; \sup_{g \in H^{-1+s}(\Omega)} \frac{1}{\| g \|_{-1+s,2}} \Big\{ M \, \| u - u_h \|_{1,2} \, \| u_g - \Pi_h u_g \|_{1,2} \\ & \qquad + C \left(M_1 \, h^2 \, \| u_h \|_{1,2} + h^2 \, |\!|\!| f |\!|\!|_{1,2} \right) \| \Pi_h u_g \|_{1,2} \Big\}. \end{aligned}$$

Aus dem Satz von Clément und der H^{1+s}-Regularität des adjungierten Problems folgt zunächst

$$\| u_g - \Pi_h u_g \|_{1,2} \;\le\; C(\Omega, \delta, s) \, h^s \, \| u_g \|_{1+s,2} \;\le\; C(\Omega, \delta, C_R, s) \, h^s \, \| g \|_{-1+s,2}\,.$$

Analog gilt für den Faktor $\| \Pi_h u_g \|_{1,2}$ die Abschätzung

$$\| \Pi_h u_g \|_{1,2} \;\le\; \| u_g \|_{1,2} + \| u_g - \Pi_h u_g \|_{1,2} \;\le\; (1 + C\, h^s) \, \| u_g \|_{1+s,2} \;\le\; C \, \| g \|_{-1+s,2}$$

ebenfalls mit einer Konstanten $C = C(\Omega, \delta, C_R, s)$. Insgesamt erhalten wir somit

$$\begin{aligned} \| u - u_h \|_{1-s,2} &\leq C\,M\,h^s \| u - u_h \|_{1,2} + C\,M_1\,h^2 \| u_h \|_{1,2} + C\,h^2 |\!|\!| f |\!|\!|_{1,2} \\ &\leq C\,M_1\,h^s \| u - u_h \|_{1,2} + C\,M_1\,h^2 \| u \|_{1,2} + C\,h^2 |\!|\!| f |\!|\!|_{1,2}. \end{aligned}$$

Nach Satz 4.2.24 existiert ein $h_0 = h_0(n, M_0/\alpha) > 0$, so daß für alle $h \leq h_0$

$$\begin{aligned} \| u - u_h \|_{1-s,2} &\leq \frac{C\,M_0\,M_1}{\alpha} \left\{ h^{2s} \| u \|_{1+s,2} + h^2 \| f \|_{0,2} \right\} + C\,M_1\,h^2 \left(\| u \|_{1,2} + |\!|\!| f |\!|\!|_{1,2} \right) \\ &\leq \frac{C\,M_0\,M_1}{\alpha} \left(h^{2s} \| u \|_{1+s,2} + h^2 |\!|\!| f |\!|\!|_{1,2} \right). \end{aligned}$$

Hier haben wir noch einmal ausgenutzt, daß $\alpha \leq M \leq M_0$ gilt. Damit ist die Behauptung bewiesen. □

Ist die Bilinearform $\mathcal{A}(.,.)$ nicht mehr $H_0^1(\Omega)$-koerziv, das kontinuierliche Problem aber eindeutig lösbar, so sollte für hinreichend kleine h auch das diskrete Problem eindeutig lösbar sein und ähnliche Fehlerabschätzungen gelten wie im $H_0^1(\Omega)$-koerziven Fall. Wir werden nun zeigen, daß dies unter den gegebenen Voraussetzungen tatsächlich der Fall ist. Nach Lemma 1.2.15 genügt die Bilinearform $\mathcal{A}(.,.)$ nämlich der Gårding-Ungleichung

$$\mathcal{A}(v,v) \geq \alpha \| v \|_{1,2}^2 - \sigma \| v \|_{0,2}^2, \qquad v \in H_0^1(\Omega). \tag{4.2.21}$$

Mit den Ideen von Schatz (Lemma 1.4.5) können wir daher die folgende Aussage beweisen (vgl. auch Satz 1.4.15):

Satz 4.2.26 (Fehlerabschätzung für den nichtkoerziven Fall)

Seien für ein $s \in (0,1]$ die Voraussetzungen von Satz 4.2.25 erfüllt, bis auf die eine Ausnahme, daß die Bilinearform $\mathcal{A}(.,.)$ nicht mehr $H_0^1(\Omega)$-koerziv zu sein braucht. Stattdessen nehmen wir an, daß $\mathcal{A}(.,.)$ der Gårding-Ungleichung (4.2.21) genügt. Dann existiert ein $h_0 = h_0(\Omega, \delta, C_R, M_1/\alpha, \sigma, s) > 0$, so daß das diskrete Problem (4.1.15) für alle $h \leq h_0$ eine eindeutige Lösung $u_h \in \mathcal{P}_{1,D}(\mathcal{T}_h)$ besitzt, die darüber hinaus den Fehlerabschätzungen

$$\| u - u_h \|_{1,2} \leq \frac{C\,(M+\sigma)}{\alpha} \left(h^s \| u \|_{1+s,2} + h^2 |\!|\!| f |\!|\!|_{1,2} \right), \tag{4.2.22}$$

$$\| u - u_h \|_{0,2} \leq \frac{C\,M_1\,(M+\sigma)}{\alpha} \left(h^{2s} \| u \|_{1+s,2} + h^2 |\!|\!| f |\!|\!|_{1,2} \right), \tag{4.2.23}$$

genügt, mit einer von h, u und f unabhängigen Konstanten $C = C(\Omega, \delta, C_R, s)$.

Beweis: Nehmen wir an, es sei $u_h \in \mathcal{P}_{1,D}(\mathcal{T}_h)$ eine Lösung des diskreten Problems. Aus der Gårding-Ungleichung folgt analog zum Beweis des ersten Strang-Lemmas für beliebiges $v_h \in \mathcal{P}_{1,D}(\mathcal{T}_h)$ die Abschätzung

$$\begin{aligned} \alpha \| u_h - v_h \|_{1,2}^2 &\leq \mathcal{A}(u_h - v_h, u_h - v_h) + \sigma \| u_h - v_h \|_{0,2}^2 \\ &= \mathcal{A}(u - v_h, u_h - v_h) + \sigma \| u_h - v_h \|_{0,2}^2 \\ &\quad + \{ \mathcal{A}(u_h, u_h - v_h) - \mathcal{A}_h(u_h, \overline{u_h - v_h}) \} \\ &\quad + f^*(\overline{(u_h - v_h)} - (u_h - v_h)). \end{aligned}$$

Aus der Stetigkeit von $\mathcal{A}(.,.)$ schließen wir

$$\begin{aligned}\alpha \| u_h - v_h \|_{1,2} &\leq M \| u - v_h \|_{1,2} + \sigma \| u_h - v_h \|_{0,2} \\ &+ \sup_{w_h \in V_h} \left\{ \frac{| \mathcal{A}(u_h, w_h) - \mathcal{A}_h(u_h, \overline{w}_h) |}{\| w_h \|_{1,2}} + \frac{| f^*(w_h - \overline{w}_h) |}{\| w_h \|_{1,2}} \right\}.\end{aligned}$$

Wir wenden zweimal die Dreiecksungleichung an und erhalten so

$$\begin{aligned}\| u - u_h \|_{1,2} &\leq \frac{2M + \sigma}{\alpha} \| u - v_h \|_{1,2} + \frac{\sigma}{\alpha} \| u - u_h \|_{0,2} \\ &+ \sup_{w_h \in V_h} \left\{ \frac{| \mathcal{A}(u_h, w_h) - \mathcal{A}_h(u_h, \overline{w}_h) |}{\alpha \| w_h \|_{1,2}} + \frac{| f^*(w_h - \overline{w}_h) |}{\alpha \| w_h \|_{1,2}} \right\}.\end{aligned}$$

Hierbei haben wir wieder die Tatsache ausgenutzt, daß $M/\alpha \geq 1$ ist. Bilden wir nun auf der rechten Seite das Infimum über alle $v_h \in \mathcal{P}_{1,D}(\mathcal{T}_h)$, so folgt aus dem Satz von Clément mit einer Konstanten $C = C(\Omega, \delta, s)$ die Abschätzung

$$\begin{aligned}\| u - u_h \|_{1,2} &\leq \frac{(2M + \sigma) C h^s}{\alpha} \| u \|_{1+s,2} + \frac{\sigma}{\alpha} \| u - u_h \|_{0,2} \\ &+ \sup_{w_h \in V_h} \left\{ \frac{| \mathcal{A}(u_h, w_h) - \mathcal{A}_h(u_h, \overline{w}_h) |}{\alpha \| w_h \|_{1,2}} + \frac{| f^*(w_h - \overline{w}_h) |}{\alpha \| w_h \|_{1,2}} \right\}.\end{aligned}$$

Mit Hilfe der Einzeltermabschätzungen des vorangegangen Kapitels folgt

$$\| u - u_h \|_{1,2} \leq \frac{C (M + \sigma) h^s}{\alpha} \| u \|_{1+s,2} + \frac{C h^2}{\alpha} \Big(M_1 \| u_h \|_{1,2} + |\!|\!| f |\!|\!|_{1,2} \Big) + \frac{\sigma}{\alpha} \| u - u_h \|_{0,2} .$$

Im Beweis von Satz 4.2.25 haben wir für beliebiges $h > 0$ bereits die Abschätzung

$$\| u - u_h \|_{0,2} \leq C M_1 h^s \| u - u_h \|_{1,2} + C M_1 h^2 \| u \|_{1,2} + C h^2 |\!|\!| f |\!|\!|_{1,2} \qquad (4.2.24)$$

mit einer Konstanten $C = C(\Omega, \delta, C_R, s)$ bewiesen. Beachte, daß die $H_0^1(\Omega)$-Koerzivität dort bis zu dieser Abschätzung noch nicht benutzt wurde. Auch das verallgemeinerte Aubin-Nitsche Lemma setzt nicht die $H_0^1(\Omega)$-Koerzivität von $\mathcal{A}(.,.)$ voraus. Unter Verwendung von (4.2.24) und der Aufspaltung $\| u_h \|_{1,2} \leq \| u \|_{1,2} + \| u - u_h \|_{1,2}$ können wir weiter wie folgt abschätzen:

$$\begin{aligned}\| u - u_h \|_{1,2} &\leq \frac{C (M + \sigma) h^s}{\alpha} \| u \|_{1+s,2} + \frac{C M_1 h^2}{\alpha} \| u \|_{1,2} + \frac{C M_1 h^2}{\alpha} \| u - u_h \|_{1,2} \\ &+ \frac{\sigma C M_1 h^s}{\alpha} \| u - u_h \|_{1,2} + \frac{\sigma C M_1 h^2}{\alpha} \| u \|_{1,2} + \frac{C (1 + \sigma) h^2}{\alpha} |\!|\!| f |\!|\!|_{1,2} \\ &\leq \frac{C (M + \sigma) h^s + C M_1 (1 + \sigma) h^2}{\alpha} \| u \|_{1+s,2} + \frac{C (1 + \sigma) h^2}{\alpha} |\!|\!| f |\!|\!|_{1,2} \\ &+ \frac{C M_1 (1 + \sigma) h^s}{\alpha} \| u - u_h \|_{1,2} .\end{aligned}$$

Wir wählen nun $h_0 := [\,\alpha/(2\,C\,M_1\,(1+\sigma))\,]^{1/s}$. Dann gilt für $h \le h_0$ die Ungleichung

$$\frac{C\,M_1\,(1+\sigma)\,h^s}{\alpha} \le \frac{1}{2}$$

und somit

$$\begin{aligned} \|\, u - u_h \,\|_{1,2} &\le \Big(\frac{C\,(M+\sigma)\,h^s}{\alpha} + h\Big)\,\|\, u\,\|_{1+s,2} + \frac{C\,(1+\sigma)\,h^2}{\alpha}\,|\!|\!|f|\!|\!|_{1,2} \\ &\le \frac{C\,(M+\sigma)}{\alpha}\,\Big(h^s\,\|\,u\,\|_{1+s,2} + h^2\,|\!|\!|f|\!|\!|_{1,2}\Big)\,. \end{aligned}$$

Damit ist die erste Abschätzung bewiesen. Die L^2-Abschätzung ergibt sich dann unmittelbar durch Einsetzen in (4.2.24). Schließlich folgt wie im Beweis von Satz 4.2.24, daß das diskrete Problem für $h \le h_0$ eindeutig lösbar ist. □

Bemerkung 4.2.27 (Der koerzive Fall)

Setzen wir in den Abschätzungen (4.2.22) und (4.2.23) $\sigma = 0$, so erhalten wir die Abschätzungen für den $H_0^1(\Omega)$-koerziven Fall zurück. Vergleichen wir diese mit den Aussagen der Sätze 4.2.24 bzw. 4.2.25, so stellt sich heraus, daß anstatt der Konstanten M_0 nun die Konstante M auftaucht. Der Grund für diese kleine Abweichung ist leicht zu finden. Wir haben die H^1-Abschätzung hier unter den stärkeren Voraussetzungen des Satzes 4.2.25 hergeleitet, so daß die Konstante M_0 – mit einer zusätzlichen h-Potenz gewichtet – aus der Abschätzung herausflog.

Bemerkung 4.2.28 (Konvektionsdominierte Probleme)

Bei der Finite-Volumen-Diskretisierung von konvektionsdominierten Problemen treten die gleichen Schwierigkeiten auf wie beim Finite-Elemente-Verfahren (vgl. Bemerkung 1.4.16). In Kapitel 5.1 werden wir deswegen zwei einfache Upwindverfahren erster Ordnung zur Stabilisierung des Finite-Volumen-Verfahrens vorstellen.

Bemerkung 4.2.29 (Natürliche Randbedingungen II)

Bereits in Bemerkung 4.1.3 haben wir darauf hingewiesen, daß natürliche Randbedingungen der Form $A\nabla u \cdot \vec{n} = \varphi_n$ auf Γ bei der theoretischen Untersuchung des hier vorgestellten Finite-Volumen-Verfahrens erhebliche Schwierigkeiten verursachen. Diese Aussage trifft insbesondere auch auf die soeben bewiesenen Fehlerabschätzungen zu. Um entsprechende Abschätzungen auch im Falle natürlicher Randbedingungen zu beweisen, ist nämlich zusätzlich das Randintegral $\int_\Gamma \varphi_n\,(v_h - \overline{v}_h)\,d\sigma$ abzuschätzen. Unter der Voraussetzung, daß die verwendeten Boxgitter der Gleichgewichtsbedingung (G2) genügen und φ_n auf Γ hinreichend glatt ist, kann man analog zu Lemma 4.2.21 zwar noch die Abschätzung

$$\Big|\int_\Gamma \varphi_n\,(v_h - \overline{v}_h)\,d\sigma\Big| \le C\,h^2\,\|\,\varphi_n\,\|_{1,2;\Gamma}\,|\,v_h\,|_{1,2;\Gamma}\,, \qquad v_h \in \mathcal{P}_1(\mathcal{T}_h)\,,$$

beweisen; beim Übergang von der Randnorm $|\,v_h\,|_{1,2;\Gamma}$ zur vollen Gebietsnorm $\|\,v_h\,\|_{1,2}$ geht jedoch ein Faktor der Größenordnung $h^{1/2}$ wieder verloren (vgl. Bemerkung 4.3.14). Mit der hier verwendeten Methode lassen sich für natürliche Randbedingung daher bestenfalls Fehlerabschätzungen der Ordnung $O(h^{3/2})$ beweisen.

4.3 Varianten des Verfahrens

Wir betrachten nun einige Varianten des Finite-Volumen-Verfahrens, bei denen die einzelnen Integrale von $\mathcal{A}_h(.,.)$ und f^* auf unterschiedliche Art und Weise approximiert werden, ohne daß sich die im letzten Kapitel bewiesenen Fehlerabschätzungen wesentlich verschlechtern. Insbesondere wollen wir untersuchen, welchen Einfluß es auf den Diskretisierungsfehler $u - u_h$ hat, wenn wir die Koeffizienten von $\mathcal{A}_h(.,.)$ und f^* durch ihre stückweise konstanten Mittelwerte bzgl. $\mathcal{T}_h$ ersetzen, wobei die Mittelwerte selbst nur näherungsweise mit Quadraturformeln berechnet werden. Außerdem untersuchen wir den Effekt, den eine oft verwendete Modifikation des Reaktionsterms – das sogenannte *Mass Lumping* – auf den Diskretisierungsfehler hat.

Wir beschränken uns dabei in diesem Kapitel auf das Herleiten von Fehlerabschätzungen für die Einzelterme. Mit Hilfe der abstrakten Fehlerabschätzungen von Kapitel 4.2.1 kann man dann wie in Kapitel 4.2.6 entsprechende globale Abschätzungen herleiten. Dies sei jedoch dem Leser überlassen.

Zum Schluß dieses Kapitels wollen wir dann auch noch Fehlerabschätzungen für die unmodifizierte Bilinearform $\mathcal{A}_{\mathcal{B}_h}(.,.)$ aus Kapitel 4.1.1 herleiten, in der statt der Mittelwertprojektion $\underline{A}$ noch die Diffusionsmatrix A zur Anwendung kommt. Für diese können wir allerdings höchstens die Konvergenzrate $O(h)$ beweisen. Beginnen wollen wir dieses Kapitel nun mit dem sogenannten Mass Lumping.

4.3.1 Mass Lumping

Im Gegensatz zum Finite-Elemente-Verfahren führt die Diskretisierung des Reaktionsterms beim Finite-Volumen-Verfahren im allgemeinen wegen

$$\int_\Omega c\,\varphi_j^h\,\chi_i^h\,dx \neq \int_\Omega c\,\varphi_i^h\,\chi_j^h\,dx\,, \qquad i \neq j\,,$$

auf einen unsymmetrischen Anteil an der Steifigkeitsmatrix. Außerdem führt die Diskretisierung des Reaktionsterms bei beiden Verfahren im Falle $c > 0$ im allgemeinen zu positiven Nichtdiagonaleinträgen und zerstört damit in vielen Fällen die bekannte M-Matrix-Eigenschaft der Steifigkeitsmatrix (vgl. Bemerkung 5.1.6). Deswegen wird von vielen Autoren das Integral

$$\int_\Omega c\,u_h\,\overline{v}_h\,dx$$

in der Bilinearform $\mathcal{A}_h(.,.)$ ersetzt durch das Integral

$$\int_\Omega c\,\overline{u}_h\,\overline{v}_h\,dx\,.$$

Die entsprechende Modifikation der Steifigkeitsmatrix bezeichnet man üblicherweise als *Mass Lumping*. Letzteres hat zur Folge, daß der Anteil des Reaktionsterms an der Steifigkeitsmatrix diagonal und somit symmetrisch ist. Außerdem bleibt beim Mass Lumping die eventuell vorhandene M-Matrix-Eigenschaft erhalten. Das folgende Lemma zeigt nun, daß trotz Mass Lumpings die gleichen Fehlerabschätzungen wie im vorherigen Kapitel gelten.

Lemma 4.3.1 (Mass Lumping)
Sei $\Omega \subset \mathbb{R}^n$ ein polyedrisches Gebiet und $\mathcal{T}_h$ eine konsistente Triangulierung von Ω. Weiter seien $\mathcal{B}_h$ ein duales Boxgitter zu $\mathcal{T}_h$ und $c \in L^\infty(\Omega)$. Dann gilt die Abschätzung

$$\Big| \int_\Omega c\,(u_h - \overline{u}_h)\,\overline{v}_h\,dx \Big| \;\le\; C\,h\,\|\,c\,\|_{0,\infty}\,|\,u_h\,|_{1,2}\,\|\,v_h\,\|_{0,2}\,, \qquad u_h, v_h \in \mathcal{P}_1(\mathcal{T}_h)\,.$$

Liegt c darüber hinaus in $H^{1,\infty}(\mathcal{T}_h)$ und genügt $\mathcal{B}_h$ der Gleichgewichtsbedingung (G1), so gilt die verbesserte Abschätzung

$$\Big| \int_\Omega c\,(u_h - \overline{u}_h)\,\overline{v}_h\,dx \Big| \;\le\; C\,h^2\,|\!|\!|c|\!|\!|_{1,\infty}\,|\,u_h\,|_{1,2}\,\|\,v_h\,\|_{1,2}\,, \qquad u_h, v_h \in \mathcal{P}_1(\mathcal{T}_h)\,.$$

In beiden Fällen hängt die Konstante C nur von n ab.

Beweis: Wir beweisen zunächst für Funktionen $v_h \in \mathcal{P}_1(\mathcal{T}_h)$ eine einfache Abschätzung der Form $\|\,\overline{v}_h\,\|_{0,2} \le C(n)\,\|\,v_h\,\|_{0,2}$. Seien dazu $x_1^h, \ldots, x_{N_h}^h$ die Eckpunkte von $\mathcal{T}_h$. Für eine beliebige Funktion $v_h \in \mathcal{P}_1(\mathcal{T}_h)$ gilt dann zunächst

$$\int_\Omega \overline{v}_h^2\,dx \;=\; \sum_{j=1}^{N_h} v_h(x_j^h)^2 \sum_{T \in \mathcal{T}_j^h} \mathrm{vol}(T)\,.$$

Andererseits gilt für das entsprechende Integral über v_h^2 die Darstellung

$$\int_\Omega v_h^2\,dx \;=\; \sum_{T\in\mathcal{T}_h} \frac{\mathrm{vol}(T)}{(n+1)(n+2)} \Big(\sum_{x_j^h \in T} v_h(x_j^h)^2 + \Big(\sum_{x_j^h \in T} v_h(x_j^h) \Big)^2 \Big)\,,$$

wobei die beiden Summen auf der rechten Seite sich jeweils über die $n+1$ Eckpunkte von T erstrecken. Hieraus schließen wir

$$\|\,\overline{v}_h\,\|_{0,2} \;\le\; \sqrt{(n+1)(n+2)}\,\|\,v_h\,\|_{0,2}\,, \qquad v_h \in \mathcal{P}_1(\mathcal{T}_h)\,.$$

Mit Lemma 4.2.15 folgt dann für $u_h, v_h \in \mathcal{P}_1(\mathcal{T}_h)$ die erste Abschätzung

$$\Big| \int_\Omega c\,(u_h - \overline{u}_h)\,\overline{v}_h\,dx \Big| \;\le\; \|\,c\,\|_{0,\infty}\,\|\,u_h - \overline{u}_h\,\|_{0,2}\,\|\,\overline{v}_h\,\|_{0,2} \;\le\; C\,h\,\|\,c\,\|_{0,\infty}\,|\,u_h\,|_{1,2}\,\|\,v_h\,\|_{0,2}\,.$$

Sei nun die Gleichgewichtsbedingung (G1) erfüllt und $c \in H^{1,\infty}(\mathcal{T}_h)$. Wir spalten das abzuschätzende Integral auf in

$$\int_\Omega c\,(u_h - \overline{u}_h)\,\overline{v}_h\,dx \;=\; \int_\Omega c\,(u_h - \overline{u}_h)\,v_h\,dx \;+\; \int_\Omega c\,(u_h - \overline{u}_h)\,(\overline{v}_h - v_h)\,dx\,.$$

Das erste der beiden Integrale auf der rechten Seite schätzen wir mit Lemma 4.2.22 ab durch

$$\Big| \int_\Omega c\,(u_h - \overline{u}_h)\,v_h\,dx \Big| \;\le\; C\,h^2\,|\!|\!|c|\!|\!|_{1,\infty}\,|\,u_h\,|_{1,2}\,\|\,v_h\,\|_{1,2}\,, \qquad u_h, v_h \in \mathcal{P}_1(\mathcal{T}_h)\,.$$

Auf das zweite Integral können wir Lemma 4.2.15 gleich zweimal anwenden und erhalten

$$\Big| \int_\Omega c\,(u_h - \overline{u}_h)\,(\overline{v}_h - v_h) \Big| \;\le\; h^2\,\|\,c\,\|_{0,\infty}\,|\,u_h\,|_{1,2}\,|\,v_h\,|_{1,2}\,.$$

Damit ist die Behauptung bewiesen. □

4.3.2 Verwendung von Mittelwertprojektionen

Wir wollen nun untersuchen, welchen Einfluß es auf den Diskretisierungsfehler $u - u_h$ hat, wenn wir in $\mathcal{A}_h(.,.)$ und f^* die Koeffizienten b, c und f durch ihre stückweise konstanten Mittelwerte bzgl. $\mathcal{T}_h$ ersetzen. Wie wir noch sehen werden, gelten im Prinzip auch in diesem Fall die gleichen Fehlerabschätzungen wie in Kapitel 4.2 – vorausgesetzt, wir ersetzen im Konvektionsterm die Funktion u_h ebenfalls durch ihre Mittelwertprojektion $\underline{u}_h$.

Der Einfachheit halber beginnen wir auch hier wieder mit dem Quellterm. Wie das folgende Lemma zeigt, gelten die Abschätzungen von Lemma 4.2.21 praktisch unverändert, wenn wir im Funktional f^* den Koeffizienten f durch $\underline{f}$ ersetzen.

Lemma 4.3.2 (Verwendung der Mittelwertprojektion beim Quellterm)
Sei $\Omega \subset \mathbb{R}^n$ ein polyedrisches Gebiet und $\mathcal{T}_h$ eine konsistente Triangulierung von Ω. Weiter sei $\mathcal{B}_h$ ein duales Boxgitter zu $\mathcal{T}_h$ und $f \in L^2(\Omega)$. Dann gilt die Abschätzung

$$\Big| \int_\Omega (f - \underline{f})\, \overline{v}_h \, dx \Big| \;\leq\; C\, h \,\|\, f \,\|_{0,2} \, |\, v_h \,|_{1,2}\,, \qquad v_h \in \mathcal{P}_1(\mathcal{T}_h)\,.$$

Liegt f darüber hinaus in $H^1(\mathcal{T}_h)$, so gilt die verbesserte Abschätzung

$$\Big| \int_\Omega (f - \underline{f})\, \overline{v}_h \, dx \Big| \;\leq\; C\, h^2 \, |\!|\!| f |\!|\!|_{1,2} \, |\, v_h \,|_{1,2}\,, \qquad v_h \in \mathcal{P}_1(\mathcal{T}_h)\,.$$

In beiden Fällen hängt die Konstante C nur von n ab.

Beweis: Da die Mittelwertprojektion $\underline{v}_h$ einer beliebigen Funktion $v_h \in \mathcal{P}_1(\mathcal{T}_h)$ auf jedem Element $T \in \mathcal{T}_h$ konstant ist, gilt

$$\int_\Omega (f - \underline{f})\, \underline{v}_h \, dx \;=\; 0\,, \qquad v_h \in \mathcal{P}_1(\mathcal{T}_h)\,.$$

Wir erhalten so zunächst die Abschätzung

$$\begin{aligned}
\Big| \int_\Omega (f - \underline{f})\, \overline{v}_h \, dx \Big| \;&=\; \Big| \int_\Omega (f - \underline{f})\, (\overline{v}_h - \underline{v}_h) \, dx \Big| \\
&\leq\; \|\, f - \underline{f} \,\|_{0,2} \, \|\, \overline{v}_h - \underline{v}_h \,\|_{0,2} \\
&\leq\; \|\, f - \underline{f} \,\|_{0,2} \Big(\|\, v_h - \underline{v}_h \,\|_{0,2} + \|\, v_h - \overline{v}_h \,\|_{0,2} \Big) \\
&\leq\; C\, h \,\|\, f - \underline{f} \,\|_{0,2} \, |\, v_h \,|_{1,2}\,.
\end{aligned}$$

Wenden wir nun auf den Faktor $\|\, f - \underline{f} \,\|_{0,2}$ Lemma 4.2.14 einmal mit $s = 0$ und einmal mit $s = 1$ an, so folgt die Behauptung. □

Bemerkung 4.3.3 Beachte, daß die Aussage von Lemma 4.3.2 unabhängig davon gilt, ob die Gleichgewichtsbedingung (G1) erfüllt ist oder nicht. Für entsprechende globale Fehlerabschätzungen ist jedoch die Differenz

$$\int_\Omega f\, v_h - \underline{f}\, \overline{v}_h \, dx$$

abzuschätzen. Hier muß die Gleichgewichtsbedingung (G1) für die $O(h^2)$-Abschätzung natürlich vorausgesetzt werden.

Als nächtes untersuchen wir den Reaktionsterm. Auch hier können wir den Koeffizienten c durch $\underline{c}$ ersetzen, ohne die Konvergenzgeschwindigkeit der Finite-Volumen-Diskretisierung wesentlich zu beeinflussen. Das zeigt das folgende Lemma.

Lemma 4.3.4 (Verwendung der Mittelwertprojektion beim Reaktionsterm)
Sei $\Omega \subset \mathbb{R}^n$ ein polyedrisches Gebiet und $\mathcal{T}_h$ eine konsistente Triangulierung von Ω. Weiter seien $\mathcal{B}_h$ ein duales Boxgitter zu $\mathcal{T}_h$ und $c \in L^\infty(\Omega)$. Dann gilt die Abschätzung

$$\left| \int_\Omega (c - \underline{c})\, u_h \overline{v}_h \, dx \right| \le C\, h \,\| c \|_{0,\infty} \| u_h \|_{1,2} \| v_h \|_{1,2}, \qquad u_h, v_h \in \mathcal{P}_1(\mathcal{T}_h).$$

Liegt c darüber hinaus in $H^{1,\infty}(\mathcal{T}_h)$, so gilt die verbesserte Abschätzung

$$\left| \int_\Omega (c - \underline{c})\, u_h \overline{v}_h \, dx \right| \le C\, h^2 \,|\!|\!| c |\!|\!|_{1,\infty} \| u_h \|_{1,2} \| v_h \|_{1,2}, \qquad u_h, v_h \in \mathcal{P}_1(\mathcal{T}_h).$$

In beiden Fällen hängt die Konstante C nur von n ab.

Beweis: Zunächst gilt für $u_h, v_h \in \mathcal{P}_1(\mathcal{T}_h)$ die Abschätzung

$$\begin{aligned}
\| u_h \overline{v}_h - \underline{u}_h \underline{v}_h \|_{0,1} &\le \| u_h \overline{v}_h - u_h v_h \|_{0,1} + \| u_h v_h - u_h \underline{v}_h \|_{0,1} + \| u_h \underline{v}_h - \underline{u}_h \underline{v}_h \|_{0,1} \\
&\le \| u_h \|_{0,2} \Big(\| v_h - \overline{v}_h \|_{0,2} + \| v_h - \underline{v}_h \|_{0,2} \Big) + \| u_h - \underline{u}_h \|_{0,2} \| \underline{v}_h \|_{0,2} \\
&\le C\, h \Big(\| u_h \|_{0,2} | v_h |_{1,2} + | u_h |_{1,2} \| v_h \|_{0,2} \Big) \\
&\le C\, h \| u_h \|_{1,2} \| v_h \|_{1,2} .
\end{aligned}$$

Dabei haben wir die Abschätzung $\| \underline{v}_h \|_{0,2} \le \| v_h \|_{0,2}$ benutzt, die sich mit Hilfe der im Beweis von Lemma 4.2.14 verwendeten Argumente leicht nachweisen läßt. Wie im Beweis von Lemma 4.3.2 folgt hieraus

$$\begin{aligned}
\left| \int_\Omega (c - \underline{c})\, u_h \overline{v}_h \, dx \right| &= \left| \int_\Omega (c - \underline{c})\, (u_h \overline{v}_h - \underline{u}_h \underline{v}_h) \, dx \right| \\
&\le \| c - \underline{c} \|_{0,\infty} \| u_h \overline{v}_h - \underline{u}_h \underline{v}_h \|_{0,1} \\
&\le C\, h \| c - \underline{c} \|_{0,\infty} \| u_h \|_{1,2} \| v_h \|_{1,2} .
\end{aligned}$$

Anwendung von Lemma 4.2.14 auf den Faktor $\| c - \underline{c} \|_{0,\infty}$ mit $s = 0$ bzw. $s = 1$ liefert die Behauptung. □

Bemerkung 4.3.5 (Mittelwertprojektion und Mass Lumping)
Ist zusätzlich zu den Voraussetzungen von Lemma 4.3.4 noch die Gleichgewichtsbedingung (G1) erfüllt, so gelten analoge Abschätzungen auch für den Konsistenzfehler

$$\int_\Omega c\, u_h \overline{v}_h - \underline{c}\, \overline{u}_h \overline{v}_h \, dx ,$$

der bei gleichzeitiger Anwendung von Mittelwertprojektion und Mass Lumping auftritt.

Wollen wir auch die Koeffizienten b_j, $1 \le j \le n$, des Konvektionsterms durch ihre Mittelwertprojektionen ersetzen, so müssen wir – um die gewohnten Fehlerabschätzungen nachweisen zu können – dasselbe auch mit der Funktion u_h tun. In diesem Fall kann man nämlich mit Hilfe des zweiten Gleichgewichtslemmas die Differenz der Randintegrale in eine entsprechende Differenz von Volumenintegralen umschreiben. Dazu müssen wir allerdings voraussetzen, daß die verwenden Boxgitter $\mathcal{B}_h$ den Bedingungen (G2), (R1) und (R2) genügen. Hierin unterscheidet sich die folgende Aussage von Lemma 4.2.23:

Lemma 4.3.6 (Verwendung der Mittelwertprojektion beim Konvektionsterm) *Sei $\Omega \subset \mathbb{R}^n$ ein polyedrisches Gebiet und $\mathcal{T}_h$ eine konsistente Triangulierung von Ω. Weiter sei $\mathcal{B}_h$ ein duales Boxgitter zu $\mathcal{T}_h$, das der Gleichgewichtsbedingung (G2) sowie den Regularitätsbedingungen (R1), (R2) genügt. Schließlich sei $b \in L^\infty(\Omega)^n$ ein Vektorfeld mit schwacher Divergenz $\nabla \cdot b \in L^\infty(\Omega)$. Dann gilt für $u_h, v_h \in \mathcal{P}_{1,D}(\mathcal{T}_h)$ die Abschätzung*

$$\Big| \sum_{B\in\mathcal{B}_h} \int_{\partial B} (b\,u_h - \underline{b}\,\underline{u}_h)\,\overline{v}_h \cdot d\sigma \Big| \;\le\; C\,h \Big(\| b \|_{0,\infty} + \| \nabla \cdot b \|_{0,\infty} \Big) \| u_h \|_{1,2}\, | v_h |_{1,2} \,.$$

Gilt darüber hinaus $b \in H^{1,\infty}(\mathcal{T}_h)^n$ sowie $\nabla \cdot b \in H^{1,\infty}(\mathcal{T}_h)$, und genügt $\mathcal{B}_h$ außerdem der Gleichgewichtsbedingung (G1), so gilt für $u_h, v_h \in \mathcal{P}_{1,D}(\mathcal{T}_h)$ die verbesserte Abschätzung

$$\Big| \sum_{B\in\mathcal{B}_h} \int_{\partial B} (b\,u_h - \underline{b}\,\underline{u}_h)\,\overline{v}_h \cdot d\sigma \Big| \;\le\; C\,h^2 \Big(|\!|\!| \nabla \cdot b |\!|\!|_{1,\infty} + \max_{1\le i\le n} |\!|\!| b_i |\!|\!|_{1,\infty} \Big) \| u_h \|_{1,2}\, | v_h |_{1,2} \,.$$

In beiden Abschätzungen hängt die Konstante C nur von n ab.

Beweis: Aus der verallgemeinerten Greenschen Formel folgt für $u_h, v_h \in \mathcal{P}_{1,D}(\mathcal{T}_h)$ wie in (4.2.11) zunächst die Beziehung

$$\sum_{B\in\mathcal{B}_h} \int_{\partial B} b\,u_h\,\overline{v}_h \cdot d\sigma \;=\; \int_\Omega \overline{v}_h \nabla \cdot (b u_h)\,dx \,.$$

Da auf der anderen Seite $\underline{b}\,\underline{u}_h$ stückweise konstant bzgl. $\mathcal{T}_h$ ist, folgt aus dem zweiten Gleichgewichtslemma analog zum Beweis von Lemma 4.2.19 die Aussage

$$\sum_{B\in\mathcal{B}_h} \int_{\partial B} \underline{b}\,\underline{u}_h\,\overline{v}_h \cdot d\sigma \;=\; -\int_\Omega \underline{u}_h\,\underline{b} \cdot \nabla v_h\,dx \,.$$

Hieraus schließen wir

$$\begin{aligned}
&\sum_{B\in\mathcal{B}_h} \int_{\partial B} (b\,u_h - \underline{b}\,\underline{u}_h)\,\overline{v}_h \cdot d\sigma \\
&\quad= \int_\Omega \overline{v}_h \nabla \cdot (b u_h)\,dx + \int_\Omega \underline{u}_h\,\underline{b} \cdot \nabla v_h\,dx \\
&\quad= \int_\Omega (\overline{v}_h - v_h) \nabla \cdot (b u_h)\,dx + \int_\Omega v_h\,\nabla \cdot (b u_h)\,dx + \int_\Omega \underline{u}_h\,\underline{b} \cdot \nabla v_h\,dx \\
&\quad= \int_\Omega (\overline{v}_h - v_h) \nabla \cdot (b u_h)\,dx + \int_\Omega (\underline{u}_h\,\underline{b} - u_h\,b) \cdot \nabla v_h\,dx \,.
\end{aligned}$$

Das erste der beiden Integrale in der letzten Zeile erfüllt nach Lemma 4.2.23 die zu beweisenden Abschätzungen. Zur Abschätzung des zweiten Integrals verwenden wir die Beziehungen

$$\int_\Omega \underline{u}_h \,(b - \underline{b}) \cdot \nabla v_h \, dx \;=\; 0\,, \qquad \int_\Omega (u_h - \underline{u}_h)\, \underline{b} \cdot \nabla v_h \, dx \;=\; 0\,,$$

und schließen

$$\begin{aligned} \Big| \int_\Omega (\underline{u}_h\, \underline{b} - u_h\, b) \cdot \nabla v_h \, dx \Big| \;&=\; \Big| \int_\Omega (\underline{u}_h - u_h)\, b \cdot \nabla v_h \, dx \Big| \\ &=\; \Big| \int_\Omega (\underline{u}_h - u_h)\,(b - \underline{b}) \cdot \nabla v_h \, dx \Big| \\ &\le\; \| b - \underline{b} \|_{0,\infty} \, \| u_h - \underline{u}_h \|_{0,2} \, | v_h |_{1,2} \\ &\le\; C\, h \, \| b - \underline{b} \|_{0,\infty} \, | u_h |_{1,2} \, | v_h |_{1,2} \,. \end{aligned}$$

Hieraus folgt mit Lemma 4.2.14 wie im Beweis von Lemma 4.2.23 die Behauptung. □

Bemerkung 4.3.7 (Vergleich mit dem Finite-Elemente-Verfahren)
Aus Lemma 4.3.6 folgt, daß die Verwendung von Mittelwertprojektionen auf die gleiche Konvektionsmatrix führt wie die Finite-Elemente-Diskretisierung des gestörten Problems

$$\nabla \cdot (-A \nabla u + \underline{b} u) + c u \;=\; f\,,$$

vorausgesetzt, es gelten die Bedingungen (G2), (R1) und (R2). Für $b \in \mathcal{P}_0(\mathcal{T}_h)^n$ und $c = 0$ stimmen folglich die entsprechenden Steifigkeitsmatrizen des Finite-Elemente- bzw. Finite-Volumen-Verfahrens überein.

Die in diesem Kapitel bewiesenen Aussagen zeigen, daß für den Diskretisierungsfehler $u - u_h$ im Prinzip die gleichen Fehlerabschätzungen gelten, wenn wir anstatt des Problems (4.1.15) das diskrete Problem

$$\text{Finde } u_h \in \mathcal{P}_{1,D}(\mathcal{T}_h) \text{ mit } \quad \underline{\mathcal{A}}_h(u_h, v_h) \;=\; \underline{f}^*(v_h)\,, \qquad v_h \in \mathcal{P}_{1,D}(\mathcal{T}_h)\,, \tag{4.3.1}$$

lösen, wobei die Bilinearform $\underline{\mathcal{A}}_h(.,.)$ für $u_h, v_h \in \mathcal{P}_{1,D}(\mathcal{T}_h)$ definiert ist durch

$$\underline{\mathcal{A}}_h(u_h, v_h) \;=\; \sum_{B \in \mathcal{B}_h} \Big(\int_B \underline{c}\, u_h \, \overline{v}_h \, dx \;-\; \int_{\partial B} \overline{v}_h \, \underline{A} \nabla u_h \cdot d\sigma \;+\; \int_{\partial B} \underline{b}\, \underline{u}_h \, \overline{v}_h \cdot d\sigma \Big)\,, \tag{4.3.2}$$

und das Funktional $\underline{f}^*$ durch

$$\underline{f}^*(v_h) \;=\; \int_\Omega \underline{f}\, \overline{v}_h \, dx\,, \qquad v_h \in \mathcal{P}_{1,D}(\mathcal{T}_h)\,. \tag{4.3.3}$$

Die Integrale von $\underline{\mathcal{A}}_h(.,.)$ bzw. $\underline{f}^*$ lassen sich leicht berechnen, wenn die entsprechenden Mittelwertprojektionen bekannt sind (vgl. Kapitel 5.1.1). Um diese zu bestimmen, sind die Integrale der betreffenden Koeffizienten auf jedem Element $T \in \mathcal{T}_h$ zu berechnen. In der Praxis wird man dazu natürlich eine Quadraturformel verwenden. Wir wollen deswegen im nächsten Kapitel untersuchen, welchen Genauigkeitsgrad diese Quadraturformel haben muß, damit sich die hier bewiesenen Fehlerabschätzungen nicht wesentlich verschlechtern.

4.3.3 Verwendung von Quadraturformeln

Sei $\Omega \subset \mathbb{R}^n$ ein polyedrisches Gebiet und $\mathcal{T}_h$ eine Triangulierung von Ω. Zur Bestimmung der Mittelwertprojektion $\underline{v}$ einer Funktion $v \in L^1(\Omega)$ sind die Integrale $\int_T v\,dx$ für alle Elemente $T \in \mathcal{T}_h$ zu berechnen. Unter der Voraussetzung, daß die Funktion v stetig auf jedem Element $T \in \mathcal{T}_h$ ist, können wir zur Approximation dieser Integrale eine Quadraturformel der Form

$$\int_T v\,dx \longrightarrow \sum_{l=1}^{L} \omega_{l,T}\, v(x_{l,T}) \tag{4.3.4}$$

verwenden. Die Werte $\omega_{l,T}$ heißen *Gewichte* und die Punkte $x_{l,T}$ *Integrationspunkte* der Quadraturformel. Wie in Kapitel 1.4.6 setzen wir voraus, daß alle Gewichte $\omega_{l,T}$ positiv sind und daß die Integrationspunkte $x_{l,T}$ in T liegen. Die Größe

$$E_T(v) := \int_T v\,dx - \sum_{l=1}^{L} \omega_{l,T}\, v(x_{l,T}), \qquad v \in C(T), \tag{4.3.5}$$

wird als *lokaler Quadraturfehler* bezeichnet. Durch (4.3.5) ist ein beschränktes lineares Funktional $E_T : C(T) \longrightarrow \mathbb{R}$ definiert.

Die Genauigkeit einer Quadraturformel ist bestimmt durch den maximalen Grad derjenigen Polynome, die noch exakt integriert werden, und durch die Glattheit der zu integrierenden Funktion. Mit Hilfe des Deny-Lions Lemmas können wir für den lokalen Quadraturfehler die folgende Abschätzung beweisen:

Lemma 4.3.8 (Abschätzung des lokalen Quadraturfehlers)
Sei $T \subset \mathbb{R}^n$ ein nichtentartetes Simplex und die Quadraturformel (4.3.4) sei exakt für alle Polynome vom Grad $k \geq 0$. Weiter sei $n/(k+1) < p \leq \infty$. Dann gilt für jede Funktion $v \in H^{k+1,p}(T)$ die Abschätzung

$$|\, E_T(v)\,| \leq C \operatorname{vol}(T)^{1-1/p}\, h(T)^{k+1}\, |\,\varphi\,|_{k+1,p;T} \tag{4.3.6}$$

mit einer von T und v unbhängigen Konstanten $C = C(n,k,p)$.

Beweis: Sei $\hat{T} \subset \mathbb{R}^n$ ein Referenzsimplex und $F : x \mapsto z + Bx$ die eindeutige affine Transformation mit $T = F(\hat{T})$. Wir betrachten auf $\hat{T}$ die Quadraturformel

$$\int_{\hat{T}} \hat{v}\,d\hat{x} \longrightarrow \sum_{l=1}^{L} \hat{\omega}_l\, \hat{v}(\hat{x}_l), \qquad \hat{v} \in C(\hat{T}), \tag{4.3.7}$$

mit den Gewichten

$$\hat{\omega}_l = |\det B^{-1}|\, \omega_{l,T} = \frac{\operatorname{vol}(\hat{T})}{\operatorname{vol}(T)}\, \hat{\omega}_{l,T}, \qquad 1 \leq l \leq L,$$

und den Integrationspunkten

$$\hat{x}_l = F^{-1}(x_{l,T}), \qquad 1 \leq l \leq L.$$

Für jede Funktion $v \in C(T)$ ist dann durch $\hat{v} := v \circ F$ eine auf $\hat{T}$ stetige Funktion $\hat{v}$ definiert, für deren lokalen Quadraturfehler $E_{\hat{T}}(\hat{v})$ die Beziehung

$$E_{\hat{T}}(\hat{v}) = \frac{\operatorname{vol}(\hat{T})}{\operatorname{vol}(T)} E_T(v) \tag{4.3.8}$$

gilt. Hieraus folgt, daß auch die Quadraturformel (4.3.7) exakt für alle Polynome vom Grad k ist. Da dies zumindest für alle konstanten Funktionen gilt, genügen die Gewichte $\hat{\omega}_l$ der Beziehung

$$\sum_{l=1}^{L} \hat{\omega}_l = \operatorname{vol}(\hat{T}) .$$

Nun gilt nach Voraussetzung $k+1 > n/p$. Nach dem Sobolevschen Einbettungssatz existiert die stetige Einbettung $H^{k+1,p}(\hat{T}) \hookrightarrow C(\hat{T})$. Die Quadraturformel (4.3.7) ist daher auf alle Funktionen $\hat{v} \in H^{k+1,p}(\hat{T})$ anwendbar und es gilt die Abschätzung

$$|\, E_{\hat{T}}(\hat{v}) \,| = \Big|\, \int_{\hat{T}} \hat{v} \, d\hat{x} - \sum_{l=1}^{L} \hat{\omega}_l \, \hat{v}(\hat{x}_l) \,\Big| \leq 2 \operatorname{vol}(\hat{T}) \, \| \, \hat{v} \, \|_{0,\infty;\hat{T}} \leq C \operatorname{vol}(\hat{T}) \, \| \, \hat{v} \, \|_{k+1,p;\hat{T}} \, .$$

Also ist $E_{\hat{T}}$ ein beschränktes lineares Funktional auf $H^{k+1,p}(\hat{T})$, dessen Norm beschränkt ist durch $C \operatorname{vol}(\hat{T})$. Da die Quadraturformel (4.3.7) exakt für Polynome vom Grad k ist, gilt für $\hat{p} \in \mathcal{P}_k(\hat{T})$

$$|\, E_{\hat{T}}(\hat{v}) \,| = |\, E_{\hat{T}}(\hat{v} + \hat{p}) \,| \leq C \operatorname{vol}(\hat{T}) \, \| \, \hat{v} + \hat{p} \, \|_{k+1,p;\hat{T}} \, .$$

Bilden wir auf der rechten Seite das Infimum über alle $\hat{p} \in \mathcal{P}_k(\hat{T})$ und wenden dann das Deny-Lions Lemma an, so erhalten wir die Abschätzung

$$|\, E_{\hat{T}}(\hat{v}) \,| \leq C \operatorname{vol}(\hat{T}) \, |\, \hat{v} \,|_{k+1,p;\hat{T}} \, , \qquad \hat{v} \in H^{k+1,p}(\hat{T}) \, .$$

Für $v = \hat{v} \circ F^{-1} \in H^{k+1,p}(T)$ folgt mit (4.3.8) und dem Transformationssatz 1.3.18 die Abschätzung

$$|\, E_T(v) \,| = \frac{\operatorname{vol}(T)}{\operatorname{vol}(\hat{T})} \, |\, E_{\hat{T}}(\hat{v}) \,| \leq C \operatorname{vol}(T) \, |\, \hat{v} \,|_{k+1,p;\hat{T}} \leq C \operatorname{vol}(T)^{1-1/p} \, h(T)^{k+1} \, |\, v \,|_{k+1,p;T} \, .$$

Damit ist die Behauptung bewiesen. □

Bemerkung 4.3.9 (Zur Wahl der Quadraturformeln)

Die Konstante in der Abschätzung (4.3.6) hängt nur vom Genauigkeitsgrad der Quadraturformel (4.3.4) ab, nicht aber von deren Gewichten und Integrationspunkten, solange diese den oben genannten Bedingungen genügen. Es ist also durchaus möglich, für jedes Simplex $T \in \mathcal{T}_h$ eine andere Quadraturformel zu verwenden. Darüber hinaus können zur Approximation der Mittelwertprojektion von verschiedenen Koeffizienten auch unterschiedliche Quadraturformeln sogar auf ein und demselben Element $T \in \mathcal{T}_h$ eingesetzt werden. Für die entsprechenden Fehlerabschätzungen ist nur wichtig, daß alle verwendeten Quadraturformeln für Polynome eines bestimmten Grades exakt sind.

Die Approximation der Mittelwertprojektionen der Koeffizienten a_{ij}, b_j, c in der Bilinearform $\underline{A}_h(.,.)$ führt auf eine gestörte Bilinearform

$$\tilde{\underline{A}}_h(u_h, v_h) = \sum_{B\in\mathcal{B}_h} \Big(\int_B \tilde{\underline{c}}\, u_h \overline{v}_h \, dx - \int_{\partial B} \overline{v}_h \tilde{\underline{A}} \nabla u_h \cdot d\sigma + \int_{\partial B} \tilde{\underline{b}}\, \underline{u}_h \overline{v}_h \cdot d\sigma \Big),$$

wobei die approximative Mittelwertprojektion $\tilde{\underline{v}} \in \mathcal{P}_0(\mathcal{T}_h)$ einer Funktion $v \in H^{s,p}(\mathcal{T}_h)$, $s > n/p$, definiert ist durch

$$\tilde{\underline{v}}|_T := \frac{1}{\text{vol}(T)} \sum_{l=1}^{L} \omega_{l,T}\, v(x_{l,T}), \qquad T \in \mathcal{T}_h .$$

Beachte, daß die Mittelwertprojektion $\underline{u}_h$ im Konvektionsterm ohne Quadraturformeln exakt berechnet werden kann, da u_h stückweise linear bzgl. $\mathcal{T}_h$ ist.

Uns interessiert nun, welchen Genauigkeitsgrad die verwendeten Quadraturformeln haben müssen, damit für den Konsistenzfehler $|\,\underline{A}_h(u_h, v_h) - \tilde{\underline{A}}_h(u_h, v_h)\,|$ ähnliche Abschätzungen gelten wie bisher - vorausgesetzt natürlich, die Koeffizienten a_{ij}, b_j, c sind stückweise hinreichend glatt. Lemma 4.3.8 läßt vermuten, daß es für eine $O(h^{k+1})$-Abschätzung ausreicht, wenn die Quadraturformeln für alle Polynome vom Grad k exakt sind. Daß dies tatsächlich der Fall ist, zeigt das folgende Lemma.

Lemma 4.3.10 (Abschätzung des Konsistenzfehlers $|\,\underline{A}_h(u_h, v_h) - \tilde{\underline{A}}_h(u_h, v_h)\,|$)
Sei $\Omega \subset \mathbb{R}^n$ ein polyedrisches Gebiet und $\mathcal{T}_h$ eine konsistente Triangulierung von Ω. Weiter sei $\mathcal{B}_h$ ein duales Boxgitter zu $\mathcal{T}_h$, das der Gleichgewichtsbedingung (G2) sowie den Regularitätsbedingungen (R1), (R2) genügt. Für die Koeffizienten der Bilinearform $\tilde{\underline{A}}_h(.,.)$ und einen Polynomgrad $k \geq 0$ gelte $a_{ij}, b_j, c \in H^{k+1,\infty}(\mathcal{T}_h)$, $1 \leq i,j \leq n$. Schließlich seien die verwenden Quadraturformeln exakt für alle Polynome vom Grad k. Dann gilt für $u_h, v_h \in \mathcal{P}_{1,D}(\mathcal{T}_h)$ die Abschätzung

$$|\,\underline{A}_h(u_h, v_h) - \tilde{\underline{A}}_h(u_h, v_h)\,| \leq C\, M_{k+1}\, h^{k+1} \,\|\, u_h \,\|_{1,2} \,\|\, v_h \,\|_{1,2} ,$$

mit $M_{k+1} := \max_{i,j} \{ \,|||a_{ij}|||_{k+1,\infty}, |||b_j|||_{k+1,\infty}, |||c|||_{k+1,\infty}\}$ und einer von u_h, v_h und h unabhängigen Konstanten $C = C(n,k)$.

Beweis: Als erstes schätzen wir die Differenz der Reaktionsterme ab. Da Funktionen in $H^{k+1,\infty}(\mathcal{T}_h)$ nach Lemma 1.1.20 stückweise stetig sind, folgt aus Lemma 4.3.8 die Abschätzung

$$\|\, \underline{c} - \tilde{\underline{c}} \,\|_{0,\infty} = \max_{T\in\mathcal{T}_h} \frac{|\,E_T(c)\,|}{\text{vol}(T)} \leq C \max_{T\in\mathcal{T}_h} h(T)^{k+1} \,|\, c\,|_{k+1,\infty;T} \leq C\, h^{k+1}\, |||c|||_{k+1,\infty}$$

für beliebiges $c \in H^{k+1,\infty}(\mathcal{T}_h)$. Mit der im Beweis von Lemma 4.3.1 nachgewiesenen Abschätzung $\|\, \overline{v}_h \,\|_{0,2} \leq C(n) \,\|\, v_h \,\|_{0,2}$ folgt hieraus für $u_h, v_h \in \mathcal{P}_{1,D}(\mathcal{T}_h)$ bereits

$$\begin{aligned} \Big| \int_\Omega (\underline{c} - \tilde{\underline{c}})\, u_h \overline{v}_h \, dx \Big| &\leq \|\, \underline{c} - \tilde{\underline{c}} \,\|_{0,\infty} \,\|\, u_h \,\|_{0,2} \,\|\, \overline{v}_h \,\|_{0,2} \\ &\leq C\, h^{k+1}\, |||c|||_{k+1,\infty} \,\|\, u_h \,\|_{0,2} \,\|\, v_h \,\|_{1,2} . \end{aligned}$$

Für die Konvektionsterme erhalten wir nach Anwendung des zweiten Gleichgewichtslemmas vollkommen analog die Abschätzung

$$\begin{aligned}
\Big| \sum_{B\in\mathcal{B}_h} \int_{\partial B} (\underline{b} - \tilde{\underline{b}})\, \underline{u}_h \overline{v}_h \cdot d\sigma \Big| &= \Big| \int_\Omega \nabla v_h \cdot (\underline{b} - \tilde{\underline{b}})\, \underline{u}_h \, dx \Big| \\
&\le \| \underline{b} - \tilde{\underline{b}} \|_{0,\infty} \| \underline{u}_h \|_{0,2} | v_h |_{1,2} \\
&\le C h^{k+1} \Big(\max_{1\le j\le n} |\!|\!| b_j |\!|\!|_{k+1,\infty} \Big) \| u_h \|_{0,2} | v_h |_{1,2} ,
\end{aligned}$$

wobei wir wie im Beweis von Lemma 4.3.4 die Abschätzung $\| \underline{u}_h \|_{0,2} \le \| u_h \|_{0,2}$ benutzt haben. Schließlich gilt für die Differenz der Diffusionsterme

$$\begin{aligned}
\Big| \sum_{B\in\mathcal{B}_h} \int_{\partial B} \overline{v}_h\, (\underline{A} - \tilde{\underline{A}})\, \nabla u_h \cdot d\sigma \Big| &= \Big| \int_\Omega \nabla v_h \cdot (\underline{A} - \tilde{\underline{A}}) \nabla u_h \, dx \Big| \\
&\le \| \varrho(\underline{A} - \tilde{\underline{A}}) \|_{0,\infty} | u_h |_{1,2} | v_h |_{1,2} \\
&\le C h^{k+1} \Big(\max_{1\le i,j\le n} |\!|\!| a_{ij} |\!|\!|_{k+1,\infty} \Big) | u_h |_{1,2} | v_h |_{1,2} .
\end{aligned}$$

Damit ist die Behauptung bewiesen. □

Die Approximation der Mittelwertprojektion $\underline{f}$ mit Hilfe von Quadraturformeln führt auf das gestörte Funktional

$$\tilde{\underline{f}}^*(v_h) = \int_\Omega \tilde{\underline{f}}\, \overline{v}_h \, dx , \qquad v_h \in \mathcal{P}_{1,D}(\mathcal{T}_h) .$$

Wie nicht anders zu erwarten, genügt auch der Konsistenzfehler $| \underline{f}^*(v_h) - \tilde{\underline{f}}^*(v_h) |$ einer $O(h^{k+1})$-Abschätzung, wenn die verwendeten Quadraturformeln exakt für alle Polynome vom Grad k sind, und f stückweise hinreichend glatt. Allerdings reicht hier die Forderung $f \in H^{k+1}(\mathcal{T}_h)$ im allgemeinen nicht aus, da Funktionen in diesem Raum im allgemeinen nicht stückweise stetig sind. Wir müssen deswegen voraussetzen, daß $f \in H^{k+1,p}(\mathcal{T}_h)$ für ein $p \ge 2$ mit $n/(k+1) < p \le \infty$ gilt. In diesem Fall können wir die folgende Abschätzung beweisen:

Lemma 4.3.11 (Abschätzung des Konsistenzfehlers $| \underline{f}^*(v_h) - \tilde{\underline{f}}^*(v_h) |$)
Sei $\Omega \subset \mathbb{R}^n$ ein polyedrisches Gebiet und $\mathcal{T}_h$ eine konsistente Triangulierung von Ω. Weiter sei $\mathcal{B}_h$ ein duales Boxgitter zu $\mathcal{T}_h$ und $f \in H^{k+1,p}(\mathcal{T}_h)$ für einen Index $k \ge 0$ und ein $p \ge 2$ mit $n/(k+1) < p \le \infty$. Die verwenden Quadraturformeln seien exakt für alle Polynome vom Grad k. Dann gilt für $v_h \in \mathcal{P}_1(\mathcal{T}_h)$ die Abschätzung

$$| \underline{f}^*(v_h) - \tilde{\underline{f}}^*(v_h) | \le C h^{k+1} |\!|\!| f |\!|\!|_{k+1,p} \| v_h \|_{1,2}$$

mit einer von v_h und h unabhängigen Konstanten $C = C(\Omega, k, p)$.

Beweis: Wegen

$$| \underline{f}^*(v_h) - \tilde{\underline{f}}^*(v_h) | = \Big| \int_\Omega (\underline{f} - \tilde{\underline{f}})\, \overline{v}_h \, dx \Big| \le C \| \underline{f} - \tilde{\underline{f}} \|_{0,2} \| v_h \|_{1,2}$$

bleibt $\| \underline{f} - \tilde{\underline{f}} \|_{0,2}$ abzuschätzen. Mit dem Einbettungssatz für L^p-Räume (Lemma 1.1.14) und Lemma 4.3.8 folgt aus $p \geq 2$, $p > n/(k+1)$ die Abschätzung

$$\begin{aligned}
\| \underline{f} - \tilde{\underline{f}} \|_{0,2} &\leq \operatorname{vol}(\Omega)^{\frac{1}{2}-\frac{1}{p}} \| \underline{f} - \tilde{\underline{f}} \|_{0,p} \\
&= \operatorname{vol}(\Omega)^{\frac{1}{2}-\frac{1}{p}} \Big(\sum_{T \in \mathcal{T}_h} \| \underline{f} - \tilde{\underline{f}} \|_{0,p;T}^p \Big)^{1/p} \\
&= \operatorname{vol}(\Omega)^{\frac{1}{2}-\frac{1}{p}} \Big(\sum_{T \in \mathcal{T}_h} \int_T \frac{| E_T(f) |^p}{\operatorname{vol}(T)^p} \, dx \Big)^{1/p} \\
&\leq \operatorname{vol}(\Omega)^{\frac{1}{2}-\frac{1}{p}} \Big(\sum_{T \in \mathcal{T}_h} \int_T C \operatorname{vol}(T)^{-1} \, h(T)^{p(k+1)} \, | f |_{k+1,p;T}^p \, dx \Big)^{1/p} \\
&\leq C \operatorname{vol}(\Omega)^{\frac{1}{2}-\frac{1}{p}} \, h^{k+1} \Big(\sum_{T \in \mathcal{T}_h} | f |_{k+1,p;T}^p \Big)^{1/p} \\
&\leq C \operatorname{vol}(\Omega)^{\frac{1}{2}-\frac{1}{p}} \, h^{k+1} \, |\!|\!| f |\!|\!|_{k+1,p}
\end{aligned}$$

mit $C = C(n, k, p)$. Insgesamt erhalten wir so für $v_h \in \mathcal{P}_1(\mathcal{T}_h)$ die Abschätzung

$$| \underline{f}^*(v_h) - \tilde{\underline{f}}^*(v_h) | \leq C(\Omega, k, p) \, h^{k+1} \, |\!|\!| f |\!|\!|_{k+1,p} \, \| v_h \|_{1,2} \, .$$

Damit ist die Behauptung bewiesen. □

Mit Hilfe der abstrakten Fehlerabschätzungen von Kapitel 4.2.1 folgt nun wie in Kapitel 4.2.6, daß für das gestörte diskrete Problem

$$\text{Finde } u_h \in \mathcal{P}_{1,D}(\mathcal{T}_h) \text{ mit } \quad \tilde{\underline{\mathcal{A}}}_h(u_h, v_h) = \tilde{\underline{f}}^*(v_h) \, , \qquad v_h \in \mathcal{P}_{1,D}(\mathcal{T}_h) \, ,$$

im Prinzip dieselben Fehlerabschätzungen gelten wie für das ursprüngliche diskrete Problem (4.1.15), wenn die Koeffizienten stückweise hinreichend glatt sind, die Boxgitter $\mathcal{B}_h$ den Bedingungen (G1), (G2), (R1), (R2) genügen, und die verwendeten Quadraturformeln lineare Polynome exakt integrieren. Die einfachste Quadraturformel, die dieser Bedingung genügt, ist die Mittelpunktsregel aus Beispiel 1.4.20.

4.3.4 Verwendung der unmodifizierten Bilinearform

Zum Schluß dieses Kapitels wollen wir nun auch eine Fehlerabschätzung für die unmodifizierte Bilinearform $\mathcal{A}_{\mathcal{B}_h}(.,.)$ aus Kapitel 4.1.1 herleiten. Diese unterscheidet sich von $\mathcal{A}_h(.,.)$ dadurch, daß im Diffusionsterm anstatt der Mittelwertprojektion $\underline{A}$ noch die unmodifizierte Matrixfunktion A auftritt.

Da A im allgemeinen nicht stückweise konstant ist, ist die Anwendung des zweiten Gleichgewichts-Lemmas hier nicht mehr möglich. Wir können deswegen für die unmodifizierte Bilinearform $\mathcal{A}_{\mathcal{B}_h}(.,.)$ höchstens die Konvergenzrate $O(h)$ beweisen. Dazu müssen wir allerdings eine weitere Forderung an die dualen Boxgitter $\mathcal{B}_h$ stellen. Diese dritte Regularitätsbedingung besagt im wesentlichen, daß die Boxenränder ∂B_j^h nicht nur Lipschitz-regulär sondern in gewissem Sinne sogar *gleichmäßig* Lipschitz-regulär sind.

Definition 4.3.12 (Eine dritte Regularitätsbedingung)
Sei $\Omega \subset \mathbb{R}^n$ ein polyedrisches Lipschitz-Gebiet und $\mathcal{T}_h$ eine konsistente Triangulierung von Ω. Ein duales Boxgitter $\mathcal{B}_h = \{ B_1^h, \ldots, B_{N_h}^h \}$ zu $\mathcal{T}_h$ genügt der *Regularitätsbedingung* (R3), wenn für $1 \leq j \leq N_h$ und jedes Element $T \in \mathcal{T}_j^h$ die Abschätzung

$$\text{(R3)} \qquad \operatorname{vol}(S_{j,i_j,T}(T)) \leq \frac{C\,\delta(T)}{h(T)} \operatorname{vol}(B_j^h \cap T)$$

gilt, mit einer von $\mathcal{T}_h$, j und T unabhängigen Konstanten $C = C(n)$.

Unter der Voraussetzung, daß die Regularitätsbedingungen (R1), (R2) und (R3) erfüllt und die Koeffizienten a_{ij} hinreichend glatt sind, können wir nun die folgenden $O(h)$-Abschätzung für den unmodifizierten Diffusionsterm beweisen:

Lemma 4.3.13 (Verwendung der unmodifizierten Bilinearform)
Sei $\Omega \subset \mathbb{R}^n$ ein polyedrisches Lipschitz-Gebiet und $\mathcal{T}_h$ eine konsistente Triangulierung von Ω. Weiter sei $\mathcal{B}_h$ ein duales Boxgitter zu $\mathcal{T}_h$, das den Regularitätsbedingungen (R1), (R2) und (R3) genügt. Schließlich gelte $a_{ij} \in H^{1,\infty}(\mathcal{T}_h)$ für $1 \leq i, j \leq n$. Dann gilt für $u_h, v_h \in \mathcal{P}_{1,D}(\mathcal{T}_h)$ die Abschätzung

$$\Big| \sum_{B \in \mathcal{B}_h} \int_{\partial B} \overline{v}_h \,(A - \underline{A}) \nabla u_h \cdot d\sigma \Big| \leq C\,h \Big(\max_{1 \leq i,j \leq n} \|a_{ij}\|_{1,\infty} \Big) \,|\, u_h \,|_{1,2} \,|\, v_h \,|_{1,2}\,,$$

mit einer von u_h, v_h und h unabhängigen Konstanten $C = C(n, \delta(\mathcal{T}_h))$.

Beweis: Aus den Regularitätsbedingungen (R1) und (R2) folgt mit Lemma 4.2.10 für den Rand jeder der Boxen $B_j^h \in \mathcal{B}_h$ die Zerlegung

$$\partial B_j^h \setminus \Gamma = \bigcup_{T \in \mathcal{T}_j^h} S_{j,i_j,T}(T)\,.$$

Die Regularitätsbedingung (R2) impliziert darüber hinaus, daß das Innere der Randanteile $S_{j,i_j,T}(T)$ im Inneren von T liegt. Für $T \in \mathcal{T}_h$ und jedes stetige Vektorfeld $v \in C(T)^n$ gilt somit

$$\sum_{x_j^h \in T} \int_{S_{j,i_j,T}(T)} v \cdot d\sigma = 0\,,$$

wobei die Summe sich über alle Eckpunkte x_j^h von T erstreckt. Für beliebige Funktionen $u_h, v_h \in \mathcal{P}_1(\mathcal{T}_h)$ ist nun aufgrund der Glattheitsvoraussetzung an die Koeffizienten a_{ij} das Vektorfeld $v_h\, A \nabla u_h$ stetig auf jedem Element $T \in \mathcal{T}_h$. Es gilt also

$$\sum_{B \in \mathcal{B}_h} \int_{\partial B \setminus \Gamma} v_h \, A \nabla u_h \cdot d\sigma = 0\,.$$

Analog erhalten wir die Beziehung

$$\sum_{B \in \mathcal{B}_h} \int_{\partial B \setminus \Gamma} v_h \, \underline{A} \nabla u_h \cdot d\sigma = 0\,.$$

Schließlich folgt aus (R2) auch, daß für $v_h \in \mathcal{P}_{1,D}(\mathcal{T}_h)$ die Funktion $\overline{v}_h$ ebenfalls auf Γ verschwindet. Wir können also zunächst folgendermaßen abschätzen:

$$\begin{aligned}
&\Big| \sum_{B\in\mathcal{B}_h} \int_{\partial B} \overline{v}_h \, (A-\underline{A})\nabla u_h \cdot d\sigma \Big| \\
&\quad = \Big| \sum_{j=1}^{N_h} \int_{\partial B_j^h\setminus\Gamma} (\overline{v}_h - v_h)\,(A-\underline{A})\nabla u_h \cdot d\sigma \Big| \\
&\quad = \Big| \sum_{j=1}^{N_h} \sum_{T\in\mathcal{T}_j^h} \int_{S_{j,i_j,T}(T)} (\overline{v}_h - v_h)\,(A-\underline{A})\nabla u_h \cdot d\sigma \Big| \\
&\quad \le \| \varrho(A-\underline{A}) \|_{0,\infty} \sum_{j=1}^{N_h} \sum_{T\in\mathcal{T}_j^h} \mathrm{vol}(S_{j,i_j,T}(T)) \, \| v_h - \overline{v}_h \|_{0,\infty;T} \, | \nabla u_h(T) | \,.
\end{aligned}$$

Aus Lemma 4.2.14 schließen wir

$$\| \varrho(A-\underline{A}) \|_{0,\infty} \le C \max_{1\le i,j\le n} \| a_{ij} - \underline{a}_{ij} \|_{0,\infty} \le C\,h \max_{1\le i,j\le n} \| a_{ij} \|_{1,\infty} \,.$$

Die Gleichgewichtsbedingung (R3) impliziert

$$\mathrm{vol}(S_{j,i_j,T}(T)) \le \frac{C\,\delta(T)}{h(T)} \mathrm{vol}(B_j^h \cap T) \,.$$

Schließlich folgt aus dem Beweis von Lemma 4.2.15 die Abschätzung

$$\| v_h - \overline{v}_h \|_{0,\infty;T} \le h(T) \, | \nabla v_h(T) | \,.$$

Insgesamt erhalten wir also

$$\begin{aligned}
&\Big| \sum_{B\in\mathcal{B}_h} \int_{\partial B} \overline{v}_h \, (A-\underline{A})\nabla u_h \cdot d\sigma \Big| \\
&\quad \le C\,\delta(\mathcal{T}_h)\,h \Big(\max_{1\le i\le j} \| a_{ij} \|_{1,\infty} \Big) \sum_{j=1}^{N_h} \sum_{T\in\mathcal{T}_j^h} | \nabla v_h(T) | \, | \nabla u_h(T) | \, \mathrm{vol}(B_j^h \cap T) \\
&\quad = C\,\delta(\mathcal{T}_h)\,h \Big(\max_{1\le i,j\le n} \| a_{ij} \|_{1,\infty} \Big) \int_\Omega | \nabla v_h | \, | \nabla u_h | \, dx \\
&\quad \le C\,\delta(\mathcal{T}_h)\,h \Big(\max_{1\le i,j\le n} \| a_{ij} \|_{1,\infty} \Big) | u_h |_{1,2} \, | v_h |_{1,2} \,.
\end{aligned}$$

Damit ist die Behauptung bewiesen. □

Bemerkung 4.3.14 (Zur Schärfe der Abschätzung)

Die Tatsache, daß wir trotz Einschmuggelns der Funktion v_h nur eine $O(h)$-Abschätzung erhalten, deutet an, daß diese Abschätzung scharf ist. Tatsächlich zeigt der Beweis von Lemma 4.3.13, daß der Faktor h beim Übergang vom Rand ins Innere des Boxanteils $B_j^h \cap T$ verloren geht. Dieser Effekt ist typisch für eine ganze Reihe ähnlicher Aussagen, siehe etwa Bemerkung 4.2.29. Grundsätzlich gilt: Beim Übergang von einer diskreten Randnorm (z.B. $\| u_h \|_{0,p;\partial T}$) zur entsprechenden Gebietsnorm (z.B. $\| u_h \|_{0,p;T}$) verliert man einen Faktor $h^{1/p}$. Beim Beweis von Lemma 4.3.13 verlieren wir den Faktor $h^{1/2}$ gleich zweimal: einmal für ∇u_h und einmal für ∇v_h. Die so erhaltene $O(h)$-Abschätzung dürfte folglich scharf sein.

4.4 Konstruktion der dualen Boxgitter

In Kapitel 4.2 haben wir Fehlerabschätzungen für das Finite-Volumen-Verfahren unter der Voraussetzung bewiesen, daß die zugrundeliegenden dualen Boxgitter den Gleichgewichtsbedingungen (G1), (G2) sowie den Regularitätsbedingungen (R1), (R2) genügen. Die Frage nach der Konstruktion solcher Boxgitter blieb bisher unbeantwortet. Wir wollen deswegen in diesem Kapitel ein Verfahren vorstellen, mit dem sich duale Boxgitter im $\mathbb{R}^n$ konstruieren lassen, die die genannten Anforderungen erfüllen. Dabei handelt es sich um die direkte Verallgemeinerung des in Kapitel 4.1.2 beschriebenen, zweidimensionalen *Schwerpunktverfahrens*.

Letzteres besitzt gegenüber dem an gleicher Stelle erwähnten Mittelsenkrechtenverfahren den Vorteil, daß es auf beliebige Triangulierungen im $\mathbb{R}^2$ anwendbar ist und die Gleichgewichtsbedingung (G1) erfüllt. Das hier vorgestellte Schwerpunktverfahren im $\mathbb{R}^n$ besitzt die gleichen angenehmen Eigenschaften und genügt darüber hinaus den Bedingungen (G2), (R1), (R2) und sogar (R3). Um diese Eigenschaften nachzuweisen, leiten wir mit Hilfe baryzentrischer Koordinaten eine besonders einfache und elegante Darstellung der Boxanteile $B_j^h \cap T$ her. Zur Definition des Schwerpunktverfahrens selbst verwenden wir – wie nicht anders zu erwarten – die Schwerpunkte der Elemente $T \in \mathcal{T}_h$ und ihrer Randsimplizes.

4.4.1 Das Schwerpunktverfahren im $\mathbb{R}^n$

Bevor wir das Schwerpunktverfahren im $\mathbb{R}^n$ definieren, betrachten wir noch einmal das wohlbekannte zweidimensionale Verfahren, das wir bereits in Kapitel 4.1.2 beschrieben haben. Beim Schwerpunktverfahren im $\mathbb{R}^2$ wird ein zu $\mathcal{T}_h$ duales Boxgitter $\mathcal{B}_h$ erzeugt, indem man in jedem Dreieck $T \in \mathcal{T}_h$ den Schwerpunkt mit den drei Kantenmittelpunkten verbindet. Dadurch wird jedes Dreieck in drei gleich große Anteile zerlegt, von denen jeder eindeutig einem Eckpunkt des Dreiecks und damit der zugehörigen Box zugeordnet werden kann. Die Box B_j^h besteht dann aus den zum Eckpunkt x_j^h gehörenden Anteilen in allen Dreiecken $T \in \mathcal{T}_j^h$ (Abb. 4.7). Das so konstruierte Boxgitter $\mathcal{B}_h$ erfüllt automatisch sowohl die Gleichgewichts- als auch die Regularitätsbedingungen (siehe Satz 4.4.9).

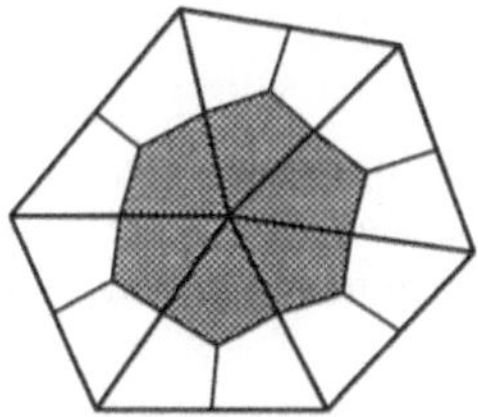

Abb. 4.7: Schwerpunktverfahren im $\mathbb{R}^2$

Das soeben beschriebeneVerfahren läßt sich wie folgt auf den dreidimensionalen Fall übertragen: Wir verbinden den Schwerpunkt jedes Tetraeders T einer gegebenen Triangulierung $\mathcal{T}_h$ im $\mathbb{R}^3$ mit den vier Schwerpunkten seiner Seitendreiecke und diese wiederum – analog zum zweidimensionalen Fall – mit den Mittelpunkten ihrer Kanten. Dadurch wird jedes Tetraeder in vier gleich große Anteile zerlegt, von denen jeder eindeutig einem Eckpunkt des Tetraeders und somit der zugehörigen Box zugeordnet werden kann (Abb. 4.8).

Wie oben definieren wir wieder die Box B_j^h als Vereinigung der zum Eckpunkt x_j^h gehörenden Boxanteile in allen Tetraedern $T \in \mathcal{T}_j^h$. Wie wir noch zeigen werden, genügt auch das so konstruierte Boxgitter den Bedingungen (G1), (G2), (R1) und (R2).

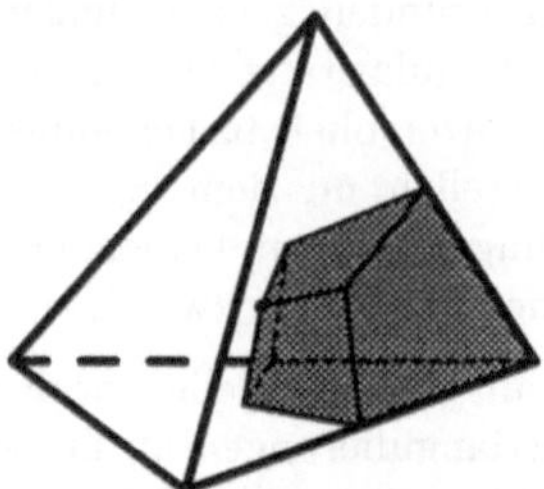

Abb. 4.8: Schwerpunktverfahren im $\mathbb{R}^3$

Ähnlich mühelos können wir nun auch das Schwerpunktverfahren für Triangulierungen im $\mathbb{R}^n$ beschreiben: Wir verbinden den Schwerpunkt jedes n-Simplizes T mit den Schwerpunkten seiner $(n$–$1)$-Randsimplizes, diese wiederum mit den Schwerpunkten ihrer $(n$–$2)$-Randsimplizes, usw. Um dieses Verfahren mathematisch präzise formulieren zu können, führen wir für die Schwerpunkte von Randsimplizes die folgende Notation ein:

Definition 4.4.1 (Schwerpunkte von Randsimplizes)

Sei $T = [\,x_T^{(0)}, \dots, x_T^{(n)}\,]$ ein nichtentartetes Simplex im $\mathbb{R}^n$. Wir bezeichnen mit $\mathbb{B}^{n+1}$ die Menge aller Booleschen Vektoren $\beta = (\beta_0, \dots, \beta_n)$ mit Einträgen $\beta_j \in \{\,0, 1\,\}$. Für einen beliebigen Vektor $\beta \in \mathbb{B}^{n+1}$, $\beta \neq 0$, setzen wir $|\,\beta\,| := \sum_{j=0}^n \beta_j$ und bezeichnen mit $S_\beta(T)$ das $(|\,\beta\,|-1)$-Randsimplex von T mit genau denjenigen Eckpunkten $x_T^{(j)}$, für die $\beta_j = 1$ gilt. Den Punkt

$$x_\beta(T) \;:=\; \frac{1}{|\,\beta\,|} \sum_{j=0}^{n} \beta_j \, x_T^{(j)}$$

bezeichnen wir als *Schwerpunkt* von $S_\beta(T)$.

Beachte, daß die in Definition 4.2.4 eingeführten $(n-1)$-Randsimplizes $S_k(T)$ gerade diejenigen Randsimplizes $S_\beta(T)$ sind, für die $\beta_j = 1$, $j \neq k$ und $\beta_k = 0$ gilt. Mit Hilfe der neuen Notation können wir nun das Schwerpunktverfahren im $\mathbb{R}^n$ wie folgt definieren:

Definition 4.4.2 (Schwerpunktverfahren im $\mathbb{R}^n$)

Sei $\Omega \subset \mathbb{R}^n$ ein polyedrisches Gebiet und $\mathcal{T}_h$ eine konsistente Triangulierung von Ω mit den Eckpunkten $x_1^h, \dots, x_{N_h}^h$. Für jedes Element $T = [\,x_T^{(0)}, \dots, x_T^{(n)}\,] \in \mathcal{T}_h$ definieren wir die *Boxanteile* $B_{i,T}$, $0 \le i \le n$, durch

$$B_{i,T} \;=\; \operatorname{conv}\, \Big\{\, x_\beta(T) \mid \beta \in \mathbb{B}^{n+1};\; \beta_i = 1 \,\Big\}, \tag{4.4.1}$$

d.h., $B_{i,T}$ ist die lineare Hülle der Schwerpunkte aller Randsimplizes der Dimension $0 \le \ell \le n$ von T, die $x_T^{(i)}$ als Eckpunkt haben. Für $1 \le j \le N_h$ definieren wir dann die Box B_j^h zum Eckpunkt $x_j^h \in \mathcal{N}_h$ als Vereinigung der entsprechenden Boxanteile $B_{i_j,T,T}$, $T \in \mathcal{T}_j^h$:

$$B_j^h := \bigcup \{ B_{i_j,T,T} \mid T \in \mathcal{T}_j^h \}, \qquad 1 \le j \le N_h . \tag{4.4.2}$$

Die Menge der so definierten Boxen B_j^h, $1 \le j \le N_h$, bezeichnen wir mit $\mathcal{B}_h^S$. Das hochgestellte S steht hierbei für das *Schwerpunktverfahren.*

Unsere Aufgabe besteht nun darin, zu zeigen, daß die so definierte Boxmenge $\mathcal{B}_h^S$ tatsächlich ein duales Boxgitter zu $\mathcal{T}_h$ ist, das darüber hinaus den oben gestellten Gleichgewichts- und Regularitätsbedingungen genügt. Dazu erweist sich die Darstellung (4.4.1) der Boxanteile $B_{i,T}$ allerdings als unhandlich. Eine elegantere Darstellung ist mit Hilfe baryzentrischer Koordinaten möglich. Dazu beweisen wir zunächst das folgende Lemma:

Lemma 4.4.3
Sei $T = [x_T^{(0)}, \dots, x_T^{(n)}]$ ein nichtentartetes Simplex im $\mathbb{R}^n$. Wir bezeichnen mit $\Pi_{0,n}$ die Menge aller Permutationen der Zahlen $\{0, \dots, n\}$ und definieren die Mengen $B_{\pi,T}$, $\pi \in \Pi_{0,n}$, durch

$$B_{\pi,T} := \Big\{ x = \sum_{j=0}^{n} \lambda_j x_T^{(j)} \;\Big|\; \sum_{j=0}^{n} \lambda_j = 1;\ \lambda_{\pi(0)} \ge \lambda_{\pi(1)} \ge \dots \ge \lambda_{\pi(n)} \ge 0 \Big\} .$$

Dann ist $B_{\pi,T}$ ein (n)-Simplex mit den Eckpunkten

$$x_\pi^{(j)} := \frac{1}{j+1} \sum_{k=0}^{j} x_T^{(\pi(k))}, \qquad 0 \le j \le n,$$

d.h., es gilt $B_{\pi,T} \approx [x_\pi^{(0)}, \dots, x_\pi^{(n)}]$ für $\pi \in \Pi_{0,n}$ (vgl. Definition 1.3.2).

Beweis: Sei $\pi \in \Pi_{0,n}$ beliebig, aber fest. Wir zeigen zunächst $B_{\pi,T} \subset [x_\pi^{(0)}, \dots, x_\pi^{(n)}]$. Sei dazu $x \in B_{\pi,T}$ beliebig. Für die baryzentrischen Koordinaten λ von x bzgl. T gilt

$$\lambda_{\pi(0)} \ge \lambda_{\pi(1)} \ge \dots \ge \lambda_{\pi(n)} . \tag{4.4.3}$$

Da die Summe aller λ_j Eins ergibt, gilt außerdem

$$\lambda_{\pi(j)} \le \frac{1}{j+1}, \qquad 0 \le j \le n . \tag{4.4.4}$$

Wir definieren nun weitere reelle Zahlen $\tilde\lambda_0, \dots, \tilde\lambda_n$ durch

$$\tilde\lambda_j := (j+1)\,(\lambda_{\pi(j)} - \lambda_{\pi(j+1)}), \qquad 0 \le j \le n, \tag{4.4.5}$$

wobei wir der Einfachheit halber $\lambda_{\pi(n+1)} := 0$ gesetzt haben. Aus (4.4.3) und (4.4.4) schließen wir $\tilde\lambda_j \in [0,1]$ für $0 \le j \le n$. Außerdem gilt

$$\sum_{j=0}^{n} \tilde\lambda_j = \sum_{j=0}^{n} (\lambda_{\pi(j)} - \lambda_{\pi(j+1)})\,(j+1) = \sum_{j=0}^{n} \lambda_{\pi(j)}\,(j+1-j) = \sum_{j=0}^{n} \lambda_{\pi(j)} = 1 .$$

Wegen

$$\begin{aligned}
\sum_{j=0}^{n} \tilde{\lambda}_j\, x_\pi^{(j)} &= \sum_{j=0}^{n} \frac{\tilde{\lambda}_j}{j+1} \sum_{k=0}^{j} x_T^{(\pi(k))} = \sum_{j=0}^{n} \left(\lambda_{\pi(j)} - \lambda_{\pi(j+1)}\right) \sum_{k=0}^{j} x_T^{(\pi(k))} \\
&= \sum_{j=0}^{n} \lambda_{\pi(j)} \sum_{k=0}^{j} x_T^{(\pi(k))} - \sum_{j=1}^{n} \lambda_{\pi(j)} \sum_{k=0}^{j-1} x_T^{(\pi(k))} \\
&= \lambda_{\pi(0)}\, x_T^{(\pi(0))} + \sum_{j=1}^{n} \lambda_{\pi(j)}\, x_T^{(\pi(j))} = \sum_{j=0}^{n} \lambda_j\, x_T^{(j)} = x
\end{aligned}$$

liegt x in der konvexen Hülle der Punkte $x_\pi^{(j)}$, $0 \le j \le n$, und somit in $[\, x_\pi^{(0)}, \dots, x_\pi^{(n)}\,]$.
Es bleibt noch die Umkehrung $[\, x_\pi^{(0)}, \dots, x_\pi^{(n)}\,] \subset B_{\pi,T}$ zu zeigen. Sei dazu $x \in [\, x_\pi^{(0)}, \dots, x_\pi^{(n)}\,]$ beliebig. Wir bezeichnen die baryzentrischen Koordinaten von x bzgl. $[\, x_\pi^{(0)}, \dots, x_\pi^{(n)}\,]$ mit $\tilde{\lambda}$. Für diese gilt

$$x = \sum_{j=0}^{n} \tilde{\lambda}_j\, x_\pi^{(j)}, \qquad \sum_{j=0}^{n} \tilde{\lambda}_j = 1\,.$$

Wir definieren nun $n+1$ reelle Zahlen $\lambda_0, \dots, \lambda_n$ durch

$$\lambda_{\pi(j)} := \sum_{k=j}^{n} \frac{\tilde{\lambda}_j}{j+1}, \qquad 0 \le j \le n\,.$$

Für diese gilt $\sum \lambda_j = 1$ sowie

$$\lambda_{\pi(0)} \ge \lambda_{\pi(1)} \ge \cdots \ge \lambda_{\pi(n)} \ge 0\,. \tag{4.4.6}$$

Da außerdem die Beziehung (4.4.5) gilt, folgt wie oben die Darstellung $x = \sum \lambda_j\, x_T^{(j)}$. Also sind die Zahlen λ_j gerade die baryzentrischen Koordinaten von x bzgl. T, und aus (4.4.6) schließen wir, daß $x \in B_{\pi,T}$ gilt. Die Behauptung ist damit bewiesen. □

Lemma 4.4.4 (Darstellung der Boxanteile $B_{i,T}$)

Sei $T = [\, x_T^{(0)}, \dots, x_T^{(n)}\,]$ ein nichtentartetes Simplex im $\mathbb{R}^n$. Dann gilt für jeden der durch (4.4.1) definierten Boxanteile $B_{i,T}$, $0 \le i \le n$, die Darstellung

$$B_{i,T} := \left\{\, x = \sum_{j=0}^{n} \lambda_j\, x_T^{(j)} \;\middle|\; \sum_{j=0}^{n} \lambda_j = 1;\; \lambda_i \ge \lambda_j \ge 0,\, j \ne i \,\right\}, \tag{4.4.7}$$

d.h., $B_{i,T}$ besteht aus allen Punkten $x \in T$, deren baryzentrische Koordinate λ_i eine der maximalen ist.

Beweis: Wir bezeichnen die Menge auf der rechten Seite von (4.4.7) mit $\tilde{B}_{i,T}$ und zeigen zunächst $B_{i,T} \subset \tilde{B}_{i,T}$ für $0 \le i \le n$. Sei dazu $x \in B_{i,T}$ beliebig. Dann existieren reelle Zahlen $\lambda_\beta \in [\,0,1\,]$ für $\beta \in \mathbb{B}_i^{n+1} := \{\, b \in \mathbb{B}^{n+1} \,|\, b_i = 1 \,\}$ mit

$$x = \sum_{\beta \in \mathbb{B}_i^{n+1}} \lambda_\beta\, x_\beta(T)\,, \qquad \sum_{\beta \in \mathbb{B}_i^{n+1}} \lambda_\beta = 1\,.$$

Wir setzen für $0 \le j \le n$

$$\lambda_j := \sum_{\beta \in \mathbf{B}_i^{n+1}} \frac{\lambda_\beta \beta_j}{|\beta|}.$$

Natürlich gilt $\lambda_j \ge 0$ für $0 \le j \le n$ und wir haben

$$\sum_{j=0}^{n} \lambda_j = \sum_{\beta \in \mathbf{B}_i^{n+1}} \lambda_\beta \sum_{j=0}^{n} \frac{\beta_j}{|\beta|} = \sum_{\beta \in \mathbf{B}_i^{n+1}} \lambda_\beta = 1.$$

Außerdem gilt wegen $\beta_i = 1$ für $\beta \in \mathbb{B}_i^{n+1}$ die Abschätzung

$$\lambda_j = \sum_{\beta \in \mathbf{B}_i^{n+1}} \frac{\lambda_\beta \beta_j}{|\beta|} \le \sum_{\beta \in \mathbf{B}_i^{n+1}} \frac{\lambda_\beta \beta_i}{|\beta|} = \lambda_i, \qquad j \ne i.$$

Aus

$$x = \sum_{\beta \in \mathbf{B}_i^{n+1}} \lambda_\beta x_\beta(T) = \sum_{\beta \in \mathbf{B}_i^{n+1}} \frac{\lambda_\beta}{|\beta|} \sum_{j=0}^{n} \beta_j x_T^{(j)} = \sum_{j=0}^{n} \Big(\sum_{\beta \in \mathbf{B}_i^{n+1}} \frac{\lambda_\beta \beta_j}{|\beta|} \Big) x_T^{(j)} = \sum_{j=0}^{n} \lambda_j x_T^{(j)}$$

folgt somit $x \in \tilde{B}_{i,T}$. Da $x \in B_{i,T}$ beliebig war, ist die Inklusion $B_{i,T} \subset \tilde{B}_{i,T}$ bewiesen.

Zum Beweis der Umkehrung verwenden wir die Bezeichnungen von Lemma 4.4.3. Für $\tilde{B}_{i,T}$ gilt dann die Darstellung

$$\tilde{B}_{i,T} = \bigcup \left\{ B_{\pi,T} \;\middle|\; \pi \in \Pi_{0,n};\ \pi(0) = i \right\}, \qquad 0 \le i \le n.$$

Es genügt daher zu zeigen, daß $B_{\pi,T} = [\, x_\pi^{(0)}, \ldots, x_\pi^{(n)} \,] \subset B_{i,T}$ für jede Permutation $\pi \in \Pi_{0,n}$ mit $\pi(0) = i$ gilt. Nehmen wir also an, π sei eine solche Permutation. Da sowohl $B_{\pi,T}$ als auch $B_{i,T}$ konvex sind, brauchen wir nur zu zeigen, daß die Eckpunkte

$$x_\pi^{(j)} = \frac{1}{j+1} \sum_{k=0}^{j} x_T^{(\pi(k))}, \qquad 0 \le j \le n,$$

von $B_{\pi,T}$ in $B_{i,T}$ liegen. Tatsächlich ist jeder der Eckpunkte $x_\pi^{(j)}$ ein Eckpunkt von $B_{i,T}$. Um dies einzusehen, definieren wir $n+1$ Boolesche Vektoren $\beta^{(0)}, \ldots, \beta^{(n)} \in \mathbb{B}^{n+1}$ durch

$$\beta_{\pi(k)}^{(j)} = \begin{cases} 1, & 0 \le k \le j, \\ 0, & j < k \le n. \end{cases}$$

Es gilt dann für jeden der Eckpunkte $x_\pi^{(j)}$, $0 \le j \le n$, wegen $|\,\beta^{(j)}\,| = j+1$ die Darstellung

$$x_\pi^{(j)} = \frac{1}{j+1} \sum_{k=0}^{j} x_T^{(\pi(k))} = \frac{1}{j+1} \sum_{k=0}^{n} \beta_{\pi(k)}^{(j)} x_T^{(\pi(k))} = \frac{1}{|\,\beta^{(j)}\,|} \sum_{k=0}^{n} \beta_k^{(j)} x_T^{(k)} = x_{\beta^{(j)}}(T),$$

d.h., $x_\pi^{(j)}$ stimmt mit dem Schwerpunkt $x_{\beta^{(j)}}(T)$ des Randsimplizes $S_{\beta^{(j)}}(T)$ überein. Da außerdem $\beta_i^{(j)} = \beta_{\pi(0)}^{(j)} = 1$ für $0 \le j \le n$ gilt, sind alle Eckpunkte $x_\pi^{(j)}$ auch Eckpunkte von $B_{i,T}$. Damit ist die Behauptung bewiesen. □

Bemerkung 4.4.5
Die soeben bewiesene Darstellung der Boxanteile $B_{i,T}$ für das Schwerpunktverfahren ist natürlich nicht neu. Sie ist aber vielen Autoren, die sich mit Finite-Volumen-Verfahren beschäftigen, bisher noch nicht bekannt[1] und deswegen in der gängigen Literatur auch nur sehr schwer zu finden. Erst kurz vor Fertigstellung dieses Buches sind wir auf eine entsprechende Darstellung in einem Buch von ROOS, STYNES & TOBISKA gestoßen ([127], S. 212).

4.4.2 Eigenschaften des Schwerpunktverfahrens

Mit Hilfe von Lemma 4.4.3 und der Darstellung (4.4.7) lassen sich nun leicht die folgenden Eigenschaften der Boxanteile $B_{i,T}$ nachweisen:

Lemma 4.4.6 (Eigenschaften der Boxanteile $B_{i,T}$)
Sei $T = [x_T^{(0)}, \ldots, x_T^{(n)}]$ *ein nichtentartetes Simplex im* $\mathbb{R}^n$. *Dann besitzen die Boxanteile* $B_{i,T}$, $0 \le i \le n$, *die folgenden Eigenschaften:*

(i) $B_{i,T}$ *ist konvex,*

(ii) $B_{i,T} \cap S_i(T) = \emptyset$,

(iii) $B_{i,T}$ *enthält als einzigen Eckpunkt von* T *den Punkt* $x_T^{(i)}$,

(iv) Die Vereinigung der Mengen $B_{i,T}$, $0 \le i \le n$, *ergibt* T,

(v) Es gilt $Int(B_{i,T}) \cap Int(B_{j,T}) = \emptyset$ *für* $i \ne j$,

(vi) $\mathrm{vol}(B_{i,T}) = \mathrm{vol}(T) \,/\, (n+1)$.

Beweis: (i) Die Konvexität der Boxanteile $B_{i,T}$ folgt aus ihrer Definition als lineare Hülle von Randsimplexschwerpunkten.

(ii) folgt aus der Tatsache, daß die baryzentrische Koordinate λ_i auf dem $x_T^{(i)}$ gegenüberliegenden Randsimplex $S_i(T)$ verschwindet.

(iii) folgt aus (ii) und der Tatsache, daß für die baryzentrischen Koordinaten des Eckpunktes $x_T^{(i)}$ die Beziehung $\lambda_j = \delta_{ij}$ für $0 \le j \le n$ gilt.

(iv) Zu jedem Punkt $x \in T$ mit baryzentrischen Koordinaten λ können wir mindestens einen Index i finden, so daß $\lambda_i \ge \lambda_j$ für $j \ne i$ gilt und somit $x \in B_{i,T}$. Folglich ist T die Vereinigung der Mengen $B_{i,T}$, $0 \le i \le n$.

(v) Für $0 \le i \le n$ gilt

$$Int(B_{i,T}) = \Big\{ x = \sum_{j=0}^{n} \lambda_j \, x_T^{(j)} \;\Big|\; \sum_{j=0}^{n} \lambda_j = 1;\ 1 > \lambda_i > \lambda_j > 0,\ j \ne i \Big\}.$$

Wäre der Schnitt $Int(B_{i,T}) \cap Int(B_{j,T})$ für zwei Indizes $i \ne j$ nichtleer, so müßte ein $x \in T$ existieren, für dessen baryzentrische Koordinaten $\lambda_i < \lambda_j < \lambda_i$ gilt. Da dies nicht möglich ist, können sich $B_{i,T}$ und $B_{j,T}$ im Falle $i \ne j$ höchstens am Rand schneiden.

[1] Dies ergab eine (nicht-repräsentative) Umfrage des Autors unter einer Reihe von Teilnehmern einer Oberwolfach-Konferenz.

(vi) Um zu zeigen, daß alle Boxanteile $B_{i,T}$ das gleiche Volumen $\operatorname{vol}(T) / (n+1)$ besitzen, verwenden wir wieder die Bezeichnungen von Lemma 4.4.3. Für die Boxanteile $B_{i,T}$ gilt dann die Darstellung

$$B_{i,T} = \bigcup \left\{ B_{\pi,T} \;\middle|\; \pi \in \Pi_{0,n};\ \pi(0) = i \right\}, \qquad 0 \le i \le n,$$

d.h., $B_{i,T}$ besteht aus genau $n!$ der $(n+1)!$ Simplizes $B_{\pi,T}$, $\pi \in \Pi_{0,n}$. Da letztere sich darüber hinaus paarweise höchstens auf einem gemeinsamen Randstück schneiden, folgt die Behauptung aus

$$\operatorname{vol}(B_{\pi,T}) = \frac{\operatorname{vol}(T)}{(n+1)!}, \qquad \pi \in \Pi_{0,n}.$$

Um dies zu zeigen, betrachten wir eine beliebige, aber feste Permutation $\pi \in \Pi_{0,n}$. Außerdem setzen wir zur Abkürzung $x^{(j)} := x_T^{(j)}$ für $0 \le j \le n$. Die Eckpunkte von $B_{\pi,T}$ sind dann gegeben durch

$$x_\pi^{(j)} = \frac{1}{j+1} \sum_{k=0}^{j} x^{(\pi(k))}, \qquad 0 \le j \le n.$$

Für das Volumen von $B_{\pi,T}$ gilt nach Lemma 1.3.5 die Formel

$$\operatorname{vol}(B_{\pi,T}) = \frac{1}{n!} \begin{vmatrix} x_1^{(\pi(0))} & \dfrac{x_1^{(\pi(0))} + x_1^{(\pi(1))}}{2} & \cdots & \dfrac{x_1^{(\pi(0))} + \cdots + x_1^{(\pi(n))}}{n+1} \\ \vdots & \vdots & \ddots & \vdots \\ x_n^{(\pi(0))} & \dfrac{x_n^{(\pi(0))} + x_n^{(\pi(1))}}{2} & \cdots & \dfrac{x_n^{(\pi(0))} + \cdots + x_n^{(\pi(n))}}{n+1} \\ 1 & 1 & \cdots & 1 \end{vmatrix}.$$

Da die Multiplikation einer Matrixspalte mit einem konstanten Faktor die Determinante um den gleichen Faktor ändert, folgt

$$\operatorname{vol}(B_{\pi,T}) = \frac{1}{n!\,(n+1)!} \begin{vmatrix} x_1^{(\pi(0))} & (x_1^{(\pi(0))} + x_1^{(\pi(1))}) & \cdots & (x_1^{(\pi(0))} + \cdots + x_1^{(\pi(n))}) \\ \vdots & \vdots & \ddots & \vdots \\ x_n^{(\pi(0))} & (x_n^{(\pi(0))} + x_n^{(\pi(1))}) & \cdots & (x_n^{(\pi(0))} + \cdots + x_n^{(\pi(n))}) \\ 1 & 2 & \cdots & n+1 \end{vmatrix}.$$

Schließlich ändert sich die Determinante einer Matrix nicht, wenn man von einer Spalte die vorhergehende abzieht. Wir erhalten somit

$$\operatorname{vol}(B_{\pi,T}) = \frac{1}{n!\,(n+1)!} \begin{vmatrix} x_1^{(\pi(0))} & x_1^{(\pi(1))} & \cdots & x_1^{(\pi(n))} \\ \vdots & \vdots & \ddots & \vdots \\ x_n^{(\pi(0))} & x_n^{(\pi(1))} & \cdots & x_n^{(\pi(n))} \\ 1 & 1 & \cdots & 1 \end{vmatrix} = \frac{\operatorname{vol}(T)}{(n+1)!}.$$

Somit folgt $\operatorname{vol}(B_{i,T}) = \operatorname{vol}(T)/(n+1)$ für $0 \le i \le n$, und Lemma 4.4.6 ist vollständig bewiesen. □

Mit Hilfe von Lemma 4.4.6 können wir nun zeigen, daß durch das Schwerpunktverfahren tatsächlich ein duales Boxgitter definiert ist.

Satz 4.4.7 (Schwerpunktverfahren I)

Sei $\Omega \subset \mathbb{R}^n$ ein polyedrisches Lipschitz-Gebiet und $\mathcal{T}_h$ eine konsistente Triangulierung von Ω. Dann ist durch das Schwerpunktverfahren ein duales Boxgitter $\mathcal{B}_h^S$ zu $\mathcal{T}_h$ definiert.

Beweis: Wir prüfen die Forderungen von Definition 4.1.4 einzeln nach:

(i) B_j^h ist eine abgeschlossene Lipschitz-Menge, $1 \le j \le N_h$.

Nach Lemma 4.4.6 (ii) ist jeder der Boxanteile $B_{i_j,T,T}$, $T \in \mathcal{T}_j^h$ konvex und somit wegen Lemma 1.1.9 eine Lipschitz-Menge. Folglich ist jede der Boxen B_j^h definiert als Vereinigung einer endlichen Anzahl von abgeschlossenen, polyedrischen Lipschitz-Mengen. Die Lipschitz-Eigenschaft der Boxen B_j^h folgt somit aus der von Ω und der Tatsache, daß B_j^h sternförmig bzgl. x_j^h ist, d.h., daß für jeden Punkt $x \in B_j^h$ die Verbindungsstrecke $\text{conv}\{x, x_j^h\}$ ganz in B_j^h liegt.

(ii) $x_j^h \in B_j^h$ für $1 \le j \le N_h$.

Diese Behauptung folgt unmittelbar aus Lemma 4.4.6 (iii).

(iii) $B_j^h \subset \Omega_j^h$ für $1 \le j \le N_h$.

Diese Eigenschaft der Boxen B_j^h folgt aus ihrer Definition und der Tatsache, daß $B_{i_j,T,T} \subset T$ für alle $T \in \mathcal{T}_j^h$ gilt.

(iv) $\overline{\Omega} = \bigcup_{j=1}^{N_h} B_j^h$.

Daß die Vereinigung aller Boxen $B_j^h \in \mathcal{B}_h^S$ eine Teilmenge von $\overline{\Omega}$ ist, folgt aus

$$\bigcup_{j=1}^{N_h} B_j^h \;=\; \bigcup_{j=1}^{N_h} \bigcup_{T \in \mathcal{T}_j^h} B_{i_j,T,T} \;\subset\; \bigcup_{T \in \mathcal{T}_h} \bigcup_{i=0}^{n} B_{i,T} \;=\; \bigcup_{T \in \mathcal{T}_h} T \;=\; \overline{\Omega}\,.$$

Umgekehrt existieren zu jedem Punkt $x \in \overline{\Omega}$ ein Element $T \in \mathcal{T}_h$ und ein Index $0 \le i \le n$ mit $x \in B_{i,T}$. Folglich gehört x zur Box B_j^h, wobei $j = j(i,T)$ der Index des Eckpunktes $x_T^{(i)}$ unter den Eckpunkten von $\mathcal{T}_h$ ist.

(v) $Int(B_j^h) \cap Int(B_{j'}^h) = \emptyset$, $j \ne j'$.

Sei $x \in B_j^h \cap B_{j'}^h$ für zwei Indizes $j \ne j'$. Wir haben zu zeigen, daß $x \in \partial B_j^h \cap \partial B_{j'}^h$ gilt. Im Falle $Int(\Omega_j^h) \cap Int(\Omega_{j'}^h) = \emptyset$ folgt dies sofort aus (iii). Wir können also annehmen, daß $Int(\Omega_j^h) \cap Int(\Omega_{j'}^h) \ne \emptyset$ und somit $\mathcal{T}_j^h \cap \mathcal{T}_{j'}^h \ne \emptyset$ gilt. Aus

$$\Omega_j^h \cap \Omega_{j'}^h \;=\; \bigcup \{\, T \mid T \in \mathcal{T}_j^h \cap \mathcal{T}_{j'}^h \,\}$$

folgt dann sofort

$$B_j^h \cap B_{j'}^h \;\subset\; \bigcup \{\, T \mid T \in \mathcal{T}_j^h \cap \mathcal{T}_{j'}^h \,\}\,.$$

Es existiert also ein Simplex $T \in \mathcal{T}_j^h \cap \mathcal{T}_{j'}^h$ mit $x \in T$. Für die baryzentrischen Koordinaten λ von x bzgl. T gilt

$$\lambda_{i_{j,T}} \geq \lambda_k, \quad k \neq i_{j,T}, \qquad \text{und} \qquad \lambda_{i_{j',T}} \geq \lambda_k, \quad k \neq i_{j',T}.$$

Also gilt $\lambda_{i_{j,T}} = \lambda_{i_{j',T}}$ und folglich ist x Randpunkt sowohl von B_j^h als auch von $B_{j'}^h$. □

Wir haben somit gezeigt, daß $\mathcal{B}_h^S$ ein duales Boxgitter zu $\mathcal{T}_h$ ist. Zum Beweis der Gleichgewichts- und Regularitätsbedingungen müssen wir untersuchen, wie die Boxanteile benachbarter Simplizes zusammenpassen. Das folgende Lemma gibt darüber Auskunft.

Lemma 4.4.8 (Schnitt der Boxanteile $B_{i,T}$ mit den Randsimplizes von T)

Sei $T = [x_T^{(0)}, \ldots, x_T^{(n)}]$ ein nichtentartetes Simplex im $\mathbb{R}^n$ und $S = [x_T^{(i_0)}, \ldots, x_T^{(i_\ell)}]$ ein Randsimplex der Dimension $0 \leq \ell < n$ von T, mit $i_0 < i_1 < \cdots < i_\ell$. Dann gilt

$$B_{i_k,T} \cap S = B_{k,S}, \qquad 0 \leq k \leq \ell,$$

wobei wir mit $B_{k,S}$, $0 \leq k \leq \ell$, diejenigen Anteile von S bezeichnen, die bei der Zerlegung von S nach dem (ℓ)-dimensionalen Schwerpunktverfahren entstehen.

Beweis: Sei $\pi \in \Pi_{0,n}$ eine der Permutationen mit $\pi(k) = i_k$ für $0 \leq k \leq \ell$. In den baryzentrischen Koordinaten von T besitzt S die Darstellung

$$S \approx \Big\{ x = \sum_{j=0}^{n} \lambda_j x_T^{(j)} \;\Big|\; \sum_{j=0}^{n} \lambda_j = 1;\ \lambda_j \geq 0,\ 0 \leq j \leq n;\ \lambda_{\pi(\ell+1)} = \cdots = \lambda_{\pi(n)} = 0 \Big\}.$$

Für $0 \leq k \leq \ell$ folgt daher mit $\tilde{\lambda}_j := \lambda_{\pi(j)}$ die Darstellung

$$\begin{aligned}
B_{i_k,T} \cap S &= \Big\{ x = \sum_{j=0}^{n} \lambda_j x_T^{(j)} \;\Big|\; \sum_{j=0}^{n} \lambda_j = 1;\ \lambda_{i_k} \geq \lambda_j \geq 0,\ j \neq i_k;\ \lambda_{\pi(\ell+1)} = \cdots = \lambda_{\pi(n)} = 0 \Big\} \\
&= \Big\{ x = \sum_{j=0}^{\ell} \lambda_{\pi(j)} x_T^{(\pi(j))} \;\Big|\; \sum_{j=0}^{\ell} \lambda_{\pi(j)} = 1;\ \lambda_{\pi(k)} \geq \lambda_{\pi(j)} \geq 0,\ j \neq k \Big\} \\
&= \Big\{ x = \sum_{j=0}^{\ell} \tilde{\lambda}_j x_T^{(i_j)} \;\Big|\; \sum_{j=0}^{\ell} \tilde{\lambda}_j = 1;\ \tilde{\lambda}_k \geq \tilde{\lambda}_j \geq 0,\ j \neq k \Big\} \\
&= B_{k,S}.
\end{aligned}$$

Damit ist die Behauptung bewiesen. □

Lemma 4.4.8 zeigt, daß im Falle einer konsistenten Triangulierung $\mathcal{T}_h$ die Boxanteile $B_{i_{j,T},T}$ benachbarter Simplizes $T \in \mathcal{T}_j^h$ in dem Sinne zueinander passen, daß sie auf einem gemeinsamen Randsimplex übereinstimmen. Damit ist es nun ein leichtes, die Gültigkeit der Gleichgewichts- und Regularitätsbedingungen zu zeigen.

Satz 4.4.9 (Schwerpunktverfahren II)

Sei $\Omega \subset \mathbb{R}^n$ ein polyedrisches Lipschitz-Gebiet und $\mathcal{T}_h$ eine konsistente Triangulierung von Ω. Dann genügt das zu $\mathcal{T}_h$ duale Boxgitter $\mathcal{B}_h^S$ sowohl den Gleichgewichtsbedingungen (G1), (G2) als auch den Regularitätsbedingungen (R1), (R2).

Beweis: Aus Lemma 4.4.8 schließen wir zunächst

$$B_j^h \cap T \;=\; B_{i_{j,T},T} \tag{4.4.8}$$

für jede der Boxen $B_j^h \in \mathcal{B}_h^S$ und jedes Element $T \in \mathcal{T}_j^h$. Die Gleichgewichtsbedingung (G1) folgt somit unmittelbar aus Lemma 4.4.6 (vi). Sei nun $B_j^h \in \mathcal{B}_h^S$ beliebig und S ein $(n-1)$-Randsimplex mit Eckpunkt x_j^h. Nach Lemma 4.4.8 stimmt $B_j^h \cap S$ mit $B_{i_{j,S},S}$ überein. Wenden wir nun die $(n–1)$-dimensionale Version von Lemma 4.4.6 (vi) auf S an, so folgt die Gültigkeit der Gleichgewichtsbedingung (G2).

Nach Lemma 4.4.6 (i) sind alle Boxanteile $B_{i,T}$ konvex. Die Regularitätsbedingung (R1) ist somit eine unmittelbare Folgerung aus Lemma 1.1.9. Die Bedingung (R2) schließlich folgt direkt aus Lemma 4.4.6 (ii). □

Die durch das Schwerpunktverfahren erzeugten Boxgitter genügen auch der Regularitätsbedingung (R3). Um diese Aussage zu beweisen, leiten wir im folgenden Kapitel eine nützliche Darstellung für den Rand der Boxen $B_j^h \in \mathcal{B}_h^S$ her. Mit Hilfe dieser Darstellung läßt sich auch die Berechnung von Integralen über ∂B_j^h wesentlich vereinfachen (vgl. dazu Kapitel 5.1).

4.4.3 Zerlegung des Boxenrandes

Wie wir soeben gezeigt haben, genügt das Boxgitter $\mathcal{B}_h^S$ den Regularitätsbedingungen (R1) und (R2). Folglich gilt nach Lemma 4.2.10 für den Rand jeder der Boxen $B_j^h \in \mathcal{B}_h^S$ die Darstellung

$$\partial B_j^h \;=\; \Big(\bigcup_{T \in \mathcal{T}_j^h} S_{j,i_{j,T}}(T) \Big) \cup \Big(\bigcup \big\{ S_{j,k}(T) \,\big|\, T \in \mathcal{T}_j^h;\; k \neq i_{j,T};\; S_{j,k}(T) \subset \Gamma \big\} \Big), \tag{4.4.9}$$

wobei die Mengen $S_{j,k}(T)$, $0 \le k \le n$, definiert sind durch

$$S_{j,k}(T) \;:=\; \begin{cases} B_j^h \cap S_k(T)\,, & k \neq i_{j,T}\,, \\ \overline{\partial B_j^h \cap [\,\mathrm{Int}(T) \cup S_k(T)\,]}\,, & k = i_{j,T}\,. \end{cases}$$

Nach Lemma 4.4.8 sind die Mengen $S_{j,k}(T)$, $k \neq i_{j,T}$, konvexe Hyperflächenstücke der Dimension $n-1$. Um auch die Randanteile $S_{j,i_{j,T}}(T)$ in solche Hyperflächenstücke aufspalten zu können, führen wir die folgende Notation ein:

Definition 4.4.10 (Die Hyperflächenstücke $\tilde{S}_{i,k}(T)$)
Sei $T = [\,x_T^{(0)}, \ldots, x_T^{(n)}\,]$ ein nichtentartetes Simplex im $\mathbb{R}^n$. Für je zwei Indizes $0 \le i, k \le n$ mit $i \neq k$ definieren wir das Hyperflächenstück $\tilde{S}_{i,k}(T)$ durch

$$\tilde{S}_{i,k}(T) \;:=\; \Big\{ x = \sum_{j=0}^{n} \lambda_j\, x_T^{(j)} \;\Big|\; \sum_{j=0}^{n} \lambda_j = 1;\; \lambda_i = \lambda_k \ge \lambda_j \ge 0,\, j \neq k,\, i \Big\}.$$

Die anschauliche Bedeutung der Hyperflächenstücke $\tilde{S}_{i,k}(T)$ für das Schwerpunktverfahren verdeutlicht Abb. 4.9. Wie dort zu sehen ist, bilden die Mengen $\tilde{S}_{i_{j,T},k}(T)$, $k \neq i_{j,T}$, zusammen gerade den Randanteil $S_{j,i_{j,T}}(T)$ von $B_j^h \cap T$. Das folgende Lemma bestätigt diesen Zusammenhang:

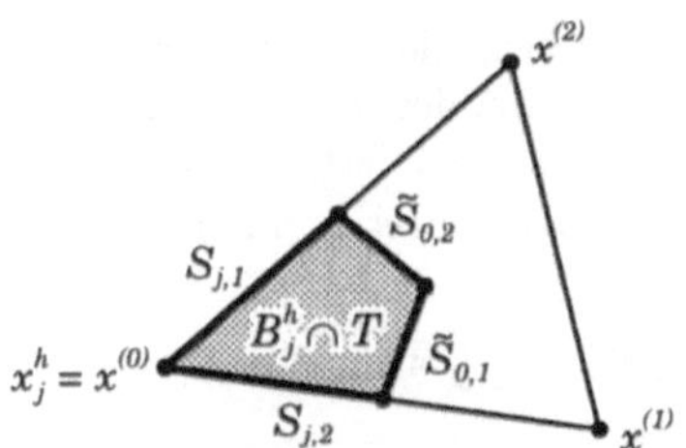

Abb. 4.9: Die Hyperflächenstücke $\tilde{S}_{i,k}(T)$

Lemma 4.4.11 (Darstellung der Randanteile $S_{j,i_{j,T}}(T)$)
Sei $\Omega \subset \mathbb{R}^n$ ein polyedrisches Gebiet und $\mathcal{T}_h$ eine konsistente Triangulierung von Ω. Weiter sei $\mathcal{B}_h^S$ das durch das Schwerpunktverfahren definierte duale Boxgitter zu $\mathcal{T}_h$. Dann besitzt jede der Mengen $S_{j,i_{j,T}}(T)$ mit $1 \le j \le N_h$ und $T \in \mathcal{T}_j^h$ die Darstellung

$$S_{j,i_{j,T}}(T) \;=\; \bigcup_{k \neq i_{j,T}} \tilde{S}_{i_{j,T},k}(T)\,. \tag{4.4.10}$$

Darüber hinaus ist durch (4.4.10) eine Zerlegung von $S_{j,i_{j,T}}(T)$ in n Hyperflächenstücke der Dimension $n-1$ gegeben, von denen sich je zwei höchstens am Rande schneiden.

Beweis: Seien $1 \le j \le N_h$ und $T \in \mathcal{T}_j^h$ beliebig. Aus der Gültigkeit der Regularitätsbedingung (R2) folgt zunächst

$$S_{j,i_{j,T}}(T) \;=\; \overline{\partial B_j^h \cap \mathrm{Int}(T)}\,.$$

Aus $\partial(B_j^h \cap T) = (\partial B_j^h \cap T) \cup (B_j^h \cap \partial T)$ folgt

$$\partial B_j^h \cap \mathrm{Int}(T) \;=\; \partial(B_j^h \cap T) \cap \mathrm{Int}(T) \;=\; \partial B_{i_{j,T},T} \cap \mathrm{Int}(T)$$

und somit $S_{j,i_{j,T}}(T) = \overline{\partial B_{i_{j,T},T} \cap \mathrm{Int}(T)}$. Nach Lemma 4.4.4 besteht $B_{i_{j,T},T}$ aus allen Punkten $x \in T$, deren baryzentrische Koordinaten λ der Bedingung

$$\lambda_{i_{j,T}} \;\ge\; \lambda_k \;\ge\; 0\,, \qquad k \neq i_{j,T}\,,$$

genügen. Der Rand von $B_{i_{j,T},T}$ besteht demnach aus allen Punkten $x \in B_{i_{j,T},T}$, deren baryzentrische Koordinaten λ wenigstens eine der folgenden Bedingungen erfüllen:

(i) $\lambda_{i_{j,T}} = \lambda_k$ für ein $k \neq i_{j,T}$, oder

(ii) $\lambda_k = 0$ für ein $k \neq i_{j,T}$.

Da Punkte im Innern von T höchstens die erste Bedingung erfüllen können, gilt

$$\partial B_{i_{j,T},T} \cap \mathrm{Int}(T) \;=\; \Big\{\, x = \sum_{m=0}^{n} \lambda_m x_T^{(m)} \;\Big|\; \sum_{m=0}^{n} \lambda_m = 1;\ \exists\, k \neq i_{j,T} \text{ mit } \lambda_{i_{j,T}} = \lambda_k \ge \lambda_m > 0,\ m \neq k,\ i_{j,T} \,\Big\}\,.$$

Bilden wir auf beiden Seiten den Abschluß, so können wir rechts das „>"-Zeichen durch „≥" ersetzen und es folgt die Darstellung (4.4.10).

Daß die Mengen $\tilde{S}_{i_{j,T},k}$ Hyperflächenstücke der Dimension $n-1$ sind, folgt aus dem linearen Ansatz und der Tatsache, daß genau zwei der $n+1$ baryzentrischen Koordinaten λ_m durch die Bedingungen $\lambda_{i_{j,T}} = \lambda_k$ bzw. $\sum \lambda_m = 1$ festgelegt sind. Schließlich ist das Innere von $\tilde{S}_{i_{j,T},k}$ in der entsprechenden Hyperebene gegeben durch

$$Int(\tilde{S}_{i_{j,T},k}) = \left\{ x = \sum_{m=0}^{n} \lambda_m x_T^{(m)} \;\middle|\; \sum_{m=0}^{n} \lambda_m = 1;\ \lambda_{i_{j,T}} = \lambda_k > \lambda_m > 0,\ m \neq k,\ i_{j,T} \right\},$$

woraus folgt, daß die Mengen $\tilde{S}_{i_{j,T},k}$ sich untereinander höchstens am Rande schneiden können. □

Folgerung 4.4.12 (Zerlegung des Boxenrandes in Hyperflächenstücke)
Sei $\Omega \subset \mathbb{R}^n$ ein polyedrisches Gebiet und $\mathcal{T}_h$ eine konsistente Triangulierung von Ω. Weiter sei $\mathcal{B}_h^S$ das durch das Schwerpunktverfahren definierte duale Boxgitter zu $\mathcal{T}_h$. Dann gilt für den Rand jeder der Boxen $B_j^h \in \mathcal{B}_h^S$ die Darstellung

$$\partial B_j^h = \bigcup_{T \in \mathcal{T}_j^h} \bigcup_{k \neq i_{j,T}} \left(\tilde{S}_{i_{j,T},k}(T) \cup (S_{j,k}(T) \cap \Gamma) \right). \tag{4.4.11}$$

Darüber hinaus ist durch (4.4.11) eine Zerlegung von ∂B_j^h in abgeschlossenen Hyperflächenstücke der Dimension $n-1$ gegeben, von denen sich je zwei höchstens am Rande schneiden.

Die Darstellung (4.4.11) legt es nahe, zur Berechnung von Integralen über den Boxenrand ∂B_j^h diese in eine Summe von Integralen über die Hyperflächenstücke $\tilde{S}_{i_{j,T},k}(T)$ bzw. $S_{j,k}(T) \cap \Gamma$ aufzuspalten. Zur Bestimmung des Volumens der einzelnen Teilmengen $\tilde{S}_{i_{j,T},k}(T)$ benötigen wir eine Art *Vektorprodukt* im $\mathbb{R}^n$, d.h., eine Verallgemeinerung des bekannten Vektorprodukts im $\mathbb{R}^3$.

4.4.4 Das Vektorprodukt im $\mathbb{R}^n$

Das Vektorprodukt $v^{(1)} \otimes v^{(2)}$ zweier Vektoren $v^{(1)}, v^{(2)} \in \mathbb{R}^3$ ist bekanntlich ein Vektor im $\mathbb{R}^3$, der auf $v^{(1)}, v^{(2)}$ senkrecht steht, so daß $v^{(1)}$, $v^{(2)}$ und $v^{(1)} \otimes v^{(2)}$ ein Rechtssystem bilden, und dessen Länge mit dem Volumen des von $v^{(1)}, v^{(2)}$ aufgespannten Parallelogramms übereinstimmt. Analog dazu suchen wir eine Abbildung, die $n-1$ Vektoren $v^{(1)}, \ldots, v^{(n-1)} \in \mathbb{R}^n$ einen Vektor $v \in \mathbb{R}^n$ mit den folgenden Eigenschaften zuordnet:

(i) v soll senkrecht auf $v^{(1)}, \ldots, v^{(n-1)}$ stehen,

(ii) die Länge von v soll mit dem Volumen des von $v^{(1)}, \ldots, v^{(n-1)}$ aufgespannten Parallelotops übereinstimmen, und

(iii) die Determinante der Matrix mit den Spalten $v^{(1)}, \ldots, v^{(n-1)}$ und v soll positiv sein.

Tatsächlich ist die gesuchte Abbildung durch diese drei Eigenschaften eindeutig bestimmt. In Anlehnung an das Vektorprodukt im $\mathbb{R}^3$ bezeichnen wir sie als Produkt der Vektoren $v^{(1)}, \ldots, v^{(n-1)}$. Formal definieren wir das Vektorprodukt im $\mathbb{R}^n$ allerdings nicht über seine Eigenschaften, sondern über eine konkrete Berechnungsvorschrift:

Definition 4.4.13 (Vektorprodukt im $\mathbb{R}^n$)
Gegeben seien $n-1$ Vektoren $v^{(1)}, \ldots, v^{(n-1)} \in \mathbb{R}^n$. Für $1 \le i \le n$ bezeichnen wir mit

$$\left| \, v^{(1)}, \ldots, v^{(n-1)} \, \right|_i$$

die Determinante der $(n-1) \times (n-1)$ Matrix, die man erhält, wenn man aus der Matrix der Spaltenvektoren $v^{(1)}, \ldots, v^{(n-1)}$ die i-te Zeile herausstreicht. Das *Vektorprodukt* der Vektoren $v^{(1)}, \ldots, v^{(n-1)}$ ist dann definiert durch

$$\bigotimes(v^{(1)}, \ldots, v^{(n-1)}) \; := \; \sum_{i=1}^{n} (-1)^{n-i} \left| \, v^{(1)}, \ldots, v^{(n-1)} \, \right|_i e^{(i)} \,, \tag{4.4.12}$$

wobei wir mit $e^{(i)}$, $1 \le i \le n$, die Standardeinheitsvektoren des $\mathbb{R}^n$ bezeichnen.

Bemerkung 4.4.14 (Das Vektorprodukt als formale Determinante)
Aufgrund des bekannten Entwicklungssatzes für Determinanten können wir das Produkt der Vektoren $v^{(1)}, \ldots, v^{(n-1)}$ formal auch durch die Determinante

$$\begin{vmatrix} & e^{(1)} \\ v^{(1)}, \ldots, v^{(n-1)} & \vdots \\ & e^{(n)} \end{vmatrix}$$

beschreiben. Im Gegensatz zur üblichen Determinantenfunktion ist aber durch das Vektorprodukt eine Abbildung $\otimes : \mathbb{R}^{n \times (n-1)} \longrightarrow \mathbb{R}^n$ definiert.

Da in den meisten Büchern über lineare Algebra nur das Vektorprodukt im $\mathbb{R}^3$ behandelt wird, wollen wir an dieser Stelle kurz beweisen, daß das Vektorprodukt im $\mathbb{R}^n$ tatsächlich die gewünschten Eigenschaften besitzt.

Lemma 4.4.15 (Eigenschaften des Vektorprodukts)
Gegeben seien $n-1$ linear unabhängige Vektoren $v^{(1)}, \ldots, v^{(n-1)} \in \mathbb{R}^n$. Wir bezeichnen mit P_{n-1} das von $v^{(1)}, \ldots, v^{(n-1)}$ aufgespannte $(n-1)$-dimensionale Parallelotop

$$P_{n-1} \; = \; P\,[\,v^{(1)}, \ldots, v^{(n-1)}\,] \; := \; \Big\{ \, x = \sum_{j=1}^{n-1} \lambda_j \, v^{(j)} \; \Big| \; \lambda_j \in [\,0,1\,], \; 1 \le j \le n-1 \, \Big\} .$$

Dann besitzt der Vektor $v := \bigotimes(v^{(1)}, \ldots, v^{(n-1)})$ die folgenden Eigenschaften:

(i) v steht senkrecht auf P_{n-1}, d.h., es gilt $v \cdot v_j = 0$ für $1 \le j \le n-1$.

(ii) Die Länge von v stimmt mit $\operatorname{vol}(P_{n-1})$ überein.

(iii) Die Determinante der Matrix mit den Spalten $v^{(1)}, \ldots, v^{(n-1)}$ und v ist positiv.

Darüber hinaus ist v der einzige Vektor im $\mathbb{R}^n$, der die Eigenschaften (i), (ii) und (iii) besitzt.

Beweis: Für das Skalarprodukt $v \cdot w$ von v mit einem beliebigen Vektor $w \in \mathbb{R}^n$ gilt nach dem Determinanten-Entwicklungssatz

$$v \cdot w = \sum_{i=1}^{n} (-1)^{n-i} \left| v^{(1)}, \dots, v^{(n-1)} \right|_i w_i = \left| v^{(1)}, \dots, v^{(n-1)}, w \right|.$$

Hieraus folgt zunächst $v \cdot v^{(j)} = 0$ für $1 \le j \le n-1$. Also steht v senkrecht auf P_{n-1}.

Nehmen wir nun an, es sei $v = 0$. Dann gilt $\left| v^{(1)}, \dots, v^{(n-1)} \right|_i = 0$ für $1 \le i \le n-1$. Folglich verschwindet die Determinante jeder $(n-1) \times (n-1)$-Untermatrix von $(v^{(1)}, \dots, v^{(n-1)})$. Hieraus schließen wir[2], daß der Rang der Matrix $(v^{(1)}, \dots, v^{(n-1)})$ kleiner als $n-1$ ist, im Widerspruch zur Voraussetzung, daß die Vektoren $v^{(1)}, \dots, v^{(n-1)}$ linear unabhängig sind. Also gilt $v \neq 0$. Hieraus folgt sofort

$$\left| v^{(1)}, \dots, v^{(n-1)}, v \right| = v \cdot v = |v|^2 > 0$$

und somit Eigenschaft (iii). Wir betrachten nun das von den Vektoren $v^{(1)}, \dots, v^{(n-1)}$ und v aufgespannte (n)-Parallelotop $P_n := P[v^{(1)}, \dots, v^{(n-1)}, v]$. Dessen Volumen stimmt mit dem Betrag der Determinante $\left| v^{(1)}, \dots, v^{(n-1)}, v \right|$ überein. Da v senkrecht auf P_{n-1} steht, gilt

$$\operatorname{vol}(P_{n-1}) \, |v| = \operatorname{vol}(P_n) = \left| v^{(1)}, \dots, v^{(n-1)}, v \right| = |v|^2.$$

Wegen $v \neq 0$ können wir durch $|v|$ dividieren und erhalten Eigenschaft (ii).

Daß v der einzige Vektor mit den Eigenschaften (i), (ii), (iii) ist, folgt aus der Tatsache, daß der Orthogonalraum der von den Vektoren $v^{(1)}, \dots, v^{(n-1)}$ aufgespannten Hyperebene die Dimension 1 hat. Hier kann es höchstens zwei Vektoren einer vorgegebenen Länge geben, die sich dann nur noch durch das Vorzeichen unterscheiden. Letzteres ist aber für v durch die Eigenschaft (iii) eindeutig festgelegt. □

4.4.5 Beweis der dritten Regularitätsbedingung

Wir verwenden nun das Vektorprodukt im $\mathbb{R}^n$, um das Volumen der Hyperflächenstücke $\tilde{S}_{i,k}(T)$ abzuschätzen und so die Regularitätsbedingung (R3) für das Schwerpunktverfahren nachzuweisen. Im nächsten Kapitel werden wir das Volumen der Mengen $\tilde{S}_{i,k}(T)$ dann genauer bestimmen. Für eine grobe Abschätzung reicht es zunächst aus, die folgenden *Schnittsimplizes* zu betrachten, in denen die Hyperflächenstücke $\tilde{S}_{i,k}(T)$ enthalten sind:

Definition 4.4.16 (Schnittsimplizes)
Sei $T = [x_T^{(0)}, \dots, x_T^{(n)}]$ ein nichtentartetes Simplex im $\mathbb{R}^n$. Für je zwei Indizes $0 \le i, k \le n$ mit $i \neq k$ definieren wir das $(n-1)$-*Schnittsimplex* $H_{i,k}(T)$ als konvexe Hülle der Eckpunkte $x_T^{(j)}$, $j \neq i, k$, und des Kantenmittelpunktes $x_T^{(ik)} = (x_T^{(i)} + x_T^{(k)})/2$.

[2] vgl. z.B. [161], Seite 85

Da wir nur am Volumen der Schnittsimplizes $H_{i,k}(T)$ interessiert sind, spielt die Eckpunkt-Reihenfolge hier keine Rolle. Im $\mathbb{R}^2$ sind die Schnittsimplizes $H_{i,k}(T)$ gerade die Seitenhalbierenden des Dreiecks T. Ein Schnittsimplex im $\mathbb{R}^3$ ist in Abb. 4.10 zu sehen. Wie man leicht einsieht, wird T durch jedes Schnitt-Simplex $H_{i,k}(T)$ in zwei gleich große Teilsimplizes zerlegt. Das folgende Lemma zeigt nun, daß $H_{i,k}(T)$ im $\mathbb{R}^n$ gerade der Schnitt von T mit der durch $\lambda_i = \lambda_k$ definierten $(n-1)$-Hyperebene ist.

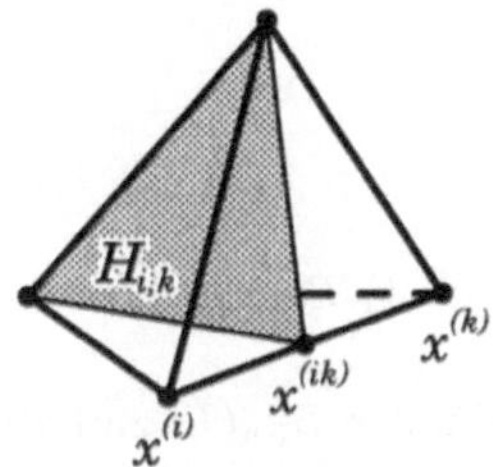

Abb. 4.10: Schnittsimplex im $\mathbb{R}^3$

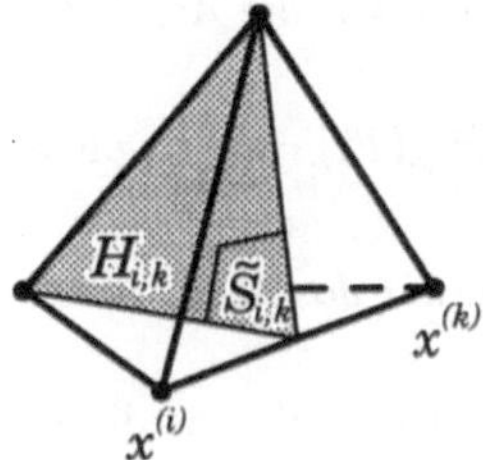

Abb. 4.11: Veranschaulichung der Inklusion $\tilde{S}_{i,k}(T) \subset H_{i,k}(T)$

Lemma 4.4.17 (Darstellung der Schnittsimplizes)
Sei $T = [\,x_T^{(0)}, \ldots, x_T^{(n)}\,]$ ein nichtentartetes Simplex im $\mathbb{R}^n$. Dann gilt für je zwei Indizes $0 \leq i,k \leq n$ mit $i \neq k$ die Darstellung

$$H_{i,k}(T) \;\approx\; \Big\{\, x = \sum_{j=0}^{n} \lambda_j\, x_T^{(j)} \;\Big|\; \sum_{j=0}^{n} \lambda_j = 1;\; \lambda_j \geq 0,\, 0 \leq j \leq n;\; \lambda_i = \lambda_k \,\Big\},$$

d.h., $H_{i,k}(T)$ entsteht durch Schneiden von T mit der Hyperebene aller Punkte $x \in \mathbb{R}^n$, für deren baryzentrische Koordinaten $\lambda_i = \lambda_k$ gilt.

Beweis: Es genügt, das Schnittsimplex $H_{0,n}(T)$ zu betrachten. Für $(i,k) \neq (0,n)$ folgt die Behauptung dann durch eine einfache Umnumerierung von T. Die Eckpunkte von $H_{0,n}(T)$ sind nun die Punkte $x_T^{(1)}, \ldots, x_T^{(n-1)}$ sowie der Kantenmittelpunkt $x^{(0n)} = (x_T^{(0)} + x_T^{(n)})/2$. Es gilt also

$$\begin{aligned}
H_{0,n}(T) \;&\approx\; \Big\{\, x = \tilde{\lambda}_0\, x^{(0n)} + \sum_{j=1}^{n-1} \tilde{\lambda}_j\, x_T^{(j)} \;\Big|\; \sum_{j=0}^{n-1} \tilde{\lambda}_j = 1;\; \tilde{\lambda}_j \geq 0,\, 0 \leq j \leq n-1 \,\Big\} \\
&= \Big\{\, x = \frac{\tilde{\lambda}_0}{2}\, x_T^{(0)} + \sum_{j=1}^{n-1} \tilde{\lambda}_j\, x_T^{(j)} + \frac{\tilde{\lambda}_0}{2}\, x_T^{(n)} \;\Big|\; \sum_{j=0}^{n-1} \tilde{\lambda}_j = 1;\; \tilde{\lambda}_j \geq 0,\, 0 \leq j \leq n-1 \,\Big\} \\
&= \Big\{\, x = \sum_{j=0}^{n} \lambda_j\, x_T^{(j)} \;\Big|\; \sum_{j=0}^{n} \lambda_j = 1;\; \lambda_j \geq 0,\, 0 \leq j \leq n;\; \lambda_0 = \lambda_n \,\Big\}.
\end{aligned}$$

Damit ist die Behauptung bewiesen. □

Aus Lemma 4.4.17 folgt unmittelbar, daß jeder der Randanteile $\tilde{S}_{i,k}(T)$ eine Teilmenge von $H_{i,k}(T)$ ist (siehe Abb. 4.11). Um für das Schwerpunktverfahren die Regularitätsbedingung (R3) nachzuweisen, genügt es daher, das Volumen der Schnittsimplizes $H_{i,k}(T)$

abzuschätzen. Ein Blick auf Abb. 4.10 läßt vermuten, daß $\mathrm{vol}(H_{i,k}(T))$ durch das Volumen von $S_i(T)$ bzw. $S_k(T)$ abgeschätzt werden kann. Diese Aussage läßt sich mit Hilfe des Vektorprodukts leicht beweisen.

Lemma 4.4.18 (Volumenabschätzung für die Schnittsimplizes)
Sei $T = [\,x_T^{(0)}, \ldots, x_T^{(n)}\,]$ ein nichtentartetes Simplex im $\mathbb{R}^n$. Dann gilt für je zwei Indizes $0 \le i, k \le n$ mit $i \ne k$ die Abschätzung

$$\mathrm{vol}(H_{i,k}(T)) \;\le\; \frac{1}{2}\Big(\mathrm{vol}(S_i(T)) + \mathrm{vol}(S_k(T))\Big),$$

wobei $S_j(T)$ wieder das dem Punkt $x_T^{(j)}$ gegenüberliegende $(n-1)$-Randsimplex von T ist.

Beweis: Auch hier genügt es, die Aussage für das Schnittsimplex $H_{0,n}(T)$ zu beweisen. Wir betrachten deshalb zunächst die beiden Randsimplizes $S_0(T)$ und $S_n(T)$. Die Eckpunkte z.B. von $S_0(T)$ sind gerade die Punkte $x_T^{(1)}, \ldots, x_T^{(n)}$. Die im Punkt $x_T^{(n)}$ angreifenden Kantenvektoren von $S_0(T)$ sind gerade die Vektoren $x_T^{(i)} - x_T^{(n)}$, $1 \le i \le n-1$. Diese spannen das $(n-1)$-dimensionale Parallelotop

$$P \;=\; P\,[\,x_T^{(1)} - x_T^{(n)}, \ldots, x_T^{(n-1)} - x_T^{(n)}\,]$$

auf. Für das Volumen von $S_0(T)$ gilt nun die Beziehung

$$\mathrm{vol}(S_0(T)) \;=\; \frac{\mathrm{vol}(P)}{(n-1)!} \;=\; \frac{1}{(n-1)!}\,\Big|\bigotimes(x_T^{(1)} - x_T^{(n)}, \ldots, x_T^{(n-1)} - x_T^{(n)})\Big|.$$

Analog ist das Volumen von $S_n(T)$ gegeben durch

$$\mathrm{vol}(S_n(T)) \;=\; \frac{1}{(n-1)!}\,\Big|\bigotimes(x_T^{(1)} - x_T^{(0)}, \ldots, x_T^{(n-1)} - x_T^{(0)})\Big|.$$

Die Summe der beiden Vektorprodukte beträgt

$$\mathcal{S} \;:=\; \bigotimes\,(x_T^{(1)} - x_T^{(n)},\,\ldots,\,x_T^{(n-1)} - x_T^{(n)}) \;+\; \bigotimes\,(x_T^{(1)} - x_T^{(0)},\,\ldots,\,x_T^{(n-1)} - x_T^{(0)}).$$

Entsprechend der Rechenregeln für Determinanten ändert sich das Vektorprodukt nicht, wenn man von einem Argument ein Vielfaches des anderen abzieht. Subtrahieren wir in beiden Vektorprodukten jeweils das letzte Argument von den anderen, so folgt

$$\begin{aligned} \mathcal{S} \;=\;& \bigotimes(x_T^{(1)} - x_T^{(n-1)},\,\ldots,\,x_T^{(n-2)} - x_T^{(n-1)},\,x_T^{(n-1)} - x_T^{(n)}) \\ +\;& \bigotimes(x_T^{(1)} - x_T^{(n-1)},\,\ldots,\,x_T^{(n-2)} - x_T^{(n-1)},\,x_T^{(n-1)} - x_T^{(0)}). \end{aligned}$$

Aus der Linearität der Determinantenfunktion in jeder Spalte folgt die Linearität des Vektorprodukts in jedem Argument. Es gilt also

$$\mathcal{S} \;=\; \bigotimes(x_T^{(1)} - x_T^{(n-1)},\,\ldots,\,x_T^{(n-2)} - x_T^{(n-1)},\,2\,x_T^{(n-1)} - x_T^{(0)} - x_T^{(n)}).$$

Mit $x_T^{(0n)} = (x_T^{(0)} + x_T^{(n)})/2$ folgt nun

$$\begin{aligned} \mathcal{S} &= 2 \bigotimes (x_T^{(1)} - x_T^{(n-1)}, \ldots, x_T^{(n-2)} - x_T^{(n-1)}, x_T^{(n-1)} - x_T^{(0n)}) \\ &= 2 \bigotimes (x_T^{(1)} - x_T^{(0n)}, \ldots, x_T^{(n-2)} - x_T^{(0n)}, x_T^{(n-1)} - x_T^{(0n)}) . \end{aligned}$$

Nun sind die Vektoren $x_T^{(i)} - x_T^{(0n)}$, $1 \leq i \leq n-1$, aber gerade die im Punkte $x_T^{(0n)}$ angreifenden Kantenvektoren von $H_{0,n}(T)$. Folglich gilt

$$\begin{aligned} \operatorname{vol}(H_{0,n}(T)) &= \frac{1}{(n-1)!} \Big| \bigotimes (x_T^{(1)} - x_T^{(0n)}, \ldots, x_T^{(n-1)} - x_T^{(0n)}) \Big| \\ &= \frac{1}{2\,(n-1)!} \Big| \bigotimes (x_T^{(1)} - x_T^{(n)}, \ldots, x_T^{(n-1)} - x_T^{(n)}) \\ &\qquad + \bigotimes (x_T^{(1)} - x_T^{(0)}, \ldots, x_T^{(n-1)} - x_T^{(0)}) \Big| \\ &\leq \frac{1}{2} \Big(\operatorname{vol}(S_0(T)) + \operatorname{vol}(S_n(T)) \Big) . \end{aligned}$$

Damit ist die Behauptung bewiesen. □

Folgerung 4.4.19 (Gültigkeit der dritten Regularitätsbedingung)
Sei $\Omega \subset \mathbb{R}^n$ ein polyedrisches Lipschitz-Gebiet und $\mathcal{T}_h$ eine konsistente Triangulierung von Ω. Dann genügt das durch das Schwerpunktverfahren definierte Boxgitter $\mathcal{B}_h^S$ der Regularitätsbedingung (R3).

Beweis: Sei B_j^h eine der Boxen in $\mathcal{B}_h^S$ und T ein beliebiges Element aus $\mathcal{T}_j^h$. Wir haben zu zeigen, daß mit einer von j, T und h unabhängigen Konstanten $C = C(n)$ die Abschätzung

$$\operatorname{vol}(S_{j,i_{j,T}}(T)) \leq \frac{C\,\delta(T)}{h(T)} \operatorname{vol}(B_j^h \cap T)$$

gilt. Nach Lemma 4.4.11 ist $S_{j,i_{j,T}}(T)$ die Vereinigung der Mengen $\tilde{S}_{i_{j,T},k}(T)$, $k \neq i_{j,T}$. Deren Volumen können wir mit Lemma 4.4.18 abschätzen durch

$$\begin{aligned} \operatorname{vol}(\tilde{S}_{i_{j,T},k}(T)) &\leq \operatorname{vol}(H_{i_{j,T},k}(T)) \\ &\leq \frac{1}{2} \Big(\operatorname{vol}(S_{i_{j,T}}(T)) + \operatorname{vol}(S_k(T)) \Big) \leq \max_{0 \leq m \leq n} \operatorname{vol}(S_m(T)) . \end{aligned}$$

Die Höhe des Simplizes T über jedem Randsimplex $S_m(T)$ ist nun nach unten beschränkt durch den Inkugeldurchmesser $\varrho(T)$. Hieraus folgt

$$\operatorname{vol}(T) \geq \frac{\operatorname{vol}(S_m(T))\,\varrho(T)}{n} = \frac{\operatorname{vol}(S_m(T))\,h(T)}{n\,\delta(T)}$$

für $0 \leq m \leq n$. Insgesamt erhalten wir somit die Abschätzung

$$\operatorname{vol}(\tilde{S}_{i_{j,T},k}(T)) \leq \frac{n\,\delta(T)}{h(T)} \operatorname{vol}(T) , \qquad k \neq i_{j,T} .$$

Nach Summation über alle $k \neq i_{j,T}$ folgt aus der Tatsache, daß $\mathcal{B}_h^S$ der Gleichgewichtsbedingung (G1) genügt, die Abschätzung

$$\operatorname{vol}(S_{j,i_{j,T}}(T)) \;\leq\; \frac{n^2\,\delta(T)}{h(T)}\operatorname{vol}(T) \;=\; \frac{n^2\,\delta(T)}{(n+1)\,h(T)}\operatorname{vol}(B_j^h \cap T)\,.$$

Damit ist die Behauptung bewiesen. □

4.4.6 Das Volumen der Hyperflächenstücke $\tilde{S}_{i,k}(T)$

Zum Schluß dieses Kapitels wollen wir noch eine einfache Formel für das Volumen der Hyperflächenstücke $\tilde{S}_{i,k}(T)$ herleiten. Diese kann zur Integration stückweise konstanter Funktionen oder zur Approximation von Randintegralen mit Hilfe von Quadraturformeln verwendet werden (vgl. Kapitel 5.1.1). Der Beweis des folgenden Lemmas beruht auf einer Aufspaltung von $\tilde{S}_{i,k}(T)$ in $(n-1)!$ Simplizes $S_{\pi,T}$ der Dimension $n-1$ und verläuft daher ähnlich wie der Beweis von Lemma 4.4.6 (vi) in Kapitel 4.4.2, wo wir zur Berechnung von $\operatorname{vol}(B_{i,T})$ den Boxanteil $B_{i,T}$ in die $n!$ Simplizes $B_{\pi,T}$ aufgespalten haben.

Lemma 4.4.20 (Das Volumen der Hyperflächenstücke $\tilde{S}_{i,k}(T)$)
Sei $T = [\,x_T^{(0)},\ldots,x_T^{(n)}\,]$ ein nichtentartetes Simplex im $\mathbb{R}^n$. Dann gilt für je zwei Indizes $0 \leq i,k \leq n$ mit $i \neq k$ die Beziehung

$$\operatorname{vol}(\tilde{S}_{i,k}(T)) \;=\; \frac{2}{n\,(n+1)}\operatorname{vol}(H_{ik}(T))\,.$$

Beweis: Sei wieder $\Pi_{0,n}$ die Menge aller Permutationen der Zahlen $\{\,0,\ldots,n\,\}$. Für jede Permutation $\pi \in \Pi_{0,n}$ definieren wir ein $(n-1)$-Simplex $S_{\pi,T} \subset T$ durch

$$S_{\pi,T} \;:=\; \Big\{\, x = \sum_{j=0}^{n} \lambda_j\, x_T^{(j)} \;\Big|\; \sum_{j=0}^{n} \lambda_j = 1;\; \lambda_{\pi(0)} = \lambda_{\pi(1)} \geq \lambda_{\pi(2)} \geq \cdots \geq \lambda_{\pi(n)} \geq 0 \,\Big\}\,.$$

Für zwei beliebige, aber von nun an feste Indizes $0 \leq i,k \leq n$ mit $i \neq k$ besitzt das Hyperflächenstück $\tilde{S}_{i,k}(T)$ dann die Darstellung

$$\tilde{S}_{i,k}(T) \;=\; \bigcup \Big\{\, S_{\pi,T} \,\Big|\, \pi \in \Pi_{0,n};\; \pi(0) = i;\; \pi(1) = k \,\Big\}\,.$$

Da die Simplizes $S_{\pi,T}$ sich paarweise höchstens am Rande schneiden, gilt für das Volumen von $\tilde{S}_{i,k}(T)$ die Beziehung

$$\operatorname{vol}(\tilde{S}_{i,k}(T)) \;=\; \sum_{\substack{\pi \in \Pi_{0,n} \\ \pi(0)=i,\, \pi(1)=k}} \operatorname{vol}(S_{\pi,T})\,.$$

Da es genau $(n-1)!$ Permutationen $\pi \in \Pi_{0,n}$ gibt, für die $\pi(0) = i$ und $\pi(1) = k$ gilt, folgt die Behauptung aus

$$\operatorname{vol}(S_{\pi,T}) \;=\; \frac{2}{(n+1)!}\operatorname{vol}(H_{i,k}(T))\,, \qquad \pi \in \Pi_{0,n},\; \pi(0) = i,\; \pi(1) = k\,.$$

Sei also $\pi \in \Pi_{0,n}$ eine beliebige, aber von nun an feste Permutation mit $\pi(0) = i$ und $\pi(1) = k$. Analog zu Lemma 4.4.3 folgt für die Eckpunkte $x_\pi^{(j)}$, $0 \leq j \leq n-1$, von $S_{\pi,T}$ die Darstellung

$$x_\pi^{(j)} := \frac{1}{j+2} \sum_{k=0}^{j+1} x_T^{(\pi(k))}, \qquad 0 \leq j \leq n-1.$$

Mit den im Punkt $x_T^{(ik)} = (x_T^{(i)} + x_T^{(k)})/2 = x_\pi^{(0)}$ angreifenden Kantenvektoren $x_\pi^{(j)} - x_T^{(ik)}$, $1 \leq j \leq n-1$, gilt für das Volumen von $S_{\pi,T}$ die Beziehung

$$\begin{aligned} \mathrm{vol}(S_{\pi,T}) &= \frac{1}{(n-1)!} \Big| \bigotimes (x_\pi^{(1)} - x_T^{(ik)}, \dots, x_\pi^{(n-1)} - x_T^{(ik)}) \Big| \\ &= \frac{1}{(n-1)!} \Big| \bigotimes \Big(\frac{x_T^{(\pi(0))} + x_T^{(\pi(1))} + x_T^{(\pi(2))}}{3} - x_T^{(ik)}, \dots \\ &\qquad \dots, \frac{x_T^{(\pi(0))} + \dots + x_T^{(\pi(n))}}{n+1} - x_T^{(ik)} \Big) \Big|. \end{aligned}$$

Ziehen wir die Nenner aus dem Vektorprodukt heraus, so erhalten wir

$$\begin{aligned} \mathrm{vol}(S_{\pi,T}) = \frac{2}{(n-1)!\,(n+1)!} \Big| \bigotimes \Big(& [x_T^{(\pi(0))} + x_T^{(\pi(1))} + x_T^{(\pi(2))}] - 3\,x_T^{(ik)}, \dots \\ & \dots, [x_T^{(\pi(0))} + \dots + x_T^{(\pi(n))}] - (n+1)\,x_T^{(ik)} \Big) \Big|. \end{aligned}$$

Subtrahieren wir nun von jeder Spalte (bis auf die erste) jeweils die vorherige, so folgt

$$\begin{aligned} \mathrm{vol}(S_{\pi,T}) = \frac{2}{(n-1)!\,(n+1)!} \Big| \bigotimes \Big(& [x_T^{(\pi(0))} + x_T^{(\pi(1))} + x_T^{(\pi(2))}] - 3\,x_T^{(ik)}, \\ & x_T^{(\pi(3))} - x_T^{(ik)}, \dots, x_T^{(\pi(n))} - x_T^{(ik)} \Big) \Big|. \end{aligned}$$

Wegen

$$[x_T^{(\pi(0))} + x_T^{(\pi(1))} + x_T^{(\pi(2))}] - 3\,x_T^{(ik)} = x_T^{(\pi(2))} - x_T^{(ik)}$$

gilt also

$$\mathrm{vol}(S_{\pi,T}) = \frac{2}{(n-1)!\,(n+1)!} \Big| \bigotimes \Big([x_T^{(\pi(2))} - x_T^{(ik)}, x_T^{(\pi(3))} - x_T^{(ik)}, \dots, x_T^{(\pi(n))} - x_T^{(ik)} \Big) \Big|.$$

www Die Vektoren $x_T^{(\pi(j))} - x_T^{(ik)}$, $2 \leq j \leq n$, sind aber nun gerade die im Punkt $x_T^{(ik)}$ angreifenden Kantenvektoren von $H_{ik}(T)$. Hieraus schließen wir

$$\mathrm{vol}(S_{\pi,T}) = \frac{2}{(n+1)!} \mathrm{vol}(H_{i,k}(T))$$

und die Behauptung ist bewiesen. □

5 Ein robustes Mehrgitterverfahren für konvektionsdominierte Probleme

Im letzten Kapitel dieses Buches beschäftigen wir uns mit Konvektions-Diffusions-Problemen der Form: *Finde eine Funktion u mit*

$$\begin{aligned} \nabla \cdot (-A\nabla u + bu) &= f \quad \text{in } \Omega, && (5.0.1a) \\ u &= u_0 \quad \text{auf } \Gamma. && (5.0.1b) \end{aligned}$$

Randwertprobleme dieser Form gehören zu einer Klasse von Problemen, die man als *singulär gestört* bezeichnet. Diese Probleme zeichnen sich dadurch aus, daß der zugehörige Differentialoperator $\mathcal{L}$ sich in der Form

$$\mathcal{L} = \mathcal{L}_\sigma := \mathcal{L}_0 + \sigma \mathcal{L}_1 , \qquad \sigma \geq 0 ,$$

schreiben läßt, wobei $\mathcal{L}_0$ bzw. $\mathcal{L}_1$ zwei Differentialoperatoren verschiedenen Typs sind, so daß die Lösung $u = u_\sigma$ des entsprechenden Randwertproblems

$$\mathcal{L}_\sigma u = f \quad \text{in } \Omega, \qquad u = u_0 \quad \text{auf } \Gamma, \tag{5.0.2}$$

für $\sigma \to \infty$ ein signifikant anderes Verhalten zeigt als für $\sigma = 0$. In diesem Fall bezeichnen wir den Term $\sigma\mathcal{L}_1 u$ als *singuläre Störung* und σ als *Störungsparameter* von (5.0.2).

Konvektions-Diffusions-Probleme der Form (5.0.1) zählen im Bereich elliptischer Randwertprobleme zweiter Ordnung zu den am häufigsten untersuchten singulär gestörten Problemen. Als singuläre Störung sehen wir hier den Konvektionsterm $\nabla \cdot (bu)$ an, d.h., wir setzen $L_0 u = -\nabla \cdot A\nabla u$. Als Störungsparameter bietet sich die maximale Konvektionsgeschwindigkeit $\| b \|_{0,\infty}$ an. Wir definieren deswegen das normierte Strömungsfeld

$$\hat{b} = \begin{cases} \dfrac{b}{\| b \|_{0,\infty}}, & \| b \|_{0,\infty} > 0 , \\ 0 , & \text{sonst,} \end{cases}$$

und setzen $\mathcal{L}_1 u = \nabla \cdot (\hat{b} u)$. Für die spezielle Wahl $\sigma := \| b \|_{0,\infty}$ stimmt (5.0.2) dann gerade mit dem Konvektions-Diffusions-Problem (5.0.1) überein. Im Gegensatz zum reinen Diffusionsproblem ($\sigma = 0$) enthält die Lösung $u = u_\sigma$ von (5.0.2) im Falle $\sigma > 0$ typischerweise Rand- bzw. Grenzschichten, in denen der Gradient von u sehr steil werden kann (siehe etwa [127]). Die Schärfe dieser Grenzschichten, d.h. die Steilheit des Gradienten, nimmt mit wachsendem σ bzw. mit wachsender Konvektionsgeschwindigkeit zu. Im Grenzfall $\sigma = \infty$, der auch als reduziertes Problem bezeichnet wird, ist die Lösung dann im allgemeinen unstetig. Es handelt sich hier also tatsächlich um ein singulär gestörtes Problem im obigen Sinne.

Bemerkung 5.0.21 (Zur Interpretation der singulären Störung)
In den meisten Arbeiten über singulär gestörte Probleme wird der Term $\sigma^{-1}\mathcal{L}_0 u$ als singuläre Störung angesehen und folglich $\varepsilon := \sigma^{-1}$ als Störungsparameter verwendet. Das bedeutet für Konvektions-Diffusions-Gleichungen bzw. allgemeinere Strömungsprobleme, daß anstatt des Konvektionsterms der Diffusionsterm als singuläre Störung aufgefaßt wird. Diese Interpretation widerspricht jedoch etwas der physikalischen Realität, denn die Diffusionskoeffizienten des strömenden Mediums stehen oft von vornherein fest und es ist meist die Konvektionsgeschwindigkeit, die stark variiert. Wir betrachten deswegen in diesem Buch den Konvektionsterm als singuläre Störung.

Eine zweite wichtige Klasse singulär gestörter Probleme bilden die sogenannten *anisotropen* Probleme, d.h., Probleme der Form

$$-\nabla \cdot A_\sigma \nabla u = f \quad \text{in } \Omega, \qquad u = u_0 \quad \text{auf } \Gamma, \tag{5.0.3}$$

mit einer symmetrischen Diffusionsmatrix A_σ, deren Eigenwertzerlegung $A_\sigma = Q\Lambda_\sigma Q^T$ auf eine Diagonalmatrix Λ_σ mit der Darstellung

$$\Lambda_\sigma = \Lambda_0 + \sigma\Lambda_1$$

führt, wobei Λ_0 bzw. Λ_1 ebenfalls diagonal sind und mindestens einer der Koeffizienten auf der Diagonale von Λ_1 verschwindet. Aufgrund der Tatsache, daß die Kondition von A_σ für $\sigma \to \infty$ beliebig schlecht wird, zeigt auch die Lösung des anisotropen Problems im Grenzfall ein signifikant anderes Verhalten als im Falle $\sigma = 0$. Da wir uns hier aber vor allem für die vom Konvektionsterm verursachten Effekte interessieren, setzen wir in diesem Kapitel grundsätzlich voraus, daß die Eigenwerte der betrachteten Diffusionsmatrizen nach oben wie nach unten durch positive Konstanten beschränkt sind.

Zur Bestimmung von Näherungslösungen für Probleme der Form (5.0.1) wollen wir natürlich die in den vorangegangenen Kapiteln erarbeiteten Techniken einsetzen, d.h., wir diskretisieren (5.0.1) mit einem Finite-Volumen-Verfahren und lösen die entstehenden Gleichungssysteme mit einem Mehrgitterverfahren – beides eingebettet in einen adaptiven Prozeß.

Im symmetrischen Fall, wo der Konvektionsterm $\nabla \cdot (bu)$ verschwindet und folglich die Finite-Volumen-Diskretisierung zur Finite-Elemente-Diskretisierung äquivalent ist, gehören Mehrgitterverfahren bekanntermaßen zu den effektivsten Methoden, um die entsprechenden Gleichungssysteme zu lösen. Singulär gestörte Probleme wie unser Konvektions-Diffusions-Problem führen hingegen sowohl bei der Diskretisierung als auch bei der Anwendung von Mehrgitterverfahren zu erheblichen Schwierigkeiten.

Bei den Schwierigkeiten mit der Diskretisierung handelt es sich in erster Linie um ein Stabilitätsproblem. Sowohl beim Finite-Elemente-Verfahren als auch bei dem in Kapitel 4 vorgestellten Finite-Volumen-Verfahren neigt die diskrete Näherungslösung u_h im Falle dominierender Konvektion und realistischer Gitterweite h zu Oszillationen, die sich vor allem dort beobachten lassen, wo die exakte Lösung u Grenzschichten ausbildet, die sich aber auch in Bereiche fortsetzen können, wo die exakte Lösung glatt ist (siehe z.B. [93], [118], [127]). Numerisch lassen sich diese Oszillationen auf den im konvektionsdominierten Fall fast schiefsymmetrischen Charakter der Steifigkeitsmatrix zurückführen. Matrizen mit einem solchen Charakter sind für ihre schlechte Kondition und das oszillatorische Verhalten entsprechender Näherungslösungen bekannt.

Bei konvektionsdominierten Problemen verwendet man deswegen zur Stabilisierung der diskreten Gleichungen sogenannte *Upwindverfahren*. Für das Finite-Elemente-Verfahren sind eine Reihe derartiger Stabilisierungsmethoden bekannt. Die Palette reicht hier von einfachen Verfahren erster Ordnung – wie dem Verfahren der *künstlichen Diffusion* – über das anspruchsvollere *Stromlinien-Diffusions-Verfahren* bis hin zu Verfahren zweiter Ordnung mit nichtlinearem *Shock-Capturing*. Eine Übersicht über die verschiedenen Methoden sowie zahlreiche Literaturhinweise zu den Originalarbeiten findet man u.a. in [72], [93], [118], [127].

Alle für das Finite-Elemente-Verfahren entwickelten Upwindstrategien können prinzipiell natürlich auch zur Stabilisierung der Finite-Volumen-Diskretisierung verwendet werden. Darüber hinaus existieren aber auch zahlreiche speziell auf das Finite-Volumen-Verfahren zugeschnittene Upwindschemata, siehe z.B. [4], [13], [86], [87], [100]. Die meisten dieser Verfahren sind von erster Ordnung und lassen sich – grob gesprochen – zwischen dem Verfahren der künstlichen Diffusion und dem Stromlinien-Diffusions-Verfahren einordnen. Das heißt, der durch die numerische Diffusion verursachte Ausschmierungseffekt ist zwar im allgemeinen nicht auf die Konvektionsrichtung b beschränkt, er tritt jedoch vorzugsweise in dieser Richtung auf und weniger dazu senkrecht.

Unabhängig davon, welche Diskretisierung letztendlich verwendet wird, hat die resultierende Steifigkeitsmatrix im konvektionsdominierten Fall einen stark nichtsymmetrischen Charakter, der sich im allgemeinen auch nicht als kleine Störung einer symmetrischen Matrix behandeln läßt. Die Anwendung einfacher Mehrgitter- bzw. Multilevelverfahren auf derart nichtsymmetrische Diskretisierungen führt auf ein *Robustheitsproblem*, d.h., die Konvergenzrate hängt im allgemeinen vom Störungsparameter $\sigma = \| b \|_{0,\infty}$ ab und kann bei hinreichend starker Konvektion beliebig schlecht werden. Von besonderem Interesse sind deshalb sogenannte *robuste* Mehrgitterverfahren, deren Konvergenzrate nicht nur – wie im symmetrischen Fall – unabhängig von h, sondern auch unabhängig vom Konvektionsfeld b von Eins weg beschränkt bleibt.

Der Begriff *Robusheit* wurde in diesem Zusammenhang übrigens von P. WESSELING eingeführt, siehe [144], [145]. Die Idee ist damit schon fast so alt wie die Mehrgitterverfahren selbst. Leider war man aber bei der Suche nach einem robusten Mehrgitterverfahren für konvektionsdominierte Probleme bisher nicht annähernd so erfolgreich wie bei der Entwicklung der Mehrgittertheorie für symmetrische Probleme. Die große Schwierigkeit im Umgang mit dem Begriff Robustheit besteht nämlich darin, daß diese Eigenschaft nur sehr schwer zu beweisen ist. Tatsächlich existieren für klassische Mehrgitterverfahren nur eine Handvoll Robustheitsbeweise, die diesen Namen wirklich verdienen.

Das bis heute wohl allgemeinste Resultat in dieser Hinsicht bezieht sich auf den anisotropen Fall und stammt von G. WITTUM, der die Robustheit des von ihm eingeführten ILU_β-Glätters für symmetrische, anisotrope Probleme mit variablen Koeffizienten im $\mathbb{R}^2$ bewies, [147]. Für konvektionsdominierte Probleme hingegen konnte eine derart allgemeine Aussage bisher nocht nicht gezeigt werden. Die Ergebnisse hier beschränken sich auf den eindimensionalen Fall [76], [119], bzw. im $\mathbb{R}^2$ auf Probleme mit konstanten Koeffizienten und periodischen Randbedingungen, [121], [122], [123].

Für konvektionsdominierte Probleme im $\mathbb{R}^2$, $\mathbb{R}^3$ mit variablen Koeffizienten existiert unseres Wissens nach bisher kein Verfahren, dessen Robustheit wirklich bewiesen wäre – jedenfalls keines mit optimaler oder zumindest quasioptimaler Komplexität. In den meisten Arbeiten, die das Wort „robust" im Titel tragen oder sich mit Mehrgitterverfahren für singulär gestörte Probleme beschäftigen, wird die Robustheit des vorgeschlagenen Verfahrens deswegen auf experimenteller Basis nachgewiesen (siehe etwa [30], [52], [54], [67], [84], [90], [144], [145]). Die Konstruktion dieser Verfahren beruht dann im wesentlichen auf heuristischen Argumenten. Einigen Autoren gelang es immerhin, ihre Resultate mit lokalen Untersuchungen – durch sogenannte *Local Mode Analysis* – theoretisch zu untermauern (z.B. in [46], [53], [95], [138]).

Entsprechend der oben genannten Schwierigkeiten beim Diskretisieren und Lösen von konvektionsdominierten Problemen besteht das vorliegende Kapitel im wesentlichen aus zwei Teilen. Im ersten Teil beschreiben und analysieren wir zwei einfache Upwindstrategien für das in Kapitel 4 eingeführte Finite-Volumen-Verfahren. Die resultierende Diskretisierung ist wie bei den meisten einfachen Upwindverfahren zwar nur von erster Ordnung, aber starke Oszillationen, wie sie bei der Diskretisierung konvektionsdominierter Probleme ohne Stabilisierung gewöhnlich zu beobachten sind, treten bei diesem Verfahren nicht mehr auf. Für den Fall, daß die Diskretisierung des Diffusionsterms auf eine M-Matrix führt, ist auch die Gesamtsteifigkeitsmatrix eine M-Matrix.

Unsere Analyse der beiden Upwindstrategien basiert auf einer von BANK ET AL. entwickelten Technik, mit der in [13] eine Reihe ähnlicher Upwindstrategien für den zweidimensionalen Fall untersucht wurden. Eine dieser Strategien unterscheidet sich von der unserigen nur dadurch, daß anstatt des Schwerpunktverfahrens das Mittelsenkrechtenverfahren zur Konstruktion der Boxen verwendet wird. Wie die Analyse in [13] zeigt, kann die entsprechende Upwind-Diskretisierung von (5.0.1) als einfache Finite-Volumen-Diskretisierung der gestörten Gleichung

$$\nabla \cdot (-(A+E)u + bu) \;=\; f \tag{5.0.4}$$

interpretiert werden, wobei E eine im allgemeinen nichtsymmetrische Störung der Diffusionsmatrix A ist, mit $\| E \| = O(h)$. Aufgrund des oben erwähnten Zusammenhangs ist es natürlich nicht weiter verwunderlich, daß eine ähnliche Aussage auch für die von uns vorgeschlagenen Upwind-Diskretisierungen gilt. Wie sich allerdings herausstellen wird, ist die entsprechende Störung der Diffusionsmatrix A bei unserem Verfahren symmetrisch.

Nachdem uns somit eine geeignete Diskretisierung für unser Konvektions-Diffusions-Problem zur Verfügung steht, wollen wir im zweiten Teil dieses Kapitels ein robustes Mehrgitterverfahren vorstellen, mit dem die entsprechenden Gleichungssysteme effizient gelöst werden können. Es handelt sich dabei um ein klassisches Mehrgitterverfahren mit einfachen Standardkomponenten: Die Systemmatrizen auf den verschiedenen Stufen sind die entsprechenden Steifigkeitsmatrizen, die Transferoperatoren sind die üblichen Standard-Prolongationen und -Restriktionen, und als Glätter verwenden wir eine lokale Block-Gauß-Seidel-Variante.

Das eigentliche Geheimnis dieses Verfahrens liegt in der Konstruktion des Glätters, d.h., in der Auswahl und Reihenfolge der entsprechenden Blöcke. Diese werden so bestimmt, daß der Glätter das folgende, oft verwendete Kriterium erfüllt (vgl. [77], S. 202): *Der Glätter eines robusten Mehrgitterverfahrens für singulär gestörte Probleme der Form (5.0.2) sollte ein exakter oder zumindest sehr effizienter Löser für den Grenzfall $\sigma \to \infty$ sein.* Um dieses Ziel zu erreichen, bedienen wir uns einiger grundlegender graphentheoretischer Methoden: Wir ordnen dem Konvektionsanteil der entsprechenden Steifigkeitsmatrix einen gerichteten Graphen zu (den sogenannten *Konvektionsgraphen*), bestimmen seine maximalen Zusammenhangskomponenten und numerieren diese in Richtung der Konvektion. Jeder maximalen Zusammenhangskomponente entspricht dann genau ein Diagonalblock in der Steifigkeitsmatrix. Zur Bestimmung der Zusammenhangskomponenten und ihrer Numerierung verwenden wir eine modifizierte Version des bekannten Tarjan-Algorithmus (siehe [134]).

Die Idee, ein Gauß-Seidel-Verfahren zusammen mit einer geeigneten Numerierungsstrategie als Glätter für konvektionsdominierte Probleme einzusetzen, ist natürlich nicht neu. A. Brandt wies bereits Ende der 70er-Jahre darauf hin, daß Gauß-Seidel sich nur dann als Glätter für Konvektions-Diffusions-Probleme eignet, wenn die Reihenfolge der Unbekannten der Strömungsrichtung folgt, [44]. Später wurde dann von W. Hackbusch die Robustheit dieses Ansatzes anhand eines eindimensionalen Modellproblems mit konstanten Koeffizienten nachgewiesen, [76]. Grundlage dieser alten Idee ist die einfache Beobachtung, daß der Konvektionsanteil der Steifigkeitsmatrix bei geeigneter Upwind-Diskretisierung untere Dreiecksgestalt annimmt, wenn die Eckpunkte der entsprechenden Triangulierung in Konvektionsrichtung numeriert werden. Für untere Dreiecksmatrizen ist aber bekanntlich das Gauß-Seidel-Verfahren ein exakter Löser.

Unter der Voraussetzung, daß eine entsprechende Anordnung der Eckpunkte existiert, liefert also die Kombination des Gauß-Seidel-Verfahrens mit einer geeigneten Numerierungsstrategie einen Glätter, der im Grenzfall $\sigma \to \infty$ zu einem exakten Löser entartet und somit das angegebene Kriterium erfüllt. Leider lassen sich die Eckpunkte aber nur dann in Strömungsrichtung numerieren, wenn der entsprechende Konvektionsgraph zyklusfrei ist. Diese Bedingung ist aber in der Praxis nur selten erfüllt. Treten z.B. im Strömungsfeld b Wirbel auf, wird im allgemeinen auch der entsprechende Konvektionsgraph Zyklen enthalten. Aber selbst wenn die Strömungsrichtung b konstant ist, können sogenannte *künstliche Zyklen* auftreten, die von der Diskretisierung herrühren.

Sobald nun aber der Konvektionsgraph Zyklen enthält – künstliche oder nicht – läßt sich die Konvektionsmatrix nicht mehr durch Umnumerieren auf Dreiecksgestalt transformieren und das einfache Gauß-Seidel-Verfahren genügt folglich nicht mehr dem oben genannten Kriterium. An dieser stelle setzt nun unserer Verfahren ein, welches das Prinzip, Gauß-Seidel mit einer Numerierungsstrategie zu kombinieren, in kanonischer Weise verallgemeinert. Anstatt der Gitterpunkte werden bei uns die maximalen Zusammenhangskomponenten des Konvektionsgraphen in Richtung der Strömung numeriert, so daß die Konvektionsmatrix untere Blockdreiecksgestalt annimmt. Das entsprechende Block-Gauß-Seidel-Verfahren ist dann ein exakter Löser für den reinen Konvektionsfall und folglich ein geeigneter Glätter für unser Mehrgitterverfahren.

Die Robustheit des vorgestellten Verfahrens werden wir am Ende dieses Kapitels anhand zahlreicher numerischer Tests verifizieren. Ein theoretischer Beweis für die Robustheit des Verfahrens existiert leider nicht. Darüber hinaus sei an dieser Stelle darauf hingewiesen, daß die praktische Verwendbarkeit des Verfahrens aus Komplexitätsgründen zunächst auf Probleme mit relativ kleinen Zyklen (wie z.B. künstliche Zyklen) beschränkt ist, da in jedem Glättungsschritt für jeden der vorhandenen Diagonalblöcke ein Gleichungssystem entsprechender Dimension zu lösen ist.

Eine effiziente Lösung dieser Blocksysteme ist uns bisher aber nur dann möglich, wenn sich die entsprechenden Zusammenhangskomponenten an einer relativ kleinen Anzahl sogenannter *Feedback Vertices* aufschneiden lassen. Vor allem bei dreidimensionalen Problemen ist diese Bedingung allerdings oft nicht erfüllt. In solchen Fällen existiert zur Lösung der Blocksysteme unseres Wissens nach bisher noch kein Verfahren optimaler Komplexität.

Die Konstruktion eines robusten Glätters für konvektionsdominierte Probleme mit beliebig großen Wirbeln bleibt also nach wie vor eine der größten Herausforderungen auf dem Gebiet der Mehrgitterverfahren. Der von uns vorgestellte Algorithmus kann als ein kleiner Schritt in diese Richtung interpretiert werden, der es erlaubt, das Problem auf die maximalen Zusammenhangskomponenten des Konvektionsgraphen bzw. auf deren Feedback Vertices zu reduzieren.

Dieser letzte große Abschnitt ist nun wie folgt gegliedert: In Kapitel 5.1 beschreiben wir zunächst zwei einfache Upwindstrategien zur Stabilisierung der Finite-Volumen-Diskretsierung im konvektionsdominierten Fall. Kapitel 5.2 enthält dann eine ausführliche Einführung zum Thema klassische Mehrgitterverfahren. Anschließend stellen wir in Kapitel 5.3 den oben erwähnten Block-Gauß-Seidel-Glätter vor und zeigen, wie die maximalen Zusammenhangskomponenten des Konvektionsgraphen mit Hilfe eines modifizierten Tarjan-Algorithmus auf äußerst effiziente Weise bestimmt und in Stromrichtung numeriert werden können. Die Robustheit des resultierenden Mehrgitterverfahrens wird dann in Kapitel 5.4 anhand zahlreicher numerischer Beispiele verifiziert.

5.1 Finite-Volumen Upwind-Diskretisierung

Erster Schwerpunkt im letzten Kapitel dieses Buches ist also die Konstruktion von Finite-Volumen Upwindverfahren für Konvektions-Diffusions-Probleme. Genauer gesagt, betrachten wir Probleme der Form: *Finde eine Funktion u mit*

$$\nabla \cdot (-A\nabla u + bu) = f \quad \text{in } \Omega, \tag{5.1.1a}$$

$$u = 0 \quad \text{auf } \Gamma. \tag{5.1.1b}$$

Hierbei nehmen wir wieder an, daß $\Omega \subset \mathbb{R}^n$ ein polyedrisches Lipschitz-Gebiet ist, und daß die Koeffizienten von (5.1.1) zumindest den folgenden Bedingungen genügen:

(i) $A = (a_{ij})_{i,j=1}^n$ sei symmterisch in Ω und genüge der Elliptizitätsbedingung (1.2.2) mit einer Konstanten $C_E > 0$,

(ii) $a_{ij}, b_j \in L^\infty(\Omega)$ für $1 \le i,j \le n$ und $\nabla \cdot b \in L^\infty(\Omega)$,

(iii) $f \in L^2(\Omega)$.

Die schwache Formulierung dieses elliptischen Randwertproblems lautet:

Finde eine Funktion $u \in H_0^1(\Omega)$ *mit*

$$\int_\Omega \nabla v \cdot A \nabla u \, dx \; - \; \int_\Omega u \, b \cdot \nabla v \, dx \; = \; \int_\Omega f v \, dx \tag{5.1.2}$$

für alle $v \in H_0^1(\Omega)$.

Die entsprechende Bilinearform $\mathcal{A}(.,.) : H_0^1(\Omega) \times H_0^1(\Omega) \longrightarrow \mathbb{R}$ ist definiert durch

$$\mathcal{A}(u,v) \; = \; \int_\Omega \nabla v \cdot A \nabla u \, dx \; - \; \int_\Omega u \, b \cdot \nabla v \, dx \, , \qquad u, v \in H_0^1(\Omega) \, , \tag{5.1.3}$$

und das entsprechende lineare Funktional f^* durch

$$f^*(v) \; = \; \int_\Omega f v \, dx \, , \qquad v \in H_0^1(\Omega) \, . \tag{5.1.4}$$

Die abstrakte Formulierung des schwachen Problems (5.1.2) lautet wieder:

$$\textit{Finde ein } u \in H_0^1(\Omega) \textit{ mit} \qquad \mathcal{A}(u,v) \; = \; f^*(v) \, , \qquad v \in H_0^1(\Omega) \, . \tag{5.1.5}$$

Wie bisher bezeichnen wir (5.1.2) bzw. (5.1.5) als das *kontinuierliche Problem.*

Zur Konstruktion stabiler Upwind-Diskretisierungen für dieses Problem gehen wir nun in mehreren Schritten vor. Wir beschreiben zunächst noch einmal das einfache Finite-Volumen-Verfahren aus Kapitel 4.3.2, bei dem alle Koeffizienten durch ihre Mittelwertprojektionen ersetzt werden, und zeigen, wie die entsprechende globale Steifigkeitsmatrix $\mathbf{A}_h$ effizient aus lokalen Elementmatrizen $\mathbf{A}_T$ zusammengesetzt werden kann. Anschließend manipulieren wir den Konvektionsanteil der lokalen Matrizen auf zweierlei Weise so, daß die üblichen Vorzeichenbedingungen für L-Matrizen erfüllt sind, d.h., daß alle Diagonalelemente größer gleich Null und alle Nichtdiagonalelemente kleiner gleich Null sind. Um zu zeigen, daß die so erhaltenen Upwind-Diskretisierungen immer noch die Konsistenzordnung $O(h)$ haben, interpretieren wir sie als Standard-Finite-Volumen-Diskretisierung entsprechender gestörter Probleme.

5.1.1 Das einfache Finite-Volumen-Verfahren

Sei $\mathcal{T}_h$ eine konsistente Triangulierung von Ω und $\mathcal{B}_h^S$ das durch das Schwerpunktverfahren definierte Boxgitter. Wir diskretisieren das kontinuierliche Problem (5.1.2) zunächst mit dem einfachen Finite-Volumen-Verfahren, wobei wir – wie in Kapitel 4.3.2 vorgeschlagen – die Koeffizienten b und f sowie die Funktion u_h im Konvektionsterm durch ihre Mittelwertprojektionen ersetzen.

Mit der diskreten Bilinearform

$$\mathcal{A}_h(u_h, v_h) = \sum_{B \in \mathcal{B}_h} \Big(-\int_{\partial B} \overline{v}_h \underline{A} \nabla u_h \cdot d\sigma + \int_{\partial B} \underline{b}\, \underline{u}_h \overline{v}_h \cdot d\sigma \Big) \tag{5.1.6}$$

für $u_h, v_h \in \mathcal{P}_{1,D}(\mathcal{T}_h)$, bzw. dem diskreten Funktional

$$f_h^*(v_h) = \int_\Omega \underline{f}\, \overline{v}_h \, dx\,, \qquad v_h \in \mathcal{P}_{1,D}(\mathcal{T}_h)\,,$$

läßt sich das entsprechende *diskrete* Problem dann wie folgt formulieren:

$$\textit{Finde ein } u \in \mathcal{P}_{1,D}(\mathcal{T}_h) \textit{ mit} \qquad \mathcal{A}_h(u_h, v_h) = f_h^*(v_h)\,, \qquad v_h \in \mathcal{P}_{1,D}(\mathcal{T}_h)\,. \tag{5.1.7}$$

Wir bezeichnen (5.1.7) als *einfache Finite-Volumen-Diskretisierung* des kontinuierlichen Problems – im Gegensatz zu den beiden Upwind-Diskretisierungen, die wir später vorstellen werden. Mit Hilfe der Knotenbasis $\Phi_{h,D}$ erhalten wir das äquivalente Gleichungssystem

$$\sum_{j=1}^{N_{h,D}} \mathcal{A}_h(\varphi_j^h, \varphi_i^h)\, u_{h,j} = f^*(\varphi_i^h)\,, \qquad 1 \le i \le N_{h,D}\,, \tag{5.1.8}$$

dessen Unbekannte die Werte $u_{h,j}$, $1 \le j \le N_{h,D}$, sind. Wir bezeichnen wieder mit $\mathbf{A}_h$ die Steifigkeitsmatrix mit den Einträgen

$$A_{h,i,j} = \mathcal{A}_h(\varphi_j^h, \varphi_i^h)\,, \qquad 1 \le i,j \le N_{h,D}\,, \tag{5.1.9}$$

und mit $\mathbf{u}_h$ bzw. $\mathbf{f}_h$ die Vektoren mit den Komponenten $u_{h,i}$ bzw. $f^*(\varphi_i^h)$ für $1 \le i \le N_{h,D}$. Dann können wir (5.1.8) auch in der Form

$$\mathbf{A}_h \mathbf{u}_h = \mathbf{f}_h \tag{5.1.10}$$

schreiben, und jeder Lösung $\mathbf{u}_h$ von (5.1.10) entspricht eine Lösung u_h von (5.1.7) mit der Darstellung

$$u_h = \sum_{j=1}^{N_{h,D}} u_{h,j}\, \varphi_j^h\,.$$

In der Folge bezeichnen wir $\mathbf{A}_h$ als die *globale Gesamtsteifigkeitsmatrix* der einfachen Finite-Volumen-Diskretisierung. Diese besteht hier aus zwei Anteilen: der *globalen Diffusionsmatrix* $\mathbf{A}_h^D$ mit den Einträgen

$$A_{h,i,j}^D = -\int_{\partial B_i^h} \underline{A} \nabla \varphi_j^h \cdot d\sigma\,, \qquad 1 \le i,j \le N_{h,D}\,,$$

und der entsprechenden *globalen Konvektionsmatrix* $\mathbf{A}_h^C$, definiert durch

$$A_{h,i,j}^C = \int_{\partial B_i^h} \underline{b}\, \underline{\varphi}_j^h \cdot d\sigma\,, \qquad 1 \le i,j \le N_{h,D}\,.$$

Beim Finite-Elemente-Verfahren wird die globale Steifigkeitsmatrix üblicherweise aus lokalen Elementmatrizen zusammengesetzt. Diese Vorgehensweise, die man als *Assemblierung* der Steifigkeitsmatrix bezeichnet, macht auch beim Finite-Volumen-Verfahren Sinn. Wir führen deswegen nun die lokalen Elementmatrizen $\mathbf{A}_T$ ein und zeigen, wie diese sich auf einfache Weise berechnen lassen.

Dazu sei an dieser Stelle noch einmal an die in Kapitel 4 verwendete Notation erinnert: Wir bezeichnen mit $x_1^h, \dots, x_{N_h}^h$ die Eckpunkte von $\mathcal{T}_h$ und mit $i_{j,T}$ den Index des Eckpunktes x_j^h in der lokalen Eckpunktnumerierung des Elements $T = [\,x_T^{(0)}, \dots, x_T^{(n)}\,]$. Für jedes solche Element ist $S_k(T)$, $0 \le k \le n$, das dem Eckpunkt $x_T^{(k)}$ gegenüberliegende $(n-1)$-Randsimplex, und $\tilde{S}_{i,k}(T)$, $k \ne i$, ist das Hyperflächenstück zwischen den Boxanteilen $B_{i,T}$, $B_{k,T}$ des Schwerpunktverfahrens. Schließlich bezeichnen wir wieder mit $S_{j,i_{j,T}}(T)$ den entsprechenden Anteil des Boxenrandes $\partial B_j^h \setminus \Gamma$ in T, der beim Schwerpunktverfahren gerade aus den Mengen $\tilde{S}_{i_{j,T},k}(T)$, $k \ne i_{j,T}$, besteht.

Definition 5.1.1 (Lokale Elementmatrizen)
Sei $\Omega \subset \mathbb{R}^n$ ein polyedrisches Gebiet und $\mathcal{T}_h$ eine konsistente Triangulierung von Ω mit Eckpunkten $x_1^h, \dots, x_{N_h}^h$. Für jedes Element $T = [\,x_T^{(0)}, \dots, x_T^{(n)}\,]$ in $\mathcal{T}_h$ bezeichnen wir mit $\varphi_T^{(i)}$, $0 \le i \le n$, die *lokalen Basisfunktionen*

$$\varphi_T^{(i)} \in \mathcal{P}_1(T)\,, \qquad \varphi_T^{(i)}(x_T^{(j)}) = \delta_{ij}\,, \qquad 0 \le i,j \le n\,.$$

Sei weiter $\mathcal{B}_h^S = \{\, B_1^h, \dots, B_{N_h}^h \,\}$ das durch das Schwerpunktverfahren definierte Boxgitter zu $\mathcal{T}_h$, und $\mathcal{A}_h(.,.)$ sei die durch (5.1.6) definierte diskrete Bilinearform. Wir bezeichnen dann mit $\mathbf{A}_T \in \mathbb{R}^{(n+1)\times(n+1)}$, $T \in \mathcal{T}_h$, die Matrizen mit den Einträgen

$$A_{T,i,j} := \sum_{k \ne i} \Big(- \int_{\tilde{S}_{i,k}(T)} \underline{A} \nabla \varphi_T^{(j)} \cdot d\sigma + \int_{\tilde{S}_{i,k}(T)} \underline{b}\, \underline{\varphi}_T^{(j)} \cdot d\sigma\,, \qquad 0 \le i,j \le n\,,$$

und nennen $\mathbf{A}_T$ die *lokale Elementmatrix* zu $T \in \mathcal{T}_h$.

Folgerung 5.1.2 (Assemblierung der globalen Steifigkeitsmatrix)
Unter den Voraussetzungen von Definition (5.1.1) gilt für die Einträge der durch (5.1.9) definierten globalen Steifigkeitsmatrix $\mathbf{A}_h$ des diskreten Problems (5.1.7) die Darstellung

$$A_{h,k,\ell} = \sum_{T \in \mathcal{T}_k^h \cap \mathcal{T}_\ell^h} A_{T,i_{k,T},i_{\ell,T}}\,, \qquad 1 \le k,\ell \le N_{h,D}\,.$$

Beweis: Die Behauptung folgt unmittelbar aus Lemma 4.2.10:

$$\begin{aligned}
\mathcal{A}_h(\varphi_\ell^h, \varphi_k^h) &= \sum_{B \in \mathcal{B}_h} \Big(- \int_{\partial B} \overline{\varphi}_k^h \underline{A} \nabla \varphi_\ell^h \cdot d\sigma + \int_{\partial B} \underline{b}\, \underline{\varphi}_\ell^h \overline{\varphi}_k^h \cdot d\sigma \Big) \\
&= - \int_{\partial B_k^h} \underline{A} \nabla \varphi_\ell^h \cdot d\sigma + \int_{\partial B_k^h} \underline{b}\, \underline{\varphi}_\ell^h \cdot d\sigma \\
&= \sum_{T \in \mathcal{T}_k^h \cap \mathcal{T}_\ell^h} \Big(- \int_{S_{k,i_{k,T}}(T)} \underline{A} \nabla \varphi_\ell^h \cdot d\sigma + \int_{S_{k,i_{k,T}}(T)} \underline{b}\, \underline{\varphi}_\ell^h \cdot d\sigma \Big) \\
&= \sum_{T \in \mathcal{T}_k^h \cap \mathcal{T}_\ell^h} \sum_{m \ne i_{k,T}} \Big(- \int_{\tilde{S}_{i_{k,T},m}(T)} \underline{A} \nabla \varphi_T^{(i_{\ell,T})} \cdot d\sigma + \int_{\tilde{S}_{i_{k,T},m}(T)} \underline{b}\, \underline{\varphi}_T^{(i_{\ell,T})} \cdot d\sigma \Big) \\
&= \sum_{T \in \mathcal{T}_k^h \cap \mathcal{T}_\ell^h} A_{T,i_{k,T},i_{\ell,T}}\,.
\end{aligned}$$

□

Da die Integranden für die Einträge der lokalen Elementmatrizen konstant auf jedem Element $T \in \mathcal{T}_h$ sind, können die entsprechenden Integrale leicht berechnet werden. Dazu verwenden wir die folgenden Bezeichnungen:

Definition 5.1.3 (Normalen- und Kantenvektoren)
Sei $T = [\,x_T^{(0)}, \dots, x_T^{(n)}\,]$ ein nichtentartetes Simplex im $\mathbb{R}^n$. Für $0 \le k \le n$ bezeichnen wir mit

(i) $\vec{n}_k(T)$ den äußeren Normalenvektor von T auf $S_k(T)$,

(ii) $\vec{S}_k(T) = \mathrm{vol}(S_k(T))\,\vec{n}_k(T)$ den Flächenvektor von $S_k(T)$, und mit

(iii) $h_k(T)$ die Höhe von T über $S_k(T)$.

Weiter sei für je zwei Indizes $0 \le i, k \le n$ mit $i \ne k$

(iv) $\vec{t}_{i,k}(T) = x_T^{(k)} - x_T^{(i)}$ der Kantenvektor von $x_T^{(i)}$ nach $x_T^{(k)}$,

(v) $\vec{n}_{i,k}(T)$ der Normalenvektor des Hyperflächenstücks $\tilde{S}_{i,k}(T)$, der so orientiert ist, daß $\vec{n}_{i,k}(T) \cdot \vec{t}_{i,k}(T) > 0$ gilt, und

(vi) $\vec{S}_{i,k}(T) = \mathrm{vol}(\tilde{S}_{i,k}(T))\,\vec{n}_{i,k}(T)$ der Flächenvektor von $\tilde{S}_{i,k}(T)$.

Das folgende Lemma zeigt nun, daß die Flächenvektoren $\vec{S}_k(T)$ und $\vec{S}_{i,k}(T)$ sich mit Hilfe der Gradienten der lokalen Basisfunktionen $\varphi_T^{(k)}$ leicht berechnen lassen. Für das Aufstellen der lokalen Elementmatrizen benötigt man folglich wie beim Finite-Elemente-Verfahren nur das Volumen der jeweiligen Elemente sowie die Gradienten der entsprechenden Basisfunktionen.

Lemma 5.1.4 (Berechnung der Flächenvektoren)
Sei $T = [\,x_T^{(0)}, \dots, x_T^{(n)}\,]$ ein nichtentartetes Simplex im $\mathbb{R}^n$. Dann gelten für $0 \le i, k \le n$, $i \ne k$, die folgenden Beziehungen:

$$\nabla\varphi_T^{(k)} = -\frac{\vec{n}_k(T)}{h_k(T)} = -\frac{\vec{S}_k(T)}{n\,\mathrm{vol}(T)}, \tag{5.1.11}$$

$$\vec{S}_{i,k}(T) = \frac{\vec{S}_i(T) - \vec{S}_k(T)}{n\,(n+1)} = \frac{\mathrm{vol}(T)}{n+1}\,(\nabla\varphi_T^{(k)} - \nabla\varphi_T^{(i)}), \tag{5.1.12}$$

$$\sum_{k\ne i} \vec{S}_{i,k}(T) = \frac{\vec{S}_i(T)}{n} = -\mathrm{vol}(T)\,\nabla\varphi_T^{(i)}. \tag{5.1.13}$$

Beweis: Aus der Linearität der Basisfunktionen $\varphi_T^{(k)}$ und der Tatsache, daß $\varphi_T^{(k)}$ auf $S_k(T)$ verschwindet, folgt zunächst, daß $\nabla\varphi_T^{(k)}$ senkrecht auf $S_k(T)$ steht und somit parallel zu $\vec{n}_k(T)$ verläuft. Aus $\varphi_T^{(k)}(x_T^{(k)}) = 1$ schließen wir dann

$$\nabla\varphi_T^{(k)} = -\frac{\vec{n}_k(T)}{h_k(T)}.$$

Der zweite Teil von (5.1.11) folgt aus

$$\mathrm{vol}(T) = \frac{h_k(T)\,\mathrm{vol}(S_k(T))}{n}, \qquad 0 \le k \le n.$$

Zum Beweis von (5.1.12) betrachten wir die Schnittsimplizes $H_{i,k}(T)$, $k \neq i$, in denen die entsprechenden Hyperflächenstücke $\tilde{S}_{i,k}(T)$ enthalten sind. Aus Lemma 4.4.20 schließen wir

$$\vec{S}_{i,k}(T) = \frac{2\,\mathrm{vol}(H_{i,k}(T))\,\vec{n}_{i,k}(T)}{n\,(n+1)}.$$

Der Beweis von Lemma 4.4.18 zeigt außerdem

$$\mathrm{vol}(H_{i,k}(T))\,\vec{n}_{i,k}(T) = \frac{1}{2}\,(\vec{S}_i(T) - \vec{S}_k(T)).$$

Damit ist die erste Gleichung von (5.1.12) bewiesen. Die zweite folgt durch Einsetzen von (5.1.11). Schließlich folgt aus

$$\sum_{k=0}^{n} \vec{S}_k(T) = -n\,\mathrm{vol}(T) \sum_{k=0}^{n} \nabla\varphi_T^{(k)} = -n\,\mathrm{vol}(T)\,\nabla\Big(\underbrace{\sum_{k=0}^{n} \varphi_T^{(k)}}_{=1}\Big) = 0$$

die Beziehung (5.1.13). □

Folgerung 5.1.5 (Darstellung der lokalen Elementmatrizen)
Seien die Voraussetzung von Definition 5.1.1 erfüllt. Dann gilt für jede der lokalen Elementmatrizen $\mathbf{A}_T$, $T \in \mathcal{T}_h$, die Darstellung

$$\mathbf{A}_T = \mathbf{A}_T^D + \mathbf{A}_T^C$$

mit der lokalen Diffusionsmatrix

$$\mathbf{A}_T^D = \mathrm{vol}(T) \begin{pmatrix} \nabla\varphi_T^{(0)} \cdot \underline{A}\nabla\varphi_T^{(0)} & \cdots & \nabla\varphi_T^{(0)} \cdot \underline{A}\nabla\varphi_T^{(n)} \\ \vdots & \ddots & \vdots \\ \nabla\varphi_T^{(n)} \cdot \underline{A}\nabla\varphi_T^{(0)} & \cdots & \nabla\varphi_T^{(n)} \cdot \underline{A}\nabla\varphi_T^{(n)} \end{pmatrix}, \tag{5.1.14}$$

und der lokalen Konvektionsmatrix

$$\mathbf{A}_T^C = -\frac{\mathrm{vol}(T)}{n+1} \begin{pmatrix} \underline{b} \cdot \nabla\varphi_T^{(0)} & \cdots & \underline{b} \cdot \nabla\varphi_T^{(0)} \\ \vdots & \ddots & \vdots \\ \underline{b} \cdot \nabla\varphi_T^{(n)} & \cdots & \underline{b} \cdot \nabla\varphi_T^{(n)} \end{pmatrix}. \tag{5.1.15}$$

Jede der Diffusionsmatrizen $\mathbf{A}_T^D$ ist symmetrisch, vom Rang n, und besitzt verschwindende Zeilen- und Spaltensummen. Die im allgemeinen nichtsymmetrischen Konvektionsmatrizen $\mathbf{A}_T^C$ hingegen sind vom Rang 1 und besitzen lediglich verschwindende Spaltensummen.

Beweis: Für $T \in \mathcal{T}_h$ und $0 \leq i, j \leq n$ gilt

$$\begin{aligned} A_{T,i,j} &= \sum_{k\neq i} \Big(-\int_{\tilde{S}_{i,k}(T)} \underline{A}\nabla\varphi_T^{(j)} \cdot d\sigma + \int_{\tilde{S}_{i,k}(T)} \underline{b}\,\varphi_T^{(j)} \cdot d\sigma \Big) \\ &= \Big(-\underline{A}\nabla\varphi_T^{(j)} + \underline{b}\,\varphi_T^{(j)} \Big) \cdot \sum_{k\neq i} \vec{S}_{i,k}(T). \end{aligned}$$

Hieraus folgt mit (5.1.13) und wegen $\underline{\varphi}_T^{(j)} = 1/(n+1)$ die Darstellung

$$A_{T,i,j} = \operatorname{vol}(T)\left(\underline{A}\nabla\varphi_T^{(j)} - \frac{1}{n+1}\underline{b}\right)\cdot\nabla\varphi_T^{(i)}.$$

Die Symmetrie von $\mathbf{A}_T^D$ ist offensichtlich. Daß die Spaltensummen von $\mathbf{A}_T^D$ und $\mathbf{A}_T^C$ sowie die Zeilensummen von $\mathbf{A}_T^D$ verschwinden, folgt aus

$$\sum_{k=0}^{n}\nabla\varphi_T^{(k)} = 0.$$

Da alle Spalten von $\mathbf{A}_T^C$ gleich sind, besitzt $\mathbf{A}_T^C$ den Rang 1. Um zu zeigen, daß $\mathbf{A}_T^D$ den Rang n hat, schließen wir aus der Tatsache, daß T nichtentartet ist, zunächst, daß je n der $n+1$ Vektoren $\nabla\varphi_T^{(k)}$ linear unabhängig sind. Da die gleiche Aussage folglich auch für die Vektoren $\underline{A}^{1/2}\nabla\varphi_T^{(k)}$ gilt, besitzt die $n\times(n+1)$-Matrix

$$C = \left(\underline{A}^{1/2}\nabla\varphi_T^{(0)},\ldots,\underline{A}^{1/2}\nabla\varphi_T^{(n)}\right)$$

den Rang n. Hieraus folgt, daß auch $\mathbf{A}_T^D = C^TC$ den Rang n hat (siehe z.B. [161], S. 88). □

Bemerkung 5.1.6 (Zur M-Matrix-Eigenschaft der globalen Diffusionsmatrix)
Besonders schöne numerische Eigenschaften besitzen sogenannte *M-Matrizen*, d.h., invertierbare Matrizen mit Diagonalelementen größer als Null, Nichtdiagonalelementen kleiner gleich Null, und einer elementweise nichtnegativen Inversen. Zwar ist im allgemeinen weder die globale Steifigkeitsmatrix $\mathbf{A}_h$ noch die Diffusionsmatrix $\mathbf{A}_h^D$ eine M-Matrix, aber es gibt doch eine Reihe wichtiger Spezialfälle, in denen zumindest $\mathbf{A}_h^D$ die M-Matrix-Eigenschaft besitzt. Wie Bemerkung 5.1.9 im nächsten Kapitel zeigt, ist in diesen Fällen auch die Gesamtmatrix $\mathbf{A}_h^{up}$ der dort vorgestellten Upwind-Diskretisierung eine M-Matrix. Hinreichend, aber nicht notwendig für die M-Matrix-Eigenschaft von $\mathbf{A}_h^D$ sind z.B. die folgenden Bedingungen:

(i) $\underline{A}$ ist ein konstantes Vielfaches der Einheitsmatrix und somit $\nabla\cdot\underline{A}\nabla u = \varepsilon\Delta u$ für ein $\varepsilon > 0$, und

(ii) die Innenwinkel zwischen je zwei Randsimplizes eines beliebigen Elements $T\in\mathcal{T}_h$ sind kleiner oder gleich $\pi/2$.

Zum Beweis dieser Aussage verwende man die Darstellung (5.1.14) und die Tatsache, daß eine symmetrisch positiv definite Matrix genau dann eine M-Matrix ist, wenn alle Nichtdiagonalelemente kleiner gleich Null sind (siehe z.B. [82], S. 156).

Bemerkung 5.1.7 (Vergleich mit der Finite-Elemente-Steifigkeitsmatrix)
Folgerung 5.1.5 bestätigt noch einmal, daß die globale Finite-Volumen-Steifigkeitsmatrix $\mathbf{A}_h$ mit der Finite-Elemente-Steifigkeitsmatrix des leicht modifizierten Problems

$$\nabla\cdot(-A\nabla u + \underline{b}u) = f$$

übereinstimmt. Die gleiche Einsicht hatten wir schon in Folgerung 4.2.20 und Bemerkung 4.3.7 gewonnen.

An dieser Stelle drängt sich natürlich die Frage auf, warum wir uns soviel Mühe mit dem Finite-Volumen-Verfahren machen, wenn am Ende doch praktisch die gleiche Steifigkeitsmatrix herauskommt. Eine Antwort auf diese Frage geben die beiden nächsten Kapitel, in denen wir mit Hilfe des Finite-Volumen-Ansatzes zwei einfache Upwindstrategien konstruieren, die aus dem Finite-Elemente-Ansatz so nicht hergeleitet werden können.

5.1.2 Upwind-Stabilisierung

Aufgrund ihrer engen Verwandschaft übertragen sich natürlich auch die schlechten Eigenschaften des Finite-Elemente-Verfahrens auf die Finite-Volumen-Methode. Dazu zählt insbesondere die Instabilität der Diskretisierung bei konvektionsdominierten Problemen. Diese macht sich im allgemeinen durch starke Oszillationen der Näherungslösung u_h bemerkbar, welche vor allem in den Grenzschichten der exakten Lösung u auftreten, die sich aber auch in Bereiche fortsetzen können, wo die exakte Lösung glatt ist (siehe z.B. [93], [118], [127]).

Ursprung dieser Oszillationen ist der schiefsymmetrische Charakter der globalen Konvektionsmatrix $\mathbf{A}_h^C$. Nach Folgerung 5.1.5 verschwinden nämlich die Spaltensummen von $\mathbf{A}_h^C$. Darüber hinaus kann man leicht zeigen, daß – wenn b in Ω konstant ist – die Elemente auf der Diagonale von $\mathbf{A}_h^C$ gleich Null sind. Matrizen mit einem solch schiefsymmetrische Charakter sind aber für ihre schlechte Kondition und das oszillatorische Verhalten entsprechender Näherungslösungen bekannt.

Zur Stabilisierung der diskreten Gleichungen verwendet man deswegen sogenannte *Upwindverfahren*. Eine Übersicht über Upwindschemata erster und zweiter Ordnung für Finite-Elemente-Verfahren findet man z.B. in [72], [93], [118] oder [127]. Upwindschemata spziell für Finite-Volumen-Diskretisierungen werden u.a. in [4], [13], [86], [87], [100] untersucht. Die meisten dieser Verfahren sind von erster Ordnung und zeichnen sich dadurch aus, daß der durch die numerische Diffusion verursachte Ausschmierungseffekt im allgemeinen zwar nicht auf die Konvektionsrichtung b beschränkt ist, daß er jedoch vorzugsweise in dieser Richtung und weniger dazu senkrecht auftritt.

Das Upwindverfahren, das wir in diesem Kapitel vorstellen wollen, beruht im wesentlichen auf Ideen aus einer Arbeit von BANK ET AL., [13]. Darin betrachten die Autoren eine ganz ähnliche Strategie für Boxgitter im $\mathbb{R}^2$, die sie mit dem Mittelsenkrechtenverfahren konstruieren. Wir werden diese Strategie nun auf mit dem Schwerpunktverfahren erzeugte Boxgitter im $\mathbb{R}^n$ übertragen. Die resultierende Konvektionsmatrix $\mathbf{A}_h^{C,up}$ ist wie in [13] schwach spalten-diagonaldominant und genügt den üblichen Vorzeichenbedingungen für L-Matrizen, d.h., die Diagonalelemente sind nichtnegativ und alle anderen Einträge nichtpositiv. Unter der Voraussetzung, daß der entsprechende Diffusionsanteil $\mathbf{A}_h^D$ die M-Matrix-Eigenschaft besitzt (vgl. Bemerkung 5.1.6), ist dann auch die Gesamtsteifigkeitsmatrix $\mathbf{A}_h^{up} = \mathbf{A}_h^D + \mathbf{A}_h^{C,up}$ eine schwach spalten-diagonaldominante M-Matrix.

Wie die meisten einfachen Upwindverfahren, so ist auch das hier vorgestellte nur von erster Ordnung, d.h., sowohl in der H^1-Norm als auch in der L^2-Norm gelten im allgemeinen höchstens Fehlerabschätzungen der Größenordnung $O(h)$. Beim Beweis der Konvergenzordnung $O(h)$ folgen wir ebenfalls der Darstellung in [13]: Wir zeigen, daß die Anwendung des

Upwindverfahrens auf das Konvektions-Diffusions-Problem (5.1.1) äquivalent ist zu einer einfachen Finite-Volumen-Diskretisierung der gestörten Gleichung

$$\nabla \cdot (-(A+E)u + bu) \;=\; f\,,$$

wobei E eine symmetrische Störung der Größenordnung $\| E \| = O(h)$ ist. Tatsächlich geht dieses Ergebnis etwas über das Resultat in [13] hinaus. Das dort angewendete Verfahren läßt sich im allgemeinen nur als nichtsymmetrische Störung der Diffusionsmatrix deuten. Dieser interessante Unterschied beruht einzig und allein auf der Tatsache, daß wir in diesem Buch zur Konstruktion der Boxgitter das Schwerpunktverfahren anstatt des Mittelsenkrechtenverfahrens verwenden.

Zur Herleitung des Upwindverfahrens nehmen wir an, es sei $\Omega \subset \mathbb{R}^n$ ein polyedrisches Gebiet, $\mathcal{T}_h$ eine konsistente Triangulierung von Ω, und $\mathcal{B}_h^S$ das durch das Schwerpunktverfahren definierte Boxgitter. Wir betrachten einen festen Eckpunkt x_j^h von $\mathcal{T}_h$, der nicht auf Γ liegt. Beim einfachen Finite-Volumen-Verfahren wird der Fluß einer beliebigen Größe $u_h \in \mathcal{P}_{1,D}(\mathcal{T}_h)$ über den Rand der entsprechenden Box B_j^h durch das Randintegral

$$\int_{\partial B_j^h} \underline{b}\,\underline{u}_h \cdot d\sigma \;=\; \sum_{T\in\mathcal{T}_j^h} \int_{S_{j,i_j,T}(T)} \underline{b}\,\underline{u}_h \cdot d\sigma \;=\; \sum_{T\in\mathcal{T}_j^h} \sum_{k\neq i_{j,T}} \int_{\tilde{S}_{i_{j,T},k}(T)} \underline{b}\,\underline{u}_h \cdot d\sigma$$

approximiert. Für $T = [\,x_T^{(0)}, \ldots, x_T^{(n)}\,] \in \mathcal{T}_j^h$ und je zwei Indizes $0 \leq i, k \leq n$ mit $k \neq i$ können wir das entsprechende Integral über das Hyperflächenstück $\tilde{S}_{i,k}(T)$ darstellen durch

$$\int_{\tilde{S}_{i,k}(T)} \underline{b}\,\underline{u}_h \cdot d\sigma \;=\; \Big(\frac{1}{n+1}\sum_{\ell=0}^{n} u_h(x_T^{(\ell)})\Big)\,[\,\underline{b}\cdot \vec{S}_{i,k}(T)\,]\,.$$

Beim einfachen Finite-Volumen-Verfahren werden also zur Approximation des Flusses bu_h über das Hyperflächenstück $\tilde{S}_{i,k}(T)$ die Werte von u_h in allen Eckpunkten von T gleich stark gewichtet. Dies widerspricht natürlich der physikalischen Anschauung, nach der der Fluß bu_h im wesentlichen durch die Werte von u_h in denjenigen Eckpunkten von T bestimmt wird, die von $\tilde{S}_{i,k}(T)$ aus gesehen stromaufwärts („*upwind*") liegen, d.h., entgegengesetzt zur Stromrichtung b. Unsere erste Upwindstrategie beruht deswegen auf der Approximation

$$\int_{\tilde{S}_{i,k}(T)} b\,u_h \cdot d\sigma \;\approx\; u_h(\tilde{x}_{i,k,T})\,[\,\underline{b}\cdot \vec{S}_{i,k}(T)\,]\,, \tag{5.1.16}$$

wobei der Eckpunkt $\tilde{x}_{i,k,T}$ von T definiert ist durch

$$\tilde{x}_{i,k,T} \;=\; \begin{cases} x_T^{(i)}\,, & \underline{b}\cdot \vec{S}_{i,k}(T) \geq 0\,, \\ x_T^{(k)}\,, & \underline{b}\cdot \vec{S}_{i,k}(T) < 0\,. \end{cases}$$

Beachte, daß $\tilde{S}_{i,k}(T)$ ein gemeinsames Randstück der zu $x_T^{(i)}$ bzw. $x_T^{(k)}$ gehörenden Boxen ist.

Die Approximation (5.1.16) führt auf die diskrete Bilinearform

$$\mathcal{A}_h^{up}(u_h, v_h) = \sum_{j=1}^{N_{h,D}} \Big(- \int_{\partial B_j^h} \overline{v}_h \underline{A} \nabla u_h \cdot d\sigma + v_h(x_j^h) \sum_{T \in \mathcal{T}_j^h} \sum_{k \neq i_{j,T}} u_h(\tilde{x}_{i_{j,T},k,T}) \, [\, \underline{b} \cdot \vec{S}_{i_{j,T},k}(T) \,] \Big) \tag{5.1.17}$$

und somit auf das diskrete Problem

$$\textit{Finde ein } u \in \mathcal{P}_{1,D}(\mathcal{T}_h) \textit{ mit } \mathcal{A}_h^{up}(u_h, v_h) = f_h^*(v_h), \quad v_h \in \mathcal{P}_{1,D}(\mathcal{T}_h). \tag{5.1.18}$$

Wir bezeichnen (5.1.18) als *lokale Finite-Volumen Upwind-Diskretisierung* des kontinuierlichen Problems, im Gegensatz zur *globalen* Upwind-Diskretisierung, die wir im nächsten Kapitel vorstellen werden. Die entsprechende globale Gesamtsteifigkeitsmatrix nennen wir $\mathbf{A}_h^{up}$. Diese setzt sich zusammen aus der globalen Diffusionsmatrix $\mathbf{A}_h^D$ des einfachen Finite-Volumen-Verfahrens und einer modifizierten Konvektionsmatrix $\mathbf{A}_h^{C,up}$. Für $T \in \mathcal{T}_h$ besitzt die entsprechend modifizierte lokale Konvektionsmatrix $\mathbf{A}_T^{C,up}$ die Einträge

$$A_{T,i,j}^{C,up} = \sum_{k \neq i} \int_{\tilde{S}_{i,k}(T)} \underline{b} \varphi_T^{(j)}(\tilde{x}_{i,k,T}) \cdot d\sigma$$

$$= \begin{cases} \displaystyle\sum_{\substack{k \neq i, \\ \underline{b} \cdot \vec{S}_{i,k}(T) \geq 0}} \underline{b} \cdot \vec{S}_{i,k}(T), & i = j, \\ \underline{b} \cdot \vec{S}_{i,j}(T), & i \neq j, \; \underline{b} \cdot \vec{S}_{i,j}(T) < 0, \\ 0, & i \neq j, \; \underline{b} \cdot \vec{S}_{i,j}(T) \geq 0. \end{cases} \tag{5.1.19}$$

Mit Hilfe dieser Darstellung können wir nun leicht die folgenden Eigenschaften der globalen Konvektionsmatrix $\mathbf{A}_h^{C,up}$ nachweisen:

Lemma 5.1.8 (Eigenschaften der Konvektionsmatrix beim Upwindverfahren) *Die Konvektionsmatrix $\mathbf{A}_h^{C,up}$ des lokalen Finite-Volumen Upwindverfahrens ist schwach spalten-diagonaldominant und genügt der Vorzeichenbedingung*

$$A_{h,i,i}^{C,up} \geq 0, \qquad 1 \leq i \leq N_{h,D}, \tag{5.1.20a}$$

$$A_{h,i,j}^{C,up} \leq 0, \qquad 1 \leq i,j \leq N_{h,D}, \; i \neq j. \tag{5.1.20b}$$

Beweis: Sei $T \in \mathcal{T}_h$ beliebig. Die lokale Konvektionsmatrix $\mathbf{A}_T^{C,up}$ erfüllt wegen (5.1.19) automatisch die Vorzeichenbedingung. Für die j-te Spaltensumme von $\mathbf{A}_T^{C,up}$ gilt außerdem

$$\begin{aligned} \sum_{i=0}^{n} A_{T,i,j}^{C,up} &= A_{T,j,j}^{C,up} + \sum_{i \neq j}^{n} A_{T,i,j}^{C,up} \\ &= \sum_{\substack{k \neq j, \\ \underline{b} \cdot \vec{S}_{j,k}(T) \geq 0}} \underline{b} \cdot \vec{S}_{j,k}(T) + \sum_{\substack{i \neq j, \\ \underline{b} \cdot \vec{S}_{i,j}(T) < 0}} \underline{b} \cdot \vec{S}_{i,j}(T) \\ & \sum_{\substack{k \neq j, \\ \underline{b} \cdot \vec{S}_{j,k}(T) \geq 0}} \underline{b} \cdot \vec{S}_{j,k}(T) - \sum_{\substack{i \neq j, \\ \underline{b} \cdot \vec{S}_{j,i}(T) > 0}} \underline{b} \cdot \vec{S}_{j,i}(T) = 0. \end{aligned}$$

Die lokalen Konvektionsmatrizen $\mathbf{A}_T^{C,up}$ besitzen also verschwindende Spaltensummen und sind somit aufgrund der Vorzeichenbedingung auch schwach spalten-diagonaldominant. Da sich sowohl die Vorzeichenbedingung als auch die schwache Spalten-Diagonaldominanz auf die globale Konvektionsmatrix $\mathbf{A}_h^{C,up}$ übertragen, ist die Behauptung bewiesen. □

Bemerkung 5.1.9 (Zur M-Matrix-Eigenschaft der Gesamtsteifigkeitsmatrix)
Wenn die globale Diffusionsmatrix $\mathbf{A}_h^D$ die M-Matrix-Eigenschaft besitzt (siehe Bemerkung 5.1.6), so ist auch $\mathbf{A}_h^{up} = \mathbf{A}_h^D + \mathbf{A}_h^{C,up}$ eine M-Matrix. Wie man nämlich leicht einsieht, genügt mit $\mathbf{A}_h^D$ auch $\mathbf{A}_h^{up}$ der schärferen Vorzeichenbedingung

$$A_{h,i,i}^{up} > 0, \quad 1 \le i \le N_{h,D}, \tag{5.1.21a}$$
$$A_{h,i,j}^{up} \le 0, \quad 1 \le i,j \le N_{h,D}, \ i \ne j. \tag{5.1.21b}$$

Außerdem besitzt $\mathbf{A}_h^D$ unter den genannten Voraussetzungen eine Eigenschaft, die man als *wesentliche Spalten-Diagonaldominanz* bezeichnet. Letztere überträgt sich ebenfalls auf $\mathbf{A}_h^{up}$ und impliziert dann zusammen mit (5.1.21) die M-Matrix-Eigenschaft (siehe [82], S. 153).

Unter der Voraussetzung, daß $\mathbf{A}_h^D$ und somit auch $\mathbf{A}_h^{up}$ eine M-Matrix ist, besitzt das diskrete Problem (5.1.18) eine eindeutige Lösung. Allerdings ist diese Bedingung, wie wir in Bemerkung 5.1.6 gesehen haben, nur in wenigen Spezialfällen erfüllt. Ein anderes Kriterium für die Invertierbarkeit von $\mathbf{A}_h^{up}$ zeigt nun das folgende Lemma.

Lemma 5.1.10 (Hinreichende Bedingung für die Invertierbarkeit von $\mathbf{A}_h^{up}$)
Die globale Konvektionsmatrix $\mathbf{A}_h^{C,up}$ sei schwach zeilen-diagonaldominant. Dann ist $\mathbf{A}_h^{up}$ invertierbar und das diskrete Problem (5.1.18) besitzt eine eindeutige Lösung.

Beweis: Aus der schwachen Zeilen-Diagonaldominanz von $\mathbf{A}_h^{C,up}$ folgt, daß der symmetrische Anteil

$$\mathbf{A}_{h,symm}^{C,up} := \frac{\mathbf{A}_h^{C,up} + (\mathbf{A}_h^{C,up})^T}{2}$$

von $\mathbf{A}_h^{C,up}$ ebenfalls schwach zeilen-diagonaldominant ist. Da $\mathbf{A}_{h,symm}^{C,up}$ darüber hinaus der Vorzeichenbedingung (5.1.20) genügt, ist $\mathbf{A}_{h,symm}^{C,up}$ symmetrisch positiv semidefinit (vgl. [82], S. 153). Aus der positiven Definitheit des Diffusionsanteils $\mathbf{A}_h^D$ folgt daher

$$\mathbf{x}^T \mathbf{A}_h^{up} \mathbf{x} = \mathbf{x}^T \big(\mathbf{A}_h^D + \mathbf{A}_h^{C,up}\big) \mathbf{x} = \mathbf{x}^T \big(\mathbf{A}_h^D + \mathbf{A}_{h,symm}^{C,up}\big) \mathbf{x} > 0 \tag{5.1.22}$$

für beliebige Vektoren $\mathbf{x} \in \mathbb{R}^{N_{h,D}}$. Wäre $\mathbf{A}_h^{up}$ singulär, so müßte ein Vektor $\mathbf{x}$ mit $\mathbf{A}_h^{up}\mathbf{x} = 0$ existieren, im Widerspruch zu (5.1.22). Folglich ist $\mathbf{A}_h^{up}$ invertierbar und die Behauptung bewiesen. □

Bemerkung 5.1.11 (Numerische Inkompressibilität)
Hinreichend für die schwache Zeilen-Diagonaldominanz von $\mathbf{A}_h^{C,up}$ ist z.B., daß die Zeilensummen von $\mathbf{A}_h^{C,up}$ verschwinden. Dies ist genau dann der Fall, wenn für jede der Boxen B_k^h die Summe aller numerischen Flüsse über die entsprechenden Boxrandanteile $\partial B_k^h \cap \partial B_\ell^h$, $\ell \ne k$, gleich Null ist. Die Forderung nach dem Verschwinden der Zeilensummen von $\mathbf{A}_h^{C,up}$ kann daher als eine Art *numerischer Inkompressibilitätsbedingung* bzw. als *numerische Divergenzfreiheit* interpretiert werden.

Eine solche Eigenschaft zu fordern macht natürlich nur Sinn, wenn das Konvektionsfeld b selbst divergenzfrei ist. Allerdings kann man selbst in diesem Fall exakte numerische Divergenzfreiheit nur dann erwarten, wenn b konstant ist. Falls b in Ω variiert, führt die Verwendung der Mittelwertprojektionen sowie deren Berechnung durch Quadraturformeln normalerweise dazu, daß die Zeilensummen von $\mathbf{A}_h^{C,up}$ nicht ganz verschwinden. Aufgrund der Konvergenz der Diskretisierung müssen die Zeilensummen aber für $h \to 0$ gegen Null streben, so daß auch in diesem Fall die Invertierbarkeit von $\mathbf{A}_h^{up}$ zumindest für hinreichend kleine h gesichert ist.

Wie bei den meisten einfachen Upwindverfahren handelt es sich auch bei der Diskretisierung (5.1.18) um ein Verfahren erster Ordnung, d.h., die entsprechenden Näherungslösungen u_h konvergieren für $h \to 0$ mit der Konvergenzrate $O(h)$ gegen die exakte Lösung u des kontinuierlichen Problems. Zum Beweis dieser Aussage deuten wir (5.1.18) als einfache Finite-Volumen-Diskretisierung eines leicht gestörten Problems. Dazu setzen wir zunächst die Gleichung (5.1.12) in (5.1.19) ein und erhalten so für die Einträge der lokalen Konvektionsmatrizen $\mathbf{A}_T^{C,up}$ die Darstellung

$$A_{T,i,j}^{C,up} = \frac{\mathrm{vol}(T)}{n+1} \begin{cases} \sum\limits_{\substack{k \neq i, \\ \underline{b} \cdot \vec{S}_{i,k}(T) \geq 0}} \underline{b} \cdot (\nabla\varphi_T^{(k)} - \nabla\varphi_T^{(i)}), & i = j, \\ \underline{b} \cdot (\nabla\varphi_T^{(j)} - \nabla\varphi_T^{(i)}), & i \neq j, \ \underline{b} \cdot \vec{S}_{i,j}(T) < 0, \\ 0, & i \neq j, \ \underline{b} \cdot \vec{S}_{i,j}(T) \geq 0. \end{cases}$$

Für die lokale Differenzmatrix $\mathbf{E}_T^{up} := \mathbf{A}_T^{up} - \mathbf{A}_T = \mathbf{A}_T^{C,up} - \mathbf{A}_T^C$ gilt somit wegen (5.1.15)

$$E_{T,i,j}^{up} = \frac{\mathrm{vol}(T)}{n+1} \begin{cases} \sum\limits_{\substack{k \neq i, \\ \underline{b} \cdot \vec{S}_{i,k}(T) \geq 0}} \underline{b} \cdot (\nabla\varphi_T^{(k)} - \nabla\varphi_T^{(i)}) + \underline{b} \cdot \nabla\varphi_T^{(i)}, & i = j, \\ \underline{b} \cdot (\nabla\varphi_T^{(j)} - \nabla\varphi_T^{(i)}) + \underline{b} \cdot \nabla\varphi_T^{(i)}, & i \neq j, \ \underline{b} \cdot \vec{S}_{i,j}(T) < 0, \\ \underline{b} \cdot \nabla\varphi_T^{(i)}, & i \neq j, \ \underline{b} \cdot \vec{S}_{i,j}(T) \geq 0. \end{cases}$$

$$= \frac{\mathrm{vol}(T)}{n+1} \begin{cases} \sum\limits_{\substack{k \neq i, \\ \underline{b} \cdot \vec{S}_{i,k}(T) \geq 0}} \underline{b} \cdot (\nabla\varphi_T^{(k)} - \nabla\varphi_T^{(i)}) + \underline{b} \cdot \nabla\varphi_T^{(i)}, & i = j, \\ \underline{b} \cdot \nabla\varphi_T^{(j)}, & i \neq j, \ \underline{b} \cdot \vec{S}_{i,j}(T) < 0, \\ \underline{b} \cdot \nabla\varphi_T^{(i)}, & i \neq j, \ \underline{b} \cdot \vec{S}_{i,j}(T) \geq 0. \end{cases}$$

Diese lokale Differenzmatrix $\mathbf{E}_T^{up}$ besitzt nun einige Eigenschaften, die wir schon von den lokalen Diffusionsmatrizen her kennen:

Lemma 5.1.12 (Eigenschaften der lokalen Differenzmatrix $\mathbf{E}_T^{up}$)
Die lokale Differenzmatrix $\mathbf{E}_T^{up}$ ist symmetrisch und ihre Zeilen- und Spaltensummen verschwinden.

Beweis: Die Symmetrie von $\mathbf{E}_T^{up}$ folgt unmittelbar aus der Identität

$$\vec{S}_{i,j}(T) \;=\; -\vec{S}_{j,i}(T)\,, \qquad i \neq j\,.$$

Da die Spaltensummen sowohl von $\mathbf{A}_T^C$ als auch von $\mathbf{A}_T^{C,up}$ verschwinden, gilt das gleiche auch für $\mathbf{E}_T^{up}$. Aus der Symmmtrie von $\mathbf{E}_T^{up}$ folgt, daß auch alle Zeilensummen verschwinden. Damit ist die Behauptung bewiesen. □

Um nun (5.1.18) als einfache Finite-Volumen-Diskretisierung eines Problems mit gestörter Diffusionsmatrix deuten zu können, suchen wir nach einer konstanten Matrix $\underline{E} \in \mathbb{R}^{n\times n}$, so daß für $\mathbf{E}_T^{up}$ die Darstellung

$$\mathbf{E}_T^{up} \;=\; \mathrm{vol}(T)\begin{pmatrix} \nabla\varphi_T^{(0)}\cdot\underline{E}\nabla\varphi_T^{(0)} & \cdots & \nabla\varphi_T^{(0)}\cdot\underline{E}\nabla\varphi_T^{(n)} \\ \vdots & \ddots & \vdots \\ \nabla\varphi_T^{(n)}\cdot\underline{E}\nabla\varphi_T^{(0)} & \cdots & \nabla\varphi_T^{(n)}\cdot\underline{E}\nabla\varphi_T^{(n)} \end{pmatrix} \tag{5.1.23}$$

gilt. Eine solche Matrix $\underline{E}$ läßt sich mit einer in [13] vorgeschlagenen Methode leicht bestimmen. Dazu definieren wir zunächst den Vektorraum $Sym_0^{(n+1)}$ und geben dann eine einfache Basis dieses Raumes an.

Definition 5.1.13 (Der Matrizenraum $Sym_0^{(n+1)}$)

Für $n \in \mathbb{N}$ bezeichnen wir mit $Sym_0^{(n+1)}$ den Vektorraum aller symmetrischen Matrizen $M \in \mathbb{R}^{(n+1)\times(n+1)}$, deren Spalten- und Zeilensummen verschwinden.

Lemma 5.1.14 (Eine Basis für $Sym_0^{(n+1)}$)

Sei $n \in \mathbb{N}$ beliebig. Für $0 \le i < j \le n$ sei $D_{i,j} \in \mathbb{R}^{(n+1)\times(n+1)}$ die symmetrische Matrix

$$D_{i,j} \;=\; \begin{pmatrix} \ddots & & & & \\ & 1 & \cdots & -1 & \\ & \vdots & \ddots & \vdots & \\ & -1 & \cdots & 1 & \\ & & & & \ddots \end{pmatrix} \begin{matrix} \\ \leftarrow i \\ \\ \leftarrow j \\ \\ \end{matrix}$$

wobei alle bis auf die vier angegebenen Einträge verschwinden. Dann bilden die Matrizen $D_{i,j}$, $0 \le i < j \le n$, eine Basis für $Sym_0^{(n+1)}$. Folglich besitzt $Sym_0^{(n+1)}$ die Dimension $n\,(n+1)/2$.

Beweis: Offensichtlich gilt $D_{i,j} \in Sym_0^{(n+1)}$ für $0 \le i < j \le n$. Für eine beliebige Matrix $M = (m_{ij})_{i,j=0}^n \in Sym^{(n)}$ betrachten wir nun die Linearkombination

$$\tilde{M} \;:=\; -\sum_{0\le k<\ell\le n} m_{k\ell}\, D_{k,\ell} \tag{5.1.24}$$

und vergleichen die Einträge $\tilde{m}_{ij}$ von $\tilde{M}$ mit denen von M. Da im Falle $0 \le i < j \le n$ bis auf die Matrix $D_{i,j}$ alle Matrizen $D_{k,\ell}$ an der Stelle (i,j) verschwinden, und weil in $D_{i,j}$ an dieser Stelle der Eintrag -1 steht, gilt $\tilde{m}_{ij} = m_{ij}$ für $0 \le i < j \le n$. Nun ist aber jede Matrix $M \in Sym_0^{(n+1)}$ durch ihre Einträge oberhalb der Diagonalen eindeutig bestimmt. Da auch $\tilde{M}$ in $Sym_0^{(n+1)}$ liegt, stimmen $\tilde{M}$ und M überein. Die Behauptung folgt daher aus der linearen Unabhängigkeit der Matrizen $D_{i,j}$. □

Da die lokale Differenzmatrix $\mathbf{E}_T^{up}$ wegen Lemma 5.1.12 in $Sym_0^{(n+1)}$ liegt, können wir sie nach den Basismatrizen $D_{i,j}$ entwickeln und erhalten so zunächst die Darstellung

$$\mathbf{E}_T^{up} \;=\; -\sum_{0\le k<\ell\le n} E_{T,k,\ell}^{up}\, D_{k,\ell}\,. \tag{5.1.25}$$

Um hieraus eine Darstellung der Form (5.1.23) herzuleiten, müssen wir die Matrizen $D_{i,j}$ irgendwie mit den Gradienten der lokalen Basisfunktionen $\varphi_T^{(k)}$ in Verbindung bringen. Wie das folgende Lemma zeigt, ist dies mit Hilfe der in Definition 5.1.3 eingeführten Kantenvektoren $\vec{t}_{i,j}(T)$ möglich.

Lemma 5.1.15 (Darstellung der Basismatrizen $D_{i,j}$)
Sei $T = [\,x_T^{(0)},\ldots,x_T^{(n)}\,]$ ein nichtentartetes Simplex im $\mathbb{R}^n$. Dann gilt für die Basismatrizen $D_{i,j}$, $0\le i<j\le n$, die Darstellung

$$D_{i,j} \;=\; \left(\nabla\varphi_T^{(0)},\ldots,\nabla\varphi_T^{(n)}\right)^T \vec{t}_{i,j}(T)\,\vec{t}_{i,j}(T)^T \left(\nabla\varphi_T^{(0)},\ldots,\nabla\varphi_T^{(n)}\right). \tag{5.1.26}$$

Beweis: Da $\nabla\varphi_T^{(k)}$ für $0\le k\le n$ senkrecht auf $S_k(T)$ steht, gilt

$$\vec{t}_{i,j}(T)\cdot\nabla\varphi_T^{(k)} \;=\; 0$$

für alle paarweise verschiedenen Indizes $0\le i,j,k\le n$. Bezeichnen wir im Falle $k=j$ mit ϕ den Winkel zwischen $\vec{t}_{i,j}(T)$ bzw. $\nabla\varphi_T^{(j)}$, so erhalten wir

$$\vec{t}_{i,j}(T)\cdot\nabla\varphi_T^{(j)} \;=\; |\,\vec{t}_{i,j}(T)\,|\,|\,\nabla\varphi_T^{(j)}\,|\cos\phi \;=\; |\,\vec{t}_{i,j}(T)\,|\,h_j(T)^{-1}\cos\phi \;=\; 1\,.$$

Analog folgt $\vec{t}_{i,j}(T)\cdot\nabla\varphi_T^{(k)} = -1$ für $k=i$. Insgesamt erhalten wir für $0\le i<j\le n$ die Beziehung

$$\vec{t}_{i,j}(T)^T\left(\nabla\varphi_T^{(0)},\ldots,\nabla\varphi_T^{(n)}\right) \;=\; (\,0,\ldots,\underset{\substack{\uparrow\\ i}}{1},\ldots,\underset{\substack{\uparrow\\ j}}{-1},\ldots,0\,) \;=:\; v_{i,j}^T\,.$$

Mit $D_{i,j} = v_{i,j}\,v_{i,j}^T$ folgt hieraus die Behauptung. □

Folgerung 5.1.16 (Darstellung der lokalen Differenzmatrix $\mathbf{E}_T^{up}$)
Für die lokale Differenzmatrix $\mathbf{E}_T^{up}$ gilt die Darstellung (5.1.23) mit der symmetrischen Matrix

$$\underline{E} \;=\; -\frac{1}{n+1}\sum_{0\le k<\ell\le n}\left(\underline{b}\cdot\nabla\varphi_T^{(s_{k,\ell})}\right)\vec{t}_{k,\ell}(T)\,\vec{t}_{k,\ell}(T)^T\,, \tag{5.1.27}$$

wobei die Indizes $s_{k,\ell}$, $0\le k<\ell\le n$, definiert sind durch

$$s_{k,\ell} \;=\; \begin{cases} k\,, & \underline{b}\cdot\vec{S}_{k,\ell}(T)\ge 0\,,\\ \ell\,, & \underline{b}\cdot\vec{S}_{k,\ell}(T)<0\,. \end{cases}$$

Beweis: Einsetzen von (5.1.26) in (5.1.25) liefert

$$\begin{aligned}
\mathbf{E}_T^{up} &= -\sum_{0\le k<\ell\le n} E_{T,k,\ell}^{up}\left(\nabla\varphi_T^{(0)},\ldots,\nabla\varphi_T^{(n)}\right)^T \vec{t}_{k,\ell}(T)\,\vec{t}_{k,\ell}(T)^T\left(\nabla\varphi_T^{(0)},\ldots,\nabla\varphi_T^{(n)}\right)\\
&= \left(\nabla\varphi_T^{(0)},\ldots,\nabla\varphi_T^{(n)}\right)^T\left(-\sum_{0\le k<\ell\le n} E_{T,k,\ell}^{up}\vec{t}_{k,\ell}(T)\,\vec{t}_{k,\ell}(T)^T\right)\left(\nabla\varphi_T^{(0)},\ldots,\nabla\varphi_T^{(n)}\right).
\end{aligned}$$

Hieraus folgt mit

$$\begin{aligned}
\underline{E} &= -\frac{1}{n+1}\sum_{0\le k<\ell\le n}\left(\underline{b}\cdot\nabla\varphi_T^{(s_{k,\ell})}\right)\vec{t}_{k,\ell}(T)\,\vec{t}_{k,\ell}(T)^T\\
&= -\frac{1}{\mathrm{vol}(T)}\sum_{0\le k<\ell\le n} E_{T,k,\ell}^{up}\,\vec{t}_{k,\ell}(T)\,\vec{t}_{k,\ell}(T)^T
\end{aligned}$$

die Darstellung

$$\begin{aligned}
\mathbf{E}_T^{up} &= \mathrm{vol}(T)\left(\nabla\varphi_T^{(0)},\ldots,\nabla\varphi_T^{(n)}\right)^T\underline{E}\left(\nabla\varphi_T^{(0)},\ldots,\nabla\varphi_T^{(n)}\right)\\
&= \mathrm{vol}(T)\begin{pmatrix}\nabla\varphi_T^{(0)}\cdot\underline{E}\nabla\varphi_T^{(0)} & \cdots & \nabla\varphi_T^{(0)}\cdot\underline{E}\nabla\varphi_T^{(n)}\\ \vdots & \ddots & \vdots\\ \nabla\varphi_T^{(n)}\cdot\underline{E}\nabla\varphi_T^{(0)} & \cdots & \nabla\varphi_T^{(n)}\cdot\underline{E}\nabla\varphi_T^{(n)}\end{pmatrix}.
\end{aligned}$$

Die Darstellung (5.1.23) ist damit bewiesen. Die Symmetrie von $\underline{E}$ folgt aus der Symmetrie der Matrizen $\vec{t}_{k,\ell}(T)\,\vec{t}_{k,\ell}(T)^T$, $0\le k<\ell\le n$. □

Folgerung 5.1.16 zeigt, daß die lokale Finite-Volumen Upwind-Diskretisierung von (5.1.1) äquivalent zur einfachen Finite-Volumen-Diskretisierung der gestörten Gleichung

$$\nabla\cdot(-(A+E)\nabla u+bu) = f$$

ist, wobei E die auf Ω definierte und bzgl. $\mathcal{T}_h$ stückweise konstante matrixwertige Funktion ist, die auf jedem Element $T\in\mathcal{T}_h$ mit der entsprechenden Matrix $\underline{E}$ übereinstimmt. Für den Konsistenzfehler $\mathcal{A}_h(u_h,v_h)-\mathcal{A}_h^{up}(u_h,v_h)$ gilt daher die Darstellung

$$\mathcal{A}_h(u_h,v_h)-\mathcal{A}_h^{up}(u_h,v_h) = -\int_\Omega\nabla v_h\cdot E\nabla u_h\,dx\,. \tag{5.1.28}$$

Um zu beweisen, daß die diskrete Lösung u_h von (5.1.18) für $h\to 0$ mit der Konvergenzrate $O(h)$ gegen die exakte Lösung u von (5.1.2) konvergiert, brauchen wir also nur zu zeigen, daß es sich bei der Matrix E um eine Störung der Größenordnung $O(h)$ handelt. Wir erhalten dann für den Konsistenzfehler die folgende Abschätzung:

Lemma 5.1.17 (Fehlerabschätzung für das Finite-Volumen Upwindverfahren)
Sei $\Omega\subset\mathbb{R}^n$ ein polyedrisches Gebiet und $\mathcal{T}_h$ eine konsistente Triangulierung von Ω. Weiter sei $\mathcal{B}_h^S$ das durch das Schwerpunktverfahren definierte Boxgitter. Für die Koeffizienten der

durch (5.1.6), (5.1.17) definierten Bilinearformen $\mathcal{A}_h(.,.)$ bzw. $\mathcal{A}_h^{up}(.,.)$ gelte $a_{ij}, b_j \in L^\infty(\Omega)$, $1 \le i,j \le n$. Dann gilt für $u_h, v_h \in \mathcal{P}_{1,D}(\mathcal{T}_h)$ die Fehlerabschätzung

$$|\,\mathcal{A}_h(u_h,v_h) - \mathcal{A}_h^{up}(u_h,v_h)\,| \;\le\; C\,h\,\|\,b\,\|_{0,\infty}\,|\,u_h\,|_{1,2}\,|\,v_h\,|_{1,2} \tag{5.1.29}$$

mit einer von u_h, v_h und h unabhängigen Konstanten $C = C(n, \delta(\mathcal{T}_h))$.

Beweis: Bezeichnen wir mit $\varrho(E)$ den Spektralradius von E, so folgt aus (5.1.28) und der Symmetrie von E unmittelbar

$$|\,\mathcal{A}_h(u_h,v_h) - \mathcal{A}_h^{up}(u_h,v_h)\,| \;\le\; \|\,\varrho(E)\,\|_{0,\infty}\,|\,u_h\,|_{1,2}\,|\,v_h\,|_{1,2}\,.$$

Es bleibt also zu zeigen, daß der Spektralradius $\varrho(E)$ von der Größenordnung $O(h)$ ist. Sei dazu $T = [\,x_T^{(0)},\dots,x_T^{(n)}\,]$ ein beliebiges Element in $\mathcal{T}_h$. Für jede der lokalen Basisfunktionen $\varphi_T^{(k)}$, $0 \le k \le n$, gilt nach (5.1.11)

$$|\,\nabla\varphi_T^{(k)}\,| \;=\; \frac{1}{h_k(T)} \;\le\; \frac{\delta(T)}{h(T)}\,.$$

Aus der Darstellung (5.1.27) folgt somit auf T für $1 \le i,j \le n$ die Abschätzung

$$\begin{aligned}
|\,E_{i,j}\,| \;&\le\; \frac{1}{n+1}\sum_{0\le k<\ell\le n}\Big|\left(\underline{b}\cdot\nabla\varphi_T^{(s_{k,\ell})}\right)\left[\vec{t}_{k,\ell}(T)\,\vec{t}_{k,\ell}(T)^T\right]_{i,j}\Big| \\
&=\; \frac{1}{n+1}\sum_{0\le k<\ell\le n}\Big|\left(\underline{b}\cdot\nabla\varphi_T^{(s_{k,\ell})}\right)(x_{T,i}^{(\ell)}-x_{T,i}^{(k)})\,(x_{T,j}^{(\ell)}-x_{T,j}^{(k)})\Big| \\
&\le\; \frac{1}{n+1}\,\|\,\underline{b}\,\|_{0,\infty}\,h(T)^2\sum_{0\le k<\ell\le n}|\,\nabla\varphi_T^{(s_{k,\ell})}\,| \\
&\le\; \frac{n}{2}\,\|\,b\,\|_{0,\infty}\,\delta(T)\,h(T)\,.
\end{aligned}$$

Für den Spektralradius $\varrho(E)$ erhalten wir so die Abschätzung

$$\|\,\varrho(E)\,\|_{0,\infty} \;\le\; \frac{n^2}{2}\,\delta(\mathcal{T}_h)\,h\,\|\,b\,\|_{0,\infty}\,.$$

Damit ist die Behauptung bewiesen. □

Bemerkung 5.1.18 (Zur Konvergenzordnung $O(h)$)

Die vorangegangenen Ausführungen dienten in erster Linie dazu, zu zeigen, daß sich die Upwind-Diskretisierung (5.1.18) als einfache Finite-Volumen-Diskretisierung eines symmetrisch gestörten Problems deuten läßt. Die $O(h)$-Konvergenz hätten wir auch wesentlich einfacher beweisen können. Die Approximation von $\underline{u}_h$ in (5.1.16) durch $u_h(\tilde{x}_{i,k,T})$ kann nämlich als einfache Quadraturformel aufgefaßt werden, die für alle auf T konstanten Funktionen u_h exakt ist. Die Abschätzung (5.1.29) folgt daher bis auf eine Konstante unmittelbar aus Lemma 4.3.8.

5.1.3 Eine globale Variante des Upwindverfahrens

Aus algorithmischer Sicht besitzt das oben dargestellte Upwindverfahren den Vorteil, daß zur Berechnung der lokalen Steifigkeitsmatrizen $\mathbf{A}_T^{C,up}$ nur lokale Informationen benötigt werden, genauer gesagt, die zu T gehörenden Vektoren $\underline{b}|_T$ und $\vec{S}_{i,k}(T)$, $k \neq i$. Aus diesem Grund haben wir das Verfahren als *lokales* Upwindverfahren bezeichnet. Ein Nachteil dieser Strategie besteht darin, daß nicht jeder Kante von $\mathcal{T}_h$ eine eindeutige Strömungsrichtung zugeordnet werden kann, d.h., für zwei benachbarte Eckpunkte x_k^h, x_ℓ^h können die entsprechenden Einträge $A_{h,k,\ell}^{C,up}$ und $A_{h,\ell,k}^{C,up}$ in der globalen Konvektionsmatrix $\mathbf{A}_h^{C,up}$ beide von Null verschieden sein. Wie die Darstellung (5.1.19) zeigt, genügt zwar jede der lokalen Konvektionsmatrizen $\mathbf{A}_T^{C,up}$ der Bedingung

$$A_{T,i,j}^{C,up} A_{T,j,i}^{C,up} = 0 , \qquad 0 \leq i,j \leq n , \; i \neq j ,$$

jedoch läßt sich diese Eigenschaft im allgemeinen nicht auf die globale Konvektionsmatrix übertragen. Der Fall $A_{h,k,\ell}^{C,up} A_{h,\ell,k}^{C,up} \neq 0$ kann sogar dann auftreten, wenn das Strömungsfeld b in Ω konstant ist. Man betrachte dazu z.B. die in Abb. 5.1 dargestellte Situation, in der b nahezu parallel zum gemeinsamen Randstück zweier benachbarter Boxen verläuft. Da b eines der beiden gemeinsamen Hyperflächenstücke von links und das andere von rechts kreuzt, werden in diesem Fall beide Einträge zu der entsprechenden Kante kleiner Null sein.

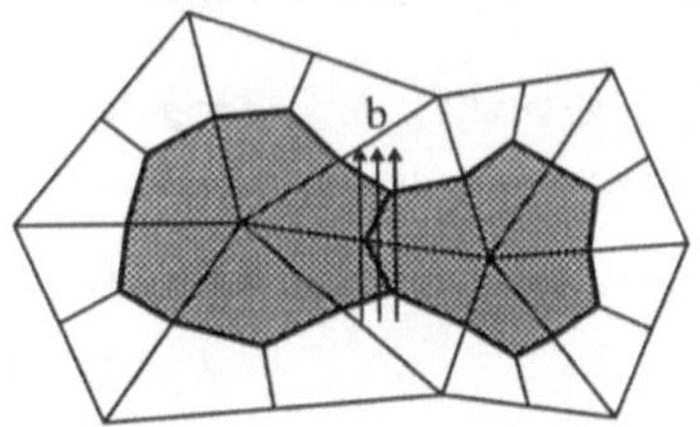

Abb. 5.1. Strömung entlang des Boxenrandes

Für die Anwendung von Numerierungsstrategien, wie wir sie in Kapitel 5.3 vorstellen werden, erweist es sich jedoch als vorteilhaft, wenn auch die globale Konvektionsmatrix $\mathbf{A}_h^{C,up}$ der Bedingung

$$A_{h,k,\ell}^{C,up} A_{h,\ell,k}^{C,up} = 0 , \qquad 1 \leq k,\ell \leq N_{h,D} , \; k \neq \ell ,$$

genügt. Wir wollen deswegen das lokale Upwindverfahren so modifizieren, daß diese Bedingung erfüllt ist, die Ergebnisse des vorangegangenen Kapitels aber ihre Gültigkeit behalten. Dazu definieren wir für je zwei Indizes $1 \leq k,\ell \leq N_h$ mit $k \neq \ell$ die Größe

$$b_{k,\ell} := \sum_{T \in \mathcal{T}_k^h \cap \mathcal{T}_\ell^h} \underline{b} \cdot \vec{S}_{i_{k,T},i_{\ell,T}}(T) .$$

Diese beschreibt den Gesamtfluß des Strömungsfeldes $\underline{b}$ von der Box B_k^h über den gemeinsamen Boxenrand

$$\partial B_k^h \cap \partial B_\ell^h = \bigcup_{T \in \mathcal{T}_k^h \cap \mathcal{T}_\ell^h} \tilde{S}_{i_{k,T},i_{\ell,T}}(T)$$

in die Box B_ℓ^h. Im Falle $b_{k,\ell} > 0$ überwiegt der Fluß von B_k^h nach B_ℓ^h, im Falle $b_{k,\ell} < 0$ ist es gerade umgekehrt. Wie beim lokalen Upwindverfahren verwenden wir zur Approximation des Flusses einer Größe $u_h \in \mathcal{P}_{1,D}(\mathcal{T}_h)$ über das Hyperflächenstück $\tilde{S}_{i_{k,T},i_{\ell,T}(T)}$ den Wert von u_h in einem der beiden Eckpunkte x_k^h bzw. x_ℓ^h. Allerdings ersetzen wir zur Bestimmung des „stromaufwärts" liegenden Eckpunktes das lokale Kriterium $\underline{b} \cdot \tilde{S}_{i_{k,T},i_{\ell,T}(T)} \geq 0$ durch das globale Kriterium $b_{k,\ell} \geq 0$, d.h., wir approximieren den Fluß über $\tilde{S}_{i_{k,T},i_{\ell,T}(T)}$ durch

$$\int_{\tilde{S}_{i_{k,T},i_{\ell,T}}} b\, u_h \cdot d\sigma \;\approx\; u_h(\tilde{x}_{k,\ell})\,[\,\underline{b} \cdot \vec{S}_{i_{k,T},i_{\ell,T}}\,], \tag{5.1.30}$$

wobei der Eckpunkt $\tilde{x}_{k,\ell}$ definiert ist durch

$$\tilde{x}_{k,\ell} = \begin{cases} x_k^h, & b_{k,\ell} \geq 0, \\ x_\ell^h, & b_{k,\ell} < 0. \end{cases} \tag{5.1.31}$$

Wie in Kapitel 5.1.2 ist durch (5.1.30) und (5.1.31) eine diskrete Bilinearform $\mathcal{A}_h^{up'}(.,.)$ definiert. Die entsprechende Diskretisierung des kontinuierlichen Problems (5.1.2) bezeichnen wir als *globale Finite-Volumen Upwind-Diskretsierung*, und die entsprechenden lokalen bzw. globalen Konvektionsmatrizen bezeichnen wir mit $\mathbf{A}_T^{C,up'}$ bzw. $\mathbf{A}_h^{C,up'}$. Für die Einträge der lokalen Konvektionsmatrizen $\mathbf{A}_T^{C,up'}$, $T \in \mathcal{T}_h$, gilt hier die Darstellung

$$A_{T,i,j}^{C,up'} = \begin{cases} \displaystyle\sum_{\substack{k \neq i, \\ b_{\ell_{i,T},\ell_{k,T}} \geq 0}} \underline{b} \cdot \vec{S}_{i,k}(T), & i = j, \\ \underline{b} \cdot \vec{S}_{i,j}(T), & i \neq j,\; b_{\ell_{i,T},\ell_{j,T}} < 0, \\ 0, & i \neq j,\; b_{\ell_{i,T},\ell_{j,T}} \geq 0, \end{cases}$$

wobei wir mit $\ell_{i,T}$ den Index des Eckpunktes $x_T^{(i)}$ von T unter den Eckpunkten von $\mathcal{T}_h$ bezeichnen. Wie im Beweis von Lemma 5.1.8 zeigt man, daß die Spaltensummen von $\mathbf{A}_T^{C,up'}$ verschwinden. Allerdings genügt $\mathbf{A}_T^{C,up'}$ im allgemeinen nicht mehr der Vorzeichenbedingung $A_{T,i,i}^{C,up'} \geq 0$ bzw. $A_{T,i,j}^{C,up'} \leq 0$, $i \neq j$. Trotzdem gilt auch hier die Aussage von Lemma 5.1.8, d.h., die globale Konvektionsmatrix $\mathbf{A}_h^{C,up'}$ ist schwach spalten-diagonaldominant und genügt der Vorzeichenbedingung (5.1.20). Um dies einzusehen, betrachten wir die *erweiterte Konvektionsmatrix* $\mathbf{A}_{h,ext}^{C,up'}$ mit den Einträgen

$$A_{h,k,\ell}^{C,up'} = \sum_{T \in \mathcal{T}_k^h \cap \mathcal{T}_\ell^h} A_{T,i_{k,T},i_{\ell,T}}^{C,up'}, \qquad 1 \leq k \leq N_h,\; 1 \leq \ell \leq N_{h,D},$$

welche neben der globalen Konvektionsmatrix $\mathbf{A}_h^{C,up'}$ auch die entsprechenden Zeilen für die Dirichlet-Randpunkte enthält. Für alle Nichtdiagonalelemente der erweiterten Konvektionsmatrix gilt

$$A_{h,k,\ell}^{C,up'} = \sum_{\substack{T \in \mathcal{T}_k^h \cap \mathcal{T}_\ell^h, \\ b_{k,\ell} < 0}} \underline{b} \cdot \vec{S}_{i_{k,T},i_{\ell,T}}(T) = \left\{ \begin{array}{ll} b_{k,\ell}, & b_{k,\ell} < 0, \\ 0, & b_{k,\ell} \geq 0. \end{array} \right\} \leq 0.$$

Außerdem folgt aus der Tatsache, daß die Spaltensummen der lokalen Konvektionsmatrizen $\mathbf{A}_T^{C,up'}$ verschwinden, daß auch alle Spaltensummen von $\mathbf{A}_{h,ext}^{C,up'}$ gleich Null sind. Hieraus schließen wir, daß die Diagonalelemente $A_{h,k,k}^{C,up'}$ nichtnegativ sind und $\mathbf{A}_{h,ext}^{C,up'}$ schwach spalten-diagonaldominant ist. Somit ist auch $\mathbf{A}_h^{C,up'}$ schwach spalten-diagonaldominant und die Vorzeichenbedingung (5.1.20) erfüllt. Für die Invertierbarkeit und die M-Matrix-Eigenschaft von $\mathbf{A}_h^{C,up'}$ gelten sinngemäß die gleichen Aussagen wie in Kapitel 5.1.2, d.h., die Bemerkungen 5.1.9 und 5.1.11 sowie Lemma 5.1.10 behalten auch hier ihre Gültigkeit.

Ebenfalls vollkommen analog zu Kapitel 5.1.2 kann man zeigen, daß die lokalen Differenzmatrizen $\mathbf{E}_T^{C,up'} = \mathbf{A}_T^{C,up'} - \mathbf{A}_T^C$ symmetrisch sind und verschwindende Spalten- und Zeilensummen besitzen. Also läßt sich auch die globale Upwind-Diskretisierung als einfache Finite-Volumen-Diskretisierung eines gestörten Problems mit Diffusionsmatrix $\underline{A}+E'$ auffassen, wobei E' wieder eine symmetrische Störung der Größenordnung $O(h)$ ist. Im Gegensatz zu $\mathbf{A}_h^{C,up}$ besitzt $\mathbf{A}_h^{C,up'}$ wegen $b_{k,\ell} = -\, b_{\ell,k}$, $k \neq \ell$, aber nun wie gewünscht die Eigenschaft

$$A_{h,k,\ell}^{C,up'}\, A_{h,\ell,k}^{C,up'} = 0\,, \qquad 1 \leq k, \ell \leq N_{h,D}\,,\ k \neq \ell\,,$$

d.h., jeder Kante von $\mathcal{T}_h$ mit Eckpunkten x_k^h, x_ℓ^h kann im Falle $b_{k,\ell} \neq 0$ eine eindeutige Strömungsrichtung zugeordnet werden: Wir sagen, x_k^h liegt *stromabwärts* von x_ℓ^h, wenn $b_{k,\ell} < 0$ und somit $A_{h,k,\ell}^{C,up} < 0$, $A_{h,\ell,k}^{C,up} = 0$ gilt. Im umgekehrten Fall sagen wir, x_k^h liegt *stromaufwärts* von x_ℓ^h.

Im Rest dieses Kapitels wollen wir nun zeigen, wie die globale Konvektionsmatrix $\mathbf{A}_h^{C,up'}$ effizient berechnet werden kann. Ein scheinbarer Nachteil des globalen Upwindverfahrens besteht ja darin, daß zur Berechnung der lokalen Konvektionsmatrizen $\mathbf{A}_T^{C,up'}$ globale Informationen benötigt werden. Genauer gesagt, benötigt man die entsprechenden Werte $b_{k,\ell}$, die unter anderem von den Vektoren $\underline{b}|_{T'}$ bzw. $\vec{S}_{i,k}(T')$ gewisser Nachbarelemente T' von T abhängen. Wenn aber die Werte $b_{k,\ell}$ bekannt sind, macht es gar keinen Sinn mehr, die lokalen Konvektionsmatrizen zu berechnen, denn dann könnten wir die Zahlen $b_{k,\ell}$ auch direkt in die globale Konvektionsmatrix eintragen.

Eine einfache, aber effiziente Möglichkeit zur Berechnung von $\mathbf{A}_h^{C,up'}$ ist die folgende: Wir berechnen zunächst für $T \in \mathcal{T}_h$ die lokalen Konvektionsmatrizen $\mathbf{A}_T^{C,1/2}$ mit den Einträgen

$$A_{T,i,j}^{C,1/2} = \begin{cases} \dfrac{1}{2} \sum\limits_{k \neq i} \underline{b} \cdot \vec{S}_{i,k}(T)\,, & i = j\,, \\ \frac{1}{2} \underline{b} \cdot \vec{S}_{i,j}(T)\,, & i \neq j\,. \end{cases}$$

Dazu werden ausschließlich lokale Informationen benötigt, nämlich die Vektoren $\underline{b}|_T$ und $\vec{S}_{i,k}(T)$, $k \neq i$. Man überlegt sich leicht, daß die Matrizen $\mathbf{A}_T^{C,1/2}$ gerade die lokalen Konvektionsmatrizen sind, die man durch die Approximation

$$\int_{\tilde{S}_{i_{k,T}, i_{\ell,T}}} b\, u_h \cdot d\sigma \approx \frac{(u_h(x_k^h) + u_h(x_\ell^h))}{2} \left[\underline{b} \cdot \vec{S}_{i_{k,T}, i_{\ell,T}} \right]$$

erhält. Nach der Berechnung der Matrizen $\mathbf{A}_T^{C,1/2}$ assemblieren wir die entsprechende erweiterte Konvektionsmatrix $\mathbf{A}_{h,ext}^{C,1/2}$ mit den Einträgen

$$A_{h,k,\ell}^{C,1/2} = \sum_{T \in \mathcal{T}_k^h \cap \mathcal{T}_\ell^h} A_{T,i_{k,T},i_{\ell,T}}^{C,1/2} = \frac{1}{2} \sum_{T \in \mathcal{T}_k^h \cap \mathcal{T}_\ell^h} \underline{b} \cdot \vec{S}_{i_{k,T},i_{\ell,T}}(T) = \frac{1}{2} b_{k,\ell}$$

für $1 \leq k \leq N_h$ bzw. $1 \leq \ell \leq N_{h,D}$. Wie man sieht, brauchen wir nur die positiven Nichtdiagonalelemente von $\mathbf{A}_{h,ext}^{C,1/2}$ auf Null zu setzen und die negativen zu verdoppeln, und erhalten so – bis auf die Diagonale – die erweiterte Konvektionsmatrix $\mathbf{A}_{h,ext}^{C,up'}$. Die Diagonale von $\mathbf{A}_{h,ext}^{C,up'}$ ergibt sich dann automatisch aus der Bedingung, daß die Spaltensummen von $\mathbf{A}_{h,ext}^{C,up'}$ verschwinden. Der folgende Algorithmus zeigt, wie die gesuchte Matrix $\mathbf{A}_{h,ext}^{C,up'}$ bei Eingabe von $\mathbf{A}_{h,ext}^{C,1/2}$ zu berechnen ist.

Algorithm *GlobalUpwind*($\mathbf{A}_{h,ext}^{C,1/2}$)

```
{
    for ( 1 ≤ ℓ ≤ N_{h,D} ) do                                  (1)
    {
        A^{C,up'}_{h,ℓ,ℓ} := 0;                                  (2)
        for ( jeden Nachbarn x^h_k von x^h_ℓ ) do                (3)
        {
            if ( A^{C,1/2}_{h,k,ℓ} < 0 ) then                    (4)
            {
                A^{C,up'}_{h,k,ℓ} := 2 A^{C,1/2}_{h,k,ℓ};        (5)
                A^{C,up'}_{h,ℓ,ℓ} := A^{C,up'}_{h,ℓ,ℓ} − A^{C,up'}_{h,k,ℓ};   (6)
            }
            else A^{C,up'}_{h,k,ℓ} := 0;                         (7)
        }
    }
}
```

Bemerkung 5.1.19 (Implementierungshinweis)
Da die Diagonale von $\mathbf{A}_{h,ext}^{C,1/2}$ gar nicht verwendet wird, kann man auf ihre Berechnung verzichten, d.h., auch die Diagonalelemente der lokalen Konvektionsmatrizen $\mathbf{A}_T^{C,1/2}$ brauchen nicht berechnet zu werden.

5.2 Mehrgitterverfahren

Im vorangegangenen Kapitel haben wir zwei stabile Diskretisierungen für Konvektions-Diffusions-Probleme vorgestellt. Zur Lösung der resultierenden Gleichungssysteme wollen wir ein Mehrgitterverfahren verwenden. Diese gehören zusammen mit den sogenannten Multilevel-Verfahren wohl zu den effizientesten Lösungsmethoden für elliptische Randwertprobleme. Mit *Mehrgitterverfahren* meinen wir an dieser Stelle *klassische Mehrgitterverfahren*, wie sie etwa in der Monographie von W. HACKBUSCH, [77], untersucht werden. Zu den *Multilevelverfahren* hingegen zählen wir neuere Verfahren wie etwa Hierarchische-Basen- und BPX-Vorkonditionierer, Hierarchische-Basen-Multigrid, usw. Letztere werden in diesem Buch allerdings nur am Rande betrachtet, da wir zur Lösung von Konvektions-Diffusions-Problemen ein klassisches Mehrgitterverfahren verwenden wollen.

Das vorliegende Kapitel dient in erster Linie der Einführung in den Themenbereich „Mehrgitterverfahren". Es richtet sich damit in erster Linie an solche Leser, die sich mit diesen Verfahren noch nicht so gut auskennen oder aber daran interessiert sind, den einen oder anderen Punkt noch einmal von einem etwas anderen Standpunkt aus zu betrachten. Unsere wesentlichen Ziele bestehen darin, die Idee des Mehrgitterverfahrens zu verdeutlichen, den klassischen Mehrgitteralgorithmus anzugeben, und eine Reihe möglicher Komponenten vorzustellen. Außerdem wollen wir – in Form ausführlich kommentierter Literaturhinweise – einen Überblick über die im symmetrischen Fall existierende Konvergenztheorie geben. Eine vergleichbare Theorie für nichtsymmetrische und insbesondere konvektionsdominierte Probleme existiert zwar leider noch nicht, aber es sind doch in den letzten Jahren eine Reihe vielversprechender Ansätze entwickelt worden, von denen wir einige ebenfalls zumindest stichwortartig aufzählen wollen. Unseren eigenen Ansatz zur Lösung von Konvektions-Diffusions-Problemen werden wir dann erst im nächsten Kapitel vorstellen.

Beginnen wollen wir dieses Kapitel nun mit einer Zusammenstellung der wichtigsten Aussagen über allgemeine, lineare Iterationsverfahren sowie die einfachsten Vertreter dieser Klasse. Das von uns benutzte Mehrgitterverfahren ist nämlich selbst linear und enthält als wichtigsten Bestandteil eines der einfachen Iterationsverfahren.

5.2.1 Lineare Iterationsverfahren

Zur Lösung großer linearer Gleichungssysteme werden üblicherweise Iterationsverfahren verwendet, da die exakte Lösung in den meisten Fällen nicht mit vertretbarem Aufwand zu bestimmen ist. Die bei weitem größte Klasse bilden hierbei die *linearen* Iterationsverfahren. Da zu diesen auch das klassische Mehrgitterverfahren zählt, wollen wir im vorliegenden Kapitel einige Aussagen über lineare Iterationsverfahren zusammenstellen und die einfachsten Vertreter dieser Klasse vorstellen. Die meisten der hier aufgeführten Resultate stammen aus einer weiteren Monographie von W. HACKBUSCH, [82]. Als Standardreferenzen seien darüber hinaus die Bücher von R. S. VARGA, [139], und D. M. YOUNG, [153], genannt. Am Beginn unserer Darstellung steht die folgende Definition:

Definition 5.2.1 (Lineare Iterationsverfahren)
Gegeben sei ein lineares Gleichungssystem der Form

$$\mathbf{Au} = \mathbf{f} \tag{5.2.1}$$

mit nichtsingulärer Systemmatrix $\mathbf{A} \in \mathbb{R}^{N \times N}$. Unter einem *linearen Iterationsverfahren* zur Lösung von (5.2.1) verstehen wir eine Iteration der Form

$$\mathbf{u}^{(m+1)} := \mathbf{u}^{(m)} + \mathbf{C}\,(\mathbf{f} - \mathbf{Au}^{(m)}), \qquad m = 0, 1, 2 \ldots, \tag{5.2.2}$$

mit einem beliebigen *Startvektor* $\mathbf{u}^{(0)} \in \mathbb{R}^N$ und einer vom *Iterationsschritt* m unabhängigen Matrix $\mathbf{C} \in \mathbb{R}^{N \times N}$. Diese bezeichnen wir als *Vorkonditionierer* oder auch als *Approximative Inverse* für $\mathbf{A}$. Das Iterationsverfahren (5.2.2) heißt *konvergent*, wenn die Folge $(\mathbf{u}^{(m)})_{m \in \mathbb{N}_0}$ für jeden beliebigen Startvektor $\mathbf{u}^{(0)}$ gegen die exakte Lösung $\mathbf{u}$ von (5.2.1) konvergiert. Die Matrix

$$\mathbf{M} := \mathbf{I} - \mathbf{CA}$$

bezeichnen wir als *Iterationsmatrix* des Iterationsverfahrens (5.2.2). Ist $\mathbf{C}$ invertierbar, so bezeichnen wir die Inverse mit $\mathbf{B}$ und schreiben $\mathbf{B}^{-1}$ anstatt von $\mathbf{C}$.

Jedes lineare Iterationsverfahren der Form (5.2.2) ist durch Angabe des Vorkonditionierers $\mathbf{C}$ eindeutig bestimmt. Dieser wird in der Regel so gewählt, daß $\mathbf{C} \approx \mathbf{A}^{-1}$ gilt. Im Falle $\mathbf{C} = \mathbf{A}^{-1}$ liefert die Iteration (5.2.2) nämlich bereits nach einem Schritt die exakte Lösung $\mathbf{u}$, und zwar unabhängig vom Startvektor $\mathbf{u}^{(0)}$. Daher auch die Bezeichnung „*Approximative Inverse*". Bei den meisten bekannten Iterationsverfahren wird $\mathbf{C}$ außerdem als invertierbar vorausgesetzt. Wir lassen an dieser Stelle aber auch singuläre Vorkonditionierer zu und erfassen so auch *lokale Glättungsstrategien* (siehe Kapitel 5.3.3). Die Bedeutung der Iterationsmatrix M für die Konvergenz eines linearen Iterationsverfahrens verdeutlicht das folgende Lemma:

Lemma 5.2.2 (Konvergenz linearer Iterationsverfahren)
Sei $\mathbf{A} \in \mathbb{R}^{N \times N}$ *nichtsingulär und* $\mathbf{u} \in \mathbb{R}^N$ *die exakte Lösung des linearen Gleichungssystems* $\mathbf{Au} = \mathbf{f}$. *Weiter sei durch (5.2.2) ein lineares Iterationsverfahren mit Vorkonditionierer* $\mathbf{C}$ *und Iterationsmatrix* $\mathbf{M} = \mathbf{I} - \mathbf{CA}$ *definiert. Dann gelten die folgenden Aussagen:*

(i) Für den Iterationsfehler $\mathbf{u} - \mathbf{u}^{(m)}$ *nach dem* m*-ten Iterationsschritt gilt*
$$\mathbf{u} - \mathbf{u}^{(m)} = \mathbf{M}^m\,(\mathbf{u} - \mathbf{u}^{(0)}), \qquad m \in \mathbb{N}_0\,.$$

(ii) Das Iterationsverfahren (5.2.2) ist genau dann konvergent, wenn der Spektralradius $\varrho(\mathbf{M})$ *der Abschätzung* $\varrho(\mathbf{M}) < 1$ *genügt.*

(iii) Hinreichend für die Konvergenz eines Iterationsverfahrens ist die Gültigkeit der Abschätzung $\|\,\mathbf{M}\,\| < 1$ *in einer beliebigen Matrixnorm* $\|\,.\,\|$.

(iv) Notwendig für die Konvergenz eines Iterationsverfahrens ist die Invertierbarkeit von $\mathbf{C}$.

Zu den ältesten und bekanntesten Iterationsverfahren zählen das *Jacobi-* und das *Gauß-Seidel-Verfahren*. Diese beruhen wie viele andere Verfahren auf einer additiven Aufspaltung von $\mathbf{A}$ in eine Diagonalmatrix und jeweils eine strikte obere bzw. untere Dreiecksmatrix. Je nachdem, welche dieser Anteile in welcher Kombination zur Vorkonditionierung verwendet werden, erhält man die unterschiedlichsten Iterationsverfahren. Im folgenden Beispiel werden eine ganze Reihe solcher einfachen Verfahren aufgezählt.

Beispiel 5.2.3 (Einfache Iterationsverfahren)

Sei $\mathbf{A} = \mathbf{D} + \mathbf{L} + \mathbf{R}$ die eindeutige Zerlegung von $\mathbf{A}$ in den Diagonalanteil $\mathbf{D}$, die strikte untere Dreiecksmatrix $\mathbf{L}$ und die strikte obere Dreiecksmatrix $\mathbf{R}$. Weiter sei $\omega \in \mathbb{R}$ ein beliebiger Parameter. Unter der Voraussetzung, daß $\mathbf{D}^{-1}$ existiert, sind die folgenden, einfachen Iterationsverfahren wohldefiniert:

(i) *Jacobi-Verfahren* : $\mathbf{C} = \mathbf{D}^{-1}$,

(ii) *gedämpftes Jacobi-Verfahren* : $\mathbf{C} = \omega\,\mathbf{D}^{-1}$,

(iii) *Gauß-Seidel-Verfahren* : $\mathbf{C} = (\mathbf{D} + \mathbf{L})^{-1}$,

(iv) *SOR-Verfahren* : $\mathbf{C} = \omega\,(\mathbf{D} + \omega\,\mathbf{L})^{-1}$,

(v) *symmetrisches Gauß-Seidel-Verfahren* : $\mathbf{C} = (\mathbf{D} + \mathbf{R})^{-1}\mathbf{D}\,(\mathbf{D} + \mathbf{L})^{-1}$.

Der Parameter ω wird auch als *Relaxationsparameter* bezeichnet. Im Falle $0 < \omega \leq 1$ spricht man auch von einem *Dämpfungsparameter*. In der Regel werden nur Werte $\omega \in (0, 2)$ verwendet.

Für die Konvergenz dieser einfachen Iterationsverfahren kennt man die verschiedensten Kriterien. Für symmetrisch positive Matrizen gilt z.B. der folgende Konvergenzsatz (siehe [82]):

Satz 5.2.4 (Konvergenzsatz für symmetrisch positiv definite Matrizen)

Sei $\mathbf{A} \in \mathbb{R}^{N\times N}$ symmetrisch positiv definit und $\mathbf{D}$ der Diagonalanteil von $\mathbf{A}$. Dann gelten für die in Beispiel 5.2.3 genannten Iterationsverfahren die folgenden Konvergenzaussagen:

(i) Das Jacobi-Verfahren konvergiert, wenn $2\mathbf{D} - \mathbf{A}$ ebenfalls positiv definit ist.

(ii) Das gedämpfte Jacobi-Verfahren konvergiert für $0 < \omega < 2/\varrho(\mathbf{D}^{-1}\mathbf{A})$.

(iii) Das (symmetrische) Gauß-Seidel-Verfahren konvergiert.

(iv) Das SOR-Verfahren konvergiert für $0 < \omega < 2$.

Für allgemeine, nichtsymmetrische Matrizen ist die Frage nach der Konvergenz der einfachen Iterationsverfahren schwieriger zu beantworten. Eine Ausnahme in dieser Hinsicht bilden die M-Matrizen, für die sich das folgende Resultat beweisen läßt:

Satz 5.2.5 (Konvergenzsatz für M-Matrizen)

Sei $\mathbf{A} \in \mathbb{R}^{N\times N}$ eine M-Matrix und $0 < \omega \leq 1$. Dann sind alle in Beispiel 5.2.3 genannten Iterationsverfahren konvergent.

Die Konvergenz des symmetrischen Gauß-Seidel-Verfahrens für M-Matrizen wird in [3] bewiesen, die Konvergenz der übrigen Verfahren z.B. in [82]. Dort wird auch gezeigt, daß das Jacobi- und das Gauß-Seidel-Verfahren für alle diagonaldominanten Matrizen konvergieren.

Die Sätze 5.2.4 bzw. 5.2.5 sagen noch nichts über die Konvergenzgeschwindigkeit der betreffenden Iterationsverfahren aus. Als Maß für die Konvergenzgeschwindigkeit bietet sich der Spektralradius der Iterationsmatrix an. Dieser wird deswegen auch als *Konvergenzrate* des Iterationsverfahrens bezeichnet. Je kleiner $\varrho(\mathbf{M})$ ist, desto schneller wird die entsprechende Iteration im allgemeinen konvergieren. Der Spektralradius hängt natürlich stark von der Struktur von $\mathbf{A}$ ab und kann nur für ausgewählte Modellprobleme explizit berechnet werden.

Die Analyse solcher Modellprobleme zeigt jedoch, daß die oben angeführten einfachen Iterationsverfahren zur Lösung von Gleichungssystemen, wie sie bei der Diskretisierung elliptischer Randwertprobleme auftreten, nicht besonders gut geeignet sind. Grund dafür ist die Tatsache, daß in den meisten Fällen die Konvergenzrate mit zunehmender Feinheit der Diskretisierung gegen Eins strebt. Bei Anwendung des Jacobi- oder Gauß-Seidel-Verfahrens auf die Finite-Volumen-Diskretisierung eines reinen Diffusionsproblems z.B. verhält sich die Konvergenzrate asymptotisch wie $1 - O(h^2)$. Die gleiche Aussage gilt auch für die meisten anderen einfachen Iterationsverfahren. Lediglich das SOR-Verfahren erlaubt bei geeigneter Wahl des Relaxationsparameters ω eine Ordnungsverbesserung auf $1 - O(h)$.

Die Modellproblemanalyse zeigt aber auch, daß die schlechte Konvergenz der oben genannten Verfahren im wesentlichen auf die langwelligen, d.h., bzgl. der zugrundeliegenden Triangulierung $\mathcal{T}_h$ relativ glatten Fehlerkomponenten zurückzuführen ist, wohingegen die stark oszillierenden Fehleranteile im allgemeinen sehr schnell reduziert werden. Tatsächlich läßt sich auch experimentell sehr schön beobachten, daß der Fehler $\mathbf{u} - \mathbf{u}^{(m)}$ schon nach wenigen Iterationsschritten relativ glatt bzgl. $\mathcal{T}_h$ ist, auch wenn er insgesamt für $m \to \infty$ nur sehr langsam verschwindet[1]. Einfache Iterationsverfahren wie das Jacobi- oder das Gauß-Seidel-Verfahren werden deswegen auch als *Glätter* bezeichnet.

5.2.2 Das klassische Mehrgitterverfahren

Wesentlich effizienter als die oben beschriebenen, einfachen Iterationsverfahren sind – zumindest was Diskretisierungen reiner Diffusionsprobleme angeht – sogenannte Mehrgitter- oder Multilevelverfahren. Die Effizienz dieser Verfahren resultiert aus ihrer optimalen bzw. quasioptimalen Komplexität. Von einem *optimalen* Verfahren spricht man, wenn der Rechenaufwand pro Iterationsschritt höchstens linear in der Anzahl der Unbekannten wächst und die Konvergenzrate unabhängig von der verwendeten Gitterweite h ist. In diesem Fall wächst auch der Rechenaufwand, der benötigt wird, um den Anfangsfehler $\| \mathbf{u} - \mathbf{u}^{(0)} \|$ in einer geeigneten Norm um einen konstanten Faktor zu reduzieren, höchstens linear mit der Anzahl der Unbekannten. Bei einem *quasioptimalen* Verfahren nimmt man stattdessen noch einen logarithmischen Faktor in Kauf.

Der auffälligste Unterschied zwischen Mehrgitter- bzw. Multilevelverfahren einerseits und einfachen Iterationsverfahren andererseits besteht darin, daß ersteren eine ganze Hierarchie von Triangulierungen sowie entsprechender Diskretisierungen zugrundeliegt, während die meisten einfachen Iterationsverfahren ausschließlich mit der Steifigkeitsmatrix des zu lösenden diskreten Problems arbeiten. Für spezielle Triangulierungshierarchien haben wir in Kapitel 2.1.1 den Begriff der *Multileveltriangulierung* eingeführt. Diese bilden die Grundlage für die Anwendung des klassischen Mehrgitterverfahrens, das wir in diesem Kapitel vorstellen wollen. Dabei folgen wir im wesentlichen der Darstellung in [77].

Die grundlegende Idee des Mehrgitterverfahrens besteht darin, ein einfaches Iterationsverfahren wie z.B. Gauß-Seidel – durch das bekanntlich vorwiegend die hochfrequenten Fehleranteile reduziert werden – mit einem zweiten, dazu komplementären Verfahren zu kombinieren, das speziell auf die glatten Komponenten des Fehlers zugeschnitten ist. Zur Konstruktion eines solchen komplementären Verfahrens wird das zu lösende Gleichungssystem durch ein

[1] Ein eindrucksvolles Beispiel findet man z.B. in [77] auf S. 20.

wesentlich kleineres System approximiert, z.B. durch die entsprechende Diskretisierung bzgl. einer gröberen Triangulierung. Man erhält so zunächst ein sogenanntes *Zweigitterverfahren*. Wendet man nun die gleiche Idee rekursiv auch auf das kleinere System an, ergibt sich das klassische Mehrgitterverfahren.

Zur Verdeutlichung dieser Idee und zur Formulierung des Mehrgitterverfahrens gehen wir von folgenden Voraussetzungen aus: Auf einem polyedrischen Gebiet $\Omega \subset \mathbb{R}^n$ sei ein elliptisches Randwertproblem in der abstrakten Form

$$\textit{Finde ein } u \in V \textit{ mit} \qquad \mathcal{A}(u,v) = f^*(v)\,, \qquad v \in V\,, \tag{5.2.3}$$

gegeben, mit $V = H_0^1(\Omega)$ und einer entsprechenden Bilinearform $\mathcal{A}(.,.)$. Weiter sei $\mathcal{T}_h$ eine konsistente Triangulierung von Ω. Die Diskretisierung von (5.2.3) bzgl. $\mathcal{T}_h$ mit einem Finite-Elemente-, Finite-Volumen- oder Finite-Volumen Upwindverfahren führt auf ein lineares Gleichungssystem der Form

$$\mathbf{A}_h\,\mathbf{u}_h = \mathbf{f}_h \tag{5.2.4}$$

mit Steifigkeitsmatrix $\mathbf{A}_h$. Dieses System soll mit einem klassischen Mehrgitterverfahren gelöst werden. Dazu nehmen wir an, daß $\mathcal{T}_h$ Endtriangulierung einer konsistenten Multileveltriangulierung $\mathcal{M} = (\mathcal{T}_0, \dots, \mathcal{T}_J)$ ist, so daß $\mathcal{T}_h = \mathcal{T}_J$ gilt. An dieser Stelle sei noch einmal an Definition 2.1.5 erinnert. Dort haben wir eine Multileveltriangulierung als endliche Folge sukzessiver Verfeinerungen einer Anfangstriangulierung $\mathcal{T}_0$ definiert, bei der alle Elemente, die beim Übergang von einer Stufe zur nächsten nicht verfeinert werden, auch bei allen nachfolgenden Übergängen unverfeinert bleiben.

Da wir die einzelnen Triangulierungen $\mathcal{T}_k$ von $\mathcal{M}$ nun nicht mehr über ihre Gitterweite parametrisieren, sondern über die Stufenzahl k, müssen wir auch für die Eckpunkte, Ansatzräume und Basisfunktionen neue, stufenbezogene Bezeichnungen einführen. Außerdem wollen wir das Mehrgitterverfahren in der Sprache der Vektoren und Matrizen formulieren und nicht mit Hilfe von Ansatzfunktionen und Operatoren. Wir treffen deswegen die folgenden Vereinbarungen:

Definition 5.2.6 (Ansatzräume für Multileveltriangulierungen)
Sei $\Omega \subset \mathbb{R}^n$ ein polyedrisches Gebiet und $\mathcal{M} = (\mathcal{T}_0, \dots, \mathcal{T}_J)$ eine konsistente Multileveltriangulierung von Ω. Für $0 \le k \le J$ verwenden wir die folgenden Bezeichnungen:

(i) $N_{k,D}$ sei die Anzahl und $\mathcal{N}_{k,D} = \{\, x_1^{(k)}, \dots, x_{N_{k,D}}^{(k)} \,\}$ die Menge der Eckpunkte von $\mathcal{T}_k$, die nicht auf Γ liegen.

(ii) $V_k := \mathcal{P}_{1,D}(\mathcal{T}_k)$ sei der Raum aller stetigen, bzgl. $\mathcal{T}_k$ stückweise linearen Ansatzfunktionen, die auf Γ verschwinden.

(iii) $\Phi_{k,D} = \{\, \varphi_1^{(k)}, \dots, \varphi_{N_{k,D}}^{(k)} \,\}$ sei die durch $\varphi_i^{(k)}(x_j^{(k)}) = \delta_{ij}$ definierte Knotenbasis von V_k.

(iv) $X_k := \mathbb{R}^{N_{k,D}}$ sei der Raum aller Vektoren $\mathbf{u}_k = (\, u_{k,1}, \dots, u_{k,N_{k,D}} \,)^T$.

(v) $P_k : X_k \longrightarrow V_k$ sei der durch
$$P_k\mathbf{u}_k = \sum_{j=1}^{N_{k,D}} u_{k,j}\,\varphi_j^{(k)}\,, \qquad \mathbf{u}_k \in X_k\,.$$
definierte kanonische Isomorphismus von X_k nach V_k.

Für jeden Vektor $\mathbf{u}_k \in X_k$ ist $u_k = P_k\mathbf{u}_k$ die eindeutig bestimmte Funktion $u_k \in V_k$, die in den Eckpunkten $x_1^{(k)}, \ldots, x_{N_{k,D}}^{(k)}$ die Werte $u_{k,1}, \ldots, u_{k,N_{k,D}}$ annimmt. Der zu P_k inverse Operator $P_k^{-1} : V_k \longrightarrow X_k$ ist deswegen definiert durch

$$P_k^{-1} u_k \;=\; \left(u_k(x_1^{(k)}), \ldots, u_k(x_{N_{k,D}}^{(k)})\right)^T, \qquad u_k \in V_k \,. \tag{5.2.5}$$

Entsprechend der in Definition 5.2.6 eingeführten Notation bezeichnen wir die Steifigkeitsmatrix $\mathbf{A}_h$ von nun an mit $\mathbf{A}_J$ und die Vektoren $\mathbf{u}_h$, $\mathbf{f}_h$ mit $\mathbf{u}_J$ bzw. $\mathbf{f}_J$. Das zu lösende Gleichungssystem (5.2.4) lautet jetzt

$$\mathbf{A}_J \mathbf{u}_J \;=\; \mathbf{f}_J \,. \tag{5.2.6}$$

Die Idee des Mehrgitterverfahrens läßt sich nun wie folgt verdeutlichen: Zur Lösung von (5.2.6) wählen wir einen beliebigen Startvektor $\mathbf{u}_J^0$ und erhalten nach wenigen Schritten mit einem einfachen Iterationsverfahren wie z.B. Gauß-Seidel eine Näherungslösung $\tilde{\mathbf{u}}_J$, die im allgemeinen zwar nicht besonders gut ist, von der wir aber wissen, daß der Fehler $\mathbf{e}_J = \mathbf{u}_J - \tilde{\mathbf{u}}_J$ bzgl. $\mathcal{T}_J$ relativ glatt ist. Der Fehler $\mathbf{e}_J$ genügt der *Defektgleichung*

$$\mathbf{A}_J \mathbf{e}_J \;=\; \mathbf{d}_J := \mathbf{f}_J - \mathbf{A}_J \tilde{\mathbf{u}}_J \,, \tag{5.2.7}$$

und für die exakte Lösung $\mathbf{u}_J$ von (5.2.6) gilt

$$\mathbf{u}_J \;=\; \tilde{\mathbf{u}}_J + \mathbf{e}_J \,. \tag{5.2.8}$$

Die Lösung der Defektgleichung ist natürlich genauso schwierig zu bestimmen wie die von (5.2.6). Da $\mathbf{e}_J$ aber relativ glatt ist, wird die entsprechende Funktion $e_J = P_J\mathbf{e}_J$ auch durch ihre Werte in den Eckpunkten der gröberen Triangulierung $\mathcal{T}_{J-1}$ noch gut repräsentiert und es macht Sinn, die Defektgleichung (5.2.7) durch eine analoge Gleichung der Form

$$\mathbf{A}_{J-1} \mathbf{e}_{J-1} \;=\; \mathbf{d}_{J-1} \tag{5.2.9}$$

in X_{J-1} zu ersetzen, wobei $\mathbf{A}_{J-1}$ und $\mathbf{d}_{J-1}$ in gewisser Weise „Approximationen" von $\mathbf{A}_J$ und $\mathbf{d}_J$ sind. Wenn die Dimension von X_{J-1} sehr viel kleiner ist als die von X_J – was z.B. im Falle uniformer Verfeinerungen zutrifft – so kann die Lösung $\mathbf{e}_{J-1}$ von (5.2.9) wesentlich leichter bestimmt werden als die von (5.2.7).

Bei der Auswahl der „Approximationen" $\mathbf{A}_{J-1}$ und $\mathbf{d}_{J-1}$ in (5.2.9) hat man verschiedene Möglichkeiten. Für $\mathbf{A}_{J-1}$ wird z.B. oft die Steifigkeitsmatrix der entsprechenden Diskretisierung bzgl. $\mathcal{T}_{J-1}$ verwendet. Die rechte Seite $\mathbf{d}_{J-1}$ von (5.2.9) sollte linear von $\mathbf{d}_J$ abhängen, da andernfalls auch das resultierende Mehrgitterverfahren nicht linear sein kann. Folglich verwendet man hier den Ansatz

$$\mathbf{d}_{J-1} \;=\; \mathbf{r}_J \mathbf{d}_J$$

mit einem linearen *Transferoperator* $\mathbf{r}_J : X_J \longrightarrow X_{J-1}$. Einige Beispiele solcher Transferoperatoren, die man üblicherweise als *Restriktionen* bezeichnet, findet man in Kapitel 5.2.3.

Wenn nun (5.2.9) eine Approximation der Defektgleichung (5.2.7) ist, so ist zu erwarten, daß die Lösung $\mathbf{e}_{J-1}$ von (5.2.9) eine Approximation des Fehlers $\mathbf{e}_J$ darstellt, in dem Sinne, daß $P_{J-1}\mathbf{e}_{J-1} \approx P_J\mathbf{e}_J$ gilt. Um $\mathbf{e}_{J-1}$ in (5.2.8) anstatt von $\mathbf{e}_J$ als Korrektur von $\tilde{\mathbf{u}}_J$ einsetzen zu können, benötigt man einen zweiten Transferoperator $\mathbf{p}_J : X_{J-1} \longrightarrow X_J$, der ebenfalls linear sein soll und als *Prolongation* bezeichnet wird.

Eine neue Näherungslösung $\mathbf{u}_J^{neu}$ ist dann definiert durch

$$\mathbf{u}_{J,neu} = \tilde{\mathbf{u}}_J + \mathbf{p}_J \mathbf{e}_{J-1},$$

bzw. in ausgeschriebener Form durch

$$\mathbf{u}_{J,neu} = \tilde{\mathbf{u}}_J + \mathbf{p}_J \mathbf{A}_{J-1}^{-1} \mathbf{r}_J (\mathbf{f}_J - \mathbf{A}_J \tilde{\mathbf{u}}_J). \qquad (5.2.10)$$

Diese sogenannte *Grobgitterkorrektur* ist von der Form (5.2.2) und kann somit als lineares Iterationsverfahren interpretiert werden. Die Iterationsmatrix der Grobgitterkorrektur ist gegeben durch

$$\mathbf{M}_{GGK} = \mathbf{I}_J - \mathbf{p}_J \mathbf{A}_{J-1}^{-1} \mathbf{r}_J \mathbf{A}_J.$$

Hier und in der Folge bezeichnen wir mit $\mathbf{I}_k$ die $N_{k,D} \times N_{k,D}$-Einheitsmatrix. Man beachte, daß es sich bei der Grobgitterkorrektur um ein nichtkonvergentes Verfahren handelt, da die Restriktion $\mathbf{r}_J$ im allgemeinen einen nichttrivialen Kern besitzt.

Wir haben oben bereits darauf hingewiesen, daß Iterationsverfahren wie Jacobi oder Gauß-Seidel, die sich besonders gut zur Reduktion der hochfrequenten Fehleranteile eignen, als *Glätter* bezeichnet werden. Die Kombination eines solchen Glätters mit der Grobgitterkorrektur (5.2.10) liefert ein äußerst effizientes Verfahren zur Lösung des Gleichungssystems (5.2.6) – und das, obwohl die Grobgitterkorrektur selbst nicht konvergent ist und die meisten Glätter eher langsam konvergieren. Grund dafür ist die Tatsache, daß die Grobgitterkorrektur gerade diejenigen Fehlerkomponenten besonders wirkungsvoll reduziert, die für die schlechte Konvergenz des Glätters verantwortlich sind, nämlich die bzgl. $\mathcal{T}_J$ relativ glatten Anteile. In diesem Sinne kann man die Grobgitterkorrektur daher als ein zum Glätter *komplementäres* Verfahren bezeichnen.

Da die Grobgitterkorrektur (5.2.10) lediglich auf die Triangulierung $\mathcal{T}_{J-1}$ zurückgreift, handelt es sich bei dem kombinierten Verfahren um eine sogenannte *Zweigitteriteration.* Bei diesem Verfahren bleibt in jedem Schritt immer noch das Gleichungssystem (5.2.9) zu lösen, dessen Dimension $N_{k-1,D}$ im allgemeinen zwar kleiner als die von (5.2.6) ist, dessen Lösung aber insbesondere bei drei- und höherdimensionalen Problemen immer noch einen beträchtlichen Aufwand verursachen kann.

Nun wird aber die Lösung $\mathbf{e}_{J-1}$ von (5.2.6) selbst nur als Approximation für $\mathbf{e}_J$ verwendet. Es ist daher nicht notwendig, $\mathbf{e}_{J-1}$ exakt zu berechnen. Vielmehr genügt es, mit Hilfe eines Iterationsverfahrens eine Näherungslösung $\tilde{\mathbf{e}}_{J-1}$ zu bestimmen. Hier bietet es sich an, ein Zweigitterverfahren bzgl. der Stufen $J-1$ und $J-2$ zu verwenden. Insgesamt erhält man so ein Dreigitterverfahren, bei dessen Anwendung nun eine Reihe von Gleichungssystemen auf der Stufe $J-2$ zu lösen sind. Die rekursive Fortsetzung dieser Idee über alle Stufen der Multileveltriangulierung $\mathcal{M}$ führt schließlich auf das klassische Mehrgitterverfahren, bei dem dann nur noch auf der Stufe 0 einige Gleichungssysteme der Dimension $N_{0,D}$ gelöst werden müssen.

Zur Formulierung des klassischen Mehrgitterverfahrens geben wir zunächst seine Komponenten und Parameter sowie deren Bedeutung an. Als *Komponenten* bezeichnen wir hier

- die *Systemmatrizen* $\mathbf{A}_k : X_k \longrightarrow X_k$, $0 \leq k \leq J$, wobei $\mathbf{A}_J = \mathbf{A}_h$ die Steifigkeitsmatrix des zu lösenden Gleichungssystems ist, und $\mathbf{A}_k$ eine geeignete „Approximation" von $\mathbf{A}_{k+1}$ für $0 \leq k \leq J-1$.
- die entsprechenden *Glätter* mit Vorkonditionierer $\mathbf{C}_k : X_k \longrightarrow X_k$, $1 \leq k \leq J$, zur Bestimmung von Näherungslösungen für Gleichungssysteme der Form $\mathbf{A}_k \mathbf{u}_k = \mathbf{f}_k$,
- die *Prolongationen* $\mathbf{p}_k : X_{k-1} \longrightarrow X_k$, $1 \leq k \leq J$, und
- die *Restriktionen* $\mathbf{r}_k : X_k \longrightarrow X_{k-1}$, $1 \leq k \leq J$.

Als *Parameter* des klassischen Mehrgitterverfahrens hingegen bezeichnen wir

- die Zahl ν_1 der *Vorglättungsschritte*, d.h., die Anzahl der Glättungsschritte auf jeder Stufe *vor* der Grobgitterkorrektur,
- die Zahl ν_2 der *Nachglättungsschritte*, d.h., die Anzahl der Glättungsschritte auf jeder Stufe *nach* der Grobgitterkorrektur,
- die *Zykluszahl* γ, die die Anzahl der rekursiven Aufrufe des Verfahrens angibt, die ausgeführt werden, um eine Näherungslösung für die jeweilige Defektgleichung auf der nächstniedrigeren Stufe zu bestimmen.

Beachte, daß die Parameter ν_1, ν_2 und γ im Gegensatz zu den Komponenten des Mehrgitterverfahrens nicht von der aktuellen Stufenzahl k abhängen. Prinzipiell spricht zwar nichts dagegen, auf verschiedenen Stufen verschiedene Parameter zu verwenden, es hat sich aber in der Praxis gezeigt, daß dadurch keine wesentlich besseren Ergebnisse zu erwarten sind.

Mit Hilfe der soeben beschriebenen Komponenten und Parameter können wir nun das klassische Mehrgitterverfahren angeben. Zur Formulierung des entsprechenden Algorithmus verwenden wir die bereits bewährte Pseudo-C-Notation. Als Eingabe erwartet der Algorithmus die aktuelle Stufenzahl k sowie die rechte Seite $\mathbf{f}_k$ und eine beliebige Näherungslösung $\tilde{\mathbf{u}}_k$ des auf dieser Stufe zu lösenden Gleichungssystems. Zurückgegeben wird dann eine (hoffentlich verbesserte) neue Näherungslösung, die ebenfalls mit $\tilde{\mathbf{u}}_k$ bezeichnet wird.

Algorithm *Mehrgitter*($k, \tilde{\mathbf{u}}_k, \mathbf{f}_k$)
{
  if ($k > 0$) **then**
  {
    for ($1 \leq i \leq \nu_1$) **do** $\tilde{\mathbf{u}}_k := \tilde{\mathbf{u}}_k + \mathbf{C}_k(\mathbf{f}_k - \mathbf{A}_k\tilde{\mathbf{u}}_k)$;
    $\mathbf{d}_{k-1} := \mathbf{r}_k(\mathbf{f}_k - \mathbf{A}_k\tilde{\mathbf{u}}_k)$;
    $\tilde{\mathbf{e}}_{k-1} := 0$;
    for ($1 \leq i \leq \gamma$) **do** $\tilde{\mathbf{e}}_{k-1} = \mathit{Mehrgitter}(k-1, \tilde{\mathbf{e}}_{k-1}, \mathbf{d}_{k-1})$;
    $\tilde{\mathbf{u}}_k := \tilde{\mathbf{u}}_k + \mathbf{p}_k\tilde{\mathbf{e}}_{k-1}$;
    for ($1 \leq i \leq \nu_2$) **do** $\tilde{\mathbf{u}}_k := \tilde{\mathbf{u}}_k + \mathbf{C}_k(\mathbf{f}_k - \mathbf{A}_k\tilde{\mathbf{u}}_k)$;
  }
  else $\tilde{\mathbf{u}}_0 := \mathbf{A}_0^{-1}\mathbf{f}_0$;
  return($\tilde{\mathbf{u}}_k$);
}

Die Funktionsweise von Algorithmus *Mehrgitter* ist schnell erklärt. Nehmen wir an, Algorithmus *Mehrgitter* wird auf der Stufe k aufgerufen, um die Näherungslösung $\tilde{\mathbf{u}}_k$ des Gleichungssystems $\mathbf{A}_k\mathbf{u}_k = \mathbf{f}_k$ zu verbessern. Im Falle $k = 0$ wird die exakte Lösung $\mathbf{A}_0^{-1}\mathbf{f}_0$ berechnet und zurückgegeben (8), (9). Im Falle $k > 0$ hingegen werden zunächst ν_1 Iterationsschritte mit dem durch $\mathbf{C}_k$ definierten Verfahren ausgeführt (*Vorglättung*, (2)). Anschließend werden der Defekt $\mathbf{d}_k = \mathbf{f}_k - \mathbf{A}_k\tilde{\mathbf{u}}_k$ und seine Restriktion $\mathbf{d}_{k-1} \in X_{k-1}$ berechnet (3). Ausgehend vom Startvektor $\tilde{\mathbf{e}}_{k-1} = 0$ wird dann eine Näherungslösung $\tilde{\mathbf{e}}_{k-1}$ der Defektgleichung $\mathbf{A}_{k-1}\mathbf{e}_{k-1} = \mathbf{d}_{k-1}$ bestimmt, und zwar durch insgesamt γ rekursive Aufrufe von Algorithmus *Mehrgitter* auf der Stufe $k-1$ (5).

Die so bestimmte Näherungslösung $\tilde{\mathbf{e}}_{k-1}$ wird dann mit Hilfe der Prolongation $\mathbf{p}_k$ in einen Vektor der Dimension $N_{k,D}$ transformiert und der aktuellen Näherungslösung $\tilde{\mathbf{u}}_k$ als Korrektur hinzuaddiert (*Grobgitterkorrektur*, (6)). Schließlich werden noch einmal ν_2 Glättungsschritte durchgeführt (*Nachglättung*, (7)), bevor die neue Näherungslösung $\tilde{\mathbf{u}}_k$ dann zurückgegeben wird (9).

Zur Anwendung des Mehrgitterverfahrens auf die *Feingittergleichung* $\mathbf{A}_J\mathbf{u}_J = \mathbf{f}_J$ wähle man einen beliebigen Startvektor $\mathbf{u}_J^{(0)}$ und führe nacheinander die Iterationen

$$\mathbf{u}_J^{(m+1)} = \mathit{Mehrgitter}(\,J, \mathbf{u}_J^{(m)}, \mathbf{f}_J\,)\,, \qquad m = 1, 2, \ldots \tag{5.2.11}$$

aus. Die Iterationsmatrix dieses Verfahrens läßt sich im allgemeinen nicht mehr explizit angeben. Man kann aber leicht die folgende rekursive Darstellung beweisen ([77], S. 162):

Lemma 5.2.7 (Die Iterationsmatrix des Mehrgitterverfahrens)
Sei $\mathbf{S}_k = \mathbf{I}_k - \mathbf{C}_k\mathbf{A}_k$ die Iterationsmatrix des Glätters auf der Stufe k, für $1 \le k \le J$. Dann gilt für die Iterationsmatrix $\mathbf{M}$ des durch (5.2.11) definierten, klassischen Mehrgitterverfahrens die Darstellung $\mathbf{M} = \mathbf{M}_J$, wobei $\mathbf{M}_J$ rekursiv definiert ist durch

$$\begin{aligned} \mathbf{M}_0 &:= \mathbf{0}\,, \\ \mathbf{M}_k &:= \mathbf{S}_k^{\nu_2}\big[\mathbf{I}_k - \mathbf{p}_k(\mathbf{I}_{k-1} - \mathbf{M}_{k-1}^{\gamma})\,\mathbf{A}_{k-1}^{-1}\mathbf{r}_k\mathbf{A}_k\big]\,\mathbf{S}_k^{\nu_1}\,, \qquad 1 \le k \le J\,. \end{aligned}$$

Die Konvergenzrate $\varrho(\mathbf{M})$ eines Mehrgitterverfahrens hängt natürlich von der Auswahl der Komponenten und Parameter ab. Die Abhängigkeit von den Parametern ist hierbei allerdings eher zweitrangig. Ob ein Mehrgitterverfahren zur Lösung eines speziellen Randwertproblems geeignet ist oder nicht, hängt nämlich im wesentlichen von der Auswahl der richtigen Komponenten ab. Während ein gedämpftes Jacobi-Verfahren z.B. als Glätter für ein Laplace-Problem gute Dienste leistet, ist das gleiche Verfahren für konvektionsdominierte Probleme vollkommen unbrauchbar. Die Komponenten müssen also an das zu lösende Randwertproblem angepaßt werden.

Die Auswahl geeigneter Parameter hingegen dient eher zur Feinabstimmung, d.h., wenn die Komponenten vernünftig gewählt sind, kann man versuchen, durch Variation der Parameter die Effizienz des Verfahrens zu optimieren. Diese hängt im wesentlichen von der Konvergenzrate und dem pro Iterationsschritt notwendigen Rechenaufwand ab. Da der Rechenaufwand mit wachsender Zykluszahl γ stark ansteigt, die Konvergenzrate aber nach unten durch die entsprechende Zweigitter-Konvergenzrate beschränkt ist, kommen in der Praxis meist nur die Werte $\gamma = 1$ (*V-Zyklus*) und $\gamma = 2$ (*W-Zyklus*) zur Anwendung. Auch mit der Zahl der Vor- bzw. Nachglättungsschritte wird im allgemeinen eher sparsam umgegangen. Für unsere Experimente in Kapitel 5.4 haben wir z.B. meistens $\nu_1 = \nu_2 = 1$ gewählt.

5.2.3 Eine Auswahl möglicher Komponenten

Wir stellen nun eine Reihe möglicher Komponenten vor, wie sie üblicherweise in klassischen Mehrgitterverfahren eingesetzt werden. Von diesen Komponenten werden wir dann in Kapitel 5.3 jeweils eine für unser Mehrgitterverfahren zur Lösung von Konvektions-Diffusions-Problemen auswählen.

Die ersten Komponenten, die wir an dieser Stelle betrachten, sind die Systemmatrizen $\mathbf{A}_k$, $0 \leq k < J$. Für deren Konstruktion gibt es zwei prinzipiell verschiedene Möglichkeiten. Zunächst bietet es sich an, $\mathbf{A}_k$ durch eine entsprechende Diskretisierung bzgl. $\mathcal{T}_k$ zu konstruieren. In der Regel wird man dazu das gleiche Diskretisierungsverfahren verwenden wie zum Aufstellen der Gleichung $\mathbf{A}_J\mathbf{u}_J = \mathbf{f}_J$. Wenn also die Steifigkeitsmatrix $\mathbf{A}_J$ von einer Finite-Volumen Upwind-Diskretisierung des gegebenen Randwertproblems bzgl. $\mathcal{T}_J$ stammt, so werden die Systemmatrizen $\mathbf{A}_k$ im allgemeinen durch die gleiche Upwind-Diskretiserung – allerdings bzgl. der Triangulierungen $\mathcal{T}_k$ – erzeugt. Die Vorteile dieser Konstruktion liegen auf der Hand:

(i) Ist das gewählte Diskretisierungs-Verfahren unabhängig von der Gitterweite h stabil, so überträgt sich diese Eigenschaft unmittelbar auf die Steifigkeitsmatrizen $\mathbf{A}_k$.

(ii) Die Steifigkeitsmatrizen $\mathbf{A}_k$ sind automatisch gleichmäßig dünn besetzt, d.h., die Anzahl der von Null verschiedenen Elemente in jeder Zeile (Spalte) von $\mathbf{A}_k$ ist durch eine von k und J unabhängige Konstante beschränkt.

(iii) Wird das Mehrgitterverfahren als Löser innerhalb eines adaptiven Prozesses eingesetzt, bei dem die zugehörigen Multileveltriangulierungen im Sinne von Definition 2.1.11 eine adaptive Folge bilden, so können die Steifigkeitsmatrizen $\mathbf{A}_k$ größtenteils vom vorherigen Adaptionsschritt übernommen werden und sind nur an solchen Stellen lokal neu zu berechnen, wo sich auch die entsprechende Triangulierung $\mathcal{T}_k$ geändert hat.

Wenn allerdings die Steifigkeitsmatrizen $\mathbf{A}_k$ tatsächlich komplett neu berechnet werden müssen, z.B. weil das Mehrgitterverfahren nicht in einen adaptiven Prozeß eingebunden ist oder dieser nicht den in Kapitel 2.1 beschriebenen Anforderungen genügt, so bedeutet dies in der Regel einen erheblichen Mehraufwand.

Einen ähnlichen Mehraufwand nimmt man auch beim zweiten möglichen Verfahren zur Konstruktion der Systemmatrizen $\mathbf{A}_k$ in Kauf. Bei diesem Verfahren wählt man zunächst geeignete Transferoperatoren $\mathbf{p}_k$, $\mathbf{r}_k$ und berechnet anschließend die Matrizen $\mathbf{A}_k$ – ausgehend von $\mathbf{A}_J$ – rekursiv über den *Galerkin-Ansatz*

$$\mathbf{A}_{k-1} = \mathbf{r}_k \mathbf{A}_k \mathbf{p}_k\,, \qquad 1 \leq k \leq J\,. \tag{5.2.12}$$

Dieser Ansatz bietet insbesondere im Hinblick auf seine theoretische Handhabbarkeit wesentliche Vorteile. Wie man z.B. leicht einsieht, folgt aus (5.2.12) die Identität

$$\left(\mathbf{I}_k - \mathbf{p}_k \mathbf{A}_{k-1}^{-1} \mathbf{r}_k \mathbf{A}_k\right) \mathbf{p}_k \mathbf{v}_{k-1} = 0\,, \qquad \mathbf{v}_{k-1} \in X_{k-1}\,,$$

d.h., die Grobgitterkorrektur auf der Stufe k liefert die exakte Lösung $\mathbf{u}_k$ des Gleichungssystems $\mathbf{A}_k\mathbf{u}_k = \mathbf{f}_k$, wenn der Fehler $\mathbf{u}_k - \tilde{\mathbf{u}}_k$ nach dem Vorglätten im Bild der Prolongation $\mathbf{p}_k$ liegt. Es ist deswegen nicht weiter verwunderlich, daß für den Galerkin-Ansatz wesentlich mehr und vor allem tiefergehende theoretische Konvergenzresultate bewiesen werden können, als dies bei Verwendung der Steifigkeitsmatrizen der Fall ist (vgl. dazu auch Kapitel 5.2.4).

Ein weiterer Vorteil des Galerkin-Ansatzes besteht darin, daß die Berechnung der Systemmatrizen $\mathbf{A}_k$ über (5.2.12) im allgemeinen einfacher ist als die Berechnung der Steifigkeitsmatrizen. Diese Aussage gilt im übrigen auch dann noch, wenn das Mehrgitterverfahren innerhalb eines adaptiven Prozesses eingesetzt wird – vorausgesetzt, die verwendeten Prolongationen und Restriktionen hängen nur lokal von den entsprechenden Triangulierungen ab. In diesem Fall braucht auch der Galerkin-Ansatz (5.2.12) nur lokal neu berechnet zu werden.

Überhaupt ist die Verwendung von Transferoperatoren mit lokalem Charakter (s.u.) dringend erforderlich, um zu verhindern, daß die Systemmatrizen $\mathbf{A}_k$ beim Galerkin-Ansatz mit abnehmendem Stufenindex k ein immer dichteres Besetzungsmuster aufweisen. Die optimale Komplexität des Mehrgitterverfahrens ist nämlich im allgemeinen nur dann gegeben, wenn die Systemmatrizen gleichmäßig dünn besetzt sind. Wie oben bereits erwähnt, ist diese Forderung für die Steifigkeitsmatrizen bei geeigneter Diskretisierung automatisch erfüllt.

Den vielen angenehmen Eigenschaften des Galerkin-Ansatzes steht ein entscheidender Nachteil gegenüber: Die Stabilität der Steifigkeitsmatrix $\mathbf{A}_J$ überträgt sich im allgemeinen nicht auf die Systemmatrizen $\mathbf{A}_k$, $0 \le k < J$. Tatsächlich führt z.B. die Verwendung von Standard-Transferoperatoren bei konvektionsdominierten Problemen dazu, daß die Gleichungssysteme $\mathbf{A}_k\mathbf{e}_k = \mathbf{d}_k$ mit abnehmender Stufenzahl immer instabiler werden, selbst wenn $\mathbf{A}_J$ aus einer stabilen Upwind-Diskretisierung stammt. In diesem Fall läßt sich sogar nicht einmal mehr garantieren, daß alle Matrizen $\mathbf{A}_k$ regulär sind.

Die Konstruktion geeigneter Transferoperatoren für Konvektions-Diffusions-Probleme, die beim Galerkin-Ansatz die Stabilität der Matrizen $\mathbf{A}_k$ erhalten, ist daher von besonderem Interesse. Im eindimensionalen Fall und für spezielle, höherdimensionale Modellprobleme mit konstantem Strömungsfeld sind entsprechende Operatoren auch schon lange bekannt (siehe z.B. [52], [77], [119], [144]). Diese lassen sich zwar auf den allgemeinen Fall übertragen (vgl. [121], [122]), besitzen dann aber nicht mehr den aus Komplexitätsgründen erforderlichen lokalen Charakter. Eine befriedigende Lösung für allgemeine konvektionsdominierte Probleme in zwei und mehr Dimensionen steht folglich noch aus.

Als nächste Komponenten betrachten wir die Prolongationen $\mathbf{p}_k : X_{k-1} \longrightarrow X_k$, $1 \le k \le J$. Die einfachste Prolongation auf der Stufe k ist die sogenannte *Standardprolongation* $\mathbf{p}_k^{std}$. Sie ist definiert durch

$$\mathbf{p}_k^{std} = P_k^{-1}P_{k-1}, \qquad 1 \le k \le J, \tag{5.2.13}$$

und kann als stückweise lineare Interpolation interpretiert werden. Für jeden Vektor $\mathbf{u}_{k-1}$ aus X_{k-1} stimmt nämlich die entsprechende Funktion $u_{k-1} \in V_{k-1}$ mit der zu $\mathbf{p}_k^{std}\mathbf{u}_{k-1}$ gehörenden Funktion in V_k überein, d.h., es gilt

$$P_k(\mathbf{p}_k^{std}\mathbf{u}_{k-1}) = P_{k-1}\mathbf{u}_{k-1}, \qquad \mathbf{u}_{k-1} \in X_{k-1}.$$

Für die Einträge $p_{k,i,j}^{std}$ der Prolongation $\mathbf{p}_k^{std}$ gilt die Darstellung

$$p_{k,i,j}^{std} = \varphi_j^{(k-1)}(x_i^{(k)}), \qquad 1 \le i \le N_{k,D}, \quad 1 \le j \le N_{k-1,D}.$$

Der lokale Charakter der Basisfunktionen $\varphi_j^{(k-1)}$ überträgt sich somit unmittelbar auf die Prolongation $\mathbf{p}_k^{std}$, so daß diese dünn besetzt ist. Mit *lokalem Charakter* meinen wir hier, daß nur solche Einträge $p_{k,i,j}^{std}$ von Null verschieden sind, für die entweder $x_i^{(k)} = x_j^{(k-1)}$ gilt oder $x_i^{(k)}$ der Mittelpunkt einer von $x_j^{(k-1)}$ ausgehenden Kante ist. Da die Eckpunkte von $\mathcal{T}_k$ entweder Eckpunkte oder Kantenmittelpunkte von $\mathcal{T}_{k-1}$ sind, gilt nämlich

$$p_{k,i,j}^{std} = \begin{cases} 1, & x_i^{(k)} = x_j^{(k-1)}, \\ 1/2, & x_i^{(k)} \text{ ist Mittelpunkt einer Kante von } \mathcal{T}_{k-1} \text{ mit Endpunkt } x_j^{(k-1)}, \\ 0, & \text{sonst}. \end{cases}$$

Da die Matrizen $\mathbf{p}_k^{std}$ dünn besetzt sind, werden sie im allgemeinen nicht explizit aufgestellt. Stattdessen lassen sich für $\mathbf{u}_{k-1} \in X_{k-1}$ die Einträge $u_{k,i}$ des entsprechend interpolierten Vektors $\mathbf{u}_k := \mathbf{p}_k^{std}\mathbf{u}_{k-1}$ berechnen durch

$$u_{k,i} = \begin{cases} u_{k-1,j} & x_i^{(k)} = x_j^{(k-1)} \text{ für ein } 1 \le j \le J, \\ \dfrac{u_{k-1,j_1} + u_{k-1,j_2}}{2}, & x_i^{(k)} \text{ ist Mittelpunkt einer Kante von } \mathcal{T}_{k-1} \\ & \text{mit den Endpunkten } x_{j_1}^{(k-1)} \text{ und } x_{j_2}^{(k-1)}. \end{cases}$$

Der Aufwand zur Berechnung von $\mathbf{u}_k = \mathbf{p}_k^{std}\mathbf{u}_{k-1}$ ist somit von der Größenordnung $O(N_{k,D})$. Ein wesentliches Merkmal der Standardprolongationen ist ihre Unabhängigkeit von der aktuellen Systemmatrix $\mathbf{A}_k$. Da aber bei der Berechnung von $u_{k,i}$ für jeden Kantenmittelpunkt $x_i^{(k)}$ die Einträge u_{k-1,j_1} bzw. u_{k-1,j_2} jeweils mit gleichem Gewicht eingehen, sind die Prolongationen $\mathbf{p}_k^{std}$ insbesondere auf die Behandlung symmetrischer Probleme zugeschnitten. Bei nichtsymmetrischen Problemen liegt es hingegen nahe, die Gewichte an die entsprechenden Einträge der Systemmatrix zu koppeln. So kann man z.B. bei einem Konvektions-Diffusions-Problem den stromabwärts liegenden Kantenendpunkt wie beim Upwindverfahren übergewichten. Prolongationen dieser Art werden als *matrixabhängige* Prolongationen bezeichnet.

Solche matrixabhängige Prolongationen werden von zahlreichen Autoren eingesetzt – insbesondere auch zur Lösung von Konvektions-Diffusions-Problemen (siehe z.B. [52], [77], [119], [121], [144]). Die Verwendung matrixabhängiger Prolongationen macht allerdings nur dann Sinn, wenn die Systemmatrizen $\mathbf{A}_k$ über einen Galerkin-Ansatz definiert werden. Andernfalls kann durch ein paar zusätzliche Nachglättungsschritte leicht ein ähnlicher Effekt erreicht werden.

Wir kommen nun zu den Restriktionen $\mathbf{r}_k : X_k \longrightarrow X_{k-1}$, $1 \le k \le J$. Hier besteht die einfachste Wahl in der sogenannten *Injektion* $\mathbf{r}_k^{inj}$, für die die Darstellung

$$\mathbf{r}_k^{inj} = P_{k-1}^{-1}P_k, \qquad 1 \le k \le J,$$

gilt, wobei wir uns den durch (5.2.5) definierten Operator P_{k-1}^{-1} in kanonischer Weise auf $C(\overline{\Omega})$ fortgesetzt denken. Die Anwendung dieser Injektionen ist denkbar einfach: Die Einträge des restringierten Vektors $\mathbf{u}_{k-1} := \mathbf{r}_k^{inj}\mathbf{u}_k$ stimmen mit den Einträgen von $\mathbf{u}_k$ zu den entsprechenden Eckpunkten der Triangulierung $\mathcal{T}_{k-1}$ überein.

Die Injektionen $\mathbf{r}_k^{inj}$ besitzen jedoch den entscheidenden Nachteil, daß bei ihrer Anwendung auf den Defekt $\mathbf{d}_k$ ein Großteil der Informationen, die in diesem Vektor enthalten ist, verloren geht. Ein Beispiel aus [77], S. 64, zeigt, daß dadurch sogar die Idee des Mehrgitterverfahrens ad absurdum geführt werden kann: Wenn $\mathcal{T}_k$ eine uniforme Verfeinerung von $\mathcal{T}_{k-1}$ ist und als Glätter ein Gauß-Seidel-Verfahren eingesetzt wird, bei dem zunächst über die neuen Eckpunkte von $\mathcal{T}_k$ und erst dann über die Eckpunkte von $\mathcal{T}_{k-1}$ geglättet wird (*Schachbrett-Gauß-Seidel*), so verschwindet der Defekt $\mathbf{d}_k$ anschließend in den Eckpunkten von $\mathcal{T}_{k-1}$ und damit auch die Restriktion $\mathbf{d}_{k-1} = \mathbf{r}_k^{inj}\mathbf{d}_k$. Die Grobgitterkorrektur besteht in diesem Fall aus der Addition eines Nullvektors.

Besser geeignet sind deswegen solche Restriktionen, bei denen auch die zu den Kantenmittelpunkten von $\mathcal{T}_{k-1}$ gehörenden Einträge mit entsprechendem Gewicht berücksichtigt werden. Hier bieten sich insbesondere die Transponierten der oben betrachteten Prolongationen an. Durch Transponieren der Standardprolongationen $\mathbf{p}_k^{std}$ z.B. erhalten wir die sogenannten *Standardrestriktionen* $\mathbf{r}_k^{std}$:

$$\mathbf{r}_k^{std} = (\mathbf{p}_k^{std})^T, \qquad 1 \leq k \leq J.$$

Diese erben natürlich den lokalen Charakter der Prolongationen $\mathbf{p}_k^{std}$, so daß für jeden Vektor $\mathbf{u}_k \in X_k$ die entsprechende Restriktion $\mathbf{u}_{k-1} = \mathbf{r}_k^{std}\mathbf{u}_k$ effizient berechnet werden kann. Bezeichnen wir für $1 \leq i \leq N_{k-1,D}$ mit j_i den Index des Eckpunktes $x_i^{(k-1)}$ unter den Eckpunkten von $\mathcal{T}_k$ und mit $\mathcal{N}_{j_i} \subset \mathcal{N}_{k,D}$ die Menge aller Nachbarpunkte von $x_{j_i}^{(k)} = x_i^{(k-1)}$, die Kantenmittelpunkte von $\mathcal{T}_{k-1}$ sind, so erhalten wir für die Einträge von $\mathbf{u}_{k-1}$ die Darstellung

$$u_{k-1,i} = u_{k,j_i} + \tfrac{1}{2} \sum_{x_\ell^{(k)} \in \mathcal{N}_{j_i}} u_{k,\ell}\,, \qquad 1 \leq i \leq N_{k-1,D}\,.$$

Die zu Kantenmittelpunkten von $\mathcal{T}_{k-1}$ gehörenden Einträge von $\mathbf{u}_k$ gehen also bei der Berechnung der Einträge von $\mathbf{u}_{k-1}$ zu den Endpunkten der entsprechenden Kante jeweils mit dem Gewicht $1/2$ ein.

Anders gewichtete Restriktionen erhält man durch Transponieren der entsprechenden matrixabhängigen Prolongationen. Die Verwendung entsprechender Paare $\mathbf{p}_k$, $\mathbf{r}_k$ mit $\mathbf{r}_k = \mathbf{p}_k^T$ bietet sich insbesondere dann an, wenn die Systemmatrizen $\mathbf{A}_k$ über einen Galerkin-Ansatz definiert werden und das zugrundeliegende Randwertproblem symmetrisch ist. In diesem Fall überträgt sich nämlich die Symmetrie der Steifigkeitsmatrix $\mathbf{A}_J$ auf die Matrizen $\mathbf{A}_k$, $0 \leq k < J$.

Bei nichtsymmetrischen Problemen hingegen kann es durchaus sinnvoll sein, die Restriktionen $\mathbf{r}_k$ so zu wählen, daß ihre Transponierten jeweils mit einer von $\mathbf{p}_k$ verschiedenen Prolongation $\hat{\mathbf{p}}_k$ übereinstimmen. In [119] z.B. werden matrixabhängige Transferoperatoren $\mathbf{p}_k$, $\mathbf{r}_k$ verwendet, wobei die Prolongation $\mathbf{p}_k$ durch die Matrix $\mathbf{A}_k$ definiert ist und $\mathbf{r}_k^T$ (bis auf einen konstanten Faktor) mit der entsprechenden Prolongation $\hat{\mathbf{p}}_k$ zu $\mathbf{A}_k^T$ übereinstimmt.

Werden die Systemmatrizen $\mathbf{A}_k$ nicht mit Hilfe eines Galerkin-Ansatzes konstruiert, so müssen im allgemeinen entweder die Prolongationen oder die Restriktionen geeignet skaliert werden, etwa durch Multiplikation entsprechender Diagonalmatrizen. Die Notwendigkeit einer solchen Skalierung kann man sich leicht an folgendem Beispiel klar machen: Bekanntlich unterscheidet sich die Finite-Elemente-Steifigkeitsmatrix eines einfachen Laplace-Problems für bestimmte Triangulierungen $\mathcal{T}_h$ von der entsprechenden Finite-Differenzen-Steifigkeitsmatrix nur um den konstanten Faktor h^n. Nehmen wir nun an, es gelte $h = 1$, so daß beide Matrizen übereinstimmen, und $\mathcal{T}_J = \mathcal{T}_h$ sei eine uniforme, reguläre Verfeinerung von $\mathcal{T}_{J-1}$. Verwendet man in beiden Fällen die gleichen Transferoperatoren, so unterscheiden sich die bei der Grobgitterkorrektur addierten Vektoren $\mathbf{p}_J\tilde{\mathbf{e}}_{J-1}$ exakt um den Faktor 2^n. Mindestens eine der beiden Grobgitterkorrekturen ist folglich falsch skaliert.

Um die richtige Skalierung der Grobgitterkorrekturen zu gewährleisten, sind also die Transferoperatoren entsprechend zu skalieren. In der Praxis werden dazu meist die Restriktionen skaliert, und zwar durch Multiplikation geeigneter Diagonalmatrizen. Die so skalierten Restriktionen sind dann natürlich nicht mehr die Transponierten von üblichen Prolongationen, sie lassen sich jedoch als adjungierte Operatoren der gängigen Prolongationen bzgl. entsprechender stufenabhängiger Skalarprodukte deuten (siehe z.B. [77], S. 64).

Neben den Systemmatrizen $\mathbf{A}_k$, den Prolongationen $\mathbf{p}_k$ und den Restriktionen $\mathbf{r}_k$ fehlen zu einem vollständigen Mehrgitterverfahren nun nur noch die Glätter $\mathbf{C}_k$ der Stufen $1 \leq k \leq J$. Wie bei keiner anderen Komponente beeinflußt die Wahl des Glätters das Konvergenzverhalten und somit die Effizienz des resultierenden Verfahrens. Die richtige Auswahl hängt daher stark von den Eigenschaften des zu lösenden Randwertproblems ab.

Die wichtigste Aufgabe eines Glätters besteht naturgemäß darin, die hochfrequenten Fehleranteile wirksam zu reduzieren. Diese Anforderung wird von fast allen einfachen Iterationsverfahren erfüllt. Als Beispiele seien hier nur das gedämpfte Jacobi-Verfahren, Gauß-Seidel und SOR sowie die entsprechenden symmetrischen, Block- und Linien-Varianten genannt. Aber auch auf unvollständigen Zerlegungen beruhende Verfahren wie ILU bzw. ILU_β, oder semiiterative Verfahren wie das der konjugierten Gradienten besitzen glättende Eigenschaften und sind somit prinzipiell als Glätter in einem Mehrgitterverfahren einsetzbar. Eine Zusammenstellung der gängigsten Verfahren sowie die Analyse ihrer Glättungseigenschaften findet man in [77].

Wie die Untersuchungen von HACKBUSCH in [77] zeigen, ist für einfache symmetrische Probleme wie das Laplace-Problem praktisch jedes der oben genannten Verfahren als Glätter geeignet. Für beliebige elliptische Randwertprobleme gilt diese Aussage im allgemeinen aber nicht mehr. Insbesondere bei singulär gestörten Problemen kann die Verwendung des falschen Glätters dazu führen, daß die Konvergenzrate des entsprechenden Mehrgitterverfahrens mit Zunahme der singulären Störung immer schlechter wird und gegen Eins konvergiert. Dieses Verhalten läßt sich z.B. beobachten, wenn als Glätter für stark anisotrope oder konvektionsdominierte Probleme ein Jacobi-Verfahren oder ein ungeschickt konstruiertes Gauß-Seidel-Verfahren verwendet wird, siehe [77], [148]. Im Extremfall kann das resultierende Mehrgitterverfahren sogar divergieren.

Von besonderem Interesse für die Lösung singulär gestörter Probleme sind daher *robuste* Mehrgitterverfahren, deren Konvergenzrate nicht nur von der Gitterweite h, sondern auch von der Stärke der singulären Störung unabhängig ist. Beruht die Robustheit im wesentlichen auf der Konstruktion des Glätters, so wird dieser ebenfalls als *robust* bezeichnet. Die Robustheitseigenschaft bezieht sich hierbei immer auf eine ganz bestimmte Problemklasse, denn Verfahren, die sich z.B. für Konvektions-Diffusions-Probleme als robust herausgestellt haben, brauchen noch lange nicht robust für anisotrope Probleme zu sein.

Wie bereits erwähnt, gehen Begriff und Idee der *Robustheit* im wesentlichen auf Arbeiten von P. WESSELING zurück, der in [144], [145] ein als Blackbox-Löser gedachtes Mehrgitterprogramm vorstellte, in dem als Glätter ein einfaches ILU-Verfahren zum Einsatz kam. Das von ihm propagierte Verfahren stellte sich in der Praxis tatsächlich als äußest robust heraus, sowohl bei der Lösung von Konvektions-Diffusions-Problemen als auch bei der Anwendung auf anisotrope Probleme. Wesseling gehörte damit zu den ersten, die die Bedeutung unvollständiger Zerlegungen für die Konstruktion robuster Mehrgitterverfahren erkannten. Zahlreiche Autoren folgten seinem Beispiel und verwendeten ILU-Varianten als Glätter für die verschiedensten Anwendungen (z.B. P. W. HEMKER, [88], [90], R. KETTLER, [95], oder G. WITTUM, [146], [147]). Bis heute zählen ILU-basierte Verfahren zu den robustesten Glättern für allgemeine elliptische Randwertprobleme.

Da eine wirklich befriedigende Konvergenztheorie für singulär gestörte Probleme bisher nicht zur Verfügung steht, basieren die meisten Ansätze zur Konstruktion geeigneter Glätter im wesentlichen auf heuristischen Argumenten. Eines der am häufigsten angewendeten Argumente dieser Art ist das folgende Kriterium (vgl. [77], S. 202): Der Glätter sollte ein exakter oder ein zumindest sehr effizienter Löser für den Grenzfall $\sigma \to \infty$ sein. Die Erwartung ist dann grob gesprochen die, daß der Glätter den Einfluß der singulären Störung so stark reduziert, daß die Grobgitterkorrektur ähnlich effizient arbeitet wie im ungestörten Fall. Auch die Konstruktion unseres Glätters in Kapitel 5.3 basiert beruht auf diesem Kriterium.

Unabhängig davon, welcher Glätter für welches Randwertproblem verwendet wird, empfiehlt es sich aus Komplexitätsgründen, den Glättungsprozeß nicht über alle Eckpunkte der jeweiligen Triangulierung $\mathcal{T}_k$ zu erstrecken, sondern nur über die Eckpunkte im tatsächlich verfeinerten Bereich, d.h., über die Eckpunkte von $\mathcal{T}_k \setminus \mathcal{T}_{k-1}$. Man spricht in diesem Fall von einem *lokalen* Glätter. Beachte, daß die Konvergenzrate des Mehrgitterverfahrens dadurch im allgemeinen kaum beeinträchtigt wird, da die entsprechenden Fehlerkomponenten im unverfeinerten Bereich von $\mathcal{T}_{k-1}$ statt auf der Stufe k dann durch den Glätter auf der Stufe $k-1$ oder sogar auf einer noch niedrigeren Stufe abgedämpft werden. Die Verwendung nichtlokaler Glätter hingegen führt im Falle adaptiver Verfeinerungen im allgemeinen nicht mehr zu einem Verfahren optimaler Komplexität. Zu den ersten Autoren, die die Bedeutung lokaler Glättungsoperatoren erkannten, gehörte übrigens M. C. RIVARA, [124].

5.2.4 Mehrgitterkonvergenz im symmetrischen Fall

Nachdem wir im vorherigen Kapitel vorwiegend die praktischen Aspekte des Mehrgitterverfahrens beleuchtet haben, wollen wir nun kurz auf die Konvergenztheorie eingehen. Wie bereits erwähnt, besteht hier eine große Kluft zwischen den Resultaten für den symmetrischen Fall und denen für allgemeine, nichtsymmetrische Probleme. Während für symmetrische Probleme nach den Arbeiten von JINCHAO XU eine elegante und vollständige Konvergenztheorie zur Verfügung steht, ist man davon im nichtsymmetrischen Fall noch weit entfernt. Für konvektionsdominierte Probleme existieren jedoch inzwischen eine Reihe vielversprechender Ansätze, auf die wir allerdings erst im nächsten Teilkapitel eingehen werden. Das vorliegende Kapitel beschäftigt sich mit der Konvergenztheorie für den symmetrischen Fall.

Die Geschichte der Mehrgitter-Konvergenzbeweise für den symmetrischen Fall läßt sich im wesentlichen in zwei Abschnitte einteilen, deren Ende jeweils durch einen der beiden folgenden Meilensteine markiert ist: Die 1985 erschienene Monographie von W. HACKBUSCH, [77], welche nicht zu Unrecht oft als „*Mehrgitterbibel*" bezeichnet wird, und die 1992 veröffentlichte Arbeit von J. XU, [151]. Ziel dieses Kapitels ist es, neben den wesentlichen Ergebnissen beider Arbeiten auch die jeweilige Entwicklung darzustellen, die diesen Arbeiten vorausging – und zwar in Form ausführlich kommentierter Literaturhinweise. Dabei orientieren wir uns im wesentlichen an den historischen Kommentaren in [77] sowie an der Übersichtsarbeit von H. YSERENTANT, [159]. Die angegeben Jahreszahlen beziehen sich jeweils auf das Erscheinungsdatum der zitierten Arbeiten. In den meisten Fällen waren jedoch schon ein oder zwei Jahre vorher entsprechende Preprints im Umlauf.

Die Geschichte der Mehrgitterverfahren begann 1961. In diesem Jahr stellte R. P. FEDORENKO ein Zweigitterverfahren zur Lösung der Differenzengleichungen für das Poisson-Problem auf dem Einheitsquadrat vor, [59]. Er hatte damals als einer der ersten den komplementären Charakter von Jacobi-Verfahren und Grobgitterkorrektur erkannt. Mit Hilfe einer geeigneten Zerlegung in Eigenfunktionen gelang es ihm zu zeigen, daß die Konvergenzrate dieses Verfahrens unabhängig von h von Eins weg beschränkt bleibt. 1964 veröffentlichte Fedorenko dann das erste funktionierende Mehrgitterverfahren – einen W-Zyklus mit Vor- und Nachglättung durch ein gedämpftes Jacobi-Verfahren, [60]. Auch für dieses Verfahren konnte er *gleichmäßige Konvergenz* beweisen, d.h., die Konvergenzrate ist durch eine von der Verfeinerungstiefe J bzw. von der Gitterweite $h = h_J$ unabhängige Konstante $\varrho < 1$ beschränkt. Allerdings mußte er dazu eine hinreichend große (aber von J, h unabhängige) Anzahl von Glättungsschritten voraussetzen. Außerdem blieb die Gültigkeit seines Beweises wie beim Zweigitterverfahren auf das Poisson-Problem im Einheitsquadrat beschränkt.

1966 gelang es N. S. BACHVALOV, die Ergebnisse von Fedorenko auf elliptische Randwertprobleme mit variablen Koeffizienten auszudehnen, wobei er zur Diskretisierung ein einfaches Differenzenverfahren verwendete, [9]. Eine analoge Aussage für Finite-Elemente-Diskretisierungen auf strukturierten Dreiecksgittern wurde 1971 von G. P. ASTRAKHANTSEV gezeigt, [5]. In beiden Arbeiten wird die gleichmäßige Konvergenz des W-Zyklus wie bei Fedorenko unter der Voraussetzung bewiesen, daß als Glätter ein gedämpftes Jacobi-Verfahren zum Einsatz kommt und hinreichend viele Glättungsschritte ausgeführt werden.

In allen bis dahin erschienen Arbeiten stand die optimale Komplexität der Mehrgittervefahren im Vordergrund und weniger die tatsächlich zu beobachtende Konvergenzgeschwindigkeit. Es war A. BRANDT, der als erster die Effizienz dieser Verfahren und die sich daraus ergebenden Möglichkeiten erkannte. Im Gegensatz zu den meisten Autoren vor ihm war Brandt vor allem an den praktischen Aspekten des Mehrgitterverfahrens interessiert. Dazu zählten insbesondere die Einbindung adaptiver Techniken, die Anwendung auf nichtlineare Gleichungen, sowie die Auswahl geeigneter Komponenten für die verschiedensten Problemklassen. Die von ihm in [42], [43], [45] eingeführten algorithmischen Konzepte wie z.B. MLAT

(„*Multilevel Adaptive Technique*") oder FAS („*Fast Approximation Storage Scheme*") finden sich bis heute in zahlreichen Anwendungen wieder.

Um für bestimmte Problemklassen geeignete Glätter auszuwählen, entwickelte Brandt eine Technik, die er „*Local Mode Analysis*" nannte, [43]. Bei dieser Technik wird die Konvergenzrate des Verfahrens grob durch die sogenannte *Glättungsrate* (engl. *smoothing rate*) abgeschätzt, die das lokale Verhalten des untersuchten Glätters unter stark idealisierten Bedingungen beschreibt und durch Fourier-Analyse bestimmt wird. Aufgrund dieser idealisierenden Annahmen, zu denen u.a. das Vernachlässigen von Randbedingungen, das Einfrieren der Koeffizienten und die Verwendung einer speziellen Grobgitterkorrektur zählen, eignet sich das Verfahren natürlich nicht für einen exakten Konvergenzbeweis, sondern besitzt eher heuristischen Charakter. Trotzdem lassen sich mit dieser Technik in vielen Fällen die tatsächlich beobachteten Konvergenzraten erstaunlich gut vorhersagen.

Gegen Ende der 70er Jahre nahm dann die Zahl der Arbeiten über Mehrgitterverfahren sprunghaft zu und es wurden immer allgemeinere Konvergenzbeweise veröffentlicht. Im Gegensatz zu früheren Arbeiten, in denen die gleichmäßige Konvergenz jeweils für eine spezielle Diskretisierung und einen speziellen Glätter bewiesen wurde, gingen die Autoren nun dazu über, die speziellen Annahmen durch abstrakte Voraussetzungen zu ersetzen. Diese Enwicklung fand ihren vorläufigen Höhepunkt in den Arbeiten von W. HACKBUSCH, dem es gelang, den Konvergenzbeweis für den W-Zyklus im wesentlichen auf den Nachweis einer Glättungs- und einer Approximationseigenschaft zu reduzieren, [74], [75].

Tatsächlich wurden ganz ähnliche Bedingungen auch schon von anderen Autoren verwendet. Bereits 1977 veröffentlichte R. A. NICOLAIDES eine Arbeit, in der er die gleichmäßige Konvergenz des W-Zyklus auch für allgemeinere, unstrukturierte Finite-Elemente-Diskretisierungen im $\mathbb{R}^n$ zeigte, [114]. Sein Beweis beruht im wesentlichen auf der Annahme, daß die verwendeten Triangulierungen quasiuniform und stabil sind, und daß für die entsprechende Diskretisierung eine Fehlerabschätzung der Ordnung $O(h^2)$ in der L^2-Norm gilt. Diese zweite Voraussetzung, die als Vorläufer der Approximationseigenschaft von Hackbusch angesehen werden kann, ist im allgemeinen natürlich nur dann erfüllt, wenn das entsprechende Randwertproblem H^2-regulär ist.

Eine ähnliche Forderung – allerdings für Differenzenverfahren – wurde auch von P. WESSELING verwendet, der die Ergebnisse von Bachvalov auf allgemeinere Finite-Differenzen-Diskretisierungen, Glätter und Transferoperatoren übertrug, [143]. Seine abstrakten Bedingungen an die Komponenten kamen den Voraussetzungen der Konvergenztheorie von Hackbusch bereits sehr nahe. Insbesondere die an den Glätter gestellte Forderung, welche im Prinzip besagt, daß die hochfrequenten Fehleranteile effizient reduziert werden ohne die niederfrequenten Anteile allzusehr zu verstärken, ähnelt stark der später von Hackbusch propagierten Glättungseigenschaft.

Sowohl Nicolaides als auch Wesseling bewiesen die gleichmäßige Konvergenz des W-Zyklus in der L^2-Norm und verwendeten dabei die H^2-Regularität des zugrundeliegenden Randwertproblems. BANK & DUPONT bewiesen 1981 ein entsprechendes Resultat in der Energienorm unter der wesentlich schwächeren Voraussetzung, daß das betrachtete Randwertproblem H^{1+s}-regulär für ein $s > 0$ ist, [16]. Allerdings beschränkten sich die Autoren dabei auf zweidimensionale Gebiete, lineare Finite Elemente und das gedämpfte Jacobi-Verfahren als Glätter.

Etwa zur gleichen Zeit wie die Arbeiten von Wesseling bzw. Bank & Dupont wurden die ersten Arbeiten von W. HACKBUSCH zur Konvergenz des Mehrgitterverfahrens veröffentlicht, [73], [74], [75]. Diese Arbeiten brachten in der Theorie den endgültigen Durchbruch. Der große Verdienst Hackbuschs besteht darin, daß es ihm gelang, zwei abstrakte Bedingungen zu identifizieren, aus denen die gleichmäßige Konvergenz des entsprechenden Zweigitterverfahrens unmittelbar und die des W-Zyklus unter relativ schwachen zusätzlichen Voraussetzungen folgt. Aus naheliegenden Gründen nannte er die beiden Bedingungen *Glättungs-* bzw. *Approximationseigenschaft*. Wie der Name schon sagt, handelt es sich bei der ersten Bedingung um eine Forderung an den Glätter, während die zweite Bedingung die Güte der Grobgitterkorrektur beschreibt. Beide Voraussetzungen sind natürlich nicht voneinander unabhängig, sondern über die verwendeten Normen und einen gemeinsamen Exponenten α miteinander gekoppelt.

Indem Hackbusch die von ihm geforderten Eigenschaften für zahlreiche gängige Diskretisierungen und Glätter nachwies, erhielt er praktisch alle zuvor bewiesenen Konvergenzresultate mit einem Schlag. In seinen ersten Veröffentlichungen [73], [74] z.B. zeigte er die Glättungseigenschaft in verschiedenen Normen zunächst für das gedämpfte (Block-)Jacobi-Verfahren und für 2-zyklische Gauß-Seidel-Varianten. Zu letzteren zählen u.a. Schachbrett- und Linien-Gauß-Seidel, die beide allerdings nur im Falle strukturierter Gitter anwendbar sind.

Die Approximationseigenschaft wies Hackbusch dann für Differenzen- und Finite-Elemente-Diskretisierungen unter der Voraussetzung nach, daß das betrachtete Randwertproblem zumindest H^{1+s}-regulär für ein $s > 0$ ist, und daß die Systemmatrizen $\mathbf{A}_k$ entweder mit Hilfe eines Galerkin-Ansatzes konstruiert werden oder aber zumindest bis auf Störungen der Größenordnung $O(h^\alpha)$ mit dem Galerkin-Ansatz übereinstimmen. Außerdem mußte Hackbusch wie alle Autoren vor ihm annehmen, daß die verwendeten Triangulierungen bzw. Differenzengitter quasiuniform sind (vgl. Definition 1.3.29), d.h., seine Theorie umfaßt im Prinzip nur uniforme Verfeinerungen.

Die Ergebnisse dieser ersten beiden Arbeiten von Hackbusch zur Konvergenz des Mehrgitterverfahrens lassen sich also im wesentlichen wie folgt zusammenfassen: Vorausgesetzt, das betrachtete Randwertproblem ist H^{1+s}-regulär, $s > 0$, und die entsprechenden Triangulierungen sind quasiuniform, dann ist der W-Zyklus mit den oben genannten Komponenten und hinreichend vielen Glättungsschritten gleichmäßig konvergent. Man beachte, daß dieses Resultat zwar auch für nichtsymmetrische Probleme gilt, aber in Bezug auf die Konvektionsstärke im allgemeinen nicht robust ist. In den meisten Fällen hängen nämlich die in der Glättungs- bzw. Approximationseigenschaft auftretenden Konstanten von der Konvektionsstärke ab, so daß mit zunehmender Konvektion auch die Anzahl der Glättungsschritte steigt, die notwendig sind, um die gleichmäßige Konvergenz des Mehrgitterverfahrens zu garantieren.

Obwohl Hackbusch mit diesem Ergebnis den bis dahin allgemeinsten Konvergenzbeweis lieferte, hinterließ doch auch seine Theorie noch zahlreiche offene Fragen. So blieben insbesondere die Einschränkung $\gamma \geq 2$ sowie die Annahme hinreichend vieler Glättungsschritte unbefriedigend – zeigte sich doch in der Praxis, daß in vielen Fällen bereits der V-Zyklus mit nur einem oder zwei Glättungsschritten gleichmäßig konvergiert. Da sich die Konvergenz des V-Zyklus aber aus Approximations- und Glättungseigenschaft allein nicht herleiten läßt, ist für diesen Fall eine Verfeinerung der Beweistechnik notwendig.

Der erste gültige Konvergenzbeweis für den V-Zyklus wurde 1981 von D. BRAESS veröffentlicht, der in [34], [35] die gleichmäßige Konvergenz eines Mehrgitterverfahrens mit Schachbrett-Gauß-Seidel-Glätter für H^2-reguläre Poisson-Probleme und eine spezielle Klasse wohlstrukturierter Triangulierungen ohne die Einschränkung $\gamma > 1$ nachweisen konnte. Darüber hinaus zeigen die von Braess bewiesenen Abschätzungen, daß das beschriebene Verfahren bereits bei jeweils einem Vor- und Nachglättungsschritt konvergiert, und daß die Konvergenzrate bei zunehmender Anzahl von Glättungsschritten immer besser wird. Der Beweis von Braess beruht auf einer verallgemeinerten Cauchy-Schwarz-Ungleichung, die auch schon von BANK & DUPONT für die Analyse eines speziellen Zweigitterverfahrens verwendet wurde, [15]. Eine ähnliche Ungleichung spielt auch in der Konvergenztheorie von Xu für adaptive Multilevelverfahren eine wichtige Rolle (siehe [151], [159]).

Ausgehend von [34], [35] gelang es dann Hackbusch, [75], sowie Braess & Hackbusch, [36], die Ergebnisse von Braess unter den folgenden Voraussetzungen auf den allgemeinen symmetrischen Fall zu übertragen:

(i) das betrachtete Randwertproblem ist symmetrisch und H^2-regulär,

(ii) die Triangulierungen $\mathcal{T}_k$ sind stabil und uniform verfeinert,

(iii) die Finite-Elemente-Steifigkeitsmatrix $\mathbf{A}_J$ des zu lösenden Gleichungssystems ist symmetrisch positiv definit,

(iv) für die Transferoperatoren gilt $\mathbf{r}_k = \mathbf{p}_k^T$, $1 \leq k \leq J$,

(v) die Systemmatrizen $\mathbf{A}_k$, $0 \leq k \leq J$, werden mit Hilfe des Galerkin-Ansatzes definiert,

(vi) als Glätter wird ein gedämpftes Jacobi-Verfahren verwendet.

Unter diesen Voraussetzungen konnten die Autoren beweisen, daß sowohl V- als auch W-Zyklus bei einer beliebigen Anzahl von Glättungsschritten ($\nu_1 + \nu_2 \geq 1$) gleichmäßig konvergieren und daß die Konvergenzrate für $\nu_1, \nu_2 \to \infty$ beliebig klein wird. Wie HACKBUSCH, [77], bzw. BANK & DOUGLAS, [14], wenig später zeigten, behält diese Aussage ihre Gültigkeit, wenn statt des gedämpften Jacobi-Verfahrens ein Glätter $\mathbf{C}_k$ verwendet wird, für den sowohl $\mathbf{C}_k^{-1}$ als auch $\mathbf{C}_k^{-1} - \mathbf{A}_k$ symmetrisch positiv definit sind. Dieser Bedingung genügen u.a. das symmetrische Gauß-Seidel-Verfahren (siehe z.B. [82], S. 117) sowie jede geeignet gedämpfte Iteration mit symmetrisch positiv definitem Vorkonditionierer.

Für H^{1+s}-reguläre Probleme, $s > 0$, konnte Hackbusch noch beweisen, daß der W-Zyklus mit $\nu_1, \nu_2 > 0$ gleichmäßig konvergiert und seine Konvergenzrate für $\nu_1, \nu_2 \to \infty$ gegen Null strebt (vgl. [77], S. 166). Ohne jede Regularitätsvorraussetzung ließ sich immerhin noch die gleichmäßige Konvergenz, nicht jedoch die Verbesserung der Konvergenzrate für $\nu_1, \nu_2 \to \infty$ zeigen ([77], S. 157). Es gelang Hackbusch allerdings nicht, diese Resultate auf den V-Zyklus zu übertragen. Die gleichmäßige Konvergenz des V-Zyklus konnte er nur für H^2-reguläre Probleme beweisen.

In den folgenden Jahren haben dann verschiedene Autoren versucht, hier Abhilfe zu schaffen – allerdings nur mit mäßigem Erfolg. So bewiesen z.B. BRAMBLE & PASCIAK 1987, daß im oben genannten symmetrischen Fall und für H^{1+s}-reguläre Probleme, $s \in (0, 1]$, der V-Zyklus konvergiert und seine Konvergenzrate sich asymptotisch nicht schlechter als $1 - O(J^{(s-1)/s})$ verhält, [38]. Die gleichmäßige Konvergenz des V-Zyklus läßt sich daraus aber auch nur im H^2-regulären Fall ableiten.

H. YSERENTANT gelang es 1983 mit Hilfe speziell gewichteter Normen und entsprechend angepaßter Triangulierungen, die Abschätzungen von Braess & Hackbusch auf Probleme mit einspringenden Ecken und abrupt wechselnden Randbedingungen zu übertragen, [154], [155]. Auf diese Weise konnte er zwar die gleichmäßige Konvergenz des V-Zyklus zum ersten Mal auch für eine Reihe nicht H^2-regulärer Probleme nachweisen, allerdings nur bei Verwendung spezieller Triangulierungen, deren lokaler Elementdurchmesser in einer ganz bestimmten Weise an den Abstand zu den möglichen Singularitäten gekoppelt ist. Der Beweis von Yserentant beruht auf Fehlerabschätzungen und inversen Ungleichungen, die von BABUŠKA, KELLOGG & PITKÄRANTA für solche Triangulierungen hergeleitet wurden, [8]. Für die Praxis stellt die genannte Forderung allerdings eine recht starke Einschränkung dar. Da außerdem alle Triangulierungen dieser Bedingung genügen müssen, sind starke lokale Verfeinerungen auch hier ausgeschlossen.

Trotz der offensichtlichen Schwachpunkte der bis dahin entwickelten Theorie war mit der 1985er Monographie von Hackbusch, [77], ein vorläufiger Höhepunkt in der Geschichte der Mehrgitter-Konvergenztheorie erreicht, gleichzeitig aber auch das Ende einer Phase, deren Resultate heute üblicherweise als *klassische* Mehrgittertheorie bezeichnet werden. Die Schwachpunkte dieser Theorie – vom nichtsymmetrischen Fall einmal ganz abgesehen – bestanden vor allem darin, daß sie auf der Annahme uniformer Verfeinerungen beruhte und die gleichmäßige Konvergenz des V-Zyklus nur für H^2-reguläre Probleme oder speziell angepaßte Triangulierungen erklären konnte. Diese Lücken konnten erst Anfang der 90er Jahre mit Hilfe neuer Beweistechniken aus dem Bereich der Multilevelverfahren geschlossen werden. Die Entwicklung dieser Art von Verfahren und Techniken kennzeichnet nun den zweiten entscheidenden Abschnitt in der Geschichte der Mehrgitter-Konvergenztheorie.

Bevor darauf näher eingehen, wollen wir an dieser Stelle noch zwei wichtige Resultate erwähnen, die zwar erst nach der Monographie von Hackbusch veröffentlich wurden, die aber dennoch eher der klassischen Theorie zuzurechnen sind, da sie auf dem Nachweis von Approximations- und Glättungseigenschaft beruhen: G. WITTUM lieferte 1989 den bis heute wohl allgemeinsten Robustheitsbeweis für zweidimensionale, anisotrope Probleme, indem er für das von ihm eingeführte ILU_β-Verfahren eine entsprechende Glättungseigenschaft nachwies, [147]. A. REUSKEN bewies 1994 die fast gleichmäßige Konvergenz von Zweigitterverfahren und W-Zyklus in der L^∞-Norm unter der Voraussetzung, daß das betrachtete Randwertproblem H^2-regulär und symmetrisch ist, und daß Ω einen hinreichend glatten Rand besitzt, [120].

Nach 1985 begann dann die große Zeit der Multilevelverfahren. Da sich nämlich die oben beschriebenen Schwachstellen im Rahmen der klassischen Theorie offenbar nicht beseitigen ließen, gingen verschiedene Autoren nun dazu über, nach neuen Verfahren Ausschau zu halten, die auch im Falle adaptiver Verfeinerungen und unter schwächeren Regularitätsvoraussetzungen noch eine effiziente Auflösung der diskreten Gleichungen erlauben.

Den wesentlichen Durchbruch bei dieser Suche brachte 1986 der Hierarchische-Basen-Vorkonditionierer von H. YSERENTANT, dessen quasioptimale Komplexität sich zwar nur für zweidimensionale, symmetrische Randwertprobleme, dafür aber ohne Regularitätsvoraussetzungen und auch im Falle nichtuniformer Verfeinerungen beweisen ließ, [156]. Unter quasioptimaler Komplexität verstehen wir hier, daß der Rechenaufwand, der benötigt wird, um den Anfangsfehler um einen konstanten Faktor zu reduzieren, von der Größenordnung $O(N \log N)$

ist, wobei N die Anzahl der Unbekannten ist. Die Konstruktion des Hierarchische-Basen-Vorkonditionierers, der zur optimalen Dämpfung üblicherweise innerhalb eines Konjugierte-Gradienten-Verfahrens (CG) eingesetzt wird, beruht auf einer Aufspaltung des gegebenen Finite-Elemente-Ansatzraumes mit Hilfe von Interpolationsoperatoren, die in kanonischer Weise den verschiedenen Stufen der entsprechenden Multileveltriangulierungen zugeordnet sind.

Tatsächlich ähnelt die Realisierung des Vorkonditionierers der eines klassischen Mehrgitterverfahrens, bei dem sich der Glättungsprozeß auf jeder Stufe jeweils nur über die neuen Eckpunkte erstreckt. Diese Beobachtung veranlaßte BANK, DUPONT & YSERENTANT 1988 zur Entwicklung des Hierarchische-Basen-Mehrgitterverfahrens (HBMG), bei dem ebenfalls nur über die neuen Eckpunkte jeder Stufe geglättet wird, [17]. Mit Hilfe der in [156] bewiesenen Abschätzungen konnten die Autoren für dieses Verfahren unter vergleichbaren Voraussetzungen das gleiche asymptotische Kovergenzverhalten wie für den Hierarchische-Basen-Vorkonditionierer zeigen. Der Beweis beruht im wesentlichen auf der Tatsache, daß HBMG sich als symmetrische Block-Gauß-Seidel-Iteration interpretieren läßt, wenn man zum Aufstellen der Steifigkeitsmatrix die hierarchische Basis anstatt der üblichen Knotenbasis verwendet.

Mit HBMG und dem Hierarchische-Basen-Vorkonditionierer standen also zumindest im zweidimensionalen, symmetrischen Fall erstmals Verfahren zur Verfügung, deren quasioptimale Komplexität auch ohne Regularitätsvoraussetzungen und für nichtuniforme Verfeinerungen bewiesen werden konnte. Entsprechende Zweilevelverfahren wurden zwar bereits Anfang der 80er Jahre von BANK & DUPONT, [15], bzw. AXELSSON & GUSTAFSSON, [6], untersucht, es gelang ihnen jedoch damals nicht, auch die quasioptimale Komplexität der zugehörigen Multilevelvarianten zu beweisen – jedenfalls nicht im zwei- oder höherdimensionalen Fall. Lediglich im eindimensionalen Fall wurde bereits 1980 von BABUŠKA, GAGO, KELLY & ZIENKIEWICZ darauf hingewiesen, daß die Hierarchische-Basen-Steifigkeitsmatrix für das Poisson-Problem mit Ausnahme eines 2x2-Blocks diagonal ist, woraus sofort folgt, daß es sich bei HBMG im Eindimensionalen um ein Verfahren optimaler Komplexität handelt, [7].

Wie das letzte Ergebnis zeigt, hängt das Konvergenzverhalten des Hierarchische-Basen-Vorkonditionierers bzw. von HBMG von der Dimension des zu lösenden Randwertproblems ab. Leider wächst in drei oder mehr Raumdimensionen die entsprechende Konditionszahl exponentiell mit der Anzahl J der Verfeinerungsstufen, so daß sich das Konvergenzverhalten drastisch verschlechtert. Der Grund für diese Verschlechterung besteht im wesentlichen darin, daß die für die entsprechende Aufspaltung verwendeten Interpolationsoperatoren in höheren Dimensionen wesentlich schlechtere Approximations- und Stabilitätseigenschaften besitzen, was angesichts des Sobolevschen Einbettungssatzes nicht weiter verwunderlich ist. Beide Verfahren werden deswegen fast ausschließlich zur Lösung zweidimensionaler Probleme eingesetzt.

1990 gelang es dann BRAMBLE, PASCIAK & XU, einen Multilevel-Vorkonditionierer mit dimensionsunabhängigem Konvergenzverhalten zu konstruieren, [41]. Dieser nach den Initialen seiner Entdecker benannte BPX-Vorkonditionierer beruht auf einer ganz ähnlichen Aufspaltung des Ansatzraumes wie der Vorkonditionierer von Yserentant, nur daß anstatt der Interpolationsoperatoren entsprechende L^2-Projektionen verwendet werden, deren Approximations- und Stabilitätseigenschaften nicht mehr von der Anzahl der Dimensionen abhängen (vgl. auch die Bemerkung zum Satz von Clément in Kapitel 1.4.4). Aus algorithmischer Sicht unterscheidet sich der BPX-Vorkonditionierer vom Hierarchische-Basen-Vorkonditionierer nur dadurch, daß – in der Sprache der Mehrgitterverfahren – auf jeder Stufe zusätzlich zu den neuen Eckpunkten noch über deren Nachbarn „geglättet“ wird, d.h. genauer gesagt, über alle Eckpunkte von Elementen der jeweiligen Stufe.

Die wichtigsten Gemeinsamkeiten und Unterschiede beider Vorkonditionierer wurden von H. YSERENTANT in [158] herausgearbeitet. Die Abschätzungen dort bzw. in [41] zeigen, daß sich die Konvergenzrate des BPX-Vorkonditionierers asymptotisch nicht schlechter als $1 - O(1/J^2)$ verhält. Erste numerische Tests z.B. in [27] legten jedoch die Vermutung nahe, daß diese Abschätzungen alles andere als scharf waren. Es begann eine Art Wettlauf mit der Zeit zwischen verschiedenen Autoren, die versuchten, die gleichmäßige Konvergenz des BPX-Vorkonditionierers zu beweisen. Die ersten, denen dies gelang, waren P. OSWALD, [115], [116], bzw. unabhängig davon DAHMEN & KUNOTH, [51]. Der bisher einfachste Beweis für die optimale Komplexität von BPX wurde kurze Zeit später von BORNEMANN & YSERENTANT veröffentlicht, [33].

Mit dem BPX-Vorkonditionierer hatte man also zumindest für den symmetrischen Fall endlich ein Verfahren gefunden, dessen optimale Komplexität nachweislich weder von der Dimension bzw. Regularität des betrachteten Randwertproblems noch von der Quasiuniformität der verwendeten Triangulierungen abhängt. Der vorläufige Höhepunkt dieser Entwicklung wurde dann 1991/92 mit den Arbeiten von BRAMBLE, PASCIAK, WANG & XU, [39], sowie XU, [151], erreicht, denen es gelang, sowohl die genannten Multilevelverfahren als auch das klassische Mehrgitterverfahren im Rahmen einer einheitlichen Theorie als additive bzw. multiplikative Varianten abstrakter Teilraumkorrekturverfahren zu deuten und für diese entsprechende Konvergenzaussagen herzuleiten.

Die große Bedeutung von Xus vereinheitlichter Theorie liegt darin, daß sie die wesentlichen Verbindungen zwischen den Multilevelverfahren einerseits und dem klassischen Mehrgitterverfahren andererseits aufzeigt und es somit ermöglicht, entsprechende Lücken in der klassischen Mehrgitter-Konvergenztheorie zu schließen. So läßt sich z.B. ein klassischer Mehrgitter-V-Zyklus mit lokalem Glätter im Rahmen dieser Theorie als multiplikative Variante des BPX-Vorkonditionierers interpretieren – genauso, wie etwa das Gauß-Seidel-Verfahren als multiplikative Variante des Jacobi-Verfahrens angesehen werden kann, oder HBMG als multiplikative Version des Hierarchische-Basen-Vorkonditionierers. Da nun aber die Voraussetzungen für die gleichmäßige Konvergenz des abstrakten multiplikativen Verfahrens etwas schwächer ausfallen als für die zugehörige additive Variante, läßt sich die gleichmäßige Konvergenz des V-Zyklus mit den gleichen Abschätzungen beweisen wie die des BPX-Vorkonditionierers, d.h., mit den bereits bekannten Abschätzungen von Oswald, Dahmen & Kunoth, bzw. Bornemann & Yserentant.

Nach diesem Umweg über die Multilevelverfahren ist man nun also in der Lage, die gleichmäßige Konvergenz des V- oder W-Zyklus ohne Voraussetzungen an die Regularität des betrachteten Randwertproblems bzw. die Quasiuniformität der verwendeten Triangulierungen zu beweisen. Die Gültigkeit der so erhaltenen Theorie ist allerdings auf den symmetrischen Fall beschränkt, d.h., auf symmetrische Randwertprobleme und mit dem Galerkin-Ansatz konstruierte Systemmatrizen. In ihrer ursprünglichen Form setzt die Theorie von Xu darüber hinaus die Symmetrie der verwendeten Glätter voraus. Diese Einschränkung läßt sich allerdings im Falle des Mehrgitterverfahrens abschwächen (siehe z.B. die Arbeit von N. NEUSS, [113]).

Schließlich sei an dieser Stelle noch auf einen anderen interessanten Zusammenhang zwischen Mehrgitter- bzw Multilevelverfahren einerseits und einfachen Iterationsverfahren wie Gauß-Seidel oder Jacobi andererseits hingewiesen, der von M. GRIEBEL aufgedeckt wurde, [68], [69]. Griebel verwendet zur Diskretisierung des betrachteten Randwertproblems anstatt der üblichen Knotenbasis ein sogenanntes *Erzeugendensystem*, in dem neben den Basisfunktionen der Stufe J zusätzlich die entsprechenden Basisfunktionen der Sufen 0 bis $J-1$ enthalten sind. Obwohl die resultierende Steifigkeitsmatrix nur noch positiv semidefinit ist, ist das entsprechende Gleichungssystem lösbar. Die Lösung ist zwar nicht eindeutig, aber aus jeder Lösung läßt sich leicht die eindeutige Löung des üblichen, positiv definiten Systems auf der Stufe J rekonstruieren.

Das eigentlich Interessante an diesem Ansatz besteht nun darin, daß sich einfache Iterationsverfahren für das semidefinite System als Mehrgitter- bzw. Multilevelverfahren für das übliche, definite System interpretieren lassen. So entspricht z.B. das Gauß-Seidel-Verfahren bei levelweiser Durchlaufreihenfolge gerade einem Mehrgitter-V-Zyklus mit Gauß-Seidel-Glätter, und das einfache Jacobi-Verfahren entspricht dem BPX-Vorkonditionierer. Ersetzt man nun die levelweise Durchlaufreihenfolge durch punkt- oder gebietsorientierte Numerierungen, so ergeben sich ganz neue Multilevelverfahren, die sich darüber hinaus besonders gut zur Parallelisierung eignen.

5.2.5 Mehrgitterverfahren für konvektionsdominierte Probleme

Im Gegensatz zum symmetrischen Fall steckt die Mehrgitter-Konvergenztheorie für nichtsymmetrische und insbesondere konvektionsdominierte Probleme noch in den Kinderschuhen. Die klassische Konvergenztheorie von Hackbusch ist zwar prinzipiell auch auf nichtsymmetrische Probleme anwendbar, aber leider nicht robust, da mit zunehmender Konvektionsstärke im allgemeinen auch die Anzahl der notwendigen Glättungsschritte steigt. Und die Gültigkeit der abstrakten Konvergenztheorie von Bramble, Pasciak, Wang & Xu ist schon vom Ansatz her auf symmetrische Probleme beschränkt. Die Konstruktion eines *robusten* Mehrgitter- bzw. Multilevelverfahrens, dessen Konvergenzrate nicht nur unabhängig von h sondern auch unabhängig von der Richtung und Stärke des Konvektionsfeldes b von Eins weg beschränkt bleibt, gehört daher nach wie vor zu den großen ungelösten Problemen im Bereich der Mehrgittertheorie. Ziel des vorliegenden Kapitels ist es, einen Überblick über die verschiedenen Ansätze zu geben, die bisher unternommen wurden, um dieses Problem zu lösen.

Die meisten Veröffentlichungen zum Thema Mehrgitterverfahren für nichtsymmetrische Probleme lassen sich in eine von vier Gruppen einteilen. Die erste dieser Gruppen besteht aus denjenigen Arbeiten, in denen der Konvektionsterm als kleine Störung des symmetrischen Falles betrachtet wird. Zu dieser Klasse zählen unter anderem die folgenden Arbeiten von BANK & BENBOURENANE, [12], BRAMBLE, KWAK & PASCIAK, [37], BRAMBLE, PASCIAK & XU, [40], J. MANDEL, [106], J. WANG, [142], J. XU, [152], und H. YSERENTANT, [157]. Die meisten dieser Arbeiten verwenden in irgendeiner Form die Schatzsche Beobachtung (vgl. Lemma 1.4.5 bzw. [130]), und die gemeinsame Grundaussage ist im wesentlichen die, daß alle für den symmetrischen Fall bewiesenen Konvergenzaussagen sich auf den nichtsymmetrischen Fall übertragen lassen, wenn nur die Gitterweite h_0 der Anfangstriangulierung $\mathcal{T}_0$ klein genug ist.

Da die maximal zulässige Gitterweite h_0 jedoch mit zunehmender Konvektionsstärke immer kleiner wird, sind Resultate dieser Art in der Praxis nur von geringem Nutzen. Tatsächlich ist es nämlich im Falle dominierender Konvektion aus Gründen der Rechnerkapazität im allgemeinen nicht möglich, die Anfangstriangulierung $\mathcal{T}_0$ so fein zu wählen, daß h_0 der geforderten Bedingung genügt. Man kann deswegen bei den genannten Arbeiten kaum von Robustheitsresultaten sprechen.

Die zweite und sicherlich interessanteste Gruppe besteht daher nur aus solchen Arbeiten, die den Namen Robustheitsbeweis wirklich verdienen und ohne Einschränkung an die Gitterweite der Anfangstriangulierung auskommen. Leider ist diese Gruppe nicht allzu groß. Sie enthält unseres Wissens nach nur eine Handvoll Arbeiten, in denen die Robustheit des betrachteten Verfahrens außerdem auch nur für ganz spezielle Modellprobleme bewiesen wird.

So bewies z.B. W. HACKBUSCH 1984 für ein eindimensionales Modellproblem mit konstanten Koeffizienten und Dirichlet-Randbedingungen die Robustheit eines einfachen Zweigitterverfahrens mit Gauß-Seidel-Glätter unter der Voraussetzung, daß die Unbekannten auf jeder Stufe in Konvektionsrichtung numeriert sind, [76]. Er lieferte damit den wohl ersten Robustheitsbeweis für konvektionsdominierte Probleme überhaupt. Dabei nutzte er die Tatsache aus, daß die zugehörige Iterationsmatrix sich in einer speziell konstruierten Norm als Störung der entsprechenden Matrix für Probleme mit periodischen Randbedingungen interpretieren läßt, für die eine entsprechende Aussage leicht durch Fourier-Transformation gewonnen werden kann. Da die genannte Norm nicht von der Konvektionsstärke abhängt, kann man von der Robustheit des Zweigitterverfahrens wie üblich auf die Robustheit des entsprechenden W-Zyklus mit einer hinreichenden, aber von $|b|$ unabhängigen Anzahl von Glättungsschritten schließen. Leider besitzt diese Norm aber keine anschauliche Bedeutung, so daß sich das Resultat nicht auf allgemeinere Probleme übertragen läßt.

Für eindimensionale Probleme mit variablen Koeffizienten konnte A. REUSKEN 1993 die Robustheit eines Zweigitterverfahrens mit matrixabhängigen Transferoperatoren zeigen, [119]. Im Gegensatz zu Hackbusch weist Reusken die Robustheit allerdings in der L^∞-Norm nach, und seine Analyse umfaßt sowohl das gedämpfte Jacobi-Verfahren als auch entsprechende Gauß-Seidel-Varianten mit geeigneter Numerierung. Dabei verwendet er die übliche Blockdarstellung

$$\mathbf{A}_J = \begin{pmatrix} \mathbf{A}_{11} & \mathbf{A}_{12} \\ \mathbf{A}_{21} & \mathbf{A}_{22} \end{pmatrix}$$

der Steifigkeitsmatrix $\mathbf{A}_J$, wobei die unteren Zeilen $[\,\mathbf{A}_{21}\ \mathbf{A}_{22}\,]$ gerade den Grobgitterpunkten entsprechen, d.h., den Eckpunkten von $\mathcal{T}_{J-1}$, und die oberen Zeilen $[\,\mathbf{A}_{11}\ \mathbf{A}_{12}\,]$ gerade den Feingitterpunkten, d.h., den restlichen, neuen Eckpunkten von $\mathcal{T}_J$. Der Beweis von Reusken beruht dann auf der Beobachtung, daß der Feingitterblock $\mathbf{A}_{11}$ diagonal ist und die mit dem Galerkin-Ansatz konstruierte Grobgittermatrix $\mathbf{A}_{J-1}$ bis auf einen Skalierungsfaktor mit dem entsprechenden Schur-Komplement

$$\mathbf{S}_J = \mathbf{A}_{22} - \mathbf{A}_{21}\,\mathbf{A}_{11}^{-1}\,\mathbf{A}_{12}$$

übereinstimmt. Leider handelt es sich dabei um rein eindimensionale Effekte. In höheren Dimensionen ist $\mathbf{A}_{11}$ im allgemeinen nicht mehr diagonal und $\mathbf{A}_{J-1}$ auch kein Vielfaches des Schur-Komplements. Man kann jedoch leicht zeigen, daß die Kondition von $\mathbf{A}_{11}$ bis auf Ausnahmefälle unabhängig von der Anzahl der Verfeinerungsstufen J beschränkt ist, so daß entsprechende Gleichungssysteme mit Hilfe eines einfachen Iterationsverfahrens wie Jacobi oder Gauß-Seidel effizient gelöst werden können.

Auf der anderen Seite läßt sich das Schur-Komplement $\mathbf{S}_J$ auf verschiedene Weise approximieren, z.B. durch die Grobgitter-Steifigkeitsmatrix $\mathbf{A}_{J-1}$. Diese Variante wird von Reusken in [123] untersucht. In zwei weiteren Arbeiten betrachtet er dann eine spezielle Approximation des Schur-Komplements, die auf unvollständiger Gauß-Elimination beruht, [121], [122]. In beiden Fällen lassen sich die so konstruierten Verfahren als Standard-Zweigitterverfahren mit matrixabhängigen Transferoperatoren und Galerkin-Ansatz interpretieren, wobei ähnlich zu HBMG nur über die Feingitterpunkte geglättet wird.

Tatsächlich gelingt es Reusken mit Hilfe komplizierter Fourier-Analysen, für ein zweidimensionales Modellproplem mit konstanten Koeffizienten und periodischen Randbedingungen sowie für uniforme Gitter die Robustheit beider Varianten nachzuweisen. Leider läßt sich dieses Ergebnis aber nicht ohne weiteres auf den entsprechenden W-Zyklus übertragen, da Reusken den Spektralradius der Iterationsmatrix direkt abschätzt und nicht in einer speziellen Norm. Experimente z.B. auch mit zyklischen Strömungen zeigen jedoch, daß es sich in der Tat um äußerst robuste Verfahren handelt, [121], [122], [123].

Für allgemeine konvektionsdominierte Probleme im $\mathbb{R}^2$ oder $\mathbb{R}^3$ mit variablen Koeffizienten existiert unseres Wissens nach bisher kein Verfahren, dessen Robustheit wirklich bewiesen wäre – jedenfalls keines mit optimaler oder zumindest quasioptimaler Komplexität. Die meisten Autoren versuchen stattdessen, die Robustheit des vorgeschlagenen Verfahrens auf experimenteller Basis nachzuweisen. In dieser dritten und größten Gruppe von Arbeiten fallen vor allem zwei voneinander abweichende Tendenzen auf: Während etwa die Hälfte der Autoren als Glätter eine der zahlreichen ILU-Varianten vorschlägt, setzt ein Großteil der anderen Autoren auf Gauß-Seidel-ähnliche Verfahren mit entsprechender Numerierungsstrategie.

Einer der ersten Autoren, die die Bedeutung unvollständiger Zerlegungen für die Konstruktion robuster Mehrgitterverfahren erkannten, war P. WESSELING, auf den in diesem Zusammenhang auch der Begriff Robustheit zurückgeht. Wesseling stellte 1982 ein als Blackbox-Löser gedachtes Mehrgitterprogramm vor, in dem als Glätter ein Standard-ILU-Verfahren zum Einsatz kam, [144], [145]. Das von ihm propagierte Verfahren stellte sich in der Praxis tatsächlich als äußest robust heraus, insbesondere bei der Anwendung auf anisotrope Probleme, aber auch bei der Lösung von Konvektions-Diffusions-Gleichungen.

In der Folge wurden dann von zahlreichen Autoren verschiedene ILU-Varianten in Kombination mit wechselnden Diskretisierungen und Transferoperatoren untersucht. Als Beispiele seien hier nur solche Arbeiten aufgezählt, in denen auch konvektionsdominierte Probleme betrachtet werden, wie etwa in E. J. VAN ASSELT, [138], VAN ASSELT & DE ZEEUW, [53], J. DENDY, [54], P. W. HEMKER, [88], [89], [90], R. KETTLER, [95], und P. M. DE ZEEUW, [52]. Die in diesen Arbeiten vorgeschlagenen Verfahren erwiesen sich in numerischen Tests als recht robust, wenn auch die entsprechenden Modellprobleme meist sehr einfach gewählt waren. Vielen der genannten Autoren gelang es außerdem, ihre Resultate durch Local Mode Analysis auch theoretisch zu untermauern. Allerdings besitzen derartige Argumente wie bereits erwähnt eher heuristischen Charakter. Nichtsdestotrotz zählen ILU-basierte Verfahren bis heute zu den robustesten Glättern für elliptische Randwertprobleme.

Die Robusheit und Effizienz dieser Verfahren hängt von der Diskretisierung und vor allem auch von der Reihenfolge der Unbekannten ab – sowohl im anisotropen wie auch im konvektionsdominierten Fall. Es ist deswegen nicht weiter verwunderlich, daß in den meisten Arbeiten die numerischen Tests anhand von Modellproblemen mit konstanten Koeffizienten und strukturierten Triangulierungen durchgeführt wurden, weil in diesem Fall die Bestimmung einer geeigneten Numerierung recht einfach ist. Wie von SAUTER & WITTUM gezeigt wurde, lassen sich ILU-basierte Verfahren in Kombination mit einer entsprechenden Numerierungsstrategie aber auch auf unstrukturierten Gittern mit Erfolg einsetzten, [129].

Andere Autoren verwenden zur Lösung konvektionsdominierter Probleme Gauß-Seidel-artige Verfahren als Glätter, und zwar ebenfalls in Kombination mit einer Numerierungsstrategie, wie z.B. BASTIAN & WITTUM, [24], BEY & WITTUM, [30], [31], W. HACKBUSCH, [83], HACKBUSCH & PROBST, [84], und J. WUNNER, [150]. Auf diese Arbeiten werden wir allerdings erst im nächsten Kapitel genauer eingehen, wo wir dann auch unser eigenes Verfahren vorstellen werden. Da die Robustheit unseres Verfahrens in Kapitel 5.4 ebenfalls anhand numerischer Tests verifiziert wird, gehört das vorliegende Buch eindeutig zur dritten Gruppe der hier aufgeführten Arbeiten.

Die vierte und letzte Gruppe schließlich besteht aus solchen Arbeiten, in denen die Autoren versuchen, mit Hilfe speziell konstruierter Gitterhierarchien oder anderer, nichttrivialer Modifikationen neue Verfahren für konvektionsdominierte Probleme zu entwickeln, und die sich deswegen nicht oder nur schwer in eine der ersten drei Gruppen einordnen lassen. Zu den bekanntesten Verfahren dieser Art zählt das *algebraische Mehrgitterverfahren* (AMG) von RUGE & STÜBEN, [128], bei dem die Ansatzräume und somit auch die Systemmatrizen $\mathbf{A}_k$ der Stufen $k < J$ direkt aus den Koeffizienten der entsprechenden Matrizen $\mathbf{A}_{k+1}$ abgeleitet werden, ohne dabei Bezug auf eine eventuell vorhandene Hierarchie von Triangulierungen zu nehmen. AMG eignet sich damit vor allem auch zur Lösung solcher Gleichungssysteme, wo die zugrundeliegende Triangulierung $\mathcal{T}_h$ nicht aus einem Verfeinerungsprozeß stammt oder eine geeignete Multileveltriangulierung aus anderen Gründen nicht zur Verfügung steht.

Tatsächlich beinhaltet die Anwendung des algebraischen Mehrgitterverfahrens implizit die Konstruktion einer im allgemeinen nichtgeschachtelten Gitterhierarchie, die nur von den Koeffizienten der Steifigkeitsmatrix $\mathbf{A}_h$ abhängt und einer kleinen Zahl von Parametern, mit denen sich die Größe der entsprechenden Ansatzräume steuern läßt. Im konvektionsdominierten Fall tendieren diese Triangulierungen dazu, sich entlang der Charakteristiken des Problems, also in Konvektionsrichtung, auszurichten. Eine entsprechende additive AMG-Variante wurde übrigens kürzlich von GRAUSCHOPF, GRIEBEL & REGLER untersucht, [67]. Für beide Verfahren gilt: Die im konvektionsdominierten Fall beobachteten Konvergenzraten sind zwar nicht schlecht, echte Robustheit läßt sich daraus jedoch nicht ablesen.

Eine andere Strategie zur Erzeugung in Konvektionsrichtung orientierter Triangulierungen wurde von KORNHUBER & ROITZSCH vorgeschlagen, [97]. Diese Autoren erweiterten die zweidimensionale Verfeinerungsstrategie von Bank (vgl. Kapitel 2.2.1) um sogenannte *blaue* Verfeinerungen, welche vorzugsweise zu einer Halbierung der senkrecht zur Konvektionsrichtung verlaufenden Kanten führen, während parallel zur Strömung ausgerichtete Kanten weitaus weniger oft unterteilt werden. Da die so ausgerichteten Triangulierungen im konvektionsdominierten Fall bessere Approximationseigenschaften besitzen als einfache, ungerichtete Triangulierungen, sollte ihre Verwendung auch zu einer schnelleren Konvergenz des Mehrgitterverfahrens führen. Tatsächlich zeigen die numerischen Tests von KORNHUBER & WITTUM in [98], daß man auf diese Weise in Kombination mit einem ILU- oder Gauß-Seidel-Glätter ein relativ robustes Mehrgitterverfahren erhält. Es erscheint jedoch sehr schwierig, die blauen Verfeinerungen auch auf den dreidimensionalen Fall zu übertragen.

BRANDT & YAVNEH beschäftigen sich in [46] ebenfalls mit den Schwierigkeiten der Grobgitterkorrektur und schlagen vor, die Konvergenz des Mehrgitterverfahrens durch Übergewichten des Residuums sowie durch Defektkorrektur zu verbessern. Die in dieser Arbeit durchgeführten numerischen Tests sind allerdings wenig aussagekräftig, da nur der Grenzfall $\sigma \longrightarrow \infty$ betrachtet wird.

Ein ganz anderer Ansatz zur Verbesserung der Grobgitterkorrektur wird von W. HACKBUSCH verfolgt. Er ordnet im strukturierten Fall jeder Triangulierung der Stufe k bis zu insgesamt 2^n Triangulierungen der Stufe $k-1$ zu und führt dann zu jeder dieser Triangulierungen eine entsprechende Grobgitterkorrektur durch, [79], [80]. Eine ähnliche Strategie wurde übrigens auch von FREDERICKSON & MCBRYAN zur Konstruktion eines parallelen Mehrgitterverfahrens benutzt, siehe [62]. Hackbusch nennt sein Verfahren „*Frequency Decomposition Multigrid Method*“, was sich im Deutschen am besten mit *Frequenzzerlegungsverfahren* übersetzen läßt.

Dieses Verfahren erweist sich sowohl im anisotropen wie auch im konvektionsdominierten Fall als robust. Tatsächlich läßt sich die Robustheit des entsprechenden Zweilevelverfahrens für Modellprobleme mit konstanten Koeffizienten durch Fourier-Analyse sogar beweisen. Dafür besitzt das Frequenzzerlegungs-Verfahren im allgemeinen nur quasioptimale Komplexität, es sei denn, man beschränkt sich auf die „notwendigen“ Korrekturen sowie auf den V-Zyklus. Der größte Nachteil des Verfahrens besteht allerdings darin, daß es nur auf strukturierte Triangulierungen anwendbar ist, was seine praktische Verwendbarkeit stark einschränkt.

Ein weiteres, sehr robustes Verfahren ist auch das *Frequenzfilterverfahren* von G. WITTUM, [148], dessen einzige Gemeinsamkeit mit dem Verfahren von Hackbusch trotz des ähnlichen Namens darin besteht, daß beide Verfahren von quasioptimaler Komplexität sind. Das Verfahren von Wittum besteht aus einer Folge von Block-ILU-Zerlegungen, von denen jede für Testvektoren einer bestimmten Frequenz exakt ist und alle Frequenzen in einer gewissen Umgebung der Eichfrequenz gleichmäßig gut abdämpft. Durch geeignete Wahl der Testvektoren lassen sich auf diese Weise die groben Fehlerfrequenzen herausfiltern, ohne daß dazu eine Hierarchie von Gittern benötigt wird.

Der große Vorteil des Frequenzfilterverfahrens besteht in seiner Flexibilität, die im wesentlichen daraus resultiert, daß es sich durch geeignete Wahl der Testvektoren an die verschiedensten Problemklassen anpassen läßt. Diese Flexibilität erklärt auch seine Robustheit, die von G. WITTUM sowie WAGNER & WITTUM anhand zahlreicher numerischer Tests nachgewiesen wurde, unter anderem auch für konvektionsdominierte Probleme, [141], [148]. Bisher ist jedoch die Anwendung des Verfahrens nur auf strukturierten Triangulierungen möglich.

Die allgemeine Einführung zum Thema „Mehrgitterverfahren“ ist hiermit beendet. Wir haben uns bemüht, einen Überblick über die wichtigsten praktischen und theoretischen Aspekte im Zusammenhang mit der Anwendung dieser Verfahren zu geben. Wie wir gesehen haben, steht zwar für den symmetrischen Fall eine nahezu vollständige Konvergenztheorie zur Verfügung, aber ein effizientes und wirklich robustes Mehrgitterverfahren für allgemeine konvektionsdominierte Probleme existiert bisher noch nicht. Wir wollen nun versuchen, diesem Ziel im nächsten Kapitel einen Schritt näher zu kommen.

5.3 Downwind Numbering

Nachdem wir uns im vorangegangenen Kapitel einen Überblick über die entsprechenden Arbeiten anderer Autoren verschafft haben, wollen wir nun unseren eigenen Ansatz zur Konstruktion eines robusten Mehrgitterverfahrens für konvektionsdominierte Probleme vorstellen. Unser Hauptaugenmerk liegt dabei auf der Auswahl eines geeigneten Glätters. Wir verwenden eine lokale Block-Gauß-Seidel-Variante, welche im wesentlichen auf graphentheoretischen Überlegungen und einer speziellen Numerierungstechnik („*Downwind Numbering*") beruht.

Bei der Auswahl der übrigen Komponenten lassen wir uns von dem Grundsatz leiten, daß das resultierende Verfahren möglichst einfach und effektiv sein soll. Tatsächlich ergeben diese sich nach den Ausführungen in Kapitel 5.2.3 fast schon kanonisch. So macht es z.B. wenig Sinn, die Systemmatrizen $\mathbf{A}_k$, $0 \leq k < J$, über einen Galerkin-Ansatz zu definieren, solange keine Transferoperatoren mit lokalem Charakter zur Verfügung stehen, die auch im konvektionsdominierten Fall zu stabilen Grobgittergleichungen führen. Aus diesem Grund verwenden wir zur Konstruktion der Systemmatrizen $\mathbf{A}_k$ die gleiche Diskretisierung wie zum Aufstellen der Steifigkeitsmatrix $\mathbf{A}_J$, d.h., das globale Finite-Volumen Upwindverfahren aus Kapitel 5.1.3. Eine wichtige Eigenschaft dieses Verfahrens wird übrigens auch bei der Konstruktion unseres Glätters ausgenutzt (vgl. Bemerkung 5.3.20).

Als Transferoperatoren für unser Mehrgitterverfahren verwenden wir dann die Standardprolongationen $\mathbf{p}_k^{std}$ und die Standardrestriktionen $\mathbf{r}_k^{std}$. Zwar wäre an dieser Stelle auch der Einsatz matrixabhängiger Transferoperatoren denkbar; wie aber bereits in Kapitel 5.2.3 erläutert, ist das im allgemeinen nur im Zusammenhang mit einem Galerkin-Ansatz sinnvoll, da andernfalls durch ein paar zusätzliche Glättungsschritte leicht ein ähnlicher Effekt erzielt werden kann.

Daß die Operatoren $\mathbf{p}_k^{std}$ und $\mathbf{r}_k^{std}$ – so, wie sie oben definiert wurden – für unsere Zwecke bereits richtig skaliert sind, folgt aus der Tatsache, daß die Finite-Volumen-Steifigkeitsmatrizen der Stufen $0 \leq k < J$ im symmetrischen Fall ($b = 0$) exakt mit den Systemmatrizen des entsprechenden Galerkin-Ansatzes übereinstimmen. Bei einem Galerkin-Ansatz sind aber die resultierenden Grobgittergleichungen automatisch richtig skaliert. Ein zusätzlicher Konvektionsterm ändert daran nichts.

Zur Vervollständigung unseres Mehrgitterverfahrens benötigen wir jetzt nur noch einen geeigneten Glätter. Dabei orientieren wir uns an dem bereits mehrfach genannten Kriterium, daß der Glätter im Falle dominierender Konvektion zu einem exakten Löser entarten sollte. Die einfachste Strategie zur Konstruktion eines solchen Glätters besteht darin, die Eckpunkte der Triangulierung $\mathcal{T}_k$ in Konvektionsrichtung zu numerieren, so daß der Konvektionsanteil der Steifigkeitsmatrix $\mathbf{A}_k$ untere Dreiecksgestalt annimmt. Da Gauß-Seidel für untere Dreiecksmatrizen ein exakter Löser ist, liefert die Kombination von Gauß-Seidel-Verfahren und einer entsprechenden Numerierungsstrategie einen Glätter, der das angegebene Kriterium erfüllt.

Diese Idee ist natürlich nicht neu. A. BRANDT wies bereits Ende der 70er-Jahre darauf hin, daß Gauß-Seidel sich nur dann als Glätter für Konvektions-Diffusions-Probleme eignet, wenn die Reihenfolge der Unbekannten der Strömungsrichtung folgt, [44]. Später wurde dann von W. HACKBUSCH die Robustheit dieses Ansatzes anhand eines eindimensionalen Modellproblems mit konstanten Koeffizienten nachgewiesen, [76]. Die Bestimmung einer geeigneten Numerierung ist in diesem Fall natürlich trivial.

Beide Autoren scheuten damals jedoch noch davor zurück, auch im Falle höherdimensionaler Probleme mit variierender Strömungsrichtung nach einer geeigneten Numerierung zu suchen, weil dies natürlich eine gewisse Flexibilität der verwendeten Datenstrukturen voraussetzt, die die alten, meist auf Vektorrechner zugeschnittenen FORTRAN-Codes einfach nicht besaßen. Stattdessen empfahlen sie die Verwendung spezieller Blockvarianten des Gauß-Seidel-Verfahrens (z.B. *Linienrelaxation*), die sich durch eine vom Strömungsfeld weitgehend unabhängige Reihenfolge der einzelnen Blöcke auszeichneten ([44], [77]). Diese Verfahren waren jedoch höchstens zur Lösung von Problemen mit konstanter Strömungsrichtung geeignet.

Noch bis spät in die 80er Jahre hinein wurden Numerierungstechniken in Mehrgitterverfahren meist nur bei Problemen mit konstanter Strömungsrichtung und uniform unterteilten Rechteckgittern eingesetzt. In diesen Fällen erhält man eine geeignete Numerierung leicht durch Abzählen der Gitterpunkte in lexikographischer Reihenfolge. Die wahre Stunde der Numerierungsalgorithmen schlug erst, als gegen Ende der 80er Jahre die Verbreitung adaptiver Techniken zur Lösung partieller Differentialgleichungen immer mehr zunahm und anstatt der regelmäßigen Rechteckgitter nun unstrukturierte Simplexgitter in den Vordergrund rückten. Die Verwendung unstrukturierter Gitter machte die Entwicklung neuer Numerierungsstrategien dringend erforderlich.

Zu den ersten Autoren, die Numerierungsalgorithmen für unstrukturierte Dreiecksgitter entwickelten und zur Lösung konvektionsdominierter Probleme einsetzten, gehörten BASTIAN & WITTUM, [24]. Sie waren es auch, die den Begriff *„Downwind Numbering"* für das Numerieren in Stromrichtung einführten. Der von ihnen vorgeschlagene Algorithmus wurde anschließend vom Autor dieses Buches verbessert und auf dreidimensionale Probleme angewandt, [30]. Da die Gitterpunkte bei beiden Verfahren wellenfrontartig – d.h., im Stile einer *Breitensuche*[2] – abgearbeitet werden, was eine zusätzliche Sortierung etwa mit Quicksort notwendig macht, sind diese Algorithmen im allgemeinen nicht von optimaler Komplexität.

Später gelang es uns jedoch, durch Anwendung der Tiefensuche einen dimensionsunabhängigen Numerierungsalgorithmus von optimaler Komplexität zu konstruieren (erscheint in [31]). Diesen Algorithmus werden wir in Kapitel 5.3.2 ausführlich vorstellen. Ein ganz ähnliches Verfahren wurde auch von W. HACKBUSCH entwickelt, um den zyklusfreien Anteil des Konvektionsgraphen abzuspalten und so die Bestimmung quasioptimaler *Feedback-Vertex-Mengen* zu erleichtern, [83].

Leider macht die Anwendung der soeben aufgezählten Numerierungsalgorithmen im allgemeinen nur unter der Voraussetzung Sinn, daß eine entsprechende Numerierung der Gitterpunkte in Stromrichtung überhaupt existiert. Wie wir noch sehen werden, ist dies genau dann der Fall, wenn der entsprechende Konvektionsgraph zyklusfrei ist. Diese Bedingung ist aber in der Praxis nur selten erfüllt. Sobald nämlich im Strömungsfeld b Wirbel auftreten, die von der Triangulierung $\mathcal{T}_k$ aufgelöst werden, so wird im allgemeinen auch der zugehörige Konvektionsgraph entsprechende Zyklen enthalten. Aber selbst bei Problemen mit konstan-

[2]Breitensuche und Tiefensuche sind zwei bekannte Strategien zur Bearbeitung endlicher Graphen oder Bäume, siehe z.B. [131].

ter Strömungsrichtung können im Konvektionsgraphen Zyklen auftreten. Diese sogenannten *künstlichen Zyklen* werden erst durch die Diskretisierung eingeschleppt (vgl. dazu Beispiel 5.3.24).

Wenn nun der Konvektionsgraph Zyklen enthält – egal, ob künstliche oder nicht –, so läßt sich die Konvektionsmatrix $\mathbf{A}_k^C$ nicht mehr durch Umnumerieren auf Dreiecksgestalt transformieren, und das einfache Gauß-Seidel-Verfahren genügt folglich nicht mehr dem oben genannten Kriterium. An dieser Stelle setzt nun unser Verfahren ein, welches das Prinzip des Downwind Numbering in kanonischer Weise verallgemeinert und auch dann noch zu einem exakten Löser für den reinen Konvektionsfall entartet, wenn der entsprechende Konvektionsgraph Zyklen enthält. Die grundlegende Idee besteht darin, anstatt der Gitterpunkte die maximalen Zusammenhangskomponenten des Konvektionsgraphen in Richtung der Strömung zu numerieren, so daß die Konvektionsmatrix untere Blockdreiecksgestalt annimmt. Das entsprechende Block-Gauß-Seidel-Verfahren ist dann ein exakter Löser für den reinen Konvektionsfall und folglich als Glätter in einem robusten Mehrgitterverfahren geeignet.

Daß der so konstruierte Glätter tatsächlich auf ein äußerst robustes und effizientes Mehrgitterverfahren für Konvektions-Diffusions-Probleme führt, zeigen die Testergebnisse in Kapitel 5.4. Die praktische Verwendbarkeit unseres Verfahrens ist aus Komplexitätsgründen allerdings zunächst auf Probleme mit relativ kleinen Zyklen (wie z.B. künstliche Zyklen) beschränkt, da in jedem Glättungsschritt für jeden der vorhandenen Diagonalblöcke ein Gleichungssystem entsprechender Dimension zu lösen ist. Um auch Probleme mit größeren Zusammenhangskomponenten behandeln zu können, benötigen wir ein effizientes Verfahren zur Lösung dieser Blocksysteme, d.h., möglichst eines von optimaler Komplexität.

Eine naheliegende Idee zur Konstruktion eines solchen Verfahrens besteht darin, die maximalen Zusammenhangskomponenten an einer möglichst kleinen Anzahl von Knoten „aufzuschneiden“, bis der restliche Teilgraph zyklusfrei ist. Unter der Voraussetzung, daß die Anzahl dieser sogenannten *Feedback Vertices* im Vergleich zur Größe der entsprechenden Zusammenhangskomponente relativ klein ist, kann man dann mit Hilfe eines Schur-Komplement-Ansatzes tatsächlich einen effizienten Vorkonditionierer für das zu lösende Blocksystem konstruieren. Wir werden auf diesen Ansatz in Kapitel 5.3.4 näher eingehen, weisen aber bereits jetzt darauf hin, daß die genannte Bedingung vor allem bei dreidimensionalen Problemen mit großen Wirbeln selten erfüllt ist.

Darüber hinaus besteht noch das Problem, daß eine hinreichend kleine Feedback-Vertex-Menge – selbst wenn sie existiert – nur sehr schwer zu bestimmen ist. Zwar wurde kürzlich von W. Hackbusch ein Algorithmus vorgestellt, der es erlaubt, mit linearem Aufwand quasioptimale Feedback-Vertex-Mengen zu bestimmen; die Anwendung seines Verfahrens ist allerdings auf planare Graphen und somit auf zweidimensionale Randwertprobleme beschränkt, [83]. Eine entsprechende Verallgemeinerung auf dreidimensionale Probleme existiert unseres Wissens nach bisher noch nicht.

Die Konstruktion eines robusten Glätters für allgemeine konvektionsdominierte Probleme mit beliebigen Wirbeln bleibt also nach wie vor eine der größten Herausforderungen im Bereich der Mehrgitterverfahren. Der von uns vorgestellte Algorithmus sollte daher als ein kleiner Schritt in diese Richtung interpretiert werden, der es erlaubt, das Problem auf die maximalen Zusammenhangskomponenten des Konvektionsgraphen bzw. auf deren Feedback Vertices zu reduzieren.

Im Rest dieses Kapitels werden wir nun die Konstruktion unseres Glätters in allen Einzelheiten beschreiben. Dazu klären wir zunächst einige notwendige Grundbegriffe aus dem Bereich der Graphentheorie, wie z.B. die Begriffe „*Graph*“, „*Zyklus*“ und „*maximale Zusammenhangskomponente*“, die wir oben in der Kurzbeschreibung ja bereits verwendet haben. In Kapitel 5.3.2 zeigen wir dann, wie die maximalen Zusammenhangskomponenten eines gerichteten Graphen effizient bestimmt und in Stromrichtung numeriert werden können.

Basierend auf den maximalen Zusammenhangskomponenten des Konvektionsgraphen und ihrer Reihenfolge konstruieren wir dann in Kapitel 5.3.3 das gesuchte lokale Block-Gauß-Seidel-Verfahren. Dabei gehen wir zunächst davon aus, daß die resultierenden Diagonalblocksysteme exakt gelöst werden. In Kapitel 5.3.4 zeigen wir dann, wie sich mit Hilfe von Feedback-Vertex-Mengen ein effizienter Vorkonditionierer für diese Blocksysteme konstruieren läßt – vorausgesetzt, die Anzahl der Feedback Vertices in jeder Zusammenhangskomponente ist relativ klein. Ganz am Ende dieses Kapitels wollen wir dann anhand eines zweidimensionalen Beispiels noch die Entstehung künstlicher Zyklen verdeutlichen.

5.3.1 Einige Grundbegriffe aus der Graphentheorie

Um die Konstruktion unseres Glätters zu beschreiben, benötigen wir einige Grundbegriffe aus dem Bereich der Graphentheorie, d.h. – genauer gesagt – aus der Theorie endlicher, gerichteter Graphen. Diese Grundbegriffe wollen wir in diesem Kapitel zusammenstellen. Sie können in den meisten Büchern zur Graphentheorie problemlos nachgeschlagen werden, so z.B. in [61], [85] oder [126]. Wir beginnen unsere Zusammenstellung mit der Definition des Begriffs „*endlicher, gerichteter Graph*“:

Definition 5.3.1 (Endliche, gerichtete Graphen)
Sei V ein endliche Menge und $E \subset V \times V$ eine Menge von geordneten Paaren $(x, y) \in V \times V$. Dann heißt $G = \{ V, E \}$ ein *(endlicher) gerichteter Graph*. Die Elemente von V bezeichnet man als *Knoten* (engl. *Vertices*) und die Paare $(x, y) \in E$ als *Kanten* (engl. *Edges*) des Graphen G.

In der Literatur werden gerichtete Graphen oft auch als *Digraphen* bezeichnet, wobei der Name *Digraph* sich aus der englischen Bezeichnung *Directed Graph* ableitet. Da wir es in diesem Buch ausschließlich mit endlichen Graphen zu tun haben, lassen wir das Wort *endlich* von nun an weg.

Um einen gerichteten Graphen $G = \{ V, E \}$ graphisch darzustellen, faßt man seine Knoten als Punkte einer Ebene auf und verbindet für jede der Kanten $(x, y) \in E$ die entsprechenden Knoten x und y durch einen in Richtung y zeigenden Pfeil. Betrachten wir z.B. den gerichteten Graphen $G = \{ V, E \}$ mit der Knotenmenge

$$V = \{ 1, 2, 3, 4, 5 \}$$

und den Kanten

$$E = \Big\{ (1,3),\ (1,5), (2,1),\ (3,3),\ (5,1),\ (5,2) \Big\}.$$

Dieser Graph ist in Abb. 5.2 dargestellt. Er enthält einen isolierten Knoten – den Knoten 4 – der mit keinem anderen durch eine Kante verbunden ist. Die Knoten 2 und 5 hingegen sind gleich durch zwei Kanten miteinander verbunden. Schließlich existiert auch ein Knoten der mit sich selbst durch eine Kante verbunden ist, nämlich der Knoten 3.

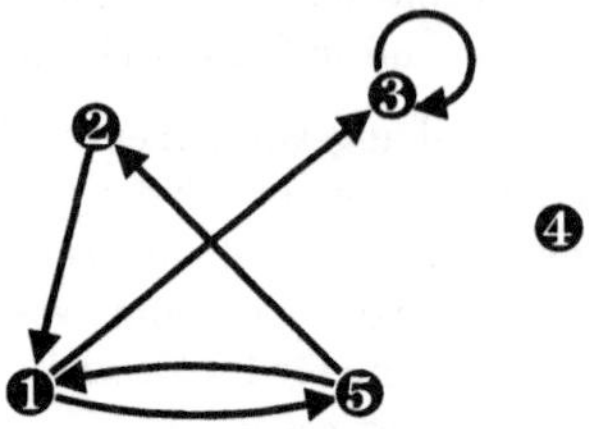

Abb. 5.2: Darstellung eines gerichteten Graphen

Die Konvektionsgraphen, mit denen wir es hier zu tun haben, sind von einfacherer Gestalt. Sie können zwar ebenfalls isolierte Knoten enthalten, aber keine Kanten von einem Knoten auf sich selbst. Außerdem kann es zwischen je zwei Knoten höchstens eine Kante geben.

Gerichtete Graphen werden oft zur Darstellung von Abhängigkeiten benutzt. Nehmen wir z.B. an, eine bestimmte Operation soll für jeden Knoten $x \in V$ ausgeführt werden. Beeinflußt die Ausführung dieser Operation in einem Knoten die Ausführung in einem anderen, so werden beide durch eine entsprechende Kante verbunden. Jede Kante $(x, y) \in E$ läßt sich dann so interpretieren, daß der Knoten y erst nach dem Knoten x abgearbeitet werden kann bzw. soll. Die Umsetzung einer solchen Strategie für alle Knoten $x \in V$ ist natürlich nur dann möglich, wenn der entsprechende Graph keine sogenannten *Zyklen* enthält. Diesen für uns so wichtigen Begriff wollen wir nun genauer definieren, zusammen mit einer Reihe weiterer Begriffe, mit denen sich Abhängigkeiten in gerichteten Graphen beschreiben lassen.

Definition 5.3.2 (Wege und Zyklen in gerichteten Graphen)
Sei $G = \{ V, E \}$ ein gerichteter Graph. Wir verwenden die folgenden Bezeichnungen:

(i) Ein Knoten $y \in V$ heißt *Nachfolger* eines Knotens $x \in V$, wenn $(x, y) \in E$ gilt. In diesem Fall heißt x *Vorgänger* von y.

(ii) Ein *Weg* in G ist eine endliche Folge $P = (x_0, \ldots, x_m)$ von Knoten $x_0, \ldots, x_m \in V$, wobei x_k Nachfolger von x_{k-1} für $1 \leq k \leq m$ ist. In diesem Fall bezeichnen wir x_0 und x_m als *Anfangs-* bzw. *Endknoten* von P und sagen, x_0 wird durch P mit x_m verbunden. P selbst nennen wir einen *Weg von x_0 nach x_m*.

(iii) Ein Weg P in G, dessen Anfangs- und Endknoten übereinstimmen, heißt *Zyklus* in G.

(iv) Existieren in G keinerlei Zyklen, so heißt G *zyklusfrei*.

Bemerkung 5.3.3 Jeder Knoten $x \in V$ kann einen, keinen oder mehrere Nachfolger in G besitzen. Eine entsprechende Aussage gilt auch für die Vorgänger. Jeder Knoten x in einem Zyklus P muß jedoch mindestens einen Nachfolger und mindestens einen Vorgänger besitzen. Gilt $(x, x) \in E$, so ist x Nachfolger bzw. Vorgänger von sich selbst und $P = (x, x)$ ist ein Zyklus in G. Der in Abb. 5.2 dargestellte Graph enthält genau zwei Zyklen, nämlich $P_1 = (1, 5, 2, 1)$ und $P_2 = (3, 3)$.

Es gehört zu den charakteristischen Eigenheiten gerichteter Graphen, daß die Existenz eines Weges von einem Knoten x zu einem Knoten y im allgemeinen eine nichtsymmetrische Relation ist. Das bedeutet, ein Knoten x kann mit einem Knoten y durch einen Weg P verbunden sein, ohne daß umgekehrt auch ein Weg von y nach x zu existieren braucht. Zwei Knoten innerhalb eines Zyklus P sind jedoch immer in beiden Richtungen miteinander durch einen Weg verbunden, und zwar sogar durch einen Weg, der nur aus Knoten in P besteht.

Wie wir oben bereits angedeutet haben, besitzen zyklusfreie, gerichtete Graphen die angenehme Eigenschaft, daß ihre Knoten nacheinander so abgearbeitet werden können, daß jeder Knoten erst dann an die Reihe kommt, wenn alle seine Vorgänger bereits bearbeitet sind. Anders ausgedrückt: Die Knoten eines zyklusfreien, gerichteten Graphen lassen sich so numerieren, daß die Nummer jedes Knotens größer ist als die seiner Vorgänger und kleiner als die seiner Nachfolger. Diese Aussage unterstreicht die grundsätzliche Bedeutung zyklusfreier Graphen für die Entwicklung von Numerierungsstrategien. Sie folgt unmittelbar aus nachstehendem Lemma.

Lemma 5.3.4 (Numerierung zyklusfreier, gerichteter Graphen)

Sei $G = \{ V, E \}$ ein zyklusfreier, gerichteter Graph mit N Knoten. Dann können die Knoten von G so in einer Reihenfolge $x_1, x_2, \ldots, x_N$ angeordnet werden, daß aus $(x_i, x_j) \in E$ die Ungleichung $i < j$ folgt.

Bemerkung 5.3.5 (Zur Umkehrung)

Tatsächlich gilt auch die Umkehrung von Lemma 5.3.4, d.h., G ist genau dann zyklusfrei, wenn eine Numerierung mit der angegebenen Eigenschaft existiert.

Sind die Knoten eines zyklusfreien, gerichteten Graphen G wie in Lemma 5.3.4 angegeben numeriert, so sagen wir, G ist *in Richtung seiner Kanten* numeriert. Bemerkung 5.3.5 zeigt, daß eine solche Numerierung in Richtung der Kanten für Graphen mit Zyklen nicht existieren kann. Eine naheliegende Strategie besteht in diesem Fall darin, die an Zyklen beteiligten Knoten zu Gruppen zusammenzufassen, bis der entsprechend reduzierte Graph zyklusfrei ist. Um dieses Ziel zu erreichen, zerlegt man den Graphen G in seine *maximalen Zusammenhangskomponenten*, die wie folgt definiert sind:

Definition 5.3.6 (Zusammenhangskomponenten)

Sei $G = \{ V, E \}$ ein gerichteter Graph. Eine *Zusammenhangskomponente* von G ist eine nichtleere Teilmenge $C \subset V$, derart, daß für je zwei Knoten $x, y \in C$ mit $x \neq y$ ein Weg P von x nach y existiert, der ausschließlich aus Knoten in C besteht. Eine Zusammenhangskomponente $C \subset V$ heißt *maximal*, wenn nach Hinzufügen eines beliebigen Knotens $x \in V \backslash C$ die Menge $C \cup \{x\}$ keine Zusammenhangskomponente mehr ist.

Bemerkung 5.3.7 (Starke und schwache Zusammenhangskomponenten)

In der Literatur werden die so definierten Komponenten üblicherweise als *starke Zusammenhangskomponenten* bezeichnet, im Gegensatz zu den *schwachen Zusammenhangskomponenten*, in denen je zwei Punkte x und y entweder durch einen Weg von x nach y oder durch einen Weg von y nach x verbunden sind. Da wir in diesem Buch nur an den starken Zusammenhangskomponenten interessiert sind, verzichten wir auf die Verwendung dieses Zusatzes.

Beispiel 5.3.8 (Einfache Zusammenhangskomponenten)
Die einfachsten Zusammenhangskomponenten eines gerichteten Graphen $G = \{ V, E \}$ sind diejenigen Teilmengen von V, die nur aus einem einzigen Punkt bestehen, denn jede Teilmenge der Form $C = \{x\}$ mit $x \in V$ ist eine Zusammenhangskomponente von G. Ist außerdem P ein Zyklus in G, so bilden die in P enthaltenen Knoten ebenfalls eine Zusammenhangskomponente.

Unser besonderes Interesse gilt nun den *maximalen* Zusammenhangskomponenten. Diese sind, wie man leicht einsieht, paarweise disjunkt und bilden somit eine Zerlegung der Knotenmenge V. Wie der folgende Satz zeigt, ist diese Zerlegung sogar eindeutig bestimmt.

Satz 5.3.9 (Eindeutige Zerlegung in maximale Zusammenhangskomponenten)
Jeder gerichtete Graph $G = \{ V, E \}$ kann auf eindeutige Weise in seine maximalen Zusammenhangskomponenten zerlegt werden, d.h., es existiert eine bis auf die Numerierung der Komponenten eindeutige Zerlegung der Form

$$V = C_1 \cup C_2 \cup \cdots \cup C_M , \qquad m \geq 1 ,$$

wobei $C_1, C_2, \ldots, C_M$ die maximalen und daher paarweise disjunkten Zusammenhangskomponenten von G sind.

Abb. 5.3 zeigt die maximalen Zusammenhangskomponenten eines einfachen Beispielgraphen. Jede dieser Komponenten ist durch eine grau schraffierte Fläche dargestellt. Wie man sieht, bestehen alle bis auf zwei der maximalen Zusammenhangskomponenten nur aus jeweils einem einzigen Knoten.

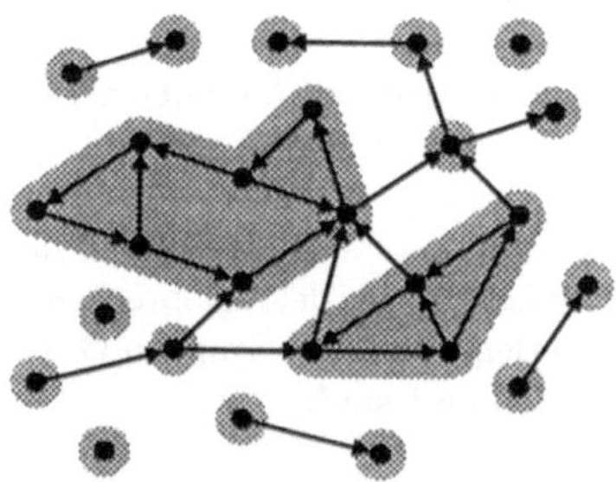

Abb. 5.3: Maximale Zusammenhangskomponenten eines gerichteten Graphen

Das in Abb. 5.3 dargestellte Beispiel verdeutlicht, daß eine maximale Zusammenhangskomponente durchaus mehr als einen Zyklus enthalten kann. Jede maximale Zusammenhangskomponente mit mehr als einem Knoten muß allerdings mindestens einen Zyklus enthalten. Folglich gilt:

Lemma 5.3.10 (Maximale Zusammenhangskomponenten zyklusfreier Graphen)
Die maximalen Zusammenhangskomponenten eines zyklusfreien gerichteten Graphen G bestehen nur aus jeweils einem einzigen Knoten. Umgekehrt gilt: Ein Graph G, der keine Zyklen der Form $P = (x, x)$ enthält und dessen maximale Zusammenhangskomponenten aus jeweils einem Knoten bestehen, ist zyklusfrei.

Die Bedeutung der maximalen Zusammenhangskomponenten besteht nun darin, daß man sie als Knoten eines zyklusfreien *Metagraphen*[3] auffassen kann, der sich in kanonischer Weise wie folgt definieren läßt:

Definition 5.3.11 (Metagraphen)
Sei $G = \{ V, E \}$ ein gerichteter Graph. Wir bezeichnen die Menge der maximalen Zusammenhangskomponenten von G mit V' und definieren $E' \subset V' \times V'$ durch

$$E' := \left\{ (C_1, C_2) \in V' \times V' \;\middle|\; C_1 \neq C_2;\ \text{es existieren } x \in C_1,\ y \in C_2 \text{ mit } (x,y) \in E \right\}.$$

Den gerichteten Graph $G' = \{ V', E' \}$ nennen wir den *Metagraph* von G.

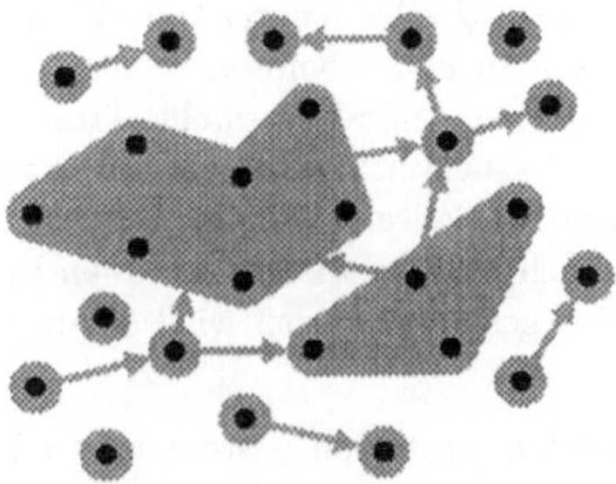

Abb. 5.4: Metagraph des Beispielgraphen aus Abb. 5.3

Abb. 5.4 zeigt den Metagraphen G' des in Abb. 5.3 dargestellten Beispielgraphen. Jede grauschraffierte Fläche entspricht einem Knoten von G'. Wie man sieht, ist G' zyklusfrei. Das dies kein Zufall ist, zeigt das folgende Lemma:

Lemma 5.3.12 (Zyklusfreiheit des Metagraphen)
Der Metagraph G' jedes gerichteten Graphen G ist zyklusfrei.

Lemma 5.3.12 legt für Graphen, die sich nicht in Richtung ihrer Kanten numerieren lassen, die folgende Strategie nahe: Man bestimme zunächst die maximalen Zusammenhangskomponenten, konstruiere daraus den zyklusfreien Metagraphen, und numeriere diesen anschließend in Richtung seiner Kanten. Bevor wir auf der Grundlage dieser Strategie unseren Glätter konstruieren, wollen wir im nächsten Kapitel eine Reihe von Algorithmen vorstellen, mit denen sich die maximalen Zusammenhangskomponenten auf sehr effiziente Weise bestimmen und numerieren lassen.

---

[3] Die Bezeichnung *Metagraph* haben wir aus [83] übernommen. Unsere Metagraphen bestehen allerdings aus maximalen Zusammenhangskomponenten und nicht – wie in [83] – aus Zyklen.

5.3.2 Bestimmung und Numerierung maximaler Zusammenhangskomponenten

Die Bestimmung der maximalen Zusammenhangskomponenten eines gerichteten Graphen sowie die Numerierung eines zyklusfreien Graphen in Richtung seiner Kanten gehören glücklicherweise zu der Sorte von Problemen, die eine sehr effiziente Lösung erlauben. Für beide Aufgaben existieren nämlich Algorithmen optimaler Komplexität, deren Aufwand quasilinear von der Größe des entsprechenden Graphen abhängt, d.h., von der Gesamtzahl seiner Knoten und Kanten. Das Zauberwort an dieser Stelle heißt „*Tiefensuche*" oder auch „*Depth First Search*" (siehe z.B. [131]).

Breiten- und Tiefensuche gehören zu den wohl bekanntesten Strategien zur Durchsuchung gerichteter oder auch ungerichteter Graphen. Das Grundprinzip beider Strategien ist ähnlich: Man bestimmt zunächst die Menge Q aller Knoten $x \in V$, die keinen Vorgänger besitzen. Solange Q nichtleer ist, nimmt man einen Knoten x aus Q heraus und übergibt ihn an eine sogenannte *Suchfunktion*. Deren Aufgabe besteht darin, den übergebenen Knoten zu bearbeiten und seine noch nicht besuchten Nachfolger zu bestimmen, die dann ebenfalls in die Menge Q aufgenommen werden. Sollte Q einmal leer sein, ohne daß schon alle Knoten bearbeitet wären, so wird die Suchfunktion direkt auf einen beliebigen, bisher unbesuchten Knoten $x \in V$ angewendet. Der gesamte Prozeß wird solange wiederholt, bis alle Knoten abgearbeitet sind.

Der wesentliche Unterschied beider Strategien besteht in der Art und Weise, wie die Menge Q verwaltet und der jeweils nächste zu bearbeitende Knoten aus Q ausgewählt wird. Bei der Breitensuche wird Q als Warteschlange (engl. *Queue*) organisiert, so daß immer einer derjenige Knoten als nächster bearbeitet wird, die sich schon die längste Zeit in Q befinden. Dieses Vorgehen führt in der Regel zu einer sich wellenfrontartig ausbreitenden Bearbeitung der Knoten. Im Gegensatz dazu verwendet man zur Tiefensuche einen Stapel (engl. *Stack*), aus dem immer der zuletzt hinzugefügte Knoten herausgenommen wird. Bei dieser Strategie werden die Knoten nicht mehr wellenfrontartig abgearbeitet, sondern vorzugsweise in Richtung der vorhandenen Wege.

Die Algorithmen, die wir in diesem Kapitel vorstellen werden, beruhen alle auf dem Prinzip der Tiefensuche, das – wie sich herausgestellt hat – für unsere Zwecke das geeignete ist (vgl. dazu auch Bemerkung 5.3.15). Eine besonders elegante Formulierung dieser Algorithmen erhält man wie bei jeder Tiefensuchestrategie durch Angabe einer *rekursiven* Suchfunktion. Jeder der hier vorgestellten Algorithmen besteht demnach aus zwei Teilen: a) der rekursiven Suchfunktion und b) einer Basisfunktion, die zunächst die notwendigen Initialisierungen vornimmt und dann die Suche durch Aufruf der Suchfunktion startet.

Unser erster Tiefensuche-Algorithmus dient dazu, zyklusfreie Graphen in Richtung ihrer Kanten zu numerieren. Dieser Algorithmus erwartet als Eingabe einen zyklusfreien, gerichteten Graphen $G = \{V, E\}$, dessen Knotenzahl wir mit N bezeichnen, und seine Aufgabe besteht darin, jedem Knoten $x \in V$ eine natürliche Zahl $Num(x)$ zuzuordnen, die den folgenden Bedingungen genügt:

(i) $1 \leq Num(x) \leq N$ für alle Knoten $x \in V$,

(ii) $Num(x) \neq Num(y)$ für je zwei verschiedene Knoten $x, y \in V$,

(iii) $Num(x) < Num(y)$ für alle Kanten $(x, y) \in E$.

Wir geben unserem Algorithmus den Namen *NumeriereGraph* und verwenden zur Formulierung wieder eine Pseudo-C-Notation. Wie oben bereits angedeutet, besteht der Algorithmus aus zwei Teilen: einer rekursiven Suchfunktion und einer Basisfunktion, von der aus die Suchfunktion aufgerufen wird. Wir geben zunächst die Basisfunktion an:

```
Algorithm NumeriereGraph( G = { V, E } )
{
    global integer N := 0;                                                    (1)
    for ( x ∈ V ) do                                                          (2)
    {
        Num(x) := 0;                                                          (3)
        Vor(x) := 0;                                                          (4)
        for ( jeden Vorgänger y von x ) do Vor(x) := Vor(x) + 1;              (5)
    }
    for ( x ∈ V ) do                                                          (6)
        if ( Num(x) = 0 ) and ( Vor(x) = 0 ) then NumeriereKnoten(x);         (7)
}
```

Die Funktionsweise dieser Basisfunktion ist schnell erläutert. Der Einfachheit halber bezeichnen wir die Zahlen $Num(x)$ als *Nummern* der Knoten $x \in V$. In der ersten Zeile von Algorithmus *NumeriereGraph* wird zunächst eine globale Zählervariable N initialisiert, welche später immer die zuletzt vergebene Knotennummer enthält. Dann werden die Nummern aller Knoten auf Null zurückgesetzt (3). Anhand der Bedingung $Num(x) = 0$ können wir später feststellen, ob ein Knoten bereits numeriert wurde oder nicht. Als nächstes wird für jeden Knoten $x \in V$ die Anzahl seiner Vorgänger bestimmt (4), (5). Der entsprechende Wert wird wie $Num(x)$ in einer dem Knoten x zugeordneten Variable gespeichert, die wir in diesem Fall mit $Vor(x)$ bezeichnen. Während des Suchprozesses selbst enthält $Vor(x)$ immer die Zahl der noch nicht numerierten Vorgänger von x.

Nach dem Ende dieser Initialisierungsphase wird dann für jeden Knoten $x \in V$, der keine Vorgänger besitzt[4] und bis dahin auch noch nicht numeriert wurde, die rekursive Suchfunktion *NumeriereKnoten* aufgerufen. Diese besitzt ebenfalls eine sehr einfache Gestalt:

```
Function NumeriereKnoten(x)
{
    N := N + 1;                                                               (1)
    Num(x) := N;                                                              (2)
    for ( jeden Nachfolger y von x ) do                                       (3)
    {
        Vor(y) := Vor(y) - 1;                                                 (4)
        if ( Vor(y) = 0 ) then NumeriereKnoten(y);                            (5)
    }
}
```

[4] Der Wert der Variablen $Vor(x)$ ändert sich im allgemeinen während des Suchprozesses. Jedoch kann $Vor(x) = 0$ an dieser Stelle nur gelten, wenn der entsprechende Knoten tatsächlich keine Vorgänger besitzt.

In Funktion *NumeriereKnoten* wird der betroffene Knoten x zunächst numeriert, d.h., ihm wird die nächste freie Knotennummer zugewiesen (2). Letztere wird einfach dadurch bestimmt, daß die globale Zählvariable N um Eins erhöht wird (1). Anschließend wird für jeden Nachfolger y von x der entsprechenden Zähler $Vor(y)$ um Eins reduziert. Ist danach die Bedingung $Vor(y) = 0$ erfüllt, wird der betreffende Nachfolger selbst an die Funktion *NumeriereKnoten* übergeben.

Um sicher zu gehen, daß Algorithmus *NumeriereGraph* auch tatsächlich das leistet, was wir von ihm erwarten, beweisen wir nun das folgende Lemma:

Lemma 5.3.13 (Korrektheit von Algorithmus NumeriereGraph)
Algorithmus NumeriereGraph erzeugt für jeden zyklusfreien, gerichteten Graphen G eine Numerierung in Richtung seiner Kanten.

Beweis: Sei $G = \{V, E\}$ ein zyklusfreier, gerichteter Graph. Wir haben zu zeigen, daß bei Anwendung von Algorithmus *NumeriereGraph* auf G jeder Knoten $x \in V$ eine Knotennummer $Num(x) > 0$ erhält, die den oben erwähnten Bedingungen genügt.

Wir zeigen zuerst, daß Funktion *NumeriereKnoten* für jeden Knoten $x \in V$ höchstens einmal aufgerufen wird, d.h., jeder Knoten $x \in V$ wird höchstens einmal numeriert[5]. Sei dazu x zunächst ein Knoten ohne Vorgänger. Dann kann x nur von der Basisfunktion an *NumeriereKnoten* übergeben werden. Da die entsprechende Bedingung $Num(x) = 0$ dort überprüft wird, kann x nicht zweimal numeriert werden. Sei also x ein Knoten mit mindestens einem Vorgänger. Dann kann x nur durch einen rekursiven Aufruf der Funktion *NumeriereKnoten* numeriert werden. Dies ist aber nur direkt nach einer Reduktion des Zählers $Vor(x)$ auf Null möglich. Da $Vor(x)$ niemals erhöht wird, kann x also höchstens einmal numeriert werden.

Daß jeder Knoten $x \in V$ mindestens einmal numeriert wird, folgt aus der Zyklusfreiheit des Graphen G. Nehmen wir dazu an, es gäbe einen Knoten $x \in V$, der nicht numeriert wird. Wir schließen zunächst, daß x mindestens einen Vorgänger besitzt, denn sonst würde x irgendwann von der Basisfunktion aus an Funktion *NumeriereKnoten* übergeben werden. Außerdem muß unter den Vorgängern von x mindestens ein Knoten $x^{(1)}$ sein, der ebenfalls unnumeriert bleibt. In dem Moment nämlich, wo der letzte Vorgänger von x numeriert wird, wird $Vor(x)$ auf Null gesetzt und x an Funktion *NumeriereKnoten* übergeben. Mit den gleichen Argumenten schließen wir, daß auch $x^{(1)}$ mindestens einen unnumerierten Vorgänger $x^{(2)}$ besitzen muß, der wiederum einen unnummerierte Vorgänger $x^{(3)}$ besitzt usw., d.h., es existiert eine unendliche Folge von Knoten $x = x^{(0)}, x^{(1)}, \ldots$ in V, so daß $x^{(k+1)}$ Vorgänger von $x^{(k)}$ für alle $k \geq 0$ ist. In einem endlichen Graphen G ist dies aber nur möglich, wenn G einen Zyklus enthält. Da G nach Voraussetzung zyklusfrei ist, werden alle Knoten $x \in V$ von Algorithmus *NumeriereGraph* numeriert.

Wir haben somit gezeigt, daß jeder Knoten $x \in V$ genau einmal an Funktion *NumeriereKnoten* übergeben wird. Da bei jedem Aufruf die Zählervariable N um Eins erhöht wird, sind die Nummern aller Knoten paarweise verschieden und die maximale Knotennummer stimmt mit der Anzahl der Knoten von G überein. Es bleibt also zu zeigen, daß G nach Anwendung von Algorithmus *NumeriereGraph* in Richtung seiner Kanten numeriert ist, d.h., daß die Nummer jedes Knotens größer ist als die seiner Vorgänger.

[5] Die Initialisierung $Num(x) = 0$ wird hier definitionsgemäß nicht als Numerierung gewertet.

Der Nachweis dieser Bedingung fällt aber nun nicht weiter schwer. Nehmen wir an, es sei x ein Knoten, der gerade numeriert wird. In diesem Fall muß $Vor(x) = 0$ gelten. Da $Vor(x)$ mit der Anzahl q der Vorgänger von x initialisiert wurde, ist Funktion *NumeriereKnoten* bis dahin genau q-mal für einen Vorgänger von x aufgerufen worden. Da jeder Knoten aber nur einmal numeriert werden kann, müssen alle Vorgänger von x schon einmal an *Numeriere-Knoten* übergeben worden sein und sind folglich bereits numeriert. Da x die höchste aller bisher vergebenen Knotennummern zugewiesen bekommt, gilt $Num(x) > Num(y)$ für jeden Vorgänger y von x. Damit ist die Behauptung bewiesen. □

Der Beweis von Lemma 5.3.13 zeigt, daß Funktion *NumeriereKnoten* genau einmal für jeden Knoten $x \in V$ aufgerufen wird. Innerhalb von *NumeriereKnoten* wird für jeden Nachfolger y von x mit Ausnahme eines eventuellen rekursiven Aufrufs nur eine beschränkte Anzahl von Operationen durchgeführt. Bezeichnen wir mit $|V|$ bzw. $|E|$ die Anzahl der Knoten bzw. Kanten von G, so ist der Aufwand von Algorithmus *NumeriereGraph* folglich von der Größenordnung $O(|V| + |E|)$, d.h., *NumeriereGraph* ist ein Algorithmus optimaler Komplexität.

Bemerkung 5.3.14 (Implementierungshinweis)

Damit die optimale Komplexität von Algorithmus *NumeriereGraph* auch bei der Implementierung erhalten bleibt, benötigt man Datenstrukturen, die es erlauben, von jedem Knoten x direkt auf seine Vorgänger bzw. Nachfolger zuzugreifen. Die Konvektionsgraphen, mit denen wir es in diesem Buch zu tun haben, bestehen aus Eckpunkten (Knoten) und Kanten jeweils einer der Triangulierungen $\mathcal{T}_k$, $1 \leq k \leq J$. Die Nachfolger bzw. Vorgänger jedes Eckpunktes x von $\mathcal{T}_k$ sind dabei unter den Nachbarn gleicher Stufe zu suchen. Auf diese haben wir Zugriff, wenn wir bei der Realisierung des entsprechenden Multilevelgitters die in Kapitel 2.3.3 vorgestellte *Zugriffsliste* berücksichtigen. In diesem Fall können wir nämlich von jedem Eckpunkt x auf die von ihm ausgehenden Kanten und von diesen wiederum auf die entsprechenden Endpunkte zugreifen. Besonders einfach ist die Implementierung von Algorithmus *NumeriereGraph* in unserem Programmpaket AGM^{3D}, da die dort verwendeten Datenstrukturen speziell auf die Entwicklung von Mehrgitterverfahren mit entsprechenden Numerierungsstrategien zugeschnitten sind, siehe [29].

Bemerkung 5.3.15 (Andere Numerierungsstrategien)

Der oben vorgestellte Numerierungsalgorithmus wurde von uns in dieser Form bereits veröffentlicht (siehe [31]). Ein ganz ähnliches Verfahren wurde auch von W. HACKBUSCH entwickelt, um den zyklusfreien Anteil eines ansonsten beliebigen gerichteten Graphen abzuspalten, [83]. Weitere Numerierungsstrategien wurden z.B. in [24] und [30] vorgeschlagen. Diese Algorithmen beruhen allerdings auf dem Prinzip der Breitensuche und sind im allgemeinen nicht von optimaler Komplexität, da eine zusätzliche Sortierung der einzelnen Wellenfronten notwendig ist. Sie werden deswegen von uns nicht weiter verwendet.

Auch der zweite Algorithmus, den wir in diesem Kapitel vorstellen wollen, beruht auf dem Prinzip der Tiefensuche. Seine Aufgabe besteht darin, die maximalen Zusammenhangskomponenten eines gerichteten Graphen zu bestimmen. Der Algorithmus stammt von R. F. TARJAN und wurde erst 1972 (!) veröffentlicht, [134]. Tarjan gelang es damit, die jahrelange Suche nach einem Algorithmus optimaler Komplexität für das Zusammenhangsproblem endgültig zu beenden. Wie in der Literatur üblich, haben wir den Algorithmus nach seinem Entdecker benannt. Wieder geben wir zunächst die Basisfunktion an.

```
Algorithm Tarjan( G = { V, E } )
{
(1)      global integer  M := 0, N := 0;
(2)      global stack    S := ∅;
(3)      for ( x ∈ V ) do Num(x) := 0;
(4)      for ( x ∈ V ) do
(5)          if ( Num(x) = 0 ) then BestimmeKomponente(x);
}
```

Die Basisfunktion des Tarjan-Algorithmus weist eine ähnliche Struktur auf wie die von Algorithmus *NumeriereGraph*. Allerdings werden hier zwei globale Zähler verwendet, einer für die Knoten (N) und einer für die maximalen Zusammenhangskomponenten (M). Außerdem arbeitet der Tarjan-Algorithmus mit einem globalen Stack $\mathcal{S}$, der in Zeile (2) initialisiert wird. Da auch der Tarjan-Algorithmus die besuchten Knoten der Reihe nach durchnumeriert, werden dann wie in *NumeriereGraph* alle Knotennummern auf Null zuückgesetzt (3). Damit ist die Initialisierungsphase beendet. Anschließend wird dann für jeden Knoten, der bis dahin noch nicht numeriert wurde, die folgende Suchfunktion aufgerufen:

```
Function BestimmeKomponente(x)
{
(1)      N := N + 1;
(2)      Num(x) := N;
(3)      Low(x) := N;
(4)      Lege x auf den Stack S;
(5)      for ( jeden Nachfolger y von x ) do
         {
(6)          if ( Num(y) = 0 ) then
             {
(7)              BestimmeKomponente(y);
(8)              Low(x) := min { Low(x), Low(y) };
             }
(9)          else if ( Num(y) < Num(x) ) and ( y ∈ S ) then
(10)             Low(x) := min { Low(x), Low(y) };
         }
(11)     if ( Low(x) = Num(x) ) then
         {
(12)         M := M + 1;
(13)         C_M := ∅;
(14)         repeat
(15)             Hole den obersten Knoten y vom Stack S;
(16)             C_M := C_M ∪ {y};
(17)         until ( y = x ) ;
         }
}
```

Wir wollen auf die Funktionsweise dieser Suchfunktion hier nur kurz eingehen. Wie in *NumeriereKnoten* wird auch in *BestimmeKomponente* der übergebene Knoten x erst einmal mit der nächsten freien Knotennummer versehen (1), (2). Mit dieser Nummer wird dann eine zweite dem Knoten x zugeordnete Variable initialisiert, die wir wie in [134] mit $Low(x)$ bezeichnen. Danach wird x als oberstes Element auf den Stack $\mathcal{S}$ gelegt (4).

Anschließend werden die Nachfolger y von x der Reihe nach daraufhin untersucht, ob sie schon numeriert worden sind. Ist dies nicht der Fall, wird zunächst der entsprechende Nachfolger y und damit der von ihm aus erreichbare, unnumerierte Teil des Restgraphen durchsucht (7). Ist danach der Wert der Variablen $Low(y)$ kleiner als der von $Low(x)$, so wird $Low(x)$ entsprechend reduziert (8). Das gleiche geschieht für jeden Nachfolger y von x, der bereits vor x numeriert wurde und sich noch auf dem Stack $\mathcal{S}$ befindet. Beachte, daß die Abfrage $Num(y) < Num(x)$ in Zeile (9) nicht weggelassen werden darf, da die Möglichkeit besteht, daß y erst infolge der Durchsuchung eines anderen Nachfolgers y' von x in Zeile (7) numeriert wurde.

Die Variable $Low(x)$ enthält also während des Suchprozesses immer die niedrigste Nummer aller Knoten, die im bisher untersuchten Teilgraph zur gleichen maximalen Zusammenhangskomponente gehören wie x. Es gehört zu den charakteristischen Eigenschaften der Tiefensuche, daß nach der Bearbeitung aller Nachfolger die maximale Zusammenhangskomponente von x in G vollständig durchsucht ist, so daß $Low(x)$ in Zeile (11) die niedrigste Nummer aller Knoten in der maximalen Zusammenhangskomponente von x enthält. Wenn also an dieser Stelle $Low(x)$ mit $Num(x)$ übereinstimmt, bedeutet das, daß x in seiner maximalen Zusammenhangskomponente der erste Knoten war, der an Funktion *BestimmeKomponente* übergeben wurde.

In diesem Fall kann man sich überlegen, daß alle anderen Knoten der gleichen Komponente sich noch oberhalb von x auf dem Stack $\mathcal{S}$ befinden müssen, und daß umgekehrt alle Knoten oberhalb von x auch zur gleichen maximalen Zusammenhangskomponente gehören. Aus diesem Grund wird, wenn die Bedingung $Low(x) = Num(x)$ erfüllt ist, eine neue Zusammenhangskomponente C_M initialisiert (13) und nacheinander mit den jeweils obersten Knoten von $\mathcal{S}$ aufgefüllt, bis schließlich der Knoten x erreicht ist. Nach Beendigung der entsprechenden repeat-Schleife (14) stimmt die Menge C_M mit der maximalen Zusammenhangskomponente von x überein. Für die fortlaufende Numerierung der maximalen Zusammenhangskomponenten wird der Zähler M verwendet. Folglich enthält M zum Zeitpunkt der Terminierung des Tarjan-Algorithmus die Anzahl der maximalen Zusammenhangskomponenten von G.

Der Tarjan-Algorithmus besticht vor allem durch seine Eleganz und seine Einfachheit. Es ist aber schon erstaunlich, daß dieser wundervolle Algorithmus erst so spät entdeckt wurde, obwohl doch sehr viele Forscher danach suchten. Für eine detailliertere Beschreibung verweisen wir auf die Originalarbeit [134] oder auf [131]. In [134] wird auch die folgende Aussage bewiesen, die die korrekte Funktion des Tarjan-Algorithmus beschreibt.

Lemma 5.3.16 (Korrektheit des Tarjan-Algorithmus)
Die vom Tarjan-Algorithmus für einen beliebigen, gerichteten Graphen G erzeugten Knotenmengen $C_1, \ldots, C_M$ stimmen mit den maximalen Zusammengangskomponenten von G überein.

Auch beim Tarjan-Algorithmus wird die Suchfunktion *BestimmeKomponente* für jeden Knoten $x \in V$ genau einmal aufgerufen. Wie oben folgt hieraus, daß auch der Tarjan-Algorithmus von optimaler Komplexität ist, d.h., der für die Bestimmung der maximalen Zusammenhangskomponenten benötigte Aufwand ist von der Größenordnung $O(|V| + |E|)$. Bemerkung 5.3.14 gilt ebenfalls entsprechend.

Nehmen wir nun an, wir haben die maximalen Zusammenhangskomponenten eines gerichteten Graphen G mit dem Tarjan-Algorithmus bestimmt und wollen diese jetzt in Richtung der Kanten des entsprechenden Metagraphen numerieren. Da der Metagraph nach Lemma 5.3.12 zyklusfrei ist, können wir dazu Algorithmus *NumeriereGraph* verwenden. Allerdings muß dazu der Metagraph G' erst einmal konstruiert werden. Schaut man sich nun den Tarjan-Algorithmus etwas genauer an, so stellt man fest, daß eine Anwendung von Algorithmus *NumeriereGraph* tatsächlich gar nicht mehr notwendig ist. Wie das folgende Lemma zeigt, genügt es, die vom Tarjan-Algorithmus erzeugte Numerierung umzukehren:

Lemma 5.3.17 (Zur Numerierung des Metagraphen)
Seien $C_1, \ldots, C_M$ die maximalen Zusammenhangskomponenten eines gerichteten Graphen G, in der Reihenfolge, wie sie vom Tarjan-Algorithmus bestimmt werden. $G' = \{V', E'\}$ sei der entsprechende Metagraph zu G. Dann erhält man durch Numerierung der Komponenten in V' in der genau umgekehrten Reihenfolge $C_M, \ldots, C_1$ eine Numerierung von G' in Richtung seiner Kanten.

Beweis: Wir setzen $\hat{C}_k = C_{M+1-k}$ für $1 \leq k \leq M$ und zeigen, daß die Komponenten $\hat{C}_1, \ldots, \hat{C}_M$ in Richtung der Kanten von G' numeriert sind, d.h., für jeden Vorgänger $\hat{C}_i$ einer beliebigen Komponente $\hat{C}_k$ gilt $i < k$. Dazu äquivalent ist die Forderung, daß für jeden Vorgänger C_i einer beliebigen Komponente C_k die Ungleichung $i > k$ gilt. Sei also $1 \leq k \leq M$ beliebig und C_i ein Vorgänger von C_k. Wir bezeichnen mit $x_i \in C_i$ bzw. $x_k \in C_k$ diejenigen Knoten, die bei Ausführung des Tarjan-Algorithmus als jeweils erste Knoten ihrer maximalen Zusammenhangskomponente an Funktion *BestimmeKomponente* übergeben wurden.

Nehmen wir zunächst an, daß x_i vor x_k an die Suchfunktion übergeben wird. Nach Definition des Metagraphen G' existiert ein Weg von x_i nach x_k in G, aber nicht umgekehrt. Der Aufruf *BestimmeKomponente(x_k)* erfolgt daher innerhalb des entsprechenden Aufrufs für x_i und ist damit bereits beendet, wenn die Zusammenhangskomponente C_i initialisiert und aufgefüllt wird. In diesem Fall gilt also $i > k$. Wird Funktion *BestimmeKomponente* andererseits zuerst für x_k aufgerufen, so kann der entsprechende Aufruf von x_i erst nach Beendigung des Aufrufs von x_k stattfinden, denn x_i ist von x_k aus nicht über einen Weg erreichbar. Auch in diesem Fall gilt also $i > k$ und die Behauptung ist somit bewiesen. □

Um die maximalen Zusammenhangskomponenten in Richtung der Kanten des entsprechenden Metagraphen zu numerieren, brauchen wir also nur die vom Tarjan-Algorithmus erzeugte Reihenfolge umzukehren. Die Konstruktion des Metagraphen selbst ist dazu nicht notwendig. Wir schlagen daher vor, die folgende Variante des Tarjan-Algorithmus zu verwenden, in der die entsprechende Umnumerierung der maximalen Zusammenhangskomponenten gleich miteingebaut ist:

```
Algorithm Tarjan2( G = { V, E } )
{
    global integer M := 0, N := 0;                              (1)
    global stack   S := ∅;                                      (2)
    for ( x ∈ V ) do Num(x) := 0;                               (3)
    for ( x ∈ V ) do                                            (4)
        if ( Num(x) = 0 ) then BestimmeKomponente(x);           (5)
    N := 0;                                                     (6)
    for ( k = 1, ..., M ) do                                    (7)
    {
        Ĉ_k := C_{M+1-k};                                       (8)
        for ( x ∈ Ĉ_k ) do                                      (9)
        {
            N := N + 1;                                         (10)
            Num(x) := N;                                        (11)
        }
    }
}
```

Beachte, daß die ersten fünf Zeilen von Algorithmus *Tarjan2* mit denen des ursprünglichen Tarjan-Algorithmus übereinstimmen. Auch an der rekursiv aufgerufenen Suchfunktion *BestimmeKomponente* ändert sich nichts. Der einzige Unterschied zwischen beiden Varianten besteht darin, daß wir in Algorithmus *Tarjan2* die von Algorithmus *Tarjan* vorgenommene Numerierung der Zusammenhangskomponenten umkehren (8) und gleichzeitig eine entsprechende Numerierung der Knoten durchführen (10), (11). Wie oben bereits erwähnt, enthält die globale Variable M die Anzahl der gefundenen Zusammenhangskomponenten (7). Die Reihenfolge der Knoten innerhalb jeder Zusammenhangskomponente spielt für die Konstruktion unseres Glätters übrigens keine Rolle, da wir davon ausgehen, daß die entsprechenden Diagonalblocksysteme exakt gelöst werden.

Es sei jedoch darauf hingewiesen, daß es an dieser Stelle nicht ausreicht, die vom Tarjan-Algorithmus vorgenommene Knotennumerierung einfach umzukehren, so wie dies bei den maximalen Zusammenhangskomponenten der Fall ist. Tatsächlich gibt die ursprüngliche Knotennumerierung lediglich die Reihenfolge wieder, in der die Knoten während der Tiefensuche bearbeitet werden, und ist für uns an dieser Stelle wertlos.

5.3.3 Ein lokaler Block-Gauß-Seidel-Glätter

Mit Hilfe des modifizierten Tarjan-Algorithmus können wir nun einen robusten und effizienten Glätter für konvektionsdominierte Probleme konstruieren. Dabei setzen wir voraus, daß das zu lösende Randwertproblem (5.1.1) mit dem globalen Finite-Volumen Upwindverfahren aus Kapitel 5.1.3 diskretisiert wurde, und daß die Systemmatrizen $\mathbf{A}_k$ die entsprechenden Steifigkeitsmatrizen bzgl. der Triangulierungen $\mathcal{T}_k$, $0 \leq k < J$, sind. Die hier vorgeschlagene Konstruktion läßt sich aber auch auf andere Upwind-Diskretisierungen übertragen, vgl. dazu Bemerkung 5.3.20.

Sei von nun an $1 \leq k \leq J$ ein beliebiger, aber fester Stufenindex. Unsere Aufgabe besteht darin, für das auf der Stufe k zu lösenden Gleichungssystem

$$\mathbf{A}_k \, \mathbf{u}_k = \mathbf{f}_k \tag{5.3.1}$$

einen effizienten und robusten Glätter $\mathbf{C}_k$ zu konstruieren. Dabei gilt es unter anderem auch die Komplexität des resultierenden Mehrgitterverfahrens im Auge zu behalten. Bereits in Kapitel 5.2.3 wurde darauf hingewiesen, daß man im Falle adaptiver Verfeinerungen nur dann ein Verfahren optimaler Komplexität erwarten kann, wenn der Glätter selbst von optimaler Komplexität ist und sich der Glättungsprozeß nicht über alle Eckpunkte der jeweiligen Triangulierung $\mathcal{T}_k$ erstreckt, sondern lediglich über die Eckpunkte im tatsächlich verfeinerten Bereich. Man spricht in diesem Fall von einem *lokalen* Glätter.

Um einen solchen lokalen Glätter konstruieren zu können, müssen wir uns zunächst darüber klar werden, welche Eckpunkte wir zum „verfeinerten Bereich" zählen wollen. Wie in Definition 5.2.6 bezeichnen wir dazu wieder mit $N_{k,D}$ die Anzahl und mit $\mathcal{N}_{k,D} = \{\, x_1^{(k)}, \ldots, x_{N_{k,D}}^{(k)} \,\}$ die Menge aller Eckpunkte von $\mathcal{T}_k$, die nicht auf dem Rand von Ω liegen. Wir zählen einen Eckpunkt $x_j^{(k)} \in \mathcal{N}_{k,D}$ genau dann zum verfeinerten Bereich, wenn er Eckpunkt oder Kantenmittelpunkt eines Elements $T \in \mathcal{T}_{k-1}$ ist, das beim Übergang zu $\mathcal{T}_k$ verfeinert wird. Unser lokaler Glättungsprozeß erstreckt sich folglich über alle Punkte der Menge

$$\widetilde{\mathcal{N}}_{k,D} := \left\{ \, x \in \mathcal{N}_{k,D} \;\middle|\; x \text{ ist Eckpunkt eines Elements } T \in \mathcal{T}_k \setminus \mathcal{T}_{k-1} \, \right\}.$$

Die Menge der restlichen Eckpunkte in $\mathcal{N}_{k,D}$, die beim Glätten auf der Stufe k nicht berücksichtigt werden, bezeichnen wir mit $\mathcal{N}_{k,0}$, und ihre Anzahl mit $N_{k,0}$. Der Einfachheit halber nehmen wir an, daß die Eckpunkte von $\mathcal{T}_k$ so numeriert sind, daß $\mathcal{N}_{k,0} = \{\, x_1^{(k)}, \ldots, x_{N_{k,0}}^{(k)} \,\}$ gilt. Bzgl. der Aufspaltung $\mathcal{N}_{k,D} = \mathcal{N}_{k,0} \cup \widetilde{\mathcal{N}}_{k,D}$ besitzt $\mathbf{A}_k$ dann die Blockstruktur

$$\mathbf{A}_k = \begin{pmatrix} \mathbf{A}_k^{0,0} & \tilde{\mathbf{A}}_k^{0,1} \\ \tilde{\mathbf{A}}_k^{1,0} & \tilde{\mathbf{A}}_k \end{pmatrix}, \tag{5.3.2}$$

wobei $\tilde{\mathbf{A}}_k$ gerade der Diagonalblock zu den Eckpunkten in $\widetilde{\mathcal{N}}_{k,D}$ ist, dessen Dimension folglich $(N_{k,D} - N_{k,0}) \times (N_{k,D} - N_{k,0})$ beträgt. Nehmen wir nun an, es sei $\tilde{\mathbf{C}}_k$ ein geeigneter Glätter für $\tilde{\mathbf{A}}_k$. Dann ist durch

$$\mathbf{C}_k = \begin{pmatrix} \mathbf{0} & \mathbf{0} \\ \mathbf{0} & \tilde{\mathbf{C}}_k \end{pmatrix} \tag{5.3.3}$$

automatisch ein lokaler Glätter für das Gleichungssystem (5.3.1) definiert. Als eigenständige Iteration betrachtet, handelt es sich dabei in aller Regel natürlich um ein nichtkonvergentes Verfahren – es sei denn, es gilt $\mathcal{N}_{k,0} = \emptyset$ und folglich $\tilde{\mathbf{A}}_k = \mathbf{A}_k$, $\mathbf{C}_k = \tilde{\mathbf{C}}_k$, wie dies z.B. bei uniformen Verfeinerungen der Fall ist. Im allgemeinen aber kann erst in Kombination mit den Glättern der anderen Stufen ein konvergentes Verfahren entstehen.

Bemerkung 5.3.18 (Weitere Möglichkeiten zur Auswahl der Glättungspunkte) Beim Hierarchische-Basen-Mehrgitterverfahren von Bank, Dupont & Yserentant wird auf der Stufe $k > 0$ nur über die Kantenmittelpunkte von $\mathcal{T}_{k-1}$ geglättet, [17]. Diese Strategie liefert zwar im zweidimensionalen Fall noch ein Verfahren quasioptimaler Komplexität; in höheren Dimensionen allerdings verschlechtert sich die Konvergenzrate mit wachsender Anzahl der Verfeinerungsstufen drastisch (vgl. dazu auch Kapitel 5.2.4). Der BPX-Vorkonditionierer von Bramble, Pasciak & Xu hingegen läßt sich als additive Variante eines V-Zyklus interpretieren, bei dem zusätzlich zu den Kantenmittelpunkten auch über diejenigen Eckpunkte von $\mathcal{T}_{k-1}$ geglättet wird, deren entsprechende Knotenbasisfunktionen auf der Stufe $k-1$ sich von denen auf der Stufe k unterscheiden (siehe z.B. [158]). Da diese Strategie bekanntlich auf ein Verfahren optimaler Komplexität führt, sind wir mit unserer Definition der Menge $\widetilde{\mathcal{N}}_{k,D}$ auf der sicheren Seite, da sie alle solchen Eckpunkte von $\mathcal{T}_{k-1}$ enthält. Praktisch unterscheiden sich beide Varianten sowieso kaum, denn $\widetilde{\mathcal{N}}_{k,D}$ enthält im allgemeinen nur wenig Eckpunkte von $\mathcal{T}_{k-1}$, deren entsprechende Basisfunktionen sich beim Übergang zu $\mathcal{T}_k$ nicht ändern.

Unsere Aufgabe besteht also nun darin, einen geeigneten Glätter für $\tilde{\mathbf{A}}_k$ zu konstruieren. Dazu verwenden wir die Ergebnisse der beiden letzten Kapitel über die maximalen Zusammenhangskomponenten gerichteter Graphen. Um die entsprechende Verbindung herzustellen, ordnen wir der Matrix $\tilde{\mathbf{A}}_k$ einen gerichteten Graphen zu – den sogenannten *Konvektionsgraphen* $G(\tilde{\mathbf{A}}_k)$. Sei dazu zunächst $\mathbf{A}_k^C$ der Konvektionsanteil von $\mathbf{A}_k$. Da $\mathbf{A}_k$ nach Voraussetzung die Steifigkeitsmatrix des globalen Upwindverfahrens aus Kapitel 5.1.3 ist, genügen die Nichtdiagonaleinträge $A_{k,i,j}^C$ von $\mathbf{A}_k^C$ den Bedingungen

$$A_{k,i,j}^C \leq 0\,, \qquad i \neq j\,, \tag{5.3.4a}$$

bzw.

$$A_{k,i,j}^C\, A_{k,j,i}^C = 0\,, \qquad i \neq j\,. \tag{5.3.4b}$$

Die gleichen Bedingungen gelten natürlich auch für den entsprechenden Konvektionsanteil $\tilde{\mathbf{A}}_k^C$ von $\tilde{\mathbf{A}}_k$, der aus den Einträgen $A_{k,i,j}^C$, $N_{k,0} < i,j \leq N_{k,D}$, besteht. Aus Kapitel 5.1.3 wissen wir, daß $A_{k,i,j}^C < 0$ genau dann gilt, wenn die Eckpunkte $x_i^{(k)}, x_j^{(k)}$ bzgl. $\mathcal{T}_k$ benachbart sind und $x_i^{(k)}$ von $x_j^{(k)}$ aus gesehen stromabwärts liegt. Es macht daher Sinn, die Eckpunkte in $\widetilde{\mathcal{N}}_{k,D}$ als Knoten eines gerichteten Graphen aufzufassen, dessen Kanten durch die negativen Einträge von $\tilde{\mathbf{A}}_k^C$ bestimmt sind. Wir bezeichnen diesen Graphen mit $G(\tilde{\mathbf{A}}_k)$ und nennen ihn den *Konvektionsgraph* von $\tilde{\mathbf{A}}_k$. Formal definieren wir $G(\tilde{\mathbf{A}}_k) = \left\{ V(\tilde{\mathbf{A}}_k), E(\tilde{\mathbf{A}}_k) \right\}$ als den Graph mit den Knoten

$$V(\tilde{\mathbf{A}}_k) := \widetilde{\mathcal{N}}_{k,D} = \left\{ x_{N_{k,0}+1}^{(k)}, \ldots, x_{N_{k,D}}^{(k)} \right\}, \tag{5.3.5a}$$

und den Kanten

$$E(\tilde{\mathbf{A}}_k) := \left\{ (x_j^{(k)}, x_i^{(k)}) \;\middle|\; A_{k,i,j}^C < 0;\ N_{k,0} < i,j \leq N_{k,D};\ i \neq j \right\}. \tag{5.3.5b}$$

Man beachte hierbei die Vertauschung der Indizes in (5.3.5b): Jeder Eintrag $A_{k,i,j}^C < 0$ entspricht einer Kante von $x_j^{(k)}$ nach $x_i^{(k)}$. Da wegen (5.3.4a) immer wenigstens einer der beiden Einträge $A^C_{k,i,j}$ bzw. $A^C_{k,j,i}$ verschwindet, kann es zwischen je zwei Knoten in $G(\tilde{\mathbf{A}}_k)$ höchstens eine Kante geben. Da $A^C_{k,i,j} < 0$ außerdem nur für benachbarte Eckpunkte $x_i^{(k)}, x_j^{(k)}$ gelten kann, gehört zu jeder Kante im Konvektionsgraph auch eine entsprechende Kante in $\mathcal{T}_k$.

Mit dem modifizierten Tarjan-Algorithmus (Algorithmus *Tarjan2* aus Kapitel 5.3.2) können wir nun die maximalen Zusammenhangskomponenten des Konvektionsgraphen $G(\tilde{\mathbf{A}}_k)$ bestimmen. Wir bezeichnen ihre Anzahl mit M und die maximalen Zusammenhangskomponenten selbst mit $\mathcal{N}_{k,1}, \ldots, \mathcal{N}_{k,M}$. Die Knoten innerhalb jeder Komponente sind nach Konstruktion des Algorithmus fortlaufend numeriert. Die entsprechende Zerlegung

$$\widetilde{\mathcal{N}}_{k,D} = \mathcal{N}_{k,1} \cup \mathcal{N}_{k,2} \cup \cdots \cup \mathcal{N}_{k,M}$$

induziert daher die folgende Blockstruktur[6] von $\tilde{\mathbf{A}}_k$:

$$\tilde{\mathbf{A}}_k = \begin{pmatrix} \mathbf{A}_k^{1,1} & \mathbf{A}_k^{1,2} & \cdots & \mathbf{A}_k^{1,M} \\ \mathbf{A}_k^{2,1} & \mathbf{A}_k^{2,2} & \cdots & \mathbf{A}_k^{2,M} \\ \vdots & \vdots & \ddots & \vdots \\ \mathbf{A}_k^{M,1} & \mathbf{A}_k^{M,2} & \cdots & \mathbf{A}_k^{M,M} \end{pmatrix}. \tag{5.3.6}$$

Die jeweils i-te Blockzeile in dieser Darstellung enthält alle Zeilen von $\tilde{\mathbf{A}}_k$ zu den entsprechenden Eckpunkten von $\mathcal{N}_{k,i}$. Bezeichnen wir deren Anzahl mit $N_{k,i}$, so beträgt die Dimension jedes Blockes $\mathbf{A}_k^{i,j}$ gerade $N_{k,i} \times N_{k,j}$.

Nach Anwendung des modifizierten Tarjan-Algorithmus sind die maximalen Zusammenhangskomponenten $\mathcal{N}_{k,1}, \ldots, \mathcal{N}_{k,M}$ bereits in Konvektionsrichtung numeriert, d.h. genauer gesagt, in Richtung der Kanten des entsprechenden Metagraphen. Für je zwei Eckpunkte $x_i^{(k)}, x_j^{(k)}$ kann also die Kante $(x_j^{(k)}, x_i^{(k)}) \in E(\tilde{\mathbf{A}}_k)$ nur dann existieren, wenn für die entsprechenden Komponentenindizes c_i, c_j die Ungleichung $c_j \leq c_i$ gilt. Nach Definition von $E(\tilde{\mathbf{A}}_k)$ ist folglich der zugehörige Eintrag $A^C_{k,i,j}$ der Konvektionsmatrix $\tilde{\mathbf{A}}_k^C$ im Falle $c_j \geq c_i$ gleich Null. Hieraus schließen wir, daß $\tilde{\mathbf{A}}_k^C$ in der zu (5.3.6) analogen Darstellung untere Blockdreiecksgestalt besitzt:

$$\tilde{\mathbf{A}}_k^C = \begin{pmatrix} \mathbf{A}_k^{C,1,1} & \mathbf{0} & \cdots & \mathbf{0} \\ \mathbf{A}_k^{C,2,1} & \mathbf{A}_k^{C,2,2} & \cdots & \mathbf{0} \\ \vdots & \vdots & \ddots & \vdots \\ \mathbf{A}_k^{C,M,1} & \mathbf{A}_k^{C,M,2} & \cdots & \mathbf{A}_k^{C,M,M} \end{pmatrix}.$$

[6] Strenggenommen müssen wir in Zeile (6) von Algorithmus *Tarjan2* die Initialisierung $N := 0$ durch $N := N_{k,0}$ ersetzen, um zu gewährleisten, daß die Numerierung der Eckpunkte bei $\mathcal{N}_{k,0} + 1$ beginnt.

Für untere Blockdreiecksmatrizen ist aber nun das entsprechende Block-Gauß-Seidel-Verfahren ein exakter Löser. Es bietet sich daher an, das gleiche Verfahren auch als Glätter für $\tilde{\mathbf{A}}_k$ zu verwenden. Der zugehörige Vorkonditionierer $\tilde{\mathbf{C}}_k$ ist definiert durch

$$\tilde{\mathbf{C}}_k = \begin{pmatrix} \mathbf{A}_k^{1,1} & \mathbf{0} & \cdots & \mathbf{0} \\ \mathbf{A}_k^{2,1} & \mathbf{A}_k^{2,2} & \cdots & \mathbf{0} \\ \vdots & \vdots & \ddots & \vdots \\ \mathbf{A}_k^{M,1} & \mathbf{A}_k^{M,2} & \cdots & \mathbf{A}_k^{M,M} \end{pmatrix}^{-1} .$$

Auf diese Weise haben wir einen Glätter für $\tilde{\mathbf{A}}_k$ konstruiert, der im reinen Konvektionsfall ($\tilde{\mathbf{A}}_k = \tilde{\mathbf{A}}_k^C$) zu einem exakten Löser entartet. Um die Existenz von $\tilde{\mathbf{C}}_k$ sicherzustellen, setzen wir voraus, daß die Diagonalblöcke $\mathbf{A}_k^{1,1}, \ldots, \mathbf{A}_k^{M,M}$ invertierbar sind. Dies ist nach den Bemerkungen 5.1.9 bzw. 5.1.11 in Kapitel 5.1.2 z.B. dann der Fall, wenn der entsprechende Diffusionsanteil $\mathbf{A}_k^D$ die M-Matrix-Eigenschaft besitzt oder der Konvektionsanteil $\mathbf{A}_k^C$ numerisch divergenzfrei ist. Ansonsten sind die genannten Diagonalblöcke zumindest für hinreichend kleine h nichtsingulär.

Die Existenz von $\tilde{\mathbf{C}}_k$ vorausgesetzt, können wir nun den gesuchten lokalen Glätter $\mathbf{C}_k$ für $\mathbf{A}_k$ durch (5.3.3) definieren. Einen einzelnen Glättungsschritt auf der Stufe k schreiben wir zunächst in der Form

$$\mathbf{u}_k^{(m+1)} = \mathbf{u}_k^{(m)} + \mathbf{C}_k \left(\mathbf{f}_k - \mathbf{A}_k \mathbf{u}_k^{(m)} \right) . \tag{5.3.7}$$

Aus dieser Darstellung läßt sich allerdings nur schwer ablesen, wie $\mathbf{u}_k^{(m+1)}$ in der Praxis tatsächlich berechnet wird. Um (5.3.7) in eine für praktische Zwecke besser geeignete Form zu bringen, verwenden wir die folgende, durch die Zerlegung $\mathcal{N}_{k,D} = \mathcal{N}_{k,0} \cup \mathcal{N}_{k,1} \cup \cdots \cup \mathcal{N}_{k,M}$ induzierte Blockstruktur von $\mathbf{A}_k$, $\mathbf{u}_k^{(m)}$ bzw. $\mathbf{f}_k$:

$$\mathbf{A}_k = \begin{pmatrix} \mathbf{A}_k^{0,0} & \mathbf{A}_k^{0,1} & \cdots & \mathbf{A}_k^{0,M} \\ \mathbf{A}_k^{1,0} & \mathbf{A}_k^{1,1} & \cdots & \mathbf{A}_k^{1,M} \\ \vdots & \vdots & \ddots & \vdots \\ \mathbf{A}_k^{M,0} & \mathbf{A}_k^{M,1} & \cdots & \mathbf{A}_k^{M,M} \end{pmatrix}, \quad \mathbf{u}_k^{(m)} = \begin{pmatrix} \mathbf{u}_{k,0}^{(m)} \\ \mathbf{u}_{k,1}^{(m)} \\ \vdots \\ \mathbf{u}_{k,M}^{(m)} \end{pmatrix}, \quad \mathbf{f}_k = \begin{pmatrix} \mathbf{f}_{k,0} \\ \mathbf{f}_{k,1} \\ \vdots \\ \mathbf{f}_{k,M} \end{pmatrix}.$$

Die Blöcke $\mathbf{A}_k^{0,0}$ bzw. $\mathbf{A}_k^{i,j}$, $1 \le i,j \le M$, sind hier natürlich die gleichen wie in (5.3.2) bzw. (5.3.6). Mit Hilfe dieser Blockstruktur läßt sich nun leicht die folgende, zu (5.3.7) äquivalente Darstellung des lokalen Block-Gauß-Seidel-Verfahrens beweisen:

$$\mathbf{u}_{k,0}^{(m+1)} = \mathbf{u}_{k,0}^{(m)} \tag{5.3.8a}$$

$$\mathbf{u}_{k,i}^{(m+1)} = (\mathbf{A}_k^{i,i})^{-1} \Big(\mathbf{f}_{k,i} - \sum_{j=0}^{i-1} \mathbf{A}_k^{i,j} \mathbf{u}_{k,j}^{(m+1)} - \sum_{j=i+1}^{M} \mathbf{A}_k^{i,j} \mathbf{u}_{k,j}^{(m)} \Big), \qquad 1 \le i \le M. \tag{5.3.8b}$$

Wie man sieht, wird der erste Block des Vektors $\mathbf{u}_k^{(m)}$ unverändert übernommen. In die Bestimmung der übrigen Blöcke fließen dann jeweils die bereits berechneten Blöcke von $\mathbf{u}_k^{(m+1)}$ mit ein. Um Speicherplatz zu sparen, werden deswegen in der Praxis üblicherweise die alten Blöcke einfach mit den neuen überschrieben.

Bemerkung 5.3.19 (Implementierungshinweis)
Die maximalen Zusammenhangskomponenten und ihre Reihenfolge brauchen natürlich nicht in jedem Glättungsschritt aufs neue bestimmt zu werden. Es empfiehlt sich vielmehr, den modifizierten Tarjan-Algorithmus in einer Art Initialisierungsphase vor der ersten Mehrgitteriteration einmal für jede der Stufen $1 \le k \le J$ aufzurufen.

Ist der Konvektionsgraph $G(\tilde{\mathbf{A}}_k)$ zyklusfrei, so bestehen alle maximalen Zusammenhangskomponenten nach Lemma 5.3.10 nur aus jeweils einem einzigen Eckpunkt. In diesem Fall stimmt unser Glätter mit einem einfachen lokalen Gauß-Seidel-Verfahren überein, und der Aufwand für einen Glättungsschritt ist folglich von der Größenordnung $O(\widetilde{N}_{k,D})$. Im allgemeinen Fall hingegen sind in jedem Glättungsschritt nacheinander M lineare Gleichungssysteme der Form

$$\mathbf{A}_k^{i,i}\mathbf{u}_{k,i} = \mathbf{r}_{k,i}\,, \qquad 1 \le i \le M\,, \tag{5.3.9}$$

zu lösen. Solange die Diagonalblöcke $\mathbf{A}_k^{i,i}$ relativ klein sind, wie etwa im Falle künstlicher Zyklen (vgl. Kapitel 5.3.5), ist das sicherlich kein Problem. Leider können aber die maximalen Zusammenhangskomponenten $\mathcal{N}_{k,i}$ und mit ihnen die Blöcke $\mathbf{A}_k^{i,i}$ auch sehr groß werden, z.B. wenn das Konvektionsfeld b größere Wirbel enthält. Tatsächlich ist es im Extremfall sogar möglich, daß $G(\tilde{\mathbf{A}}_k)$ nur aus einer einzigen maximalen Zusammenhangskomponente besteht.

In solchen Fällen ist es aus Komplexitätsgründen im allgemeinen nicht mehr sinnvoll, jedes der Gleichungssysteme (5.3.9) exakt zu lösen. In der Praxis wird man stattdessen ein Iterationsverfahren verwenden, um entsprechende Näherungslösungen zu bestimmen. Wir werden im nächsten Kapitel einen Ansatz zur Konstruktion eines solchen Verfahrens vorstellen, der allerdings auf dreidimensionale Probleme nur bedingt anwendbar ist. Ein allgemein einsetzbares, effizientes und robustes Verfahren zur Lösung der genannten Blocksysteme existiert unseres Wissens nach bisher noch nicht. Bis ein solches Verfahren zur Verfüngung steht, wird man daher bei der Anwendung des hier vorgestellten Verfahrens auf Probleme mit großen Wirbeln entweder bei der Robustheit oder bei der Komplexität gewisse Abstriche hinnehmen müssen.

Bemerkung 5.3.20 (Verwendung anderer Upwind-Diskretisierungen)
Die hier vorgestellte Konstruktion macht zunächst für alle Upwind-Diskretisierungen Sinn, die den Bedingungen (5.3.4a) und (5.3.4b) genügen. Die genannte Strategie ist aber auch dann noch anwendbar, wenn zwar die Vorzeichenbedingung (5.3.4a), nicht aber die Produktbedingung (5.3.4b) erfüllt ist, wie z.B. beim lokalen Upwindverfahren aus Kapitel 5.1.2. Man verwende in diesem Fall zur Definition des Konvektionsgraphen anstatt der Konvektionsmatrix $\tilde{\mathbf{A}}_k^C$ deren *nichtsymmetrischen*[7] Anteil $\tilde{\mathbf{A}}_k^{C,NS}$, dessen Einträge gegeben sind durch $A_{k,i,j}^{NS} = A_{k,i,j} - \max\{A_{k,i,j}, A_{k,j,i}\}$, $N_{k,0} < i,j \le N_{k,D}$. Der entsprechende Glätter $\tilde{\mathbf{C}}_k$ ist zwar im konvektionsdominierten Fall kein exakter Löser mehr, enthält aber immerhin noch den nichtsymmetrischen Anteil $\tilde{\mathbf{A}}_k^{C,NS}$ der Konvektionsmatrix $\tilde{\mathbf{A}}_k^C$. Das resultierende Mehrgitterverfahren sollte auch in diesem Fall ein robustes Verhalten zeigen.

[7] Der nichtsymmetrische Anteil einer Matrix $\mathbf{A}$ darf nicht mit dem schiefsymmetrischen Anteil $(\mathbf{A}-\mathbf{A}^T)/2$ verwechselt werden.

5.3.4 Feedback Vertices

Eine Möglichkeit zur Lösung der Blocksysteme (5.3.9) besteht darin, die entsprechenden Zusammenhangskomponenten an bestimmten Knoten „*aufzuschneiden*“, so daß der von den übrigen Knoten aufgespannte Teilgraph zyklusfrei ist. In der Graphentheorie bezeichnet man solche Knoten als *Feedback Vertices*:

Definition 5.3.21 (Feedback Vertices)
Sei $G = \{V, E\}$ ein gerichteter Graph und $C \subset V$ eine maximale Zusammenhangskomponente von G. Eine Teilmenge $F \subset C$ heißt *Feedback-Vertex-Menge* für C, wenn der von $C' := C \setminus F$ aufgespannte Teilgraph $G_{C'} := \{C', E_{C'}\}$ mit der Kantenmenge

$$E_{C'} = \left\{ (x,y) \in E \;\middle|\; x, y \in C' \right\}$$

zyklusfrei ist. Die Knoten $x \in F$ heißen *Feedback Vertices* von C. Wir nennen eine Feedback-Vertex-Menge F *minimal*, wenn für jeden Knoten $x \in F$ die Menge $F \setminus \{x\}$ keine Feedback-Vertex-Menge von C mehr ist. F heißt *optimal*, wenn jede andere Feedback-Vertex-Menge F' von C wenigstens ebensoviele Knoten enthält wie F.

Bemerkung 5.3.22 Eine maximale Zusammenhangskomponente besitzt im allgemeinen mehrere optimale Feedback-Vertex-Mengen. Jede optimale Feedback-Vertex-Menge ist minimal; die Umkehrung gilt jedoch nicht: eine minimale Feedback-Vertex-Menge ist im allgemeinen nicht optimal.

Minimale und optimale Feedback-Vertex-Mengen unterscheiden sich vor allem auch in der Komplexität des entsprechenden Bestimmungsproblems. So ist z.B. die Bestimmung einer minimaler Feedback-Vertex-Menge mit linearem Aufwand möglich: Man nehme einen Knoten nach dem anderen aus C heraus und füge ihn der Menge C' hinzu, solange der entsprechende Teilgraph $G_{C'}$ dabei zyklusfrei bleibt. Läßt sich kein Knoten $x \in C \setminus C'$ mehr finden, so daß der zu $C' \cup \{x\}$ gehörenden Teilgraph $G_{C' \cup \{x\}}$ zyklusfrei bleibt, so ist $F := C \setminus C'$ eine minimale Feedback-Vertex-Menge für C.

Im Gegensatz dazu handelt es sich bei der Bestimmung optimaler Feedback-Vertex-Mengen um ein NP-vollständiges Problem (siehe. z.B. [64]). In speziellen Fällen ist es jedoch möglich, mit linearem Aufwand eine *quasioptimale* Menge von Feedback Vertices zu bestimmen, deren Anzahl sich mit einer von der aktuellen Komponente unabhängigen Konstante durch die optimale Anzahl abschätzen läßt. So wurde z.B. von W. Hackbusch kürzlich ein entsprechendes Verfahren für planare Graphen entwickelt, wie sie bei der Behandlung zweidimensionaler Konvektions-Diffusions-Probleme auftreten, [83]. Der von ihm vorgeschlagene Algorithmus ist von optimaler Komplexität, und die Anzahl der in jeder Komponente ausgewählten Feedback Vertices ist höchstens doppelt so hoch wie die optimale Anzahl. Erste Ergebnisse der Anwendung dieses Verfahrens auf zweidimensionale, konvektionsdominierte Randwertprobleme mit Zyklen findet man z.B. in den Arbeiten von Hackbusch & Probst, [84], bzw. J. Wunner, [150].

Mit Hilfe der Feedback Vertices läßt sich nun leicht ein Vorkonditionierer für die Blocksysteme (5.3.9) konstruieren, der im konvektionsdominierten Fall zu einem exakten Löser entartet.

Sei dazu C eine der maximalen Zusammenhangskomponenten $\mathcal{N}_{k,i}$, und $\mathbf{A} := \mathbf{A}_k^{i,i}$ sei der zugehörige Diagonalblock in (5.3.6). Weiter sei $F \subset C$ eine beliebige Feedback-Vertex-Menge von C. Dann induziert die Zerlegung $C = C' \cup F$ bei geeigneter Numerierung der Eckpunkte die folgende Blockstruktur von $\mathbf{A}$:

$$\mathbf{A} = \begin{pmatrix} \mathbf{A}_{11} & \mathbf{A}_{12} \\ \mathbf{A}_{21} & \mathbf{A}_{22} \end{pmatrix}. \tag{5.3.10}$$

Hierbei sei $\mathbf{A}_{22}$ der Diagonalblock zu den Feedback Vertices und $\mathbf{A}_{11}$ der entsprechende Block zu den Eckpunkten in C'. Die Dimension von $\mathbf{A}_{22}$ stimmt folglich mit der Anzahl der Feedback Vertices überein.

Von nun an setzen wir voraus, daß sowohl $\mathbf{A}$ als auch $\mathbf{A}_{11}$ invertierbar sind. Beides ist z.B. dann der Fall, wenn der entsprechende Diffusionsanteil $\mathbf{A}^D$ die M-Matrix-Eigenschaft besitzt oder der Konvektionsanteil $\mathbf{A}^C$ numerisch divergenzfrei ist (siehe Bemerkung 5.1.9 bzw. 5.1.11 in Kapitel 5.1.2). Ansonsten existieren $\mathbf{A}^{-1}$ bzw. $\mathbf{A}_{11}^{-1}$ in jedem Fall für hinreichend kleine h. Die entsprechende Block-LU-Zerlegung von $\mathbf{A}$ führt dann auf die Darstellung

$$\mathbf{A} = \begin{pmatrix} \mathbf{A}_{11} & \mathbf{0} \\ \mathbf{A}_{21} & \mathbf{I} \end{pmatrix} \begin{pmatrix} \mathbf{I} & \mathbf{A}_{11}^{-1}\mathbf{A}_{12} \\ \mathbf{0} & \mathbf{S} \end{pmatrix} \tag{5.3.11}$$

mit dem sogenannten *Schur-Komplement*

$$\mathbf{S} = \mathbf{A}_{22} - \mathbf{A}_{21}\mathbf{A}_{11}^{-1}\mathbf{A}_{12}\,.$$

Nun ist mit $\mathbf{A}$ und $\mathbf{A}_{11}$ auch das Schurkomplement $\mathbf{S}$ nichtsingulär. Durch Invertierung der beiden Blockdreiecksmatrizen in (5.3.11) erhalten wir daher für $\mathbf{A}^{-1}$ die Darstellung

$$\mathbf{A}^{-1} = \begin{pmatrix} \mathbf{I} & \mathbf{A}_{11}^{-1}\mathbf{A}_{12}\mathbf{S}^{-1} \\ \mathbf{0} & \mathbf{S}^{-1} \end{pmatrix} \begin{pmatrix} \mathbf{A}_{11}^{-1} & \mathbf{0} \\ -\mathbf{A}_{21}\mathbf{A}_{11}^{-1} & \mathbf{I} \end{pmatrix}.$$

Jedes Gleichungssystem der Form $\mathbf{Au} = \mathbf{f}$ mit der Blockstruktur

$$\begin{pmatrix} \mathbf{A}_{11} & \mathbf{A}_{12} \\ \mathbf{A}_{21} & \mathbf{A}_{22} \end{pmatrix} \begin{pmatrix} \mathbf{u}_1 \\ \mathbf{u}_2 \end{pmatrix} = \begin{pmatrix} \mathbf{f}_1 \\ \mathbf{f}_2 \end{pmatrix}$$

kann daher mit Hilfe des folgenden Algorithmus exakt gelöst werden:

Algorithm *FeedbackVertexLöser(* $\mathbf{A}, \mathbf{u}, \mathbf{f}$ *)*

{

$\mathbf{S} = \mathbf{A}_{22} - \mathbf{A}_{21}\mathbf{A}_{11}^{-1}\mathbf{A}_{12}$; *(1)*

$\mathbf{v}_1 = \mathbf{A}_{11}^{-1}\mathbf{f}_1$; *(2)*

$\mathbf{v}_2 = \mathbf{f}_2 - \mathbf{A}_{21}\mathbf{v}_1$; *(3)*

$\mathbf{u}_2 = \mathbf{S}^{-1}\mathbf{v}_2$; *(4)*

$\mathbf{u}_1 = \mathbf{v}_1 - \mathbf{A}_{11}^{-1}\mathbf{A}_{12}\mathbf{u}_2$; *(5)*

}

Die Lösung des linearen Gleichungssystems $\mathbf{Au} = \mathbf{f}$ läßt sich auf diese Weise im wesentlichen auf die Berechnung des Schur-Komplements $\mathbf{S}$ sowie auf die Lösung von insgesamt drei Gleichungssystemen geringerer Dimension – eins mit Matrix $\mathbf{S}$ und je zwei mit Matrix $\mathbf{A}_{11}$ – zurückführen. Allerdings sind zur Berechnung von $\mathbf{S}$ ebenfalls noch eine Reihe von Gleichungssystemen mit Matrix $\mathbf{A}_{11}$ zu lösen – genauer gesagt, für jeden Feedback Vertex eins. Die Anwendung von Algorithmus *FeedbackVertexLöser* macht also aus Effizienzgründen nur dann Sinn, wenn die Feedback-Vertex-Menge F im Vergleich zur Zusammenhangskomponente C relativ klein ist und sich Gleichungssysteme mit der Matrix $\mathbf{A}_{11}$ effizient lösen lassen.

Letzteres ist z.B. dann der Fall, wenn $\mathbf{A}_{11}$ eine untere Dreiecksmatrix ist. Zwar ist diese Bedingung im allgemeinen nicht erfüllt; weil aber der zugehörige Teilgraph $G_{C'}$ nach Definition der Feedback Vertices zyklusfrei ist, lassen sich die Eckpunkte in C' so numerieren, daß zumindest der entsprechende Konvektionsanteil von $\mathbf{A}_{11}$ untere Dreiecksgestalt annimmt. Wenn wir nun in Algorithmus *FeedbackVertexLöser* die Blockmatrix $\mathbf{A}_{11}$ durch ihren unteren Dreiecksanteil $\mathbf{L}_{11}$ (inkl. der Diagonalen) ersetzen, so erhalten wir einen Vorkonditionierer $\mathbf{C}$ für $\mathbf{A}$, der im konvektionsdominierten Fall zu einem exakten Löser entartet. Der so konstruierte Vorkonditionierer besitzt die Darstellung

$$\mathbf{C} = \begin{pmatrix} \mathbf{L}_{11} & \mathbf{A}_{12} \\ \mathbf{A}_{21} & \mathbf{A}_{22} \end{pmatrix}^{-1} = \begin{pmatrix} \mathbf{I} & \mathbf{L}_{11}^{-1}\mathbf{A}_{12}\tilde{\mathbf{S}}^{-1} \\ \mathbf{0} & \tilde{\mathbf{S}}^{-1} \end{pmatrix} \begin{pmatrix} \mathbf{L}_{11}^{-1} & \mathbf{0} \\ -\mathbf{A}_{21}\mathbf{L}_{11}^{-1} & \mathbf{I} \end{pmatrix}$$

mit entsprechend modifiziertem Schur-Komplement $\tilde{\mathbf{S}} = \mathbf{A}_{22} - \mathbf{A}_{21}\mathbf{L}_{11}^{-1}\mathbf{A}_{12}$. Letzteres braucht natürlich nicht in jedem Iterationsschritt neu berechnet zu werden; stattdessen empfiehlt es sich, die Bestimmung der Feedback Vertices, die Numerierung der restlichen Eckpunkte, und die Berechnung des Schur-Komplements für jede maximale Zusammenhangskomponente direkt nach dem modifizierten Tarjan-Algorithmus durchzuführen – in der Initialisierungsphase vor dem ersten Mehrgitterzyklus (vgl. Bemerkung 5.3.19). Unter der Annahme, daß das Schur-Komplement $\tilde{\mathbf{S}}$ bereits zur Verfügung steht, können wir dann zur Berechnung eines Iterationsschrittes der Form

$$\mathbf{u}^{(m+1)} = \mathbf{u}^{(m)} + \mathbf{C}\,(\mathbf{f} - \mathbf{A}\mathbf{u}^{(m)})$$

den folgenden Algorithmus verwenden:

Algorithm *FeedbackVertexIteration(* $\mathbf{A}, \mathbf{u}^{(m)}, \mathbf{f}$ *)*
{
$\mathbf{r} = \mathbf{f} - \mathbf{A}\mathbf{u}^{(m)};$ *(1)*
$\mathbf{v}_1 = \mathbf{L}_{11}^{-1}\mathbf{r}_1;$ *(2)*
$\mathbf{v}_2 = \mathbf{r}_2 - \mathbf{A}_{21}\mathbf{v}_1;$ *(3)*
$\mathbf{e}_2 = \tilde{\mathbf{S}}^{-1}\mathbf{v}_2;$ *(4)*
$\mathbf{e}_1 = \mathbf{v}_1 - \mathbf{L}_{11}^{-1}\mathbf{A}_{12}\mathbf{e}_2;$ *(5)*
$\mathbf{u}^{(m+1)} = \mathbf{u}^{(m)} + \mathbf{e};$ *(6)*
}

Neben zwei Gleichungssystemen mit Dreiecksmatrix $\mathbf{L}_{11}$ ist bei jedem Aufruf von Algorithmus *FeedbackVertexIteration* noch ein Gleichungssystem mit der Schur-Komplement-Matrix $\tilde{\mathbf{S}}$ zu lösen. Da $\tilde{\mathbf{S}}$ im allgemeinen dicht besetzt ist, ist die Anwendung von Algorithmus *FeedbackVertexIteration* nur sinnvoll, wenn die Anzahl der Feedback Vertices im Vergleich zur Größe der entsprechenden Zusammenhangskomponente relativ klein ist. Ist dies für eine der maximalen Zusammenhangskomponenten $\mathcal{N}_{k,i}$ der Fall, so können wir bei der Anwendung unseres Block-Gauß-Seidel-Glätters die exakte Lösung des Gleichungssystems

$$\mathbf{A}_k^{i,i}\mathbf{u}_{k,i}^{(m+1)} = \mathbf{r}_{k,i} := \mathbf{f}_{k,i} - \sum_{j=0}^{i-1} \mathbf{A}_k^{i,j}\mathbf{u}_{k,j}^{(m+1)} - \sum_{j=i+1}^{M} \mathbf{A}_k^{i,j}\mathbf{u}_{k,j}^{(m)} \tag{5.3.12}$$

durch eine Iteration mit dem entsprechenden Vorkonditionierer $\mathbf{C} = \mathbf{C}_k^{i,i}$ und dem Startvektor $\mathbf{u}_{k,i}^{(m)}$ ersetzen. Da das resultierende Block-Gauß-Seidel-Verfahren lediglich als Glätter eingesetzt werden soll, lohnt es sich im allgemeinen nicht, (5.3.12) durch Ausiterieren praktisch exakt zu lösen. Vielmehr genügt es an dieser Stelle, die Berechnung von $\mathbf{u}_{k,i}^{(m+1)} = (\mathbf{A}_k^{i,i})^{-1}\mathbf{r}_{k,i}$ durch einen einzigen Iterationsschritt der folgenden Form zu ersetzen:

$$\begin{aligned} \mathbf{u}_{k,i}^{(m+1)} &= \mathbf{u}_{k,i}^{(m)} + \mathbf{C}_k^{i,i}\Big(\mathbf{r}_{k,i} - \mathbf{A}_k^{i,i}\mathbf{u}_{k,i}^{(m)}\Big) \\ &= \mathbf{u}_{k,i}^{(m)} + \mathbf{C}_k^{i,i}\Big(\mathbf{f}_{k,i} - \sum_{j=0}^{i-1} \mathbf{A}_k^{i,j}\mathbf{u}_{k,j}^{(m+1)} - \sum_{j=i}^{M} \mathbf{A}_k^{i,j}\mathbf{u}_{k,j}^{(m)}\Big)\,. \end{aligned}$$

Das resultierende Block-Gauß-Seidel-Verfahren ist dann – zumindest was den verfeinerten Bereich angeht – immer noch ein exakter Löser für den reinen Konvektionsfall. Außerdem bleiben auch die für den symmetrischen Fall so wichtigen Glättungseigenschaften erhalten, da es sich bei den Vorkonditionierern $\mathbf{C}_k^{i,i}$ ebenfalls um Gauß-Seidel-artige Verfahren handelt. Unter der Voraussetzung, daß entweder die maximalen Zusammenhangskomponenten oder die entsprechenden Feedback-Vertex-Mengen relativ klein sind, steht uns somit ein robuster und effizienten Glätter für konvektionsdominierte Probleme zur Verfügung.

Bemerkung 5.3.23 (Zur Größe der Feedback-Vertex-Mengen)
Wie wir gesehen haben, hängt die Effizienz des modifizierten Block-Gauß-Seidel-Verfahrens ganz entscheidend von der relativen Größe der entsprechenden Feedback-Vertex-Mengen ab. Bei dreidimensionalen Problemen müssen wir damit rechnen, daß die optimale Anzahl von Feedback Vertices in einer maximalen Zusammenhangskomponente mit N Knoten etwa von der Größenordnung $O(N^{2/3})$ ist. Selbst wenn es gelingen sollte, eine optimale bzw. quasioptimale Feedback-Vertex-Menge effizient zu bestimmen, kann in diesem Fall im allgemeinen weder das Schur-Komplement $\tilde{\mathbf{S}}$ noch die Lösung des entsprechenden Gleichungssystems mit linearem Aufwand bestimmt werden. Die hier beschriebene Strategie wird daher bei dreidimensionalen Problemen mit großen Wirbeln nur in den seltensten Fällen auf ein Verfahren optimaler Komplexität führen.

5.3.5 Künstliche Zyklen

Solange zur Lösung der entsprechenden Diagonalblocksysteme kein allgemein anwendbares und effizientes Verfahren zur Verfügung steht, eignet sich der in Kapitel 5.3.3 vorgestellte Glätter also zunächst nur für Probleme mit relativ kleinen Zyklen. Dazu zählen in den meisten Fällen vor allem die sogenannten *künstlichen Zyklen*, die ihren Ursprung nicht in irgendwelchen Wirbeln des Konvektionsfeldes b haben, sondern von der Diskretisierung herrühren. Wie das folgende Beispiel zeigt, können künstliche Zyklen sogar bei konstanter Konvektion auftreten und sich über die Kanten eines einzigen Elements erstrecken.

Beispiel 5.3.24 (Enstehung künstlicher Zyklen)

Die Entstehung künstlicher Zyklen läßt sich am besten anhand eines zweidimensionalen Beispiels verdeutlichen. Man betrachte dazu die in Abb. 5.5 dargestellte Situation. Zu sehen ist dort ein Dreieck ABC mit einigen seiner Nachbarn und einem Ausschnitt des entsprechenden dualen Boxgitters. Wir nehmen an, das Strömungsfeld b sei konstant und von rechts nach links gerichtet.

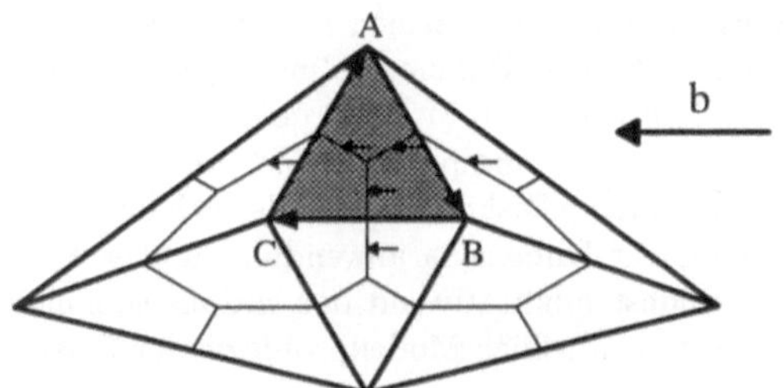

Abb. 5.5: Entstehung künstlicher Zyklen

Da das gemeinsame Randstück je zweier benachbarter Boxen aus jeweils zwei geraden Liniensegmenten besteht, errechnet sich der konvektive Gesamtfluß von einer Box in die andere aus der Summe der entsprechenden Teilflüsse über eben diese beiden Liniensegmente. Hieraus folgt zunächst, daß der Gesamtfluß von der Box B in die Box C positiv ist, da das gleiche auch für die beiden Teilflüsse gilt.

Im Gegensatz dazu betrachte man nun den Fluß über die beiden Liniensegmente zwischen den Boxen A und B. Beide Teilflüsse kreuzen die entsprechenden Liniensegmente im gleichen Winkel, allerdings mit unterschiedlichem Vorzeichen. Somit dominiert der Teilfluß über das größere Liniensegment und das Ergebnis ist ein positiver Gesamtfluß von der Box A in die Box B. Mit den gleichen Argumenten schließen wir, daß auch der Gesamtfluß von der Box C in die Box A positiv ist.

Wird nun der Konvektionsterm mit Hilfe des globalen Upwindverfahrens aus Kapitel 5.1.3 diskretisiert, so enthält der resultierende Konvektionsgraph zumindest den Zyklus $(ABCA)$. Da das Strömungsfeld b konstant ist, handelt es sich dabei um einen künstlichen Zyklus, der sich darüber hinaus nur über die Kanten eines einzigen Elements erstreckt.

Bemerkung 5.3.25 (Vermeidung künstlicher Zyklen)

Der künstliche Zyklus im vorangegangenen Beispiel beruht auf der Existenz zweier Teilflüsse mit jeweils umgekehrtem Vorzeichen. Dieser Fall kann nicht auftreten, wenn die beiden Liniensegmente zwischen zwei Boxen parallel zueinander verlaufen, wie z.B. zwischen den Boxen B und C. Künstliche Zyklen lassen sich also zumindest bei zweidimensionalen Problemen mit konstantem Strömungsfeld vermeiden, wenn man zur Konstruktion der Boxen anstatt des Schwerpunktverfahrens das Mittelsenkrechtenverfahren verwendet (siehe Kapitel 4.1.2).

5.4 Numerische Tests

Wir wollen nun die Robustheit des im vorherigen Kapitel vorgestellten Mehrgitterverfahrens durch eine Reihe von numerischen Experimenten nachweisen. Diese besitzen zwar nicht die Aussagekraft eines mathematischen Beweises, belegen die Robustheit unseres Ansatzes aber doch recht eindrucksvoll. Tatsächlich liegen die beobachteten Konvergenzraten nur in wenigen Fällen geringfügig über den entsprechenden Konvergenzraten für den symmetrischen Fall, und das auch nur bei relativ schwacher Konvektion. Mit zunehmender Konvektionsstärke strebt die Konvergenzrate des Verfahrens dann gegen Null, was angesichts der Tatsache, daß der verwendete Glätter im konvektionsdominierten Fall zu einem exakten Löser entartet, kaum verwunderlich ist.

Bevor wir nun auf die Ergebnisse der einzelnen Experimente im Detail eingehen, wollen wir die für alle Testbeispiele geltenden Rahmenbedingungen kurz zusammenfassen. Zunächst sind alle in diesem Kapitel untersuchten Modellprobleme dreidimensional, da wir zur Durchführung der Experimente das Programmpaket AGM^{3D} verwendet haben (vgl. Kapitel 2.3.6). Grundsätzlich sind aber sowohl die Diskretisierung als auch das entsprechende Mehrgitterverfahren auf Probleme beliebiger Dimension anwendbar, und wir erwarten, daß sich die hier erzielten Ergebnisse zumindest qualitativ auf den n-dimensionalen Fall übertragen lassen. Weiterhin betrachten wir ausschließlich Modellprobleme der Form

$$\begin{aligned} -\Delta u + \nabla \cdot (bu) &= f \quad \text{in } \Omega, && (5.4.1a) \\ u &= u_0 \quad \text{auf } \Gamma, && (5.4.1b) \end{aligned}$$

d.h., wir konzentrieren uns im wesentlichen auf den Konvektionsterm und schließen anisotrope Effekte dadurch aus, daß wir als Diffusionsmatrix A die Einheitsmatrix wählen. Der Quellterm f ist in allen Beispielen räumlich konstant, das Konvektionsfeld b hingegen kann im Lösungsgebiet Ω in Richtung und Stärke variieren.

Alle Modellprobleme wurden mit dem globalen Finite-Volumen Upwindverfahren aus Kapitel 5.1.3 diskretisiert. Die Mittelwerte des Konvektionsfeldes b in den Tetraedern der entsprechenden Triangulierungen $\mathcal{T}_h$ wurden mit Hilfe der Mittelpunktsregel (Beispiel 1.4.20) näherungsweise berechnet.

Die resultierenden Gleichungssysteme wurden dann mit dem in Kapitel 5.3 vorgestellten Verfahren gelöst. Dabei handelt es sich wie gesagt um ein klassisches Mehrgitterverfahren mit den entsprechenden Steifigkeitsmatrizen der verschiedenen Stufen, Standardtransferoperatoren sowie dem lokalen Block-Gauß-Seidel-Glätter aus Kapitel 5.3.3. Für die meisten Testbeispiele haben wir einen einfachen V-Zyklus mit jeweils einem Vor- bzw. Nachglättungsschritt verwendet. Zu Vergleichszwecken wurden aber auch Experimente mit dem W-Zyklus bzw. mit mehr als zwei Glättungsschritten durchgeführt.

Die maximalen Zusammenhangskomponenten des Konvektionsgraphen und ihre Reihenfolge wurden mit dem modifizierten Tarjan-Algorithmus bestimmt (vgl. Kapitel 5.3.2). Die zugehörigen Diagonalblocksysteme mit mehr als einer Unbekannten wurden mit einem einfachen Iterationsverfahren *quasiexakt* gelöst, d.h., wir haben solange iteriert, bis entweder das entsprechende Residuum in der Euklidischen Norm kleiner als 10^{-15} war, oder das Anfangsresiduum wenigstens um den Faktor 10^{-6} reduziert wurde. Mit der gleichen Strategie wurden übrigens auch die Grobgittergleichungen auf der Stufe 0 quasiexakt gelöst.

Zur Erzeugung geeigneter Multileveltriangulierungen wurden die Verfeinerungsroutinen des Programmpakets AGM^{3D} verwendet. Diese basieren im wesentlichen auf dem adaptiven Verfeinerungsalgorithmus aus Kapitel 2.3, erlauben darüber hinaus aber auch die Approximation krummflächig berandeter, nichtpolyedrischer Gebiete, da Mittelpunkte von Randkanten zum Rand hin verschoben werden können. Unsere Testbeispiele umfassen sowohl uniforme als auch adaptive Verfeinerungen. Im adaptiven Fall wurden die zu verfeinernden Elemente mit einem gradientenbasierten Fehlerindikator[8] ausgewählt, auf den wir in Kapitel 5.4.3 noch genauer eingehen.

Wie in der Praxis üblich, haben wir Mehrgitterverfahren und Verfeinerungsprozeß im Stile einer *geschachtelten Iteration* („Nested Iteration", vgl. [77]) stufenweise miteinander verzahnt. Dabei wird – ausgehend von einer vorgegebenen Anfangstriangulierung $\mathcal{T}_0$ und der dazugehörigen quasiexakten Lösung des entsprechenden Gleichungssystems – nach jeder Verfeinerung die letzte Näherungslösung in den neuen Eckpunkten interpoliert und als Startvektor für die nachfolgende Mehrgitteriteration verwendet.

Damit diese Iterationen nicht ewig dauern, haben wir uns für das folgende Abbruchkriterium entschieden: Jede Mehrgitteriteration wurde abgebrochen, sobald das entsprechende Anfangsresiduum in der Euklidischen Norm um wenigstens den Faktor 10^{-12} reduziert war, spätestens aber nach dem 30. Iterationsschritt. Die Wahl des Faktors 10^{-12} deutet bereits an, daß alle Berechnungen mit doppelter Genauigkeit („double precision") ausgeführt wurden. Jede mit dieser Genauigkeit dargestellte Fließkommazahl besitzt nämlich etwa 14 bis 15 gültige Dezimalstellen, und die Erfahrung zeigt, daß infolge von Rundungsfehlern jede mit doppelter Genauigkeit ausgeführte Iteration spätestens nach einer Reduktion des Anfangsresiduums um den Faktor 10^{-14} bis 10^{-15} stationär wird. Wir haben deswegen die Iterationen bereits nach einer Reduktion um den Faktor 10^{-12} abgebrochen, um zu verhindern, daß die beobachteten Konvergenzraten durch diesen Effekt verfälscht werden.

Die von uns beobachteten Konvergenzraten sind natürlich nur Approximationen der tatsächlichen Konvergenzrate, die als Spektralradius der entsprechenden Iterationsmatrix definiert ist. Um die Bedeutung der in diesem Kapitel angegebenen „Konvergenzraten" zu erklären, nehmen wir an, es sei $\mathbf{A}_J\mathbf{u}_J = \mathbf{f}_J$ das zu lösende Gleichungssystem auf der feinsten Stufe J und $\mathbf{u}_J^{(0)}$ der entsprechende Startvektor für die Mehrgitteriteration. Weiter sei $\mathbf{u}_J^{(m)}$, $m > 0$, die Näherungslösung nach dem m-ten Mehrgitterschritt, und

$$\mathbf{r}_J^{(m)} := \mathbf{f}_J - \mathbf{A}_J\mathbf{u}_J^{(m)}, \qquad m \geq 0,$$

sei das entsprechende Residuum, dessen Euklidische Norm wir mit $\| \mathbf{r}_J^{(m)} \|$ bezeichnen. Die Euklidische Norm des Residuums wird nun durch den m-ten Mehrgitterschritt um den Faktor

$$\varrho_J^{(m)} := \frac{\| \mathbf{r}_J^{(m)} \|}{\| \mathbf{r}_J^{(m-1)} \|}$$

reduziert.

[8] Man spricht in diesem Fall nicht von einem „Fehlerschätzer", da aufgrund des genannten Kriteriums im allgemeinen auch dann noch Elemente für Verfeinerung markiert werden, wenn die exakte Lösung bereits vorliegt.

Die durchschnittliche Reduktionsrate nach m Iterationsschritten beträgt

$$\overline{\varrho}_J^{(m)} := \left(\frac{\| \mathbf{r}_J^{(m)} \|}{\| \mathbf{r}_J^{(0)} \|} \right)^{1/m} .$$

Im Normalfall, d.h., wenn der Startvektor nicht zufällig in einem niederdimensionalen invarianten Teilraum der Iterationsmatrix liegt, konvergieren sowohl $\varrho_J^{(m)}$ als auch $\overline{\varrho}_J^{(m)}$ für $m \to \infty$ gegen den Spektralradius und somit gegen die tatsächliche Konvergenzrate des Verfahrens. Aufgrund des genannten Abbruchkriteriums endet jede Mehrgitteriteration jedoch nach

$$m_J := \min \left\{ 30, \ \min \left\{ m > 0 \, \middle| \, \| \mathbf{r}_J^{(m)} \| \leq 10^{-12} \| \mathbf{r}_J^{(0)} \| \right\} \right\}$$

Schritten. Die besten uns zur Verfügung stehenden Approximationen an die Konvergenzrate sind daher die Zahlen $\varrho_J := \varrho_J^{(m_J)}$ bzw. $\overline{\varrho}_J := \overline{\varrho}_J^{(m_J)}$. Diese beiden Zahlen sind es dann auch, die in den nun folgenden Kapiteln für jedes Experiment einzeln angegeben werden und die wir als die *beobachteten Konvergenzraten* bezeichnen. Vom theoretischen Standpunkt aus betrachtet ist natürlich die Zahl ϱ_J interessanter, da sie weniger stark vom Startvektor abhängt und im allgemeinen näher am Spektralradius liegt als die *durchschnittliche Konvergenzrate* $\overline{\varrho}_J$. Für die Praxis ist allerdings $\overline{\varrho}_J$ von größerer Bedeutung, da sie den tatsächlichen Rechenaufwand widerspiegelt. Sie ist bis auf wenige Ausnahmen kleiner als ϱ_J.

Die Reihenfolge der nun folgenden Experimente richtet sich nach ihrer Komplexität. In Kapitel 5.4.1 betrachten wir zu Vergleichszwecken zunächst den symmetrischen Fall. Wir bestimmen die Konvergenzrate des vorgeschlagenen Mehrgitterverfahrens für eine Reihe ausgewählter Poisson-Probleme und untersuchen ihre Abhängigkeit von den Parametern des Verfahrens bzw. von der Entartung der entsprechenden Elemente. In Kapitel 5.4.2 wenden wir unser Verfahren dann auf zwei einfache Konvektions-Diffusions-Probleme mit konstanter Strömungsrichtung an und vergleichen die erhaltenen Konvergenzraten mit denen des einfachen Gauß-Seidel-Verfahrens. Wie in Kapitel 5.4.1 beschränken wir uns dabei auf uniforme Verfeinerungen. Erst in Kapitel 5.4.3 führen wir dann entsprechende Tests mit adaptiven Verfeinerungen durch. In Kapitel 5.4.4 schließlich untersuchen wir dann noch zwei kompliziertere Modellprobleme mit stark variierender Strömungsrichtung.

Alle Testbeispiele wurden – wie bereits erwähnt – mit Hilfe des Programmpakets AGM^{3D} realisiert. Die Berechnungen wurden auf einer SGI Indigo 2 mit R8000 Prozessor (75 MHz) und 384 Megabyte Hauptspeicher in doppelter Genauigkeit ausgeführt.

5.4.1 Das Poisson-Problem

Da das von uns vorgeschlagene Verfahren im reinen Konvektionsfall zu einem exakten Löser entartet, erwarten wir, daß die schlechtesten Konvergenzraten bei Problemen mit schwacher bzw. verschwindender Konvektion zu beobachten sind. Aus diesem Grund betrachten wir in diesem Kapitel zunächst den symmetrischen Fall und wenden unser Verfahren auf Poisson-Probleme der Form

$$-\Delta u = 1 \quad \text{in } \Omega, \tag{5.4.2a}$$
$$u = 0 \quad \text{auf } \Gamma, \tag{5.4.2b}$$

in verschiedenen Gebieten $\Omega \subset \mathbb{R}^3$ an. Damit verschaffen wir uns zugleich einen ersten Eindruck davon, welche Konvergenzraten wir im dreidimensionalen Fall überhaupt erwarten können. Die hier erhaltenen Ergebnisse dienen uns dann als Vergleichswerte für den allgemeinen, nichtsymmetrischen Fall. Außerdem soll in diesem Kapitel auch die Abhängigkeit der Konvergenzrate von den Parametern γ, ν_1, ν_2 und der Entartung der entsprechenden Triangulierungen untersucht werden. Damit die resultierenden Konvergenzraten auch wirklich vergleichbar sind, beschränken wir uns an dieser Stelle zunächst auf uniforme Verfeinerungen.

Experiment 1 (Poisson-Problem für den Einheitswürfel)

Unser erstes Testbeispiel ist das Poisson-Problem (5.4.2) auf dem Einheitswürfel $\Omega = (0,1)^3$. Als Anfangstriangulierung $\mathcal{T}_0$ wählen wir die in Abb. 5.6 dargestellte Verfeinerung der Kuhn-Triangulierung[9]. Sie besteht aus 48 Tetraedern und besitzt genau einen inneren Eckpunkt. Die entsprechenden Gleichungssysteme der Stufe 0 sind folglich eindimensional. Die Kuhn-Triangulierung selbst eignet sich nicht als Anfangstriangulierung, da sämtliche Eckpunkte auf dem Rand von Ω liegen. Durch sukzessive Verfeinerung von $\mathcal{T}_0$ erhalten wir nun nacheinander die Triangulierungen $\mathcal{T}_1$, $\mathcal{T}_2$, ... Der uns zur Verfügung stehende Speicherplatz erlaubt es, maximal fünf uniforme Verfeinerungen durchzuführen. Abb. 5.7 zeigt z.B. die Triangulierung $\mathcal{T}_2$ (vgl. dazu auch die Einführung zu Kapitel 2.2). Die Gitterweite der feinsten Triangulierung $\mathcal{T}_5$ beträgt übrigens 1/64.

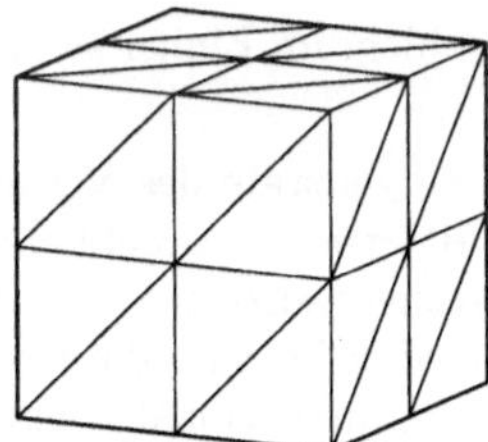

Abb. 5.6: Triangulierung $\mathcal{T}_0$

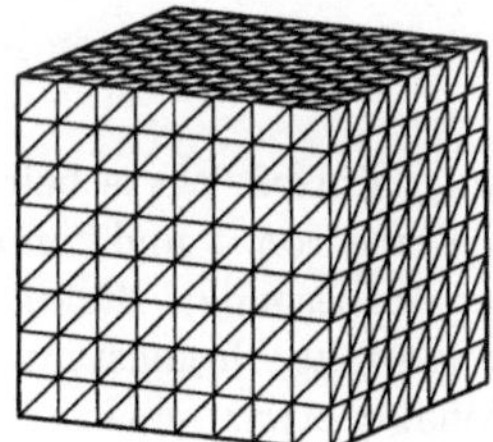

Abb. 5.7: Triangulierung $\mathcal{T}_2$

Da es sich hier um ein reines Diffusionsproblem handelt, stimmt die Finite-Volumen-Steifigkeitsmatrix auf jeder Stufe mit der entsprechenden Steifigkeitsmatrix des Finite-Elemente-Verfahrens überein. Der zugehörige Konvektionsgraph enthält keine Kanten und ist natürlich zyklusfrei. Unser Block-Gauß-Seidel-Glätter ist in diesem Fall nichts anderes als ein einfaches Gauß-Seidel-Verfahren. Die Numerierung der Unbekannten ist einigermaßen willkürlich und hängt davon ab, in welcher Reihenfolge AGM^{3D} die entsprechenden Eckpunkte erzeugt.

Wie oben beschrieben, haben wir unser Mehrgitterverfahren in eine geschachtelte Iteration eingebettet, d.h., als Startvektor für die Iteration auf der Stufe J wird die Interpolante der letzten Näherungslösung auf der Stufe $J-1$ verwendet. Um die Abhängigkeit der resultierenden Konvergenzraten von den Parametern des Verfahrens zu testen, haben wir die drei folgenden Fälle untersucht: den V-Zyklus mit jeweils einem Vor- bzw. Nachglättungsschritt, den W-Zyklus mit jeweils einem Vor- bzw. Nachglättungsschritt, und schließlich den V-Zyklus mit jeweils zwei Vor- bzw. Nachglättungsschritten.

[9] In Kapitel 3.1.2 wurde die Verfeinerung der Kuhn-Triangulierung mit $\mathcal{T}_1$ bezeichnet.

Die beobachteten Konvergenzraten für diese drei Fälle, die wir wie in der Literatur üblich mit V(1,1), W(1,1) und V(2,2) bezeichnen, sind in Tab. 1 zusammengefaßt. Die erste Spalte dieser Tabelle enthält die jeweilige Anzahl der Verfeinerungsstufen (J), die zweite Spalte die entsprechende Anzahl der Unbekannten ($N_{J,D}$), und in den Spalten drei bis fünf stehen die beobachteten Konvergenzraten. Die durchschnittlichen Konvergenzraten $\overline{\varrho}_J$ sind fett gedruckt; die entsprechenden Zahlen ϱ_J stehen dahinter in Klammern. Der Fettdruck soll an dieser Stelle andeuten, daß alle Mehrgitteriterationen vor dem 30. Iterationsschritt abgebrochen wurden. Wir weisen aber bereits jetzt darauf hin, daß bei einigen der noch folgenden Experimente der 30. Iterationsschritt tatsächlich erreicht wird. Diese Fälle sind dann daran zu erkennen, daß der entsprechende Wert von $\overline{\varrho}_J$ nicht mehr fett, sondern normal gedruckt ist. Man kann sich leicht ausrechnen, daß dies so ungefähr ab einer durchschnittlichen Konvergenzrate von 0.40 der Fall ist.

J	$N_{J,D}$	V(1,1)	W(1,1)	V(2,2)
1	27	**0.14** *(0.14)*	**0.14** *(0.14)*	**0.04** *(0.04)*
2	343	**0.25** *(0.26)*	**0.22** *(0.24)*	**0.11** *(0.12)*
3	3 375	**0.30** *(0.35)*	**0.23** *(0.28)*	**0.15** *(0.18)*
4	29 791	**0.31** *(0.39)*	**0.23** *(0.29)*	**0.15** *(0.22)*
5	250 047	**0.31** *(0.40)*	**0.23** *(0.29)*	**0.15** *(0.24)*

Tab. 1: Konvergenzraten für das Poisson-Problem im Einheitswürfel

Die in Tab. 1 aufgeführten Werte belegen, daß die Konvergenzrate des Verfahrens in allen drei Fällen durch eine von J und somit auch von der Gitterweite h unabhängige Konstante beschränkt ist. Insbesondere die durchschnittlichen Konvergenzraten sind ab der dritten Verfeinerungsstufe praktisch konstant. Wie man aber auch sieht, sind die Konvergenzraten im Dreidimensionalen etwas schlechter, als wir es vom zweidimensionalen Fall her gewohnt sind. Bei Anwendung eines vergleichbaren Verfahrens mit insgesamt zwei Glättungsschritten auf ein entsprechendes zweidimensionales Modellproblem erhält man üblicherweise Konvergenzraten in der Größenordnung von 0.17 für den V-Zyklus bzw. 0.07 für den W-Zyklus (siehe z.B. [77]).

Der W-Zyklus konvergiert natürlich schneller als der V-Zyklus, verursacht dafür aber auch einen höheren Rechenaufwand pro Iterationsschritt. Das gleiche gilt auch für den V-Zyklus mit jeweils zwei Vor bzw. Nachglättungsschritten. Hinsichtlich ihrer Effizienz, d.h., in Bezug auf den Gesamtrechenaufwand, der nötig ist, um eine bestimmte Genauigkeit zu erreichen, sind alle drei Verfahren jedoch in etwa miteinander vergleichbar. Bei unseren Experimenten in den nachfolgenden Kapiteln verwenden wir deswegen nur noch den V-Zyklus mit jeweils einem Vor- bzw. Nachglättungsschritt. Die entsprechenden Konvergenzraten in der dritten Spalte von Tab. 1 dienen uns dann als Vergleichswerte.

Vorher wollen wir aber noch überprüfen, inwieweit die soeben beobachteten Konvergenzraten vom Lösungsgebiet Ω bzw. von der Entartung der verwendeten Triangulierungen abhängen. Zu diesem Zweck führen wir zunächst das gleiche Experiment noch einmal für das Poisson-Problem auf der dreidimensionalen Einheitskugel durch.

Experiment 2 (Poisson-Problem für die Einheitskugel)

Als zweites Testproblem betrachten wir das Poisson-Problem (5.4.2) auf der dreidimensionalen Einheitskugel $\Omega = B_1(0) := \{ x \in \mathbb{R}^3 \mid x_1^2 + x_2^2 + x_3^2 < 1 \}$. Die Anfangstriangulierung $\mathcal{T}_0$ besteht hier aus 64 Elementen und enthält insgesamt 7 innere Eckpunkte (siehe Abb. 5.8). Wie oben führen wir maximal fünf uniforme Verfeinerungen durch und erhalten so nacheinander die Triangulierungen $\mathcal{T}_1, \ldots, \mathcal{T}_5$. Die entsprechende Gitterhierarchie ist allerdings nicht mehr geschachtelt, da Mittelpunkte von Randkanten zum Rand hin verschoben werden, um die gekrümmte Oberfläche von Ω zu approximieren. Wie Abb. 5.9 zeigt, entstehen auf diese Weise schon nach wenigen Verfeinerungsschritten recht gute Approximationen an die Einheitskugel.

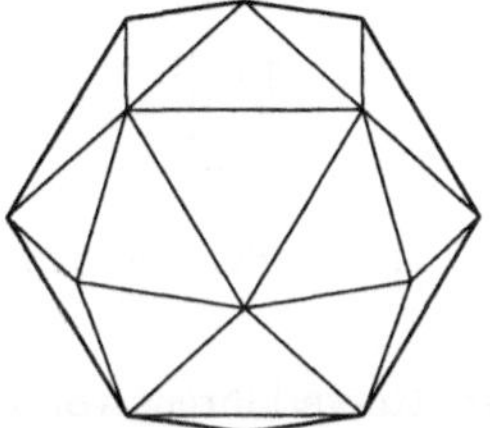

Abb. 5.8: Triangulierung $\mathcal{T}_0$

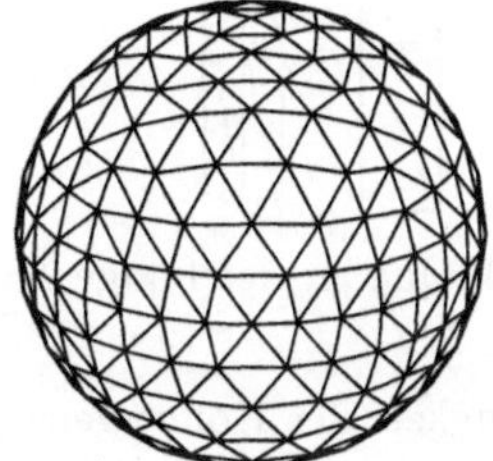

Abb. 5.9: Triangulierung $\mathcal{T}_2$

Ansonsten haben wir für das Poisson-Problem auf der Einheitskugel die gleichen Tests durchgeführt wie in Experiment 1 für den Einheitswürfel. Die resultierenden Konvergenzraten sind in Tab. 2 zu sehen. Sie liegen durchweg in der gleichen Größenordnung wie die Konvergenzraten in Tab. 1 und sind bis auf wenige Ausnahmen sogar etwas besser. Die Tatsache, daß wir es hier nicht mehr mit einer geschachtelten Folge von Triangulierungen zu tun haben, wirkt sich somit nicht negativ auf die Konvergenzraten aus.

J	$N_{J,D}$	V(1,1)		W(1,1)		V(2,2)	
1	63	**0.10**	*(0.10)*	**0.10**	*(0.09)*	**0.05**	*(0.04)*
2	575	**0.16**	*(0.18)*	**0.13**	*(0.14)*	**0.08**	*(0.09)*
3	4 991	**0.22**	*(0.26)*	**0.17**	*(0.22)*	**0.11**	*(0.15)*
4	41 727	**0.26**	*(0.34)*	**0.19**	*(0.25)*	**0.13**	*(0.20)*
5	341 503	**0.28**	*(0.37)*	**0.23**	*(0.30)*	**0.13**	*(0.24)*

Tab. 2: Konvergenzraten für das Poisson-Problem auf der Einheitskugel

Daß die beobachteten Konvergenzraten an dieser Stelle fast alle besser ausfallen als in Experiment 1, läßt sich mit dem etwas günstigeren Entartungsmaß der entsprechenden Triangulierungen erklären. In unserem nächsten Experiment wollen wir deswegen die Abhängigkeit der Konvergenzrate von der Entartung der Elemente etwas genauer untersuchen.

Experiment 3 (Poisson-Problem für den gestreckten Quader)
Indem wir den Einheitswürfel und seine Anfangstriangulierung in z-Richtung um den Faktor $L \geq 1$ strecken, erhalten wir einen Quader der Form $\Omega = (0,1) \times (0,1) \times (0,L)$ mit entsprechender Anfangstriangulierung $\mathcal{T}_0$ (siehe Abb. 5.10 bzw. 5.11). Deren maximale Entartung $\delta(\mathcal{T}_0)$ hängt vom Streckungsfaktor L ab und wird für $L \to \infty$ beliebig groß. Die gleiche Aussage gilt natürlich auch für alle Triangulierungen, die durch sukzessive Verfeinerung von $\mathcal{T}_0$ entstehen. Wie in den vorangegangenen Experimenten führen wir auch hier wieder maximal fünf uniforme Verfeinerungen durch.

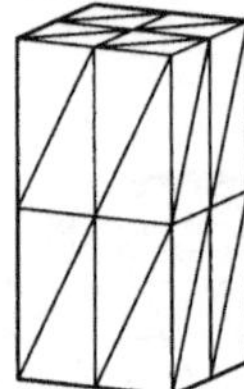
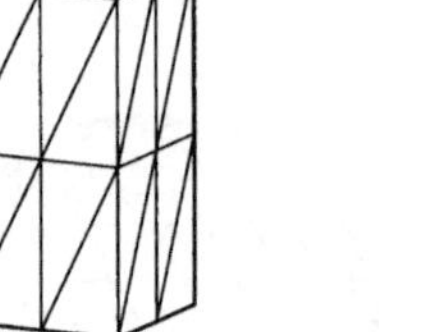

Abb. 5.10: Quader der Länge $L=2$

Abb. 5.11: Quader der Länge $L=5$

Um die Abhängigkeit der Konvergenzrate unseres Mehrgitterverfahrens von der Entartung der Triangulierungen zu testen, haben wir das Poisson-Problem (5.4.2) auf Quadern unterschiedlicher Länge L gelöst. Im Gegensatz zu den Experimenten 1 und 2 beschränken wir uns hier und in der Folge allerdings auf den V-Zyklus mit jeweils einem Vor- bzw. Nachglättungsschritt. Die entsprechenden Konvergenzraten sind in Tab. 3 zusammengestellt. Die Resultate für den Fall $L = 1$ stimmen natürlich mit den Konvergenzraten in der dritten Spalte von Tab. 1 überein. Wie bereits erwähnt, deutet eine nicht fettgedruckte durchschnittliche Konvergenzrate darauf hin, daß die entsprechende Mehrgitteriteration nach dem 30. Iterationsschritt abgebrochen wurde, ohne daß das Anfangsresiduum bis dahin um den Faktor 10^{-12} reduziert werden konnte.

J	$L=1$		$L=2$		$L=5$		$L=10$		$L=100$	
1	**0.14**	*(0.14)*	**0.14**	*(0.14)*	**0.22**	*(0.23)*	**0.25**	*(0.25)*	**0.26**	*(0.26)*
2	**0.25**	*(0.26)*	0.42	*(0.44)*	0.63	*(0.66)*	0.68	*(0.71)*	0.69	*(0.73)*
3	**0.30**	*(0.35)*	0.54	*(0.58)*	0.79	*(0.85)*	0.84	*(0.90)*	0.86	*(0.93)*
4	**0.31**	*(0.39)*	0.57	*(0.61)*	0.83	*(0.90)*	0.88	*(0.96)*	0.90	*(0.98)*
5	**0.31**	*(0.40)*	0.57	*(0.63)*	0.83	*(0.91)*	0.88	*(0.97)*	0.90	*(0.99)*

Tab. 3: Konvergenzraten für das Poisson-Problem auf Quadern unterschiedlicher Länge

Wie man sieht, reagiert die Konvergenzrate des untersuchten Mehrgitterverfahrens recht sensibel auf eine Änderung der Elemententartung. Schon ein relativ kleiner Streckungsfaktor von 2 führt dazu, daß die beobachteten Konvergenzraten erheblich von denen des Falles $L = 1$ abweichen. Bei weiter zunehmender Entartung verschlechtern sich die Konvergenzraten dann dramatisch und streben für $L \to \infty$ schließlich gegen Eins.

Die Diskretisierung des Poisson-Problems auf einem in z-Richtung gestreckten Quader der Länge L führt übrigens auf die gleiche Steifigkeitsmatrix wie die Diskretisierung der anisotropen Gleichung

$$-\frac{\partial^2 u}{\partial x^2} - \frac{\partial^2 u}{\partial y^2} - L^{-1}\frac{\partial^2 u}{\partial z^2} = f$$

auf dem Einheitswürfel. Experiment 3 bestätigt daher einmal mehr die Tatsache, daß das Gauß-Seidel-Verfahren als Glätter für anisotrope Probleme nicht geeignet ist, d.h., das hier vorgestellte Mehrgitterverfahren ist bzgl. anisotroper Probleme nicht robust. Die nun folgenden Experimente werden jedoch zeigen, daß es sich im Falle konvektionsdominierter Probleme in der Tat um ein äußerst robustes Verfahren handelt.

5.4.2 Konvektions-Diffusions-Probleme auf strukturierten Gittern

Nachdem wir uns im vorangegangenen Kapitel einen Eindruck vom Konvergenzverhalten des vorgeschlagenen Mehrgitterverfahrens im symmetrischen Fall verschafft haben, wollen wir nun die Robustheit des Verfahrens für Konvektions-Diffusions-Probleme untersuchen. Um die entsprechenden Konvergenzraten mit denen des symmetrischen Falles vergleichen zu können, betrachten wir an dieser Stelle zunächst zwei einfache Modellprobleme für den Einheitswürfel, d.h., zwei Probleme der Form

$$-\Delta u + \nabla \cdot (bu) = f \quad \text{in } \Omega = (0,1)^3, \tag{5.4.3a}$$

$$u = u_0 \quad \text{auf } \Gamma. \tag{5.4.3b}$$

Beim ersten Modellproblem handelt es sich um ein Problem mit konstantem Konvektionsfeld; beim zweiten ist zwar die Strömungsrichtung konstant, aber die Stärke der Konvektion variiert, so daß in einem Teil von Ω der Konvektionsterm dominiert, während in anderen Bereichen der Diffusionsterm die Hauptrolle spielt. Beide Probleme lösen wir zunächst mit dem vorgeschlagenen Mehrgitterverfahren und anschließend – zum Vergleich – mit einem einfachen Gauß-Seidel-Verfahren inklusive Numerierungsstrategie aber ohne Grobgitterkorrektur.

Im Gegensatz zum vorherigen Kapitel beschränken wir uns bei der Anwendung des Mehrgitterverfahrens von nun an auf den V-Zyklus mit jeweils einem Vor- bzw. Nachglättungsschritt. Die entsprechenden Konvergenzraten sind daher als „worst-case"-Konvergenzraten aufzufassen, die sich mit einem W-Zyklus oder einer höheren Anzahl von Glättungsschritten sicher noch verbessern lassen. Eine wesentliche Steigerung der Effizienz des Verfahrens ist von diesen Maßnahmen allerdings nicht zu erwarten.

Wir beginnen nun unsere Untersuchungen zur Robustheit des vorgeschlagenen Mehrgitterverfahrens mit der Anwendung auf ein Modellproblem mit konstantem Strömungsfeld.

Experiment 4 (Ein Konvektionsproblem mit konstantem Strömungsfeld)
Für das erste Experiment in diesem Kapitel wählen wir als Modellproblem das Problem (5.4.3) mit dem konstanten Strömungsfeld

$$b = \frac{\mathrm{Pe}}{\sqrt{3}} \begin{pmatrix} 1 \\ 1 \\ 1 \end{pmatrix}, \tag{5.4.4}$$

dessen maximale Konvektionsstärke $\| b \|_{0,\infty}$ durch die sogenannten *Péclet-Zahl* Pe gegeben ist, und den Dirichlet-Randwerten

$$u_0(x,y,z) = \begin{cases} 1, & 1 \le x, y \le \frac{1}{2},\ z = 0, \\ 0, & \text{sonst.} \end{cases} \tag{5.4.5}$$

Zur Lösung dieses Modellproblems verwenden wir die gleichen Triangulierungen wie in Experiment 1. Die entsprechenden Konvektionsgraphen auf den verschiedenen Stufen sind unabhängig vom Wert der Péclet-Zahl Pe zyklusfrei. Unser Glätter stimmt also auch hier wieder mit einem einfachen Gauß-Seidel-Verfahren überein, beinhaltet nun allerdings im Gegensatz zum symmetrischen Fall die Numerierung der Unbekannten in Stromrichtung.

Einen Einduck von der exakten Lösung des Modellproblems vermittelt Abb. 5.12, in der für den Fall Pe = 10 000 die entsprechende Näherungslösung nach insgesamt vier Verfeinerungen zu sehen ist. Um eine Darstellung der Lösung im Innern zu ermöglichen, wurde der Einheitswürfel entlang seiner Hauptdiagonalen „aufgeschnitten“. Je dunkler der dargestellte Grauton, desto größer ist die Näherungslösung an dieser Stelle. In den schwarzen Bereichen liegt sie in der Nähe ihres Maximalwerts 1.0, in den weißen Bereichen dagegen nahe bei Null.

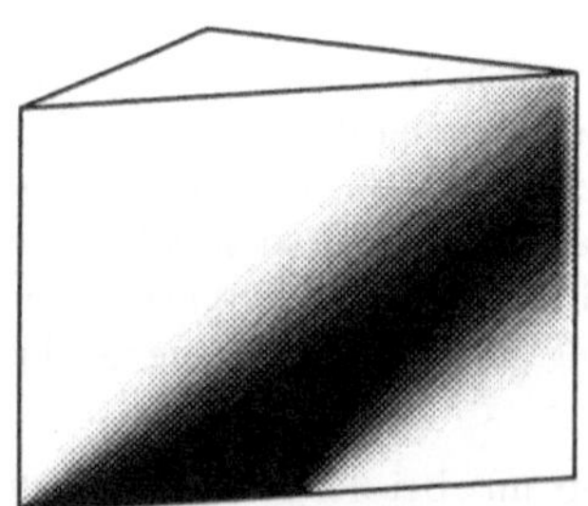

Abb. 5.12: Lösung des Problems mit konstantem Strömungsfeld

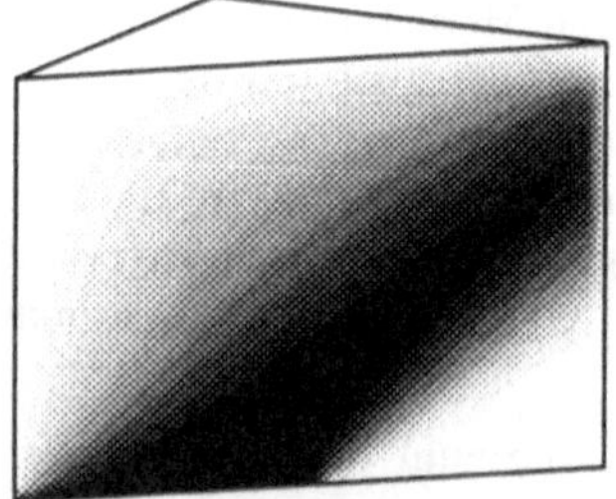

Abb. 5.13: Lösung des gemischten Problems

Um die Robustheit unseres Verfahrens zu testen, haben wir das Modellproblem für verschiedene Péclet-Zahlen gelöst. Die entsprechenden Konvergenzraten sind in Tab. 4 zu sehen. Die zweite Spalte enthält die Konvergenzraten für den symmetrischen Fall (Pe = 0) und stimmt mit der dritten Spalte von Tab. 1 überein. In den beiden letzten Spalten von Tab. 4 haben wir auf die Angabe der Konvergenzrate ϱ_J verzichtet, da die entsprechenden Iterationen wegen der schnellen Konvergenz bereits nach wenigen (zwei bis sechs) Mehrgitterschritten abgebrochen wurden, und mit dem letzten Iterationsschritt oft schon der Bereich erreicht wurde, wo die Iterationen aufgrund der begrenzten Rechengenauigkeit anfangen stationär zu werden. Da dieser Effekt sich unmittelbar auf die zuletzt beobachtete Konvergenzrate ϱ_J auswirkt, besitzt diese in solchen Fällen nur noch geringe Aussagekraft. Die letzten beiden Spalten von Tab. 4 enthalten deswegen nur die durchschnittliche beobachtete Konvergenzrate $\overline{\varrho}_J$.

J	Pe = 0		Pe = 10		Pe = 100		Pe = 10 000	Pe = 1 000 000
1	**0.14**	*(0.14)*	**0.09**	*(0.09)*	**0.01**	*(0.01)*	**0.000008**	**0.00000002**
2	**0.25**	*(0.26)*	**0.20**	*(0.20)*	**0.05**	*(0.05)*	**0.000012**	**0.00000003**
3	**0.30**	*(0.35)*	**0.27**	*(0.32)*	**0.11**	*(0.13)*	**0.000099**	**0.00000004**
4	**0.31**	*(0.39)*	**0.31**	*(0.38)*	**0.18**	*(0.20)*	**0.000900**	**0.00000012**
5	**0.31**	*(0.40)*	**0.32**	*(0.42)*	**0.25**	*(0.29)*	**0.007094**	**0.00001423**

Tab. 4: Konvergenzraten für das Konvektionsproblem mit konstantem Strömungsfeld

Wie wir es erwartet haben, strebt die Konvergenzrate unseres Verfahrens mit wachsender Konvektionsstärke gegen Null. Die schlechtesten Konvergenzraten beobachten wir im Bereich $0 \leq \text{Pe} \leq 100$, d.h., bei verschwindender bzw. relativ schwacher Konvektion. Bis auf wenige Ausnahmen sind aber alle in Tab. 4 aufgeführten Konvergenzraten kleiner als im symmetrischen Fall, und auch die wenigen Ausnahmen liegen nur geringfügig darüber. Das vorgeschlagene Verfahren erweist sich somit zumindest bei Anwendung auf dieses erste, relativ einfache Modellproblem als sehr robust.

Die schnelle Konvergenz des Mehrgitterverfahrens bei großen Péclet-Zahlen ist im vorangegangenen Beispiel natürlich vor allem dem Glätter zuzuschreiben, der für $\text{Pe} \to \infty$ sogar zu einem exakten Löser entartet. Wie unser nächstes Experiment zeigt, ist der Glätter im Falle dominierender Konvektion und realistischer Gitterweite für sich alleine bereits so effizient, daß man die Grobgitterkorrektur unter diesen Umständen auch weglassen kann.

Experiment 5 (Downwind-Gauß-Seidel bei konstanter Konvektion)

Um dem soeben beobachteten Konvergenzverhalten etwas genauer auf den Grund zu gehen, lassen wir die Grobgitterkorrektur nun weg und lösen das gleiche Modellproblem mit dem Glätter allein, d.h., wir ersetzen das Mehrgitterverfahren in Experiment 4 durch ein einfaches Gauß-Seidel-Verfahren mit entsprechender Numerierungsstrategie. Damit die resultierenden Konvergenzraten mit denen des Mehrgitterverfahrens verglichen werden können, haben wir jeweils zwei Gauß-Seidel-Schritte zu einem einzelnen Iterationsschritt zusammengefaßt. Formal besteht der einzige Unterschied zu Experiment 4 also darin, daß wir anstatt des V-Zyklus ($\gamma = 1$) jetzt den Fall $\gamma = 0$ betrachten[10]. Die so erhaltenen Konvergenzraten sind in Tab. 5 zusammengefaßt.

[10]Tatsächlich brauchten wir zur Durchführung von Experiment 4 nur die entsprechende Laufzeitvariable „gamma“ von AGM^{3D} auf Null zu setzen. Allerdings ist diese Vorgehensweise nur im Falle uniformer Verfeinerungen sinnvoll.

J	Pe = 0		Pe = 10		Pe = 100		Pe = 10 000		Pe = 1 000 000
1	**0.27**	*(0.27)*	**0.17**	*(0.19)*	**0.02**	*(0.02)*	**0.000007**	*(0.000088)*	**0.00000002**
2	0.68	*(0.73)*	0.59	*(0.65)*	**0.15**	*(0.16)*	**0.000043**	*(0.000065)*	**0.00000003**
3	0.82	*(0.93)*	0.79	*(0.90)*	0.44	*(0.41)*	**0.000547**	*(0.000545)*	**0.00000005**
4	0.84	*(0.98)*	0.82	*(0.97)*	0.78	*(0.79)*	**0.005287**	*(0.003635)*	**0.00000061**
5	0.85	*(0.99)*	0.83	*(0.98)*	0.86	*(0.96)*	**0.040497**	*(0.022300)*	**0.00001458**

Tab. 5: Konvergenzraten von Downwind-Gauß-Seidel bei konstanter Konvektion

Wie man zunächst sieht, hängt die Konvergenzrate des Gauß-Seidel-Verfahrens in allen Spalten stark von der Anzahl der Verfeinerungsstufen ab. Im Falle kleiner Péclet-Zahlen strebt sie recht schnell gegen Eins, und wenn wir die Möglichkeit hätten, mehr als fünf uniforme Verfeinerungen durchzuführen, könnten wir das gleiche Verhalten irgendwann auch in den beiden letzten Spalten beobachten.

Auf der anderen Seite stellen wir fest, daß unser Glätter im Falle dominierender Konvektion und realistischer Gitterweiten auch ohne Grobgitterkorrektur äußerst effizient ist. Tatsächlich zeigt der Vergleich mit Tab. 4, daß die Konvergenzrate des Gauß-Seidel-Verfahrens in einigen Fällen kaum von der entsprechenden Konvergenzrate des Mehrgitterverfahrens abweicht. Wir schließen daraus, daß die Grobgitterkorrektur unter den genannten Umständen gar nichts oder nur wenig zu der guten Konvergenz des Mehrgitterverfahrens beiträgt. Andererseits scheint die Grobgitterkorrektur aber auch nicht zu stören, denn keine der in Tab. 4 aufgeführten Konvergenzraten ist schlechter als die entsprechende Konvergenzrate in Tab. 5.

Wir kommen nun zu unserem zweiten nichtsymmetrischen Modellproblem in diesem Kapitel. Wir nennen es das „*gemischte Problem*“, da in einem Teil des Lösungsgebiets der Konvektionsterm und in einem anderen der Diffusionsterm dominiert. Wie oben bestimmen wir auch hier zunächst die Konvergenzraten für das Mehrgitterverfahren und anschließend für den Glätter allein.

Experiment 6 (Das gemischte Problem)

Unser zweites nichtsymmetrisches Modellproblem unterscheidet sich vom ersten nur dadurch, daß wir es anstatt mit einem konstanten nun mit einem variablen Konvektionsfeld zu tun haben. Wir betrachten das Konvektions-Diffusions-Problem (5.4.3) mit den Dirichlet-Randwerten (5.4.5) und dem variablen Strömungsfeld

$$b(x,y,z) \;=\; w(x,y,z)\,\frac{\mathrm{Pe}}{\sqrt{3}}\begin{pmatrix}1\\1\\1\end{pmatrix},$$

das aus dem konstanten Feld (5.4.4) durch Multiplikation mit der Gewichtsfunktion

$$w(x,y,z) \;=\; \begin{cases} 1\,, & x+y-2z \le 0\,,\\ 0\,, & x+y-2z \ge 1\,,\\ (x+y-2z)^2\,, & \text{sonst,} \end{cases}$$

entsteht. Letztere verschwindet oberhalb der Hauptdiagonalen des Würfels und nimmt unterhalb der Nebendiagonalen zwischen den Punkten $(\frac{1}{2}, \frac{1}{2}, 0)^T$ bzw. $(1, 1, \frac{1}{2})^T$ den konstanten Wert 1 an. Zwischen den beiden Diagonalen werden die Werte 0 und 1 quadratisch interpoliert. Wir haben es also hier mit einem Problem zu tun, das in einem Teil des Lösungsgebiets konvektionsdominiert ist, während oberhalb der Hauptdiagonalen der Konvektionsterm verschwindet. Tatsächlich genügt das Konvektionsfeld b aber immer noch der Inkompressibilitätsbedingung $\nabla \cdot b = 0$. Eine entsprechende Näherungslösung für den Fall Pe = 10 000 ist in Abb. 5.13 zu sehen. Man kann deutlich erkennen, wie die Lösung über die Hauptdiagonale nach oben wegdiffundiert.

Wie in Experiment 4 haben wir nun auch das gemischte Problem zunächst mit dem vorgeschlagenen Mehrgitterverfahren gelöst, wobei natürlich wieder die gleichen Triangulierungen verwendet wurden. Da bei der Diskretisierung an dieser Stelle noch keine künstlichen Zyklen auftraten, blieben die zugehörigen Konvektionsgraphen zyklusfrei, so daß unser Glätter auch hier wieder zu einem einfachen Gauß-Seidel-Verfahren mit entsprechender Numerierung der Unbekannten degeneriert. Die beobachteten Konvergenzraten für verschieden große Péclet-Zahlen sind in Tab. 6 zu sehen.

Es fällt zunächst auf, daß die Konvergenzraten im Gegensatz zu Experiment 4 mit wachsender Péclet-Zahl nicht mehr gegen Null streben. Das ist aber auch nicht weiter verwunderlich, da wir es hier schließlich nur mit einem teilweise konvektionsdominierten Problem zu tun haben, bei dem der Glätter im Falle Pe $\to \infty$ nicht mehr zu einem exakten Löser entartet.

J	Pe = 0		Pe = 10		Pe = 100		Pe = 10 000		Pe = 1 000 000	
1	**0.14**	*(0.14)*	**0.10**	*(0.12)*	**0.10**	*(0.11)*	**0.05**	*(0.08)*	**0.01**	*(0.04)*
2	**0.25**	*(0.26)*	**0.21**	*(0.26)*	**0.20**	*(0.24)*	**0.12**	*(0.21)*	**0.10**	*(0.23)*
3	**0.30**	*(0.35)*	**0.27**	*(0.34)*	**0.26**	*(0.33)*	**0.20**	*(0.31)*	**0.16**	*(0.33)*
4	**0.31**	*(0.39)*	**0.30**	*(0.38)*	**0.27**	*(0.35)*	**0.24**	*(0.36)*	**0.19**	*(0.35)*
5	**0.31**	*(0.40)*	**0.32**	*(0.42)*	**0.28**	*(0.34)*	**0.26**	*(0.36)*	**0.23**	*(0.38)*

Tab. 6: Konvergenzraten für das gemischte Problem

Außerdem können wir beobachten, daß die durchschnittlichen Konvergenzraten $\overline{\varrho}_J$ mit zunehmender Konvektionsstärke besser werden, während die jeweils letzten Reduktionsraten ϱ_J sich nur wenig ändern. Eine genauere Untersuchung der einzelnen Reduktionsraten $\varrho_J^{(m)}$, $1 \leq m \leq m_J$, zeigt den Grund für dieses Verhalten: Während die Euklidische Norm des Residuums im ersten Iterationsschritt jeweils um einen relativ großen Faktor $\varrho_J^{(1)}$ reduziert wird, der für Pe $\to \infty$ gegen Null zu streben scheint, liegen die darauffolgenden Reduktionsfaktoren $\varrho_J^{(m)}$, $m > 1$, schon in der Größenordnung von ϱ_J. Die Verbesserung der durchschnittlichen Konvergenzrate bei zunehmender Konvektionsstärke resultiert somit fast ausschließlich aus der entsprechenden Effizienzsteigerung des ersten Mehrgitterschrittes.

Die schlechtesten durchschnittlichen Konvergenzraten treten auch bei diesem Experiment wieder im Bereich $0 \leq$ Pe ≤ 100 auf, wobei die entsprechenden Werte für den symmetrischen Fall nur in wenigen Ausnahmefällen geringfügig übertroffen werden. Unser Mehrgitterverfahren erweist sich somit auch bei Anwendung auf das gemischte Problem als robust.

Experiment 7 (Downwind-Gauß-Seidel für das gemischte Problem)
Im letzten Experiment dieses Kapitels schließlich haben wir wie in Experiment 5 die Grobgitterkorrektur weggelassen und das gemischte Problem allein mit dem Glätter gelöst. Die resultierenden Konvergenzraten sind in Tab. 7 aufgeführt. Wie oben wurden auch hier wieder jeweils zwei Gauß-Seidel-Schritte zu einem einzelnen Iterationsschritt zusammengefaßt.

J	Pe = 0		Pe = 10		Pe = 100		Pe = 10 000		Pe = 1 000 000	
1	**0.27**	*(0.27)*	**0.24**	*(0.25)*	**0.14**	*(0.20)*	**0.06**	*(0.08)*	**0.01**	*(0.04)*
2	0.68	*(0.73)*	0.66	*(0.72)*	0.61	*(0.68)*	0.42	*(0.57)*	**0.33**	*(0.52)*
3	0.82	*(0.93)*	0.80	*(0.92)*	0.79	*(0.91)*	0.67	*(0.87)*	0.58	*(0.86)*
4	0.84	*(0.98)*	0.82	*(0.97)*	0.82	*(0.96)*	0.75	*(0.96)*	0.64	*(0.96)*
5	0.85	*(0.99)*	0.83	*(0.98)*	0.84	*(0.98)*	0.77	*(0.97)*	0.67	*(0.97)*

Tab. 7: Konvergenzraten von Downwind-Gauß-Seidel für das gemischte Problem

Im Gegensatz zu Experiment 5 strebt die Konvergenzrate des Gauß-Seidel-Verfahrens hier in allen Spalten relativ schnell gegen Eins. Die guten Konvergenzraten des Mehrgitterverfahrens sind daher beim gemischten Problem auch im Falle großer Péclet-Zahlen und realistischer Gitterweite nur in Kombination mit der Grobgitterkorrektur zu erreichen. Die Tatsache, daß auch hier die durchschnittlichen Konvergenzraten mit wachsender Péclet-Zahl stärker fallen als die jeweils letzten Reduktionsraten ϱ_J, deutet darauf hin, daß dieser Effekt auf den Glätter zurückzuführen ist.

5.4.3 Adaptive Verfeinerungen

Bisher haben wir in allen Testbeispielen ausschließlich uniforme Verfeinerungen durchgeführt, um die resultierenden Konvergenzraten für verschiedene Péclet-Zahlen besser vergleichen zu können. Jetzt wollen wir die Möglichkeiten von AGM^{3D} besser nutzen und lassen auch adaptive Verfeinerungen zu. Die Modellprobleme, die wir an dieser Stelle untersuchen, sind die gleichen wie im vorangegangenen Kapitel. Tatsächlich stimmen die beiden in diesem Kapitel durchgeführten Experimente bis auf die adaptiven Verfeinerungen mit den Experimenten 4 bzw. 6 überein. Die hier erhaltenen Ergebnisse lassen sich folglich direkt mit den entsprechenden Resultaten des uniformen Falles vergleichen.

Als „Fehlerschätzer" verwenden wir ein einfaches, gradientenbasiertes Verfeinerungskriterium. In jedem Adaptionsschritt wird jeweils eine bestimmte Anzahl von Elementen der aktuellen Endtriangulierung $\mathcal{T}_J$ zur Verfeinerung vorgeschlagen („markiert"), und zwar dort, wo der Gradient der aktuellen Näherungslösung u_J im Verhältnis zur lokalen Verfeinerungstiefe am steilsten ist. Genauer gesagt werden genau diejenigen Elemente $T \in \mathcal{T}_J$ markiert, für die der Wert des *Verfeinerungsindikators*

$$\eta(T) := |\nabla u_J| \operatorname{vol}(T)^{1/3} \tag{5.4.6}$$

am größten ist (beachte, daß ∇u_J auf jedem Element $T \in \mathcal{T}_J$ konstant ist). Diese zugegebenermaßen recht einfache Verfeinerungsstrategie besitzt natürlich ihre Schwächen, ist aber für unsere Zwecke ausreichend, da es uns an dieser Stelle in erster Linie darum geht, die Robustheit des vorgeschlagenen Mehrgitterverfahrens zu untersuchen und bei dieser Gelegenheit auch die Funktion der adaptiven Verfeinerungsroutinen von AGM^{3D} zu testen. Eine schöne Zusammenstellung wesentlich anspruchsvollerer Fehlerschätzer findet man z.B. im Buch von R. Verfürth, [140].

Experiment 8 (Adaptive Lösung des konstanten Konvektionsproblems)

Wie im vorangegangenen Kapitel haben wir als erstes wieder das konstante Konvektionsproblem aus Experiment 4 untersucht. Die Anfangstriangulierung $\mathcal{T}_0$ wurde beibehalten, und um eine gewisse Mindestauflösung des Einheitswürfels zu sichern, haben wir auch hier zunächst drei uniforme Verfeinerungen durchgeführt. Vom vierten Verfeinerungsschritt an wurde dann adaptiv verfeinert, und zwar ebenfalls insgesamt dreimal, wobei beim erstenmal 10 000, beim zweitenmal 20 000, und beim drittenmal 40 000 Elemente mit Hilfe des oben beschriebenen Kriteriums markiert wurden. Eine der auf diese Weise erzeugten Triangulierungen ist in Abb. 5.14 zu sehen. Es handelt sich dabei um die Triangulierung $\mathcal{T}_5$ für den Fall Pe $= 10\,000$.

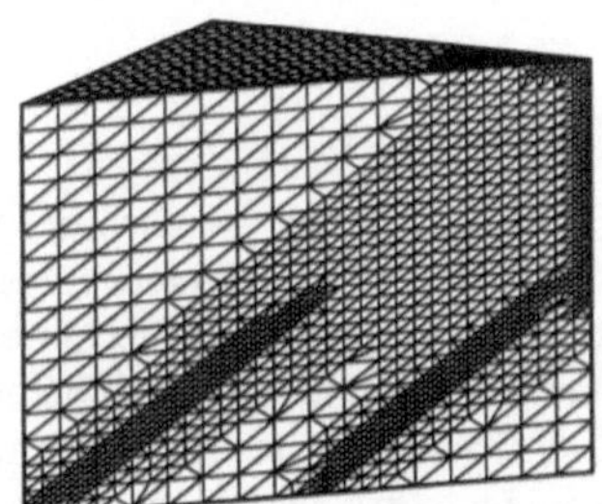

Abb. 5.14: Adaptive Triangulierung für das konstante Problem

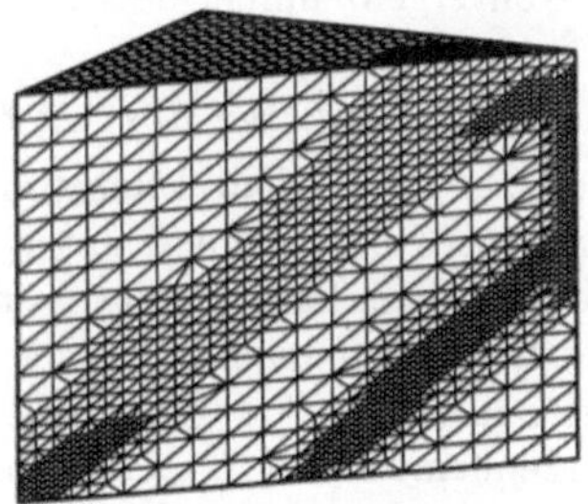

Abb. 5.15: Adaptive Triangulierung für das gemischte Problem

Da bei der Diskretisierung in allen untersuchten Fällen keine künstlichen Zyklen auftraten, haben wir es auch hier wieder mit dem Gauß-Seidel-Verfahren als Glätter zu tun, allerdings nun mit der lokalen Variante, bei der auf jeder Stufe nur über die Eckpunkte im tatsächlich verfeinerten Bereich geglättet wird (vgl. Kapitel 5.3.3).

Welche Auswirkungen die adaptiven Verfeinerungen auf die Konvergenzrate des resultierenden Mehrgitterverfahrens haben, zeigt Tab. 8. Die ersten drei Zeilen stimmen natürlich mit denen von Tab. 4 überein, da in allen untersuchten Fällen immer zuerst drei uniforme Vefeinerungen durchgeführt wurden. In der zweiten Spalte von Tab. 8 ist wieder die entsprechende Anzahl der Unbekannten aufgeführt. Diese kann natürlich im adaptiven Fall variieren, auch wenn auf jeder Stufe immer die gleiche Anzahl von Elementen markiert wurde. Für $J = 4, 5, 6$ haben wir deswegen die ungefähren Durchschnittswerte angegeben, von denen die tatsächliche Anzahl der Unbekannten aber in Einzelfällen um bis zu 5 % abweichen kann.

J	$N_{J,D}$	Pe = 0		Pe = 10		Pe = 100		Pe = 10 000	Pe = 1 000 000
1	27	**0.14**	*(0.14)*	**0.09**	*(0.09)*	**0.01**	*(0.01)*	**0.000008**	**0.00000002**
2	343	**0.25**	*(0.26)*	**0.20**	*(0.20)*	**0.05**	*(0.05)*	**0.000012**	**0.00000003**
3	3 375	**0.30**	*(0.35)*	**0.27**	*(0.32)*	**0.11**	*(0.13)*	**0.000099**	**0.00000004**
4	~16 800	**0.28**	*(0.35)*	**0.30**	*(0.37)*	**0.17**	*(0.19)*	**0.001746**	**0.00052900**
5	~43 000	**0.32**	*(0.36)*	**0.30**	*(0.38)*	**0.19**	*(0.20)*	**0.007678**	**0.00383449**
6	~96 500	**0.33**	*(0.36)*	**0.31**	*(0.39)*	**0.22**	*(0.22)*	**0.014009**	**0.00731536**

Tab. 8: Konvergenzraten bei adaptiver Verfeinerung und konstanter Konvektion

Die in Tab. 8 aufgeführten Konvergenzraten zeigen, daß adaptive Verfeinerungen auf die Robustheit und die Effizienz unseres Mehrgitterverfahrens keinen negativen Einfluß haben. Beim Vergleich mit Tab. 4 stellen wir fest, daß praktisch alle Konvergenzraten in der gleichen Größenordnung liegen wie bei der Verwendung uniformer Verfeinerungen – vielleicht mit Ausnahme des Falles Pe = 1 000 000, wo das Verfahren aber trotzdem immer noch sehr effizient ist. Insbesondere können wir auch hier beobachten, daß mit steigender Konvektionsstärke die Konvergenz immer besser wird.

Experiment 9 (Adaptive Lösung des gemischten Problems)

Nach dem konstanten Konvektionsproblem haben wir dann auch das gemischte Problem aus Experiment 6 noch einmal unter Zuhilfenahme adaptiver Verfeinerungen gelöst. Wie oben wurden in allen Fällen zunächst drei uniforme und dann drei adaptive Verfeinerungen durchgeführt, wobei jeweils die gleiche Anzahl von Elementen markiert wurde. Die entsprechende Triangulierung $\mathcal{T}_5$ für den Fall Pe = 10 000 ist in Abb. 5.14 zu sehen. Mann kann deutlich erkennen, daß entlang der Hauptdiagonalen weniger stark verfeinert wird als bei konstanter Konvektion. Bei der Diskretisierung des gemischten Problems traten erneut keine künstlichen Zyklen auf. Die durchschnittliche Anzahl von Unbekannten auf den Stufen $J = 4, 5, 6$ stimmt in etwa mit den in Tab. 8 angegebenen Durchschnittswerten überein. Die resultierenden Konvergenzraten für das gemischte Problem zeigt Tab. 9.

J	Pe = 0		Pe = 10		Pe = 100		Pe = 10 000		Pe = 1 000 000	
1	**0.14**	*(0.14)*	**0.10**	*(0.12)*	**0.10**	*(0.11)*	**0.05**	*(0.08)*	**0.01**	*(0.04)*
2	**0.25**	*(0.26)*	**0.21**	*(0.26)*	**0.20**	*(0.24)*	**0.12**	*(0.21)*	**0.10**	*(0.23)*
3	**0.30**	*(0.35)*	**0.27**	*(0.34)*	**0.26**	*(0.33)*	**0.20**	*(0.31)*	**0.16**	*(0.33)*
4	**0.28**	*(0.35)*	**0.30**	*(0.38)*	**0.26**	*(0.33)*	**0.22**	*(0.31)*	**0.17**	*(0.33)*
5	**0.32**	*(0.36)*	**0.32**	*(0.42)*	**0.26**	*(0.35)*	**0.23**	*(0.31)*	**0.19**	*(0.34)*
6	**0.33**	*(0.36)*	**0.33**	*(0.42)*	**0.28**	*(0.38)*	**0.23**	*(0.31)*	**0.20**	*(0.34)*

Tab. 9: Konvergenzraten bei adaptiver Verfeinerung für das gemischte Problem

Auch in diesem Beispiel erweist sich unser Mehrgitterverfahren wieder als sehr robust. Die in Tab. 9 aufgeführten Konvergenzraten sprechen für sich.

Allerdings tritt hier zum ersten Mal ein Effekt auf, der die Grenzen der von uns verwendeten Upwind-Diskretisierung aufzeigt. Die diskrete Näherungslösung nimmt im Falle

Pe = 1 000 000 für $J \geq 5$ im Innern des Einheitswürfels ein Maximum an, das etwa 10 % über dem Maximalwert 1.0 der exakten Lösung liegt. Obwohl die Steifigkeitsmatrix eine M-Matrix ist (vgl. Bemerkung 5.1.9), haben wir es hier also mit einer Situation zu tun, wo ein *diskretes Maximumprinzip*, das unter bestimmten Voraussetzungen ein Maximum auf dem Rand garantiert, offensichtlich nicht gilt.

Da das kontinuierliche Problem einem entsprechenden Maximumprinzip genügt, weil nämlich das Konvektionsfeld divergenzfrei ist, kann dieser Effekt nur von der Diskretisierung herrühren. Tatsächlich haben wir schon in Bemerkung 5.1.11 darauf hingewiesen, daß die Divergenzfreiheit des Konvektionsfeldes nur dann die numerische Divergenzfreiheit der Steifigkeitsmatrix impliziert, wenn b konstant ist, da andernfalls die Verwendung der Mittelwertprojektionen sowie ihre Berechnung durch Quadraturformeln dazu führt, daß die Zeilensummen der Steifigkeitsmatrix im allgemeinen nicht ganz verschwinden. Wir werden im nächsten Kapitel sehen, daß dieser Effekt noch stärker ausfallen kann, wenn nicht nur die Konvektionsstärke sondern auch die Richtung des Konvektionsfeldes stark variiert. Aus der Konvergenz der Diskretisierung können wir allerdings im inkompressiblen Fall schließen, daß Maxima der diskreten Lösung im Innern von Ω mit zunehmender Verfeinerungstiefe kleiner werden und für $h \to 0$ irgendwann ganz verschwinden.

5.4.4 Kompliziertere Strömungen

In allen bisher betrachteten Testbeispielen war die Konvektionsrichtung konstant und es traten keine künstlichen Zyklen auf. Unser lokaler Block-Gauß-Seidel-Glätter ist folglich bis jetzt nur als einfache Gauß-Seidel-Variante zum Einsatz gekommen. In diesem letzten Kapitel wollen wir unser Verfahren deswegen nun auf zwei etwas kompliziertere Testprobleme mit stark variierendem Konvektionsfeld und nichttrivialen Zusammenhangskomponenten anwenden. Wie das vorangegangene Beispiel lehrt, müssen wir dabei allerdings mit Schwierigkeiten bei der Diskretisierung rechnen.

Experiment 10 (Strömung durch ein geschwungenes Rohrstück)

Als erstes betrachten wir die Strömung durch ein geschwungenes Rohrstück, dessen Form in Abb. 5.17 anhand der dort dargestellten Triangulierung gut zu erkennen ist. Das Konvektionsfeld tritt am linken Ende in das Rohrstück ein, folgt dann der Krümmung des Rohres und tritt schließlich am rechten Ende wieder aus. Die Konvektionsstärke ist überall konstant und stimmt mit der Péclet-Zahl überein. Als Dirichlet-Randwerte haben wir 1.0 am Eintrittsende und 0.0 sonst vorgegeben. Die verwendete Anfangstriangulierung $\mathcal{T}_0$ ist in Abb. 5.16 zu sehen. Sie besteht aus 144 Tetraedern und enthält 11 innere Eckpunkte. Die in Abb. 5.17 dargestellte Triangulierung entsteht aus $\mathcal{T}_0$ durch zweimaliges, uniformes Verfeinern. Insgesamt führen wir bei diesem Testproblem maximal vier uniforme Verfeinerungen durch.

Die Diskretisierung des oben beschriebenen Randwertproblems führt nun im Falle Pe > 0 auf den Stufen 3 und 4 zu künstlichen Zyklen im entsprechenden Konvektionsgraphen. Der modifizierte Tarjan-Algorithmus findet hier auf der dritten Stufe insgesamt 66 nichttriviale maximale Zusammenhangskomponenten mit einer durchschnittlichen (maximalen) Größe von 9 (24) Knoten. Auf der vierten Stufe sind es dann schon insgesamt 158 nichttriviale Zusammenhangskomponenten mit durchschnittlich 84 und maximal 833 (!) Knoten. Wie man

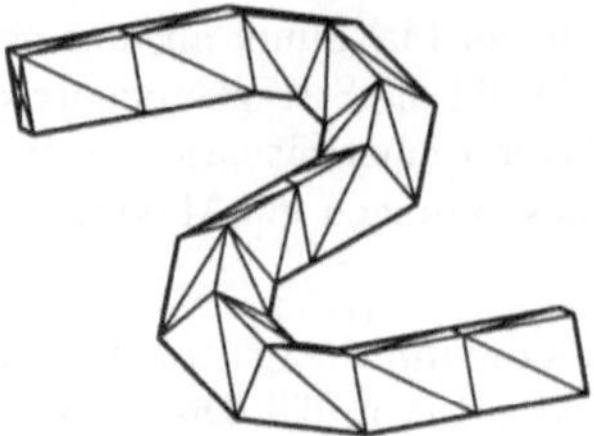

Abb. 5.16: Triangulierung $\mathcal{T}_0$

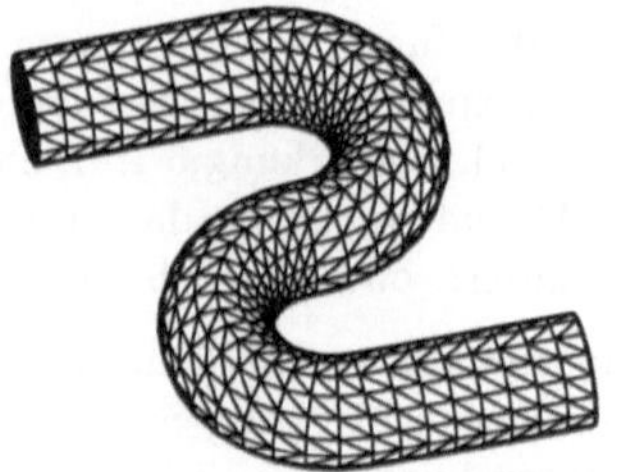

Abb. 5.17: Triangulierung $\mathcal{T}_2$

sieht, können auch bei einem eigentlich wirbelfreien Problem schon recht große Zusammenhangskomponenten entstehen. Die resultierenden Diagonalblocksysteme konnten aber auch hier immer noch relativ schnell gelöst werden. Auf den ersten beiden Stufen dagegen traten keine künstlichen Zyklen auf.

Die für dieses Problem beobachteten Konvergenzraten sind in Tab. 10 zu sehen. Abb. 5.18 zeigt die auf der Stufe $J = 4$ für $\mathrm{Pe} = 1\,000\,000$ erhaltene Näherungslösung. Bei genauem Hinsehen erkennt man zwar lokale Mini- und Maxima im Innern des Rohres, jedoch sind diese hier wesentlich schwächer ausgeprägt als noch in Experiment 9. Der dort zu beobachtende Effekt fällt hier wesentlich schwächer aus, weil die Konvektionsstärke konstant ist und deswegen von der Diskretisierung weniger numerische Kompressibilität eingeschleppt wird. Tatsächlich lag die diskrete Näherungslösung des Rohrproblems auch in allen Fällen vollständig im Intervall $[0, 1]$.

Abb. 5.18: Lösung des Rohrproblems

J	$N_{J,D}$	Pe = 0		Pe = 10		Pe = 100		Pe = 10 000	Pe = 1 000 000
1	115	**0.13**	*(0.16)*	**0.06**	*(0.08)*	**0.01**	*(0.01)*	**0.000007**	**0.00000002**
2	1 175	**0.34**	*(0.36)*	**0.18**	*(0.23)*	**0.08**	*(0.05)*	**0.000072**	**0.00000003**
3	10 735	0.49	*(0.53)*	**0.32**	*(0.38)*	**0.22**	*(0.12)*	**0.001422**	**0.00000023**
4	91 871	0.51	*(0.61)*	0.42	*(0.49)*	**0.35**	*(0.29)*	**0.008216**	**0.00001776**

Tab. 10: Konvergenzraten für das Rohrproblem

Bei der Betrachtung der Konvergenzraten fällt zunächst auf, daß im symmetrischen Fall bzw. bei kleinen Péclet-Zahlen die Konvergenz des Verfahrens doch um einiges schlechter ist als z.B. beim Poisson-Problem für den Einheitswürfel. Den Grund dafür kennen wir schon: die hier verwendeten Triangulierungen weisen ein wesentlich ungünstigeres Entartungsmaß auf als z.B. die Triangulierungen in Experiment 1. Im Gegensatz zu Experiment 3 ist dafür an dieser Stelle allerdings nicht die Wahl der Anfangstriangulierung verantwortlich, sondern in erster Linie die Form des Rohrstücks. Während bei einem konvexen Gebiet die Projektion der Eckpunkte auf den Rand im allgemeinen problemlos ist, führt die Projektion auf einen konkaven Teil des Randes oft zu Elementen mit sehr schlechtem Entartungsmaß. Ursache für das schlechte Konvergenzverhalten des Mehrgitterverfahrens im symmetrischen Fall ist hier also im wesentlichen die Form des Randes.

In punkto Robustheit hingegen läßt unser Verfahren auch in diesem Beispiel wenig zu wünschen übrig. Die schlechtesten Konvergenzraten auf jeder Stufe sind ausnahmslos in der Spalte für den symmetrischen Fall zu finden. Mit wachsender Konvektionsstärke werden die Konvergenzraten dann immer besser, und für $\mathrm{Pe} \to \infty$ streben sie schließlich gegen Null.

Experiment 11 (Labyrinthströmung im Einheitswürfel)

Als letztes Testproblem betrachten wir noch einmal ein Konvektions-Diffusions-Problem für den Einheitswürfel. Das entsprechende Strömungsfeld b ist in Abb. 5.19 dargestellt. Im Gegensatz zum vorangegangenen Problem variieren hier sowohl Richtung als auch Stärke der Strömung. Die Länge der eingezeichneten Pfeile gibt die relative lokale Konvektionsstärke an. Da das Konvektionsfeld außerhalb des sich labyrinthartig durch den Würfel windenden Schlauches verschwindet, haben wir es auch hier wieder mit einem nur teilweise konvektionsdominierten Problem zu tun. Die vorgegebenen Randwerte liegen zwischen 0.0 und 1.0.

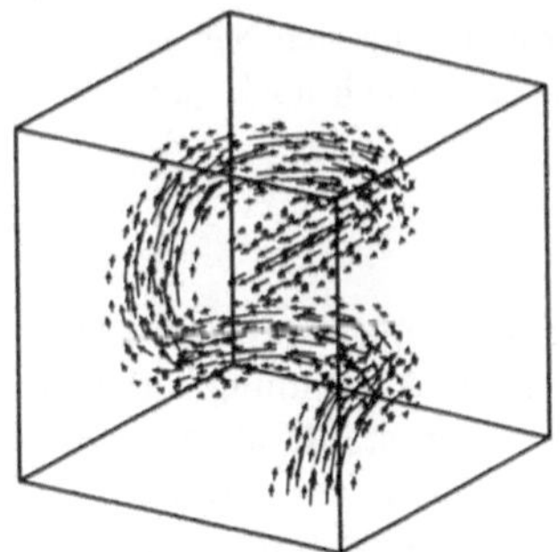

Abb. 5.19: Labyrinthströmung

J	Anzahl	Ø	Max.
1	1	26	26
2	4	4	4
3	12	8	9
4	28	20	34
5	52	65	113

Tab. 11: Statistik der maximalen Zusammenhangskomponenten

Zur Diskretisierung des oben beschriebenen Problems verwenden wir natürlich wieder die gleichen Triangulierungen wie bisher. Im Gegensatz zu Experiment 10 treten hier auf allen Stufen künstliche Zyklen auf. In Tab. 11 haben wir die Anzahl der nichttrivialen maximalen Zusammenhangskomponenten auf jeder Stufe sowie ihre durchschnittliche bzw. maximale Knotenzahl zusammengefaßt. Wie man sieht, kommen ähnlich große Zusammenhangskomponenten wie im vorangegangenen Beispiel hier nicht vor. Die entsprechenden Konvergenzraten unseres Mehrgitterverfahrens sind in Tab. 12 enthalten.

J	Pe = 0		Pe = 10		Pe = 100		Pe = 10 000		Pe = 1 000 000	
1	**0.14**	*(0.14)*	**0.01**	*(0.01)*	**0.02**	*(0.02)*	**0.0002**		**0.00000002**	
2	**0.25**	*(0.26)*	**0.19**	*(0.23)*	**0.14**	*(0.17)*	**0.17**	*(0.23)*	**0.11**	*(0.22)*
3	**0.30**	*(0.35)*	**0.28**	*(0.34)*	**0.27**	*(0.31)*	**0.29**	*(0.37)*	**0.23**	*(0.39)*
4	**0.31**	*(0.39)*	**0.31**	*(0.38)*	**0.31**	*(0.37)*	0.40	*(0.48)*	**0.33**	*(0.49)*
5	**0.31**	*(0.40)*	**0.31**	*(0.39)*	**0.35**	*(0.42)*	0.45	*(0.55)*	0.43	*(0.58)*

Tab. 12: Konvergenzraten für die Labyrinthströmung

Die Konvergenzraten für kleine Péclet-Zahlen (Pe = 10 bzw. Pe = 100) liegen in der gleichen Größenordnung wie die des symmetrischen Falles und damit im Rahmen unserer Erwartungen. Die Konvergenzraten in den beiden letzten Spalten, insbesondere die der Stufen 4 und 5, können hingegen nicht so recht überzeugen. Sie sind zwar immer noch akzeptabel, aber lange nicht so gut wie z.B. beim gemischten Problem in Experiment 6.

Wir nehmen an, daß die Ursache für das ungewohnt schlechte Abschneiden unseres Verfahrens in der durch die Diskretisierung eingeschleppten numerischen Kompressibilität liegt. Letztere macht sich auch hier wieder dadurch bemerkbar, daß die diskreten Näherungslösungen ihr globales Maximum im Innern des Einheitswürfels annehmen. Der Effekt fällt in diesem Beispiel deswegen besonders heftig aus, weil wir es hier mit einem in Richtung und Stärke stark variierenden Konvektionsfeld zu tun haben. So liegt z.B. das Maximum der Näherungslösung auf der Stufe $J = 2$ im Falle Pe = 10 000 bei etwa 2.6, im Falle Pe = 1 000 000 sogar bei 3.6. Zwar werden die entsprechenden Maxima mit zunehmender Verfeinerungstiefe kleiner – auf der Stufe $J = 5$ liegen sie noch bei 1.009 bzw. 1.6 –, doch werden an dieser Stelle bereits die Grenzen unserer einfachen Upwind-Diskretisierung sichtbar. Angesichts dieser Schwierigkeiten schlägt sich unser Mehrgitterverfahren dann doch noch ganz passabel.

Nach insgesamt elf durchgeführten Experimenten ziehen wir folgendes Fazit: Das in diesem Buch vorgestellte Mehrgitterverfahren erweist sich bei der Anwendung auf Probleme mit konstanter Konvektionsrichtung bzw. konstanter Konvektionsstärke als sehr robust. Wenn sowohl Richtung als auch Stärke der Konvektion stark variieren, ist aufgrund der Schwächen der Diskretisierung bei großen Péclet-Zahlen mit einer Verschlechterung der Ergebnisse zu rechnen. Im symmetrischen Fall reagiert das Verfahren sehr empfindlich auf Elemente mit ungünstigem Entartungsmaß.

Literatur

[1] J. Ackermann, B. Erdmann, and R. Roitzsch, *A self-adaptive finite element method for the stationary Schrödinger equation in three space dimensions*, Preprint SC-94-10, ZIB, Berlin, 1994.

[2] R. A. Adams, *Sobolev Spaces*, Academic Press, 1975.

[3] G. Alefeld and R. S. Varga, *Zur Konvergenz des symmetrischen Relaxationsverfahrens*, Numer. Math., 25 (1976), pp. 291–295.

[4] L. Angermann, *Numerical solution of second-order elliptic equations on plane domains*, Mathematica Modelling and Numerical Anaysis (M^2AN), 25 (1991), pp. 169–191.

[5] G. P. Astrakhantsev, *An iterativ method of solving elliptic net problems (russ.)*, USSR Comp. Math. and Math. Phys., 11,2 (1971), pp. 171–182.

[6] O. Axelsson and I. Gustafsson, *Preconditioning and twolevel multigrid methods of arbitrary degree of approximation*, Math. Comp., 40 (1983), pp. 219–242.

[7] I. Babuška, J. Gago, D. W. Kelly, and O. C. Zienkiewicz, *Hierarchical finite element approaches, error estimates and adaptive refinement*, in The Mathematics of Finite Elements and Applications IV, J. R. Whiteman, ed., Academic Press, London, 1982.

[8] I. Babuška, R. B. Kellogg, and J. Pitkäranta, *Direct and inverse error estimates for finite elements with mesh refinements*, Numer. Math., 33 (1979), pp. 447–471.

[9] N. S. Bachvalov, *On the convergence of a relaxation method with natural constraints on the elliptic operator (russ.)*, USSR Comp. Math. and Math. Phys., 6,5 (1966), pp. 861–883.

[10] B. S. Baker, E. Grosse, and C. S. Rafferty, *Nonobtuse triangulation of polygons*, Discrete Comput. Geom., 3 (1988), pp. 147–168.

[11] R. E. Bank, *PLTMG: A Software Package for Solving Elliptic Partial Differential Equations, Users' Guide 7.0*, vol. 15 of Frontiers in Applied Mathematics, SIAM, Philadelphia, 1994.

[12] R. E. Bank and M. Benbourenane, *The hierarchical basis multigrid method for convection-diffusion equations*, Numer. Math., 61 (1992), pp. 7–37.

[13] R. E. Bank, J. F. Bürgler, W. Fichtner, and R. K. Smith, *Some upwinding techniques for finite element approximations of convection-diffusion equations*, Numer. Math., 58 (1990), pp. 185–202.

[14] R. E. Bank and C. C. Douglas, *Sharp estimates for multigrid rates of convergence with general smoothing and acceleration*, SIAM J. Numer. Anal., 22 (1985), pp. 617–633.

[15] R. E. Bank and T. Dupont, *Analysis of a two-level scheme for solving finite element equations*, Report CNA-159, Center for Numerical Analysis, University of Texas at Austin, 1980.

[16] R. E. Bank and T. Dupont, *An optimal order process for solving finite element equations*, Math. Comp., 36 (1981), pp. 35–51.

[17] R. E. Bank, T. Dupont, and H. Yserentant, *The hierarchical basis multigrid method*, Numer. Math., 52 (1988), pp. 427–458.

[18] R. E. Bank and D. J. Rose, *Some error estimates for the box method*, SIAM J. Numer. Anal., 24 (1987), pp. 777–787.

[19] R. E. Bank, A. H. Sherman, and A. Weiser, *Refinement algorithms and data structures for regular local mesh refinement*, in Scientific Computing, R. Stepleman, ed., Amsterdam: IMACS/North Holland, 1983, pp. 3–17.

[20] R. E. Bank and J. Xu, *An algorithm for coarsening unstructured meshes*, Numer. Math., 73 (1996), pp. 1–36.

[21] E. Bänsch, *Local mesh refinement in 2 and 3 dimensions*, Impact of Computing in Science and Engineering, 3 (1991), pp. 181–191.

[22] P. Bastian, *UG 2.0, short manual*, Preprint no. 92-14, IWR, Univ. Heidelberg, 1992.

[23] P. Bastian, *Parallele adaptive Mehrgitterverfahren*, Teubner Skripten zur Numerik, Teubner, Stuttgart, Leipzig, 1996.

[24] P. Bastian and G. Wittum, *Adaptive multigrid methods: The UG concept*, in Adaptive Methods: Algorithms, Theory and Applications, NNFM, W. Hackbusch and G. Wittum, eds., Braunschweig, 1994, Vieweg, pp. 17–37.

[25] H. Bauer, *Wahrscheinlichkeitstheorie*, Walter de Gruyter, Berlin, New York, 1974.

[26] R. Beck, B. Erdmann, and R. Roitzsch, *KASKADE 3.0, an object-oriented adaptive finite element code*, Technical Report TR 95-4, Konrad-Zuse-Zentrum für Informationstechnik, Berlin, 1995.

[27] J. Bey, *Analyse und Simulation eines Konjugierte-Gradienten-Verfahrens mit einem Multilevel Präkonditionierer zur Lösung dreidimensionaler elliptischer Randwertprobleme für massiv parallele Rechner*, Master's thesis, Institut für Geometrie und Praktische Mathematik, RWTH Aachen, 1991.

[28] J. Bey, *Tetrahedral grid refinement*, Computing, 55 (1995), pp. 355–378.

[29] J. Bey, *AGM^{3D} Manual*, Report Nr. 50, SFB 382, Math. Inst., Univ. Tübingen, 1996.

[30] J. Bey and G. Wittum, *Downwind numbering: A robust multigrid method for convection-diffusion problems on unstructured grids*, in Fast Solvers for Flow Problems. Proceedings of the 10th GAMM-Seminar Kiel, January 14 to 16, 1994. NNFM, W. Hackbusch and G. Wittum, eds., vol. 49, Braunschweig, 1995, Vieweg.

[31] J. Bey and G. Wittum, *Downwind numbering: Robust multigrid for convection-diffusion problems*, Appl. Numer. Math., 23 (1997), pp. 177–192.

[32] F. A. Bornemann, B. Erdmann, and R. Kornhuber, *Adaptive multilevel-methods in three space dimensions*, International Journal of Numerical Methods in Engineering, 36 (1993), pp. 3187–3203.

[33] F. A. Bornemann and H. Yserentant, *A basic norm equivalence for the theory of multilevel methods*, Numer. Math., 64 (1993), pp. 455–476.

[34] D. Braess, *The contraction number of a multigrid method for solving the Poisson equation*, Numer. Math., 37 (1981), pp. 387–404.

[35] D. Braess, *The convergence rate of a multigrid method with Gauss-Seidel relaxation for the Poisson equation*, in Multigrid Methods, Lecture Notes in Mathematics, Vol. 960, W. Hackbusch and U. Trottenberg, eds., Heidelberg, 1982, Springer.

[36] D. Braess and W. Hackbusch, *A new convergence proof for the multigrid method including the V-cycle*, SIAM J. Numer. Anal., 20 (1983), pp. 967–975.

[37] J. H. Bramble, D. Y. Kwak, and J. E. Pasciak, *Uniform convergence of multigrid V-cycle iterations for indefinite and nonsymmetric problems*, SIAM J. Numer. Anal., 31 (1994), pp. 1746–1763.

[38] J. H. Bramble and J. E. Pasciak, *New convergence estimates for multigrid algorithms*, Math. Comp., 49 (1987), pp. 311–329.

[39] J. H. Bramble, J. E. Pasciak, J. Wang, and J. Xu, *Convergence estimates for multigrid algorithms without regularity assumptions*, Math. Comp., 57 (1991), pp. 23–45.

[40] J. H. Bramble, J. E. Pasciak, and J. Xu, *The analysis of multigrid algorithms for nonsymmetric and indefinite elliptic problems*, Math. Comp., 51 (1988), pp. 389–414.

[41] J. H. Bramble, J. E. Pasciak, and J. Xu, *Parallel multilevel preconditioners*, Math. Comp., 55 (1990), pp. 1–22.

[42] A. Brandt, *Multi-level adaptive technique (MLAT) for fast numerical solution to boundary value problems*, in Proceedings of the third international conference on numerical methods in fluid mechanics, H. Cabannes and R. Temam, eds., Berlin, 1973, Springer, pp. 82–89. Paris 1972.

[43] A. Brandt, *Multi-level adaptive solutions to boundary-value problems*, Math. Comp., 31 (1977), pp. 333–390.

[44] A. Brandt, *Multi-level adaptive techniques (MLAT) for singular-perturbation problems*, in Numerical Analysis of Singular Perturbation Problems, P. W. Hemker and J. J. H. Miller, eds., London, 1979, Academic Press, pp. 53–142. Proceedings, Nijmegen 1978.

[45] A. Brandt, *Guide to multigrid development*, in Multigrid Methods, Lecture Notes in Mathematics, Vol. 960, W. Hackbusch and U. Trottenberg, eds., Heidelberg, 1982, Springer.

[46] A. Brandt and I. Yavneh, *Accelerated multigrid convergence and high-Reynolds recirculating flows*, SIAM J. Sci. Comp., 14(3) (1993), pp. 607–626.

[47] P. G. Ciarlet, *The Finite Element Method for Elliptic Problems*, North Holland, 1978.

[48] P. G. Ciarlet, *Basic error estimates for elliptic problems*, in Handbook of Numerical Analysis, Volume II: Finite Element Methods (Part 1), P. G. Ciarlet and J. L. Lions, eds., North Holland, Amsterdam, 1991.

[49] P. Clément, *Approximation by finite element functions using local regularization*, RAIRO Ser. Rouge (M^{2}AN), 9 (1975), pp. 77–84.

[50] L. Collatz, *The Numerical Treatment of Differential Equations*, vol. 60 of Die Grundlehren der mathematischen Wissenschaften in Einzeldarstellungen, Springer, Berlin, Heidelberg, New York, 3. ed., 1966.

[51] W. A. Dahmen and A. Kunoth, *Multilevel preconditioning*, Numer. Math., 63 (1992), pp. 315–344.

[52] P. M. de Zeeuw, *Matrix-dependent prolongations and restrictions in a blackbox multigrid solver*, J. Comp. Appl. Math., 33 (1990), pp. 1–27.

[53] P. M. de Zeeuw and E. J. van Asselt, *The convergence rate of multi-level algorithms applied to the convection-diffusion equation*, SIAM J. Sci. Stat. Comput., 6 (1985), pp. 492–503.

[54] J. Dendy, *Blackbox multigrid for nonsymmetric problems*, Appl. Math. Comput., 13 (83), pp. 261–283.

[55] P. Deuflhard, P. Leinen, and H. Yserentant, *Concepts of an adaptive hierarchical finite element code*, IMPACT of Computing in Science and Engineering, 1 (1989), pp. 3–35.

[56] J. Dieudonné, *Foundations of Modern Analysis*, Academic Press, New York, London, 1969.

[57] T. Dupont and R. Scott, *Constructive polynomial approximation in Sobolev spaces*, in Recent Advances in Numerical Analysis, C. de Boor and G. Golub, eds., Academic Press, New York, 1978, pp. 31–44.

[58] B. Erdmann, J. Lang, and R. Roitzsch, *KASKADE Manual, Version 2.0*, Technical Report TR 93-5, Konrad-Zuse-Zentrum für Informationstechnik, Berlin, 1993.

[59] R. P. Fedorenko, *A relaxation method for the solution of elliptic partial differential equations (russ.)*, USSR Comp. Math. and Math. Phys., 1,5 (1961), pp. 1092–1096.

[60] R. P. Fedorenko, *The speed of convergence of an iterative process (russ.)*, USSR Comp. Math. and Math. Phys., 4,3 (1964), pp. 227–235.

[61] L. R. Foulds, *Graph Theory Applications*, Universitext, Springer Verlag, New York, 1992.

[62] P. Frederickson and O. McBryan, *Parallel superconvergent multigrid*, in Multigrid Methods, S. F. McCormick, ed., New York, 1988, Marcel Dekker.

[63] H. Freudenthal, *Simplizialzerlegungen von beschränkter Flachheit*, Annals of Mathematics, 43 (1942), pp. 580–582.

[64] M. R. Garey and D. S. Johnson, *Computers and Intractability: A Guide to the Theory of NP-Completeness*, Freeman, San Francisco, 1979.

[65] D. Gilbarg and N. S. Trudinger, *Elliptic Partial Differential Equations of Second Order*, vol. 224 of A Series of Comprehensive Studies in Mathematics, Springer, Berlin, Heidelberg, 1977.

[66] V. Girault and P.-A. Raviart, *Finite Element Methods for Navier-Stokes Equations*, vol. 5 of Springer Series in Computational Mathematics, Springer, Berlin, Heidelberg, 1986.

[67] T. Grauschopf, M. Griebel, and H. Regler, *Additive multilevel-preconditioners based on bilinear interpolation, matrix-dependent geometric coarsening and algebraic-multigrid*

coarsening for second order elliptic pdes, SFB-Bericht Nr. 342/02/96 A, Institut für Informatik, Technische Universität München, 1996.

[68] M. Griebel, *Multilevel algorithms considered as iterative methods on semidefinite systems*, SIAM J. Sci. Comput., 15 (1994), pp. 547–565.

[69] M. Griebel, *Multilevelmethoden als Iterationsverfahren über Erzeugendensystemen*, Teubner Skripten zur Numerik, Teubner, Stuttgart, 1994.

[70] P. Grisvard, *Elliptic Problems in Nonsmooth Domains*, vol. 24 of Monographs and Studies in Mathematics, Pitman, 1985.

[71] G. Grosche, E. Zeidler, D. Ziegler, and V. Ziegler, eds., *Teubner-Taschenbuch der Mathematik, Teil II*, Teubner, Stuttgart, Leipzig, 1995.

[72] C. Großmann and H.-G. Roos, *Numerik partieller Differentialgleichungen*, Teubner, Stuttgart, 1992.

[73] W. Hackbusch, *Convergence of multigrid iterations applied to difference equations*, Math. Comp., 34 (1980), pp. 425–440.

[74] W. Hackbusch, *On the convergence of multigrid iterations*, Beiträge zur Numerischen Mathematik, 9 (1981), pp. 213–239.

[75] W. Hackbusch, *Multi-grid convergence theory*, in Multigrid Methods, Lecture Notes in Mathematics, Vol. 960, W. Hackbusch and U. Trottenberg, eds., Heidelberg, 1982, Springer.

[76] W. Hackbusch, *Multigrid convergence for a singular perturbation problem*, Linear Algebra and its Applications, 58 (1984), pp. 125–145.

[77] W. Hackbusch, *Multigrid Methods and Applications*, vol. 4 of Springer Series in Computational Mathematics, Springer, Berlin, Heidelberg, 1985.

[78] W. Hackbusch, *Theorie und Numerik elliptischer Differentialgleichungen*, Teubner, Stuttgart, 1986. (English translation in preparation).

[79] W. Hackbusch, *A new multi-grid method*, in Numerical Analysis, Proc. 2nd Int. Symp. Prague/Czech, vol. 107 of Teubner-Texte Mathematik, 1988, pp. 59–69.

[80] W. Hackbusch, *The frequency decomposition multi-grid method I: Application to anisotropic problems*, Numer. Math., 56 (1989), pp. 229–245.

[81] W. Hackbusch, *On first and second order box schemes*, Computing, 41 (1989), pp. 277–296.

[82] W. Hackbusch, *Iterative Lösung großer schwachbesetzter Gleichungssysteme*, Teubner, 1991. (English translation in preparation).

[83] W. Hackbusch, *On the feedback vertex set problem for a planar graph*, Bericht Nr. 9503, Institut für Informatik und Praktische Mathematik, Christian-Albrechts-Universität Kiel, 1995. (submitted to Computing).

[84] W. Hackbusch and T. Probst, *Downwind Gauß-Seidel smoothing for convection dominated problems*, Numerical Linear Algebra with Applications, 4 (1997), pp. 85–102.

[85] F. Harary, *Graph Theory*, Addison-Wesley, 1972.

[86] B. Heinrich, *Finite Difference Methods on Irregular Networks*, vol. 82 of International Series of Numerical Mathematics, Birkhäuser, Basel, Boston, Stuttgart, 1987.

[87] B. Heinrich, *Coercive and inverse-isotone discretization of diffusion-convection problems*, Preprint P-MATH-19/88, Akademie der Wissenschaften der DDR, Karl Weierstraß-Institut für Mathematik, 1988.

[88] P. W. Hemker, *The incomplete LU-decomposition as a relaxation method in multigrid algorithms*, in Boundary and Interior Layers – Computational and Asymptotic Methods. Proceedings, Dublin, J. J. H. Miller, ed., Dublin, 1981, Boole Press.

[89] P. W. Hemker, *Mixed defect correction iteration for the accurate solution of the convection-diffusion-equation*, in Multigrid Methods, Lecture Notes in Mathematics, Vol. 960, W. Hackbusch and U. Trottenberg, eds., Heidelberg, 1982, Springer.

[90] P. W. Hemker, *Multigrid methods for problems with a small parameter in the highest derivative*, in Numerical Analysis, Proc. 10th bienn. Conf. Dundee/Scotland, vol. 1066 of Lecture Notes Math., 1984.

[91] C. Hirsch, *Numerical Computation of Internal and External Flows, Vol. I: Fundamentals of Numerical Discretization*, John Wiley & Sons, 1988.

[92] K. Johannsen, *Aligned finite volume methods*, Preprint, Institut für Computeranwendungen ICA III, Univ. Stuttgart, 1996.

[93] C. Johnson, *Numerical Solution of Partial Differential Equations by the Finite Element Method*, Cambridge University Press, 1987.

[94] J. Kadlec, *On the regularity of the solution of the Poisson problem on a domain with boundary locally similar to the boundary of a convex open set*, Czechoslovak Math. J., 14 (1964), pp. 386–393. (russ.).

[95] R. Kettler, *Analysis and comparison of relaxation schemes in robust multigrid and preconditioned conjugate gradient methods*, in Multigrid Methods, Lecture Notes in Mathematics, Vol. 960, W. Hackbusch and U. Trottenberg, eds., Heidelberg, 1982, Springer.

[96] M. Koecher, *Lineare Algebra und Analytische Geometrie*, vol. 2 of Grundwissen Mathematik, Springer, Berlin, Heidelberg, 1983.

[97] R. Kornhuber and R. Roitzsch, *On adaptive grid refinement in the presence of internal or boundary layers*, Impact of Computing in Science and Engineering, 2 (1990), pp. 40–72.

[98] R. Kornhuber and G. Wittum, *Discretization and iterative solution of convection diffusion equations*, in Incomplete Decompositions (ILU) – Algorithms, Theory, and Applications. Proceedings of the 8th GAMM-Seminar Kiel, January 24 to 26, 1992. NNFM, W. Hackbusch and G. Wittum, eds., vol. 41, Braunschweig, 1993, Vieweg.

[99] H. W. Kuhn, *Some combinatorial lemmas in topology*, IBM J. Res. Develop., 45 (1960), pp. 518–524.

[100] R. D. Lazarov, I. D. Mishev, and P. S. Vassilevski, *Finite volume methods for convection-diffusion problems*, SIAM J. Numer. Anal., 33 (1996), pp. 31–55.

[101] S. Lefschetz, *Introduction to Topology*, Princeton University Press, 1949.

[102] P. Leinen, *Ein schneller adaptiver Löser für elliptische Randwertprobleme auf Seriell- und Parallelrechnern*, PhD thesis, Univ. Dortmund, 1990.

[103] P. Leinen, *Data structures and concepts for adaptive finite element methods*, Computing, 55 (1995), pp. 325–354.

[104] A. Liu and B. Joe, *On the shape of tetrahedra from bisection*, Math. Comp., 63 (1994), pp. 141–154.

[105] A. Liu and B. Joe, *Quality local refinement of tetrahedral meshes based on bisection*, SIAM J. Sci. Comput., 16 (1995), pp. 1269–1291.

[106] J. Mandel, *Multigrid convergence for nonsymmetric, indefinite variational problems and one smoothing step*, Appl. Math. Comp., 19 (1986), pp. 201–216.

[107] J. M. L. Maubach, *Iterative Methods for Nonlinear Partial Differential Equations*, PhD thesis, Univ. Nijmegen, 1991.

[108] J. M. L. Maubach, *Local bisection refinement for N-simplicial grids generated by reflection*, SIAM J. Sci. Comput., 16 (1995), pp. 210–227.

[109] N. Meyers and J. Serrin, *H=W*, Proc. Nat. Acad. Sci. USA, 51 (1964), pp. 1055–1056.

[110] W. F. Mitchell, *Unified Multilevel Adaptive Finite Element Methods for Elliptic Problems*, PhD thesis, Univ. of Illinois, Dept. of Computer Science, Urbana-Champaign, 1988. Report no. UIUCDCS-R-88-1436.

[111] W. F. Mitchell, *Adaptive refinement for arbitrary finite-element spaces with hierarchical basis*, J. Comput. Appl. Math., 36 (1991), pp. 65–78.

[112] J. Nečas, *Sur la coercivité des formes sesqui-linéaires elliptiques*, Rev. Roumaine Math. Pures Appl., 9 (1964), pp. 47–69.

[113] N. Neuss, *Homogenisierung und Mehrgitter*, PhD thesis, Univ. Heidelberg, 1996. Bericht N96/7, Institut für Computeranwendungen (ICA) der Univ. Stuttgart.

[114] R. A. Nicolaides, *On the l^2 convergence of an algorithm for solving finite element equations*, Math. Comp., 31 (1977), pp. 892–906.

[115] P. Oswald, *On function spaces related to finite element approximation theory*, Zeitschrift für Analysis und ihre Anwendungen, 9 (1990), pp. 43–64.

[116] P. Oswald, *On discrete norm estimates related to multilevel preconditioners in the finite element method*, in Proceedings International Conference on the Constructive Theory of Functions, Varna, 1991.

[117] V. N. Parthasarathy, *On tetrahedron shape distortion measures*, Submitted to International Journal of Numerical Methods in Engineering, (1991).

[118] A. Quarteroni and A. Valli, *Numerical Approximation of Partial Differential Equations*, vol. 23 of Springer Series in Computational Mathematics, Springer, Berlin, Heidelberg, 1994.

[119] A. Reusken, *Multigrid with matrix-dependent transfer operators for a singular perturbation problem*, Computing, 50 (1993), pp. 199–211.

[120] A. Reusken, *On maximum norm convergence of multigrid methods for elliptic boundary value problems*, SIAM J. Numer. Anal., 31 (1994), pp. 378–392.

[121] A. Reusken, *Fourier analysis of a robust multigrid method for convection-diffusion equations*, Numer. Math., 71 (1995), pp. 365–397.

[122] A. Reusken, *A multigrid method based on incomplete Gaussian elimination*, Tech. Rep. RANA 95-13, Department of Mathematics and Computing Science, Eindhoven University of Technology, 1995.

[123] A. Reusken, *On a robust multigrid solver*, Computing, 56 (1996), pp. 303–322.

[124] M. C. Rivara, *Algorithms for refining triangular grids suitable for adaptive and multigrid techniques*, International Journal of Numerical Methods in Engineering, 20 (1984), pp. 745–756.

[125] M. C. Rivara, *Local modification of meshes for adaptive and/or multigrid finite-element methods*, J. Comput. Appl. Math., 36 (1991), pp. 79–89.

[126] D. F. Robinson, *Digraphs Theory and Techniques*, Gordon & Breach, New York, London, Paris, 1980.

[127] H.-G. Roos, M. Stynes, and L. Tobiska, *Numerical Methods for Singularly Perturbed Differential Equations. Convection-Diffusion and Flow Problems*, vol. 24 of Springer Series in Computational Mathematics, Springer, Berlin, Heidelberg, 1996.

[128] J. W. Ruge and K. Stüben, *Algebraic multigrid*, in Multigrid Methods, S. F. McCormick, ed., Philadelphia, Pennsylvania, 1987, SIAM.

[129] S. Sauter and G. Wittum, *A multigrid method for the computation of eigenmodes of closed water basins*, IMPACT Comput. Sci. Eng., 4 (1992), pp. 124–152.

[130] A. H. Schatz, *An observation concerning Ritz-Galerkin methods with indefinite bilinear forms*, Math. Comp., 28 (1974), pp. 959–962.

[131] R. Sedgewick, *Algorithmen*, Addison-Wesley, 1992.

[132] E. G. Sewell, *Automatic Generation of Triangulations for Piecewise Polynomial Approximation*, PhD thesis, Purdue University, West Lafayette, IN, 1972.

[133] G. Strang and G. J. Fix, *An Analysis of the Finite Element Method*, Prentice Hall, Englewood Cliffs, N.J., 1973.

[134] R. Tarjan, *Depth-first search and linear graph algorithms*, SIAM J. Comput., 1 (1972), pp. 146–160.

[135] The UG Group, *UG Version 3.1 Manual*, ICA III, Univ. Stuttgart, 1996.

[136] M. J. Todd, *The Computation of Fixed Points and Applications*, vol. 124 of Lecture Notes in Economics and Mathematical Systems, Springer, Berlin, 1976.

[137] C. T. Traxler, *An algorithm for adaptive mesh refinement in n dimensions*, Computing, 59 (1997), pp. 115–137.

[138] E. J. van Asselt, *The multigrid method and artificial viscosity*, in Multigrid Methods, Lecture Notes in Mathematics, Vol. 960, W. Hackbusch and U. Trottenberg, eds., Heidelberg, 1982, Springer.

[139] R. S. Varga, *Matrix Iterative Analysis*, Prentice Hall, Englewood Cliffs, New Jersey, 1962.

[140] R. Verfürth, *A Review of a posteriori Error Estimation and Adaptive Mesh-Refinement Techniques*, Teubner Skripten zur Numerik, Teubner, Stuttgart, 1995.

[141] C. Wagner and G. Wittum, *Frequency filtering decompositions for unsymmetric matrices*, Numer. Math., (1997). (to appear).

[142] J. Wang, *Convergence analysis of multigrid algorithms for nonselfadjoint and indefinite elliptic problems*, SIAM J. Numer. Anal., 30 (1993), pp. 275–285.

[143] P. Wesseling, *The rate of convergence of a multiple grid method*, in Numerical Analysis: Proceedings Dundee 1979, G. A. Watson, ed., vol. 773 of Lecture Notes in Mathematics, Berlin, 1980, Springer, pp. 164–180.

[144] P. Wesseling, *A robust and efficient multigrid method*, in Multigrid Methods, Lecture Notes in Mathematics, W. Hackbusch and U. Trottenberg, eds., vol. 960, Heidelberg, 1982, Springer.

[145] P. Wesseling, *Theoretical and practical aspects of a multigrid method*, SIAM J. Sci. Stat. Comput., 3 (1982), pp. 180–215.

[146] G. Wittum, *Multigrid methods for Stokes and Navier-Stokes equations. Transforming smoothers – algorithms and numerical results*, Numer. Math., 54 (1989), pp. 543–563.

[147] G. Wittum, *On the robustness of ILU-smoothing*, SIAM J. Sci. Stat. Comp., 10 (1989), pp. 699–717.

[148] G. Wittum, *Filternde Zerlegungen: Schnelle Löser für große Gleichungssysteme*, Teubner Skripten zur Numerik, Teubner, Stuttgart, 1992.

[149] J. Wloka, *Partielle Differentialgleichungen. Sobolevräume und Randwertaufgaben*, Teubner, Stuttgart, 1982.

[150] J. Wunner, *Ein Feedback Vertex Set-Verfahren zur Lösung von Konvektions-Diffusions-Gleichungen*, Master's thesis, Mathematisches Institut, Univ. Tübingen, 1996.

[151] J. Xu, *Iterative methods by space decomposition and subspace correction*, SIAM Review, 34 (1992), pp. 379–412.

[152] J. Xu, *A new class of iterative methods for nonselfadjoint or indefinite problems*, SIAM J. Numer. Anal., 29 (1992), pp. 303–319.

[153] D. M. Young, *Iterative Solutions of Large Linear Systems*, Academic Press, 1971.

[154] H. Yserentant, *On the convergence of multi-level methods for strongly nonuniform families of grids and any number of smoothing steps per level*, Computing, 30 (1983), pp. 305–313.

[155] H. Yserentant, *The convergence of multi-level methods for solving finite-element equations in the presence of singularities*, Math. Comp., 47 (1986), pp. 399–409.

[156] H. Yserentant, *On the multi-level splitting of finite element spaces*, Numer. Math., 49 (1986), pp. 379–412.

[157] H. Yserentant, *On the multi-level splitting of finite element spaces for indefinite elliptic boundary value problems*, SIAM J. Numer. Anal., 23 (1986), pp. 581–595.

[158] H. Yserentant, *Two preconditioners based on the multi-level splitting of finite element spaces*, Numer. Math., 58 (1990), pp. 163–184.

[159] H. Yserentant, *Old and new convergence proofs of multigrid methods*, Acta Numerica, (1993), pp. 285–326.

[160] S. Zhang, *Successive subdivisions of tetrahedra and multigrid methods on tetrahedral meshes*, Houston J. Math., 21 (1995), pp. 541–556.

[161] R. Zurmühl, *Matrizen*, Springer, Berlin, Göttingen, Heidelberg, 4. ed., 1964.

Index

Unterstrichene Seitenzahlen (99) verweisen auf diejenigen Stellen, wo der entsprechende Begriff eingeführt oder definiert wird. Auch Stellen, an denen die Formulierung eines bestimmten Satzes, Lemmas oder Algorithmus zu finden ist, sind so gekennzeichnet. Eine kursive Seitenzahl (*99*) bedeutet, daß der entsprechende Begriff im gleichen Unterkapitel wenigstens noch ein zweites mal auftaucht.